VOLUME 1

Um Curso de
CÁLCULO

Hamilton Luiz Guidorizzi

Doutor em Matemática Aplicada
pela Universidade de São Paulo

6ª edição

- O autor deste livro e a editora empenharam seus melhores esforços para assegurar que as informações e os procedimentos apresentados no texto estejam em acordo com os padrões aceitos à época da publicação, *e todos os dados foram atualizados pelo autor até a data de fechamento do livro*. Entretanto, tendo em conta a evolução das ciências, as atualizações legislativas, as mudanças regulamentares governamentais e o constante fluxo de novas informações sobre os temas que constam do livro, recomendamos enfaticamente que os leitores consultem sempre outras fontes fidedignas, de modo a se certificarem de que as informações contidas no texto estão corretas e de que não houve alterações nas recomendações ou na legislação regulamentadora.

- O autor e a editora se empenharam para citar adequadamente e dar o devido crédito a todos os detentores de direitos autorais de qualquer material utilizado neste livro, dispondo-se a possíveis acertos posteriores caso, inadvertida e involuntariamente, a identificação de algum deles tenha sido omitida.

- **Atendimento ao cliente:** (11) 5080-0751 | faleconosco@grupogen.com.br

- Direitos exclusivos para a língua portuguesa
  Copyright © 2018, 2025 (5ª impressão) by LTC | Livros Técnicos e Científicos Editora Ltda.
  Uma editora integrante do GEN | Grupo Editorial Nacional
  Travessa do Ouvidor, 11
  Rio de Janeiro – RJ – 20040-040
  www.grupogen.com.br

  Reservados todos os direitos. É proibida a duplicação ou reprodução deste volume, no todo ou em parte, em quaisquer formas ou por quaisquer meios (eletrônico, mecânico, gravação, fotocópia, distribuição pela Internet ou outros), sem permissão, por escrito, da LTC | Livros Técnicos e Científicos Editora Ltda.

- Capa: MarCom | GEN
- Imagem: ©Mariana Kleper | 123RF.com
- Editoração eletrônica: Hera Editoração Eletrônica Ltda.

CIP-BRASIL. CATALOGAÇÃO NA PUBLICAÇÃO
SINDICATO NACIONAL DOS EDITORES DE LIVROS, RJ

G972c
6. ed.
v. 1

Guidorizzi, Hamilton Luiz
Um curso de cálculo : volume 1 / Hamilton Luiz Guidorizzi ; [revisores técnicos Vera Lucia Antonio Azevedo, Ariovaldo José de Almeida] - 6. ed. - [5ª Reimpr.]. - Rio de Janeiro : LTC, 2025.
: il. ; 24 cm.

Apêndice
Inclui bibliografia e índice
ISBN 978-85-216-3543-7

1. Matemática - Estudo e ensino. I. Azevedo, Vera Lucia Antonio. II. Almeida, Ariovaldo José de. III.Título.

18-50274　　　　　　　　　　　　CDD: 510
　　　　　　　　　　　　　　　　CDU: 51

Leandra Felix da Cruz - Bibliotecária - CRB-7/6135

Aos meus filhos
Maristela e Hamilton

Prefácio

Os assuntos aqui abordados são os de limite, derivada e integral de funções de uma variável real, e os conceitos e teoremas apresentados são sempre que possível acompanhados de uma motivação ou interpretação geométrica ou física. Alguns teoremas estão com suas demonstrações no final da seção ou colocadas em apêndices, o que dá ao leitor a opção de omiti-las em uma primeira leitura.

Como o conhecimento das equações diferenciais é necessário para resolver muitos problemas da Física, é de suma importância que os estudantes entrem em contato com elas bem cedo; para isso, neste volume, no Capítulo 14, é possível estudar as equações diferenciais ordinárias de 1ª ordem, de variáveis separáveis, e as lineares de 1ª ordem. Foi deixado para o início do Volume 2 o estudo das equações lineares de 2ª ordem com coeficientes constantes. Nos Volumes 2, 3 e 4 são estudados outros tipos de equações diferenciais.

Seguem-se algumas observações importantes: para atender ao curso de Física é provável que o professor precise antecipar o estudo das integrais; nesse caso seria mais prático deixar o Capítulo 9, que trata do estudo das variações das funções, para ser estudado após o Capítulo 14. Observamos que o 2º Teorema Fundamental do Cálculo, bem como as integrais impróprias, serão vistos no Volume 2.

Os exemplos foram colocados em número suficiente para a compreensão da matéria, e os exercícios dispostos em ordem crescente de dificuldade. Existem exercícios que apresentam certas sutilezas e que requerem, para suas resoluções, um maior domínio do assunto; os alunos precisam estar cientes disso, e não devem se preocupar caso não consigam resolver alguns deles: basta seguir em frente e retornar a eles mais tarde, quando estiverem mais familiarizados com a matéria.

Agradecemos, pela cuidadosa leitura do manuscrito, às colegas Élvia Mureb Sallum e Zara Issa Abud, assim como ao colega Nelson Achcar, pelas sugestões e comentários que muito contribuíram para o aprimoramento das apostilas precursoras deste livro.

Hamilton Luiz Guidorizzi

Agradecimentos especiais

Para esta nova edição, agradecemos a Vera Lucia Antonio Azevedo, professora adjunta I e coordenadora do curso de Matemática da Universidade Presbiteriana Mackenzie, e a Ariovaldo José de Almeida, professor adjunto do curso de Matemática da Universidade Presbiteriana Mackenzie, pela revisão atenta dos quatro volumes, e a Ricardo Miranda Martins, professor associado da Universidade Estadual de Campinas (IMECC/Unicamp), pelos exercícios, planos de aula, material de pré-cálculo e vídeos de exercícios selecionados, elaborados com sua equipe, a saber: Alfredo Vitorino, Aline Vilela Andrade, Charles Aparecido de Almeida, Eduardo Xavier Miqueles, Juliana Gaiba Oliveira, Kamila da Silva Andrade, Matheus Bernardini de Souza, Mayara Duarte de Araújo Caldas, Otávio Marçal Leandro Gomide, Rafaela Fernandes do Prado e Régis Leandro Braguim Stábile.

Essa grande contribuição dos referidos professores/colaboradores mantém *Um Curso de Cálculo – volumes 1, 2, 3 e 4* uma obra conceituada e atualizada com as inovações pedagógicas.

LTC — Livros Técnicos e Científicos Editora

Material Suplementar

Este livro conta com os seguintes materiais suplementares, disponíveis no *site* do GEN | Grupo Editorial Nacional, mediante cadastro:

Para leitores e docentes

- Videoaulas exclusivas (Requer PIN);
- Videoaulas com solução de exercícios selecionados (Requer PIN);
- Pré-Cálculo (Requer PIN);
- Problemas e desafios (Requer PIN).

Para docentes

- Videoaulas exclusivas;
- Videoaulas com solução de exercícios selecionados;
- Pré-Cálculo;
- Problemas e desafios;
- Manual de soluções;
- Planos de aula;
- Ilustrações da obra em formato de apresentação.

O acesso ao material suplementar é gratuito. Basta que o leitor se cadastre, faça seu *login* em nosso *site* (www.grupogen.com.br) e, após, clique em Ambiente de aprendizagem. Em seguida, insira no canto superior esquerdo o código PIN de acesso localizado na primeira orelha deste livro.

O acesso ao material suplementar online fica disponivel até seis meses apos a edição do livro ser retirada do mercado.

Caso haja alguma mudança no sistema ou dificuldade de acesso, entre em contato conosco (gendigital@grupogen.com.br).

O que há de novo nesta 6ª edição

Recursos pedagógicos importantes foram desenvolvidos nesta edição para facilitar o ensino-aprendizagem de Cálculo. São eles:

- **Videoaulas exclusivas.** Vídeos com conteúdo essencial do tema abordado.

- **Videoaulas com solução de exercícios.** Conteúdo multimídia que contempla a solução de alguns exercícios selecionados.

- **Pré-Cálculo.** Revisão geral da matemática necessária para acompanhar o livro-texto, com exemplos e exercícios.

- **Problemas e desafios.** Questões relacionadas diretamente com problemas reais, nas quais o estudante verá a grande importância da teoria matemática na sua futura profissão.

- **Planos de aula (acesso restrito a docentes).** Roteiros para nortear o docente na preparação de aulas subdivididos e nomeados da seguinte forma:

  - Cálculo 1 (volume 1),
  - Cálculo 2 (volumes 2 e 3) e
  - Cálculo 3 (volume 4).

Como usar os recursos pedagógicos deste livro

■ **Videoaulas exclusivas**

2 CAPÍTULO

Funções

2.1 Funções de uma Variável Real a Valores Reais

Entendemos por uma função f uma terna

$$(A, B, a \mapsto b)$$

em que A e B são dois conjuntos e $a \mapsto b$, uma regra que nos permite associar a cada a de A um único b de B. O conjunto A é o *domínio* de f e indica-se por D_f, assim $A = D_f$. O conjunto B é o *contradomínio* de f. O único b de B associado ao elemento a de A é indicado por $f(a)$ (leia: f de a); diremos que $f(a)$ é o *valor que f assume* em a ou que $f(a)$ é o *valor que f associa* a a.

Uma função f de domínio A e contradomínio B é usualmente indicada por $f : A \to B$ (leia: f de A em B).

Uma *função de uma variável real a valores reais* é uma função $f : A \to B$, em que A e B são subconjuntos de $\mathbb{R}$. Até menção em contrário, só trataremos com funções de uma variável real a valores reais.

Seja $f : A \to B$ uma função. O conjunto

$$G_f = \{(x, f(x)) \mid x \in A\}$$

denomina-se *gráfico* de f; assim, o gráfico de f é um subconjunto do conjunto de todos os pares ordenados (x, y) de números reais. Munindo-se o plano de um sistema ortogonal de coordenadas cartesianas, o gráfico de f pode então ser pensado como o lugar geométrico descrito pelo ponto $(x, f(x))$ quando x percorre o domínio de f.

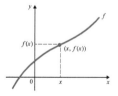

Videoaulas exclusivas (acesso livre): o ícone indica que, para o assunto destacado, há uma videoaula disponível *online* para complementar o conteúdo.

Videoaulas com solução de exercícios

Videoaulas com solução de exercícios selecionados (acesso livre): o ícone indica que a solução detalhada do exercício está disponível *online*.

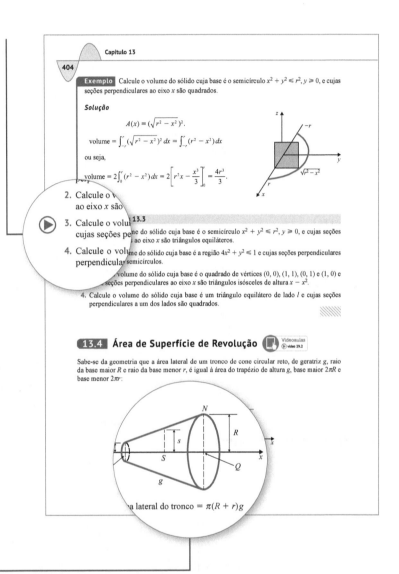

Figuras em formato de apresentação (acesso restrito a docentes): *slides* com as imagens da obra para serem usados por docentes em suas aulas/apresentações.

Pré-Cálculo

Pré-Cálculo (acesso livre): Revisão geral de Matemática, com exemplos e exercícios.

Problemas e desafios

Problemas e desafios (acesso livre): Exercícios desafiadores que testam a aprendizagem.

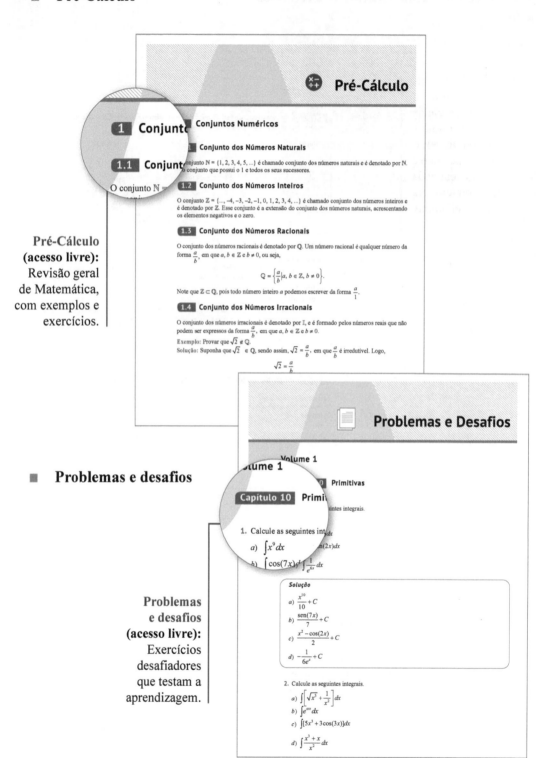

Planos de aula (acesso restrito a docentes)

Plano de Aula – Cálculo 1

Cálculo 1 – Aula 11

Assunto

Derivabilidade e conti... Regras de derivação.

Referência

Volume 1, Seções ...

- L... teorema: Se f for derivável em p, então f será contínua em p.
- Sejam f e g deriváveis em p e seja k uma constante. Então as seguintes afirmações são válidas:
  - $(f+g)'(p) = f'(p) + g'(p)$.
  - $(kf)'(p) = kf'(p)$.
  - $(f \cdot g)'(p) = f'(p)g(p) + f(p)g'(p)$.
  - $\left(\dfrac{f}{g}\right)'(p) = \dfrac{f'(p)g(p) - f(p)g'(p)}{[g(p)]^2}$, $g(p) \neq 0$.
- Lembrar da notação de Leibniz: Seja $y = f(x)$, a derivada de f é denotada por
$$f'(x) = \frac{dy}{dx} = \lim_{\Delta x \to 0} \frac{\Delta y}{\Delta x}.$$

Observações importantes

- Se f for contínua em p não implica que f será derivável em p.

Exemplos importantes

- A função $f(x) = |x|$ é derivável em $p = 0$? É contínua em $p = 0$? Por quê?
- Calcular a derivada de $f(x) = x^2 + \frac{1}{x^2} + \sqrt{x}$.
- Seja $y = u^2$. Calcular $\dfrac{dy}{du}$, pela definição.

Planos de aula (acesso restrito): Roteiros destinados aos docentes na preparação de aulas.

Vá além das páginas dos livros!

A LTC Editora, sempre conectada com as necessidades de docentes e estudantes, vem desenvolvendo soluções educacionais para o avanço do conhecimento e de práticas inovadoras de ensino e aprendizagem.

Conheça, por exemplo, os nossos cursos *online* de Cálculo produzidos cuidadosamente para que o estudante possa assistir, praticar e consolidar conhecimentos. São eles:

Pré-Cálculo · Cálculo 1 · Cálculo 2 · Cálculo 3 · Cálculo 4

Trata-se de videoaulas completas com duração e didática especialmente planejadas para reter a atenção e a motivação do estudante.

Para mais informações, acesse

www.grupogen.com.br/videoaulas-calculo

Sumário geral

Volume 1

1 Números Reais
2 Funções
3 Limite e Continuidade
4 Extensões do Conceito de Limite
5 Teoremas do Anulamento, do Valor Intermediário e de Weierstrass
6 Funções Exponencial e Logarítmica
7 Derivadas
8 Funções Inversas
9 Estudo da Variação das Funções
10 Primitivas
11 Integral de Riemann
12 Técnicas de Primitivação
13 Mais Algumas Aplicações da Integral. Coordenadas Polares
14 Equações Diferenciais de 1ª Ordem de Variáveis Separáveis e Lineares
15 Teoremas de Rolle, do Valor Médio e de Cauchy
16 Fórmula de Taylor
17 Arquimedes, Pascal, Fermat e o Cálculo de Áreas

Apêndice A   Propriedade do Supremo
Apêndice B   Demonstrações dos Teoremas do Capítulo 5
Apêndice C   Demonstrações do Teorema da Seção 6.1 e da Propriedade (7) da Seção 2.2
Apêndice D   Funções Integráveis Segundo Riemann
Apêndice E   Demonstração do Teorema da Seção 13.4
Apêndice F   Construção do Corpo Ordenado dos Números Reais

Volume 2

1 Funções Integráveis
2 Função Dada por Integral
3 Extensões do Conceito de Integral
4 Aplicações à Estatística
5 Equações Diferenciais Lineares de 1ª e 2ª Ordens, com Coeficientes Constantes
6 Os Espaços $\mathbb{R}^n$
7 Função de uma Variável Real a Valores em $\mathbb{R}^n$. Curvas
8 Funções de Várias Variáveis Reais a Valores Reais
9 Limite e Continuidade
10 Derivadas Parciais

xviii Sumário Geral

11 Funções Diferenciáveis
12 Regra da Cadeia
13 Gradiente e Derivada Direcional
14 Derivadas Parciais de Ordens Superiores
15 Teorema do Valor Médio. Fórmula de Taylor com Resto de Lagrange
16 Máximos e Mínimos
17 Mínimos Quadrados: Solução LSQ de um Sistema Linear. Aplicações ao Ajuste de Curvas

Apêndice A   Funções de uma Variável Real a Valores Complexos
Apêndice B   Uso da HP-48G, do Excel e do Mathcad

Volume 3

1 Funções de Várias Variáveis Reais a Valores Vetoriais
2 Integrais Duplas
3 Cálculo de Integral Dupla. Teorema de Fubini
4 Mudança de Variáveis na Integral Dupla
5 Integrais Triplas
6 Integrais de Linha
7 Campos Conservativos
8 Teorema de Green
9 Área e Integral de Superfície
10 Fluxo de um Campo Vetorial. Teorema da Divergência ou de Gauss
11 Teorema de Stokes no Espaço

Apêndice A   Teorema de Fubini
Apêndice B   Existência de Integral Dupla
Apêndice C   Equação da Continuidade
Apêndice D   Teoremas da Função Inversa e da Função Implícita
Apêndice E   Brincando no Mathcad

Volume 4

1 Sequências Numéricas
2 Séries Numéricas
3 Critérios de Convergência e Divergência para Séries de Termos Positivos
4 Séries Absolutamente Convergentes. Critério da Razão para Séries de Termos Quaisquer
5 Critérios de Cauchy e de Dirichlet
6 Sequências de Funções
7 Série de Funções
8 Série de Potências
9 Introdução às Séries de Fourier
10 Equações Diferenciais de 1ª ordem
11 Equações Diferenciais Lineares de Ordem n, com Coeficientes Constantes
12 Sistemas de Duas e Três Equações Diferenciais Lineares de 1ª Ordem e
   com Coeficientes Constantes

13 Equações Diferenciais Lineares de 2ª ordem, com Coeficientes Variáveis
14 Teoremas de Existência e Unicidade de Soluções para Equações Diferenciais de 1ª e 2ª Ordens
15 Tipos Especiais de Equações

Apêndice A Teorema de Existência e Unicidade para Equação Diferencial de 1ª Ordem do Tipo $y' = f(x, y)$
Apêndice B Sobre Séries de Fourier
Apêndice C O Incrível Critério de Kummer

Sumário

1 Números Reais, 1
 1.1 Os Números Racionais, 1
 1.2 Os Números Reais, 4
 1.3 Módulo de um Número Real, 13
 1.4 Intervalos, 17
 1.5 Propriedade dos Intervalos Encaixantes e Propriedade de Arquimedes, 18
 1.6 Existência de Raízes, 19
 1.7 Potência com Expoente Racional, 24

2 Funções, 26
 2.1 Funções de uma Variável Real a Valores Reais, 26
 2.2 Funções Trigonométricas: Seno e Cosseno, 44
 2.3 As Funções Tangente, Cotangente, Secante e Cossecante, 50
 2.4 Operações com Funções, 52

3 Limite e Continuidade, 55
 3.1 Introdução, 55
 3.2 Definição de Função Contínua, 61
 3.3 Definição de Limite, 71
 3.4 Limites Laterais, 82
 3.5 Limite de Função Composta, 85
 3.6 Teorema do Confronto, 90
 3.7 Continuidade das Funções Trigonométricas, 93
 3.8 O Limite Fundamental $\lim\limits_{x \to 0} \dfrac{\operatorname{sen} x}{x}$, 94
 3.9 Propriedades Operatórias. Demonstração do Teorema do Confronto, 97

4 Extensões do Conceito de Limite, 99
 4.1 Limites no Infinito, 99
 4.2 Limites Infinitos, 103
 4.3 Sequência e Limite de Sequência, 111
 4.4 Limite de Função e Sequências, 117
 4.5 O Número e, 119

5 Teoremas do Anulamento, do Valor Intermediário e de Weierstrass, 121

6 Funções Exponencial e Logarítmica, 125
 6.1 Potência com Expoente Real, 125
 6.2 Logaritmo, 128
 6.3 O Limite $\lim\limits_{x \to +\infty} \left(1 + \dfrac{1}{x}\right)^{x}$, 133

xxii Sumário

7 Derivadas, 136
   7.1 Introdução, 136
   7.2 Derivada de uma Função, 137
   7.3 Derivadas de x^n e $\sqrt[n]{x}$, 144
   7.4 Derivadas de e^x e ln x, 148
   7.5 Derivadas das Funções Trigonométricas, 149
   7.6 Derivabilidade e Continuidade, 150
   7.7 Regras de Derivação, 153
   7.8 Função Derivada e Derivadas de Ordem Superior, 159
   7.9 Notações para a Derivada, 160
   7.10 Regra da Cadeia para Derivação de Função Composta, 168
   7.11 Aplicações da Regra da Cadeia, 170
   7.12 Derivada de $f(x)^{g(x)}$, 180
   7.13 Derivação de Função Dada Implicitamente, 182
   7.14 Interpretação de $\dfrac{dy}{dx}$ como um Quociente. Diferencial, 189
   7.15 Velocidade e Aceleração. Taxa de Variação, 193
   7.16 Problemas Envolvendo Reta Tangente e Reta Normal ao Gráfico de uma Função, 200

8 Funções Inversas, 211
   8.1 Função Inversa, 211
   8.2 Derivada de Função Inversa, 216

9 Estudo da Variação das Funções, 222
   9.1 Teorema do Valor Médio (TVM), 222
   9.2 Intervalos de Crescimento e de Decrescimento, 223
   9.3 Concavidade e Pontos de Inflexão, 235
   9.4 Regras de L'Hospital, 240
   9.5 Gráficos, 253
   9.6 Máximos e Mínimos, 267
   9.7 Condição Necessária e Condições Suficientes para Máximos e Mínimos Locais, 275
   9.8 Máximo e Mínimo de Função Contínua em Intervalo Fechado, 278

10 Primitivas, 280
   10.1 Relação entre Funções com Derivadas Iguais, 280
   10.2 Primitiva de uma Função, 286

11 Integral de Riemann, 294
   11.1 Partição de um Intervalo, 294
   11.2 Soma de Riemann, 294
   11.3 Integral de Riemann: Definição, 297
   11.4 Propriedades da Integral, 298
   11.5 1º Teorema Fundamental do Cálculo, 300
   11.6 Cálculo de Áreas, 305
   11.7 Mudança de Variável na Integral, 312
   11.8 Trabalho, 320

12 Técnicas de Primitivação, 330

12.1 Primitivas Imediatas, 330
12.2 Técnica para Cálculo de Integral Indefinida da Forma $\int f(g(x))g'(x)dx$, 338
12.3 Integração por Partes, 348
12.4 Mudança de Variável, 355
12.5 Integrais Indefinidas do Tipo $\int \dfrac{P(x)}{(x-\alpha)(x-\beta)}\,dx$, 364
12.6 Primitivas de Funções Racionais com Denominadores do Tipo $(x-\alpha)(x-\beta)(x-\gamma)$, 368
12.7 Primitivas de Funções Racionais Cujos Denominadores Apresentam Fatores Irredutíveis do 2º Grau, 372
12.8 Integrais de Produtos de Seno e Cosseno, 376
12.9 Integrais de Potências de Seno e Cosseno. Fórmulas de Recorrência, 378
12.10 Integrais de Potências de Tangente e Secante. Fórmulas de Recorrência, 383
12.11 A Mudança de Variável $u = \operatorname{tg} \dfrac{x}{2}$, 388

13 Mais Algumas Aplicações da Integral. Coordenadas Polares, 392

13.1 Volume de Sólido Obtido pela Rotação, em Torno do Eixo x, de um Conjunto A, 392
13.2 Volume de Sólido Obtido pela Rotação, em Torno do Eixo y, de um Conjunto A, 397
13.3 Volume de um Sólido Qualquer, 403
13.4 Área de Superfície de Revolução, 404
13.5 Comprimento de Gráfico de Função, 407
13.6 Comprimento de Curva Dada em Forma Paramétrica, 409
13.7 Área em Coordenadas Polares, 413
13.8 Comprimento de Curva em Coordenadas Polares, 424
13.9 Centro de Massa, 425

14 Equações Diferenciais de 1ª Ordem de Variáveis Separáveis e Lineares, 433

14.1 Equações Diferenciais: Alguns Exemplos, 433
14.2 Equações Diferenciais de 1ª Ordem de Variáveis Separáveis, 434
14.3 Soluções Constantes, 436
14.4 Soluções Não Constantes, 437
14.5 Método Prático para Determinar as Soluções Não Constantes, 438
14.6 Equações Diferenciais Lineares de 1ª Ordem, 445

15 Teoremas de Rolle, do Valor Médio e de Cauchy, 450

15.1 Teorema de Rolle, 450
15.2 Teorema do Valor Médio, 452
15.3 Teorema de Cauchy, 453

16 Fórmula de Taylor, 457

16.1 Aproximação Local de uma Função Diferenciável por uma Função Afim, 457
16.2 Polinômio de Taylor de Ordem 2, 461
16.3 Polinômio de Taylor de Ordem n, 471

xxiv Sumário

17 Arquimedes, Pascal, Fermat e o Cálculo de Áreas, 480
- 17.1 Quadratura da Parábola: Método de Arquimedes, 480
- 17.2 Pascal e o Cálculo de Áreas, 485
- 17.3 Fermat e o Cálculo de Áreas, 490

Apêndice A Propriedade do Supremo, 492
- A.1 Máximo, Mínimo, Supremo e Ínfimo de um Conjunto, 492
- A.2 Propriedade do Supremo, 493
- A.3 Demonstração da Propriedade dos Intervalos Encaixantes, 495
- A.4 Limite de Função Crescente (ou Decrescente), 495

Apêndice B Demonstrações dos Teoremas do Capítulo 5, 497
- B.1 Demonstração do Teorema do Anulamento, 497
- B.2 Demonstração do Teorema do Valor Intermediário, 498
- B.3 Teorema da Limitação, 498
- B.4 Demonstração do Teorema de Weierstrass, 499

Apêndice C Demonstrações do Teorema da Seção 6.1 e da Propriedade (7) da Seção 2.2, 501
- C.1 Demonstração do Teorema da Seção 6.1, 501
- C.2 Demonstração da Propriedade (7) da Seção 2.2, 503

Apêndice D Funções Integráveis Segundo Riemann, 505
- D.1 Uma Condição Necessária para Integrabilidade, 505
- D.2 Somas Superior e Inferior de Função Contínua, 506
- D.3 Integrabilidade das Funções Contínuas, 509
- D.4 Integrabilidade de Função Limitada com Número Finito de Descontinuidades, 511
- D.5 Integrabilidade das Funções Crescentes ou Decrescentes, 513
- D.6 Critério de Integrabilidade de Lebesgue, 514

Apêndice E Demonstração do Teorema da Seção 13.4, 519

Apêndice F Construção do Corpo Ordenado dos Números Reais, 522
- F.1 Definição de Número Real, 522
- F.2 Relação de Ordem em $\mathbb{R}$, 524
- F.3 Adição em $\mathbb{R}$, 525
- F.4 Propriedades da Adição, 527
- F.5 Multiplicação em $\mathbb{R}$, 530
- F.6 Propriedades da Multiplicação, 533
- F.7 Teorema do Supremo, 535
- F.8 Identificação de $\mathbb{Q}$ com $\overline{\mathbb{Q}}$, 536

Respostas, Sugestões ou Soluções, 537

Bibliografia, 608

Índice, 610

1 CAPÍTULO

Números Reais

O objetivo deste capítulo é a apresentação das principais propriedades dos números reais. Não nos preocuparemos aqui com a definição de número real, que é deixada para o Apêndice F. No que segue, admitiremos a familiaridade do leitor com as propriedades dos números naturais, inteiros e racionais. Mesmo admitindo tal familiaridade, gostaríamos de falar rapidamente sobre os números racionais. É o que faremos a seguir.

1.1 Os Números Racionais

Os números racionais são os números da forma $\dfrac{a}{b}$, sendo a e b inteiros e $b \neq 0$; o conjunto dos números racionais é indicado por $\mathbb{Q}$, assim:

$$\mathbb{Q} = \left\{ \frac{a}{b} \mid a, b \in \mathbb{Z}, b \neq 0 \right\}$$

no qual $\mathbb{Z}$ indica o conjunto dos números inteiros:

$$\mathbb{Z} = \{\ldots, -3, -2, -1, 0, 1, 2, 3, \ldots\}.$$

Indicamos, ainda, por $\mathbb{N}$ o conjunto dos números naturais:

$$\mathbb{N} = \{0, 1, 2, 3, \ldots\}.$$

Observamos que $\mathbb{N}$ é subconjunto de $\mathbb{Z}$, que, por sua vez, é subconjunto de $\mathbb{Q}$; isto é, todo número natural é também número inteiro, e todo inteiro é também número racional.

Sejam $\dfrac{a}{b}$ e $\dfrac{c}{d}$ dois racionais quaisquer. A *soma* e o *produto* destes racionais são obtidos da seguinte forma:

$$\frac{a}{b} + \frac{c}{d} = \frac{ad + bc}{bd}$$

$$\frac{a}{b} \cdot \frac{c}{d} = \frac{ac}{bd}$$

Capítulo 1

A operação que a cada par de números racionais associa a sua soma denomina-se *adição*, e a que associa o produto denomina-se *multiplicação*.

O número racional $\dfrac{a}{b}$ se diz *positivo* se $a \cdot b \in \mathbb{N}$; se $a \cdot b \in \mathbb{N}$ e $a \neq 0$, então $\dfrac{a}{b}$ se diz *estritamente positivo*.

Sejam r e s dois racionais; dizemos que r é *estritamente menor* que s (ou que s é *estritamente maior* que r) e escrevemos $r < s$ (respectivamente $s > r$) se existe um racional t estritamente positivo tal que $s = r + t$. A notação $r \leqslant s$ (leia: r *menor ou igual* a s ou simplesmente r *menor que* s) é usada para indicar a afirmação "$r < s$ ou $r = s$". A notação $r \geqslant s$ (leia: r *maior ou igual* a s ou simplesmente r *maior* que s) é equivalente a $s \leqslant r$. Observe que r positivo equivale a $r \geqslant 0$. Se $r \leqslant 0$, dizemos que r é negativo.

A quádrupla $(\mathbb{Q}, +, \cdot, \leqslant)$ satisfaz as seguintes propriedades (x, y, z são racionais quaisquer):

Associativa

(A1) $(x + y) + z = x + (y + z)$ (M1) $(xy) z = x (yz)$

Comutativa

(A2) $x + y = y + x$ (M2) $xy = yx$

Existência de elemento neutro

(A3) $x + 0 = x$ (M3) $x \cdot 1 = x$ $(1 \neq 0)$

Existência de oposto

(A4) Para todo racional x existe um único racional y tal que $x + y = 0$. Tal y denomina-se *oposto* de x e indica-se por $-x$. Assim, $x + (-x) = 0$.

Existência de inverso

(M4) Para todo racional $x \neq 0$ existe um único racional y tal que $x \cdot y = 1$. Tal y denomina-se *inverso* de x e indica-se por x^{-1} ou $\dfrac{1}{x}$. Assim, $x \cdot x^{-1} = 1$.

Distributiva da multiplicação em relação à adição

(D) $$x(y + z) = xy + xz.$$

Reflexiva

(O1) $$x \leqslant x.$$

Antissimétrica

(O2) $$x \leqslant y \quad \text{e} \quad y \leqslant x \Rightarrow x = y$$

(leia-se: se $x \leqslant y$ e $y \leqslant x$, então $x = y$ ou $x \leqslant y$ e $y \leqslant x$ implica $x = y$).

Transitiva

(O3) $$x \leqslant y \quad \text{e} \quad y \leqslant z \Rightarrow x \leqslant z.$$

Quaisquer que sejam os racionais x e y

(O4) $$x \leqslant y \quad \text{ou} \quad y \leqslant x.$$

Números Reais

Compatibilidade da ordem com a adição

(OA) $\quad x \leqslant y \Rightarrow x + z \leqslant y + z.$

(*Somando-se a ambos os membros de uma desigualdade um mesmo número, o sentido da desigualdade se mantém.*)

Compatibilidade da ordem com a multiplicação

(OM) $\quad x \leqslant y \text{ e } 0 \leqslant z \Rightarrow xz \leqslant yz.$

(*Multiplicando-se ambos os membros de uma desigualdade por um mesmo número positivo, o sentido da desigualdade se mantém.*)

> **Observação.** Seja $\mathbb{K}$ um conjunto qualquer com pelo menos dois elementos e suponhamos que em $\mathbb{K}$ estejam definidas duas operações indicadas por $+$ e $\cdot$; se a terna $(\mathbb{K}, +, \cdot)$ satisfizer as propriedades (A1) a (A4), (M1) a (M4) e (D), diremos que $(\mathbb{K}, +, \cdot)$ é um *corpo*. Se, além disso, em $\mathbb{K}$ estiver definida uma relação $(\leqslant)$ de modo que a quádrupla $(\mathbb{K}, +, \cdot, \leqslant)$ satisfaça todas as 15 propriedades anteriormente listadas, então diremos que $(\mathbb{K}, +, \cdot, \leqslant)$ é um *corpo ordenado*. Segue que $(\mathbb{Q}, +, \cdot, \leqslant)$ é um corpo ordenado; entretanto, $(\mathbb{Z}, +, \cdot, \leqslant)$ não é corpo ordenado, pois (M4) não se verifica.

Os números racionais podem ser representados geometricamente por pontos de uma reta. Para isto, escolhem-se dois pontos distintos da reta, um representando o 0 e o outro o 1. Tomando-se o segmento de extremidades 0 e 1 como unidade de medida, marcam-se os representantes dos demais números racionais.

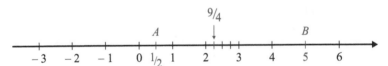

Se o ponto P for o representante do número racional r, diremos que r é a abscissa de P. Na figura acima, $\dfrac{1}{2}$ é a abscissa de A; 5 é a abscissa de B.

Todo número racional r é abscissa de um ponto da reta; entretanto, nem todo ponto da reta tem abscissa racional. Antes de construir um ponto da reta que não tem abscissa racional, vejamos os seguintes exemplos.

Exemplo 1 Seja a um número inteiro. Prove: (i) se a for ímpar, então a^2 também será ímpar; (ii) se a^2 for par, então a também será par.

Solução

(i) Como a é ímpar, a é da forma $a = 2k + 1$, k inteiro. Então:

$$a^2 = (2k + 1)^2 = 4k^2 + 4k + 1 = 2(2k^2 + 2k) + 1;$$

como $2k^2 + 2k$ é inteiro, resulta a^2 ímpar.

(ii) Por hipótese, a^2 é par; se a fosse ímpar, por (i), teríamos a^2 também ímpar, que contraria a hipótese. Assim,

$$a^2 \text{ par} \Rightarrow a \text{ par}.$$

Exemplo 2 A equação $x^2 = 2$ não admite solução em $\mathbb{Q}$.

Solução

De fato, suponhamos, por absurdo, que exista uma fração irredutível $\dfrac{a}{b}$ tal que $\left(\dfrac{a}{b}\right)^2 = 2$; então:

$$\dfrac{a^2}{b^2} = 2 \Rightarrow a^2 = 2b^2 \Rightarrow a^2 \text{ par} \Rightarrow a \text{ par};$$

sendo a par, será da forma $a = 2p$, p inteiro;

$$\left.\begin{array}{r} a^2 = 2b^2 \\ a = 2p \end{array}\right\} \Rightarrow 4p^2 = 2b^2 \Rightarrow 2p^2 = b^2.$$

Assim, b^2 é par e, portanto, b também o é; sendo a e b pares, a fração $\dfrac{a}{b}$ é redutível, contradição.

Vejamos, agora, como construir um ponto da reta que não tenha abscissa racional.

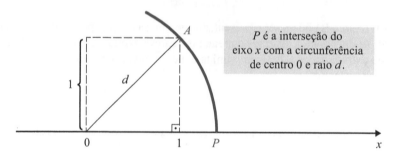

Pelo teorema de Pitágoras, $d^2 = 1^2 + 1^2 = 2$ (veja figura acima); assim a abscissa de P deveria ser d que não é número racional (Exemplo 2).

Admitiremos que todo ponto da reta tem uma abscissa x; se x não for racional, diremos que x é *irracional*. O conjunto formado por todos os números racionais e irracionais é o conjunto dos *números reais* que será indicado por $\mathbb{R}$.

1.2 Os Números Reais

Como dissemos na seção anterior, o conjunto dos números reais será indicado por $\mathbb{R}$. $\mathbb{R}$ contém $\mathbb{Q}$, isto é, todo número racional é um número real. Os números reais que não são racionais denominam-se *irracionais*.

Em $\mathbb{R}$ estão definidas duas operações, adição ($+$) e multiplicação ($\cdot$) e uma relação ($\leq$). A adição associa a cada par (x, y) de números reais um *único* número real indicado por $x + y$; a multiplicação, um *único* real indicado por $x \cdot y$. As operações de adição e multiplicação definidas em $\mathbb{R}$, quando restritas a $\mathbb{Q}$, coincidem com as operações de adição e de multiplicação de $\mathbb{Q}$; o mesmo acontece com a relação ($\leq$).

Admitiremos que a quádrupla ($\mathbb{R}, +, \cdot, \leq$) é um *corpo ordenado*, isto é, satisfaz todas as 15 propriedades listadas na seção anterior: (A1) a (A4), (M1) a (M4), (D), (O1) a (O4), (OA) e (OM). Reveja tais propriedades.

Números Reais

Os exemplos que damos a seguir mostram como obter outras propriedades a partir das já mencionadas.

Exemplo 1 Quaisquer que sejam os reais x, y, z, w

$$\text{e } \left.\begin{array}{l} x \leqslant y \\ z \leqslant w \end{array}\right\} \Rightarrow x + z \leqslant y + w.$$

(Somando-se membro a membro desigualdades de mesmo sentido, obtém-se outra de mesmo sentido.)

Solução

Pela (OA)

$$x \leqslant y \Rightarrow x + z \leqslant y + z$$
$$z \leqslant w \Rightarrow y + z \leqslant y + w.$$

Pela transitiva (O3)

$$\left.\begin{array}{l} x + z \leqslant y + z \\ y + z \leqslant y + w \end{array}\right\} \Rightarrow x + z \leqslant y + w.$$

Portanto,

$$\left.\begin{array}{l} x \leqslant y \\ z \leqslant w \end{array}\right\} \Rightarrow x + z \leqslant y + w.$$

Como observamos anteriormente, a adição associa a cada par de números reais um único número real; assim, se $x = y$ e $z = w$, então $x + z = y + w$; em particular, se $x = y$, então $x + z = y + z$ para todo z, o que significa que, somando a ambos os membros de uma igualdade um mesmo número, a igualdade se mantém.

Exemplo 2 (Lei do cancelamento.) Quaisquer que sejam os reais x, y, z.

$$x + z = y + z \Rightarrow x = y.$$

Solução

Somando-se $-z$ a ambos os membros da igualdade $x + z = y + z$, vem:

$$(x + z) + (-z) = (y + z) + (-z).$$

Pela associativa (A1),

$$x + [z + (-z)] = y + [z + (-z)].$$

Daí,

$$x + 0 = y + 0$$

ou seja,

$$x = y.$$

Capítulo 1

Assim,

$$x + z = y + z \Rightarrow x = y.$$

Exemplo 3 Quaisquer que sejam os reais x, y, z, w

$$\text{e} \quad \left.\begin{array}{l} 0 \leqslant x \leqslant y \\ 0 \leqslant z \leqslant w \end{array}\right\} \Rightarrow xz \leqslant yw.$$

(*Multiplicando-se membro a membro desigualdades de mesmo sentido e de números positivos, obtém-se desigualdade de mesmo sentido.*)

Solução

$$\left.\begin{array}{l} 0 \leqslant x \leqslant y \\ 0 \leqslant z \leqslant w \end{array}\right\} \overset{(OM)}{\Rightarrow} \left.\begin{array}{l} xz \leqslant yz \\ yz \leqslant yw \end{array}\right\} \overset{(O3)}{\Rightarrow} xz \leqslant yw.$$

Vamos, agora, fazer uma lista de outras propriedades dos reais que podem ser obtidas das 15 anteriormente listadas e que nos serão úteis no decorrer do curso.

Quaisquer que sejam os reais x, y, z, w, tem-se:

a) $x < y \Leftrightarrow x + z < y + z$.
b) $z > 0 \Leftrightarrow z^{-1} > 0$.
c) $z > 0 \Leftrightarrow -z < 0$.
d) se $z > 0, x < y \Leftrightarrow xz < yz$.
e) se $z < 0, x < y \Leftrightarrow xz > yz$.

(*Multiplicando-se ambos os membros de uma desigualdade por um mesmo número negativo, o sentido da desigualdade muda.*)

f)
$$\text{e} \quad \left.\begin{array}{l} 0 \leqslant x < y \\ 0 \leqslant z < w \end{array}\right\} \Rightarrow xz < yw.$$

g) $0 < x < y \Leftrightarrow 0 < \dfrac{1}{y} < \dfrac{1}{x}$.

h) (*Tricotomia.*) Uma e somente uma das condições abaixo se verifica:

$$x < y \text{ ou } x = y \text{ ou } x > y.$$

i) (*Anulamento do produto.*)

$$xy = 0 \Leftrightarrow x = 0 \text{ ou } y = 0.$$

(*Um produto é nulo se e somente se um dos fatores for nulo.*)

Exemplo 4 Suponha $x \geqslant 0$ e $y \geqslant 0$. Prove:

a) $x < y \Rightarrow x^2 < y^2$.
b) $x \leqslant y \Rightarrow x^2 \leqslant y^2$.
c) $x < y \Leftrightarrow x^2 < y^2$.

Números Reais

Solução

a)

$$\left. \begin{array}{l} 0 \leqslant x < y \\ 0 \leqslant x < y \end{array} \right\} \Rightarrow x^2 < y^2. \text{ (Veja item } f \text{ do Exemplo 3.)}$$

b) Faça você.

c) Por (*a*), $x < y \Rightarrow x^2 < y^2$. Suponhamos, agora $x^2 < y^2$; se tivéssemos $x \geqslant y$, por (*b*) teríamos $x^2 \geqslant y^2$, contradição. Assim, $x^2 < y^2 \Rightarrow x < y$. Fica provado, deste modo, que quaisquer que sejam os reais $x \geqslant 0$ e $y \geqslant 0$

$$x < y \Leftrightarrow x^2 < y^2.$$

Exemplo 5 Resolva a inequação.

$$5x + 3 < 2x + 7.$$

Solução

$$5x + 3 < 2x + 7 \Leftrightarrow 5x < 2x + 4$$
$$\Leftrightarrow 3x < 4$$
$$\Leftrightarrow x < \frac{4}{3}.$$

Assim, $\left\{ x \in \mathbb{R} \mid x < \dfrac{4}{3} \right\}$ é o conjunto das soluções da inequação dada.

Exemplo 6 Estude o sinal da expressão $x - 3$.

Solução

$$x - 3 > 0 \Leftrightarrow x > 3; x - 3 = 0 \Leftrightarrow x = 3; x - 3 < 0 \Leftrightarrow x < 3.$$

Assim, $x - 3 > 0$ para $x > 3$; $x - 3 < 0$ para $x < 3$ e $x - 3 = 0$ para $x = 3$. Esta discussão será representada da seguinte forma:

$$x - 3 \quad \begin{array}{c} - \;\; 0 \;\; + \\ \rule{2cm}{0.4pt} \\ 3 \end{array}.$$

Exemplo 7 Estude o sinal de $\dfrac{x + 3}{x - 2}$.

Solução

$$x + 3 \quad \begin{array}{c} - \;\; - \;\; 0 \;\; + \;\; + \;\; + \;\; + \;\; + \\ \rule{4cm}{0.4pt} \\ -3 \end{array}.$$

$$x - 2 \quad \begin{array}{c} - \;\; - \;\;\;\;\;\; - \;\; - \;\; 0 \;\; + \;\; + \\ \rule{4cm}{0.4pt} \\ 2 \end{array}.$$

Capítulo 1

Para $x < -3$, $x + 3 < 0$ e $x - 2 < 0$, logo, $\dfrac{x+3}{x-2} > 0$.

Para $-3 < x < 2$, $x + 3 > 0$ e $x - 2 < 0$, daí, $\dfrac{x+3}{x-2} < 0$.

Para $x > 2$, $x + 3 > 0$ e $x - 2 > 0$, logo, $\dfrac{x+3}{x-2} > 0$.

Para $x = -3$, $\dfrac{x+3}{x-2} = 0$; para $x = 2$, a expressão $\dfrac{x+3}{x-2}$ não está definida.

$$\dfrac{x+3}{x-2} \quad \overset{+ \qquad 0 \qquad - \qquad \not\exists \qquad +}{\underset{-3 \qquad\qquad 2}{\rule{6cm}{0.4pt}}}.$$

($\not\exists$ = não existe.)

Conclusão

$$\dfrac{x+3}{x-2} > 0 \text{ para } x < -3 \text{ ou } x > 2;$$

$$\dfrac{x+3}{x-2} < 0 \text{ para } -3 < x < 2;$$

$$\dfrac{x+3}{x-2} = 0 \text{ para } x = -3.$$

Exemplo 8 Resolva a inequação $\dfrac{2x+1}{x-4} < 0$.

Solução

Inicialmente, estudaremos o sinal de $\dfrac{2x+1}{x-4}$.

$$2x + 1 \quad \overset{- \qquad 0 \qquad + \qquad + \qquad +}{\underset{-\frac{1}{2}}{\rule{6cm}{0.4pt}}}$$

$$x - 4 \quad \overset{- \qquad\qquad - \qquad 0 \qquad +}{\underset{4}{\rule{6cm}{0.4pt}}}$$

$$\dfrac{2x+1}{x-4} \quad \overset{+ \qquad 0 \qquad - \qquad \not\exists \qquad +}{\underset{-\frac{1}{2} \qquad\qquad 4}{\rule{6cm}{0.4pt}}}$$

Assim, $\left\{ x \in \mathbb{R} \mid -\dfrac{1}{2} < x < 4 \right\}$ é o conjunto das soluções da inequação dada.

Números Reais

9

Exemplo 9 | Resolva a inequação $\dfrac{3x-1}{x+2} \geqslant 5$.

Solução

$$\frac{3x-1}{x+2} \geqslant 5 \Leftrightarrow \frac{3x-1}{x+2} \geqslant \frac{5(x+2)}{x+2}\,(x \neq -2).$$

$$\Leftrightarrow \frac{3x-1-5x-10}{x+2} \geqslant 0.$$

$$\Leftrightarrow \frac{-2x-11}{x+2} \geqslant 0.$$

Multiplicando por -1 ambos os membros da última desigualdade, resulta:

$$\frac{2x+11}{x+2} \leqslant 0.$$

Assim, $\dfrac{2x+11}{x+2} \leqslant 0 \Leftrightarrow -\dfrac{11}{2} \leqslant x < -2$. Logo, $\left\{ x \in \mathbb{R} \mid -\dfrac{11}{2} \leqslant x < -2 \right\}$ é o conjunto das soluções da inequação dada.

CUIDADO!

$\dfrac{3x-1}{x+2} \geqslant 5$ *não* é equivalente a $3x-1 \geqslant 5(x+2)$!!

A equivalência será verdadeira para $x > -2$, pois, $x > -2 \Rightarrow x+2 > 0$; multiplicando, então, ambos os membros da desigualdade por $x+2$, o sentido se manterá; assim, para $x > -2$,

$$\frac{3x-1}{x+2} \geqslant 5 \Leftrightarrow 3x-1 \geqslant 5(x+2).$$

Por outro lado, para $x < -2$,

$$\frac{3x-1}{x+2} \gtrless 5 \Leftrightarrow 3x-1 \lesseqgtr 5(x+2). \text{ (Por quê?)}$$

Capítulo 1

10

░░░ **Exercícios 1.2**

1. Resolva as inequações.

a) $3x + 3 < x + 6$ b) $x - 3 > 3x + 1$ c) $2x - 1 \geqslant 5x + 3$

d) $x + 3 \leqslant 6x - 2$ e) $1 - 3x > 0$ f) $2x + 1 \geqslant 3x$

2. Estude o sinal das expressões.

a) $3x - 1$ b) $3 - x$

c) $2 - 3x$ d) $5x + 1$

e) $\dfrac{x - 1}{x - 2}$ f) $(2x + 1)(x - 2)$

g) $\dfrac{2 - 3x}{x + 2}$ h) $\dfrac{2 - x}{3 - x}$

i) $(2x - 1)(3 + 2x)$ j) $x(x - 3)$

l) $x(x - 1)(2x + 3)$ m) $(x - 1)(1 + x)(2 - 3x)$

n) $x(x^2 + 3)$ o) $(2x - 1)(x^2 + 1)$

p) $ax + b$, em que a e b são reais dados, com $a > 0$.

q) $ax + b$, em que $a < 0$ e b são dois reais dados.

3. Resolva as inequações.

a) $\dfrac{2x - 1}{x + 1} < 0$ b) $\dfrac{1 - x}{3 - x} \geqslant 0$

c) $\dfrac{x - 2}{3x + 1} > 0$ d) $(2x - 1)(x + 3) < 0$

e) $\dfrac{3x - 2}{2 - x} \leqslant 0$ f) $x(2x - 1) \geqslant 0$

g) $(x - 2)(x + 2) > 0$ h) $\dfrac{2x - 1}{x - 3} > 5$

i) $\dfrac{x}{2x - 3} \leqslant 3$ j) $\dfrac{x - 1}{2 - x} < 1$

l) $x(2x - 1)(x + 1) > 0$ m) $(2x - 1)(x - 3) > 0$

n) $(2x - 3)(x^2 + 1) < 0$ o) $\dfrac{x - 3}{x^2 + 1} < 0$

4. Divida $x^3 - a^3$ por $x - a$ e conclua que $x^3 - a^3 = (x - a)(x^2 + ax + a^2)$.

5. Verifique as identidades.

a) $x^2 - a^2 = (x - a)(x + a)$

b) $x^3 - a^3 = (x - a)(x^2 + ax + a^2)$

c) $x^4 - a^4 = (x - a)(x^3 + ax^2 + a^2x + a^3)$

d) $x^5 - a^5 = (x - a)(x^4 + ax^3 + a^2x^2 + a^3x + a^4)$

e) $x^n - a^n = (x - a)(x^{n-1} + ax^{n-2} + a^2x^{n-3} + \ldots + a^{n-2}x + a^{n-1})$ em que $n \neq 0$ é um natural.

6. Simplifique.

a) $\dfrac{x^2 - 1}{x - 1}$ b) $\dfrac{x^3 - 8}{x^2 - 4}$

$c)\ \dfrac{4x^2 - 9}{2x + 3}$

$d)\ \dfrac{\dfrac{1}{x} - 1}{x - 1}$

$e)\ \dfrac{\dfrac{1}{x^2} - 1}{x - 1}$

$f)\ \dfrac{\dfrac{1}{x^2} - \dfrac{1}{9}}{x - 3}$

$g)\ \dfrac{\dfrac{1}{x} - \dfrac{1}{5}}{x - 5}$

$h)\ \dfrac{\dfrac{1}{x} - \dfrac{1}{p}}{x - p}$

$i)\ \dfrac{\dfrac{1}{x^2} - \dfrac{1}{p^2}}{x - p}$

$j)\ \dfrac{x^4 - p^4}{x - p}$

$l)\ \dfrac{(x + h)^2 - x^2}{h}$

$m)\ \dfrac{\dfrac{1}{x + h} - \dfrac{1}{x}}{h}$

$n)\ \dfrac{(x + h)^3 - x^3}{h}$

$o)\ \dfrac{(x + h)^2 - (x - h)^2}{h}$

7. Resolva as inequações.

$a)\ x^2 - 4 > 0$

$b)\ x^2 - 1 \leqslant 0$

$c)\ x^2 > 4$

$d)\ x^2 > 1$

$e)\ \dfrac{x^2 - 9}{x + 1} < 0$

$f)\ \dfrac{x^2 - 4}{x^2 + 4} > 0$

$g)\ (2x - 1)(x^2 - 4) \leqslant 0$

$h)\ 3x^2 \geqslant 48$

$i)\ x^2 < r^2$, em que $r > 0$ é um real dado.
$j)\ x^2 \geqslant r^2$, em que $r > 0$ é um real dado.

8. Considere o polinômio do 2º grau $ax^2 + bx + c$, em que $a \neq 0$, b e c são reais dados.

$a)$ Verifique que

$$ax^2 + bx + c = a\left[\left(x + \dfrac{b}{2a}\right)^2 - \dfrac{\Delta}{4a^2}\right],\ \text{em que } \Delta = b^2 - 4ac.$$

$b)$ Conclua de (a) que, se $\Delta \geqslant 0$, as raízes de $ax^2 + bx + c$ são dadas pela fórmula

$$x = \dfrac{-b \pm \sqrt{\Delta}}{2a}.$$

$c)$ Sejam $x_1 = \dfrac{-b + \sqrt{\Delta}}{2a}$ e $x_2 = \dfrac{-b - \sqrt{\Delta}}{2a}$ $(\Delta \geqslant 0)$ as raízes de $ax^2 + bx + c$. Verifique que

$$x_1 + x_2 = -\dfrac{b}{a}\ \text{ e }\ x_1 x_2 = \dfrac{c}{a}.$$

9. Considere o polinômio do 2º grau $ax^2 + bx + c$ e sejam x_1 e x_2 como no item (c) do Exercício. Verifique que

$$ax^2 + bx + c = a(x - x_1)(x - x_2).$$

Capítulo 1

10. Utilizando o Exercício 9, fatore o polinômio do $2^{\underline{o}}$ grau dado.

a) $x^2 - 3x + 2$
b) $x^2 - x - 2$
c) $x^2 - 2x + 1$
d) $x^2 - 6x + 9$
e) $2x^2 - 3x$
f) $2x^2 - 3x + 1$
g) $x^2 - 25$
h) $3x^2 + x - 2$
i) $4x^2 - 9$
j) $2x^2 - 5x$

11. Resolva as inequações.

a) $x^2 - 3x + 2 < 0$
b) $x^2 - 5x + 6 \geqslant 0$
c) $x^2 - 3x > 0$
d) $x^2 - 9 < 0$
e) $x^2 - x - 2 \geqslant 0$
f) $3x^2 + x - 2 > 0$
g) $x^2 - 4x + 4 > 0$
h) $3x^2 - x \leqslant 0$
i) $4x^2 - 4x + 1 < 0$
j) $4x^2 - 4x + 1 \leqslant 0$

12. Considere o polinômio do $2^{\underline{o}}$ grau $ax^2 + bx + c$ e suponha $\Delta < 0$. Utilizando o item (a) do Exercício 8, prove:

a) se $a > 0$, então $ax^2 + bx + c > 0$ para todo x.
b) se $a < 0$, então $ax^2 + bx + c < 0$ para todo x.

13. Resolva as inequações.

a) $x^2 + 3 > 0$
b) $x^2 + x + 1 > 0$
c) $x^2 + x + 1 \leqslant 0$
d) $x^2 + 5 \leqslant 0$
e) $(x - 3)(x^2 + 5) > 0$
f) $(2x + 1)(x^2 + x + 1) \leqslant 0$
g) $x(x^2 + 1) \geqslant 0$
h) $(1 - x)(x^2 + 2x + 2) < 0$
i) $\dfrac{2x - 3}{x^2 + 1} > 0$
j) $\dfrac{x}{x^2 + x + 1} \geqslant 0$

14. Prove:

$$\frac{5x + 3}{x^2 + 1} \geqslant 5 \Leftrightarrow 5x + 3 \geqslant 5(x^2 + 1)$$

15. A afirmação:

"para todo x real, $x \neq 2$, $\dfrac{x^2 + x + 1}{x - 2} > 3 \Leftrightarrow x^2 + x + 1 > 3(x - 2)$" é falsa ou verdadeira? Justifique.

16. Suponha que $P(x) = a_0 x^n + a_1 x^{n-1} + \ldots + a_{n-1} x + a_n$ seja um polinômio de grau n, com coeficientes inteiros, isto é, $a_0 \neq 0$, $a_1, a_2, \ldots, a_n$ são números inteiros. Seja α um número inteiro. Prove que se α for raiz de $P(x)$, então α será um divisor do termo independente a_n.

17. Utilizando o Exercício 16, determine, caso existam, as raízes inteiras da equação.

a) $x^3 + 2x^2 + x - 4 = 0$
b) $x^3 - x^2 + x + 14 = 0$
c) $x^4 - 3x^3 + x^2 + 3x = 2$
d) $2x^3 - x^2 - 1 = 0$
e) $x^3 + x^2 + x - 14 = 0$
f) $x^3 + 3x^2 - 4x - 12 = 0$

18. Seja $P(x)$ um polinômio de grau n. Prove:

α é raiz de $P(x) \Leftrightarrow P(x)$ é divisível por $x - \alpha$.

(*Sugestão*: dividindo-se $P(x)$ por $x - \alpha$, obtém-se um quociente $Q(x)$ e um resto R, R constante, tal que $P(x) = (x - \alpha)\, Q(x) + R$.)

Números Reais

19. Fatore o polinômio dado.

a) $x^3 + 2x^2 - x - 2$
b) $x^4 - 3x^3 + x^2 + 3x - 2$
c) $x^3 + 2x^2 - 3x$
d) $x^3 + 3x^2 - 4x - 12$
e) $x^3 + 6x^2 + 11x + 6$
f) $x^3 - 1$

20. Resolva as inequações.

a) $x^3 - 1 > 0$
b) $x^3 + 6x^2 + 11x + 6 < 0$
c) $x^3 + 3x^2 - 4x - 12 \geq 0$
d) $x^3 + 2x^2 - 3x < 0$

21. A afirmação:

"quaisquer que sejam os reais x e y, $x < y \Leftrightarrow x^2 < y^2$" é falsa ou verdadeira? Justifique.

22. Prove que quaisquer que sejam os reais x e y, $x < y \Leftrightarrow x^3 < y^3$.

23. Neste exercício você deverá admitir como conhecidas apenas as propriedades (A1) a (A4), (M1) a (M4), (D), (O1) a (O4), (OA) e (OM). Supondo x, y reais quaisquer, prove:

a) $x \cdot 0 = 0$.
b) (Regra dos sinais)
   $(-x)y = -xy; x(-y) = -xy; (-x)(-y) = xy$.
c) $x^2 \geq 0$.
d) $1 > 0$.
e) $x > 0 \Leftrightarrow x^{-1} > 0$.
f) (Anulamento do produto)
   $xy = 0 \Leftrightarrow x = 0$ ou $y = 0$.
g) $x^2 = y^2 \Leftrightarrow x = y$ ou $x = -y$
h) Se $x \geq 0$ e $y \geq 0$, $x^2 = y^2 \Leftrightarrow x = y$.

1.3 Módulo de um Número Real

Seja x um número real; definimos o *módulo* (ou *valor absoluto*) de x por:

$$|x| = \begin{cases} x & \text{se } x \geq 0 \\ -x & \text{se } x < 0. \end{cases}$$

De acordo com a definição acima, para todo x, $|x| \geq 0$, isto é, o módulo de um número real é sempre positivo.

Exemplo 1

a) $|5| = 5$.
b) $|-3| = -(-3) = 3$.

Exemplo 2 Mostre que, para todo x real,
$$|x|^2 = x^2.$$

Solução

Se $x \geq 0$, $|x| = x$ e daí $|x|^2 = x^2$.
Se $x < 0$, $|x| = -x$ e daí $|x|^2 = (-x)^2 = x^2$.

Assim, para todo x real, $|x|^2 = x^2$.

Lembrando que $\sqrt{a}$ indica a raiz quadrada positiva de a ($a \geq 0$), segue do exemplo anterior que, para todo x real,

$$\boxed{\sqrt{x^2} = |x|}$$

Exemplo 3 Suponha $a > 0$. Resolva a equação

$$|x| = a.$$

Solução

Como $|x| \geq 0$ e $a > 0$,

$$|x| = a \Leftrightarrow |x|^2 = a^2.$$

Mas $|x|^2 = x^2$, assim

$$|x| = a \Leftrightarrow x^2 = a^2 \Leftrightarrow (x - a)(x + a) = 0 \Leftrightarrow x = a \text{ ou } x = -a.$$

Portanto,

$$|x| = a \Leftrightarrow x = a \text{ ou } x = -a.$$

Exemplo 4 Resolva a equação $|2x + 1| = 3$.

Solução

$$|2x + 1| = 3 \Leftrightarrow \begin{cases} 2x + 1 = 3 \\ \text{ou} \\ 2x + 1 = -3 \end{cases} \Leftrightarrow \begin{cases} x = 1 \\ \text{ou} \\ x = -2. \end{cases}$$

Assim,

$$|2x + 1| = 3 \Leftrightarrow x = 1 \text{ ou } x = -2.$$

Sejam x e y dois números reais quaisquer. Definimos a distância de x a y por $|x - y|$. Sendo P e Q os pontos do eixo $0x$ de abscissas x e y, e u o segmento de extremidades 0 e 1, $|x - y|$ é a medida, com unidade u, do segmento PQ.

De $|x| = |x - 0|$, segue que $|x|$ é a distância de x a 0.

Seja $r > 0$; o próximo exemplo nos diz que a distância de x a 0 é menor que r se, e somente se, x estiver compreendido entre $-r$ e r.

Exemplo 5 Suponha $r > 0$. Mostre que

$$|x| < r \Leftrightarrow -r < x < r.$$

Números Reais

15

Solução

$$|x| < r \Leftrightarrow |x|^2 < r^2 \Leftrightarrow x^2 < r^2$$

mas,

$$x^2 < r^2 \Leftrightarrow (x - r)(x + r) < 0 \Leftrightarrow -r < x < r.$$

Portanto,

$$|x| < r \Leftrightarrow -r < x < r.$$

Exemplo 6 Resolva a inequação $|x| < 3$.

Solução

Pelo Exercício 5,

$$|x| < 3 \Leftrightarrow -3 < x < 3.$$

Exemplo 7 Elimine o módulo em

$$|x - p| < r \, (r > 0).$$

Solução

$$|x - p| < r \Leftrightarrow -r < x - p < r \Leftrightarrow p - r < x < p + r.$$

Assim,

$$|x - p| < r \Leftrightarrow p - r < x < p + r.$$

(*A distância de x a p é estritamente menor que r se, e somente se, x estiver estritamente compreendido entre $p - r$ e $p + r$.*)

Exemplo 8 Mostre que quaisquer que sejam os reais x e y

$$|xy| = |x||y|.$$

(*O módulo de um produto é igual ao produto dos módulos dos fatores.*)

Solução

$$|xy|^2 = (xy)^2 = x^2y^2 = |x|^2|y|^2 = \left(|x||y|\right)^2.$$

Como $|xy| \geqslant 0$ e $|x||y| \geqslant 0$ resulta

$$|xy| = |x||y|.$$

Antes de passarmos ao próximo exemplo, observamos que, para todo x real,

$$x \leqslant |x| \text{ e } -x \leqslant |x|. \text{ (Verifique.)}$$

Capítulo 1

Exemplo 9 (*Desigualdade triangular.*) Quaisquer que sejam os reais x e y

$$|x + y| \leqslant |x| + |y|.$$

(*O módulo de uma soma é menor ou igual à soma dos módulos das parcelas.*)

Solução

Se $x + y \geqslant 0$, $|x + y| = x + y \leqslant |x| + |y|$.
Se $x + y < 0$, $|x + y| = -(x + y) = -x - y \leqslant |x| + |y|$.

Assim, quaisquer que sejam os reais x e y.

$$|x + y| \leqslant |x| + |y|.$$

Exemplo 10 Elimine o módulo em $|x - 1| + |x + 2|$.

Solução

Para $x < -2$, $x - 1 < 0$ e $x + 2 < 0$, assim
$$|x - 1| + |x + 2| = -(x - 1) - (x + 2) = -2x - 1.$$

Para $-2 \leqslant x < 1$, $x - 1 < 0$ e $x + 2 \geqslant 0$, assim
$$|x - 1| + |x + 2| = -(x - 1) + (x + 2) = 3.$$

Para $x \geqslant 1$, $x - 1 \geqslant 0$ e $x + 2 \geqslant 0$, assim
$$|x - 1| + |x + 2| = (x - 1) + (x + 2) = 2x + 1.$$

Conclusão

$$|x - 1| + |x + 2| = \begin{cases} -2x - 1 & \text{se } x < -2 \\ 3 & \text{se } -2 \leqslant x < 1 \\ 2x + 1 & \text{se } x \geqslant 1 \end{cases}$$

Exercícios 1.3

1. Elimine o módulo.

   a) $|-5| + |-2|$

   b) $|-5 + 8|$

   c) $|-a|, a > 0$

   d) $|a|, a < 0$

   e) $|-a|$

   f) $|2a| - |3a|$

2. Resolva as equações.

   a) $|x| = 2$

   b) $|x + 1| = 3$

c) $|2x - 1| = 1$ d) $|x - 2| = -1$
e) $|2x + 3| = 0$ f) $|x| = 2x + 1$

3. Resolva as inequações.
   a) $|x| \leq 1$ b) $|2x - 1| < 3$
   c) $|3x - 1| < -2$ d) $|3x - 1| < \dfrac{1}{3}$
   e) $|2x^2 - 1| < 1$ f) $|x - 3| < 4$
   g) $|x| > 3$ h) $|x + 3| > 1$
   i) $|2x - 3| > 3$ j) $|2x - 1| < x$
   l) $|x + 1| < |2x - 1|$ m) $|x - 1| - |x + 2| > x$
   n) $|x - 3| < x + 1$ o) $|x - 2| + |x - 1| > 1$

4. Suponha $r > 0$. Prove:
$$|x| > r \Leftrightarrow x < -r \text{ ou } x > r$$

5. Elimine o módulo.
   a) $|x + 1| + |x|$ b) $|x - 2| - |x + 1|$
   c) $|2x - 1| + |x - 2|$ d) $|x| + |x - 1| + |x - 2|$

6. Prove:
$$|x + y| = |x| + |y| \Leftrightarrow xy \geq 0.$$

7. Prove:
   a) $|x - y| \geq |x| - |y|$
   b) $|x - y| \geq |y| - |x|$
   c) $\big||x| - |y|\big| \leq |x - y|$

1.4 Intervalos

O objetivo desta seção é destacar certos tipos de subconjuntos de $\mathbb{R}$, os *intervalos*, que serão bastante úteis durante todo o curso.

Sejam a e b dois reais, com $a < b$. Um intervalo em $\mathbb{R}$ é um subconjunto de $\mathbb{R}$ que tem uma das seguintes formas:

$[a, b] = \{x \in \mathbb{R} \mid a \leq x \leq b\}$
$]a, b[= \{x \in \mathbb{R} \mid a < x < b\}$
$]a, b] = \{x \in \mathbb{R} \mid a < x \leq b\}$
$[a, b[= \{x \in \mathbb{R} \mid a \leq x < b\}$
$]-\infty, a[= \{x \in \mathbb{R} \mid x < a\}$ ($-\infty$ = menos infinito)

Capítulo 1

18

> **Observação.** $-\infty$ não é número, $-\infty$ é apenas um símbolo.

$$]-\infty, a] = \{x \in \mathbb{R} \mid x \leqslant a\}$$
$$[a, +\infty[= \{x \in \mathbb{R} \mid x \geqslant a\}$$
$$]a, +\infty[= \{x \in \mathbb{R} \mid x > a\}$$
$$]-\infty, +\infty[= \mathbb{R}.$$

Os intervalos $]a, b[,]-\infty, a[,]a, +\infty[$ e $]-\infty, +\infty[$ são denominados *intervalos abertos*; $[a, b]$ denomina-se *intervalo fechado* de extremidades a e b.

Exemplo Expresse o conjunto $\{x \in \mathbb{R} \mid 2x - 3 < x + 1\}$ em notação de intervalo.

Solução

$$2x - 3 < x + 1 \Leftrightarrow x < 4.$$

Assim,

$$\{x \in \mathbb{R} \mid 2x - 3 < x + 1\} =]-\infty, 4[.$$

Exercícios 1.4

1. Expresse cada um dos conjuntos abaixo em notação de intervalo.

a) $\{x \in \mathbb{R} \mid 4x - 3 < 6x + 2\}$
b) $\{x \in \mathbb{R} \mid |x| < 1\}$
c) $\{x \in \mathbb{R} \mid |2x - 3| \leqslant 1\}$
d) $\{x \in \mathbb{R} \mid 3x + 1 < \dfrac{x}{3}\}$

2. Determine $r > 0$ de modo que $]4 - r, 4 + r[\subset]2, 5[$.
(*Lembre-se*: $A \subset B \Leftrightarrow A$ é subconjunto de B.)

3. Sejam $a < b$ dois reais e $p \in]a, b[$. Determine $r > 0$ de modo que $]p - r, p + r[\subset]a, b[$.

4. Expresse o conjunto das soluções das inequações dadas em notação de intervalo.

a) $x^2 - 3x + 2 < 0$
b) $\dfrac{2x - 1}{x + 3} > 0$
c) $x^2 + x + 1 > 0$
d) $x^2 - 9 \leqslant 0$

1.5 Propriedade dos Intervalos Encaixantes e Propriedade de Arquimedes

A seguir destacaremos duas propriedades fundamentais dos números reais e cujas demonstrações serão apresentadas no Apêndice A.

Números Reais

Propriedade dos Intervalos Encaixantes. Seja $[a_0, b_0]$, $[a_1, b_1]$, $[a_2, b_2]$, ..., $[a_n, b_n]$, ... uma *sequência* de intervalos satisfazendo as condições:

(i) $[a_0, b_0] \supset [a_1, b_1] \supset [a_2, b_2] \supset ... \supset [a_n, b_n] \supset ...$
   (ou seja, cada intervalo da sequência contém o seguinte);

(ii) para todo $r > 0$, existe um natural n tal que

$$b_n - a_n < r$$

(ou seja, à medida que n cresce o comprimento do intervalo $[a_n, b_n]$ vai tendendo a zero).

Nestas condições, *existe um único* real α que pertence a todos os intervalos da sequência, isto é, existe um único real α tal que, para todo natural n, $a_n \leqslant \alpha \leqslant b_n$.

Propriedade de Arquimedes. Se $x > 0$ e y são dois reais quaisquer, então existe pelo menos um número natural n tal que

$$nx > y.$$

Exemplo

a) Para todo $x > 0$, existe pelo menos um natural n tal que $\dfrac{1}{n} < x$.

b) Para todo real x existe pelo menos um natural n tal que $n > x$.

Solução

a) Como $x > 0$, por Arquimedes, existe um natural n tal que $nx > 1$ e, portanto, $\dfrac{1}{n} < x$.

   (*Observe*: $nx > 1 \Rightarrow n \neq 0$.)

b) Como $1 > 0$, por Arquimedes, existe um natural n tal que $n > x$.

1.6 Existência de Raízes

Inicialmente, observamos que se $[a_0, b_0]$, $[a_1, b_1]$, $[a_2, b_2]$, ..., $[a_n, b_n]$, ... for uma sequência de intervalos satisfazendo as condições da *propriedade dos intervalos encaixantes* e se para todo n, $a_n > 0$ e $b_n > 0$, então a sequência de intervalos $[a_0^2, b_0^2]$, $[a_1^2, b_1^2]$, $[a_2^2, b_2^2]$, ..., $[a_n^2, b_n^2]$, ..., também satisfará aquelas condições (verifique).

Antes de apresentar o próximo exemplo, lembramos que por um *dígito* entendemos um natural pertencente ao conjunto $\{0, 1, 2, 3, ..., 9\}$.

Exemplo 1   Mostre que a equação $x^2 = 2$ admite uma única raiz positiva α.

Solução

Seja A_0 o maior natural tal que

$$A_0^2 \leqslant 2 (A_0 = 1)$$

Capítulo 1

daí

$$(A_0 + 1)^2 > 2 \ (A_0 + 1 = 2, 2^2 > 2).$$

Façamos, agora, $a_0 = A_0$ e $b_0 = A_0 + 1$. Seja A_1 o maior dígito tal que

$$\left(A_0 + \frac{A_1}{10} \right)^2 \leq 2(A_1 = 4; \ (1,4)^2 < 2 < (1,5)^2).$$

Façamos:

$$a_1 = A_0 + \frac{A_1}{10} \text{ e } b_1 = A_0 + \frac{A_1 + 1}{10}.$$

Assim,

$$a_1^2 \leq 2 < b_1^2.$$

(*Observe*: $a_1 = 1,4$ e $b_1 = 1,5$.)

Seja A_2 o maior dígito tal que

$$\left(A_0 + \frac{A_1}{10} + \frac{A_2}{10^2} \right)^2 \leq 2(A_2 = 1; \ (1,41)^2 < 2 < (1,42)^2).$$

Façamos:

$$a_2 = A_0 + \frac{A_1}{10} + \frac{A_2}{10^2} \text{ e } b_2 = A_0 + \frac{A_1}{10} + \frac{A_2 + 1}{10^2}.$$

(*Observe*: $a_2 = 1,41$ e $b_2 = 1,42$.)

Assim,

$$a_2^2 \leq 2 < b_2^2.$$

Prosseguindo com este raciocínio, obteremos uma sequência de intervalos $[a_0, b_0]$, $[a_1, b_1]$, ..., $[a_n, b_n]$ satisfazendo as condições da propriedade dos intervalos encaixantes (observe que $b_n - a_n = \frac{1}{10^n}$ e quando n cresce $b_n - a_n$ tende a zero). Assim, *existe um único real α tal que, para todo n,

$$a_n \leq \alpha \leq b_n$$

e, portanto,

$$a_n^2 \leq \alpha^2 \leq b_n^2.$$

Mas α^2 é o único real tendo esta propriedade, pois, $[a_0^2, b_0^2]$, $[a_1^2, b_1^2]$, ..., $[a_n^2, b_n^2]$, ... também satisfaz as condições daquela propriedade. Como, para todo n,

$$a_n^2 \leq 2 < b_n^2$$

segue-se que $\alpha^2 = 2$. Fica provado, assim, que existe um real $\alpha > 0$ tal que $\alpha^2 = 2$. Vejamos, agora, a unicidade. Suponhamos que $\beta > 0$ também satisfaça a equação; temos

$$\left. \begin{array}{l} \alpha^2 = 2 \\ \beta^2 = 2 \end{array} \right\} \Rightarrow \alpha^2 = \beta^2 \Rightarrow \alpha = \beta.$$

Números Reais

21

> *Teorema.* Sejam $a > 0$ um real e $n \geqslant 2$ um natural. Então existe um único real $\alpha > 0$ tal que $\alpha^n = a$.

Demonstração

É deixada para o leitor [sugestão: siga o raciocínio utilizado no exemplo anterior]. ∎

Notação

Sejam $a > 0$ um real e $n \geqslant 1$ um natural. O único real positivo α tal que $\alpha^n = a$ é indicado por $\sqrt[n]{a}$. Dizemos que α é a *raiz n-ésima* (ou de ordem n) positiva de a. ∎

Sejam $a > 0$ e $b > 0$ dois reais, $m \geqslant 1$ e $n \geqslant 1$ dois naturais e p um inteiro. Admitiremos a familiaridade do leitor com as seguintes propriedades das raízes:

(1) $\sqrt[n]{a} \, \sqrt[n]{b} = \sqrt[n]{ab}$ $\qquad$ (2) $\sqrt[n]{a^p} = \sqrt[mn]{a^{mp}}$

(3) $\sqrt[n]{\sqrt[m]{a}} = \sqrt[mn]{a}$ $\qquad$ (4) $a < b \Leftrightarrow \sqrt[n]{a} < \sqrt[n]{b}$.

Exemplo 2 Seja a um real qualquer. Mostre que se n for ímpar, n natural, então existe um único real $\alpha^n = a$.

Solução

Se $a > 0$, pelo teorema anterior, existe um único $\alpha > 0$ tal que $\alpha^n = a$. Por outro lado, para todo $\beta < 0$, $\beta^n < 0$ (pois estamos supondo n ímpar). Segue que o α acima é o único real tal que $\alpha^n = a$.

Se $a < 0$, existe um único real β tal que $\beta^n = -a$ e daí $(-\beta)^n = a$ (lembre-se de que $(-\beta)^n = -\beta^n$). Assim, $-\beta$ é o único real tal que $(-\beta)^n = a$.

Notação

Se n for ímpar e a um real qualquer, o único α tal que $\alpha^n = a$ é indicado por $\sqrt[n]{a}$. ∎

Exemplo 3 Calcule.

a) $\sqrt[3]{-8}$ $\qquad\qquad\qquad\qquad$ *b)* $\sqrt[4]{16}$

Solução

a) $\sqrt[3]{-8} = -2 \, [(-2)^3 = -8]$ $\qquad$ *b)* $\sqrt[4]{16} = 2$

(*Lembre-se*: $\sqrt[4]{16}$ indica a *raiz positiva* de ordem 4 de 16.)

Exemplo 4 Verifique que

$$a - b = (\sqrt[3]{a} - \sqrt[3]{b})(\sqrt[3]{a^2} + \sqrt[3]{ab} + \sqrt[3]{b^2}).$$

Capítulo 1

Solução

$$a - b = (\sqrt[3]{a})^3 - (\sqrt[3]{b})^3$$
$$= x^3 - y^3 \qquad\qquad (x = \sqrt[3]{a} \text{ e } y = \sqrt[3]{b})$$
$$= (x - y)(x^2 + xy + y^2)$$
$$= (\sqrt[3]{a} - \sqrt[3]{b})(\sqrt[3]{a^2} + \sqrt[3]{ab} + \sqrt[3]{b^2}).$$

Assim:

$$a - b = (\sqrt[3]{a} - \sqrt[3]{b})(\sqrt[3]{a^2} + \sqrt[3]{ab} + \sqrt[3]{b^2}).$$

> **Observação.** Veja uma forma interessante de fixar a identidade acima:
> $$a^3 - b^3 = (a - b)(a^2 + ab + b^2)$$
> agora, extraia a raiz cúbica de todos os termos desta identidade.

Já vimos que a equação $x^2 = 2$ não admite solução em $\mathbb{Q}$; como $\sqrt{2}$ é raiz de tal equação, resulta que $\sqrt{2}$ não é racional, isto é, $\sqrt{2}$ é um número irracional.

Observe que $x^2 = 2$ ter solução em $\mathbb{R}$ é uma consequência da *propriedade dos intervalos encaixantes*; como esta equação não admite solução em $\mathbb{Q}$, isto significa que o corpo ordenado dos racionais não satisfaz tal propriedade. Esta é a grande falha dos racionais. A grande diferença entre o corpo ordenado dos reais e o dos racionais é que o primeiro satisfaz a propriedade dos intervalos encaixantes e o segundo, não.

Os dois próximos exemplos mostram-nos que entre dois reais quaisquer sempre existem pelo menos um racional e pelo menos um irracional.

Exemplo 5 Sejam x e y dois reais quaisquer, com $x < y$. Então, existe pelo menos um irracional t tal que $x < t < y$.

Solução

x é racional ou irracional; suponhamos inicialmente x irracional. Temos
$$x < y \Leftrightarrow y - x > 0.$$
Por Arquimedes, existe um natural n tal que

$$\frac{1}{n} < y - x, \text{ daí } x + \frac{1}{n} < y.$$

Como $\frac{1}{n} > 0$, $x < x + \frac{1}{n}$; tomando-se $t = x + \frac{1}{n}$ tem-se $x < t < y$

com t irracional (a soma de um racional com um irracional é irracional). Suponhamos, agora, x racional. Por Arquimedes existe um natural n tal que $\dfrac{\sqrt{2}}{n} < y - x$; tomando-se $t = x + \dfrac{\sqrt{2}}{n}$ tem-se $x < t < y$, com t irracional.

Números Reais

Exemplo 6 Sejam x, y dois reais quaisquer com $x < y$. Então existe pelo menos um racional r com $x < r < y$.

Solução

1º Caso: $0 < x < y$

Por Arquimedes existe um natural k, com $k > y$; ainda, por Arquimedes, existe um natural n tal que

$$\frac{k}{n} < y - x \text{ e } \frac{k}{n} < x.$$

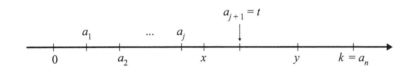

Sejam $a_1 = \frac{k}{n}$, $a_2 = \frac{2k}{n}$, $a_3 = \frac{3k}{n}$, ..., $a_j = \frac{jk}{n}$, ..., $a_n = k$; seja j o maior índice tal que $a_j \leq x$; assim $a_{j+1} > x$ e como $a_{j+1} = a_j + \frac{k}{n} < x + (y - x) = y$, resulta $x < a_{j+1} < y$ tomando-se $t = a_{j+1}$, tem-se $x < t < y$, com t racional.

2º Caso: $x < 0 < y$

Basta tomar $t = 0$.

3º Caso: $x < y < 0$

$$x < y < 0 \Leftrightarrow 0 < -y < -x.$$

Pelo 1º caso, existe um racional s tal que

$$-y < s < -x.$$

Portanto,

$$x < -s < y$$

com $-s$ racional.

4º Caso: $x = 0$ ou $y = 0$

Faça você.

Exercícios 1.6

1. Prove que a soma de um racional com um irracional é um irracional.
2. O produto de um racional diferente de zero com um irracional é racional ou irracional? Justifique.

Capítulo 1

3. Prove que é irracional.

   a) $\sqrt{6}$

   b) $\sqrt{2} + \sqrt{3}$

4. $x = \sqrt[3]{2 - \sqrt{5}} + \sqrt[3]{2 + \sqrt{5}}$ é racional ou irracional? Justifique.

5. Verifique as identidades em que $x > 0$ e $y > 0$.

   a) $x - y = (\sqrt{x} - \sqrt{y})(\sqrt{x} + \sqrt{y})$

   b) $x - y = (\sqrt[4]{x} - \sqrt[4]{y})(\sqrt[4]{x^3} + \sqrt[4]{x^2 y} + \sqrt[4]{xy^2} + \sqrt[4]{y^3})$

6. Determine uma aproximação por falta, com duas casas decimais exatas, de $\sqrt[3]{10}$.

7. Prove: se para todo $r > 0$, r real, $|a - b| < r$, então $a = b$.

8. Sejam x, y dois reais quaisquer com $x > 0$ e $y > 0$. Mostre que

$$\sqrt{xy} \leq \frac{x + y}{2}$$

9. Sejam x, y dois reais quaisquer, com $0 < x < y$. Prove

$$\sqrt{y - x} > \sqrt{y} - \sqrt{x}.$$

10. Seja $\epsilon > 0$ um real dado. Prove que quaisquer que sejam os reais positivos x e y, tem-se:

$$|x - y| < \epsilon^2 \Rightarrow |\sqrt{x} - \sqrt{y}| < \epsilon.$$

11. Sejam x, y dois reais quaisquer, com $0 < x < y$. Prove

$$\sqrt[3]{y - x} > \sqrt[3]{y} - \sqrt[3]{x}.$$

12. A afirmação:

    "para todo real $x \geq 0$, $x \geq \sqrt{x}$"

    é falsa ou verdadeira? Justifique.

1.7 Potência com Expoente Racional

Sejam $a > 0$ um real e $r = \dfrac{m}{n}$, $n > 0$, um racional. Definimos

$$a^r = a^{\frac{m}{n}} = \sqrt[n]{a^m}.$$

Tendo em vista a propriedade (2) das raízes, segue que tal definição não depende da particular fração $\dfrac{m}{n}$, $n > 0$, que tomamos como representante do racional r.

Números Reais

Exemplo

a) $2^{\frac{1}{3}} = \sqrt[3]{2}$

b) $5^{-\frac{2}{3}} = \sqrt[3]{5^{-2}}$

Sejam $a > 0$ e $b > 0$ dois reais quaisquer e r, s dois racionais quaisquer. Das propriedades das potências com expoentes inteiros e das raízes seguem as seguintes propriedades das potências com expoentes racionais e cujas demonstrações são deixadas como exercícios:

(1) $a^r \cdot a^s = a^{r+s}$.

(2) $(a^r)^s = a^{rs}$.

(3) $\dfrac{a^r}{a^s} = a^{r-s}$.

(4) $(ab)^r = a^r b^r$.

(5) Se $a > 1$ e $r < s$, então $a^r < a^s$.

(6) Se $0 < a < 1$ e $r < s$, então $a^r > a^s$.

CAPÍTULO 2

Funções

2.1 Funções de uma Variável Real a Valores Reais

Entendemos por uma função f uma terna

$$(A, B, a \mapsto b)$$

em que A e B são dois conjuntos e $a \mapsto b$, uma regra que nos permite associar a *cada* elemento a de A um *único* b de B. O conjunto A é o *domínio* de f e indica-se por D_f, assim $A = D_f$. O conjunto B é o *contradomínio* de f. O único b de B associado ao elemento a de A é indicado por $f(a)$ (leia: f de a); diremos que $f(a)$ é o *valor que f assume* em a ou que $f(a)$ é o *valor que f associa* a a.

Uma função f de domínio A e contradomínio B é usualmente indicada por $f : A \to B$ (leia: f de A em B).

Uma *função de uma variável real a valores reais* é uma função $f : A \to B$, em que A e B são subconjuntos de $\mathbb{R}$. Até menção em contrário, só trataremos com funções de uma variável real a valores reais.

Seja $f : A \to B$ uma função. O conjunto

$$G_f = \{(x, f(x)) \mid x \in A\}$$

denomina-se *gráfico* de f; assim, o gráfico de f é um subconjunto do conjunto de todos os pares ordenados (x, y) de números reais. Munindo-se o plano de um sistema ortogonal de coordenadas cartesianas, o gráfico de f pode então ser pensado como o lugar geométrico descrito pelo ponto $(x, f(x))$ quando x percorre o domínio de f.

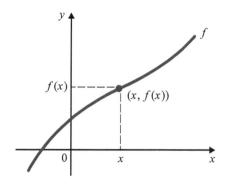

Observação. Por simplificação, deixaremos muitas vezes de explicitar o domínio e o contradomínio de uma função; quando tal ocorrer, ficará implícito que o contradomínio é $\mathbb{R}$ e o domínio o "maior" subconjunto de $\mathbb{R}$ para o qual faz sentido a regra em questão.

É usual representar uma função f de uma variável real a valores reais e com domínio A, simplesmente por

$$y = f(x), x \in A.$$

Neste caso, diremos que x é a *variável independente*, e y, a *variável dependente*. É usual, ainda, dizer que y é função de x.

Exemplo 1 Seja $y = f(x), f(x) = x^3$. Tem-se:

a) $D_f = \mathbb{R}$.
b) O valor que f assume em x é $f(x) = x^3$. Esta função associa a cada real x o número real $f(x) = x^3$.
c) $f(-1) = (-1)^3 = -1; f(0) = 0^3 = 0; f(1) = 1^3 = 1$.
d) Gráfico de f

$$G_f = \{(x, y) \mid y = x^3, x \in \mathbb{R}\}.$$

Suponhamos $x > 0$; observe que, à medida que x cresce, y também cresce, pois $y = x^3$, sendo o crescimento de y mais acentuado que o de x (veja: $2^3 = 8$; $3^3 = 27$ etc.); quando x se aproxima de zero, y se aproxima de zero *mais rapidamente* que $x((1/2)^3 = 1/8; (1/3)^3 = 1/27$ etc.). Esta análise dá-nos uma ideia da parte do gráfico correspondente a $x > 0$. Para $x < 0$, é só observar que $f(-x) = -f(x)$.

x	$f(x)$
-2	-8
-1	-1
$-\dfrac{1}{2}$	$-\dfrac{1}{8}$
0	0
$\dfrac{1}{2}$	$\dfrac{1}{8}$
1	1
2	8

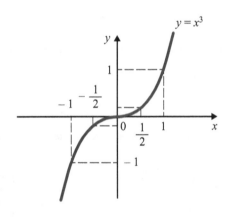

Exemplo 2 Seja f a função dada por $f(x) = \sqrt{x}$. Tem-se:

a) $D_f = \{x \in \mathbb{R} \mid x \geq 0\}$.
b) $f(4) = \sqrt{4} = 2$ (o valor que f assume em 4 é 2).
c) $f(t^2) = \sqrt{t^2} = |t|$.
d) $f(x + 3) = \sqrt{x + 3}, x \geq -3$.
e) Gráfico de f.

A função f é dada pela regra $x \mapsto y$, $y = \sqrt{x}$. Quando x cresce, y também cresce, sendo o crescimento de y mais lento que o de x ($\sqrt{4} = 2$, $\sqrt{16} = 4$, $\sqrt{64} = 8$ etc.); quando x se aproxima de zero, y também se aproxima de zero, só que mais lentamente que x ($\sqrt{\frac{1}{4}} = \frac{1}{2}$; $\sqrt{\frac{1}{16}} = \frac{1}{4}$ etc.).

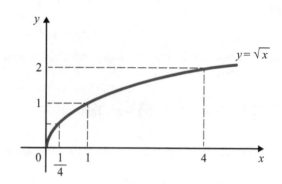

x	$\sqrt{x}$
0	0
$\frac{1}{4}$	$\frac{1}{2}$
1	1
4	2

Exemplo 3 Considere a função g dada por $y = \frac{1}{x}$. Tem-se:

a) $D_g = \{x \in \mathbb{R} \mid x \neq 0\}$.

b) Esta função associa a cada $x \neq 0$ o real $g(x) = \frac{1}{x}$.

c) $g(x + h) = \frac{1}{x + h}$, $x \neq -h$.

d) Gráfico de g.

Vamos olhar primeiro para $x > 0$; à medida que x vai aumentando, $y = \frac{1}{x}$ vai se aproximando de zero ($x = 10 \mapsto y = \frac{1}{10}$; $x = 100 \mapsto y = \frac{1}{100}$ etc.); à medida que x vai se aproximando de zero, $y = \frac{1}{x}$ vai se tornando cada vez maior ($x = \frac{1}{2} \mapsto y = 2$; $x = \frac{1}{10} \mapsto y = 10$; $x = \frac{1}{100} \mapsto y = 100$ etc.). Você já deve ter uma ideia do que acontece para $x < 0$.

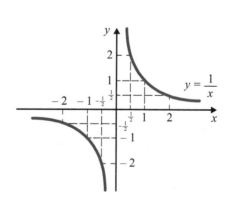

x	$\frac{1}{x}$
-2	$-\frac{1}{2}$
-1	-1
$-\frac{1}{2}$	-2
$\frac{1}{2}$	2
1	1
2	$\frac{1}{2}$

Exemplo 4 Dada a função $f(x) = -x^2 + 2x$, simplifique:

a) $\dfrac{f(x) - f(1)}{x - 1}$.

b) $\dfrac{f(x + h) - f(x)}{h}$.

Solução

a) $\dfrac{f(x) - f(1)}{x - 1} = \dfrac{(-x^2 + 2x) - 1}{x - 1} = \dfrac{-(x - 1)^2}{x - 1}$

assim

$$\dfrac{f(x) - f(1)}{x - 1} = -(x - 1), \, x \neq 1.$$

Observe: $f(1) = -1^2 + 2 = 1$.

b) Primeiro vamos calcular $f(x + h)$. Temos

$$f(x + h) = -(x + h)^2 + 2(x + h) = -x^2 - 2xh - h^2 + 2x + 2h.$$

Então

$$\dfrac{f(x + h) - f(x)}{h} = \dfrac{-x^2 - 2xh - h^2 + 2x + 2h - (-x^2 + 2x)}{h}$$

$$= \dfrac{-2xh - h^2 + 2h}{h}$$

$$= -2x - h + 2$$

ou seja,

$$\dfrac{f(x + h) - f(x)}{h} = -2x - h + 2, \, h \neq 0.$$

Exemplo 5 (*Função constante.*) Uma função $y = f(x)$, $x \in A$, dada por $f(x) = k$, k constante, denomina-se *função constante*.

a) $f(x) = 2$ é uma função constante; tem-se:
 (i) $D_f = \mathbb{R}$ (ii) Gráfico de f

$$G_f = \{(x, f(x)) \mid x \in \mathbb{R}\} = \{(x, 2) \mid x \in \mathbb{R}\}.$$

O gráfico de f é uma reta paralela ao eixo x passando pelo ponto $(0, 2)$.

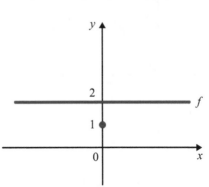

x	y
−2	2
−1	2
0	2
1	2
2	2

b) $g : [-1, +\infty[\to \mathbb{R}$ dada por $g(x) = -1$ é uma função constante e seu gráfico é

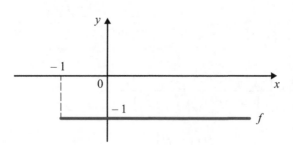

Exemplo 6 Seja $f(x) = \begin{cases} 1 \text{ se } x \geq 0 \\ -1 \text{ se } x < 0 \end{cases}$

Tem-se:

a) $D_f = \mathbb{R}$
b) Gráfico de f

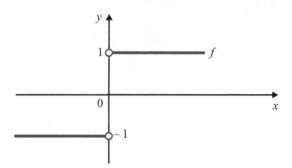

Observe que $(0, 1)$ pertence ao gráfico de f, mas $(0, -1)$ não.

Exemplo 7 (*Função linear.*) Uma função $f : \mathbb{R} \to \mathbb{R}$ dada por $f(x) = ax$, a constante, denomina-se *função linear*; seu gráfico é a reta que passa pelos pontos $(0, 0)$ e $(1, a)$:

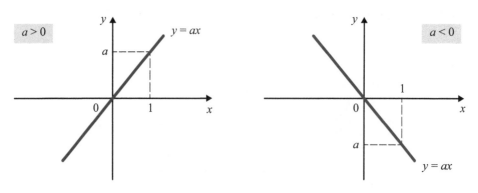

Se $a = 0$, o gráfico de f coincide com o eixo x.

Exemplo 8 Esboce os gráficos.

a) $f(x) = 2x$. b) $g(x) = -2x$. c) $h(x) = 2|x|$.

Solução

a) O gráfico de f é a reta que passa pelos pontos $(0, 0)$ e $(1, 2)$.

x	$y = f(x)$
0	0
1	2

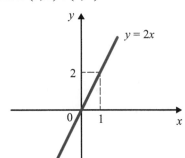

b) O gráfico de g é a reta que passa pelos pontos $(0, 0)$ e $(1, -2)$.

x	$y = g(x)$
0	0
1	-2

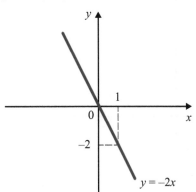

c) Primeiro eliminemos o módulo

$$h(x) = \begin{cases} 2x \text{ se } x \geq 0 \\ -2x \text{ se } x < 0 \end{cases}$$

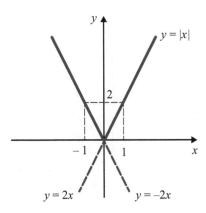

Exemplo 9 (*Função afim.*) Uma função $f: \mathbb{R} \to \mathbb{R}$ dada por $y = ax + b$, a e b constantes, denomina-se *função afim*. Seu gráfico é a reta que passa pelo ponto $(0, b)$ e é paralela à reta $y = ax$.

Exemplo 10 Esboce o gráfico de $f(x) = |x - 1| + 2$.

Solução

Primeiro eliminemos o módulo

$$f(x) = \begin{cases} x - 1 + 2 & \text{se } x \geq 1 \\ -(x - 1) + 2 & \text{se } x < 1 \end{cases} \text{ ou } f(x) = \begin{cases} x + 1 & \text{se } x \geq 1 \\ -x + 3 & \text{se } x < 1. \end{cases}$$

Agora, vamos desenhar, tracejadas, as retas $y = x + 1$ e $y = -x + 3$ e, em seguida, marcar, com traço firme, a parte que interessa de cada uma:

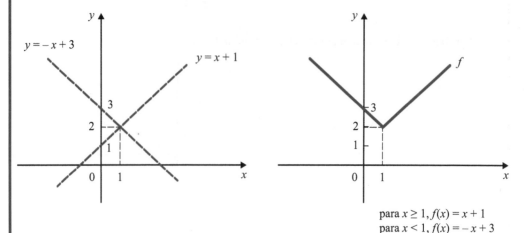

para $x \geq 1$, $f(x) = x + 1$
para $x < 1$, $f(x) = -x + 3$

Sempre que uma função for dada por várias sentenças, você poderá proceder desta forma.

Outro modo de se obter o gráfico de f é o seguinte: primeiro desenhe tracejado o gráfico de $y = |x|$; o gráfico de $y = |x - 1|$ obtém-se do anterior transladando-o para a direita de uma unidade; o gráfico de f obtém-se deste último transladando-o para cima de duas unidades.

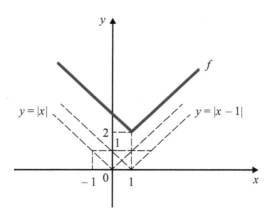

Exemplo 11 (*Função polinomial.*) Uma função $f : \mathbb{R} \to \mathbb{R}$ dada por

$$f(x) = a_0 x^n + a_1 x^{n-1} + \ldots + a_{n-1} x + a_n$$

em que $a_0 \neq 0$, $a_1, a_2, \ldots, a_n$ são números reais fixos, denomina-se *função polinomial de grau n* ($n \in \mathbb{N}$).

a) $f(x) = x^2 - 4$ é uma função polinomial de grau 2 e seu gráfico é a parábola

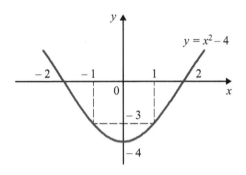

x	$f(x)$
-2	0
-1	-3
0	-4
1	-3
2	0

O gráfico de uma função polinomial de grau 2 é uma parábola com eixo de simetria paralelo ao eixo y.

b) $g(x) = (x - 1)^3$ é uma função polinomial do grau 3; seu gráfico é obtido do gráfico de $y = x^3$, transladando-o uma unidade para a direita.

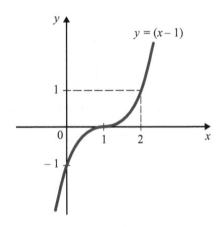

c) $f(x) = x^4 - 1$ é uma função polinomial do grau 4; seu gráfico tem o seguinte aspecto:

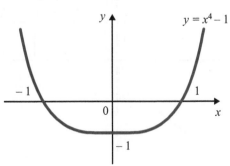

Exemplo 12 (*Função racional.*) Uma *função racional* f é uma função dada por $f(x) = \dfrac{p(x)}{q(x)}$ em que p e q são duas funções polinomiais; o domínio de f é o conjunto $\{x \in \mathbb{R} \mid q(x) \neq 0\}$.

a) $f(x) = \dfrac{x+1}{x}$ é uma função racional definida para todo $x \neq 0$. Como $f(x) = 1 + \dfrac{1}{x}$, segue que o gráfico de f é obtido do gráfico de $y = \dfrac{1}{x}$, transladando-o uma unidade para cima (veja Exemplo 3).

x	$f(x)$
-1	0
1	2

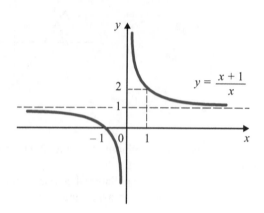

b) $g(x) = \dfrac{x^2+1}{x}$ é uma função racional com domínio $\{x \in \mathbb{R} \mid x \neq 0\}$. Observe que $g(x) = x + \dfrac{1}{x}$. À medida que $|x|$ vai crescendo, $\dfrac{1}{x}$ vai se aproximando de zero e o gráfico de g vai, então, "encostando" na reta $y = x$ (por cima se $x > 0$; por baixo se $x < 0$). À medida que x se aproxima de zero, o gráfico de g vai encostando na curva $y = \dfrac{1}{x}$.

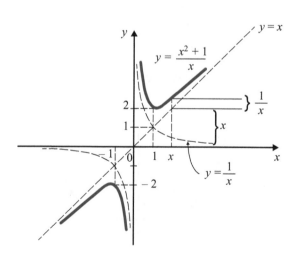

Funções

c) $h(x) = \dfrac{1}{x+2}$ é uma função racional com domínio $\{x \in \mathbb{R} \mid x \neq -2\}$. O gráfico de h é obtido do gráfico de $y = \dfrac{1}{x}$, transladando-o duas unidades para a esquerda.

x	$h(x)$
-3	-1
-1	1
0	$\dfrac{1}{2}$

Exemplo 13 Determine A e B para que a terna $(A, B, x \mapsto y)$ seja função, sendo a regra $x \mapsto y$ dada implicitamente pela equação $xy^2 = x - 1$.

Solução

$$xy^2 = x - 1 \Leftrightarrow y = \pm \sqrt{\dfrac{x-1}{x}}$$

Para se ter função, é preciso que a regra $x \mapsto y$ associe a *cada* $x \in A$ um único $y \in B$. Basta, então, tomar

$$A = \{x \in \mathbb{R} \mid \dfrac{x-1}{x} \geq 0\} = \{x \in \mathbb{R} \mid x < 0 \text{ ou } x \geq 1\}$$

e

$$B = \{y \in \mathbb{R} \mid y \geq 0\}.$$

Temos assim a função $f : A \to B$ dada por

$$f(x) = \sqrt{\dfrac{x-1}{x}}.$$

Observação. A escolha de A e B acima não é a única possível. Quais as outras possibilidades?

Exemplo 14 O conjunto $H = \{(x, y) \in \mathbb{R}^2 \mid 2x + 3y = 1\}$ é gráfico de função? Em caso afirmativo, descreva tal função.

Solução

$2x + 3y = 1 \Leftrightarrow y = \dfrac{1-2x}{3}$; segue que H é o gráfico da função dada por $y = \dfrac{1-2x}{3}$.

Notação

O símbolo $\mathbb{R}^2$ é usado para representar o conjunto de todos os pares ordenados de números reais, $\mathbb{R}^2 = \{(x, y) \mid x, y \in \mathbb{R}\}$.

Observação. Sejam H um conjunto de pares ordenados e $A = \{x \in \mathbb{R} \mid \exists y \in \mathbb{R}$ com $(x, y) \in H\}$. Então H é gráfico de função se e somente se para cada x em A, existe um único y, com $(x, y) \in H$.

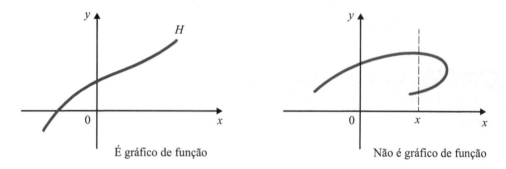

É gráfico de função   Não é gráfico de função

Antes de passarmos ao próximo exemplo, lembramos que a *distância d* entre os pontos (x_0, y_0) e (x_1, y_1) é definida por

$$d = \sqrt{(x_1 - x_0)^2 + (y_1 - y_0)^2}$$

Veja

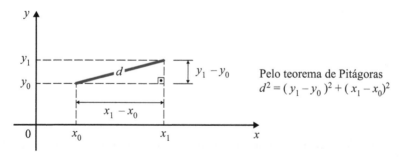

Pelo teorema de Pitágoras
$d^2 = (y_1 - y_0)^2 + (x_1 - x_0)^2$

Pois bem, a *circunferência* de centro (a, b) e raio r ($r > 0$) é, por definição, o lugar geométrico dos pontos do plano cujas distâncias a (a, b) são iguais a r. Assim, a equação da circunferência de raio r e centro (a, b) é

$$(x - a)^2 + (y - b)^2 = r^2.$$

Exemplo 15 Esboce o gráfico da função f dada pela regra $x \mapsto y$, em que $x^2 + y^2 = 1$, $y \geq 0$.

Solução

$x^2 + y^2 = 1$ e $y \geq 0 \Rightarrow y = \sqrt{1 - x^2}$. A função f é dada por

$$y = \sqrt{1 - x^2}, -1 \leq x \leq 1.$$

Como $x^2 + y^2 = 1 \Leftrightarrow (x - 0)^2 + (y - 0)^2 = 1^2$, segue-se que $x^2 + y^2 = 1$ é a equação da circunferência de centro na origem e raio 1; o gráfico de f é a parte desta circunferência correspondente a $y \geq 0$.

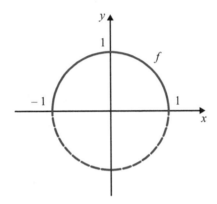

Exemplo 16 O conjunto $H = \{(x, y) \in \mathbb{R}^2 \mid x^2 + y^2 - 2y = 0\}$ é gráfico de função? Por quê?

Solução

$x^2 + y^2 - 2y = 0 \Leftrightarrow x^2 + y^2 - 2y + 1 = 1 \Leftrightarrow x^2 + (y - 1)^2 = 1$ que é a equação da circunferência de centro $(0, 1)$ e raio 1. Temos

$$x^2 + (y - 1)^2 = 1 \Leftrightarrow y = 1 \pm \sqrt{1 - x^2}.$$

Assim, para cada $x \in \,]-1, 1[$ existe mais de um y, com $(x, y) \in H$; H não é gráfico de função.

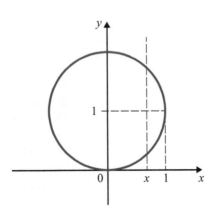

Capítulo 2

Exercícios 2.1

1. Calcule.

a) $f(-1)$ e $f\left(\dfrac{1}{2}\right)$ sendo $f(x) = -x^2 + 2x$

b) $g(0), g(2)$ e $g(\sqrt{2})$ sendo $g(x) = \dfrac{x}{x^2 - 1}$

c) $\dfrac{f(a + b) - f(a - b)}{ab}$ sendo $f(x) = x^2$ e $ab \neq 0$

d) $\dfrac{f(a + b) - f(a - b)}{ab}$ sendo $f(x) = 3x + 1$ e $ab \neq 0$

2. Simplifique $\dfrac{f(x) - f(p)}{x - p}$ $(x \neq p)$ sendo dados:

a) $f(x) = x^2$ e $p = 1$

b) $f(x) = x^2$ e $p = -1$

c) $f(x) = x^2$ e p qualquer

d) $f(x) = 2x + 1$ e $p = 2$

e) $f(x) = 2x + 1$ e $p = -1$

f) $f(x) = 5$ e $p = 2$

g) $f(x) = x^3$ e $p = 2$

h) $f(x) = x^3$ e $p = -2$

i) $f(x) = x^3$ e p qualquer

j) $f(x) = \dfrac{1}{x}$ e $p = 1$

l) $f(x) = \dfrac{1}{x}$ e $p = 2$

m) $f(x) = x^2 - 3x$ e $p = -2$

n) $f(x) = \dfrac{1}{x^2}$ e $p = 3$

o) $f(x) = \dfrac{1}{x^2}$ e $p = -3$

p) $f(x) = \dfrac{1}{x}$ e $p \neq 0$

q) $f(x) = \dfrac{1}{x^2}$ e $p \neq 0$

3. Simplifique $\dfrac{f(x + h) + f(x)}{h}$ $(h \neq 0)$ sendo $f(x)$ igual a

a) $2x + 1$

b) $3x - 8$

c) $-2x + 4$

d) x^2

e) $x^2 + 3x$

f) $-x^2 + 5$

g) $x^2 - 2x$

h) $x^2 - 2x + 3$

i) $-2x^2 + 3$

j) $2x^2 + x + 1$

l) x^3

m) $x^3 + 2x$

n) $x^3 + x^2 - x$

o) 5

p) $\dfrac{1}{x}$

q) $2x^3 - x$

r) $\dfrac{1}{x^2}$

s) $\dfrac{1}{x + 2}$

4. Dê o domínio e esboce o gráfico.

a) $f(x) = 3x$

b) $g(x) = -x$

c) $h(x) = -x + 1$

d) $f(x) = 2x + 1$

e) $g(x) = -2x + 3$

f) $g(x) = 3$

g) $f(x) = -2$

h) $h(x) = \dfrac{1}{3}x + \dfrac{5}{3}$

i) $f(x) = -\dfrac{1}{2}x$

j) $g(x) = \begin{cases} x \text{ se } x \leqslant 2 \\ 3 \text{ se } x > 2 \end{cases}$

l) $f(x) = \begin{cases} 2x & \text{se } x \leq -1 \\ -x + 1 & \text{se } x > -1 \end{cases}$

m) $h(x) = |x - 1|$

n) $f(x) = |x + 2|$

o) $h(x) = \dfrac{x^2 - 1}{x - 1}$

p) $g(x) = \dfrac{x^2 - 2x + 1}{x - 1}$

q) $g(x) = \dfrac{|x|}{x}$

r) $g(x) = \dfrac{|x - 1|}{x - 1}$

s) $f(x) = \dfrac{|2x + 1|}{2x + 1}$

5. Considere a função $f(x) = |x - 1| + |x - 2|$.

a) Mostre que $f(x) = \begin{cases} -2x + 3 & \text{se } x \leq 1 \\ 1 & \text{se } 1 < x < 2 \\ 2x - 3 & \text{se } x \geq 2 \end{cases}$

b) Esboce o gráfico de f.

6. Esboce o gráfico.

a) $f(x) = |x| + |x - 2|$

b) $g(x) = |x| - 1$

c) $y = \big||x| - 1\big|$

d) $f(x) = |x + 1| - |x|$

7. Olhando para o gráfico de f, estude o sinal de $f(x)$.

a) $f(x) = x - 3$

b) $f(x) = -2x + 1$

c) $f(x) = 3x + 1$

d) $f(x) = -3x - 2$

e) $f(x) = x + 3$

f) $f(x) = -8x + 1$

g) $f(x) = ax + b \ (a > 0)$

h) $f(x) = ax + b \ (a < 0)$

8. Estude a variação do sinal de $f(x)$.

a) $f(x) = (x - 1)(x + 2)$

b) $f(x) = (2x + 3)(x + 1)$

c) $f(x) = x(1 - x)$

d) $f(x) = (-x + 2)(x - 3)$

e) $f(x) = \dfrac{x - 1}{x + 1}$

f) $f(x) = \dfrac{2x - 3}{1 - 2x}$

g) $f(x) = \dfrac{x}{2x + 3}$

h) $f(x) = \dfrac{2x + 1}{x - 2}$

i) $f(x) = \dfrac{x(2x - 1)}{x + 1}$

j) $f(x) = \dfrac{3x - 1}{x^2 + 1}$

l) $f(x) = (2x - 3)(x + 1)(x - 2)$

m) $f(x) = \dfrac{2x - 3}{(1 - x)(1 - 2x)}$

9. Determine o domínio.

a) $f(x) = \dfrac{1}{x - 1}$

b) $y = \dfrac{x}{x^2 - 1}$

c) $g(x) = \dfrac{2x}{x^2 + 1}$

d) $y = \dfrac{x}{x + 2}$

e) $h(x) = \sqrt{x + 2}$

f) $g(x) = \dfrac{x + 1}{x^2 + x}$

Capítulo 2

g) $y = \sqrt{\dfrac{x-1}{x+1}}$

h) $y = \sqrt[4]{\dfrac{x}{x+3}}$

i) $y = \sqrt[3]{x^2 - x}$

j) $y = \sqrt{x(2-3x)}$

l) $f(x) = \sqrt{\dfrac{2x-1}{1-3x}}$

m) $y = \sqrt[6]{\dfrac{x-3}{x+2}}$

n) $s = \sqrt{t^2 - 1}$

o) $y = \dfrac{\sqrt{x}}{\sqrt[3]{x-1}}$

p) $y = \sqrt{4 - x^2}$

q) $y = \sqrt{5 - 2x^2}$

r) $y = \sqrt{x-1} + \sqrt{3-x}$

s) $y = \sqrt{1 - \sqrt{x}}$

t) $y = \sqrt{x} - \sqrt{5 - 2x}$

u) $y = \sqrt{x - \sqrt{x}}$

10. Esboce o gráfico.

a) $f(x) = x^2$

b) $y = x^2 + 1$

c) $y = x^2 - 1$

d) $y = (x-1)^2$

e) $y = (x+1)^2$

f) $y = (x-1)^2 + 1$

g) $y = (x+1)^2 - 2$

h) $y = -x^2$

i) $y = -(x-2)^2$

j) $y = |x^2 - 1|$

l) $y = x^4$

m) $y = (x+1)^3$

n) $y = -x^3$

o) $y = (x-2)^3$

p) $y = x|x|$

q) $y = x^2|x|$

r) $y = \begin{cases} x^2 & \text{se } x \leq 1 \\ 2 - (x-2)^2 & \text{se } x > 1 \end{cases}$

s) $y = \begin{cases} x^2 - 1 & \text{se } x \leq 0 \\ x & \text{se } x > 0 \end{cases}$

11. Considere a função f dada por $f(x) = x^2 + 4x + 5$.

a) Mostre que $f(x) = (x+2)^2 + 1$.

b) Esboce o gráfico de f.

c) Qual o menor valor de $f(x)$? Em que x este menor valor é atingido?

12. Seja $f(x) = ax^2 + bx + c, a \neq 0$.

a) Verifique que $f(x) = a\left(x + \dfrac{b}{2a}\right)^2 - \dfrac{\Delta}{4a}$, em que $\Delta = b^2 - 4ac$.

b) Mostre que se $a > 0$, então o menor valor de $f(x)$ acontece para $x = -\dfrac{b}{2a}$. Qual o menor valor de $f(x)$?

c) Mostre que se $a < 0$, então $f\left(-\dfrac{b}{2a}\right) = -\dfrac{\Delta}{4a}$ é o maior valor assumido por f.

d) Interprete (b) e (c) graficamente.

13. Com relação à função f dada, determine as raízes (caso existam), o maior ou o menor valor e esboce o gráfico.

a) $f(x) = x^2 - 3x + 2$

b) $f(x) = x^2 - 4$

c) $f(x) = x^2 - 4x + 4$

d) $f(x) = x^2 + 2x + 2$

e) $f(x) = 2x^2 + 3$

f) $f(x) = 2x^2 - 3x$

g) $f(x) = -x^2 + 2x$

h) $f(x) = -x^2 + 4$

i) $f(x) = -4x^2 + 4x - 1$

j) $f(x) = -x^2 - 4x - 5$

Funções

41

14. Olhando para o gráfico, estude a variação do sinal de $f(x)$.

a) $f(x) = x^2 - 1$

b) $f(x) = x^2 - 5x + 6$

c) $f(x) = x^2 + x + 1$

d) $f(x) = -x^2 + 3x$

e) $f(x) = -x^2 - 2x - 1$

f) $f(x) = x^2 + 6x + 9$

g) $f(x) = -x^2 + 9$

h) $f(x) = x^2 + 2x - 6$

i) $f(x) = 2x^2 - 6x + 1$

j) $f(x) = -x^2 + 2x - 3$

15. Dê o domínio e esboce o gráfico.

a) $f(x) = \dfrac{2}{x}$

b) $y = \dfrac{2}{x - 1}$

c) $y = \dfrac{2}{x + 1}$

d) $y = 1 + \dfrac{1}{x}$

e) $y = -2 + \dfrac{1}{x}$

f) $y = -\dfrac{1}{x}$

g) $y = \dfrac{1}{x + 2}$

h) $y = \dfrac{1}{x - 2}$

i) $y = \dfrac{1}{x^2}$

j) $y = -\dfrac{1}{x^2}$

l) $y = \dfrac{1}{(x - 1)^2}$

m) $y = \dfrac{2}{(x - 1)^2}$

n) $y = \dfrac{1}{(x + 1)^2}$

o) $y = 1 + \dfrac{1}{x^2}$

p) $y = -x + \dfrac{1}{x}$

q) $y = |x| + \dfrac{1}{x}$

r) $y = \sqrt{x - 1}$

s) $y = \sqrt{x + 2}$

t) $y = \sqrt[3]{x}$

u) $y = \sqrt{|x|}$

v) $y = \sqrt{x^2}$

x) $y = \sqrt[3]{x^2}$

16. a) Verifique que $\sqrt{1 + x^2} - |x| = \dfrac{1}{|x| + \sqrt{1 + x^2}}$. Conclua que à medida que $|x|$ cresce

a diferença $\sqrt{1 + x^2} - |x|$ se aproxima de zero.

b) Esboce o gráfico de $y = \sqrt{1 + x^2}$

17. Dê o domínio e esboce o gráfico de $f(x) = \sqrt{x^2 - 1}$.

(*Sugestão*: Verifique que à medida que $|x|$ vai crescendo, o gráfico de f vai "encostando", por baixo, no gráfico de $y = |x|$.)

18. Dê o domínio e esboce o gráfico.

a) $y = \sqrt{2 + x^2}$

b) $y = \sqrt{x^2 - 4}$

c) $y = \sqrt{x^2 - 9}$

d) $y = \sqrt{x^2 + 4}$

e) $y = \sqrt{9 - x^2}$

f) $y = \sqrt{1 - (x + 2)^2}$

19. Seja f dada por $x \mapsto y$, $y \geqslant 0$, em que $x^2 + y^2 = 4$.

a) Determine $f(x)$

b) Esboce o gráfico de f

Capítulo 2

20. Esboce o gráfico da função $y = f(x)$ dada *implicitamente* pela equação.

a) $x^2 + y^2 = 1, y \leqslant 0$

b) $x - y^2 = 0, y \geqslant 0$

c) $(x - 1)^2 + y^2 = 4, y \geqslant 0$

d) $x^2 + y^2 + 2y = 0, y \geqslant -1$

e) $x^2 + y^2 + 2x + 4y = 0, y \leqslant -2$

f) $\dfrac{y + 1}{y} = x, x \neq 1$

21. Considere a função $f(x) = \text{máx}\left\{x, \dfrac{1}{x}\right\}$.

a) Calcule $f(2), f(-1)$ e $f\left(\dfrac{1}{2}\right)$

b) Dê o domínio e esboce o gráfico.

22. Considere a função $f(x) = \text{máx}\{n \in \mathbb{Z} \mid n \leqslant x\}$. (*Função maior inteiro*.)

a) Calcule $f\left(\dfrac{1}{2}\right), f(1), f\left(\dfrac{5}{4}\right)$ e $f\left(-\dfrac{1}{5}\right)$

b) Esboce o gráfico.

23. Calcule a distância entre os pontos dados.

a) $(1, 2)$ e $(2, 3)$

b) $(0, 1)$ e $(1, 3)$

c) $(-1, 2)$ e $(0, 1)$

d) $(0, 2)$ e $(0, 3)$

e) $(-2, 3)$ e $(1, 4)$

f) $(1, 1)$ e $(2, 2)$

24. Seja d a distância de $(0, 0)$ a (x, y); expresse d em função de x, sabendo que (x, y) é um ponto do gráfico de $y = \dfrac{1}{x}$.

25. Um móvel desloca-se (em movimento retilíneo) de $(0, 0)$ a $(x, 10)$ com uma velocidade constante de 1 (m/s); em seguida, de $(x, 10)$ a $(30, 10)$ (em movimento retilíneo) com velocidade constante de 2 (m/s). Expresse o tempo total $T(x)$, gasto no percurso, em função de x. (Suponha que a unidade adotada no sistema de referência seja o metro.)

26. (x, y) é um ponto do plano cuja soma das distâncias a $(-1, 0)$ e $(1, 0)$ é igual a 4.

a) Verifique que $\dfrac{x^2}{4} + \dfrac{y^2}{3} = 1$.

b) Supondo $y \geqslant 0$, expresse y em função de x e esboce o gráfico da função obtida.

27. Sejam F_1 e F_2 dois pontos fixos e distintos do plano. O *lugar geométrico* dos pontos (x, y) cuja soma das distâncias a F_1 e F_2 é sempre igual a $2k(2k > $ distância de F_1 a F_2) denomina-se *elipse* de focos F_1 e F_2 e semieixo maior k.

a) Verifique que $\dfrac{x^2}{a^2} + \dfrac{y^2}{b^2} = 1$ é a equação da elipse de focos $(-c, 0)$ e $(c, 0)$ e semieixo maior a, em que $b^2 = a^2 - c^2$.

b) Verifique que $\dfrac{x^2}{a^2} + \dfrac{y^2}{b^2} = 1$ é a equação da elipse de focos $(0, -c)$ e $(0, c)$ e semieixo maior b, em que $a^2 = b^2 - c^2$.

c) Desenhe os lugares geométricos descritos nos itens (a) e (b).

28. Determine o domínio e esboce o gráfico.

a) $y = \sqrt{4 - 3x^2}$

b) $f(x) = -\sqrt{1 - 4x^2}$

c) $y = \sqrt{4 - x^2}$

d) $g(x) = \sqrt{2 - 3x^2}$

Funções

43

29. Você aprendeu em geometria analítica que $y - y_0 = m(x - x_0)$ é a equação da reta que passa pelo ponto (x_0, y_0) e que tem coeficiente angular m. Determine a equação da reta que passa pelo ponto dado e tem coeficiente angular m dado.

 a) $(1, 2)$ e $m = 1$ *b)* $(0, 3)$ e $m = 2$ *c)* $(-1, -2)$ e $m = -3$

 d) $(2, -1)$ e $m = -\dfrac{1}{2}$ *e)* $(5, 2)$ e $m = 0$ *f)* $(-3, 0)$ e $m = \dfrac{5}{2}$

30. A reta r intercepta os eixos coordenados nos pontos A e B. Determine a distância entre A e B, sabendo-se que r passa pelos pontos $(1, 2)$ e $(3, 1)$.

31. A reta r passa pelo ponto $(1, 2)$ e intercepta os eixos coordenados nos pontos A e B. Expresse a distância d, entre A e B, em função do coeficiente angular m. (Suponha $m < 0$.)

32. Na fabricação de uma caixa, de forma cilíndrica, e volume 1 (m^3), utilizam-se, nas laterais e no fundo, um material que custa \$1.000 o metro quadrado e na tampa outro que custa \$2.000 o metro quadrado. Expresse o custo C do material utilizado, em função do raio r da base.

33. Expresse a área A de um triângulo equilátero em função do lado l.

34. Um retângulo está inscrito numa circunferência de raio r dado. Expresse a área A do retângulo em função de um dos lados do retângulo.

35. Um cilindro circular reto está inscrito numa esfera de raio r dado. Expresse o volume V do cilindro em função da altura h do cilindro.

36. Um móvel é lançado verticalmente e sabe-se que no instante t sua altura é dada por

 $h(t) = 4t - t^2, 0 \leqslant t \leqslant 4$. (Suponha o tempo medido em segundos e a altura em quilômetros.)

 a) Esboce o gráfico de h.
 b) Qual a altura máxima atingida pelo móvel? Em que instante esta altura máxima é atingida?

37. Entre os retângulos de perímetro $2p$ dado, qual o de área máxima?

38. Divida um segmento de 10 cm de comprimento em duas partes, de modo que a soma dos quadrados dos comprimentos seja mínima.

39. Um arame de 10 cm de comprimento deve ser cortado em dois pedaços, um dos quais será torcido de modo a formar um quadrado e o outro, a formar uma circunferência. De que modo deverá ser cortado para que a soma das áreas das regiões limitadas pelas figuras obtidas seja mínima?

40. Um arame de 36 cm de comprimento deve ser cortado em dois pedaços, um dos quais será torcido de modo a formar um quadrado e o outro, a formar um triângulo equilátero. De que modo deverá ser cortado para que a soma das áreas das regiões limitadas pelas figuras obtidas seja mínima?

41. Coloque na forma $(x - a)^2 + (y - b)^2 = r^2$.

 a) $x^2 + y^2 - 2x = 0$ *b)* $x^2 + y^2 - x - y = 0$
 c) $2x^2 + 2y^2 + x = 1$ *d)* $x^2 + y^2 + 3x - y = 2$

42. Determine a para que as retas dadas sejam paralelas.

 a) $y = ax$ e $y = 3x - 1$ *b)* $y = (a + 1)x + 1$ e $y = x$

 c) $y = \dfrac{2x + 1}{3}$ e $y = 2ax + 1$ *d)* $y = -x$ e $y = 3ax + 4$

 e) $2x + y = 1$ e $y = ax + 2$ *f)* $x + ay = 0$ e $y = 3x + 2$

43. Determine a equação da reta que passa pelo ponto dado e que seja paralela à reta dada.

a) $y = 2x + 3$ e $(1, 3)$
b) $2x + 3y = 1$ e $(0, 1)$
c) $x - y = 2$ e $(-1, 2)$
d) $x + 2y = 3$ e $(0, 0)$

44. Justifique geometricamente: $y = mx + n (m \neq 0)$ e $y = m_1 x + n_1$ são perpendiculares se e somente se $mm_1 = -1$.

45. Determine a equação da reta que passa pelo ponto dado e que seja perpendicular à reta dada.

a) $y = x$ e $(1, 2)$
b) $y = 3x + 2$ e $(0, 0)$
c) $y = -3x + 1$ e $(-1, 1)$
d) $2x + 3y = 1$ e $(1, 1)$
e) $3x - 2y = 0$ e $(0, 0)$
f) $5x + y = 2$ e $(0, 1)$

2.2 Funções Trigonométricas: Seno e Cosseno

Videoaulas
video 4.1

Com os elementos de que dispomos até agora, ficaria muito trabalhoso definir e, em seguida, demonstrar as principais propriedades das funções seno e cosseno. Observamos, entretanto, que apenas cinco propriedades são suficientes para descrever completamente tais funções. O teorema que enunciamos a seguir e cuja demonstração será feita após estudarmos as séries de potências resolverá completamente o problema referente a tais funções.

Teorema. Existe um único par de funções definidas em $\mathbb{R}$, indicadas por sen e cos, satisfazendo as propriedades:

(1) sen $0 = 0$
(2) cos $0 = 1$
(3) Quaisquer que sejam os reais a e b
$$\text{sen}\,(a - b) = \text{sen}\,a \cos b - \text{sen}\,b \cos a$$
(4) Quaisquer que sejam os reais a e b
$$\cos(a - b) = \cos a \cos b + \text{sen}\,a \,\text{sen}\,b$$
(5) Existe $r > 0$ tal que
$$0 < \text{sen}\,x < x < \text{tg}\,x \left(\text{tg}\,x = \frac{\text{sen}\,x}{\cos x} \right)$$

para $0 < x < r$.

Vejamos, agora, outras propriedades que decorrem das cinco mencionadas no teorema acima. Fazendo em (4) $a = b = t$, obtemos
$$\cos 0 = \cos t \cos t + \text{sen}\,t \,\text{sen}\,t$$

ou seja, para todo t real,

(6)
$$\boxed{\cos^2 t + \text{sen}^2 t = 1}$$

Deste modo, para todo t, o ponto $(\cos t, \operatorname{sen} t)$ pertence à circunferência $x^2 + y^2 = 1$.

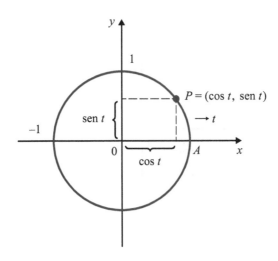

Para efeito de interpretação geométrica, você poderá olhar para o t da mesma forma como aprendeu no colégio: t é a medida em radianos do arco $\overset{\frown}{AP}$. Lembramos que a medida de um arco é 1 rd (rd = radiano) se o comprimento do arco for igual ao raio da circunferência (1 rd $\cong$ 57°16′).

A próxima propriedade será demonstrada no Apêndice B.

(7) Existe um menor número positivo a tal que $\cos a = 0$. Para este a, sen $a = 1$.

O número a acima pode ser usado para definirmos o número π.

Definição. Definimos o número π por $\pi = 2a$, em que a é o número a que se refere a propriedade (7).

Assim $\dfrac{\pi}{2}$ é o menor número positivo tal que $\cos \dfrac{\pi}{2} = 0$. Temos, também, sen $\dfrac{\pi}{2} = 1$.

Seja f uma função definida em $\mathbb{R}$. Dizemos que f é uma *função par* se, para todo x,
$$f(-x) = f(x).$$
Dizemos, por outro lado, que f é uma *função ímpar* se, para todo x,
$$f(-x) = -f(x).$$

Exemplo 1 Mostre que

a) sen é uma função ímpar.

b) cos é uma função par.

Solução

a) Fazendo em (3) $a = 0$ e $b = t$, resulta sen $(-t) = $ sen $0 \cos t - $ sen $t \cos 0$, ou seja,
$$\operatorname{sen}(-t) = -\operatorname{sen} t.$$

b) Fazendo em (4) $a = 0$ e $b = t$ resulta $\cos(-t) = \cos t$.

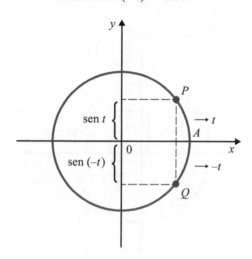

Exemplo 2 Mostre que quaisquer que sejam os reais a e b

$$\cos(a + b) = \cos a \cos b - \operatorname{sen} a \operatorname{sen} b$$

e

$$\operatorname{sen}(a + b) = \operatorname{sen} a \cos b + \operatorname{sen} b \cos a.$$

Solução

$\cos(a + b) = \cos[a - (-b)] = \cos a \cos(-b) + \operatorname{sen} a \operatorname{sen}(-b) = \cos a \cos b - \operatorname{sen} a \operatorname{sen} b.$
$\operatorname{sen}(a + b) = \operatorname{sen}[a - (-b)] = \operatorname{sen} a \cos(-b) - \operatorname{sen}(-b) \cos a = \operatorname{sen} a \cos b + \operatorname{sen} b \cos a.$

Exemplo 3 Mostre que, para todo x,

$$\cos 2x = \cos^2 x - \operatorname{sen}^2 x \text{ e } \operatorname{sen} 2x = 2 \operatorname{sen} x \cos x.$$

Solução

$$\cos 2x = \cos(x + x) = \cos x \cos x - \operatorname{sen} x \operatorname{sen} x = \cos^2 x - \operatorname{sen}^2 x.$$
$$\operatorname{sen} 2x = \operatorname{sen}(x + x) = \operatorname{sen} x \cos x + \operatorname{sen} x \cos x = 2 \operatorname{sen} x \cos x.$$

Exemplo 4 Mostre que, para todo x,

$$\cos^2 x = \frac{1}{2} + \frac{1}{2} \cos 2x$$

e

$$\operatorname{sen}^2 x = \frac{1}{2} - \frac{1}{2} \cos 2x$$

Solução

$$\cos 2x = \cos^2 x - \text{sen}^2 x = \cos^2 x - (1 - \cos^2 x)$$

logo

$$\cos 2x = 2\cos^2 x - 1 \text{ ou } \cos^2 x = \frac{1}{2} + \frac{1}{2}\cos 2x.$$

Verifique você que $\text{sen}^2 x = \frac{1}{2} - \frac{1}{2}\cos 2x$.

Exemplo 5 Calcule.

a) $\cos \dfrac{\pi}{4}$.

b) $\text{sen} \dfrac{\pi}{4}$.

c) $\cos \pi$.

d) $\text{sen } \pi$.

Solução

Provaremos mais adiante que $\cos x > 0$ e $\text{sen } x > 0$ em $]0, \dfrac{\pi}{2}[$.

a) $\cos^2 x = \dfrac{1}{2} + \dfrac{1}{2} \cos 2x$; fazendo $x = \dfrac{\pi}{4}$

$$\cos^2 \frac{\pi}{4} = \frac{1}{2} + \frac{1}{2}\cos \frac{\pi}{2}$$

daí, $\cos^2 \dfrac{\pi}{4} = \dfrac{1}{2}$ e como $\cos \dfrac{\pi}{4} > 0$, resulta

$$\cos \frac{\pi}{4} = \frac{\sqrt{2}}{2}.$$

b) $\text{sen} \dfrac{\pi}{4} = \dfrac{\sqrt{2}}{2}$ (verifique).

c) Fazendo $x = \dfrac{\pi}{2}$ em $\cos 2x = 1 - 2\,\text{sen}^2 x$, obtemos

$$\cos \pi = -1.$$

d) Fazendo $x = \dfrac{\pi}{2}$ em $\text{sen } 2x = 2\,\text{sen } x \cos x$, resulta

$$\text{sen } \pi = 0.$$

Interprete geometricamente os resultados deste exemplo.

Deixamos a seu cargo verificar que, para todo x,

$$\text{sen } (x + 2\pi) = \text{sen } x$$

e

$$\cos (x + 2\pi) = \cos x$$

As funções sen e cos são *periódicas* com período 2π.

Os gráficos das funções sen e cos têm os seguintes aspectos:

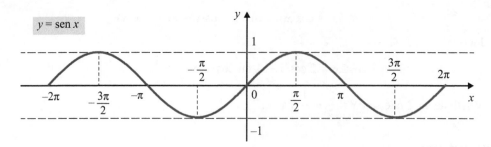

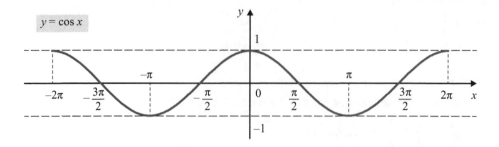

Exemplo 6 Esboce o gráfico da função dada por $y = \operatorname{sen} \dfrac{1}{x}$.

Solução

Primeiro vamos estudar o comportamento de y para $x \geq \dfrac{2}{\pi}$.

$$x \geq \dfrac{2}{\pi} \Rightarrow 0 < \dfrac{1}{x} \leq \dfrac{\pi}{2}.$$

Assim, para $x \geq \dfrac{2}{\pi}$, $\operatorname{sen} \dfrac{1}{x} > 0$. À medida que x aumenta, $\dfrac{1}{x}$ vai se aproximando de zero, o mesmo acontecendo com $\operatorname{sen} \dfrac{1}{x}$. Para $x \leq -\dfrac{2}{\pi}$ é só observar que $\operatorname{sen} \dfrac{1}{x}$ é ímpar.

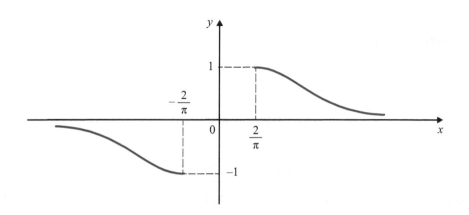

Observe que para $x = \dfrac{2}{\pi}$, $y = \text{sen}\,\dfrac{1}{\frac{2}{\pi}} = \text{sen}\,\dfrac{\pi}{2} = 1$.

Vejamos, agora, o comportamento de $\text{sen}\,\dfrac{1}{x}$ para $0 < x < \dfrac{2}{\pi}$.

$$\text{sen}\,\dfrac{1}{x} = 1 \Leftrightarrow \dfrac{1}{x} = 2k\pi + \dfrac{\pi}{2} \Leftrightarrow x = \dfrac{2}{4k\pi + \pi} \quad (k \text{ inteiro})$$

x	$\dfrac{2}{\pi}$	$\dfrac{2}{5\pi}$	$\dfrac{2}{9\pi}$	$\dfrac{2}{13\pi}$	$\to 0$
y	1	1	1	1	

$$\text{sen}\,\dfrac{1}{x} = 0 \Leftrightarrow \dfrac{1}{x} = k\pi \Leftrightarrow x = \dfrac{1}{k\pi}$$

x	$\dfrac{1}{\pi}$	$\dfrac{1}{2\pi}$	$\dfrac{1}{3\pi}$	$\dfrac{1}{4\pi}$	$\to 0$
y	0	0	0	0	

$$\text{sen}\,\dfrac{1}{x} = -1 \Leftrightarrow \dfrac{1}{x} = 2k\pi + \dfrac{3\pi}{2} \Leftrightarrow x = \dfrac{2}{4k\pi + 3\pi}$$

x	$\dfrac{2}{3\pi}$	$\dfrac{2}{7\pi}$	$\dfrac{2}{11\pi}$	$\dfrac{2}{15\pi}$	$\to 0$
y	-1	-1	-1	-1	

Quando x varia em $]0, \dfrac{2}{\pi}]$, $\text{sen}\,\dfrac{1}{x}$ fica oscilando entre 1 e -1.

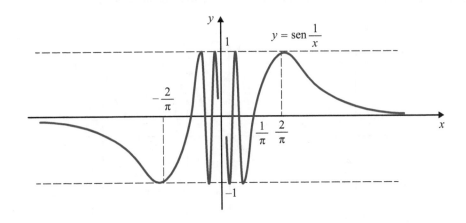

Exercícios 2.2

1. Esboce o gráfico.

   a) $f(x) = \operatorname{sen} 2x$
   b) $y = 2 \cos x$
   c) $y = \cos \dfrac{x}{2}$
   d) $f(x) = |\operatorname{sen} x|$
   e) $y = \operatorname{sen} \pi x$
   f) $f(x) = x \operatorname{sen} x$
   g) $g(x) = \dfrac{1}{x} \operatorname{sen} x$
   h) $y = x \operatorname{sen} \dfrac{1}{x}$
   i) $y = x^2 \operatorname{sen} \dfrac{1}{x}$
   j) $g(x) = x + \operatorname{sen} x$

2. Sejam a e b reais quaisquer. Verifique que

   a) $\operatorname{sen} a \cos b = \dfrac{1}{2} [\operatorname{sen}(a+b) + \operatorname{sen}(a-b)]$
   b) $\cos a \cos b = \dfrac{1}{2} [\cos(a+b) + \cos(a-b)]$
   c) $\operatorname{sen} a \operatorname{sen} b = \dfrac{1}{2} [\cos(a-b) - \cos(a+b)]$

2.3 As Funções Tangente, Cotangente, Secante e Cossecante

A função tg dada por $\operatorname{tg} x = \dfrac{\operatorname{sen} x}{\cos x}$ denomina-se *função tangente*; seu domínio é o conjunto de todos os x tais que $\cos x \neq 0$. O gráfico da tangente tem o seguinte aspecto:

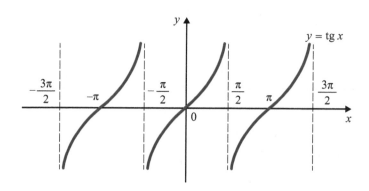

Geometricamente, interpretamos tg x como a medida algébrica do segmento AT, no qual T é a interseção da reta OP com o *eixo das tangentes* e $\overset{\frown}{AP}$ o arco de medida x rad.

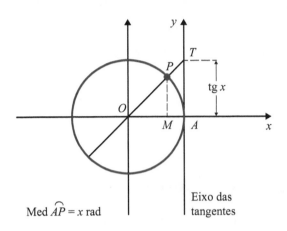

Os triângulos OMP e OAT são semelhantes. Assim: $\dfrac{\overline{AT}}{\overline{MP}} = \dfrac{1}{\overline{OM}}$ ou $\dfrac{\overline{AT}}{1} = \dfrac{\overline{MP}}{\overline{OM}}$ isto é, $\text{tg } x = \dfrac{\text{sen } x}{\cos x}$.

As funções sec (secante), cotg (cotangente) e cosec (cossecante) são dadas por

$$\sec x = \dfrac{1}{\cos x}, \text{ cotg } x = \dfrac{\cos x}{\text{sen } x} \text{ e cosec } x \dfrac{1}{\text{sen } x}.$$

O gráfico da secante tem o seguinte aspecto:

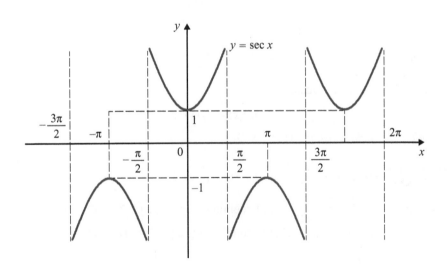

Capítulo 2

52

~~~~~~~ **Exercícios 2.3**

1. Determine o domínio e esboce o gráfico.

a) $f(x) = \text{cotg}\, x$

b) $g(x) = \text{cosec}\, x$

2. Verifique que $\sec^2 x = 1 + \text{tg}^2 x$ para todo x tal que $\cos x \neq 0$.

3. Mostre que, para todo x, com $\cos \dfrac{x}{2} \neq 0$, tem-se:

a) $\text{sen}\, x = \dfrac{2\,\text{tg}\,\dfrac{x}{2}}{1 + \text{tg}^2\,\dfrac{x}{2}}$

b) $\cos x = \dfrac{1 - \text{tg}^2\,\dfrac{x}{2}}{1 + \text{tg}^2\,\dfrac{x}{2}}$

2.4 Operações com Funções

Sejam f e g duas funções tais que $D_f \cap D_g$ seja diferente do vazio. Definimos:

a) A função $f + g$ dada por

$$(f + g)(x) = f(x) + g(x)$$

denomina-se *soma* de f e g. O domínio de $f + g$ é $D_f \cap D_g$. Observe que $f + g$ é uma notação para indicar a função dada por $y = f(x) + g(x)$.

b) A função $f \cdot g$ dada por

$$(f \cdot g)(x) = f(x) \cdot g(x)$$

denomina-se *produto* de f e g. O domínio de $f \cdot g$ é $D_f \cap D_g$.

c) A função $\dfrac{f}{g}$ dada por

$$\left(\frac{f}{g}\right)(x) = \frac{f(x)}{g(x)}$$

denomina-se *quociente* de f e g. O domínio de $\dfrac{f}{g}$ é $\{x \in D_f \cap D_g \mid g(x) \neq 0\}$.

d) A função kf, k constante, dada por

$$(kf)(x) = kf(x)$$

é o *produto de f pela constante k*; $D_{kf} = D_f$.

Exemplo 1 Sejam $f(x) = \sqrt{7 - x}$ e $g(x) = \sqrt{x - 2}$.

a) $(f + g)(x) = \sqrt{7 - x} + \sqrt{x - 2}$. O domínio de $f + g$ é $[2, 7] = D_f \cap D_g$.

b) $(f \cdot g)(x) = \sqrt{7 - x} \cdot \sqrt{x - 2}$. O domínio de fg é $[2, 7] = D_f \cap D_g$.

c) $\left(\dfrac{f}{g}\right)(x) = \dfrac{\sqrt{7 - x}}{\sqrt{x - 2}}$, $x \in\,]2, 7]$.

Sendo f uma função, definimos a *imagem de f* por $\operatorname{Im} f = \{f(x) \mid x \in D_f\}$.

Definição (de função composta). Sejam f e g duas funções tais que $\operatorname{Im} f \subset D_g$. A função dada por

$$y = g(f(x)), x \in D_f,$$

denomina-se *função composta* de g e f. É usual a notação $g \circ f$ para indicar a composta de g e f.

Assim,

$$(g \circ f)(x) = g(f(x)), x \in D_f.$$

Observe que $g \circ f$ tem o mesmo domínio que f.

Exemplo 2 Sejam f e g dadas por $f(x) = 2x + 1$ e $g(x) = x^2 + 3x$. Determine $g \circ f$ e $f \circ g$.

Solução

$$(g \circ f)(x) = g(f(x)) = [f(x)]^2 + 3[f(x)] = (2x + 1)^2 + 3(2x + 1), x \in \mathbb{R} = D_f.$$
$$(f \circ g)(x) = f(g(x)) = f(x^2 + 3x) = 2(x^2 + 3x) + 1, x \in D_g = \mathbb{R}.$$

Exemplo 3 Sejam $f(x) = x^2$ e $g(x) = \sqrt{x}$. Determine $g \circ f$ e $f \circ g$.

Solução

$\operatorname{Im} f = \mathbb{R}_+$ e $D_g = \mathbb{R}_+$, assim $\operatorname{Im} f \subset D_g$. (Notação: $\mathbb{R}_+ = \{x \in \mathbb{R} \mid x \geqslant 0\}$.)

$$(g \circ f)(x) = g(f(x)) = \sqrt{f(x)} = \sqrt{x^2} = |x|, x \in \mathbb{R} = D_f.$$

$\operatorname{Im} g = \mathbb{R}_+$ e $D_f = \mathbb{R}$, logo $\operatorname{Im} g \subset D_f$.

$$(f \circ g)(x) = f(g(x)) = f(\sqrt{x}) = (\sqrt{x})^2 = x, x \in \mathbb{R}_+ = D_g.$$

Definição (de igualdade de funções). Sejam as funções $f: A \to \mathbb{R}$ e $g: A' \to \mathbb{R}$. Dizemos que f é *igual* a g, e escrevemos $f = g$, se os domínios de f e g forem iguais, $A = A'$, e se, para todo $x \in A, f(x) = g(x)$.

Exemplo 4 Sejam $f: A \to \mathbb{R}$ e $g: A \to \mathbb{R}$ duas funções. Prove que $f + g = g + f$.

Solução

$$D_{f+g} = A = D_{g+f}.$$

Por outro lado, para todo x em A,

$$(f + g)(x) = f(x) + g(x) = g(x) + f(x) = (g + f)(x).$$

Assim,

$$f + g = g + f.$$

Observe que $f(x) + g(x) = g(x) + f(x)$, pois $f(x)$ e $g(x)$ são números reais e, em $\mathbb{R}$, vale a propriedade comutativa.

Capítulo 2

54

> **Exemplo 5** As funções f e g dadas por $f(x) = \sqrt{x}\sqrt{x-1}$ e $g(x) = \sqrt{x^2 - x}$ são iguais?
>
> **Solução**
>
> $$f \neq g, \text{ pois } D_f \neq D_g (D_f = [1, +\infty[\text{ e } D_g =]-\infty, 0] \cup [1, +\infty[).$$

Exercícios 2.4

1. Dê os domínios e esboce os gráficos de $f + g$ e $\dfrac{g}{f}$.

a) $f(x) = x$ e $g(x) = x^2 - 1$

b) $f(x) = x$ e $g(x) = \dfrac{1}{\sqrt{x}}$

c) $f(x) = 1$ e $g(x) = \sqrt{x-1}$

d) $f(x) = 1$ e $g(x) = \dfrac{1}{(x-2)^2}$

e) $f(x) = \begin{cases} 1 \text{ se } x \in \mathbb{Q} \\ -1 \text{ se } x \notin \mathbb{Q} \end{cases}$ e $g(x) = \begin{cases} -1 \text{ se } x \in \mathbb{Q} \\ 1 \text{ se } x \notin \mathbb{Q} \end{cases}$

2. Verifique que $\text{Im } f \subset D_g$ e determine a composta $h(x) = g(f(x))$.

a) $g(x) = 3x + 1$ e $f(x) = x + 2$

b) $g(x) = \sqrt{x}$ e $f(x) = 2 + x^2$

c) $g(x) = \dfrac{x+1}{x-2}$ e $f(x) = x^2 + 3$

d) $g(x) = -x^2 + 3x + 1$ e $f(x) = 2x - 3$

e) $g(x) = \dfrac{2}{x-2}$ e $f(x) = x + 1, x \neq 1$

f) $g(x) = \dfrac{x+1}{x-1}$ e $f(x) = \dfrac{x}{x+1}$

g) $g(x) = \sqrt{x}$ e $f(x) = x^2 - x, x \leq 0$ ou $x \geq 1$

h) $g(x) = \dfrac{x+1}{x-2}$ e $f(x) = \dfrac{2x+1}{x-1}$

3. Determine o "maior" conjunto A tal que $\text{Im } f \subset D_g$; em seguida, construa a composta $h(x) = g(f(x))$.

a) $g(x) = \dfrac{2}{x+2}$ e $f : A \to \mathbb{R}, f(x) = x + 3$

b) $g(x) = \sqrt{x-1}$ e $f : A \to \mathbb{R}, f(x) = x^2$

c) $g(x) = \sqrt{x-1}$ e $f : A \to \mathbb{R}, f(x) = \dfrac{2x+1}{x-3}$

d) $g(x) = \dfrac{1}{x}$ e $f : A \to \mathbb{R}, f(x) = x^3 - x^2$

e) $g(x) = \sqrt{x^2 - 1}$ e $f : A \to \mathbb{R}, f(x) = x^2 - 2$

4. Determine f de modo que $g(f(x)) = x$ para todo $x \in D_f$, sendo g dada por

a) $g(x) = \dfrac{1}{x}$

b) $g(x) = \dfrac{x+2}{x+1}$

c) $g(x) = x^2, x \geq 0$

d) $g(x) = x^2 - 2x, x \geq 1$

e) $g(x) = 2 + \dfrac{3}{x+1}$

f) $g(x) = x^2 - 4x + 3, x \geq 2$

3
CAPÍTULO

Limite e Continuidade

3.1 Introdução

Neste capítulo, vamos introduzir dois dos conceitos delicados do cálculo: os conceitos de continuidade e de limite.

Intuitivamente, *uma função contínua em um ponto p de seu domínio* é uma função cujo gráfico não apresenta "salto" em p.

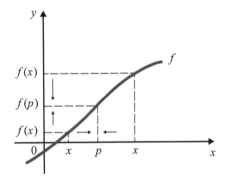
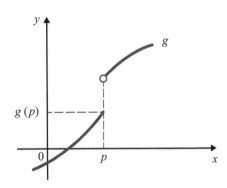

O gráfico de f não apresenta "salto" em p: f é *contínua* em p. Observe que à medida que x se aproxima de p, quer pela direita ou pela esquerda, os valores $f(x)$ se aproximam de $f(p)$; e quanto mais próximo x estiver de p, mais próximo estará $f(x)$ de $f(p)$. O mesmo não acontece com a função g em p: em p o gráfico de g apresenta "salto", g *não é contínua* em p.

Na próxima seção, tornaremos rigoroso o conceito de continuidade aqui introduzido de forma intuitiva.

Exemplo 1 Consideremos as funções f e g dadas por

$$f(x) = x \text{ e } g(x) = \begin{cases} 1 \text{ se } x \leq 1 \\ 2 \text{ se } x > 1 \end{cases}$$

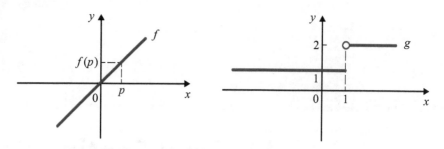

Vemos, intuitivamente, que f é contínua em todo p de seu domínio. Por sua vez, g não é contínua em $p = 1$, mas é contínua em todo $p \neq 1$.

Intuitivamente, dizer que o *limite de $f(x)$, quando x tende a p, é igual a L* que, simbolicamente, se escreve

$$\lim_{x \to p} f(x) = L$$

significa que quando x tende a p, $f(x)$ tende a L.

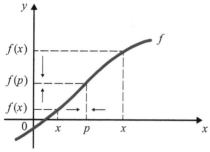

Quando x tende a p, $f(x)$ tende a $f(p)$: $\lim_{x \to p} f(x) = f(p)$

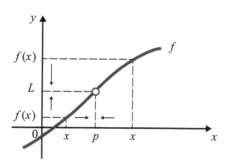

Quando x tende a p, $f(x)$ tende a L: $\lim_{x \to p} f(x) = L$

Exemplo 2 Utilizando a ideia intuitiva de limite, calcule $\lim_{x \to 1}(x + 1)$.

Solução

x	$x + 1$	x	$x + 1$
2	3	0,5	1,5
1,5	2,5	0,9	1,9
1,1	2,1	0,99	1,99
1,01	2,01	0,999	1,999
1,001	2,001	↓	↓
↓	↓	1	2
1	2		

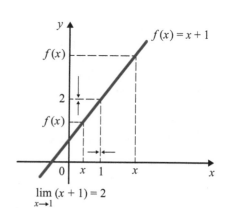

$\lim_{x \to 1}(x + 1) = 2$

Exemplo 3 Utilizando a ideia intuitiva de limite, calcule $\lim_{x \to 1} \dfrac{(x^2 - 1)}{x - 1}$.

Solução

Seja $f(x) = \dfrac{x^2 - 1}{x - 1}$, $x \neq 1$; f não está definida em $x = 1$.

Para $x \neq 1$

$$f(x) = \frac{x^2 - 1}{x - 1} = x + 1.$$

$$\lim_{x \to 1} \frac{x^2 - 1}{x - 1} = \lim_{x \to 1}(x + 1) = 2.$$

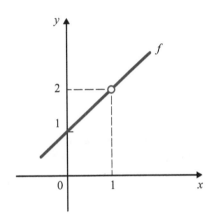

Intuitivamente, é razoável esperar que se f estiver definida em p e for contínua em p, então, $\lim_{x \to p} f(x) = f(p)$, e reciprocamente. Veremos que isto realmente acontece, isto é, se f estiver definida em p

$$f \text{ contínua em } p \Leftrightarrow \lim_{x \to p} f(x) = f(p).$$

Veremos, ainda, que se $\lim_{x \to p} f(x) = L$ e se f não for contínua em p, então L será aquele valor que f *deveria* ter em p para ser contínua neste ponto.

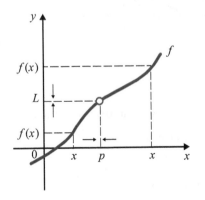

f não está definida em p.

$$\lim_{x \to p} f(x) = L.$$

L é o valor que f *deveria* ter em p para ser contínua em p.

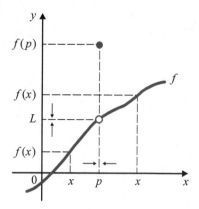

$\lim_{x \to p} f(x) = L$. f está definida em p, mas $L \neq f(p)$.

L é o valor que f deveria ter em p, para ser contínua em p.

Com toda certeza

$$\lim_{h \to 0} \frac{f(p+h) - f(p)}{h}$$

é o limite mais importante que ocorre na matemática, e seu valor, quando existe, é indicado por $f'(p)$ (leia: f linha de p) e é denominado *derivada de f em p*:

$$f'(p) = \lim_{h \to 0} \frac{f(p+h) - f(p)}{h}.$$

Este limite aparece de forma *natural* quando se procura definir reta tangente ao gráfico de f no ponto $(p, f(p))$. O quociente $\frac{f(p+h) - f(p)}{h}$, chamado às vezes de *razão incremental*, nada mais é do que o coeficiente angular da reta s que passa pelos pontos $M = (p, f(p))$ e $N = (p + h, f(p + h))$ do gráfico de $y = f(x)$

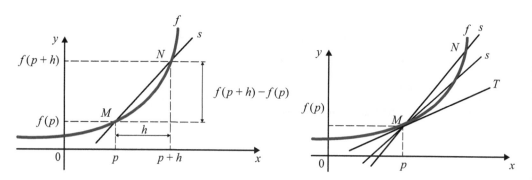

Observe que a equação da reta s é

$$y - f(p) = m_s(x - p)$$

em que $m_s = \frac{f(p+h) - f(p)}{h}$. Quando h tende a zero, o ponto N vai se aproximando cada vez mais de M, e a reta s vai *tendendo* para a *posição* da reta T de equação

$$y - f(p) = f'(p)(x - p).$$

A reta T é denominada *reta tangente* ao gráfico de f, no ponto $(p, f(p))$.

Limite e Continuidade

59

NOTA HISTÓRICA. Por volta de 1630, Pierre de Fermat (1601-1665) estabeleceu dois *métodos*: um para se determinar o *coeficiente angular da reta tangente* em um ponto qualquer do gráfico de uma função polinomial e o outro para se determinar os *candidatos* a pontos de máximo ou de mínimo (locais) de uma tal função. Pois bem, a *ideia* que acabamos de utilizar para definir reta tangente é *essencialmente* a mesma utilizada por Fermat. Por outro lado, para Fermat os *candidatos* a pontos de máximo ou de mínimo (locais) nada mais eram do que as raízes da equação $f'(x) = 0$. (Veja *História da Matemática*, p. 255, de Carl Benjamin Boyer, editoras Edgard Blücher Ltda. e Universidade de São Paulo.)

Exemplo 4 Seja $f(x) = x^2$. Utilizando a ideia intuitiva de limite, calcule $f'(1)$.

Solução

O que queremos aqui é calcular $f'(p)$, com $p = 1$.

$$f'(1) = \lim_{h \to 0} \frac{f(1 + h) - f(1)}{h}$$

Temos

$$\frac{f(1 + h) - f(1)}{h} = \frac{(1 + h)^2 - 1^2}{h} = 2 + h \quad (h \neq 0)$$

Segue que

$$f'(1) = \lim_{h \to 0}(2 + h) = 2.$$

Exemplo 5 Seja $f(x) = x^2$. Utilizando a ideia intuitiva de limite, calcule $f'(x)$.

Solução

$$f'(x) = \lim_{h \to 0} \frac{f(x + h) - f(x)}{h}$$

Temos

$$\frac{f(x + h) - f(x)}{h} = \frac{(x + h)^2 - x^2}{h} = 2x + h \quad (h \neq 0)$$

Segue que

$$f'(1) = \lim_{h \to 0}(2x + h) = 2x.$$

Ou seja, a derivada, em x, de $f(x) = x^2$ é $f'(x) = 2x$.

Como veremos, outro modo de expressar $f'(p)$ é através do limite

$$f'(p) = \lim_{x \to p} \frac{f(x) - f(p)}{x - p}.$$

(*Observe*: fazendo $x - p = h$ recaímos no limite anterior.)

Exemplo 6 Seja $f(x) = x^3$. Utilizando a ideia intuitiva de limite, calcule $f'(2)$.

Solução

$$f'(2) = \lim_{x \to 2} \frac{f(x) - f(2)}{x - 2}$$

Capítulo 3

Temos

$$\frac{f(x) - f(2)}{x - 2} = \frac{x^3 - 2^3}{x - 2} = x^2 + 2x + 4, \, x \neq 2.$$

(Lembre-se: $a^3 - b^3 = (a - b)(a^2 + ab + b^2)$.)

Assim,

$$f'(2) = \lim_{x \to 2}(x^2 + 2x + 4) = 12.$$

A *derivada* é um limite. Então, para podermos estudar suas propriedades, precisamos antes estudar as propriedades do limite. É o que faremos a seguir.

Antes de passar à próxima seção, queremos destacar as funções de uma variável real que vão interessar ao curso; tais funções são aquelas que têm por domínio um *intervalo* ou uma *reunião de intervalos*. Portanto, de agora em diante, sempre que nos referirmos a uma função de uma variável real e nada mencionarmos sobre seu domínio, ficará implícito que o mesmo ou é um *intervalo* ou *uma reunião de intervalos*.

Exercícios 3.1

1. Esboce o gráfico da função dada e, utilizando a ideia intuitiva de função contínua, determine os pontos em que a função deverá ser contínua.

a) $f(x) = 2$

b) $f(x) = x + 1$

c) $f(x) = x^2$

d) $f(x) = \begin{cases} x^2 \text{ se } x \leq 1 \\ 2 \text{ se } x > 1 \end{cases}$

e) $f(x) = \begin{cases} \dfrac{1}{x^2} \text{ se } |x| \geq 1 \\ 2 \text{ se } |x| < 1 \end{cases}$

f) $f(x) = x^2 + 2$

2. Utilizando a ideia intuitiva de limite, calcule

a) $\lim_{x \to 1}(x + 2)$

b) $\lim_{x \to 1}(2x + 1)$

c) $\lim_{x \to 0}(3x + 1)$

d) $\lim_{x \to 2}(x^2 + 1)$

e) $\lim_{x \to 1}\sqrt{x}$

f) $\lim_{x \to 2}\dfrac{x^2 + x}{x + 3}$

g) $\lim_{x \to 2}\sqrt[3]{x}$

h) $\lim_{x \to 0}(\sqrt{x} + x)$

3. Esboce o gráfico de $f(x) = \dfrac{4x^2 - 1}{2x - 1}$. Utilizando a ideia intuitiva de limite, calcule $\lim_{x \to 1/2}\dfrac{4x^2 - 1}{2x - 1}$.

4. Utilizando a ideia intuitiva de limite, calcule

a) $\lim_{x \to 2}\dfrac{x^2 - 4}{x - 2}$

b) $\lim_{x \to 0}\dfrac{x^2 + x}{x}$

c) $\lim_{x \to 1} \dfrac{\sqrt{x} - 1}{x - 1}$ d) $\lim_{x \to 2} \dfrac{x^2 - 4x + 4}{x - 2}$

e) $\lim_{x \to -1} \dfrac{x^2 - 1}{x + 1}$ f) $\lim_{x \to 0} \operatorname{sen} x$

3.2 Definição de Função Contínua

Sejam f e g funções de gráficos

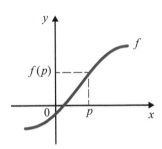 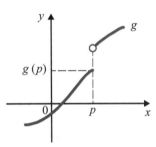

Observe que f e g se comportam de modo diferente em p; o gráfico de f não apresenta "salto" em p, ao passo que o de g, sim. Queremos destacar uma propriedade que nos permita distinguir tais comportamentos.

Veja as situações apresentadas a seguir.

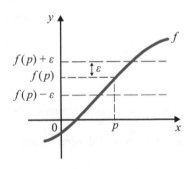 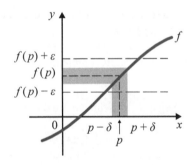

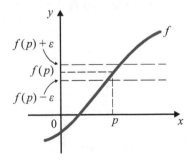 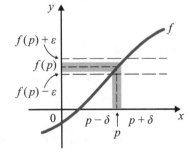

A função f satisfaz em p a propriedade

> para todo $\varepsilon > 0$ dado, existe $\delta > 0$ (δ dependendo de ε), tal que $f(x)$ permanece entre $f(p) - \varepsilon$ e $f(p) + \varepsilon$ quando x percorre o intervalo $]p - \delta, p + \delta[$, com x no domínio de f.

ou de forma equivalente

①   para todo $\varepsilon > 0$ dado, existe $\delta > 0$ (δ dependendo de ε), tal que, para todo $x \in D_f$,
$$p - \delta < x < p + \delta \Rightarrow f(p) - \varepsilon < f(x) < f(p) + \varepsilon.$$

Entretanto, a função g não satisfaz em p tal propriedade:

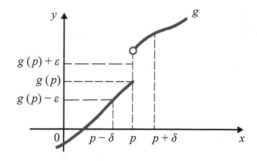

para o $\varepsilon > 0$ acima, *não* existe $\delta > 0$ que torne verdadeira a afirmação

"$\forall x \in D_f, p - \delta < x < p + \delta \Rightarrow g(p) - \varepsilon < g(x) < g(p) + \varepsilon$".

Qualquer que seja o $\delta > 0$ que se tome, quando x percorre o intervalo $]p - \delta, p + \delta[$, $g(x)$ *não* permanece entre $g(p) - \varepsilon$ e $g(p) + \varepsilon$.

A propriedade ① distingue os comportamentos de f e de g em p. Adotaremos a propriedade ① como definição de *função contínua* em p.

Definição. Sejam f uma função e p um ponto de seu domínio D_f. Definimos:

f contínua em $p \Leftrightarrow \begin{cases} \text{Para todo } \varepsilon > 0 \text{ dado, existe } \delta > 0 \text{ (dependendo de } \varepsilon\text{),} \\ \text{tal que, para todo } x \in D_f, \\ p - \delta < x < p + \delta \Rightarrow f(p) - \varepsilon < f(x) < f(p) + \varepsilon. \end{cases}$

Observação. Sabemos que

$$|x - p| < \delta \Leftrightarrow p - \delta < x < p + \delta$$

e

$$|f(x) - f(p)| < \varepsilon \Leftrightarrow f(p) - \varepsilon < f(x) < f(p) + \varepsilon.$$

Limite e Continuidade

63

A definição anterior pode, então, ser reescrita, em notação de módulo, na seguinte forma:

$$f \text{ continua em } p \Leftrightarrow \begin{cases} \text{Para todo } \varepsilon > 0 \text{ dado, existe } \delta > 0 \text{ tal que, para todo } x \text{ em } D_f, \\ |x - p| < \delta \Rightarrow |f(x) - f(p)| < \varepsilon. \end{cases}$$

Dizemos que f é *contínua em* $A \subset D_f$ se f for contínua em todo $p \in A$. Dizemos, simplesmente, que f é uma *função contínua* se f for contínua em todo p de seu domínio.

Exemplo 1 Prove que $f(x) = 2x + 1$ é contínua em $p = 1$.

Solução

Precisamos provar que, para cada $\varepsilon > 0$ dado, conseguiremos um $\delta > 0$ (δ dependendo apenas de ε), tal que

$$1 - \delta < x < 1 + \delta \Rightarrow f(1) - \varepsilon < f(x) < f(1) + \varepsilon.$$

O $\varepsilon > 0$ é dado, queremos achar $\delta > 0$. Devemos determinar $\delta > 0$ de modo que $f(x)$ permaneça entre $f(1) - \varepsilon$ e $f(1) + \varepsilon$ para x entre $1 - \delta$ e $1 + \delta$. Vamos então resolver a inequação

$$f(1) - \varepsilon < f(x) < f(1) + \varepsilon.$$

Temos

$$f(1) - \varepsilon < f(x) < f(1) + \varepsilon \Leftrightarrow 3 - \varepsilon < 2x + 1 < 3 + \varepsilon.$$

Somando -1 aos membros das desigualdades e dividindo por 2, resulta

$$f(1) - \varepsilon < f(x) < f(1) + \varepsilon \Leftrightarrow 1 - \frac{\varepsilon}{2} < x < 1 + \frac{\varepsilon}{2}.$$

Então, dado $\varepsilon > 0$ e tomando-se $\delta = \dfrac{\varepsilon}{2}$ (qualquer $\delta > 0$ com $\delta < \dfrac{\varepsilon}{2}$ também serve!), resulta

$$1 - \delta < x < 1 + \delta \Rightarrow f(1) - \varepsilon < f(x) < f(1) + \varepsilon.$$

Logo, f é contínua em $p = 1$.

O exemplo acima pode também ser resolvido em notação de módulo. Neste caso, precisamos provar que dado $\varepsilon > 0$, existe $\delta > 0$ tal que

$$|x - 1| < \delta \Rightarrow |f(x) - f(1)| < \varepsilon.$$

Temos

$$|f(x) - f(1)| < \varepsilon \Leftrightarrow |2x + 1 - 3| < \varepsilon \Leftrightarrow |2x - 2| < \varepsilon \Leftrightarrow |x - 1| < \frac{\varepsilon}{2}.$$

Assim, dado $\varepsilon > 0$ e tomando-se $\delta = \dfrac{\varepsilon}{2}$

$$|x - 1| < \delta \Rightarrow |f(x) - f(1)| < \varepsilon.$$

Logo, f é contínua em $p = 1$.

Exemplo 2 A função constante $f(x) = k$ é contínua em todo p real.

Solução

$|f(x) - f(p)| = |k - k| = 0$ para todo x e todo p; assim, dado $\varepsilon > 0$ e tomando-se um $\delta > 0$ qualquer

$$|x - p| < \delta \Rightarrow |f(x) - f(p)| = |k - k| < \varepsilon.$$

Logo, f é contínua em p, qualquer que seja p. Como f é contínua em todo p de seu domínio, resulta que $f(x) = k$ é uma *função contínua*.

Exemplo 3 A função afim $f(x) = ax + b$ (a e b constantes) é contínua.

Solução

Se $a = 0$, f é constante, logo contínua.
 Suponhamos, então, $a \neq 0$. Temos:

$$|f(x) - f(p)| = |ax + b - ap - b| = |a|\,|x - p|.$$

Assim, para todo $\varepsilon > 0$ dado

$$|f(x) - f(p)| < \varepsilon \Leftrightarrow |x - p| < \frac{\varepsilon}{|a|}.$$

Tomando-se, então, $\delta = \dfrac{\varepsilon}{|a|}$

$$|x - p| < \delta \Rightarrow |f(x) - f(p)| < \varepsilon$$

logo, f é contínua em p. Como p foi tomado de modo arbitrário, resulta que f é contínua em todo p real, isto é, f é contínua.

Os dois próximos exemplos poderão facilitar as coisas em muitas ocasiões. Antes, porém, observamos que se $p \in \,]a, b[$, a e b reais, então existe $\delta > 0$, tal que $]p - \delta, p + \delta[\subset \,]a, b[$; basta, por exemplo, tomarmos $\delta = \min\{b - p, p - a\}$.

Veja

Em qualquer caso, $\delta = \min\{b - p, p - a\}$ resolve o problema.

Limite e Continuidade

Exemplo 4 Prove que, se para todo $\varepsilon > 0$ dado existir um intervalo aberto $I = \,]a, b[$, com $p \in I$, tal que para todo $x \in D_f$

$$x \in I \Rightarrow f(p) - \varepsilon < f(x) < f(p) + \varepsilon$$

então f será contínua em p.

Solução

Pela hipótese, para todo $\varepsilon > 0$ dado existe um intervalo aberto $I = \,]a, b[$, com $p \in I$, tal que

①
$$x \in \,]a, b[\ \Rightarrow f(p) - \varepsilon < f(x) < f(p) + \varepsilon.$$

Tomando-se $\delta = $ mín $\{b - p, p - a\}$, $]p - \delta, p + \delta[\ \subset \,]a, b[$. Assim,

$$x \in \,]p - \delta, p + \delta[\ \Rightarrow x \in \,]a, b[.$$

Segue de ① que

$$x \in \,]p - \delta, p + \delta[\ \Rightarrow f(p) - \varepsilon < f(x) < f(p) + \varepsilon.$$

Logo, f é contínua em p.

Exemplo 5 Seja $r > 0$ um real dado. Suponha que, para todo $\varepsilon < r$, $\varepsilon > 0$, existe um intervalo aberto I, com $p \in I$, tal que para todo $x \in D_f$

$$x \in I \Rightarrow f(p) - \varepsilon < f(x) < f(p) + \varepsilon.$$

Prove que f é contínua em p.

Solução

Precisamos provar (tendo em vista o exemplo anterior) que, para todo $\varepsilon > 0$, existe um intervalo aberto I, com $p \in I$, tal que para todo x em D_f

$$x \in I \Rightarrow f(p) - \varepsilon < f(x) < f(p) + \varepsilon.$$

Pela hipótese, se $\varepsilon < r$, existe tal intervalo.
Suponhamos, então, $\varepsilon \geq r$. Seja $0 < \varepsilon_1 < r$.
Pela hipótese, para o ε_1 dado, existe I tal que

$$x \in I \Rightarrow f(p) - \varepsilon_1 < f(x) < f(p) + \varepsilon_1.$$

Para este mesmo I teremos, também,

$$x \in I \Rightarrow f(p) - \varepsilon < f(x) < f(p) + \varepsilon$$

pois, $f(p) - \varepsilon < f(p) - \varepsilon_1$ e $f(p) + \varepsilon_1 < f(p) + \varepsilon$. (Interprete graficamente.)
Assim:

> para f ser *contínua* em p, basta que, para cada $\varepsilon < r$, $\varepsilon > 0$ (em que $r > 0$ é fixado *a priori*), exista um intervalo aberto I, com $p \in I$, tal que, para todo x em D_f,
>
> $$x \in I \Rightarrow f(p) - \varepsilon < f(x) < f(p) + \varepsilon.$$

Exemplo 6 Mostre que $f(x) = x^3$ é contínua em 1.

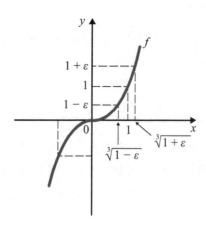

Solução

Precisamos mostrar que dado $\varepsilon > 0$, existe um intervalo aberto I, contendo 1, tal que
$$x \in I \Rightarrow f(1) - \varepsilon < f(x) < f(1) + \varepsilon.$$
Vamos resolver a inequação $f(1) - \varepsilon < f(x) < f(1) + \varepsilon$.
Temos
$$f(1) - \varepsilon < f(x) < f(1) + \varepsilon \Leftrightarrow 1 - \varepsilon < x^3 < 1 + \varepsilon \Leftrightarrow \sqrt[3]{1-\varepsilon} < x < \sqrt[3]{1+\varepsilon}.$$
Tomando-se $I =]\sqrt[3]{1-\varepsilon}, \sqrt[3]{1+\varepsilon}[$, $1 \in I$,
$$x \in I \Rightarrow f(1) - \varepsilon < f(x) < f(1) + \varepsilon.$$
Logo, $f(x) = x^3$ é contínua em 1.

Observação. Tomando-se $\delta = \min\left\{\sqrt[3]{1+\varepsilon} - 1, 1 - \sqrt[3]{1-\varepsilon}\right\}$
$$1 - \delta < x < 1 + \delta \Rightarrow f(1) - \varepsilon < f(x) < f(1) + \varepsilon.$$

Exemplo 7 Prove que $f(x) = x^2$ é contínua.

Solução

Precisamos provar que f é contínua em todo p real ($D_f = \mathbb{R}$).
 Primeiro vamos provar que f é contínua em 0. Convém, aqui, usar a definição em notação de módulo. Vamos provar, então, que dado $\varepsilon > 0$ existe $\delta > 0$ tal que
$$|x - 0| < \delta \Rightarrow |x^2 - 0^2| < \varepsilon.$$
Para se ter $|x^2| < \varepsilon$, basta que se tenha $|x| < \sqrt{\varepsilon}$. Tomando-se $\delta = \sqrt{\varepsilon}$
$$|x - 0| < \delta \Rightarrow |x^2 - 0^2| < \varepsilon.$$
Logo, $f(x) = x^2$ é contínua em 0.

Vamos provar, agora, a continuidade de f em todo $p \neq 0$. Temos
$$f(p) - \varepsilon < f(x) < f(p) + \varepsilon \Leftrightarrow p^2 - \varepsilon < x^2 < p^2 + \varepsilon.$$
Para $\varepsilon < p^2$, $\varepsilon > 0$,
$$p^2 - \varepsilon < x^2 < p^2 + \varepsilon \Leftrightarrow \sqrt{p^2 - \varepsilon} < |x| < \sqrt{p^2 + \varepsilon}.$$
Se $p > 0$, tomamos $I =]\sqrt{p^2 - \varepsilon}, \sqrt{p^2 + \varepsilon}[$, assim
$$x \in I \Rightarrow p^2 - \varepsilon < x^2 < p^2 + \varepsilon.$$
Se $p < 0$, tomamos $I =]-\sqrt{p^2 + \varepsilon}, -\sqrt{p^2 - \varepsilon}[$, assim
$$x \in I \Rightarrow p^2 - \varepsilon < x^2 < p^2 + \varepsilon.$$
Logo, $f(x) = x^2$ é contínua em todo p real. (Interprete graficamente.)

Exemplo 8 $f(x) = \begin{cases} 2 & \text{se } x \geq 1 \\ 1 & \text{se } x < 1 \end{cases}$

é contínua em $p = 1$? Justifique.

Solução

Intuitivamente, vemos que f não é contínua em $p = 1$, pois o gráfico apresenta "salto" neste ponto. Para provar que f *não* é contínua em $p = 1$, precisamos achar um $\varepsilon > 0$ para o qual não exista $\delta > 0$ que torne verdadeira a afirmação
$$\text{"}\forall x \in D_f, 1 - \delta < x < 1 + \delta \Rightarrow f(1) - \varepsilon < f(x) < f(1) + \varepsilon\text{"}.$$
Como $f(x) = 1$ para $x < 1$ e $f(1) = 2$, tomando-se $\varepsilon = \dfrac{1}{2}$ (ou $0 < \varepsilon < 1$), para todo $\delta > 0$,
$$1 - \delta < x < 1 \Rightarrow f(x) = 1$$

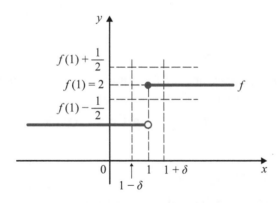

e 1 não está entre $f(1) - \dfrac{1}{2}$ e $f(1) + \dfrac{1}{2}$. Logo, não existe $\delta > 0$ que torna verdadeira a afirmação
$$\text{"}\forall x \in D_f, 1 - \delta < x < 1 + \delta \Rightarrow f(1) - \dfrac{1}{2} < f(x) < f(1) + \dfrac{1}{2}\text{"}.$$
Portanto, a função dada não é contínua em $p = 1$. Observe que f é contínua em todo $p \neq 1$.

O próximo exemplo destaca uma propriedade importante (*conservação do sinal*) das funções contínuas. Tal propriedade conta-nos que se f for contínua em p e $f(p) \neq 0$, então existirá um $\delta > 0$ tal que $f(x)$ *conservará o sinal* de $f(p)$ para $p - \delta < x < p + \delta, x \in D_f$.

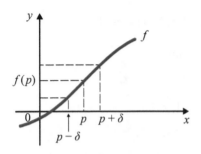
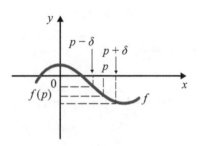

f contínua em p e $f(p) > 0$,
existe $\delta > 0$ tal que
$p - \delta < x < p + \delta \Rightarrow f(x) > 0$

f contínua em p e $f(p) < 0$,
existe $\delta > 0$ tal que
$p - \delta < x < p + \delta \Rightarrow f(x) < 0$

Exemplo 9 Seja f contínua em p e $f(p) > 0$. Prove que existe $\delta > 0$ tal que, $\forall x \in D_f$,

$$p - \delta < x < p + \delta \Rightarrow f(x) > 0.$$

Solução

Como, por hipótese, f é contínua em p, dado $\varepsilon > 0$, existirá $\delta > 0$ tal que $\forall x \in D_f$

① $\qquad p - \delta < x < p + \delta \Rightarrow f(p) - \varepsilon < f(x) < f(p) + \varepsilon.$

Como *para todo* $\varepsilon > 0$ existe $\delta > 0$ tal que ① ocorre, tomando-se, em particular, $\varepsilon = f(p)$ (por hipótese $f(p) > 0$), existirá um $\delta > 0$ tal que, $\forall x \in D_f$,

$$p - \delta < x < p + \delta \Rightarrow f(p) - f(p) < f(x) < f(p) + f(p)$$

e, portanto,

$$p - \delta < x < p + \delta \Rightarrow f(x) > 0.$$

De modo análogo, prova-se que se f for contínua em p e $f(p) < 0$, então (neste caso basta tomar $\varepsilon = -f(p)$) existirá $\delta > 0$ tal que

$$p - \delta < x < p + \delta \Rightarrow f(x) < 0.$$

Exercícios 3.2

1. Prove, pela definição, que a função dada é contínua no ponto dado.

   a) $f(x) = 4x - 3$ em $p = 2$ b) $f(x) = x + 1$ em $p = 2$
   c) $f(x) = -3x$ em $p = 1$ d) $f(x) = x^3$ em $p = 2$
   e) $f(x) = x^4$ em $p = -1$ f) $f(x) = \sqrt{x}$ em $p = 4$
   g) $f(x) = \sqrt{x}$ em $p = 0$ h) $f(x) = \sqrt[3]{x}$ em $p = 1$

Limite e Continuidade

2. Prove que $f(x) = \dfrac{1}{x}$ é contínua em todo $p \neq 0$.

3. Seja $n > 0$ um natural. Prove que $f(x) = x^n$ é contínua.

4. Prove que $f(x) = \sqrt[n]{x}$ é contínua.

5. $f(x) = \begin{cases} 2x & \text{se } x \leq 1 \\ 1 & \text{se } x > 1 \end{cases}$ é contínua em 1? Justifique.

6. Dê exemplo de uma função definida em $\mathbb{R}$ e que seja contínua em todos os pontos, exceto em $-1, 0, 1$.

7. Dê exemplo de uma função definida em $\mathbb{R}$ e que seja contínua em todos os pontos exceto nos inteiros.

8. Seja f dada por $f(x) = \begin{cases} 1 & \text{se } x \in \mathbb{Q} \\ -1 & \text{se } x \notin \mathbb{Q} \end{cases}$. Mostre que f é descontínua em todo p real.

9. Determine o conjunto dos pontos em que a função dada é contínua.

   a) $f(x) = [\![x]\!]$ em que $[\![x]\!] = \text{máx }\{n \in \mathbb{Z} \mid n \leq x\}$ *(Função maior inteiro.)*

   b) $f(x) = x - [\![x]\!]$

   c) $f(x) = \begin{cases} x & \text{se } x \in \mathbb{Q} \\ -x & \text{se } x \notin \mathbb{Q} \end{cases}$

   d) $f(x) = \begin{cases} x^2 - 1 & \text{se } x \in \mathbb{Q} \\ -x^2 + 1 & \text{se } x \notin \mathbb{Q} \end{cases}$

10. Dê exemplo de uma função definida em $\mathbb{R}$ e que seja contínua apenas em $-1, 0, 1$.

11. Determine L para que a função dada seja contínua no ponto dado. Justifique.

   a) $f(x) = \begin{cases} \dfrac{x^2 - 4}{x - 2} & \text{se } x \neq 2 \\ L & \text{se } x = 2 \end{cases}$ em $p = 2$ *b)* $f(x) = \begin{cases} \dfrac{x^2 - x}{x} & \text{se } x \neq 0 \\ L & \text{se } x = 0 \end{cases}$ em $p = 0$

12. Dê o valor (caso exista) que a função dada deveria ter no ponto dado para ser contínua neste ponto. Justifique.

   a) $g(x) = \dfrac{x^2 - 4}{x - 2}$ em $p = 2$ *b)* $f(x) = \dfrac{x^2 - x}{x}$ em $p = 0$

   c) $f(x) = \dfrac{|x|}{x}$ em $p = 0$ *d)* $f(x) = \begin{cases} \dfrac{x^2 - 9}{x - 3} & \text{se } x \neq 3 \\ 4 & \text{se } x = 3 \end{cases}$ em $p = 3$

   e) $g(x) = \begin{cases} x & \text{se } x < 1 \\ \dfrac{1}{x} & \text{se } x > 1 \end{cases}$ em $p = 1$ *f)* $f(x) = \dfrac{|x - 2|}{x - 2}$ em $p = 2$

13. Sabe-se que f é contínua em 2 e que $f(2) = 8$. Mostre que existe $\delta > 0$ tal que para todo $x \in D_f$

$$2 - \delta < x < 2 + \delta \Rightarrow f(x) > 7.$$

Capítulo 3

70

14. Sabe-se que f é contínua em 1 e que $f(1) = 2$. Prove que existe $r > 0$ tal que para todo $x \in D_f$

$$1 - r < x < 1 + r \Rightarrow \frac{3}{2} < f(x) < \frac{5}{2}.$$

15. Seja f uma função definida em $\mathbb{R}$ e suponha que existe $M > 0$ tal que $|f(x) - f(p)| \leq M|x - p|$ para todo x. Prove que f é contínua em p.

16. Suponha que $|f(x) - f(1)| \leq (x - 1)^2$ para todo x. Prove que f é contínua em 1.

17. Suponha que $|f(x)| \leq x^2$ para todo x. Prove que f é contínua em 0.

18. Prove que a função $f(x) = \begin{cases} x & \text{se } x \in \mathbb{Q} \\ -x & \text{se } x \notin \mathbb{Q} \end{cases}$ é contínua em 0.

19. Sejam f e g definidas em $\mathbb{R}$ e suponha que existe $M > 0$ tal que $|f(x) - f(p)| \leq M|g(x) - g(p)|$ para todo x. Prove que se g for contínua em p, então f também será contínua em p.

20. Suponha f definida e contínua em $\mathbb{R}$ e que $f(x) = 0$ para todo x racional. Prove que $f(x) = 0$ para todo x real.

21. Sejam f e g contínuas em $\mathbb{R}$ e tais que $f(x) = g(x)$ para todo x racional. Prove que $f(x) = g(x)$ para todo x real.

22. Suponha que f e g são contínuas em $\mathbb{R}$ e que exista $a > 0$, $a \neq 1$, tal que para todo r racional, $f(r) = a^r$ e $g(r) = a^r$. Prove que $f(x) = g(x)$ em $\mathbb{R}$.

23. Seja $f(x) = x + \dfrac{1}{x}$. Prove

   a) $|f(x) - f(1)| \leq \left(1 + \dfrac{1}{x}\right)|x - 1|$ para $x > 0$

   b) $|f(x) - f(1)| \leq 3|x - 1|$ para $x > \dfrac{1}{2}$

   c) f é contínua em $p = 1$

24. Seja $f(x) = x^3 + x$. Prove que

   a) $|f(x) - f(2)| \leq 20|x - 2|$ para $0 \leq x \leq 3$

   b) f é contínua em 2

25. Prove que $f(x) = x + \dfrac{1}{x^2}$ é contínua em 1.

26. Prove que $f(x) = x + \dfrac{1}{x}$ é contínua em todo $p > 0$.

27. Sejam $f(x) = x^3$ e $p \neq 0$.

   a) Verifique que $|x^3 - p^3| \leq 7\, p^2 |x - p|$ para $|x| \leq 2|p|$

   b) Conclua de *(a)* que f é contínua em p

3.3 Definição de Limite

Sejam f uma função e p um ponto do domínio de f ou extremidade de um dos intervalos que compõem o domínio de f (veja o final da Seção 3.1). Consideremos as situações a seguir:

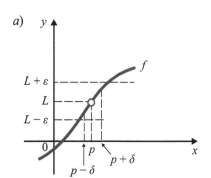

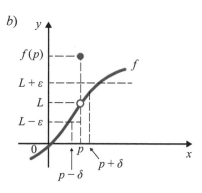

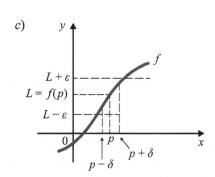

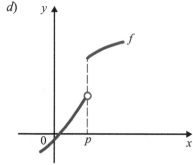

Na situação (a), f não está definida em p, mas existe L que satisfaz a propriedade:

① para todo $\varepsilon > 0$ dado, existe $\delta > 0$ tal que, para todo $x \in D_f$,
$$p - \delta < x < p + \delta, x \neq p \Rightarrow L - \varepsilon < f(x) < L + \varepsilon.$$

Na situação (b), f está definida em p, mas não é contínua em p, entretanto existe L satisfazendo ①; observe que neste caso a restrição $x \neq p$ é essencial. Na situação (c), f é contínua em p, assim $L = f(p)$ satisfaz ①. Finalmente, na situação (d), não existe L satisfazendo ① em p.

A propriedade ① é equivalente a

para todo $\varepsilon > 0$ dado, existe $\delta > 0$ tal que, para todo $x \in D_f$,
$$0 < |x - p| < \delta \Rightarrow |f(x) - L| < \varepsilon.$$

Observe que $0 < |x - p| < \delta \Leftrightarrow p - \delta < x < p + \delta, x \neq p$.

Vamos provar a seguir que existe no máximo um número L satisfazendo a propriedade anterior. De fato, suponhamos que L_1 e L_2 satisfaçam, em p, a propriedade acima; então, para todo $\varepsilon > 0$ dado, existem $\delta_1 > 0$ e $\delta_2 > 0$ tais que

$$0 < |x - p| < \delta_1 \Rightarrow |f(x) - L_1| < \varepsilon$$

e

$$0 < |x - p| < \delta_2 \Rightarrow |f(x) - L_2| < \varepsilon;$$

tomando-se $\delta = \min\{\delta_1, \delta_2\}$

$$0 < |x - p| < \delta \Rightarrow |f(x) - L_1| < \varepsilon \text{ e } |f(x) - L_2| < \varepsilon.$$

Das hipóteses sobre p e sobre o domínio de f, segue que existe $x_0 \in D_f$ com $0 < |x_0 - p| < \delta$; temos:

$$|L_1 - L_2| = |L_1 - f(x_0) + f(x_0) - L_2| \leq |L_1 - f(x_0)| + |f(x_0) - L_2|.$$

Assim, para todo $\varepsilon > 0$,

$$|L_1 - L_2| < 2\varepsilon.$$

Logo, $L_1 = L_2$.

De acordo com a definição que daremos a seguir, o *único* número L (caso exista) satisfazendo ① é o *limite* de $f(x)$, *para* x *tendendo a* p: $\lim_{x \to p} f(x) = L$.

> **Definição.** Sejam f uma função e p um ponto do domínio de f ou extremidade de um dos intervalos que compõem o domínio de f. Dizemos que f *tem limite* L, *em* p, se, para todo $\varepsilon > 0$ dado, existir um $\delta > 0$ tal que, para todo $x \in D_f$,
>
> $$0 < |x - p| < \delta \Rightarrow |f(x) - L| < \varepsilon.$$
>
> Tal número L, que quando existe é único, será indicado por $\lim_{x \to p} f(x)$.
>
> Assim,
>
> $$\lim_{x \to p} f(x) = L \Leftrightarrow \begin{cases} \forall \varepsilon > 0, \exists \delta > 0 \text{ tal que, para todo } x \in D_f \\ 0 < |x - p| < \delta \Rightarrow |f(x) - L| < \varepsilon. \end{cases}$$

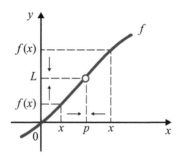

$\lim_{x \to p} f(x) = L$

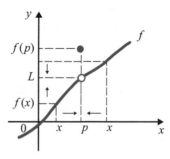

$\lim_{x \to p} f(x) = L \ (L \neq f(p))$

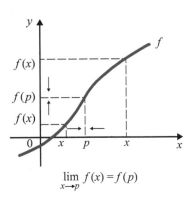

$\lim_{x \to p} f(x) = f(p)$

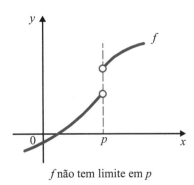

f não tem limite em p

Observações.

1. Suponhamos f *definida em p*. Comparando as definições de limite e continuidade, resulta

$$f \text{ contínua em } p \Leftrightarrow \lim_{x \to p} f(x) = f(p).$$

2. O limite de f em p não depende do valor (caso f esteja definida em p) que f assume em p, mas sim dos valores que f assume nos pontos próximos de p. Quando estivermos interessados no limite de f em p, basta olharmos para os valores que f assume em um "pequeno" intervalo aberto contendo p; o conceito de limite é um conceito *local*.

3. Sejam f e g duas funções. Se existir $r > 0$ tal que $f(x) = g(x)$ para $p - r < x < p + r, x \neq p$, e se $\lim_{x \to p} g(x)$ existir, então $\lim_{x \to p} f(x)$ também existirá e

$$\lim_{x \to p} f(x) = \lim_{x \to p} g(x). \text{ (Por quê?)}$$

Exemplo 1 Calcule $\lim_{x \to p} k$ (k constante).

Solução

O que queremos aqui é $\lim_{x \to p} f(x)$, no qual f é a função constante $f(x) = k$. Como f é contínua em todo p real

$$\lim_{x \to p} k = \lim_{x \to p} f(x) = f(p) = k$$

isto é,

$$\lim_{x \to p} k = k$$

(*O limite de uma constante é a própria constante.*)

Exemplo 2 Calcule $\lim_{x \to 2}(3x - 2)$.

Solução

$f(x) = 3x - 2$ é uma função afim, logo, contínua em todo p real, em particular em $p = 2$; assim

$$\lim_{x \to 2}(3x - 2) = f(2) = 4.$$

Capítulo 3

Exemplo 3 Calcule $\lim\limits_{x\to 1}\dfrac{x^2-1}{x-1}$

Solução

$\dfrac{x^2-1}{x-1}=x+1$ para $x\neq 1$; $g(x)=x+1$ é contínua em 1, logo $\lim\limits_{x\to 1}(x+1)=g(1)=2.$
Como

$$\frac{x^2-1}{x-1}=g(x) \text{ para } x\neq 1$$

segue da observação 3, que

$$\lim_{x\to 1}\frac{x^2-1}{x-1}=\lim_{x\to 1}(x+1)=2.$$

(2 é o valor que $f(x)=\dfrac{x^2-1}{x-1}$ deveria ter em 1 para ser contínua neste ponto.)

Exemplo 4 Calcule $\lim\limits_{x\to 1}f(x)$ em que $f(x)=\begin{cases}\dfrac{x^2-1}{x-1} & \text{se } x\neq 1\\ 3 & \text{se } x=1.\end{cases}$

Solução

Para $x\neq 1$, $f(x)=\dfrac{x^2-1}{x-1}=x+1$; assim

$$\lim_{x\to 1}f(x)=\lim_{x\to 1}\frac{x^2-1}{x-1}=\lim_{x\to 1}(x+1)=2\neq f(1).$$

(Observe que $f(1)=3$.) Pelo fato de $\lim\limits_{x\to 1}f(x)\neq f(1)$ segue que f *não* é contínua em 1.

Exemplo 5 As funções dadas por $f(x)=x^n$ e $g(x)=\sqrt[n]{x}$ ($n\geq 1$ natural) são contínuas. (Verifique.) Assim

$$\lim_{x\to p}x^n=p^n, \text{ para todo } p \text{ real,}$$

e

$$\lim_{x\to p}\sqrt[n]{x}=\sqrt[n]{p}, \text{ para todo } p \text{ no domínio } g(x)=\sqrt[n]{x}.$$

Provaremos, na Seção 3.6, que se $\lim\limits_{x \to p} f(x) = L_1$ e $\lim\limits_{x \to p} g(x) = L_2$, então

a) $\lim\limits_{x \to p} [f(x) + g(x)] = L_1 + L_2 = \lim\limits_{x \to p} f(x) + \lim\limits_{x \to p} g(x)$.

(*O limite de uma soma é igual à soma dos limites das parcelas.*)

b) $\lim\limits_{x \to p} k\, f(x) = kL_1 = k \lim\limits_{x \to p} f(x)$ (k constante).

c) $\lim\limits_{x \to p} f(x)g(x) = L_1 \cdot L_2 = \lim\limits_{x \to p} f(x) \lim\limits_{x \to p} g(x)$.

(*O limite de um produto é igual ao produto dos limites dos fatores.*)

d) $\lim\limits_{x \to p} \dfrac{f(x)}{g(x)} = \dfrac{L_1}{L_2}$, desde que $L_2 \neq 0$.

Por enquanto, vamos admitir tais propriedades e usá-las.

Exemplo 6 Calcule $\lim\limits_{x \to 2}(5x^3 - 8)$

Solução

$$
\begin{aligned}
\lim_{x \to 2}(5x^3 - 8) \quad &= \lim_{x \to 2} 5x^3 + \lim_{x \to 2}(-8) \\
&= 5\lim_{x \to 2} x^3 + \lim_{x \to 2} -8 \\
&= 5 \cdot 2^3 - 8 = 32
\end{aligned}
$$

Assim,

$$
\lim_{x \to 2}(5x^3 - 8) = 32.
$$

Exemplo 7 Calcule $\lim\limits_{x \to 3} \dfrac{\sqrt{x} - \sqrt{3}}{x - 3}$.

Solução

Como $\lim\limits_{x \to 3}(x - 3) = 0$, a propriedade (*d*) não se aplica.

$$
\frac{\sqrt{x} - \sqrt{3}}{x - 3} = \frac{\sqrt{x} - \sqrt{3}}{(\sqrt{x} - \sqrt{3})(\sqrt{x} + \sqrt{3})} = \frac{1}{\sqrt{x} + \sqrt{3}} \text{ para } x \neq 3
$$

e

$$
\lim_{x \to 3} \frac{1}{\sqrt{x} + \sqrt{3}} = \frac{1}{2\sqrt{3}}
$$

segue-se que

$$
\lim_{x \to 3} \frac{\sqrt{x} - \sqrt{3}}{x - 3} = \lim_{x \to 3} \frac{1}{\sqrt{x} + \sqrt{3}} = \frac{1}{2\sqrt{3}}.
$$

Capítulo 3

Deixamos a seu cargo verificar, por indução finita, que se $\lim_{x \to p} f_1(x) = L_1$, $\lim_{x \to p} f_2(x) = L_2$, ..., $\lim_{x \to p} f_n(x) = L_n$, então

$$\lim_{x \to p}[f_1(x) + f_2(x) + ... + f_n(x)] = L_1 + L_2 + ... + L_n$$

e

$$\lim_{x \to p}[f_1(x) f_2(x) ... f_n(x)] = L_1 L_2 ... L_n$$

para todo natural $n \geq 2$.

Exemplo 8 Calcule $\lim_{x \to 1} \dfrac{x^4 - 2x + 1}{x^3 + 3x^2 + 1}$.

Solução

Como $\lim_{x \to 1} [x^4 - 2x + 1] = 0$ e $\lim_{x \to 1} [x^3 + 3x^2 + 1] = 5 \neq 0$, pela propriedade (d),

$$\lim_{x \to 1} \frac{x^4 - 2x + 1}{x^2 + 3x^2 + 1} = \frac{0}{5} = 0.$$

Exemplo 9 Calcule $\lim_{x \to -1} \dfrac{x^3 + 1}{x^2 + 4x + 3}$.

Solução

$\lim_{x \to -1} (x^2 + 4x + 3) = 0$, logo a propriedade (d) não se aplica. Como -1 é raiz de $x^3 + 1$ e de $x^2 + 4x + 3$, estes polinômios são divisíveis por $x + 1$:

$$x^3 + 1 = (x + 1)(x^2 - x + 1) \text{ e } x^2 + 4x + 3 = (x + 1)(x + 3).$$

Assim

$$\lim_{x \to -1} \frac{x^3 + 1}{x^2 + 4x + 3} = \lim_{x \to -1} \frac{x^2 - x + 1}{x + 3} = \frac{3}{2}.$$

$\left(Observe: \lim_{x \to -1} \dfrac{x^2 - x + 1}{x + 3} = \dfrac{3}{2} \text{ e } \exists r = 1 \text{ tal que } \dfrac{x^3 + 1}{x^2 + 4x + 3} = \dfrac{x^2 - x + 1}{x + 3} \text{ para } \right.$

$\left. -2 < x < 0, x \neq -1; \text{ pela observação 3, } \lim_{x \to -1} \dfrac{x^3 + 1}{x^2 + 4x + 3} = \lim_{x \to -1} \dfrac{x^2 - x + 1}{x + 3} = \dfrac{3}{2}. \right)$

Exemplo 10 Calcule $\lim_{x \to 2} \dfrac{\sqrt[3]{x} - \sqrt[3]{2}}{x - 2}$.

Solução

$$x - 2 = (\sqrt[3]{x})^3 - (\sqrt[3]{2})^3 = (\sqrt[3]{x} - \sqrt[3]{2})(\sqrt[3]{x^2} + \sqrt[3]{2x} + \sqrt[3]{4}).$$

Limite e Continuidade

Assim

$$\frac{\sqrt[3]{x} - \sqrt[3]{2}}{x - 2} = \frac{1}{\sqrt[3]{x^2} + \sqrt[3]{2x} + \sqrt[3]{4}} \text{ para } x \neq 2.$$

Segue

$$\lim_{x \to 2} \frac{\sqrt[3]{x} - \sqrt[3]{2}}{x - 2} = \lim_{x \to 2} \frac{1}{\sqrt[3]{x^2} + \sqrt[3]{2x} + \sqrt[3]{4}} = \frac{1}{3\sqrt[3]{4}}.$$

O próximo exemplo mostra-nos que soma, produto e quociente de funções contínuas são contínuas.

Exemplo 11
Sejam f, g contínuas em p e k uma constante. Então $f + g$, kf e $f \cdot g$ são contínuas em p; $\dfrac{f}{g}$ também será contínua em p, desde que $g(p) \neq 0$.

Solução

Como f e g são contínuas em p, $\lim\limits_{x \to p} f(x) = f(p)$ e $\lim\limits_{x \to p} g(x) = g(p)$. Segue das propriedades (a), (b) e (c) dos limites que

$$\lim_{x \to p} [f(x) + g(x)] = \lim_{x \to p} f(x) + \lim_{x \to p} g(x) = f(p) + g(p),$$

$$\lim_{x \to p} kf(x) = k \lim_{x \to p} f(x) = kf(p)$$

e

$$\lim_{x \to p} f(x)g(x) = \lim_{x \to p} f(x) \lim_{x \to p} g(x) = f(p)g(p);$$

logo, $f + g$, kf e $f \cdot g$ são contínuas em p.

Sendo $g(p) \neq 0$

$$\lim_{x \to p} \frac{f(x)}{g(x)} = \frac{f(p)}{g(p)}$$

logo $\dfrac{f}{g}$ é também contínua em p.

Deixamos a seu cargo verificar que se $f_1, f_2, \ldots, f_n$ ($n \geq 2$ natural) forem contínuas em p, então $f_1 + f_2 + \ldots + f_n$ e $f_1 \cdot f_2 \cdot f_3 \cdot \ldots, f_n$ também o serão.

Exemplo 12
Toda função polinomial é contínua.

Solução

Sendo f uma função polinomial, existem $n \in \mathbb{N}$ e números reais $a_0, a_1, \ldots, a_n$ tais que

$$f(x) = a_0 x^n + a_1 x^{n-1} + \ldots + a_{n-1}x + a_n;$$

assim f é soma de funções contínuas, logo f é contínua.

Capítulo 3

78

Exemplo 13 f dada por $f(x) = 3x^6 - \dfrac{1}{3}x^5 + \sqrt{2x} + \sqrt{3}$ é contínua, pois se trata de uma função polinomial. (*Lembre-se*: dizer que f é uma função contínua equivale a dizer que f é contínua em todos os pontos de seu domínio.)

Exemplo 14 Toda função racional é contínua.

Solução

Sendo f uma função racional, $f = \dfrac{g}{h}$, em que g e h são funções polinomiais. Assim, f é contínua em todo p que não anula o denominador, isto é, f é contínua.

Exemplo 15 $f(x) = \dfrac{3x^5 + 6x + 1}{x^2 - 3}$ é contínua em todo $p \neq \pm\sqrt{3}$.

Solução

f é uma função racional, assim f é contínua em todo p de seu domínio, isto é, f é contínua em todo $p \neq \pm\sqrt{3}$.

Exemplo 16 Prove que

$$\lim_{x \to p} f(x) = 0 \Leftrightarrow \lim_{x \to p} |f(x)| = 0.$$

Solução

$$\lim_{x \to p} f(x) = 0 \quad \Leftrightarrow \begin{cases} \forall \varepsilon > 0, \exists \delta > 0 \text{ tal que } \forall x \in D_f \\ 0 < |x - p| < \delta \Rightarrow |f(x) - 0| < \varepsilon \end{cases}$$

$$\Leftrightarrow \begin{cases} \forall \varepsilon > 0, \exists \delta > 0 \text{ tal que } \forall x \in D_f \\ 0 < |x - p| < \delta \Rightarrow ||f(x)| - 0| < \varepsilon \end{cases}$$

$$\Leftrightarrow \lim_{x \to p} |f(x)| = 0.$$

Exemplo 17 Prove que

$$\lim_{x \to p} f(x) = L \Leftrightarrow \lim_{h \to 0} f(p + h) = L.$$

Solução

Suponhamos $\lim_{x \to p} f(x) = L$; assim dado $\varepsilon > 0$ existe $\delta > 0$ tal que

$$0 < |x - p| < \delta \Rightarrow |f(x) - L| < \varepsilon$$

daí

$$0 < |h| < \delta \Rightarrow 0 < |(p + h) - p| < \delta \Rightarrow |f(p + h) - L| < \varepsilon,$$

ou seja,

$$0 < |h| < \delta \Rightarrow |f(p + h) - L| < \varepsilon.$$

Assim

$$\lim_{h \to 0} f(p + h) = L.$$

Verifique você a recíproca.

Exemplo 18

(*Conservação do sinal.*) Suponha que $\lim_{x \to p} f(x) = L$, com $L > 0$. Prove que existe $\delta > 0$ tal que, $\forall x \in D_f$,

$$p - \delta < x < p + \delta, x \neq p \Rightarrow f(x) > 0.$$

Solução

Sendo $\lim_{x \to p} f(x) = L$, para todo $\varepsilon > 0$ dado existe $\delta > 0$ tal que, $\forall x \in D_f$,

$$p - \delta < x < p + \delta, x \neq p \Rightarrow L - \varepsilon < f(x) < L + \varepsilon.$$

Para $\varepsilon = L$, existe $\delta > 0$ tal que, $\forall x \in D_f$,

$$p - \delta < x < p + \delta, x \neq p \Rightarrow L - L < f(x) < L + L,$$

ou seja,

$$p - \delta < x < p + \delta, x \neq p \Rightarrow f(x) > 0.$$

Exercícios 3.3

1. Calcule e justifique.

a) $\displaystyle\lim_{x \to 2} x^2$

b) $\displaystyle\lim_{x \to 1} (3x + 1)$

c) $\displaystyle\lim_{x \to -2} (4x + 1)$

d) $\displaystyle\lim_{x \to 10} 5$

e) $\displaystyle\lim_{x \to -9} 50$

f) $\displaystyle\lim_{x \to -1} (-x^2 - 2x + 3)$

g) $\displaystyle\lim_{x \to 4} \sqrt{x}$

h) $\displaystyle\lim_{x \to -3} \sqrt[3]{x}$

i) $\displaystyle\lim_{x \to -8} \sqrt{5}$

j) $\displaystyle\lim_{x \to 3} \frac{x^2 - 9}{x - 3}$

l) $\displaystyle\lim_{x \to 3} \frac{x^2 - 9}{x + 3}$

m) $\displaystyle\lim_{x \to -1} \frac{x^2 - 9}{x - 3}$

n) $\displaystyle\lim_{x \to \frac{1}{2}} \frac{4x^2 - 1}{2x - 1}$

o) $\displaystyle\lim_{x \to 1} \frac{\sqrt{x} - 1}{x - 1}$

p) $\displaystyle\lim_{x \to -\frac{1}{3}} \frac{9x^2 - 1}{3x + 1}$

q) $\displaystyle\lim_{x \to 3} \frac{\sqrt{x} - \sqrt{3}}{x - 3}$

Capítulo 3

r) $\lim\limits_{x \to 3} \dfrac{\sqrt[3]{x} - \sqrt[3]{3}}{x - 3}$

s) $\lim\limits_{x \to 2} \dfrac{\sqrt[4]{x} - \sqrt[4]{2}}{x - 2}$

t) $\lim\limits_{x \to 0} \dfrac{x^2 + 3x - 1}{x^2 + 2}$

u) $\lim\limits_{x \to 1} \dfrac{\sqrt{x} - 1}{\sqrt{2x + 3} - \sqrt{5}}$

2. Determine L para que a função dada seja contínua no ponto dado. Justifique.

a) $f(x) = \begin{cases} \dfrac{x^3 - 8}{x - 2} & \text{se } x \neq 2 \\ L & \text{se } x = 2 \end{cases}$ em $p = 2$

b) $f(x) = \begin{cases} \dfrac{\sqrt{x} - \sqrt{3}}{x - 3} & \text{se } x \neq 3 \\ L & \text{se } x = 3 \end{cases}$ em $p = 3$

c) $f(x) = \begin{cases} \dfrac{\sqrt{x} - \sqrt{5}}{\sqrt{x + 5} - \sqrt{10}} & \text{se } x \neq 5 \\ L & \text{se } x = 5 \end{cases}$ em $p = 5$

3. $f(x) = \begin{cases} \dfrac{x^2 + x}{x + 1} & \text{se } x \neq -1 \\ 2 & \text{se } x = -1 \end{cases}$ é contínua em -1? E em 0? Por quê?

4. Calcule $\lim\limits_{x \to 0} \dfrac{f(x + h) - f(x)}{h}$ sendo f dada por

a) $f(x) = x^2$

b) $f(x) = 2x^2 + x$

c) $f(x) = 5$

d) $f(x) = -x^3 + 2x$

e) $f(x) = \dfrac{1}{x}$

f) $f(x) = 3x + 1$

5. Calcule.

a) $\lim\limits_{x \to -1} \dfrac{x^3 + 1}{x^2 - 1}$

b) $\lim\limits_{x \to 0} \dfrac{x^3 + x^2}{3x^3 + x^4 + x}$

c) $\lim\limits_{h \to 0} (x^2 + 3xh)$

d) $\lim\limits_{h \to 0} \dfrac{(x + h)^3 - x^3}{h}$

e) $\lim\limits_{x \to 3} \dfrac{x^2 - 9}{x^2 + 9}$

f) $\lim\limits_{x \to p} \dfrac{\sqrt[3]{x} - \sqrt[3]{p}}{x - p} \, (p \neq 0)$

g) $\lim\limits_{x \to p} \dfrac{\sqrt[4]{x} - \sqrt[4]{p}}{x - p} \, (p \neq 0)$

h) $\lim\limits_{x \to 2} \dfrac{x^3 - 5x^2 + 8x - 4}{x^4 - 5x - 6}$

i) $\lim\limits_{x \to 1} \dfrac{x^3 - 1}{x^4 + 3x - 4}$

j) $\lim\limits_{x \to 7} \dfrac{\sqrt{x} - \sqrt{7}}{\sqrt{x + 7} - \sqrt{14}}$

l) $\lim\limits_{x \to p} \dfrac{x^3 - p^3}{x - p}$

m) $\lim\limits_{x \to p} \dfrac{x^4 - p^4}{x - p}$

n) $\lim_{x \to p} \dfrac{x^n - p^n}{x - p}$ ($n > 0$ natural)

o) $\lim_{x \to p} \dfrac{\sqrt[n]{x} - \sqrt[n]{p}}{x - p}$

p) $\lim_{x \to 2} \dfrac{\dfrac{1}{x} - \dfrac{1}{2}}{x - 2}$

q) $\lim_{x \to p} \dfrac{f(x) - f(p)}{x - p}$ em que $f(x) = \dfrac{1}{x}$

r) $\lim_{x \to p} \dfrac{g(x) - g(p)}{x - p}$ em que $g(x) = \dfrac{1}{x^2}$

s) $\lim_{h \to 0} \dfrac{f(x+h) - f(x)}{h}$ em que $f(x) = x^2 - 3x$

6. Prove que existe $\delta > 0$ tal que
$$1 - \delta < x < 1 + \delta \Rightarrow 2 - \dfrac{1}{3} < x^2 + x < 2 + \dfrac{1}{3}.$$

7. Prove que existe $\delta > 0$ tal que
$$1 - \delta < x < 1 + \delta \Rightarrow 2 - \dfrac{1}{2} < \dfrac{x^5 + 3x}{x^2 + 1} < 2 + \dfrac{1}{2}$$

8. Sejam f e g definidas em $\mathbb{R}$ com $g(x) \neq 0$ para todo x. Suponha que $\lim_{x \to p} \dfrac{f(x)}{g(x)} = 0$. Prove que existe $\delta > 0$ tal que
$$0 < |x - p| < \delta \Rightarrow |f(x)| < |g(x)|.$$

9. Suponha que $\lim_{x \to p} f(x) = L$. Prove que existem $r > 0$, α e β tais que, para todo $x \in D_f$,
$$0 < |x - p| < r \Rightarrow \alpha < f(x) < \beta.$$
Interprete graficamente.

10. Suponha que $\lim_{x \to p} f(x) = L$. Prove que existem $r > 0$ e $M > 0$ tais que, para todo $x \in D_f$,
$$0 < |x - p| < r \Rightarrow |f(x)| \leq M.$$

11. Prove: $\lim_{x \to p} f(x) = L \Leftrightarrow \lim_{x \to p} [f(x) - L] = 0$.

12. Prove: $\lim_{x \to p} f(x) = L \Leftrightarrow \lim_{x \to p} |f(x) - L| = 0$.

13. Prove: $\lim_{x \to p} \dfrac{f(x)}{x - p} = 0 \Leftrightarrow \lim_{x \to p} \dfrac{f(x)}{|x - p|} = 0$.

14. Suponha que existe $r > 0$ tal que $f(x) \geq 0$ para $0 < |x - p| < r$ e que $\lim_{x \to p} f(x) = L$. Prove que $L \geq 0$.

(*Sugestão*: Suponha $L < 0$ e use a conservação do sinal.)

15. Suponha f contínua em $\mathbb{R}$ e $f(x) \geq 0$ para todo x racional. Prove que $f(x) \geq 0$ para todo x.

3.4 Limites Laterais

Seja f uma função, p um número real e suponhamos que existe b tal que $]p, b[\subset D_f$. Definimos:

$$\lim_{x \to p^+} f(x) = L \Leftrightarrow \begin{cases} \forall \varepsilon > 0, \exists \delta > 0 \text{ tal que} \\ p < x < p + \delta \Rightarrow |f(x) - L| < \varepsilon. \end{cases}$$

O número L, quando existe, denomina-se *limite lateral à direita de f*, em p.

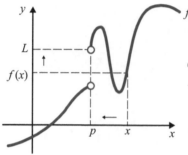

Quando x tende a p, pela direita, $f(x)$ tende a L: $\lim_{x \to p^+} f(x) = L$

Suponhamos, agora, que exista um real a tal que $]a, p[\subset D_f$. Definimos

$$\lim_{x \to p^-} f(x) = L \Leftrightarrow \begin{cases} \forall \varepsilon > 0, \exists \delta > 0 \text{ tal que} \\ p - \delta < x < p \Rightarrow |f(x) - L| < \varepsilon. \end{cases}$$

O número L, quando existe, denomina-se *limite lateral à esquerda de f*, em p.

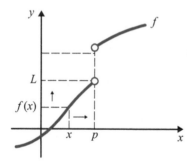

Quando x tende a p, pela esquerda, $f(x)$ tende a L: $\lim_{x \to p^-} f(x) = L$

É uma consequência imediata das definições de limite e de limites laterais que se $\lim_{x \to p} g(x) = L$ e se, para algum $r > 0$, $f(x) = g(x)$ em $]p, p + r[$, então $\lim_{x \to p^+} f(x) = \lim_{x \to p} g(x) = L$. Se ocorrer $f(x) = g(x)$ em $]p - r, p[$, então $\lim_{x \to p^-} f(x) = \lim_{x \to p} g(x) = L$.

Exemplo 1 Calcule $\lim_{x \to 1^+} f(x)$ e $\lim_{x \to 1^-} f(x)$, sendo $f(x) = \begin{cases} x^2 & \text{se } x < 1 \\ 2x & \text{se } x > 1. \end{cases}$

Solução

$$\lim_{x \to 1^+} f(x) = \lim_{x \to 1} 2x = 2 \text{ e } \lim_{x \to 1^-} f(x) = \lim_{x \to 1} x^2 = 1.$$

Limite e Continuidade

83

Exemplo 2 Calcule $\lim\limits_{x\to 0^+}\dfrac{|x|}{x}$ e $\lim\limits_{x\to 0^-}\dfrac{|x|}{x}$.

Solução

$$\frac{|x|}{x} = \begin{cases} 1 & \text{se } x > 0 \\ -1 & \text{se } x < 0. \end{cases}$$

$$\lim_{x\to 0^+}\frac{|x|}{x} = \lim_{x\to 0} 1 = 1 \text{ e } \lim_{x\to 0^-}\frac{|x|}{x} = \lim_{x\to 0} -1 = -1.$$

Teorema. Sejam f uma função, p um número real e suponhamos que existam a e b tais que $]a, p[$ e $]p, b[$ estejam contidos em D_f. Então,

$$\lim_{x\to p} f(x) = L \Leftrightarrow \begin{cases} f \text{ admite limites laterais à direita e à esquerda em } p \\ \text{e } \lim\limits_{x\to p^+} f(x) = \lim\limits_{x\to p^-} f(x) = L. \end{cases}$$

Demonstração

Deixamos para o leitor. ▪

Observações.

1. Se $\lim\limits_{x\to p^+} f(x)$ e $\lim\limits_{x\to p^-} f(x)$ existirem e forem *diferentes*, então $\lim\limits_{x\to p} f(x)$ não existirá.

2. Se existirem a e b tais que $]a, p[$ e $]p, b[$ estejam contidos em D_f e se, em p, um dos limites laterais não existir, então $\lim\limits_{x\to p} f(x)$ não existirá.

3. Se existirem reais $r > 0$ e b tais que $]p, b\, [\subset D_f$ e $]p - r, p[\cap D_f = \phi$, então $\lim\limits_{x\to p} f(x) = \lim\limits_{x\to p^+} f(x)$, desde que o limite lateral à direita exista. Se ocorrer $]b, p[\subset D_f$ e $]p, p + r[\cap D_f = \phi$, então $\lim\limits_{x\to p} f(x) = \lim\limits_{x\to p^-} f(x)$, desde que o limite lateral à esquerda exista.

Exemplo 3 $\lim\limits_{x\to 0}\dfrac{|x|}{x}$ existe? Por quê?

Solução

$$\lim_{x\to 0^+}\frac{|x|}{x} = \lim_{x\to 0} 1 = 1 \text{ e } \lim_{x\to 0^-}\frac{|x|}{x} = \lim_{x\to 0} -1 = -1.$$

Como $\lim\limits_{x\to 0^+}\dfrac{|x|}{x} \neq \lim\limits_{x\to 0^-}\dfrac{|x|}{x}$, segue que $\lim\limits_{x\to 0}\dfrac{|x|}{x}$ não existe.

Capítulo 3

84

Exercícios 3.4

1. Calcule, caso exista. Se não existir, justifique.

a) $\displaystyle\lim_{x\to 1^+}\frac{|x-1|}{x-1}$

b) $\displaystyle\lim_{x\to 1^-}\frac{|x-1|}{x-1}$

c) $\displaystyle\lim_{x\to 1^+}\frac{f(x)-f(1)}{x-1}$ em que $f(x)=\begin{cases}x+1 & \text{se } x\geq 1\\ 2x & \text{se } x<1\end{cases}$

d) $\displaystyle\lim_{x\to 0}\sqrt{x}$

e) $\displaystyle\lim_{x\to 1}\frac{|x-1|}{x-1}$

f) $\displaystyle\lim_{x\to 1}\frac{f(x)-f(1)}{x-1}$ em que $f(x)=\begin{cases}x+1 & \text{se } x\geq 1\\ 2x & \text{se } x<1\end{cases}$

g) $\displaystyle\lim_{x\to 2^+}\frac{x^2-2x+1}{x-1}$

h) $\displaystyle\lim_{x\to 3}\frac{|x-1|}{x-1}$

i) $\displaystyle\lim_{x\to 1}\frac{f(x)-f(1)}{x-1}$ em que $f(x)=\begin{cases}x^2 & \text{se } x\leq 1\\ 2x-1 & \text{se } x>1\end{cases}$

j) $\displaystyle\lim_{x\to 2^-}\frac{g(x)-g(2)}{x-2}$ em que $g(x)=\begin{cases}x & \text{se } x\geq 2\\ \dfrac{x^2}{2} & \text{se } x<2\end{cases}$

l) $\displaystyle\lim_{x\to 2^+}\frac{g(x)-g(2)}{x-2}$ sendo g a função do item (j)

m) $\displaystyle\lim_{x\to 2}\frac{g(x)-g(2)}{x-2}$ em que g é a função do item (j)

2. A afirmação

" $\displaystyle\lim_{x\to p^+}f(x)=\lim_{x\to p^-}f(x)\Rightarrow f$ contínua em p "

é falsa ou verdadeira? Justifique.

3. Dada a função $f(x)=\dfrac{x^2-3x+2}{x-1}$, verifique que $\displaystyle\lim_{x\to 1^+}f(x)=\lim_{x\to 1^-}f(x)$. Pergunta-se: f é contínua em 1? Por quê?

4. Dê exemplo de uma função definida em $\mathbb{R}$, que não seja contínua em 2, mas que $\displaystyle\lim_{x\to 2^+}f(x)=\lim_{x\to 2^-}f(x)$.

5. Suponha que exista $r>0$ tal que $f(x)\geq 0$ para $p<x<p+r$. Prove que $\displaystyle\lim_{x\to p^+}f(x)\geq 0$ desde que o limite exista.

6. Sejam f uma função definida em um intervalo aberto I e $p\in I$. Suponha que $f(x)\leq f(p)$ para todo $x\in I$. Prove que $\displaystyle\lim_{x\to p}\frac{f(x)-f(p)}{x-p}=0$ desde que o limite exista.

(*Sugestão*: Estude os sinais de $\displaystyle\lim_{x\to p^+}\frac{f(x)-f(p)}{x-1}$ e de $\displaystyle\lim_{x\to p^-}\frac{f(x)-f(p)}{x-1}$.)

3.5 Limite de Função Composta

Sejam f e g duas funções tais que $\text{Im } f \subset D_g$, em que $\text{Im } f$ é a *imagem de f*, ou seja, $\text{Im } f = \{f(x) \mid x \in D_f\}$. Nosso objetivo é estudar o limite

$$\lim_{x \to p} g(f(x)).$$

Supondo que $\lim_{x \to p} f(x) = a$ é razoável esperar que

① $$\lim_{x \to p} g(\overbrace{f(x)}^{u}) = \lim_{u \to a} g(u)$$

desde que $\lim_{u \to a} g(u)$ exista (*observe*: $u = f(x); u \to a$ para $x \to p$). Veremos que ① se verifica se g for contínua em a ou se g não estiver definida em a. Veremos, ainda, que se g estiver definida em a, mas não for contínua em a ($\lim_{u \to a} g(u) \neq g(a)$) ① se verificará desde que ocorra $f(x) \neq a$ para x próximo de p. Os casos que interessarão ao curso são aqueles em que g ou é contínua em a ou não está definida em a. O quadro que apresentamos a seguir mostra como iremos trabalhar com o limite de função composta no cálculo de limites.

$$\lim_{x \to p} F(x) = ?$$

Suponhamos que existam funções $g(u)$ e $u = f(x)$, no qual g ou é contínua em a ou não está definida em a, tais que

$$F(x) = g(u) \text{ em que } u = f(x), x \in D_f, \ \lim_{x \to p} f(x) = a \ (u \to a \text{ para } x \to p)$$

e que $\lim_{u \to a} g(u)$ exista. Então

$$\lim_{x \to p} F(x) = \lim_{u \to a} g(u).$$

Vamos antecipar alguns exemplos e deixar para o final da seção a demonstração da validade de ①.

Exemplo 1 Calcule $\lim_{x \to 1} \sqrt{\dfrac{x^2 - 1}{x - 1}}$.

Solução

$$\sqrt{\frac{x^2 - 1}{x - 1}} = \sqrt{u} \text{ em que } u = \frac{x^2 - 1}{x - 1}, x > -1, x \neq 1.$$

$$\lim_{x \to 1} \frac{x^2 - 1}{x - 1} = 2 \text{ e } g(u) = \sqrt{u} \text{ é contínua em 2.}$$

Assim,

$$\lim_{x\to 1}\sqrt{\frac{x^2-1}{x-1}} = \lim_{u\to 2}\sqrt{u} = \sqrt{2}.$$

Exemplo 2 Calcule $\lim\limits_{x\to 1}\dfrac{(3-x^3)^4-16}{x^3-1}$.

Solução

Façamos $u = 3 - x^3$; assim

$$\frac{(3-x^3)^4-16}{x^3-1} = \frac{u^4-16}{2-u}, \text{ com } u = 3 - x^3, x \neq 1.$$

Para $x \to 1$, $u \to 2$. Então:

$$\lim_{x\to 1}\frac{(3-x^3)^4-16}{x^3-1} = \lim_{u\to 2}\frac{u^4-16}{2-u}$$
$$= \lim_{u\to 2}\frac{(u-2)(u+2)(u^2+4)}{2-u}$$
$$= -\lim_{u\to 2}(u+2)(u^2+4) = -32.$$

Exemplo 3 Calcule $\lim\limits_{x\to -1}\dfrac{\sqrt[3]{x+2}-1}{x+1}$.

Solução

Façamos $u = \sqrt[3]{x+2}$; assim $x = u^3 - 2$.

$$\frac{\sqrt[3]{x+2}-1}{x+1} = \frac{u-1}{u^3-1}, u = \sqrt[3]{x+2}, x \neq -1.$$

$$\lim_{x\to -1}\frac{\sqrt[3]{x+2}-1}{x+1} = \lim_{u\to 1}\frac{u-1}{u^3-1}$$
$$= \lim_{u\to 1}\frac{u-1}{(u-1)(u^2+u+1)}$$
$$= \frac{1}{3}.$$

Assim,

$$\lim_{x\to -1}\frac{\sqrt[3]{x+2}-1}{x+1} = \frac{1}{3}.$$

Limite e Continuidade

Exemplo 4 Se $\lim_{x \to p} f(x) = L$, então $\lim_{x \to p} [f(x)]^2 = L^2$.

Solução

Como $h(u) = u^2$ é contínua (veja Exemplo 7-3.2)

$$\lim_{x \to p} [f(x)]^2 = \lim_{u \to L} u^2 = L^2.$$

Exemplo 5 Suponha $g(x) \neq 0$, para todo $x \in D_g$, $L \neq 0$ e $\lim_{x \to p} g(x) = L$. Prove que

$$\lim_{x \to p} \frac{1}{g(x)} = \frac{1}{L}.$$

Solução

$$\frac{1}{g(x)} = \frac{1}{u} \text{ em que } u = g(x), x \in D_g.$$

Como $h(u) = \dfrac{1}{u}$ é contínua em todo $u \neq 0$ (veja Exercício 2-3.2), segue-se que

$$\lim_{x \to p} \frac{1}{g(x)} = \lim_{u \to L} \frac{1}{u} = \frac{1}{L}.$$

Observação. Se $\lim_{x \to p} g(x) = L$, $L \neq 0$, pela conservação do sinal, existe $r > 0$ tal que

$$g(x) \neq 0 \text{ para } 0 < |x - p| < r, x \in D_g.$$

Como o conceito de limite é um conceito local, segue-se que a hipótese $g(x) \neq 0$ que aparece no Exemplo 5 é dispensável. Assim,

$$\lim_{x \to p} g(x) = L, L \neq 0 \Rightarrow \lim_{x \to p} \frac{1}{g(x)} = \frac{1}{L}.$$

Vamos, agora, demonstrar ① no caso em que g é contínua em a.

Teorema 1. Sejam f e g duas funções tais que $\text{Im} f \subset D_g$. Se $\lim_{x \to p} f(x) = a$ e g contínua em a, então,

$$\lim_{x \to p} g(f(x)) = \lim_{u \to a} g(u).$$

Capítulo 3

88

> **Demonstração**

Sendo g contínua em a, $\lim_{u \to a} g(u) = g(a)$. Precisamos provar que, para todo $\varepsilon > 0$ dado, existe $\delta > 0$ tal que

$$0 < |x - p| < \delta \Rightarrow g(a) - \varepsilon < g(f(x)) < g(a) + \varepsilon.$$

Como g é contínua em a, dado $\varepsilon > 0$, existe $\delta_1 > 0$ tal que

② $$a - \delta_1 < u < a + \delta_1 \Rightarrow g(a) - \varepsilon < g(u) < g(a) + \varepsilon.$$

Como $\lim_{x \to p} f(x) = a$, para o $\delta_1 > 0$ acima existe $\delta > 0$ tal que

③ $$0 < |x - p| < \delta \Rightarrow a - \delta_1 < f(x) < a + \delta_1.$$

De ② e ③ segue-se que

$$0 < |x - p| < \delta \Rightarrow g(a) - \varepsilon < g(f(x)) < g(a) + \varepsilon. \qquad \blacksquare$$

Observação. O Teorema 1 conta-nos que, se g for *contínua* em a e $\lim_{x \to p} f(x) = a$, então $\lim_{x \to p} g(f(x)) = g(a) = g(\lim_{x \to p} f(x))$, o que nos mostra que os símbolos $\lim_{x \to p}$ e g podem ser permutados em $\lim_{x \to p} g(f(x))$:

$$\lim_{x \to p} g(f(x)) = g(\lim_{x \to p} f(x)).$$

O próximo exemplo nos diz que composta de funções contínuas é contínua.

Exemplo 6 Sejam f e g tais que $\text{Im } f \subset D_g$. Se f for contínua em p e g contínua em $f(p)$, então a composta $h(x) = g(f(x))$ será contínua em p.

Solução

$$\lim_{x \to p} g(f(x)) = g(\lim_{x \to p} f(x)) = g(f(x));$$

logo, $h(x) = g(f(x))$ é contínua em p.

Teorema 2. Sejam f e g duas funções tais que $\text{Im } f \subset D_g$, $\lim_{x \to p} f(x) = a$ e $\lim_{u \to a} g(u) = L$. Nestas condições, se existir um $r > 0$ tal que $f(x) \neq a$ para $0 < |x - p| < r$, então $\lim_{x \to p} g(f(x))$ existirá e

$$\lim_{x \to p} g(f(x)) = \lim_{u \to a} g(u).$$

Limite e Continuidade

89

Demonstração

Como $\lim_{x \to a} g(u) = L$, dado $\varepsilon > 0$, existe $\delta_1 > 0$ tal que

① $$0 < |u - a| < \delta_1 \Rightarrow |g(u) - L| < \varepsilon.$$

Como $\lim_{x \to p} f(x) = a$, para o $\delta_1 > 0$ acima existe $\delta_2 > 0$ tal que

② $$0 < |x - p| < \delta_2 \Rightarrow |f(x) - a| < \delta_1.$$

Tomando-se $\delta = \min \{\delta_2, r\}$, segue de ② e da hipótese

③ $$0 < |x - p| < \delta \Rightarrow 0 < |f(x) - a| < \delta_1.$$

De ① e ③ resulta

$$0 < |x - p| < \delta \Rightarrow |g(f(x)) - L| < \varepsilon.$$

Assim,

$$\lim_{x \to p} g(f(x)) = L = \lim_{u \to a} g(u).$$

Observação. Se g não estiver definida em a, segue-se da hipótese $\text{Im} f \subset D_g$, que $f(x) \neq a$ para todo $x \in D_f$. Assim, neste caso, a condição "existe $r > 0$ tal que $f(x) \neq a$ para $0 < |x - p| < r$" é dispensável. Entretanto, se g estiver definida em a, mas não for contínua em a, tal condição é indispensável como mostra o próximo exemplo.

Exemplo 7 Sejam f e g definidas em $\mathbb{R}$ e dadas por $f(x) = 1$ e $g(u) = \begin{cases} u + 1 & \text{se } u \neq 1 \\ 3 & \text{se } u = 1 \end{cases}$

Temos

$$\lim_{x \to p} f(x) = 1 \text{ e } \lim_{u \to 1} g(u) = 2.$$

Como $g(f(x)) = 3$ para todo x, segue que

$$\lim_{x \to p} g(f(x)) \neq \lim_{u \to 1} g(u).$$

Este fato ocorre em virtude de não estar satisfeita a condição "existe $r > 0$ tal que $f(x) \neq 1$ para $0 < |x - p| < r$".

Exercícios 3.5

1. Calcule

a) $\lim_{x \to -1} \sqrt[3]{\dfrac{x^3 + 1}{x + 1}}$

b) $\lim_{x \to 1} \dfrac{\sqrt{x^2 + 3} - 2}{x^2 - 1}$

c) $\lim_{x \to 1} \dfrac{\sqrt[3]{x + 7} - 2}{x - 1}$

d) $\lim_{x \to 1} \dfrac{\sqrt[3]{3x + 5} - 2}{x^2 - 1}$

Capítulo 3

90

2. Seja f definida $\mathbb{R}$. Suponha que $\lim\limits_{x \to 0} \dfrac{f(x)}{x} = 1$. Calcule

a) $\lim\limits_{x \to 0} \dfrac{f(3x)}{x}$

b) $\lim\limits_{x \to 0} \dfrac{f(x^2)}{x}$

c) $\lim\limits_{x \to 1} \dfrac{f(x^2 - 1)}{x - 1}$

d) $\lim\limits_{x \to 0} \dfrac{f(7x)}{3x}$

3. Seja f definida em $\mathbb{R}$ e seja p um real dado. Suponha que $\lim\limits_{x \to p} \dfrac{f(x) - f(p)}{x - p} = L$. Calcule

a) $\lim\limits_{h \to 0} \dfrac{f(p + h) - f(p)}{h}$

b) $\lim\limits_{h \to 0} \dfrac{f(p + 3h) - f(p)}{h}$

c) $\lim\limits_{h \to 0} \dfrac{f(p + h) - f(p - h)}{h}$

d) $\lim\limits_{h \to 0} \dfrac{f(p - h) - f(p)}{h}$

3.6 Teorema do Confronto

Teorema (do confronto). Sejam f, g, h três funções e suponhamos que exista $r > 0$ tal que

$$f(x) \leq g(x) \leq h(x)$$

para $0 < |x - p| < r$. Nestas condições, se

$$\lim\limits_{x \to p} f(x) = L = \lim\limits_{x \to p} h(x)$$

então

$$\lim\limits_{x \to p} g(x) = L.$$

Demonstração

(Veja Seção 3.9.)

Exemplo 1 Seja f uma função e suponha que para todo x

$$|f(x)| \leq x^2.$$

a) Calcule, caso exista, $\lim\limits_{x \to 0} f(x)$.

b) f é contínua em 0? Por quê?

Solução

a) $|f(x)| \leq x^2 \Leftrightarrow -x^2 \leq f(x) \leq x^2$.

Como $\lim\limits_{x \to 0} -x^2 = 0 = \lim\limits_{x \to 0} x^2$ segue do teorema do confronto que

$$\lim\limits_{x \to 0} f(x) = 0.$$

Limite e Continuidade

91

b) Segue de (*a*) que *f* será contínua em 0 se $f(0) = 0$. Pela hipótese, $|f(x)| \leq x^2$ para todo x, logo, $|f(0)| \leq 0$ e, portanto, $f(0) = 0$. Assim,

$$\lim_{x \to 0} f(x) = 0 = f(0),$$

ou seja, *f* é contínua em 0.

O próximo exemplo nos diz que se *f tiver limite 0 em p e se g for limitada, então o produto f · g terá limite 0 em p.*

Exemplo 2 Sejam *f* e *g* duas funções com mesmo domínio *A* tais que $\lim_{x \to p} f(x) = 0$ e $|g(x)| \leq M$ para todo x em A, em que $M > 0$ é um número real fixo. Prove que

$$\lim_{x \to p} f(x)g(x) = 0.$$

Solução

$$|f(x)g(x)| = |f(x)| \, |g(x)| \leq M \, |f(x)|$$

para todo x em A. Daí, para todo x em A

$$-M |f(x)| \leq f(x)g(x) \leq M |f(x)|.$$

De $\lim_{x \to p} f(x) = 0$ segue que $\lim_{x \to p} M |f(x)| = 0$ e $\lim_{x \to p} -M |f(x)| = 0$. Pelo teorema do confronto

$$\lim_{x \to p} f(x)g(x) = 0.$$

Exemplo 3 Calcule $\lim_{x \to 0} x^2 \cdot g(x)$ em que $g(x) = \begin{cases} 1 & \text{se } x \in \mathbb{Q} \\ -1 & \text{se } x \notin \mathbb{Q} \end{cases}$

Solução

$\lim_{x \to 0} x^2 = 0$; como $\lim_{x \to 0} g(x)$ não existe (verifique) não podemos aplicar a propriedade relativa a limite de um produto de funções. Entretanto, como *g* é limitada, ($|g(x)| \leq 1$ para todo x) e $\lim_{x \to 0} x^2 = 0$, pelo exemplo anterior

$$\lim_{x \to 0} \underset{0}{\underbrace{x^2}} \overset{\text{limitada}}{\overbrace{g(x)}} = 0.$$

Exercícios 3.6

1. Seja f uma função definida em $\mathbb{R}$ tal que, para todo $x \neq 1$, $-x^2 + 3x \leq f(x) < \dfrac{x^2 - 1}{x - 1}$. Calcule $\lim\limits_{x \to 1} f(x)$ e justifique.

2. Seja f definida em $\mathbb{R}$ e tal que, para todo x, $|f(x) - 3| \leq 2|x - 1|$. Calcule $\lim\limits_{x \to 1} f(x)$ e justifique.

3. Suponha que, para todo x, $|g(x)| \leq x^4$. Calcule $\lim\limits_{x \to 0} \dfrac{g(x)}{x}$.

4. a) Verifique que $\lim\limits_{x \to 0} \operatorname{sen} \dfrac{1}{x}$ não existe.

   b) Calcule, caso exista, $\lim\limits_{x \to 0} x \operatorname{sen} \dfrac{1}{x}$. (Justifique.)

5. Calcule, caso exista, $\lim\limits_{x \to 0} \dfrac{f(x) - f(0)}{x - 0}$ em que f é dada por

   a) $f(x) = \begin{cases} x^2 \operatorname{sen} \dfrac{1}{x} & \text{se } x \neq 0 \\ 0 & \text{se } x = 0 \end{cases}$

   b) $f(x) = \begin{cases} x \operatorname{sen} \dfrac{1}{x} & \text{se } x \neq 0 \\ 0 & \text{se } x = 0 \end{cases}$

6. Sejam f e g duas funções definidas em $\mathbb{R}$ e tais que, para todo x, $[g(x)]^4 + [f(x)]^4 = 4$. Calcule e justifique.

   a) $\lim\limits_{x \to 0} x^3 g(x)$

   b) $\lim\limits_{x \to 3} f(x) \sqrt[3]{x^2 - 9}$

7. Seja f definida em $\mathbb{R}$ e suponha que existe $M > 0$ tal que, para todo x, $|f(x) - f(p)| \leq M|x - p|^2$.

   a) Mostre que f é contínua em p.

   b) Calcule, caso exista, $\lim\limits_{x \to p} \dfrac{f(x) - f(p)}{x - p}$.

8. Sejam a, b, c reais fixos e suponha que, para todo x, $|a + bx + cx^2| \leq |x|^3$. Prove que $a = b = c = 0$.

9. Prove: $\lim\limits_{x \to p} f(x) = L \Rightarrow \lim\limits_{x \to p} |f(x)| = |L|$.

   (*Sugestão*: verifique que $\big||f(x)| - |L|\big| \leq |f(x) - L|$ e aplique o teorema do confronto.)

10. A afirmação

    "$\lim\limits_{x \to p} |f(x)| = |L| \Rightarrow \lim\limits_{x \to p} f(x) = L$"

    é falsa ou verdadeira? Por quê?

11. Dê exemplo de uma função f tal que $\lim_{x \to p} |f(x)|$ existe, mas $\lim_{x \to p} f(x)$ não exista.

12. Prove: $\lim_{h \to 0} \dfrac{f(h)}{h} = 0 \Leftrightarrow \lim_{h \to 0} \dfrac{f(h)}{|h|} = 0$.

3.7 Continuidade das Funções Trigonométricas

Lembrando que sen $(-x) = -$sen x, segue da propriedade (5) da Seção 2.2, que existe $r > 0$ tal que, para todo x, com $|x| < r$,

① $$|\operatorname{sen} x| \leq |x|.$$

(Interprete geometricamente esta desigualdade.)
   Vamos, agora, utilizar ① para mostrar que

② $$|\operatorname{sen} x - \operatorname{sen} p| \leq |x - p|$$

para $|x - p| < 2r$. Temos

$$|\operatorname{sen} x - \operatorname{sen} p| = \left|2 \operatorname{sen} \frac{x-p}{2} \cos \frac{x+p}{2}\right| = 2 \left|\operatorname{sen} \frac{x-p}{2}\right| \left|\cos \frac{x+p}{2}\right|.$$

De $\left|\cos \dfrac{x+p}{2}\right| \leq 1$, segue

③ $$|\operatorname{sen} x - \operatorname{sen} p| \leq 2 \left|\operatorname{sen} \frac{x-p}{2}\right|.$$

De ① segue que, para $|x - p| < 2r$,

④ $$\left|\operatorname{sen} \frac{x-p}{2}\right| \leq \left|\frac{x-p}{2}\right|.$$

De ③ e ④ resulta

$$|\operatorname{sen} x - \operatorname{sen} p| \leq |x - p|$$

para $|x - p| < 2r$.
   Fica a seu cargo mostrar que

⑤ $$|\cos x - \cos p| \leq |x - p|$$

para $|x - p| < 2r$.

Teorema. As funções sen e cos são contínuas.

Demonstração

Seja p um real qualquer. Por ②,

$$|\operatorname{sen} x - \operatorname{sen} p| \leq |x - p|$$

para $|x - p| < 2r$. Como $\lim_{x \to p}(x - p) = 0$, segue, do teorema do confronto, que

$$\lim_{x \to p}(\operatorname{sen} x - \operatorname{sen} p) = 0,$$

ou seja,

$$\lim_{x \to p} \operatorname{sen} x = \operatorname{sen} p.$$

Logo, sen x é contínua em p. Como p foi tomado de modo arbitrário, resulta que sen x é contínua em todo p real, isto é, sen x é uma função contínua. Fica a seu cargo a demonstração da continuidade da função cos. ■

Deixamos a seu cargo provar, como exercício, que as funções tg, sec, cotg e cosec são, também, contínuas.

3.8 O Limite Fundamental $\lim_{x \to 0} \dfrac{\operatorname{sen} x}{x}$

Pela propriedade (5) da Seção 2.2 (veja justificação geométrica ao final da seção) existe $r > 0$ tal que

$$0 < \operatorname{sen} x < x < \operatorname{tg} x$$

para $0 < x < r$. Dividindo por sen x

$$1 < \frac{x}{\operatorname{sen} x} < \frac{1}{\cos x}$$

e, portanto, para $0 < x < r$,

$$\cos x < \frac{\operatorname{sen} x}{x} < 1.$$

Por outro lado,

$$-r < x < 0 \Rightarrow 0 < -x < r \Rightarrow \cos(-x) < \frac{\operatorname{sen} x(-x)}{-x} < 1.$$

Como $\cos(-x) = \cos x$ e $\dfrac{\operatorname{sen}(-x)}{-x} = \dfrac{\operatorname{sen} x}{x}$,

$$-r < x < 0 \Rightarrow \cos x < \frac{\operatorname{sen} x}{x} < 1.$$

Assim, para todo x, com $0 < |x| < r$,

$$\cos x < \frac{\operatorname{sen} x}{x} < 1.$$

Como $\lim\limits_{x \to 0} \cos x = 1 = \lim\limits_{x \to 0} 1$, pelo teorema do confronto,

$$\boxed{\lim\limits_{x \to 0} \frac{\operatorname{sen} x}{x} = 1.}$$

Observe que, para módulo de x suficientemente pequeno, $\frac{\operatorname{sen} x}{x} \cong 1$ ou $x \cong \operatorname{sen} x$. Interprete geometricamente.

Exemplo 1 Calcule $\lim\limits_{x \to 0} \frac{\operatorname{sen} 5x}{x}$.

Solução

$$\lim\limits_{x \to 0} \frac{\operatorname{sen} 5x}{x} = \lim\limits_{x \to 0} 5 \cdot \frac{\operatorname{sen} 5x}{\underbrace{5x}_{u}} = \lim\limits_{u \to 0} 5 \, \frac{\operatorname{sen} u}{u} = 5,$$

ou seja,

$$\lim\limits_{x \to 0} \frac{\operatorname{sen} 5x}{x} = 5.$$

Exemplo 2 Calcule $\lim\limits_{x \to 0} \frac{1 - \cos x}{x^2}$.

Solução

$$\lim\limits_{x \to 0} \frac{1 - \cos x}{x^2} = \lim\limits_{x \to 0} \frac{1 - \cos^2 x}{x^2} \cdot \frac{1}{1 + \cos x} = \lim\limits_{x \to 0} \frac{\operatorname{sen}^2 x}{x^2} \cdot \frac{1}{1 + \cos x} = \frac{1}{2},$$

pois, $\lim\limits_{x \to 0} \frac{\operatorname{sen}^2 x}{x^2} = 1$ e $\lim\limits_{x \to 0} \frac{1}{1 + \cos x} = \frac{1}{2}$.

Justificação geométrica da propriedade (5) da Seção 2.2:

área $\triangle OAP = \frac{\operatorname{sen} x}{2}$ e área $\triangle OAT = \frac{\operatorname{tg} x}{2}$. (Veja figura a seguir.)

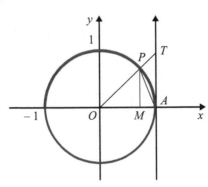

Capítulo 3

Por uma regra de três simples calculamos a área a do setor circular OAP:

2π rad — área π

$$\alpha = \frac{\pi x}{2\pi} = \frac{x}{2}.$$

x rad — área α

Portanto, área do setor circular $OAP = \dfrac{x}{2}$.

Assim, para $0 < x < \dfrac{\pi}{2}$ (x é a medida em rad do arco AP),

$$\frac{\operatorname{sen} x}{2} < \frac{x}{2} < \frac{\operatorname{tg} x}{2}$$

ou

$$\operatorname{sen} x < x < \operatorname{tg} x.$$

Exercícios 3.8

1. Calcule.

a) $\displaystyle\lim_{x \to 0} \frac{\operatorname{tg} x}{x}$

b) $\displaystyle\lim_{x \to 0} \frac{x}{\operatorname{sen} x}$

c) $\displaystyle\lim_{x \to 0} \frac{\operatorname{sen} 3x}{x}$

d) $\displaystyle\lim_{x \to \pi} \frac{\operatorname{sen} x}{x - \pi}$

e) $\displaystyle\lim_{x \to 0} \frac{x^2}{\operatorname{sen} x}$

f) $\displaystyle\lim_{x \to 0} \frac{3x^2}{\operatorname{tg} x \operatorname{sen} x}$

g) $\displaystyle\lim_{x \to 0} \frac{\operatorname{tg} 3x}{\operatorname{sen} 4x}$

h) $\displaystyle\lim_{x \to 0} \frac{1 - \cos x}{x}$

i) $\displaystyle\lim_{x \to \frac{\pi}{2}} \frac{1 - \operatorname{sen} x}{2x - \pi}$

j) $\displaystyle\lim_{x \to 0} x \operatorname{sen} \frac{1}{x}$

l) $\displaystyle\lim_{x \to p} \frac{\operatorname{tg}(x - p)}{x^2 - p^2}, \; p \neq 0$

m) $\displaystyle\lim_{x \to p} \frac{\operatorname{sen}(x^2 - p^2)}{x - p}$

n) $\displaystyle\lim_{x \to 0} \frac{\operatorname{sen}\left(x^2 + \dfrac{1}{x}\right) - \operatorname{sen} \dfrac{1}{x}}{x}$

o) $\displaystyle\lim_{x \to 0} \frac{x + \operatorname{sen} x}{x^2 - \operatorname{sen} x}$

p) $\displaystyle\lim_{x \to 0} \frac{x - \operatorname{tg} x}{x + \operatorname{tg} x}$

q) $\displaystyle\lim_{x \to 1} \frac{\operatorname{sen} \pi x}{x - 1}$

2. *a)* Prove que existe $r > 0$ tal que

$$\cos x - 1 < \frac{\operatorname{sen} x}{x} - 1 < 0$$

para $0 < |x| < r$.

b) Calcule $\displaystyle\lim_{x \to 0} \frac{x - \operatorname{sen} x}{x^2}$.

3. Calcule.

a) $\lim_{x \to p} \dfrac{\operatorname{sen} x - \operatorname{sen} p}{x - p}$

b) $\lim_{x \to p} \dfrac{\cos x - \cos p}{x - p}$

c) $\lim_{x \to p} \dfrac{\operatorname{tg} x - \operatorname{tg} p}{x - p}$

d) $\lim_{x \to p} \dfrac{\sec x - \sec p}{x - p}$

3.9 Propriedades Operatórias. Demonstração do Teorema do Confronto

Teorema. Se k for uma constante, $\lim_{x \to p} f(x) = L$ e $\lim_{x \to p} g(x) = L_1$, então

a) $\lim_{x \to p} [f(x) + g(x)] = L + L_1 = \lim_{x \to p} f(x) + \lim_{x \to p} g(x)$.

b) $\lim_{x \to p} kf(x) = kL = k \lim_{x \to p} f(x)$.

c) $\lim_{x \to p} f(x)g(x) = LL_1 = \lim_{x \to p} f(x) \lim_{x \to p} g(x)$.

d) $\lim_{x \to p} \dfrac{f(x)}{g(x)} = \dfrac{L}{L_1}$ desde que $L_1 \neq 0$.

Demonstração

a) $|f(x) + g(x) - (L + L_1)| \leq |f(x) - L| + |g(x) - L_1|$. Da hipótese, dado $\varepsilon > 0$, existe $\delta > 0$ tal que

$$0 < |x - p| < \delta \Rightarrow \begin{cases} |f(x) - L| < \dfrac{\varepsilon}{2} \\ |g(x) - L_1| < \dfrac{\varepsilon}{2} \end{cases}$$

daí

$$0 < |x - p| < \delta \Rightarrow |[f(x) + g(x)] - (L + L_1)| < \varepsilon.$$

b) Se $k = 0$, $kf(x) = 0$ para todo $x \in D_f$, logo

$$\lim_{x \to p} kf(x) = 0 = k \lim_{x \to p} f(x).$$

Se $k \neq 0$, dado $\varepsilon > 0$, existe $\delta > 0$ tal que

$$0 < |x - p| < \delta \Rightarrow |f(x) - L| < \dfrac{\varepsilon}{|k|}$$

daí

$$0 < |x - p| < \delta \Rightarrow |kf(x) - kL| < \varepsilon.$$

c) $f(x)g(x) = \dfrac{1}{4}\,[(f(x) + g(x))^2 - (f(x) - g(x))^2]$ (verifique).

$$\lim_{x \to p} [f(x) + g(x)]^2 = [\lim_{x \to p} (f(x) + g(x))]^2 = (L + L_1)^2 \text{ (veja Exemplo 4-3.5)}$$

$$\lim_{x \to p} [f(x) - g(x)]^2 = [\lim_{x \to p} (f(x) - g(x))]^2 = (L - L_1)^2.$$

Daí

$$\lim_{x \to p} f(x)g(x) = \dfrac{1}{4}\,[(L + L_1)^2 - (L - L_1)^2] = LL_1.$$

d) $\lim\limits_{x \to p} \dfrac{f(x)}{g(x)} = \lim\limits_{x \to p} f(x) \cdot \dfrac{1}{g(x)} = L \cdot \dfrac{1}{L_1} = \dfrac{L}{L_1}.$

■

Demonstração

(Veja Exemplo 5 da Seção 3.5.)

■

Demonstração (do Teorema do Confronto)

Como, por hipótese, $\lim\limits_{x \to p} f(x) = L = \lim\limits_{x \to p} h(x)$, dado $\varepsilon > 0$, existem $\delta_1 > 0$ e $\delta_2 > 0$ tais que

$$0 < |x - p| < \delta_1 \Rightarrow L - \varepsilon < f(x) < L + \varepsilon.$$

e

$$0 < |x - p| < \delta_2 \Rightarrow L - \varepsilon < h(x) < L + \varepsilon.$$

Tomando-se $\delta = \text{mín}\{\delta_1, \delta_2, r\}$ vem:

$$0 < |x - p| < \delta \Rightarrow L - \varepsilon < f(x) \le g(x) \le h(x) < L + \varepsilon;$$

logo,

$$0 < |x - p| < \delta \Rightarrow L - \varepsilon < g(x) < L + \varepsilon,$$

ou seja,

$$\lim_{x \to p} g(x) = L.$$

■

CAPÍTULO 4

Extensões do Conceito de Limite

4.1 Limites no Infinito

Nosso objetivo, nesta seção, é dar um significado para os símbolos

$$\lim_{x \to +\infty} f(x) = L$$

(leia: limite de $f(x)$, para x tendendo a mais infinito, é igual a L) e

$$\lim_{x \to -\infty} f(x) = L.$$

Definição 1. Seja f uma função e suponhamos que exista a tal que $]a, +\infty[\subset D_f$. Definimos

$$\lim_{x \to +\infty} f(x) = L \Leftrightarrow \begin{cases} \forall \varepsilon > 0, \exists \delta > 0, \text{ com } \delta > a, \text{ tal que} \\ x > \delta \Rightarrow L - \varepsilon < f(x) < L + \varepsilon. \end{cases}$$

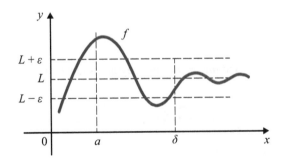

Definição 2. Seja f uma função e suponhamos que exista a tal que $]-\infty, a[\subset D_f$. Definimos

$$\lim_{x \to -\infty} f(x) = L \Leftrightarrow \begin{cases} \forall \varepsilon > 0, \exists \delta > 0, \text{ com } -\delta < a, \text{ tal que} \\ x < -\delta \Rightarrow L - \varepsilon < f(x) < L + \varepsilon. \end{cases}$$

Exemplo 1 Calcule $\lim_{x \to +\infty} \frac{1}{x}$ e justifique.

Solução

Quanto maior o valor de x, mais próximo de zero estará $\frac{1}{x}$: $\lim_{x \to +\infty} \frac{1}{x} = 0$.

Justificação

Dado $\varepsilon > 0$ e tomando-se $\delta = \frac{1}{\varepsilon}$

$$x > \delta \Rightarrow 0 < \frac{1}{x} < \varepsilon$$

e, portanto,

$$x > \delta \Rightarrow 0 - \varepsilon < \frac{1}{x} < 0 + \varepsilon.$$

Logo, $\lim_{x \to +\infty} \frac{1}{x} = 0$.

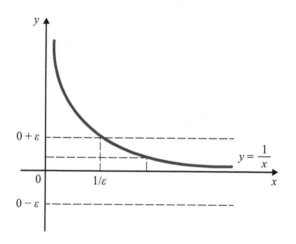

Deixamos para o leitor as demonstrações dos seguintes teoremas:

Teorema 1. Sejam f e g duas funções tais que $\text{Im} f \subset D_g$ e $\lim_{x \to +\infty} f(x) = a$

a) Se g for contínua em a, então

$$\lim_{x \to +\infty} g(f(x)) = \lim_{u \to a} g(u).$$

b) Se g não estiver definida em a e se $\lim_{u \to a} g(u)$ existir, então

$$\lim_{x \to +\infty} g(f(x)) = \lim_{u \to a} g(u).$$

Extensões do Conceito de Limite

Teorema 2. Seja k uma constante e suponhamos que $\lim\limits_{x \to +\infty} f(x) = L$ e $\lim\limits_{x \to +\infty} g(x) = L_1$. Então

a) $\lim\limits_{x \to +\infty} [f(x) + g(x)] = L + L_1$.

b) $\lim\limits_{x \to +\infty} kf(x) = k \lim\limits_{x \to +\infty} f(x) = kL$.

c) $\lim\limits_{x \to +\infty} f(x)g(x) = LL_1$.

d) $\lim\limits_{x \to +\infty} \dfrac{f(x)}{g(x)} = \dfrac{L}{L_1}$, desde que $L_1 \neq 0$.

Observamos que os teoremas acima continuam válidos se substituirmos "$x \to +\infty$" por "$x \to -\infty$".

Exemplo 2 Calcule $\lim\limits_{x \to +\infty} \dfrac{1}{x^n}$, no qual $n > 0$ é um número natural dado.

Solução

$$\lim\limits_{x \to +\infty} \frac{1}{x^n} = \lim\limits_{x \to +\infty} \left(\frac{1}{x} \right)^n = \lim\limits_{u \to 0} u^n = 0.$$

Exemplo 3 Calcule $\lim\limits_{x \to +\infty} \dfrac{x^5 + x^4 + 1}{2x^5 + x + 1}$.

Solução

Vamos colocar em evidência a mais alta potência de x que ocorre no numerador e proceder da mesma forma no denominador. Deste modo, irão aparecer no denominador e numerador expressões do tipo $\dfrac{1}{x^n}$ que tendem a zero para $x \to +\infty$, o que poderá facilitar o cálculo do limite.

$$\lim\limits_{x \to +\infty} \frac{x^5 + x^4 + 1}{2x^5 + x + 1} = \lim\limits_{x \to +\infty} \frac{x^5 \left[1 + \dfrac{1}{x} + \dfrac{1}{x^5} \right]}{x^5 \left[2 + \dfrac{1}{x^4} + \dfrac{1}{x^5} \right]} = \lim\limits_{x \to +\infty} \frac{1 + \dfrac{1}{x} + \dfrac{1}{x^5}}{2 + \dfrac{1}{x^4} + \dfrac{1}{x^5}} = \frac{1}{2}.$$

Exercícios 4.1

1. Calcule.

a) $\lim\limits_{x \to +\infty} \dfrac{1}{x^2}$

b) $\lim\limits_{x \to -\infty} \dfrac{1}{x^3}$

c) $\lim\limits_{x \to -\infty} \left[5 + \dfrac{1}{x} + \dfrac{3}{x^2} \right]$

d) $\lim\limits_{x \to +\infty} \left[2 - \dfrac{1}{x} \right]$

e) $\lim_{x \to +\infty} \dfrac{2x+1}{x+3}$

f) $\lim_{x \to -\infty} \dfrac{2x+1}{x+3}$

g) $\lim_{x \to -\infty} \dfrac{x^2 - 2x + 3}{3x^2 + x + 1}$

h) $\lim_{x \to +\infty} \dfrac{5x^4 - 2x + 1}{4x^4 + 3x + 2}$

i) $\lim_{x \to +\infty} \dfrac{x}{x^2 + 3x + 1}$

j) $\lim_{x \to -\infty} \dfrac{2x^3 + 1}{x^4 + 2x + 3}$

l) $\lim_{x \to +\infty} \sqrt[3]{5 + \dfrac{2}{x}}$

m) $\lim_{x \to -\infty} \sqrt[3]{\dfrac{x}{x^2 + 3}}$

n) $\lim_{x \to +\infty} \dfrac{\sqrt{x^2 + 1}}{3x + 2}$

o) $\lim_{x \to +\infty} \dfrac{\sqrt[3]{x^3 + 2x - 1}}{\sqrt{x^2 + x + 1}}$

p) $\lim_{x \to +\infty} \dfrac{\sqrt{3} + \sqrt[3]{x}}{x^2 + 3}$

q) $\lim_{x \to +\infty} \dfrac{3}{\sqrt{x}}$

r) $\lim_{x \to +\infty} \left[x - \sqrt{x^2 + 1} \right]$

s) $\lim_{x \to +\infty} \left[\sqrt{x + 1} - \sqrt{x + 3} \right]$

2. Sejam f e g definidas em $[a, +\infty[$ e tais que $\lim_{x \to +\infty} \dfrac{f(x)}{g(x)} = 0$, $\lim_{x \to +\infty} g(x) = 0$ e $g(x) \neq 0$ para todo $x \geq a$. Calcule, caso exista, $\lim_{x \to +\infty} f(x)$.

3. a) Calcule $\lim_{x \to +\infty} \dfrac{x^3 + 3x - 1}{2x^3 - 6x + 1}$

b) Mostre que existe $r > 0$ tal que

$$x > r \Rightarrow \dfrac{1}{4} < \dfrac{x^3 + 3x - 1}{2x^3 - 6x + 1} < \dfrac{3}{4}$$

4. a) Calcule $\lim_{x \to +\infty} \dfrac{x + 3}{x^3 + 2x - 1}$

b) Mostre que existe $r > 0$ tal que

$$x > r \Rightarrow 0 < \dfrac{x + 3}{x^3 + 2x - 1} < \dfrac{1}{2}.$$

5. Sejam f e g definidas em $[a, +\infty[$ e tais que $f(x) \geq 0$ e $g(x) > 0$ para todo $x \geq a$. Suponha que $\lim_{x \to +\infty} \dfrac{f(x)}{g(x)} = L$, $L > 0$. Prove que existe $r > 0$, $r > a$, tal que para todo $x > r$

$$\dfrac{L}{2} g(x) < f(x) < \dfrac{3L}{2} g(x).$$

Conclua daí que se $\lim_{x \to +\infty} g(x) = 0$, então $\lim_{x \to +\infty} f(x) = 0$.

4.2 Limites Infinitos

Definição 1. Suponhamos que exista a tal que $]a, +\infty[\subset D_f$. Definimos

(a) $\lim_{x \to +\infty} f(x) = +\infty \Leftrightarrow \begin{cases} \forall \varepsilon > 0, \exists \delta > 0, \text{com } \delta > a, \text{tal que} \\ x > \delta \Rightarrow f(x) > \varepsilon. \end{cases}$

(b) $\lim_{x \to +\infty} f(x) = -\infty \Leftrightarrow \begin{cases} \forall \varepsilon > 0, \exists \delta > 0, \text{com } \delta > a, \text{tal que} \\ x > \delta \Rightarrow f(x) < -\varepsilon. \end{cases}$

Definição 2. Sejam f uma função, p um número real e suponhamos que exista b tal que $]p, b[\subset D_f$. Definimos

$$\lim_{x \to p^+} f(x) = +\infty \Leftrightarrow \begin{cases} \forall \varepsilon > 0, \exists \delta > 0, \text{com } p + \delta < b, \text{tal que} \\ p < x < p + \delta \Rightarrow f(x) > \varepsilon. \end{cases}$$

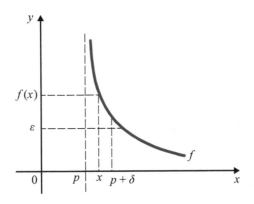

Deixamos a seu cargo definir $\lim_{x \to p^+} f(x) = -\infty$, $\lim_{x \to -\infty} f(x) = +\infty$, $\lim_{x \to -\infty} f(x) = -\infty$, $\lim_{x \to p^-} f(x) = +\infty$, $\lim_{x \to p^-} f(x) = -\infty$, $\lim_{x \to p} f(x) = +\infty$ e $\lim_{x \to p} f(x) = -\infty$.

Exemplo 1 Calcule $\lim_{x \to 0^+} \dfrac{1}{x}$ e justifique.

Solução

x	1	$\dfrac{1}{2}$	$\dfrac{1}{10}$	$\dfrac{1}{100}$	$\dfrac{1}{1000}$	$\longrightarrow 0^+$
$\dfrac{1}{x}$	1	2	10	100	1000	$\longrightarrow +\infty$

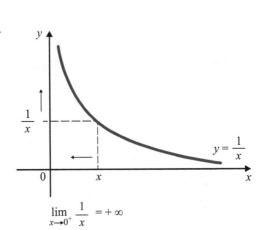

$\lim_{x \to 0^+} \dfrac{1}{x} = +\infty$

Justificação

Dado $\varepsilon > 0$ e tomando-se $\delta = \dfrac{1}{\varepsilon}$

$$0 < x < \delta \Rightarrow \dfrac{1}{x} > \varepsilon.$$

Logo,

$$\lim_{x \to 0^+} \dfrac{1}{x} = +\infty.$$

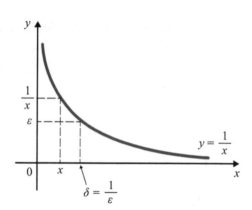

Exemplo 2 Calcule $\lim\limits_{x \to +\infty} x$ e justifique.

Solução

Dado $\varepsilon > 0$ e tomando-se $\delta = \varepsilon$

$$x > \delta \Rightarrow x > \varepsilon.$$

Logo,

$$\lim_{x \to +\infty} x = +\infty.$$

Teorema

a) $\begin{cases} \lim\limits_{x \to +\infty} f(x) = +\infty \\ \lim\limits_{x \to +\infty} g(x) = +\infty \end{cases} \Rightarrow \begin{cases} \lim\limits_{x \to +\infty} [f(x) + g(x)] = +\infty \\ \lim\limits_{x \to +\infty} f(x)g(x) = +\infty \end{cases}$

b) $\begin{cases} \lim\limits_{x \to +\infty} f(x) = L, \; L \text{ real} \\ \lim\limits_{x \to +\infty} g(x) = +\infty \end{cases} \Rightarrow \begin{cases} \lim\limits_{x \to +\infty} f(x)g(x) = +\infty & \text{se } L > 0 \\ \lim\limits_{x \to +\infty} f(x)g(x) = -\infty & \text{se } L < 0 \end{cases}$

c) $\begin{cases} \lim\limits_{x \to +\infty} f(x) = -\infty \\ \lim\limits_{x \to +\infty} g(x) = +\infty \end{cases} \Rightarrow \lim\limits_{x \to +\infty} f(x) \cdot g(x) = -\infty$

$$d) \quad \begin{cases} \lim\limits_{x \to +\infty} f(x) = L, \, L \text{ real} \\ \lim\limits_{x \to +\infty} g(x) = +\infty \end{cases} \Rightarrow \lim\limits_{x \to +\infty} [f(x) + g(x)] = +\infty$$

$$e) \quad \begin{cases} \lim\limits_{x \to +\infty} f(x) = L, \, L \text{ real} \\ \lim\limits_{x \to +\infty} g(x) = -\infty \end{cases} \Rightarrow \lim\limits_{x \to +\infty} [f(x) + g(x)] = -\infty$$

$$f) \quad \begin{cases} \lim\limits_{x \to +\infty} f(x) = -\infty \\ \lim\limits_{x \to +\infty} g(x) = -\infty \end{cases} \Rightarrow \begin{cases} \lim\limits_{x \to +\infty} [f(x) + g(x)] = -\infty \\ \lim\limits_{x \to +\infty} f(x)g(x) = +\infty \end{cases}$$

$$g) \quad \begin{cases} \lim\limits_{x \to +\infty} f(x) = L, \, L \text{ real} \\ \lim\limits_{x \to +\infty} g(x) = -\infty \end{cases} \Rightarrow \begin{cases} \lim\limits_{x \to +\infty} f(x)g(x) = -\infty & \text{se } L > 0 \\ \lim\limits_{x \to +\infty} f(x)g(x) = +\infty & \text{se } L < 0 \end{cases}$$

Demonstração

Para as demonstrações de (*a*) e (*b*), veja os Exemplos 13 e 14. As demonstrações dos demais itens ficam a cargo do leitor. ■

Observamos que o teorema anterior continua válido se substituirmos "$x \to +\infty$" por "$x \to -\infty$" ou por "$x \to p^{+}$" ou por "$x \to p^{-}$" ou por "$x \to p$".

Observação. O teorema anterior sugere-nos como operar com os símbolos $+\infty$ e $-\infty$: $+\infty + (+\infty) = +\infty$, $-\infty + (-\infty) = -\infty$, $L \cdot (+\infty) = +\infty$ se $L > 0$, $L \cdot (+\infty) = -\infty$ se $L < 0$, $L \cdot (-\infty) = -\infty$ se $L > 0$, $L \cdot (-\infty) = +\infty$ se $L < 0$, $L + (+\infty) = +\infty$ se $L \in \mathbb{R}$, $L + (-\infty) = -\infty$ se $L \in \mathbb{R}$, $+\infty \cdot (+\infty) = +\infty$, $(-\infty) \cdot (-\infty) = +\infty$ e $+\infty \cdot (-\infty) = -\infty$.

Indeterminações

$$+\infty - (+\infty), \, -\infty - (-\infty), \, 0 \cdot \infty, \, \frac{\infty}{\infty}, \, \frac{0}{0}, \, 1^{\infty}, \, 0^{0}, \, \infty^{0}.$$

Exemplo 3 Calcule $\lim\limits_{x \to +\infty} x^{2}$.

Solução

$$\lim\limits_{x \to +\infty} x^{2} = \lim\limits_{x \to +\infty} x \cdot x = +\infty.$$

Exemplo 4 Calcule $\lim\limits_{x \to +\infty} (3x^{2} - 5x + 2)$.

Solução

$$\lim\limits_{x \to +\infty} (3x^{2} - 5x + 2) = \lim\limits_{x \to +\infty} x^{2} \left[3 - \frac{5}{x} + \frac{2}{x^{2}} \right] = +\infty \cdot 3 = +\infty.$$

Capítulo 4

106

Exemplo 5 Calcule $\lim\limits_{x \to +\infty} \dfrac{x^3 + 3x - 1}{2x^2 + x + 1}$.

Solução

$$\lim_{x \to +\infty} \frac{x^3 + 3x - 1}{2x^2 + x + 1} = \lim_{x \to +\infty} \frac{x^3\left[1 + \dfrac{3}{x^2} - \dfrac{1}{x^3}\right]}{x^2\left[2 + \dfrac{1}{x} + \dfrac{1}{x^2}\right]} = \lim_{x \to +\infty} x \cdot \frac{1 + \dfrac{3}{x^2} - \dfrac{1}{x^3}}{2 + \dfrac{1}{x} + \dfrac{1}{x^2}} = +\infty \cdot \frac{1}{2} = +\infty.$$

O próximo exemplo conta-nos que, se $f(x)$ tende a zero para $x \to p^+$ e se $f(x) > 0$, então $\dfrac{1}{f(x)}$ tende a $+\infty$ para $x \to p^+$.

Exemplo 6 Suponha que $\lim\limits_{x \to p^+} f(x) = 0$ e que existe $r > 0$ tal que $f(x) > 0$ para $p < x < p + r$. Prove que

$$\lim_{x \to p^+} \frac{1}{f(x)} = +\infty.$$

Solução

Pela hipótese, dado $\varepsilon > 0$, existe $\delta > 0$, com $\delta < r$, tal que

$$p < x < p + \delta \Rightarrow 0 < f(x) < \frac{1}{\varepsilon}$$

daí

$$p < x < p + \delta \Rightarrow \frac{1}{f(x)} > \varepsilon.$$

Logo,

$$\lim_{x \to p^+} \frac{1}{f(x)} = +\infty.$$

Exemplo 7 Calcule $\lim\limits_{x \to 1^+} \dfrac{1}{x - 1}$.

Solução

$x - 1 > 0$ para $x > 1$ e $\lim\limits_{x \to 1^+}(x - 1) = 0$, logo

$$\lim_{x \to 1^+} \frac{1}{x - 1} = +\infty.$$

Interprete graficamente.

Extensões do Conceito de Limite

Exemplo 8 Calcule $\lim\limits_{x \to 1^-} \dfrac{1}{x-1}$.

Solução

$x - 1 < 0$ para $x < 1$ e $\lim\limits_{x \to 1^-}(x-1) = 0$, logo

$$\lim_{x \to 1^-} \frac{1}{x-1} = -\infty.$$

Interprete graficamente.

Exemplo 9 Sejam f e g duas funções tais que $\lim\limits_{x \to p^+} f(x) = L, L \neq 0,\ \lim\limits_{x \to p^+} g(x) = 0$ e que existe $r > 0$ tal que $g(x) \neq 0$ para $p < x < p + r$. Prove que, nestas condições, ou $\lim\limits_{x \to p^+} \dfrac{f(x)}{g(x)} = +\infty$ ou $\lim\limits_{x \to p^+} \dfrac{f(x)}{g(x)} = -\infty$ ou $\lim\limits_{x \to p^+} \dfrac{f(x)}{g(x)}$ não existe.

Solução

Basta provar que $\lim\limits_{x \to p^+} \dfrac{f(x)}{g(x)}$ não pode ser finito. Se tal limite fosse finito, teríamos

$$\lim_{x \to p^+} f(x) = \lim_{x \to p^+} \frac{f(x)}{g(x)} g(x) = 0$$

que é uma contradição.

Exemplo 10 Calcule $\lim\limits_{x \to 2^+} \dfrac{x^2 + 3x}{x^2 - 4}$.

Solução

$$\lim_{x \to 2^+}(x^2 + 3x) = 10 \text{ e } \lim_{x \to 2^+}(x^2 - 4) = 0.$$

Pelo exemplo anterior, o limite proposto ou é $+\infty$, ou $-\infty$ ou não existe. Vejamos o que realmente acontece. Inicialmente, vamos separar o fator que é responsável pelo anulamento do denominador.

$$\frac{x^2 + 3x}{x^2 - 4} = \frac{1}{x - 2} \cdot \frac{x^2 + 3x}{x + 2}.$$

Como $\lim\limits_{x \to 2^+} \dfrac{1}{x-2} = +\infty$ e $\lim\limits_{x \to 2^+} \dfrac{x^2 + 3x}{x + 2} = \dfrac{5}{2}$, resulta

$$\lim_{x \to 2^+} \frac{x^2 + 3x}{x^2 - 4} = \lim_{x \to 2^+} \frac{1}{x - 2} \cdot \frac{x^2 + 3x}{x + 2} = +\infty \cdot \frac{5}{2} = +\infty.$$

Capítulo 4

Exemplo 11 Calcule $\lim\limits_{x \to 1^+} \dfrac{x^3 + 1}{x^2 - 2x + 1}$.

Solução

Como 1 é raiz do numerador e denominador vamos, primeiro, simplificar.

$$\frac{x^3 - 1}{x^2 - 2x + 1} = \frac{(x - 1)(x^2 + x + 1)}{(x - 1)^2} = \frac{x^2 + x + 1}{x - 1}.$$

Então:

$$\lim\limits_{x \to 1^+} \frac{x^3 - 1}{x^2 - 2x + 1} = \lim\limits_{x \to 1^+} \frac{1}{x - 1} \cdot (x^2 + x + 1) = +\infty \cdot 3 = +\infty.$$

Exemplo 12 Calcule $\lim\limits_{x \to -\infty} \dfrac{x^3 - 3x^2 + 1}{2x^2 + 1}$.

Solução

$$\lim\limits_{x \to -\infty} \frac{x^3 - 3x^2 + 1}{2x^2 + 1} = \lim\limits_{x \to -\infty} \frac{x^3 \left[1 - \dfrac{3}{x} + \dfrac{1}{x^3} \right]}{x^2 \left(2 + \dfrac{1}{x^2} \right)} = \lim\limits_{x \to -\infty} x \cdot \frac{1 - \dfrac{3}{x} + \dfrac{1}{x^3}}{2 + \dfrac{1}{x^2}} = -\infty \cdot \frac{1}{2} = -\infty.$$

Exemplo 13 Suponha que $\lim\limits_{x \to +\infty} f(x) = +\infty$ e $\lim\limits_{x \to +\infty} g(x) = +\infty$. Prove

a) $\lim\limits_{x \to +\infty} (f(x) + g(x)) = +\infty$.

b) $\lim\limits_{x \to +\infty} f(x)g(x) = +\infty$.

Solução

a) Segue da hipótese que dado $\varepsilon > 0$ existem $\delta_1 > 0$ e $\delta_2 > 0$, tais que

$$x > \delta_1 \Rightarrow f(x) > \frac{\varepsilon}{2}$$

e

$$x > \delta_2 \Rightarrow g(x) > \frac{\varepsilon}{2}.$$

Tomando-se $\delta = \text{máx}\{\delta_1, \delta_2\}$

$$x > \delta \Rightarrow f(x) + g(x) > \frac{\varepsilon}{2} + \frac{\varepsilon}{2} = \varepsilon.$$

Logo, $\lim\limits_{x \to +\infty} [f(x) + g(x)] = +\infty$.

b) Segue da hipótese que, dado $\varepsilon > 0$, existe $\delta > 0$ tal que

$$x > \delta \Rightarrow f(x) > \sqrt{\varepsilon} \text{ e } x > \delta \Rightarrow g(x) > \sqrt{\varepsilon}$$

Extensões do Conceito de Limite

daí
$$x > \delta \Rightarrow f(x)g(x) > \varepsilon,$$

ou seja,
$$\lim_{x \to +\infty} f(x)g(x) = +\infty.$$

Exemplo 14 Suponha que $\lim_{x \to +\infty} f(x) = L$, L real, e $\lim_{x \to +\infty} g(x) = +\infty$. Prove

a) $\lim_{x \to +\infty} f(x)g(x) = +\infty$ se $L > 0$.

b) $\lim_{x \to +\infty} f(x)g(x) = -\infty$ se $L < 0$.

Solução

a) Segue da hipótese que, dado $\varepsilon > 0$, existem $\delta_1 > 0$ e $\delta_2 > 0$ tais que
$$x > \delta_1 \Rightarrow f(x) > \frac{L}{2} \text{ e } x > \delta_2 \Rightarrow g(x) > \frac{2\varepsilon}{L}.$$

Tomando-se $\delta = \text{máx}\{\delta_1, \delta_2\}$
$$x > \delta \Rightarrow f(x)g(x) > \varepsilon.$$

b) $\lim_{x \to +\infty} -f(x) = -L > 0$. Pelo item *a)*, $\lim_{x \to +\infty} -f(x)g(x) = +\infty$. Então, dado $\varepsilon > 0$, existe $\delta > 0$ tal que
$$x > \delta \Rightarrow -f(x)g(x) > \varepsilon.$$

Logo,
$$x > \delta \Rightarrow f(x)g(x) < -\varepsilon.$$

Exercícios 4.2

1. Calcule.

a) $\lim_{x \to +\infty} (x^4 - 3x + 2)$

b) $\lim_{x \to +\infty} (5 - 4x + x^2 - x^5)$

c) $\lim_{x \to -\infty} (3x^3 + 2x + 1)$

d) $\lim_{x \to +\infty} (x^3 - 2x + 3)$

e) $\lim_{x \to +\infty} \dfrac{5x^3 - 6x + 1}{6x^3 + 2}$

f) $\lim_{x \to +\infty} \dfrac{5x^3 - 6x + 1}{6x^2 + x + 3}$

g) $\lim_{x \to +\infty} \dfrac{5x^3 + 7x - 3}{x^4 - 2x + 3}$

h) $\lim_{x \to -\infty} \dfrac{2x + 3}{x + 1}$

i) $\lim_{x \to -\infty} \dfrac{x^4 - 2x + 3}{3x^4 + 7x - 1}$

j) $\lim_{x \to -\infty} \dfrac{5 - x}{3 + 2x}$

l) $\lim_{x \to +\infty} \dfrac{x + 1}{x^2 - 2}$

m) $\lim_{x \to +\infty} \dfrac{2 + x}{3 + x^2}$

Capítulo 4

110

2. Prove que $\lim\limits_{x \to +\infty} \sqrt[n]{x} = +\infty$, no qual $n > 0$ é um natural.

3. Calcule.

a) $\lim\limits_{x \to +\infty} \dfrac{\sqrt{x} + 1}{x + 3}$

b) $\lim\limits_{x \to +\infty} \dfrac{x + \sqrt{x + 3}}{2x - 1}$

c) $\lim\limits_{x \to +\infty} [2x - \sqrt{x^2 + 3}]$

d) $\lim\limits_{x \to +\infty} (x - \sqrt{3x^3 + 2})$

e) $\lim\limits_{x \to +\infty} (x - \sqrt{x^2 + 3})$

f) $\lim\limits_{x \to +\infty} (x - \sqrt{x + 3})$

g) $\lim\limits_{x \to +\infty} (\sqrt{x + \sqrt{x}} - \sqrt{x - 1})$

h) $\lim\limits_{x \to +\infty} (x - \sqrt[3]{2 + 3x^3})$

4. Calcule.

a) $\lim\limits_{x \to 3^+} \dfrac{5}{3 - x}$

b) $\lim\limits_{x \to 3^-} \dfrac{4}{x - 3}$

c) $\lim\limits_{x \to \frac{1}{2}^+} \dfrac{4}{2x - 1}$

d) $\lim\limits_{x \to 0^-} \dfrac{1}{x}$

e) $\lim\limits_{x \to 0^+} \dfrac{2x + 1}{x}$

f) $\lim\limits_{x \to 0^-} \dfrac{x - 3}{x^2}$

g) $\lim\limits_{x \to 0^+} \dfrac{3}{x^2 - x}$

h) $\lim\limits_{x \to 0^-} \dfrac{3}{x^2 - x}$

i) $\lim\limits_{x \to \frac{1}{2}^+} \dfrac{3x + 1}{4x^2 - 1}$

j) $\lim\limits_{x \to 1^-} \dfrac{2x + 3}{x^2 - 1}$

l) $\lim\limits_{x \to 1^+} \dfrac{2x + 3}{x^2 - 1}$

m) $\lim\limits_{x \to 3^+} \dfrac{x^2 - 3x}{x^2 - 6x + 9}$

n) $\lim\limits_{x \to -1^+} \dfrac{2x + 1}{x^2 + x}$

o) $\lim\limits_{x \to 0^+} \dfrac{2x + 1}{x^2 + x}$

p) $\lim\limits_{x \to 1^+} \dfrac{3x - 5}{x^2 + 3x - 4}$

q) $\lim\limits_{x \to 2^+} \dfrac{x^2 - 4}{x^2 - 4x + 4}$

r) $\lim\limits_{x \to -1^+} \dfrac{3x^2 - 4}{1 - x^2}$

⏵ s) $\lim\limits_{x \to 0^+} \dfrac{\operatorname{sen} x}{x^3 - x^2}$

5. Dê exemplo de funções f e g tais que $\lim\limits_{x \to p^+} f(x) = L,\ L \neq 0,\ \lim\limits_{x \to p^+} g(x) = 0$, mas $\lim\limits_{x \to p^+} \dfrac{f(x)}{g(x)}$ não existe.

6. Dê exemplo de funções f e g tais que $\lim\limits_{x \to +\infty} f(x) = +\infty,\ \lim\limits_{x \to +\infty} g(x) = +\infty$ e $\lim\limits_{x \to +\infty} [f(x) - g(x)] \neq 0$.

7. Dê exemplo de funções f e g tais que $\lim\limits_{x \to +\infty} f(x) = +\infty,\ \lim\limits_{x \to +\infty} g(x) = +\infty$ e $\lim\limits_{x \to +\infty} \dfrac{f(x)}{g(x)} \neq 1$.

8. Seja $f(x) = ax^3 + bx^2 + cx + d$, em que $a > 0$, b, c, d são reais dados. Prove que existem números reais x_1 e x_2 tais que $f(x_1) < 0$ e $f(x_2) > 0$.

Extensões do Conceito de Limite

9. Sejam f e g duas funções definidas em $]a, +\infty[$ tais que $\lim\limits_{x \to +\infty} \dfrac{f(x)}{g(x)} = +\infty$ e $g(x) > 0$ para todo $x > a$. Prove que existe $r > 0$ tal que para todo $x > r$, $f(x) > g(x)$.

4.3 Sequência e Limite de Sequência

Uma *sequência* ou *sucessão* de números reais é uma função $n \mapsto a_n$, a valores reais, cujo domínio é um subconjunto de $\mathbb{N}$. As sequências que vão interessar ao curso são aquelas cujo domínio contém um subconjunto do tipo $\{n \in \mathbb{N} \mid n \geq q\}$ no qual q é um natural fixo; só consideraremos tais sequências.

A notação a_n (leia: a índice n) é usada para indicar o valor que a sequência assume no natural n. Diremos que a_n é o *termo geral* da sequência.

Exemplo 1 Seja a sequência de termo geral $a_n = 2^n$. Temos

$$a_0 = 2^0, a_1 = 2^1, a_2 = 2^2, \ldots$$

Exemplo 2 Seja a sequência de termo geral $s_n = 1 + 2 + 3 + \ldots + n$. Temos

$$s_1 = 1, s_2 = 1 + 2, s_3 = 1 + 2 + 3 \text{ etc.}$$

Sejam $m \leq n$ dois naturais. O símbolo

$$\sum_{k=m}^{n} a_k$$

(leia: somatória de a_k, para k variando de m até n) é usado para indicar a soma dos termos $a_m, a_{m+1}, a_{m+2}, \ldots, a_n$:

$$\sum_{k=m}^{n} a_k = a_m + a_{m+1} + \ldots + a_n.$$

Exemplo 3

a) $\displaystyle\sum_{k=2}^{5} a_k = a_2 + a_3 + a_4 + a_5.$

b) $\displaystyle\sum_{k=1}^{5} k^2 = 1^2 + 2^2 + 3^2 + 4^2 + 5^2.$

c) $\displaystyle\sum_{k=0}^{n} \frac{1}{k+1} = \frac{1}{0+1} + \frac{1}{1+1} + \frac{1}{2+1} + \ldots + \frac{1}{n+1}.$

Capítulo 4

Exemplo 4 Seja a sequência de termo geral $s_n = \sum_{k=1}^{n} \dfrac{1}{k}$. Temos

$$s_1 = \sum_{k=1}^{1} \frac{1}{k} = 1.$$

$$s_2 = \sum_{k=1}^{2} \frac{1}{k} = 1 + \frac{1}{2}.$$

$$s_3 = \sum_{k=1}^{3} \frac{1}{k} = 1 + \frac{1}{2} + \frac{1}{3}.$$

Exemplo 5 Considere a sequência de termo geral $s_n = \sum_{k=0}^{n} t^k$, $t \neq 0$ e $t \neq 1$. Verifique que

$$s_n = \frac{1 - t^{n+1}}{1 - t}.$$

Solução

① $$s_n = 1 + t + t^2 + \dots + t^{n-1} + t^n.$$

Multiplicando ambos os membros por t, vem

② $$ts_n = t + t^2 + t^3 + \dots + t^n + t^{n+1}.$$

Subtraindo membro a membro ① e ②, obtemos

$$s_n(1 - t) = 1 - t^{n+1}$$

logo,

$$s_n = \frac{1 - t^{n+1}}{1 - t}.$$

Observe que s_n é a soma dos termos da progressão geométrica $1, t, t^2, t^3, \dots, t^n$.

Definição. Consideremos uma sequência de termo geral a_n e seja a um número real. Definimos

(i) $\displaystyle\lim_{n \to +\infty} a_n = a \Leftrightarrow \begin{cases} \text{Para todo } \varepsilon > 0, \text{ existe um natural } n_0 \text{ tal que} \\ \quad n > n_0 \Rightarrow a - \varepsilon < a_n < a + \varepsilon. \end{cases}$

(ii) $\displaystyle\lim_{n \to +\infty} a_n = +\infty \Leftrightarrow \begin{cases} \text{Para todo } \varepsilon > 0, \text{ existe um natural } n_0 \text{ tal que} \\ \quad n > n_0 \Rightarrow a_n > \varepsilon. \end{cases}$

(iii) $\displaystyle\lim_{n \to +\infty} a_n = -\infty \Leftrightarrow \begin{cases} \text{Para todo } \varepsilon > 0, \text{ existe um natural } n_0 \text{ tal que} \\ \quad n > n_0 \Rightarrow a_n < -\varepsilon. \end{cases}$

Extensões do Conceito de Limite

Se $\lim\limits_{n \to +\infty} a_n = a$, diremos que a sequência de termo geral a_n *converge para a* ou, simplesmente, que a_n *converge para a* e escrevemos $a_n \to a$. Se $\lim\limits_{n \to +\infty} a_n = +\infty$, diremos que a_n *diverge* para $+\infty$ e escrevemos $a_n \to +\infty$. Se $\lim\limits_{n \to +\infty} a_n = -\infty$, diremos que a_n *diverge* para $-\infty$.

Observamos que as definições acima são exatamente as mesmas que demos quando tratamos com limite de uma função $f(x)$, para $x \to +\infty$; deste modo, tudo aquilo que dissemos sobre os limites da forma " $\lim\limits_{x \to +\infty} f(x)$ " aplica-se aqui.

Exemplo 6 Calcule $\lim\limits_{n \to +\infty} \dfrac{2n + 3}{n + 1}$.

Solução

$$\lim_{n \to +\infty} \frac{2n + 3}{n + 1} = \lim_{n \to +\infty} \frac{2 + \dfrac{3}{n}}{1 + \dfrac{1}{n}} = 2.$$

Exemplo 7 Suponha que existe um natural n_1 tal que $a_n \geq b_n$ para todo $n \geq n_1$. Prove que se $\lim\limits_{n \to +\infty} b_n = +\infty$, então $\lim\limits_{n \to +\infty} a_n = +\infty$.

Solução

Como $\lim\limits_{n \to +\infty} b_n = +\infty$, dado $\varepsilon > 0$ existe um natural n_2 tal que

$$n > n_2 \Rightarrow b_n > \varepsilon.$$

Tomando-se $n_0 = \text{máx}\{n_1, n_2\}$ resulta

$$n > n_0 \Rightarrow a_n \geq b_n > \varepsilon$$

logo

$$\lim_{n \to +\infty} a_n = +\infty.$$

Exemplo 8 Suponha $a > 1$. Mostre que

$$\lim_{n \to +\infty} a^n = +\infty.$$

Solução

$a = 1 + h, h > 0$. Pela fórmula do binômio de Newton

$$(1 + h)^n = 1 + \binom{n}{1} h + \binom{n}{2} h^2 + \ldots + \binom{n}{n} h^n$$

daí

$$(1 + h)^n \geq 1 + \binom{n}{1} h \text{ para } n \geq 1,$$

ou seja,

$$a^n \geq 1 + nh \text{ para } n \geq 1.$$

Como $h > 0$, $\lim_{n \to +\infty} (1 + nh) = +\infty$; logo

$$\lim_{n \to +\infty} a^n = +\infty \qquad (a > 1).$$

Exemplo 9 Supondo $0 < b < 1$, calcule $\lim_{n \to +\infty} b^n$.

Solução

Inicialmente, observamos que se $\lim_{n \to +\infty} s_n = +\infty$, então $\lim_{n \to +\infty} \dfrac{1}{s_n} = 0$ (verifique).

De $0 < b < 1$, segue que $\dfrac{1}{b} > 1$; então

$$\lim_{n \to +\infty} b^n = \lim_{n \to +\infty} \dfrac{1}{\left(\dfrac{1}{b}\right)^n} = 0$$

pois, $\lim_{n \to +\infty} \left(\dfrac{1}{b}\right)^n = +\infty$ (Exemplo 8).

Exemplo 10 Calcule $\lim_{n \to +\infty} \dfrac{2^n + 1}{3^n + 2}$.

Solução

$$\lim_{n \to +\infty} \dfrac{2^n + 1}{3^n + 2} = \lim_{n \to +\infty} \left(\dfrac{2}{3}\right)^n \cdot \dfrac{1 + \dfrac{1}{2^n}}{1 + \dfrac{2}{3^n}} = 0$$

pois $\lim_{n \to +\infty} \left(\dfrac{2}{3}\right)^n = 0$ (Exemplo 9), $\lim_{n \to +\infty} \dfrac{1}{2^n} = 0$ e $\lim_{n \to +\infty} \dfrac{2}{3^n} = 0$.

Exemplo 11 Calcule $\lim_{n \to +\infty} \sum_{k=0}^{n} \left(\dfrac{1}{2}\right)^k$.

Solução

$$\sum_{k=0}^{n} \left(\dfrac{1}{2}\right)^k = 1 + \dfrac{1}{2} + \left(\dfrac{1}{2}\right)^2 + ... + \left(\dfrac{1}{2}\right)^n = \dfrac{1 - \left(\dfrac{1}{2}\right)^{n+1}}{1 - \dfrac{1}{2}} \text{ (veja o Exemplo 5).}$$

Como $\lim\limits_{n \to +\infty} \left(\dfrac{1}{2}\right)^{n+1} = 0$, resulta

$$\lim_{n \to +\infty} \sum_{k=0}^{n} \left(\frac{1}{2}\right)^k = \lim_{n \to +\infty} \frac{1 - \left(\dfrac{1}{2}\right)^{n+1}}{1 - \dfrac{1}{2}} = \frac{1}{1 - \dfrac{1}{2}} = 2.$$

A igualdade

$$\lim_{n \to +\infty} \sum_{k=0}^{n} \left(\frac{1}{2}\right)^k = 2$$

é usualmente escrita na forma

$$1 + \frac{1}{2} + \frac{1}{2^2} + \dots + \frac{1}{2^n} + \dots = 2.$$

Exercícios 4.3

1. Calcule.

a) $\lim\limits_{n \to +\infty} \dfrac{2n - 3}{n + 1}$

b) $\lim\limits_{n \to +\infty} n^2 + 3$

c) $\lim\limits_{n \to +\infty} \dfrac{n + 1}{n}$

d) $\lim\limits_{n \to +\infty} \dfrac{n^2 + 2}{2n^3 + n - 1}$

e) $\lim\limits_{n \to +\infty} \left[\dfrac{(-1)^n}{n} + 2 \right]$

f) $\lim\limits_{n \to +\infty} \left[\dfrac{2}{n} + \left(\dfrac{3}{5}\right)^n \right]$

g) $\lim\limits_{n \to +\infty} \dfrac{1 + 5^n}{2 + 3^n}$

h) $\lim\limits_{n \to +\infty} \sum\limits_{k=0}^{n} \left(\dfrac{1}{3}\right)^k$

i) $\lim\limits_{n \to +\infty} \sum\limits_{k=0}^{n} t^k$ no qual $0 < t < 1$

2. Supondo $0 < a < 1$, mostre que

$$\lim_{n \to +\infty} \sum_{k=1}^{n} a^k = \frac{a}{1 - a}.$$

3. Calcule $\lim\limits_{n \to +\infty} \left(1 + \dfrac{1}{2} + \dfrac{1}{3} + \dots + \dfrac{1}{n} \right)$.

(*Sugestão:* $\dfrac{1}{2^k} + \dfrac{1}{2^k + 1} + \dots + \dfrac{1}{2^{k+1} - 1} > \dfrac{1}{2}$ para $k \geq 0$.)

Capítulo 4

4. Seja $f(x) = x$, $x \in [0, 1]$. Considere a sequência de termo geral

$$S_n = f\left(\frac{1}{n}\right)\frac{1}{n} + f\left(\frac{2}{n}\right)\frac{1}{n} + f\left(\frac{3}{n}\right)\frac{1}{n} + \ldots + f\left(\frac{n-1}{n}\right)\frac{1}{n} + f(1)\frac{1}{n}.$$

a) Calcule S_3. Observe que, geometricamente, S_3 pode ser interpretado como a soma das áreas dos retângulos hachurados.

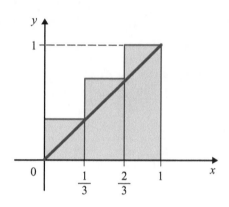

b) Calcule $\lim_{n \to +\infty} S_n$. (Pensando geometricamente, qual o valor esperado para o limite?)

5. Calcule $\lim_{n \to +\infty} \frac{1}{n^3} \sum_{k=1}^{n} k^2$.

(*Sugestão*: Verifique que $1^2 + 2^2 + 3^2 + \ldots + n^2 = \frac{1}{6}n(n+1)(2n+1)$. Veja Seção 17.2.)

6. Seja $f(x) = x^2$, $x \in [0, 1]$. Considere as sequências

$$s_n = f(0)\frac{1}{n} + f\left(\frac{1}{n}\right)\frac{1}{n} + f\left(\frac{2}{n}\right)\frac{1}{n} + \ldots + f\left(\frac{n-1}{n}\right)\frac{1}{n}$$

e

$$S_n = f\left(\frac{1}{n}\right)\frac{1}{n} + f\left(\frac{2}{n}\right)\frac{1}{n} + \ldots + f\left(\frac{n-1}{n}\right)\frac{1}{n} + f(1)\frac{1}{n}.$$

Calcule

a) $\lim_{n \to +\infty} S_n$
b) $\lim_{n \to +\infty} s_n$

(Interprete geometricamente tais limites.) (*Sugestão*: Utilize o Exercício 5.)

7. Uma partícula desloca-se sobre o eixo $0x$ com aceleração constante a, $a > 0$. Suponha que no instante $t = 0$ a velocidade seja zero. A velocidade no instante t é, então, dada por $v(t) = at$. Divida o intervalo de tempo $[0, T]$ em n intervalos de amplitudes iguais a $\frac{T}{n}$:

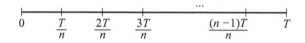

Extensões do Conceito de Limite

No instante $\dfrac{T}{n}$ a velocidade será $\dfrac{aT}{n}$, no instante $\dfrac{2T}{n}$, será $\dfrac{2aT}{n}$ etc. Supondo n suficientemente grande, o espaço percorrido entre os instantes $\dfrac{T}{n}$ e $\dfrac{2T}{n}$ será aproximadamente $\dfrac{aT}{n} \cdot \dfrac{T}{n}$ (por quê?); entre os instantes $\dfrac{2T}{n}$ e $\dfrac{2T}{n}$ o espaço percorrido será aproximadamente $\dfrac{2aT}{n} \cdot \dfrac{T}{n}$ etc.

a) Calcule $\displaystyle\lim_{n \to +\infty} \left[\dfrac{aT}{n} \cdot \dfrac{T}{n} + \dfrac{2aT}{n} \cdot \dfrac{T}{n} + \dots + \dfrac{(n-1)aT}{n} \cdot \dfrac{T}{n} \right].$

b) Interprete cinemática e geometricamente o limite acima.

8. Suponha que a sequência de termo geral a_n, n natural, seja crescente (isto é, quaisquer que sejam os naturais n e m, $n < m \Rightarrow a_n \le a_m$) e que exista M real tal que $a_n \le M$ para todo natural n. Prove que $\displaystyle\lim_{n \to +\infty} a_n$ existe e que $\displaystyle\lim_{n \to +\infty} a_n = \sup[a_n \mid n \in \mathbb{N}]$. (Veja Seção A.4.)

9. Considere a sequência de termo geral

$$a_n = 1 + \dfrac{1}{2^2} + \dfrac{1}{3^2} + \dots + \dfrac{1}{n^2}.$$

a) Prove que a_n é crescente.

b) Prove que para todo natural $n \ge 1$

$$1 + \dfrac{1}{2^2} + \dfrac{1}{3^2} + \dots + \dfrac{1}{n^2} < 2.$$

c) Prove que $\displaystyle\lim_{n \to +\infty} \left(1 + \dfrac{1}{2^2} + \dfrac{1}{3^2} + \dots + \dfrac{1}{n^2} \right)$ existe e que é menor que 2. (Compare com o Exercício 3.)

(*Sugestão para* (b): Verifique que $\dfrac{1}{(2^n)^2} + \dfrac{1}{(2^n + 1)^2} + \dots + \dfrac{1}{(2^{n+1} - 1)^2} \le \dfrac{1}{2^n}$.)

4.4 Limite de Função e Sequências

Seja f uma função tal que $\displaystyle\lim_{x \to p} f(x) = L$ e a_n uma sequência que converge a p, com $a_n \in D_f$ e $a_n \ne p$ para todo natural n. É natural esperar que

$$\lim_{n \to +\infty} f(a_n) = L.$$

De fato, sendo $\displaystyle\lim_{x \to p} f(x) = L$, dado $\varepsilon > 0$, existe $\delta > 0$ tal que

①
$$0 < |x - p| < \delta \Rightarrow |f(x) - L| < \varepsilon.$$

Como $a_n \to p$, para o $\delta > 0$ acima existe um natural n_0 tal que

$$n > n_0 \Rightarrow |a_n - p| < \delta$$

e como $a_n \neq p$, para todo n,

② $$n > n_0 \Rightarrow 0 < |a_n - p| < \delta.$$

De ① e ②

$$n > n_0 \Rightarrow |f(a_n) - L| < \varepsilon$$

logo,

$$\lim_{n \to +\infty} f(a_n) = L.$$

Em particular, se f for contínua em p e se a_n convergir a p, com $a_n \in D_f$ para todo n, então $\lim_{n \to +\infty} f(a_n) = f(p)$.

Do que vimos acima resulta que se existirem duas sequências a_n e b_n, com $a_n \neq p$ e $b_n \neq p$ para todo n, que convergem a p e se $\lim_{n \to +\infty} f(a_n) \neq \lim_{n \to +\infty} f(b_n)$, então $\lim_{x \to p} f(x)$ não existirá. Frequentemente, usa-se este processo para mostrar a não existência de limite de uma função em um ponto.

Exemplo Seja $f(x) = \begin{cases} 1 & \text{se } x \in \mathbb{Q} \\ 0 & \text{se } x \notin \mathbb{Q} \end{cases}$.

Prove que para todo real p, $\lim_{x \to p} f(x)$ não existe.

Solução

Para todo natural $n \neq 0$, existem a_n e b_n, a_n racional e b_n irracional, tais que

$$p < a_n < p + \frac{1}{n} \text{ e } p < b_n < p + \frac{1}{n}.$$

Segue, pelo teorema do confronto, que

$$\lim_{n \to +\infty} a_n = p \text{ e } \lim_{n \to +\infty} b_n = p.$$

Como $\lim_{n \to +\infty} f(a_n) = 1$, pois $f(a_n) = 1$ para todo $n \neq 0$, e $\lim_{n \to +\infty} f(b_n) = 0$, pois $f(b_n) = 0$ para todo $n \neq 0$, resulta que $\lim_{x \to p} f(x)$ não existe.

Exercícios 4.4

1. Seja $f(x) = \begin{cases} x \text{ se } x \in \mathbb{Q} \\ -x \text{ se } x \notin \mathbb{Q} \end{cases}$.

   $a)$ Calcule $\lim_{x \to 0} f(x)$.

   $b)$ Mostre que, para todo $p \neq 0$, $\lim_{x \to p} f(x)$ não existe.

2. Seja a sequência de termo geral a_n, com $a_n > 0$ para todo natural n. Sabe-se que $\lim_{n \to +\infty} a_n = a$, a real, e que $a_{n+1} = \dfrac{1}{1 + a_n}$ para todo n. Calcule a.

Extensões do Conceito de Limite

3. Sejam f uma função, p um número real e suponha que existam duas sequências a_n e b_n convergindo a p, com a_n e b_n pertencentes a D_f para todo n, tais que

$$\lim_{n \to +\infty} f(a_n) = L \text{ e } \lim_{n \to +\infty} f(b_n) = L.$$

Podemos, então, afirmar que $\lim_{x \to p} f(x) = L$? Por quê?

4. Sabe-se que a sequência $a_1 = \sqrt{2}$, $a_2 = \sqrt{2\sqrt{2}}$, $a_3 = \sqrt{2\sqrt{2\sqrt{2}}}$, ..., é convergente. Calcule $\lim_{n \to +\infty} a_n$.

5. Sabe-se que a sequência $\sqrt{2}$, $\sqrt{2 + \sqrt{2}}$, $\sqrt{2 + \sqrt{2 + \sqrt{2}}}$, ..., é convergente. Calcule seu limite.

6. Prove que $\lim_{x \to 0} \operatorname{sen} \dfrac{1}{x}$ não existe.

4.5 O Número e

Nosso objetivo, nesta seção, é provar que a sequência de termo geral

$$a_n = \left(1 + \frac{1}{n}\right)^n$$

é convergente. Definiremos, então, o *número e* como o limite de tal sequência.

$$\boxed{\lim_{n \to +\infty} \left(1 + \frac{1}{n}\right)^n = e}$$

Para provar a convergência de tal sequência, é suficiente provar que ela é crescente e que existe $M > 0$ tal que $a_n < M$ para todo $n \geq 1$ (veja Apêndice A).

Primeiro, vamos provar que $\left(1 + \dfrac{1}{n}\right)^n < 3$ para todo $n \geq 1$. Temos

$$\left(1 + \frac{1}{n}\right)^n = 1 + \binom{n}{1}\frac{1}{n} + \binom{n}{2}\frac{1}{n^2} + \binom{n}{3}\frac{1}{n^3} + \dots + \binom{n}{n}\frac{1}{n^n}$$

$$= 1 + 1 + \frac{n(n-1)}{n^2} \cdot \frac{1}{2!} + \frac{n(n-1)(n-2)}{n^3} \cdot \frac{1}{3!} + \dots + \frac{n!}{n^n} \cdot \frac{1}{n!}$$

daí

$$\left(1 + \frac{1}{n}\right)^n \leq 1 + 1 + \frac{1}{2!} + \frac{1}{3!} + \dots + \frac{1}{n!} \text{ (por quê?)}.$$

Como $2^n \leq (n+1)!$ para todo $n \geq 1$ (verifique), resulta que $\dfrac{1}{(n+1)!} \leq \dfrac{1}{2^n}$ para todo $n \geq 1$, daí

$$\left(1+\frac{1}{n}\right)^n \leq 1+1+\frac{1}{2}+\frac{1}{2^2}+\frac{1}{2^3}+\ldots+\frac{1}{2^{n-1}}$$

e como

$$1+\frac{1}{2}+\frac{1}{2^2}+\ldots+\frac{1}{2^n}+\ldots = 2$$

resulta

$$\left(1+\frac{1}{n}\right)^n < 3 \text{ para todo } n \geq 1.$$

Vamos provar, agora, que tal sequência é crescente. Sejam n e m naturais ≥ 1 tais que $n < m$. Temos

$$\left(1+\frac{1}{n}\right)^n = 1+1+\frac{n(n-1)}{n^2}\cdot\frac{1}{2!}+\frac{n(n-1)(n-2)}{n^3}\cdot\frac{1}{3!}+\ldots+\frac{n!}{n^n}\cdot\frac{1}{n!}$$

e

$$\left(1+\frac{1}{m}\right)^m = 1+1+\frac{m(m-1)}{m^2}\cdot\frac{1}{2!}+\frac{m(m-1)(m-2)}{m^3}\cdot\frac{1}{3!}+\ldots+\frac{m!}{m^m}\cdot\frac{1}{m!}.$$

De $n < m$ resulta

$$1-\frac{1}{n} < 1-\frac{1}{m}$$

$$1-\frac{2}{n} < 1-\frac{2}{m}$$

$$\vdots \qquad \vdots$$

$$1-\frac{n-1}{n} < 1-\frac{n-1}{m}$$

e daí

$$\frac{n(n-1)}{n^2} < \frac{m(m-1)}{m^2}$$

$$\frac{n(n-1)(n-2)}{n^3} < \frac{m(m-1)(m-2)}{m^3} \text{ etc.}$$

Observe: $\dfrac{m(m-1)(m-2)}{m^3} = \dfrac{m}{m}\cdot\dfrac{m-1}{m}\cdot\dfrac{m-2}{m} = \left(1-\dfrac{1}{m}\right)\left(1-\dfrac{2}{m}\right).$

Segue que

$$\left(1+\frac{1}{n}\right)^n < \left(1+\frac{1}{m}\right)^m$$

se $n < m$. Assim, a sequência é crescente.

Teoremas do Anulamento, do Valor Intermediário e de Weierstrass

Os teoremas do anulamento (ou de Bolzano), do valor intermediário e de Weierstrass são fundamentais para o desenvolvimento do curso. Neste capítulo, apresentaremos seus enunciados e faremos algumas aplicações; as demonstrações são deixadas para o Apêndice B.

Teorema (do anulamento ou de Bolzano). Se f for contínua no intervalo fechado $[a, b]$ e se $f(a)$ e $f(b)$ tiverem sinais contrários, então existirá pelo menos um c em $[a, b]$ tal que $f(c) = 0$.

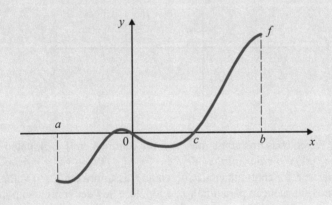

Exemplo 1 Mostre que a equação $x^3 - 4x + 8 = 0$ admite pelo menos uma raiz real.

Solução

Consideremos a função $f(x) = x^3 - 4x + 8$; temos $f(0) = 8$, $f(-3) = -7$ e f é contínua em $[-3, 0]$ (os números 0 e -3 foram determinados por inspeção), segue do teorema do anulamento que existe pelo menos um c em $[-3, 0]$ tal que $f(c) = 0$, isto é, a equação $x^3 - 4x + 8 = 0$ admite pelo menos uma raiz real entre -3 e 0.

Teorema (do valor intermediário). Se f for contínua em $[a, b]$ e se γ for um real compreendido entre $f(a)$ e $f(b)$, então existirá pelo menos um c em $[a, b]$ tal que $f(c) = \gamma$.

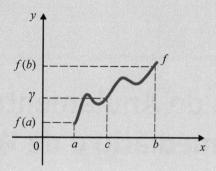

Observe que o teorema do anulamento é um caso particular do teorema do valor intermediário.

Teorema (de Weierstrass). Se f for contínua em $[a, b]$, então existirão x_1 e x_2 em $[a, b]$ tais que $f(x_1) \leq f(x) \leq f(x_2)$ para todo x em $[a, b]$.

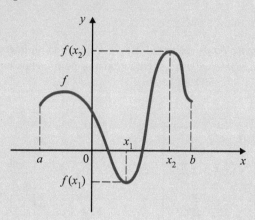

O teorema de Weierstrass nos conta que, se f for contínua em $[a, b]$, então existirão x_1 e x_2 em $[a, b]$ tais que $f(x_1)$ é o *valor mínimo* de f em $[a, b]$ e $f(x_2)$ o *valor máximo* de f em $[a, b]$. Ou de outra forma: se f for contínua em $[a, b]$, então f assumirá em $[a, b]$ valor máximo e valor mínimo. Chamamos sua atenção para o fato de a hipótese de f ser contínua no *intervalo fechado* $[a, b]$ ser indispensável; por exemplo, $f(x) = \dfrac{1}{x}$, $x \in \,]0, 1]$, é contínua em $]0, 1]$, mas não assume, neste intervalo, valor máximo.

Exemplo 2 Prove que o conjunto

$$A = \left\{ x^2 + \frac{1}{x} \,\middle|\, \frac{1}{2} \leq x \leq 2 \right\}$$

admite máximo e mínimo.

Solução

$f(x) = x^2 + \dfrac{1}{x}$ é contínua em $\left[\dfrac{1}{2}, 2\right]$; segue, do teorema de Weierstrass, que existem x_1 e x_2 em $\left[\dfrac{1}{2}, 2\right]$ tais que $f(x_1)$ é o valor mínimo de f em $\left[\dfrac{1}{2}, 2\right]$ e $f(x_2)$ o valor máximo de f neste intervalo. Assim

$$f(x_2) = \text{máx}\left\{x^2 + \dfrac{1}{x} \,\bigg|\, \dfrac{1}{2} \leq x \leq 2\right\}$$

e

$$f(x_1) = \text{mín}\left\{x^2 + \dfrac{1}{x} \,\bigg|\, \dfrac{1}{2} \leq x \leq 2\right\}.$$

Veremos, mais adiante, como determinar x_1 e x_2.

Exercícios

1. Seja $f(x) = x^5 + x + 1$. Justifique a afirmação: f tem pelo menos uma raiz no intervalo $[-1, 0]$.

2. Prove que a equação $x^3 - 4x + 2 = 0$ admite três raízes reais distintas.

3. Seja α a menor raiz positiva da equação $x^3 - 4x + 2 = 0$. Determine intervalos de amplitudes $\dfrac{1}{2}, \dfrac{1}{4}$ e $\dfrac{1}{8}$ que contenham α.

4. Prove que a equação $x^3 - \dfrac{1}{1 + x^4} = 0$ admite ao menos uma raiz real.

5. Prove que cada um dos conjuntos abaixo admite máximo e mínimo.

   a) $A = \left\{\dfrac{x}{1 + x^2} \,\bigg|\, -2 \leq x \leq 2\right\}$

   b) $A = \left\{\dfrac{x^2 + x}{1 + x^2} \,\bigg|\, -1 \leq x \leq 1\right\}$

6. Seja $f : [-1, 1] \to \mathbb{R}$ dada por $f(x) = \dfrac{x^2 + x}{1 + x^2}$.

   a) Prove que $f(1)$ é o valor máximo de f.

   b) Prove que existe $x_1 \in \,]-1, 0[$ tal que $f(x_1)$ é o valor mínimo de f.

7. a) Prove que todo polinômio do grau 3 admite pelo menos uma raiz real.

   b) Prove que todo polinômio de grau ímpar admite pelo menos uma raiz real.

8. Seja $f: [a, b] \to \mathbb{R}$ uma função contínua e suponha que f não seja constante em $[a, b]$. Prove que existem números reais m e M, com $m < M$, tais que $\text{Im } f = [m, M]$.

   (**Observação:** Imagem de $f = \text{Im } f = \{f(x) \mid x \in [a, b]\}$.)

9. Seja $f: I \to \mathbb{R}$ contínua, em que I é um intervalo qualquer. Prove que a imagem de f é um intervalo.

Capítulo 5

124

10. Suponha que $f\colon [0, 1] \to \mathbb{R}$ seja contínua, $f(0) = 1$ e que $f(x)$ é racional para todo x em $[0, 1]$. Prove que $f(x) = 1$, para todo x em $[0, 1]$.

11. Seja $f\colon [0, 1] \to \mathbb{R}$ contínua e tal que, para todo x em $[0, 1]$, $0 \leq f(x) \leq 1$. Prove que existe c em $[0, 1]$ tal que $f(c) = c$.

12. Seja f contínua em $[a, b]$ e tal que $f(a) < f(b)$. Suponha que quaisquer que sejam s e t em $[a, b]$, $s \neq t \Rightarrow f(s) \neq f(t)$. Prove que f é estritamente crescente em $[a, b]$.

(**Observação:** f *estritamente crescente em* $[a, b] \Leftrightarrow \forall s, t$ *em* $[a, b]$, $s < t \Rightarrow f(s) < f(t)$.)

13. Suponha f contínua no intervalo I e que f admita neste intervalo uma única raiz a. Suponha, ainda, que existe x_0 em I, com $x_0 > a$, tal que $f(x_0) > 0$. Prove que, para todo x em I, com $x > a$, $f(x) > 0$.

14. Considere a função f dada por

$$f(x) = 2x^3 - \sqrt{x^2 + 3x}.$$

a) Verifique que f é contínua em $[0, +\infty[$.

b) Mostre que 1 é a única raiz de f em $]0, +\infty[$, que $f(2) > 0$ e que $f\left(\dfrac{1}{2}\right) < 0$.

c) Conclua que $f(x) > 0$ em $]1, +\infty[$ e que $f(x) < 0$ em $]0, 1[$.

15. Suponha f contínua em I e sejam a e b pertencentes a I, com $a < b$, as únicas raízes de f em I. Sejam x_0, x_1 e x_2 em I com $x_0 < a$, $a < x_1 < b$ e $b < x_2$. Estude o sinal de f em I, a partir dos sinais de $f(x_0), f(x_1)$ e $f(x_2)$. Justifique.

6 CAPÍTULO

Funções Exponencial e Logarítmica

6.1 Potência com Expoente Real

Na Seção 1.7 definimos potência com expoente racional $a^{\frac{m}{n}} = \sqrt[n]{a^m}$, e estudamos suas principais propriedades. Nesta seção, vamos definir *potência com expoente real*.

Observamos, inicialmente, que, se f e g são duas funções definidas e contínuas em $\mathbb{R}$ tais que $f(r) = g(r)$ para todo racional r, então $f(x) = g(x)$ para todo real x, isto é, se duas funções contínuas em $\mathbb{R}$ coincidem nos racionais, então elas são iguais (veja Exercício 21, Seção 3.2).

Seja, agora, $a > 0$ e $a \neq 1$ um real qualquer. Se existirem funções f e g definidas e contínuas em $\mathbb{R}$ e tais que para todo racional r

$$f(r) = a^r \text{ e } g(r) = a^r$$

então $f(x) = g(x)$ para todo x real. Isto significa que poderá existir no máximo uma função definida e contínua em $\mathbb{R}$ e que coincide com a^r em todo racional r. O próximo teorema, cuja demonstração é deixada para o Apêndice C, garante-nos a existência de uma tal função.

> **Teorema.** Seja $a > 0$ e $a \neq 1$ um real qualquer. Existe uma única função f, definida e contínua em $\mathbb{R}$, tal que $f(r) = a^r$ para todo racional r.

Damos, agora, a seguinte

> **Definição.** Sejam $a > 0$, $a \neq 1$, e f como no teorema anterior. Definimos a *potência de base a e expoente real x* por
>
> $$a^x = f(x).$$

A função f, definida em $\mathbb{R}$, e dada por $f(x) = a^x$, $a > 0$ e $a \neq 1$, denomina-se *função exponencial de base a*.

Sejam $a > 0$, $b > 0$, x e y reais quaisquer; provaremos no Apêndice B as seguintes propriedades:

(1) $a^x a^y = a^{x+y}$.
(2) $(a^x)^y = a^{xy}$.

(3) $(ab)^x = a^x b^x$.
(4) Se $a > 1$ e $x < y$, então $a^x < a^y$.
(5) Se $0 < a < 1$ e $x < y$, então $a^x > a^y$.

A propriedade (4) conta-nos que a função exponencial $f(x) = a^x$, $a > 1$, é *estritamente crescente* em $\mathbb{R}$. A (5) conta-nos que $f(x) = a^x$, $0 < a < 1$, é estritamente decrescente em $\mathbb{R}$.

O gráfico de $f(x) = a^x$ tem o seguinte aspecto:

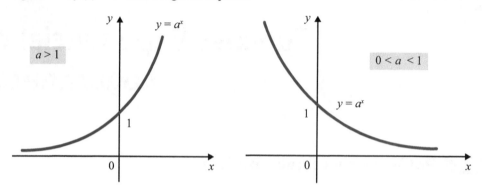

Exemplo 1 Avalie $2^{\sqrt{2}}$.

Solução

Como $f(x) = 2^x$ é contínua em $x = \sqrt{2}$

$$\alpha \cong \sqrt{2} \Rightarrow 2^\alpha \cong 2^{\sqrt{2}}.$$

De $\sqrt{2} \cong 1{,}4142$ segue $2^{\sqrt{2}} \cong 2^{1{,}4142} \cong 2{,}665$.

Como $1{,}4142 < \sqrt{2}$, resulta que $2^{1{,}4142}$ é uma aproximação por falta de $2^{\sqrt{2}}$.

Exemplo 2 Esboce o gráfico de

a) $f(x) = 2^x$.
b) $f(x) = \left(\dfrac{1}{2}\right)^x$.

Solução

a)

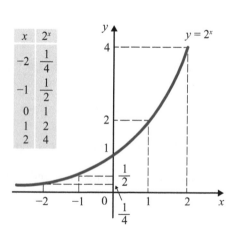

b)

x	$\left(\dfrac{1}{2}\right)^x$
−2	4
−1	2
0	1
1	$\dfrac{1}{2}$
2	$\dfrac{1}{4}$

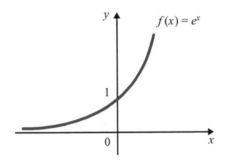

A função exponencial de base e ($e \cong 2{,}718\,281$), $f(x) = e^x$, desempenhará um papel bastante importante em todo o nosso curso. Como $e > 1$, o gráfico de $f(x) = e^x$ tem o seguinte aspecto

Exemplo 3 Suponha $a > 1$. Verifique que

a) $\lim\limits_{x \to +\infty} a^x = +\infty$.

b) $\lim\limits_{x \to -\infty} a^x = 0$.

Solução

a) Já vimos (Exemplo 8 da Seção 4.3) que

$$\lim_{n \to +\infty} a^n = +\infty.$$

Assim, dado $\varepsilon > 0$ existe um natural n_0 tal que

$$n \geq n_0 \Rightarrow a^n > \varepsilon.$$

Como a^x é crescente ($a > 1$), resulta

$$x > n_0 \Rightarrow a^x > \varepsilon$$

logo

$$\lim_{x \to +\infty} a^x = +\infty.$$

b) $\lim\limits_{x \to -\infty} a^x = \lim\limits_{u \to +\infty} a^{-u} = \lim\limits_{u \to +\infty} \dfrac{1}{a^u} = 0.$

Capítulo 6

128

Exercícios 6.1

1. Calcule.

a) $\lim\limits_{x\to+\infty} 3^x$

b) $\lim\limits_{x\to-\infty} 5^x$

c) $\lim\limits_{x\to-\infty} e^x$

d) $\lim\limits_{x\to+\infty} (0,13)^x$

e) $\lim\limits_{x\to+\infty} [2^x - 3^x]$

f) $\lim\limits_{x\to+\infty} \dfrac{1-2^x}{1-3^x}$

g) $\lim\limits_{x\to+\infty} 2^{-x}$

h) $\lim\limits_{x\to+\infty} [2^x + 2^{-x}]$

i) $\lim\limits_{x\to-\infty} 2^{-x}$

j) $\lim\limits_{x\to-\infty} [2^x + 2^{-x}]$

2. Esboce o gráfico.

a) $f(x) = 3^x$

b) $g(x) = (0,12)^x$

c) $f(x) = e^{-x}$

d) $g(x) = 1 + e^{-x}$

e) $f(x) = -e^{-x}$

f) $g(x) = 1 - e^{-x}$

g) $f(x) = e^x + e^{-x}$

h) $g(x) = e^{-x} \operatorname{sen} x$

i) $f(x) = e^{1/x}$

j) $g(x) = e^{-x^2}$

6.2 Logaritmo

Teorema. Sejam $a > 0$, $a \neq 1$ e $\beta > 0$ dois reais quaisquer. Então existe um único γ real tal que

$$a^\gamma = \beta.$$

Demonstração

Suponhamos, primeiro, $a > 1$. Como $\lim\limits_{x\to+\infty} a^x = +\infty$ e $\lim\limits_{x\to-\infty} a^x = 0$, segue que existem reais u e v, com $u < v$, tais que

$$a^u < \beta < a^v.$$

Como $f(x) = a^x$ é contínua no intervalo fechado $[u, v]$, segue do teorema do valor intermediário que existe γ em $[u, v]$ tal que

$$f(\gamma) = \beta \text{ ou } a^\gamma = \beta.$$

A unicidade de γ segue do fato de f ser estritamente crescente.
O caso $0 < a < 1$ deixamos a seu cargo. ∎

Sejam $a > 0$, $a \neq 1$ e $\beta > 0$ dois reais quaisquer. O único número real γ tal que

$$a^\gamma = \beta$$

denomina-se *logaritmo de β na base a* e indica-se por $\gamma = \log_a \beta$. Assim

$$\gamma = \log_a \beta \Leftrightarrow a^\gamma = \beta$$

Observe: $\log_a \beta$ somente está definido para $\beta > 0$, $a > 0$ e $a \neq 1$.

Exemplo 1 Calcule.

a) $\log_2 4$ b) $\log_2 \dfrac{1}{2}$ c) $\log_5 1$

Solução

a) $x = \log_2 4 \Leftrightarrow 2^x = 4 \Leftrightarrow x = 2$. Logo

$$\log_2 4 = 2.$$

b) $x = \log_2 \dfrac{1}{2} \Leftrightarrow 2^x = \dfrac{1}{2} \Leftrightarrow x = -1$. Logo

$$\log_2 \frac{1}{2} = -1.$$

c) $\log_5 1 = 0$, pois $5^0 = 1$.

Observação importante

$$a^\gamma = \beta \Leftrightarrow \gamma = \log_a \beta$$

assim

$$a^{\log_a \beta} = \beta$$

O logaritmo de β na base a é o expoente que se deve atribuir à base a para reproduzir β.
O logaritmo na base e é indicado por ln, assim, $\ln = \log_e$. Temos então

$$y = \ln x \Leftrightarrow e^y = x.$$

Da observação acima, segue que, para todo $x > 0$,

$$e^{\ln x} = x.$$

Sejam $a > 0$, $a \neq 1$, $b > 0$, $b \neq 1$, $\alpha > 0$ e $\beta > 0$ reais quaisquer. São válidas as seguintes propriedades:

(1) $\log_a \alpha \beta = \log_a \alpha + \log_a \beta$.

(2) $\log_a \alpha^\beta = \beta \log_a \alpha$.

(3) $\log_a \dfrac{\alpha}{\beta} = \log_a \alpha - \log_a \beta$.

(4) (*Mudança de base*)

$$\log_a \alpha = \frac{\log_b \alpha}{\log_b a}.$$

Capítulo 6

(5) Se $a > 1$ e $\alpha < \beta$, então $\log_a \alpha < \log_a \beta$.

(6) Se $0 < a < 1$ e $\alpha < \beta$, então $\log_a \alpha > \log_a \beta$.

Vamos demonstrar (1), e as demais ficam a seu cargo.

> **Demonstração de (1).**

$$X = \log_a \alpha \Leftrightarrow \alpha = a^X$$

$$Y = \log_a \beta \Leftrightarrow \beta = a^Y$$

Assim, $\alpha\beta = a^X a^Y$; pela propriedade (1) das potências com expoentes reais, $a^X a^Y = a^{X+Y}$; segue que

$$\alpha\beta = a^{X+Y} \text{ ou } X + Y = \log_a \alpha\beta.$$

Portanto,

$$\log_a \alpha + \log_a \beta = \log_a \alpha\beta.$$

Seja $a > 0$, $a \neq 1$. A função f dada por $f(x) = \log_a x$, $x > 0$, denomina-se *função logarítmica de base a.*

A propriedade (5) conta-nos que se $a > 1$, a função logarítmica $f(x) = \log_a x$, $x > 0$, é *estritamente crescente*. Da propriedade (6) segue que se $0 < a < 1$, a função logarítmica $f(x) = \log_a x$, $x > 0$, é *estritamente decrescente*.

> **Exemplo 2** Esboce o gráfico

a) $f(x) = \log_2 x$.

b) $f(x) = \log_{\frac{1}{2}} x$

Solução

a) Domínio de $f = \{x \in \mathbb{R} \mid x > 0\}$.

x	$\log_2 x$
$\dfrac{1}{4}$	-2
$\dfrac{1}{2}$	-1
1	0
2	1
4	2

b) $D_f =]0, +\infty[$.

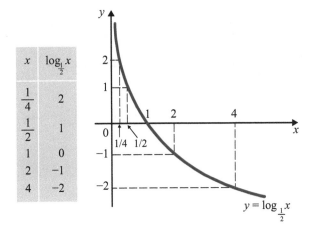

Exemplo 3 Suponha $a > 1$. Calcule e justifique.

a) $\lim_{x \to +\infty} \log_a x$.

b) $\lim_{x \to 0^+} \log_a x$.

Solução

a)

x	a	a^2	a^3	...	$\to +\infty$
$\log_a x$	1	2	3		$\to +\infty$

Se o limite existir, deverá ser igual a $+\infty$:
$$\lim_{x \to +\infty} \log_a x = +\infty.$$

Justificação (por ε e δ)

Dado $\varepsilon > 0$, precisamos encontrar $\delta > 0$ tal que $x > \delta \Rightarrow \log_a x > \varepsilon$.
Tomando-se $\delta = a^\varepsilon$
$$x > \delta \Rightarrow x > a^\varepsilon \Rightarrow \log_a x > \varepsilon.$$

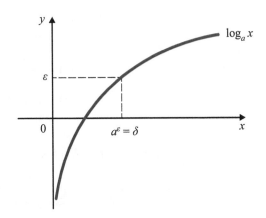

Portanto,

$$\lim_{x \to +\infty} \log_a x = +\infty \ (a > 1).$$

b) Vamos mostrar que

$$\lim_{x \to 0^+} \log_a x = -\infty \ (\text{veja o gráfico anterior}).$$

De fato,

$$\lim_{x \to 0^+} \log_a x = \lim_{u \to +\infty} \log_a \frac{1}{u} = \lim_{u \to +\infty} - \log_a u = -\infty$$

pois, $\lim\limits_{u \to +\infty} \log_a u = +\infty$.

Deixamos a seu cargo a prova de que $f(x) = \log_a x$ é contínua.

Exercícios 6.2

1. Calcule.

a) $\log_{10} 100$

b) $\log_{\frac{1}{2}} 16$

c) $\log_{\frac{1}{2}} \sqrt{2}$

d) $\log_9 \sqrt{3}$

e) $\log_{10} 1$

f) $\log_5 (-5)$

g) $\log_a 1 \ (a > 0 \ \text{e} \ a \neq 1)$

h) $\log_3 243$

2. Determine o domínio.

a) $f(x) = \log_2 (x + 1)$

b) $g(x) = \ln (x^2 - 1)$

c) $g(x) = \ln (-x)$

d) $f(x) = \log_3 |x|$

e) $f(x) = \ln \dfrac{x + 1}{x - 1}$

f) $g(x) = \log_x 3$

3. Ache o domínio e esboce o gráfico.

a) $f(x) = \log_3 x$

b) $g(x) = \ln x$

c) $f(x) = \log_{\frac{1}{3}} x$

d) $g(x) = \ln (x - 1)$

e) $f(x) = \ln (-x)$

f) $g(x) = \ln |x|$

g) $f(x) = |\ln x|$

h) $g(x) = \big| \ln |x| \big|$

4. Calcule.

a) $\lim\limits_{x \to +\infty} \log_3 x$

b) $\lim\limits_{x \to 0^+} \log_{\frac{1}{3}} x$

c) $\lim\limits_{x \to 0^+} \ln x$

▶ d) $\lim\limits_{x \to +\infty} \ln \dfrac{x}{x + 1}$

Funções Exponencial e Logarítmica

e) $\lim\limits_{x \to +\infty} [\ln(2x + 1) - \ln(x + 3)]$

f) $\lim\limits_{x \to 1} \ln \dfrac{x^2 - 1}{x - 1}$

g) $\lim\limits_{x \to +\infty} [x \ln 2 - \ln(3^x + 1)]$

6.3 O Limite $\lim\limits_{x \to +\infty} \left(1 + \dfrac{1}{x}\right)^x$

Já provamos que a *sequência* de termo geral $a_n = \left(1 + \dfrac{1}{n}\right)^n$ converge e denominamos sua soma por e (veja Seção 4.5), isto é,

$$\lim_{n \to +\infty} \left(1 + \frac{1}{n}\right)^n = e.$$

Vamos provar, agora, que

$$\lim_{x \to +\infty} \left(1 + \frac{1}{x}\right)^x = e.$$

Sejam $n > 0$ um natural qualquer e $x > 0$ um real qualquer.

$$n \leq x < n + 1 \Rightarrow \frac{1}{n} \geq \frac{1}{x} > \frac{1}{n+1} \Rightarrow 1 + \frac{1}{n} \geq 1 + \frac{1}{x} > 1 + \frac{1}{n+1}$$

daí

$$n \leq x < n + 1 \Rightarrow \left(1 + \frac{1}{n}\right)^{n+1} > \left(1 + \frac{1}{x}\right)^x > \left(1 + \frac{1}{n+1}\right)^n,$$

ou seja,

① $$n \leq x < n + 1 \Rightarrow \left(1 + \frac{1}{n}\right)^n \frac{n+1}{n} > \left(1 + \frac{1}{x}\right)^x > \left(1 + \frac{1}{n+1}\right)^{n+1} \frac{n+1}{n+2}.$$

Como $\lim\limits_{n \to +\infty} \left(1 + \dfrac{1}{n}\right)^n \dfrac{n+1}{n} = \lim\limits_{n \to +\infty} \left(1 + \dfrac{1}{n+1}\right)^{n+1} \cdot \dfrac{n+1}{n+2} = e$, segue de ① que

$$\lim_{x \to +\infty} \left(1 + \frac{1}{x}\right)^x = e.$$

Exemplo 1 Verifique que $\lim\limits_{x \to -\infty} \left(1 + \dfrac{1}{x}\right)^x = e$.

Solução

Fazendo $x = -(t + 1)$, $t > 0$, vem

$$\left(1 + \frac{1}{x}\right)^x = \left(1 - \frac{1}{1+t}\right)^{-t-1} = \left(1 + \frac{1}{t}\right)^t \frac{t+1}{t}.$$

Capítulo 6

Para $x \to -\infty$, $t \to +\infty$, assim

$$\lim_{x \to -\infty} \left(1 + \frac{1}{x}\right)^x = \lim_{t \to +\infty} \left(1 + \frac{1}{t}\right)^t \frac{t+1}{t} = e.$$

Exemplo 2 Verifique que

a) $\lim_{h \to 0^+} (1 + h)^{\frac{1}{h}} = e$

b) $\lim_{h \to 0^-} (1 + h)^{\frac{1}{h}} = e.$

Solução

a) Fazendo $h = \dfrac{1}{x}$ $(h \to 0^+ \Rightarrow x \to +\infty)$ vem

$$\lim_{h \to 0^+} (1 + h)^{\frac{1}{h}} = \lim_{x \to +\infty} \left(1 + \frac{1}{x}\right)^x = e.$$

b) Faça você.

Segue do Exemplo 2 que

$$\boxed{\lim_{h \to 0} (1 + h)^{\frac{1}{h}} = e.}$$

Exemplo 3 Mostre que $\lim\limits_{h \to 0} \dfrac{e^h - 1}{h} = 1.$

Solução

Fazendo $u = e^h - 1$ ou $h = \ln(1 + u)$ vem

$$\frac{e^h - 1}{h} = \frac{u}{\ln(1 + u)} = \frac{1}{\ln(1 + u)^{\frac{1}{u}}}$$

$(h \to 0 \Rightarrow u \to 0)$; assim

$$\lim_{h \to 0} \frac{e^h - 1}{h} = \lim_{u \to 0} \frac{1}{\ln(1 + u)^{\frac{1}{u}}} = \frac{1}{\ln e} = 1.$$

Exercícios 6.3

1. Calcule.

a) $\lim\limits_{x \to +\infty} \left(1 + \dfrac{2}{x}\right)^x$

b) $\lim\limits_{x \to +\infty} \left(1 + \dfrac{1}{x}\right)^{x+2}$

c) $\lim\limits_{x \to +\infty} \left(1 + \dfrac{1}{2x}\right)^x$

d) $\lim\limits_{x \to +\infty} \left(1 + \dfrac{2}{x}\right)^{x+1}$

e) $\lim_{x \to +\infty} \left(\dfrac{x+2}{x+1} \right)^x$ 	 f) $\lim_{x \to 0}(1+2x)^x$

g) $\lim_{x \to 0}(1+2x)^{\frac{1}{x}}$ 	 h) $\lim_{x \to +\infty} \left(1 + \dfrac{1}{x} \right)^{2x}$

2. Seja $a > 0$, $a \neq 1$. Mostre que

$$\lim_{h \to 0} \frac{a^h - 1}{h} = \ln a.$$

3. Calcule.

a) $\lim_{x \to 0} \dfrac{e^{2x} - 1}{x}$ 	 b) $\lim_{x \to 0} \dfrac{e^{x^2} - 1}{x}$

c) $\lim_{x \to 0} \dfrac{5^x - 1}{x}$ 	 d) $\lim_{x \to 0^+} \dfrac{3^x - 1}{x^2}$

CAPÍTULO 7

Derivadas

7.1 Introdução

Sejam f uma função e p um ponto de seu domínio. Limites do tipo

$$\lim_{x \to p} \frac{f(x) - f(p)}{x - p}$$

ocorrem de modo natural tanto na geometria como na física.

Consideremos, por exemplo, o problema de definir *reta tangente* ao gráfico de f no ponto $(p, f(p))$. Evidentemente, tal reta deve passar pelo ponto $(p, f(p))$; assim a reta tangente fica determinada se dissermos qual deve ser seu coeficiente angular. Consideremos, então, a reta s_x que passa pelos pontos $(p, f(p))$ e $(x, f(x))$.

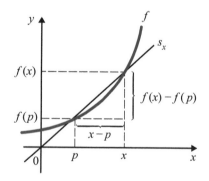

$$\text{Coeficiente angular de } s_x = \frac{f(x) - f(p)}{x - p}.$$

Quando x tende a p, o coeficiente angular de s_x tende a $f'(p)$, em que

$$f'(p) = \lim_{x \to p} \frac{f(x) - f(p)}{x - p}.$$

Observe que $f'(p)$ (leia: f linha de p) é apenas uma notação para indicar o valor do limite. Assim, à medida que x vai se aproximando de p, a reta s_x vai tendendo para a posição da reta T de equação

①
$$\boxed{y - f(p) = f'(p)(x - p)}$$

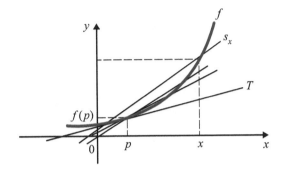

É natural, então, definir a *reta tangente* em $(p, f(p))$ como a reta de equação ①.

Suponhamos, agora, que $s = f(t)$ seja a equação horária do movimento de uma partícula vinculada a uma reta orientada na qual se escolheu uma origem. Isto significa dizer que a função f fornece a cada instante a abscissa ocupada pela partícula na reta. A *velocidade média* da partícula entre os instantes t_0 e t é definida pelo quociente

$$\frac{f(t) - f(t_0)}{t - t_0}.$$

A velocidade (instantânea) da partícula no instante t_0 é definida como o limite

$$v(t_0) = \lim_{t \to t_0} \frac{f(t) - f(t_0)}{t - t_0}.$$

Esses exemplos são suficientes para levar-nos a estudar de modo puramente abstrato as propriedades do limite $\lim_{x \to p} \dfrac{f(x) - f(p)}{x - p}$.

7.2 Derivada de uma Função

Definição. Sejam f uma função e p um ponto de seu domínio. O limite

$$\lim_{x \to p} \frac{f(x) - f(p)}{x - p}$$

quando existe e é finito, denomina-se *derivada* de f em p e indica-se por $f'(p)$ (leia: f linha de p). Assim

$$f'(p) = \lim_{x \to p} \frac{f(x) - f(p)}{x - p}.$$

Se f admite derivada em p, então diremos que f é *derivável* ou *diferenciável* em p.

Capítulo 7

Dizemos que f é *derivável* ou *diferenciável* em $A \subset D_f$ se f for derivável em cada $p \in A$. Diremos, simplesmente, que f é uma função *derivável* ou *diferenciável* se f for derivável em cada ponto de seu domínio.

Observação. Segue das propriedades dos limites que

$$\lim_{x \to p} \frac{f(x) - f(p)}{x - p} = \lim_{h \to 0} \frac{f(p + h) - f(p)}{h}.$$

Assim

$$f'(p) = \lim_{x \to p} \frac{f(x) - f(p)}{x - p} \quad \text{ou} \quad f'(p) = \lim_{h \to 0} \frac{f(p + h) - f(p)}{h}$$

Conforme vimos na introdução, a reta de equação

$$\boxed{y - f(p) = f'(p)(x - p)}$$

é, por definição, a *reta tangente* ao gráfico de f no ponto $(p, f(p))$. Assim, a *derivada de f, em p, é o coeficiente angular da reta tangente ao gráfico de f no ponto de abscissa p.*

Exemplo 1 Seja $f(x) = x^2$. Calcule.

a) $f'(1)$
b) $f'(x)$
c) $f'(-3)$.

Solução

a) $f'(1) = \lim_{x \to 1} \dfrac{f(x) - f(1)}{x - 1} = \lim_{x \to 1} \dfrac{x^2 - 1}{x - 1} = \lim_{x \to 1}(x + 1) = 2.$

Assim

$$f'(1) = 2.$$

(A derivada de $f(x) = x^2$, em $p = 1$, é igual a 2.)

b) $f'(x) = \lim_{h \to 0} \dfrac{f(x + h) - f(x)}{h} = \lim_{h \to 0} \dfrac{(x + h)^2 - x^2}{h}.$

Como

$$\frac{(x + h)^2 - x^2}{h} = \frac{2xh + h^2}{h} = 2x + h, \, h \neq 0$$

segue que

$$f'(x) = \lim_{h \to 0}(2x + h) = 2x.$$

Portanto,

$$f(x) = x^2 \Rightarrow f'(x) = 2x.$$

Observe que $f'(x) = 2x$ é uma fórmula que nos fornece a derivada de $f(x) = x^2$, em todo x real.

c) Segue de (*b*) que

$$f'(-3) = 2(-3) = -6.$$

Exemplo 2 Seja $f(x) = x^2$. Determine a equação da reta tangente ao gráfico de f no ponto
a) $(1, f(1))$.
b) $(-1, f(-1))$.

Solução

a) A equação da reta tangente em $(1, f(1))$ é

① $$y - f(1) = f'(1)(x - 1)$$

$\begin{cases} f(1) = 1^2 = 1 \\ f'(p) = 2p \text{ (Exemplo 1, item } b) \Rightarrow f'(1) = 2 \end{cases}$

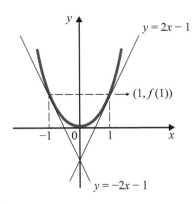

substituindo em ① vem

$$y - 1 = 2(x - 1) \text{ ou } y = 2x - 1.$$

Assim $y = 2x - 1$ é a equação da reta tangente ao gráfico de $f(x) = x^2$, no ponto $(1, f(1))$.

b) A equação da reta tangente em $(-1, f(-1))$ é

$$y - f(-1) = f'(-1)(x - (-1))$$

ou

$$y - f(-1) = f'(-1)(x + 1)$$

$\begin{cases} f(-1) = (-1)^2 = 1 \\ f'(p) = 2p \Rightarrow f'(-1) = -2 \end{cases}$

substituindo estes valores na equação vem

$$y - 1 = -2(x + 1) \text{ ou } y = -2x - 1$$

que é a equação da reta tangente pedida.

Exemplo 3 Seja $f(x) = k$ uma função constante. Mostre que $f'(x) = 0$ para todo x. (A derivada de uma constante é zero.)

Solução

$$f'(x) = \lim_{h \to 0} \frac{f(x + h) - f(x)}{h}.$$

Como $f(x) = k$ para todo x, resulta $f(x + h) = k$ para todo x e todo h, assim

$$f'(x) = \lim_{h \to 0} \frac{k - k}{h} = \lim_{h \to 0} 0 = 0.$$

Exemplo 4 Seja $f(x) = x$. Prove que $f'(x) = 1$, para todo x.

Solução

$$f'(x) = \lim_{h \to 0} \frac{f(x + h) - f(x)}{h} = \lim_{h \to 0} \frac{x + h - x}{h} = 1.$$

Assim:

$$f(x) = x \Rightarrow f'(x) = 1.$$

Exemplo 5 Seja $f(x) = \sqrt{x}$. Calcule $f'(2)$.

Solução

$$f'(2) = \lim_{x \to 2} \frac{f(x) - f(2)}{x - 2} = \lim_{x \to 2} \frac{\sqrt{x} - \sqrt{2}}{x - 2}.$$

Assim:

$$f'(2) = \lim_{x \to 2} \frac{\sqrt{x} - \sqrt{2}}{(\sqrt{x} - \sqrt{2})(\sqrt{x} + \sqrt{2})} = \lim_{x \to 2} \frac{1}{\sqrt{x} + \sqrt{2}} = \frac{1}{2\sqrt{2}},$$

isto é,

$$f'(2) = \frac{1}{2\sqrt{2}}.$$

Exemplo 6 Seja

$$f(x) = \begin{cases} x^2 \ \operatorname{sen} \dfrac{1}{x} & \text{se } x \neq 0 \\ 0 & \text{se } x = 0. \end{cases}$$

Calcule, caso exista, $f'(0)$.

Solução

$$\frac{f(x) - f(0)}{x - 0} = \frac{f(x)}{x} = x \operatorname{sen} \frac{1}{x}, \ x \neq 0.$$

Assim,

$$f'(0) = \lim_{x \to 0} \frac{f(x) - f(0)}{x - 0} = \lim_{x \to 0} \overset{0}{x} \underbrace{\left(\operatorname{sen} \frac{1}{x}\right)}_{\text{limitada}} = 0.$$

Logo, $f'(0)$ existe e $f'(0) = 0$.

Exemplo 7 Mostre que $f(x) = |x|$ não é derivável em $p = 0$.

Solução

$$\frac{f(x) - f(0)}{x - 0} = \frac{|x|}{x} = \begin{cases} 1 \text{ se } x > 0 \\ -1 \text{ se } x < 0 \end{cases}$$

daí

$$\lim_{x \to 0^+} \frac{f(x) - f(0)}{x - 0} = 1 \text{ e } \lim_{x \to 0^-} \frac{f(x) - f(0)}{x - 0} = -1.$$

logo, $\lim_{x \to 0} \frac{f(x) - f(0)}{x - 0}$ não existe, ou seja, f não é derivável em 0. Como $f'(0)$ não existe, o gráfico de $f(x) = |x|$ não admite reta tangente em $(0, f(0))$.

Sejam f uma função e $(p, f(p))$ um ponto de seu gráfico. Seja s_x a reta que passa pelos pontos $(p, f(p))$ e $(x, f(x))$. Se $f'(p)$ existir, então o gráfico de f admitirá reta tangente T em $(p, f(p))$; neste caso, à medida que x se aproxima de p, quer pela direita, quer pela esquerda (só pela direita, se f não estiver definida à esquerda de p; só pela esquerda, se f não estiver definida à direita de p), a reta s_x tenderá para a posição da reta T.

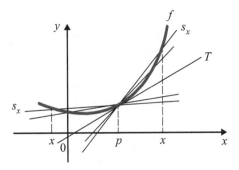

Por outro lado, se, à medida que x tender a p pela direita, s_x se aproximar da posição de uma reta T_1 e se à medida que x se aproximar de p pela esquerda, s_x se aproximar da posição de outra reta T_2, $T_2 \neq T_1$, então o gráfico de f não admitirá reta tangente em $(p, f(p))$, ou seja, $f'(p)$ não existirá.

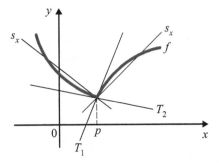

f não é derivável em p.
O gráfico de f apresenta "bico" em $(p, f(p))$.

O próximo exemplo destaca uma propriedade importante da reta tangente.

Exemplo 8 Suponha f derivável em p e seja $\rho(x)$, $x \in D_f$ e $x \neq p$, dada por
$$f(x) = f(p) + f'(p)(x - p) + \rho(x)(x - p).$$
Mostre que
$$\lim_{x \to p} \rho(x) = 0.$$

Solução
$$\rho(x) = \frac{f(x) - f(p) - f'(p)(x - p)}{x - p}, \; x \neq p$$
Daí
$$\lim_{x \to p} \rho(x) = \lim_{x \to p} \left[\frac{f(x) - f(p)}{x - p} - f'(p) \right].$$
De $\lim_{x \to p} \dfrac{f(x) - f(p)}{x - p} = f'(p)$, segue
$$\lim_{x \to p} \rho(x) = 0.$$

Observação. Se definirmos $\rho(p) = 0$, a igualdade que aparece no Exemplo 8 será válida em $x = p$ e a função $\rho(x)$ tornar-se-á *contínua* em p.

Façamos no exemplo anterior $E(x) = \rho(x)(x - p)$. Então, $E(x)$ será o erro que se comete na aproximação de f pela reta tangente em $(p, f(p))$.

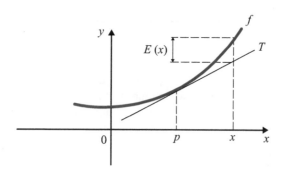

Quando x tende a p, evidentemente $E(x)$ tende a zero. O Exemplo 8 nos diz mais: nos diz que quando x tende a p o erro $E(x)$ tende a zero *mais rapidamente* que $x - p$, isto é,
$$\lim_{x \to p} \frac{E(x)}{x - p} = 0.$$

Fica para o leitor verificar que, entre todas as retas que passam por $(p, f(p))$, a reta tangente em $(p, f(p))$ é a *única* que aproxima $f(x)$ de modo que o erro tenda a zero mais rapidamente que $x - p$. (*Sugestão*: Suponha que $E(x)$ seja o erro que se comete na aproximação de f pela reta passando por $(p, f(p))$, com coeficiente angular $m \neq f'(p)$, e calcule o limite acima.)

Derivadas

143

Exercícios 7.2

1. Seja $f(x) = x^2 + 1$. Calcule

a) $f'(1)$ b) $f'(0)$ c) $f'(x)$

2. Seja $f(x) = 2x$. Pensando geometricamente, qual o valor que você espera para $f'(p)$? Calcule $f'(p)$.

3. Seja $f(x) = 3x + 2$. Calcule

a) $f'(2)$ b) $f'(0)$ c) $f'(x)$

4. Calcule $f'(p)$, pela definição, sendo dados

a) $f(x) = x^2 + x$ e $p = 1$ b) $f(x) = \sqrt{x}$ e $p = 4$

c) $f(x) = 5x - 3$ e $p = -3$ d) $f(x) = \dfrac{1}{x}$ e $p = 1$

e) $f(x) = \sqrt{x}$ e $p = 3$ f) $f(x) = \dfrac{1}{x^2}$ e $p = 2$

g) $f(x) = 2x^3 - x^2$ e $p = 1$ h) $f(x) = \sqrt[3]{x}$ e $p = 2$

5. Determine a equação da reta tangente em $(p, f(p))$ sendo dados

a) $f(x) = x^2$ e $p = 2$ b) $f(x) = \dfrac{1}{x}$ e $p = 2$

c) $f(x) = \sqrt{x}$ e $p = 9$ d) $f(x) = x^2 - x$ e $p = 1$

6. Calcule $f'(x)$, pela definição.

a) $f(x) = x^2 + x$ b) $f(x) = 3x - 1$

c) $f(x) = x^3$ d) $f(x) = \dfrac{1}{x}$

e) $f(x) = 5x$ f) $f(x) = 10$

▶ g) $f(x) = \dfrac{x}{x+1}$ h) $f(x) = \dfrac{1}{x^2}$

7. Dê exemplo (por meio de um gráfico) de uma função f, definida e derivável em $\mathbb{R}$, tal que $f'(1) = 0$.

8. Dê exemplo (por meio de um gráfico) de uma função f, definida e derivável em $\mathbb{R}$, tal que $f'(x) > 0$ para todo x.

9. Dê exemplo (por meio de um gráfico) de uma função f, definida e derivável em $\mathbb{R}$, tal que $f'(0) < f'(1)$.

10. Dê exemplo (por meio de um gráfico) de uma função f, definida e contínua em $\mathbb{R}$, tal que $f'(1)$ não exista.

11. Dê exemplo (por meio de um gráfico) de uma função f, definida e derivável em $\mathbb{R}$, tal que $f'(x) > 0$ para $x < 1$ e $f'(x) < 0$ para $x > 1$.

12. Dê exemplo (por meio de um gráfico) de uma função f, definida e derivável em $\mathbb{R}$, tal que $f'(x) > 0$ para $x < 0$, $f'(x) < 0$ para $0 < x < 2$ e $f'(x) > 0$ para $x > 2$.

13. Dê exemplo (por meio de um gráfico) de uma função f, definida e derivável em $\mathbb{R}$, tal que $f'(0) = 0$ e $f'(1) = 0$.

14. Mostre que a função

$$g(x) = \begin{cases} 2x + 1 & \text{se } x < 1 \\ -x + 4 & \text{se } x \geq 1 \end{cases}$$

não é derivável em $p = 1$. Esboce o gráfico de g.

15. Seja $g(x) = \begin{cases} x^2 + 2 & \text{se } x < 1 \\ 2x + 1 & \text{se } x \geq 1 \end{cases}$

a) Mostre que g é derivável em $p = 1$ e calcule $g'(1)$.
b) Esboce o gráfico de g.

16. Seja $f(x) = \begin{cases} 2 & \text{se } x \geq 0 \\ x^2 + 2 & \text{se } x < 0 \end{cases}$

a) Esboce o gráfico de f.
b) f é derivável em $p = 0$? Em caso afirmativo, calcule $f'(0)$.

17. Seja $g(x) = \begin{cases} x + 1 & \text{se } x < 1 \\ -x + 3 & \text{se } x \geq 1 \end{cases}$

a) Esboce o gráfico de g.
b) g é derivável em $p = 1$? Por quê?

18. Construa uma função $f : \mathbb{R} \to \mathbb{R}$ que seja contínua em $\mathbb{R}$ e que seja derivável em todos os pontos, exceto em -1, 0 e 1.

19. Construa uma função $f : \mathbb{R} \to \mathbb{R}$ que seja contínua em $\mathbb{R}$ e derivável em todos os pontos, exceto nos números inteiros.

7.3 Derivadas de x^n e $\sqrt[n]{x}$

Videoaulas
vídeos 12.1 e 12.2

Teorema. Seja $n \neq 0$ um natural. São válidas as fórmulas de derivação:

a) $f(x) = x^n \Rightarrow f'(x) = nx^{n-1}$.
b) $f(x) = x^{-n} \Rightarrow f'(x) = -nx^{-n-1}$, $x \neq 0$.
c) $f(x) = x^{\frac{1}{n}} \Rightarrow f'(x) = \frac{1}{n} x^{\frac{1}{n}-1}$, em que $x > 0$ se n for par e $x \neq 0$ se n for ímpar ($n \geq 2$).

Demonstração

a) $f'(x) = \lim_{h \to 0} \frac{(x+h)^n - x^n}{h}$.

Fazendo $x + h = t$ ($t \to x$ quando $h \to 0$) vem

$$f'(x) = \lim_{t \to x} \frac{t^n - x^n}{t - x} = \lim_{t \to x} \underbrace{[t^{n-1} + t^{n-2}x + t^{n-3}x^2 + \ldots + x^{n-1}]}_{n \text{ parcelas}}.$$

Assim,

$$f'(x) = \underbrace{x^{n-1} + x^{n-2}x + x^{n-3}x^2 + \ldots + x^{n-1}}_{n \text{ parcelas}}$$

ou seja,

$$f'(x) = nx^{n-1}.$$

b) $f'(x) = \lim\limits_{h \to 0} \dfrac{\dfrac{1}{(x+h)^n} - \dfrac{1}{x^n}}{h} = \lim\limits_{h \to 0} -\dfrac{(x+h)^n - x^n}{h} \cdot \dfrac{1}{(x+h)^n x^n}.$

Por (a), $\lim\limits_{h \to 0} \dfrac{(x+h)^n - x^n}{h} = nx^{n-1}$. Como $\lim\limits_{h \to 0} \dfrac{1}{(x+h)^n \, x^n} = \dfrac{1}{x^{2n}}$, resulta

$$f'(x) = -nx^{n-1} \cdot \dfrac{1}{x^{2n}} = -nx^{-n-1}.$$

Portanto,

$$f(x) = x^{-n} \Rightarrow f'(x) = -nx^{-n-1}.$$

c) $f(x) = x^{\frac{1}{n}} = \sqrt[n]{x}$. Temos

$$f'(x) = \lim\limits_{h \to 0} \dfrac{\sqrt[n]{x+h} - \sqrt[n]{x}}{h} = \lim\limits_{t \to x} \dfrac{\sqrt[n]{t} - \sqrt[n]{x}}{t - x}.$$

Fazendo $u = \sqrt[n]{t}$ e $v = \sqrt[n]{x}$ $(t \to x \Rightarrow u \to v)$ resulta

$$f'(x) = \lim\limits_{u \to v} \dfrac{u - v}{u^n - v^n} = \lim\limits_{u \to v} \dfrac{1}{\dfrac{u^n - v^n}{u - v}} = \dfrac{1}{nv^{n-1}}.$$

Assim, para $x \neq 0$ e x no domínio de f,

$$f'(x) = \dfrac{1}{n\sqrt[n]{x^{n-1}}}$$

ou seja,

$$f'(x) = \dfrac{1}{n}x^{\frac{1}{n}-1}.$$

Exemplo 1 Seja $f(x) = x^4$. Calcule.

a) $f'(x)$

b) $f'\left(\dfrac{1}{2}\right)$.

Solução

a) $f(x) = x^4 \Rightarrow f'(x) = 4x^{4-1}$, ou seja,

$$f'(x) = 4x^3.$$

Capítulo 7

b) Como $f'(x) = 4x^3$, segue $f'\left(\dfrac{1}{2}\right) = 4\left(\dfrac{1}{2}\right)^3$, ou seja,

$$f'\left(\frac{1}{2}\right) = \frac{1}{2}.$$

Exemplo 2 Seja $f(x) = x^3$.

a) Calcule $f'(x)$.

b) Determine a equação da reta tangente ao gráfico de f no ponto de abscissa 1.

Solução

a) Como $f(x) = x^3$, segue $f'(x) = 3x^2$.

b) A equação da reta tangente no ponto de abscissa 1 é

$$y - f(1) = f'(1)(x - 1)$$

$$\begin{cases} f(1) = 1^3 = 1 \\ f'(x) = 3x^2 \Rightarrow f'(1) = 3 \end{cases}$$

Assim, $y - 1 = 3(x - 1)$ ou $y = 3x - 2$ é a equação da reta tangente no ponto $(1, f(1))$.

Exemplo 3 Calcule $f'(x)$ sendo

a) $f(x) = x^{-3}$.

b) $f(x) = \dfrac{1}{x^5}$.

Solução

a) $f(x) = x^{-3} \Rightarrow f'(x) = -3x^{-3-1} = -3x^{-4}$; assim, $f'(x) = -3x^{-4}$.

b) $f(x) = \dfrac{1}{x^5} = x^{-5}$; assim $f'(x) = -5x^{-6}$ ou seja, $f'(x) = -\dfrac{5}{x^6}$.

Exemplo 4 Seja $f(x) = \sqrt{x}$. Calcule

a) $f'(x)$

b) $f'(3)$.

Solução

a) $f(x) = \sqrt{x} = x^{\frac{1}{2}} \Rightarrow f'(x) = \dfrac{1}{2}x^{\frac{1}{2}-1} = \dfrac{1}{2}x^{-\frac{1}{2}}$

Como $\dfrac{1}{2}x^{-\frac{1}{2}} = \dfrac{1}{2x^{1/2}} = \dfrac{1}{2\sqrt{x}}$, segue que $f'(x) = \dfrac{1}{2\sqrt{x}}$.

b) De $f'(x) = \dfrac{1}{2\sqrt{x}}$ resulta $f'(3) = \dfrac{1}{2\sqrt{3}}$.

Derivadas

147

Exemplo 5 Determine a equação da reta tangente ao gráfico de $f(x) = \sqrt[3]{x}$ no ponto de abscissa 8.

Solução

A equação da reta tangente no ponto de abscissa 8 é

$$y - f(8) = f'(8)(x - 8)$$

$$\begin{cases} f(8) = \sqrt[3]{8} = 2 \\ f'(x) = \dfrac{1}{3}x^{-\frac{2}{3}} = \dfrac{1}{3\sqrt[3]{x^2}} \Rightarrow f'(8) = \dfrac{1}{12} \end{cases}$$

Assim, $y - 2 = \dfrac{1}{12}(x - 8)$ ou $y = \dfrac{1}{12}x + \dfrac{4}{3}$ é a equação da reta tangente ao gráfico de $f(x) = \sqrt[3]{x}$ no ponto $(8, 2)$.

Exercícios 7.3

1. Seja $f(x) = x^5$. Calcule

a) $f'(x)$ b) $f'(0)$ c) $f'(2)$

2. Calcule $g'(x)$ sendo g dada por

a) $g(x) = x^6$ b) $g(x) = x^{100}$

c) $g(x) = \dfrac{1}{x}$ d) $g(x) = x^2$

e) $g(x) = \dfrac{1}{x^3}$ f) $g(x) = \dfrac{1}{x^7}$

g) $g(x) = x$ h) $g(x) = x^{-3}$

3. Determine a equação da reta tangente ao gráfico de $f(x) = \dfrac{1}{x}$ no ponto de abscissa 2. Esboce os gráficos de f e da reta tangente.

4. Determine a equação da reta tangente ao gráfico de $f(x) = \dfrac{1}{x^2}$ no ponto de abscissa 1. Esboce os gráficos de f e da reta tangente.

5. Seja $f(x) = \sqrt[5]{x}$. Calcule.

a) $f'(x)$ b) $f'(1)$ c) $f'(-32)$

6. Calcule $g'(x)$, sendo g dada por

a) $g(x) = \sqrt[4]{x}$ b) $g(x) = \sqrt[6]{x}$

c) $g(x) = \sqrt[8]{x}$ d) $g(x) = \sqrt[9]{x}$

7. Determine a equação da reta tangente ao gráfico de $f(x) = \sqrt[3]{x}$ no ponto de abscissa 1. Esboce os gráficos de f e da reta tangente.

Capítulo 7

8. Seja r a reta tangente ao gráfico de $f(x) = \dfrac{1}{x}$ no ponto de abscissa p. Verifique que r intercepta o eixo x no ponto de abscissa $2p$.

9. Determine a reta que é tangente ao gráfico de $f(x) = x^2$ e paralela à reta $y = 4x + 2$.

7.4 Derivadas de e^x e $\ln x$

Teorema. São válidas as fórmulas de derivação
a) $f(x) = e^x \Rightarrow f'(x) = e^x$.
b) $g(x) = \ln x \Rightarrow g'(x) = \dfrac{1}{x}$, $x > 0$.

Demonstração

a) $f'(x) = \lim\limits_{h \to 0} \dfrac{e^{x+h} - e^x}{h} = \lim\limits_{h \to 0} e^x \cdot \dfrac{e^h - 1}{h} = e^x$ pois, $\lim\limits_{h \to 0} \dfrac{e^h - 1}{h} = 1$ (Exemplo 3-6.3).

b) $g'(x) = \lim\limits_{h \to 0} \dfrac{\ln(x+h) - \ln x}{h} = \lim\limits_{h \to 0} \dfrac{1}{h} \ln\left(1 + \dfrac{h}{x}\right)$

$\left(u = \dfrac{h}{x}\right)$

$= \lim\limits_{u \to 0} \ln(1+u)^{\frac{1}{xu}} = \lim\limits_{u \to 0} \dfrac{1}{x} \ln(1+u)^{\frac{1}{u}} = \dfrac{1}{x}$

pois, $\lim\limits_{u \to 0}(1+u)^{\frac{1}{u}} = e$ (Exemplo 2-6.3).

$$\boxed{\begin{array}{l}(e^x)' = e^x \\ (\ln x)' = \dfrac{1}{x}, x > 0\end{array}}$$

Exercícios 7.4

1. Determine a equação da reta tangente ao gráfico de $f(x) = e^x$ no ponto de abscissa 0.
2. Determine a equação da reta tangente ao gráfico de $f(x) = \ln x$ no ponto de abscissa 1. Esboce os gráficos de f e da reta tangente.
3. Seja $f(x) = a^x$, em que $a > 0$ e $a \neq 1$ é um real dado. Mostre que $f'(x) = a^x \ln a$.
4. Calcule $f'(x)$.
   a) $f(x) = 2^x$
   b) $f(x) = 5^x$
   c) $f(x) = \pi^x$
   d) $f(x) = e^x$

5. Seja $g(x) = \log_a x$, em que $a > 0$ e $a \neq 1$ é constante. Mostre que $g'(x) = \dfrac{1}{x \ln a}$.

Derivadas

149

6. Calcule $g'(x)$

a) $g(x) = \log_3 x$

b) $g(x) = \log_5 x$

c) $g(x) = \log_\pi x$

d) $g(x) = \ln x$

7.5 Derivadas das Funções Trigonométricas

Teorema. São válidas as fórmulas de derivação.

a) $\text{sen}'x = \cos x$.

b) $\cos'x = -\text{sen}\,x$.

c) $\text{tg}'x = \sec^2 x$.

d) $\sec'x = \sec x\,\text{tg}\,x$.

e) $\text{cotg}'x = -\text{cosec}^2 x$.

f) $\text{cosec}'x = -\text{cosec}\,x\,\text{cotg}\,x$.

Demonstração

a) $\text{sen}'x = \lim\limits_{h\to 0}\dfrac{\text{sen}(x+h) - \text{sen}\,x}{h} = \lim\limits_{h\to 0}\dfrac{2\,\text{sen}\dfrac{h}{2}\cos\dfrac{2x+h}{2}}{h}$

$= \lim\limits_{h\to 0}\dfrac{\text{sen}\dfrac{h}{2}}{\dfrac{h}{2}}\cos\dfrac{2x+h}{2} = \cos x.$

b) $\cos'x = \lim\limits_{h\to 0}\dfrac{\cos(x+h) - \cos x}{h} = \lim\limits_{h\to 0}\dfrac{-2\,\text{sen}\dfrac{h}{2}\,\text{sen}\dfrac{2x+h}{2}}{h}$

$= \lim\limits_{h\to 0} -\dfrac{\text{sen}\dfrac{h}{2}}{\dfrac{h}{2}}\,\text{sen}\dfrac{2x+h}{2} = -\text{sen}\,x.$

c) $\text{tg}'x = \lim\limits_{h\to 0}\dfrac{\text{tg}(x+h) - \text{tg}\,x}{h}.$

Fazendo $t = x + h$ ($t \to x$ quando $h \to 0$)

$$\text{tg}'x = \lim\limits_{t\to x}\dfrac{\text{tg}\,t - \text{tg}\,x}{t-x} = \lim\limits_{t\to x}\dfrac{\dfrac{\text{sen}\,t}{\cos t} - \dfrac{\text{sen}\,x}{\cos x}}{t-x}$$

$$= \lim\limits_{t\to x}\dfrac{\text{sen}\,t\cos x - \text{sen}\,x\cos t}{t-x}\cdot\dfrac{1}{\cos t\cos x}.$$

Como $\lim\limits_{t\to x}\dfrac{\text{sen}\,t\cos x - \text{sen}\,x\cos t}{t-x} = \lim\limits_{t\to x}\dfrac{\text{sen}(t-x)}{t-x} = 1$ e

$\lim\limits_{t\to x}\dfrac{1}{\cos t\cos x} = \dfrac{1}{\cos^2 x} = \sec^2 x$, resulta

$$\text{tg}'x = \sec^2 x.$$

(d), (e) e (f) ficam a seu cargo.

Exercícios 7.5

1. Seja $f(x) = \text{sen } x$. Calcule.

   a) $f'(x)$
   b) $f'\left(\dfrac{\pi}{4}\right)$

2. Determine a equação da reta tangente ao gráfico de $f(x) = \text{sen } x$ no ponto de abscissa 0.

3. Seja $f(x) = \cos x$. Calcule.

   a) $f'(x)$
   b) $f'(0)$
   c) $f'\left(\dfrac{\pi}{3}\right)$
   d) $f'\left(-\dfrac{\pi}{4}\right)$

4. Calcule $f'(x)$ sendo

   a) $f(x) = \text{tg } x$
   b) $f(x) = \sec x$

5. Determine a equação da reta tangente ao gráfico de $f(x) = \text{tg } x$ no ponto de abscissa 0.

6. Seja $f(x) = \text{cotg } x$. Calcule.

   a) $f'(x)$
   b) $f'\left(\dfrac{\pi}{4}\right)$

7. Seja $g(x) = \text{cosec } x$. Calcule.

   a) $g'(x)$
   b) $g'\left(\dfrac{\pi}{4}\right)$

7.6 Derivabilidade e Continuidade

A função $f(x) = |x|$ não é *derivável* em $p = 0$ (Exemplo 7-7.2); entretanto, esta função é contínua em $p = 0$, o que nos mostra que uma *função pode ser contínua em um ponto sem ser derivável neste ponto*.

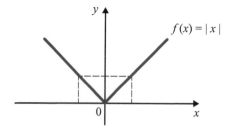

$f(x) = |x|$ é contínua em 0, mas não é derivável em 0.

Deste modo, *continuidade não implica derivabilidade*.
Entretanto, *derivabilidade implica continuidade*, como mostra o seguinte teorema.

Derivadas

151

Teorema. Se f for derivável em p, então f será contínua em p.

Demonstração

Pela hipótese, f é derivável em p, logo $\lim\limits_{x \to p} \dfrac{f(x) - f(p)}{x - p}$ existe e é igual a $f'(p)$. Precisamos

provar que f é contínua em p, isto é, que $\lim\limits_{x \to p} f(x) = f(p)$. Temos

$$f(x) - f(p) = \frac{f(x) - f(p)}{x - p} \cdot (x - p),\, x \neq p,$$

daí,

$$\lim_{x \to p}\Big[f(x) - f(p)\Big] = \lim_{x \to p} \frac{f(x) - f(p)}{x - p} \cdot \lim_{x \to p}(x - p) = f'(p) \cdot 0 = 0$$

ou seja,

$$\lim_{x \to p}\Big[f(x) - f(p)\Big] = 0$$

e, portanto,

$$\lim_{x \to p} f(x) - f(p).$$

■

Observação. Segue do teorema que, se f *não* for contínua em p, então f não poderá ser derivável em p.

Exemplo 1 A função $f(x) = \begin{cases} x^2 & \text{se } x \leq 1 \\ 2 & \text{se } x > 1 \end{cases}$ é derivável em $p = 1$? Por quê?

Solução

f *não* é contínua em 1, pois $\lim\limits_{x \to 1^+} f(x) = 2$ é diferente de $\lim\limits_{x \to 1^-} f(x) = 1$. Como f *não é contínua* em 1, segue que f *não é derivável* em 1.

Exemplo 2 Seja $f(x) = \begin{cases} x^2 & \text{se } x \leq 1 \\ 1 & \text{se } x > 1 \end{cases}$

a) f é contínua em 1?
b) f é diferenciável em 1?

Solução

a) $\lim\limits_{x \to 1^+} f(x) = \lim\limits_{x \to 1^-} f(x) = 1 = f(1)$, logo, f é *contínua* em 1.

b) Como f é contínua em 1, f poderá ser derivável ou não em 1. Temos

$$\frac{f(x) - f(1)}{x - 1} = \begin{cases} \dfrac{x^2 - 1}{x - 1} & \text{se } x < 1 \\[2mm] 0 & \text{se } x > 1. \end{cases}$$

Assim,

$$\lim_{x \to 1^+} \frac{f(x) - f(1)}{x - 1} = 0 \text{ e } \lim_{x \to 1^-} \frac{f(x) - f(1)}{x - 1} = \lim_{x \to 1^-}(x + 1) = 2$$

logo, $\lim_{x \to 1} \frac{f(x) - f(1)}{x - 1}$ não existe, ou seja, f não é derivável em 1.

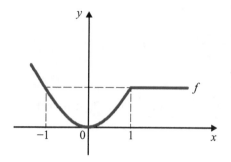

f é contínua em 1, mas não é derivável neste ponto; o gráfico de f apresenta um "bico" no ponto $(1, f(1))$.

Exemplo 3 Seja $f(x) = \begin{cases} x^2 & \text{se } x \leq 1 \\ 2x - 1 & \text{se } x > 1 \end{cases}$.

a) f é derivável em 1?
b) f é contínua em 1?

Solução

a) $\dfrac{f(x) - f(1)}{x - 1} = \begin{cases} \dfrac{x^2 - 1}{x - 1} & \text{se } x < 1 \\ 2 & \text{se } x > 1 \end{cases}$

$$\lim_{x \to 1^+} \frac{f(x) - f(1)}{x - 1} = \lim_{x \to 1^-} \frac{f(x) - f(1)}{x - 1} = 2.$$

Logo, f é *derivável* em 1 e $f'(1) = 2$.
b) Como f é derivável em 1, segue que f é contínua em 1.

Exercícios 7.6

1. Seja $f(x) = \begin{cases} x + 1 & \text{se } x < 2 \\ 1 & \text{se } x \geq 2 \end{cases}$.

a) f é contínua em 2? Por quê?
b) f é derivável em 2? Por quê?

2. Seja $f(x) = \begin{cases} x^2 & \text{se } x \leq 0 \\ -x^2 & \text{se } x > 0 \end{cases}$.

a) f é derivável em 0? Justifique.
b) f é contínua em 0? Justifique.

Derivadas

   3. Seja $f(x) = \begin{cases} -x + 3 & \text{se } x < 3 \\ x - 3 & \text{se } x \geq 3 \end{cases}$.

   a) f é derivável em 3? Justifique.
   b) f é contínua em 3? Justifique.

7.7 Regras de Derivação

Teorema 1. Sejam f e g deriváveis em p e seja k uma constante. Então, as funções $f + g$, kf e $f \cdot g$ são deriváveis em p e têm-se

(D1) $(f + g)'(p) = f'(p) + g'(p)$.
(D2) $(kf)'(p) = kf'(p)$.
(D3) $(f \cdot g)'(p) = f'(p) g(p) + f(p) g'(p)$.

Demonstração

(D1) $(f + g)'(p) = \lim_{x \to p} \dfrac{\left[f(x) + g(x)\right] - \left[f(p) + g(p)\right]}{x - p}$

$= \lim_{x \to p} \left[\dfrac{f(x) - f(p)}{x - p} + \dfrac{g(x) - g(p)}{x - p}\right]$

$= f'(p) + g'(p)$.

(Em palavras: *A derivada de uma soma é igual à soma das derivadas das parcelas.*)

(D2) $(kf)'(p) = \lim_{x \to p} \dfrac{kf(x) - kf(p)}{x - p} = k \lim_{x \to p} \dfrac{f(x) - f(p)}{x - p} = kf'(p)$, ou seja,

$(kf)'(p) = kf'(p)$.

(Em palavras: *A derivada do produto de uma constante por uma função é igual ao produto da constante pela derivada da função.*)

(D3) $(f \cdot g)'(p) = \lim_{x \to p} \dfrac{f(x) g(x) - f(p) g(p)}{x - p}$

$= \lim_{x \to p} \dfrac{f(x)g(x) - f(p)g(x) + f(p)g(x) - f(p)g(p)}{x - p}$

$= \lim_{x \to p} \left[\dfrac{f(x) - f(p)}{x - p} \cdot g(x) + f(p) \cdot \dfrac{g(x) - g(p)}{x - p}\right]$

$= f'(p) g(p) + f(p) g'(p)$.

Observe que, pelo fato de g ser derivável em p, g será contínua em p, e, assim, $\lim_{x \to p} g(x) = g(p)$.

(Em palavras: *A derivada do produto de duas funções é igual à derivada da primeira multiplicada pela segunda mais a primeira multiplicada pela derivada da segunda.*) ∎

Capítulo 7

154

Teorema 2. (*Regra do quociente*). Se f e g forem deriváveis em p e se $g(p) \neq 0$, então $\dfrac{f}{g}$ será derivável em p e

(D4) $\left(\dfrac{f}{g}\right)'(p) = \dfrac{f'(p)g(p) - f(p)g'(p)}{[g(p)]^2}$.

(Em palavras: *A derivada de um quociente é igual à derivada do numerador multiplicado pelo denominador menos o numerador multiplicado pela derivada do denominador, sobre o quadrado do denominador.*)

Demonstração

$$\left(\dfrac{f}{g}\right)'(p) = \lim_{x \to p} \dfrac{\dfrac{f(x)}{g(x)} - \dfrac{f(p)}{g(p)}}{x - p} = \lim_{x \to p} \dfrac{f(x)g(p) - f(p)g(x)}{x - p} \cdot \dfrac{1}{g(x)g(p)}.$$

Somando e subtraindo $f(p)g(p)$ ao numerador resulta

$$\left(\dfrac{f}{g}\right)'(p) = \lim_{x \to p} \left[\dfrac{f(x) - f(p)}{x - p} \cdot g(p) - f(p) \cdot \dfrac{g(x) - g(p)}{x - p} \right] \cdot \dfrac{1}{g(x)g(p)}.$$

e, portanto,

$$\left(\dfrac{f}{g}\right)'(p) = \dfrac{f'(p)g(p) - f(p)g'(p)}{[g(p)]^2}.$$

(D1) $[f(x) + g(x)]' = f'(x) + g'(x)$.
(D2) $[kf(x)]' = kf'(x)$.
(D3) $[f(x)g(x)]' = f'(x)g(x) + f(x)g'(x)$.
(D4) $\left(\dfrac{f(x)}{g(x)}\right)' = \dfrac{f'(x)g(x) - f(x)g'(x)}{[g(x)]^2}$.

Observação. A notação $[f(x)]'$ é usada com frequência para indicar a derivada de $f(x)$ em x.

Exemplo 1 Seja $f(x) = 4x^3 + x^2$. Calcule.

a) $f'(x)$. *b)* $f'(1)$.

Solução

a) $f'(x) = [4x^3 + x^2]' \overset{(D1)}{=} (4x^3)' + (x^2)'$.

Pela (D2), $(4x^3)' = 4 \cdot (x^3)' = 4 \cdot 3x^2 = 12x^2$.

Segue

$$f'(x) = (4x^3)' + (x^2)' = 12x^2 + 2x,$$

ou seja,
$$f'(x) = 12x^2 + 2x.$$

b) Como $f'(x) = 12x^2 + 2x$, segue $f'(1) = 14$.

Exemplo 2 Calcule $g'(x)$ em que $g(x) = 5x^4 + 4$.

Solução
$$g'(x) = [5x^4 + 4]' = (5x^4)' + (4)'.$$

Já vimos que a derivada de uma constante é zero, assim, $(4)' = 0$. Como $(5x^4)' = 20x^3$ resulta
$$g'(x) = 20x^3.$$

Exemplo 3 Calcule $f'(x)$ em que $f(x) = \dfrac{2x + 3}{x^2 + 1}$.

Solução

Pela regra do quociente
$$f'(x) = \left[\frac{2x + 3}{x^2 + 1}\right]' = \frac{(2x + 3)'(x^2 + 1) - (2x + 3)(x^2 + 1)'}{(x^2 + 1)^2}.$$

Como
$$(2x + 3)' = 2 \quad \text{e} \quad (x^2 + 1)' = 2x$$

resulta
$$f'(x) = \frac{2(x^2 + 1) - (2x + 3)2x}{(x^2 + 1)^2}$$

ou
$$f'(x) = \frac{-2x^2 - 6x + 2}{(x^2 + 1)^2}.$$

Exemplo 4 Seja $f(x) = (3x^2 + 1)e^x$. Calcule $f'(x)$.

Solução

Pela regra do produto
$$f'(x) = (3x^2 + 1)' \, e^x + (3x^2 + 1) \, (e^x)'.$$

Como
$$(3x^2 + 1)' = 6x \quad \text{e} \quad (e^x)' = e^x$$

resulta
$$f'(x) = 6x \, e^x + (3x^2 + 1) \, e^x,$$

ou seja,
$$f'(x) = (3x^2 + 6x + 1) \, e^x.$$

Capítulo 7

156

Exemplo 5 Seja $h(x) = \dfrac{\operatorname{sen} x}{x+1}$. Calcule $h'(x)$.

Solução

Pela regra do quociente

$$h'(x) = \frac{(\operatorname{sen} x)'(x+1) - \operatorname{sen} x(x+1)'}{(x+1)^2} = \frac{(\cos x)(x+1) - \operatorname{sen} x}{(x+1)^2}.$$

Assim,

$$h'(x) = \frac{(x+1)\cos x - \operatorname{sen} x}{(x+1)^2}.$$

Exemplo 6 Seja $f(x) = x^3 + \ln x$. Calcule $f'(x)$.

Solução

$$f'(x) = (x^3 + \ln x)' = (x^3)' + (\ln x)' = 3x^2 + \frac{1}{x},$$

ou seja,

$$f'(x) = 3x^2 + \frac{1}{x}.$$

Exemplo 7 Sejam $f_1, f_2, \ldots, f_n$, $n \geq 2$, funções deriváveis em p. Prove, por indução finita, que $f_1 + f_2 + \ldots + f_n$ é derivável em p e que

$$(f_1 + f_2 + \ldots + f_n)'(p) = f_1'(p) + \ldots + f_n'(p).$$

Solução

i) Para $n = 2$ é verdadeira (D1).
ii) Seja $k \geq 2$. De

$$f_1 + f_2 + \ldots + f_k + f_{k+1} = [f_1 + f_2 + \ldots + f_k] + f_{k+1}$$

segue que se a afirmação for verdadeira para $n = k$ também o será para $n = k + 1$.

Exemplo 8 Calcule a derivada

a) $f(x) = 3x^5 + \dfrac{1}{3}x^4 + x + 2.$

b) $g(x) = x^2 + \dfrac{1}{x^2} + \sqrt{x}.$

Solução

a) $f'(x) = \left[3x^5 + \dfrac{1}{3}x^4 + x + 2 \right]' = (3x^5)' + \left(\dfrac{1}{3}x^4 \right)' + (x)' + (2)' = 15x^4 + \dfrac{4}{3}x^3 + 1.$

Assim,

$$f'(x) = 15x^4 + \frac{4}{3}x^3 + 1.$$

Derivadas

157

b) $g'(x) = \left[x^2 + \dfrac{1}{x^2} + \sqrt{x} \right]' = (x^2)' + \left(\dfrac{1}{x^2} \right)' + (\sqrt{x})' = 2x - \dfrac{2}{x^3} + \dfrac{1}{2\sqrt{2}}$,

ou seja,

$$g'(x) = 2x - \dfrac{2}{x^3} + \dfrac{1}{2\sqrt{x}}.$$

Exercícios 7.7

1. Calcule $f'(x)$.

a) $f(x) = 3x^2 + 5$

b) $f(x) = x^3 + x^2 + 1$

c) $f(x) = 3x^3 - 2x^2 + 4$

d) $f(x) = 3x + \sqrt{x}$

e) $f(x) = 5 + 3x^{-2}$

f) $f(x) = 2\sqrt[3]{x}$

g) $f(x) = 3x + \dfrac{1}{x}$

h) $f(x) = \dfrac{4}{x} + \dfrac{5}{x^2}$

i) $f(x) = \dfrac{2}{3}x^3 + \dfrac{1}{4}x^2$

j) $f(x) = \sqrt[3]{x} + \sqrt{x}$

l) $f(x) = 2x + \dfrac{1}{x} + \dfrac{1}{x^2}$

m) $f(x) = 6x^3 + \sqrt[3]{x}$

n) $f(x) = 5x^4 + bx^3 + cx^2 + k$, em que b, c e k são constantes.

2. Seja $g(x) = x^3 + \dfrac{1}{x}$. Determine a equação da reta tangente ao gráfico de g no ponto $(1, g\,(1))$.

3. Seja $f(x) = x^2 + \dfrac{1}{x}$.

a) Determine o ponto do gráfico de f em que a reta tangente, neste ponto, seja paralela ao eixo x.

b) Esboce o gráfico de f.

4. Seja $f(x) = x^3 + 3x^2 + 1$.

a) Estude o sinal de $f'(x)$.

b) Calcule $\lim\limits_{x \to +\infty} f(x)$ e $\lim\limits_{x \to -\infty} f(x)$.

c) Utilizando as informações acima, faça um esboço do gráfico de f.

5. Mesmo exercício que o anterior, considerando a função $f(x) = x^3 + x^2 - 5x$.

6. Seja $f(x) = x^3 + 3x$.

a) Determine a equação da reta tangente ao gráfico de f no ponto de abscissa 0.

b) Estude o sinal de $f'(x)$.

c) Esboce o gráfico de f.

7. Calcule $F'(x)$ em que $F(x)$ é igual a

a) $\dfrac{x}{x^2 + 1}$

b) $\dfrac{x^2 - 1}{x + 1}$

Capítulo 7

158

c) $\dfrac{3x^2 + 3}{5x - 3}$

d) $\dfrac{\sqrt{x}}{x + 1}$

e) $5x + \dfrac{x}{x - 1}$

f) $\sqrt{x} + \dfrac{3}{x^3 + 2}$

g) $\dfrac{\sqrt[3]{x} + x}{\sqrt{x}}$

h) $\dfrac{x + \sqrt[4]{x}}{x^2 + 3}$

8. Seja $g(x) = \dfrac{x}{x^2 + 1}$.

   a) Determine os pontos do gráfico de g em que as retas tangentes, nestes pontos, sejam paralelas ao eixo x.

   b) Estude o sinal de $g'(x)$.

   c) Calcule $\lim\limits_{x \to +\infty} g(x)$ e $\lim\limits_{x \to -\infty} g(x)$.

   d) Utilizando as informações acima, faça um esboço do gráfico de g.

9. Calcule $f'(x)$ em que $f(x)$ é igual a

   a) $3x^2 + 5\cos x$

   b) $\dfrac{\cos x}{x^2 + 1}$

   c) $x \operatorname{sen} x$

   d) $x^2 \operatorname{tg} x$

   e) $\dfrac{x + 1}{\operatorname{tg} x}$

   f) $\dfrac{3}{\operatorname{sen} x + \cos x}$

   g) $\dfrac{\sec x}{3x + 2}$

   h) $\cos x + (x^2 + 1)\operatorname{sen} x$

   i) $\sqrt{x}\sec x$

   j) $3\cos x + 5\sec x$

   l) $x \operatorname{cotg} x$

   m) $4\sec x + \operatorname{cotg} x$

   n) $x^2 + 3x \operatorname{tg} x$

   o) $\dfrac{x^2 + 1}{\sec x}$

   p) $\dfrac{x + 1}{x \operatorname{sen} x}$

   q) $\dfrac{x}{\operatorname{cosec} x}$

   r) $(x^3 + \sqrt{x})\operatorname{cosec} x$

   s) $\dfrac{x + \operatorname{sen} x}{x - \cos x}$

10. Seja $f(x) = x^2 \operatorname{sen} x + \cos x$. Calcule:

   a) $f'(x)$

   b) $f'(0)$

   c) $f'(3a)$

   d) $f'(x^2)$

11. Seja $f(x) = \operatorname{sen} x + \cos x$, $0 \le x \le 2\pi$.

   a) Estude o sinal de $f'(x)$.

   b) Faça um esboço do gráfico de f.

12. Calcule $f'(x)$.

   a) $f(x) = x^2 e^x$

   b) $f(x) = 3x + 5\ln x$

   c) $f(x) = e^x \cos x$

   d) $f(x) = \dfrac{1 + e^x}{1 - e^x}$

Derivadas

159

e) $f(x) = x^2 \ln x + 2e^x$

▶ f) $f(x) = \dfrac{x+1}{x \ln x}$

g) $f(x) = 4 + 5x^2 \ln x$

h) $f(x) = \dfrac{e^x}{x^2 + 1}$

i) $f(x) = \dfrac{\ln x}{x}$

j) $f(x) = \dfrac{e^x}{x+1}$

13. Sejam f, g e h funções deriváveis. Verifique que

$$[f(x)g(x)h(x)]' = f'(x)g(x)h(x) + f(x)g'(x)h(x) + f(x)g(x)h'(x).$$

14. Calcule $F'(x)$ sendo $F(x)$ igual a

a) $x\, e^x \cos x$

b) $x^2(\cos x)(1 + \ln x)$

c) $e^x \operatorname{sen} x \cos x$

d) $(1 + \sqrt{x})e^x \operatorname{tg} x$

7.8 Função Derivada e Derivadas de Ordem Superior

Sejam f uma função e A o conjunto dos x para os quais $f'(x)$ existe. A função $f': A \longmapsto \mathbb{R}$ dada por $x \longmapsto f'(x)$, denomina-se *função derivada* ou, simplesmente, *derivada* de f; diremos, ainda, que f' é a *derivada de 1ª ordem de f*. A derivada de 1ª ordem de f é também indicada por $f^{(1)}$.

A derivada de f' denomina-se *derivada de 2ª ordem de f* e é indicada por f'' ou por $f^{(2)}$, assim, $f'' = (f')'$. De modo análogo, define-se as derivadas de ordens superiores a 2 de f.

Exemplo 1 Seja $f(x) = 3x^3 - 6x + 1$. Determine f', f'' e f'''.

Solução

$f'(x) = 9x^2 - 6,$ para todo x; assim $D_{f'} = \mathbb{R}$.
$f''(x) = 18x,$ para todo x; $D_{f''} = \mathbb{R}$.
$f'''(x) = 18,$ para todo x; $D_{f'''} = \mathbb{R}$.

Exemplo 2 Seja $f(x) = \begin{cases} x^2 & \text{se } x \le 1 \\ 1 & \text{se } x > 1 \end{cases}$

Esboce os gráficos de f e f'.

Solução

Para $x < 1$, $f(x) = x^2$, daí $f'(x) = 2x$.
Para $x > 1$, $f(x) = 1$, daí $f'(x) = 0$.

Em 1 devemos aplicar a definição (se você já desenhou o gráfico de f, deve estar prevendo que $f'(1)$ não existe).

$$\frac{f(x) - f(1)}{x - 1} = \begin{cases} \dfrac{x^2 - 1}{x - 1} & \text{se } x < 1 \\ \dfrac{1 - 1}{x - 1} & \text{se } x > 1 \end{cases} = \begin{cases} x + 1 & \text{se } x < 1 \\ 0 & \text{se } x > 1 \end{cases}$$

daí

$$\lim_{x \to 1^+} \frac{f(x) - f(1)}{x - 1} = 0 \text{ e } \lim_{x \to 1^-} \frac{f(x) - f(1)}{x - 1} = 2.$$

Logo, f não é derivável em 1, isto é, $f'(1)$ não existe. Portanto

$$f'(x) = \begin{cases} 2x & \text{se } x < 1 \\ 0 & \text{se } x > 1 \end{cases}; D_{f'} = \mathbb{R} - \{1\}.$$

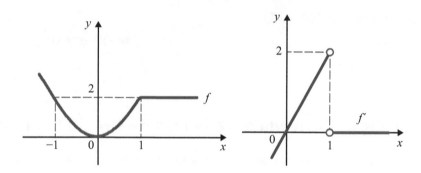

Exercícios 7.8

1. Determine f', f'' e f'''.

    a) $f(x) = 4x^4 + 2x$

    b) $f(x) = \dfrac{1}{x}$

    c) $f(x) = 5x^2 - \dfrac{1}{x^3}$

    d) $f(x) = 3x^3 - 6x + 1$

    e) $f(x) = x|x|$

    f) $f(x) = \begin{cases} x^2 + 3x & \text{se } x \leq 1 \\ 5x - 1 & \text{se } x > 1 \end{cases}$

2. Esboce os gráficos de f, f' e f''.

    a) $f(x) = x^2 |x|$

    b) $f(x) = \begin{cases} x^2 + 3x & \text{se } x \leq 1 \\ 5x - 1 & \text{se } x > 1 \end{cases}$

3. Determine a derivada de ordem n.

    a) $f(x) = e^x$

    b) $f(x) = \text{sen } x$

    c) $f(x) = \cos x$

    d) $f(x) = \ln x$

7.9 Notações para a Derivada

Frequentemente, usamos expressões do tipo $y = f(x)$, $s = f(t)$, $u = f(v)$ etc. para indicar uma função. Em $y = f(x)$, y é a *variável dependente* e x a *variável independente*; em $s = f(t)$, s é a *variável dependente* e t a *variável independente*.

Derivadas

Se a função vem dada por $y = f(x)$, a notação, devida a Leibniz, $\dfrac{dy}{dx}$ (leia: derivada de y em relação a x) é usada para indicar a derivada de f em x: $\dfrac{dy}{dx} = f'(x)$. De acordo com a definição de derivada

$$\frac{dy}{dx} = f'(x) = \lim_{\Delta x \to 0} \frac{f(x + \Delta x) - f(x)}{\Delta x}.$$

Observe que o símbolo Δx (leia: delta x) desempenha aqui o mesmo papel que o h em $\displaystyle\lim_{h \to 0} \frac{f(x + h) - f(x)}{h}$. Fazendo $\Delta y = f(x + \Delta x) - f(x)$ resulta

$$\frac{dy}{dx} = \lim_{\Delta x \to 0} \frac{\Delta y}{\Delta x}.$$

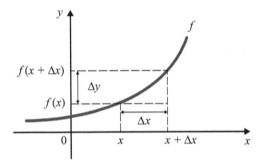

A notação $\left.\dfrac{dy}{dx}\right|_{x = x_0}$ é usada para indicar a derivada de $y = f(x)$ em $x = x_0$: $\left.\dfrac{dy}{dx}\right|_{x = x_0} = f'(x_0)$.

Usaremos, ainda, a notação $\dfrac{df}{dx}$ para indicar a função derivada de $y = f(x)$: $\dfrac{df}{dx} = f'$. A derivada de $y = f(x)$, em x, será então indicada por $\dfrac{df}{dx} x : f'(x) = \dfrac{df}{dx}(x)$.

Se a função f for dada por $s = f(t)$, as notações $\dfrac{ds}{dt}$ e $\dfrac{df}{dt}(t)$ serão usadas para indicar $f'(t)$. Pela definição de derivada

$$\frac{ds}{dt} = \lim_{\Delta t \to 0} \frac{\Delta s}{\Delta t}, \text{ em que } \Delta s = f(t + \Delta t) - f(t).$$

Exemplo 1 Seja $y = 5x^3 + x^2$. Calcule a derivada.

Solução

$$\frac{dy}{dx} = \frac{d}{dx}(5x^3 + x^2) = (5x^3 + x^2)' = 15x^2 + 2x.$$

Assim,

$$\frac{dy}{dx} = 15x^2 + 2x.$$

Capítulo 7

Observe que o símbolo $\dfrac{d}{dx}$ aplicado a $5x^3 + x^2$ indica a derivada de $5x^3 + x^2$, em relação a x. Da mesma forma, a notação $(5x^3 + x^2)'$ indica a derivada de $5x^3 + x^2$, em relação a x.

Exemplo 2 Calcule $\dfrac{ds}{dt}$ sendo $s = \dfrac{5t}{t^2 + 1}$.

Solução

$$\frac{ds}{dt} = \frac{d}{dt}\left(\frac{5t}{t^2 + 1}\right) = \left(\frac{5t}{t^2 + 1}\right)' = \frac{(5t)'(t^2 + 1) - 5t(t^2 + 1)'}{(t^2 + 1)^2},$$

ou seja,

$$\frac{ds}{dt} = \frac{5 - 5t^2}{(t^2 + 1)^2}.$$

Aqui as notações $\dfrac{d}{dt}\left(\dfrac{5t}{t^2 + 1}\right)$ e $\left(\dfrac{5t}{t^2 + 1}\right)'$ indicam a derivada de $\dfrac{5t}{t^2 + 1}$, em relação a t.

Exemplo 3 Seja $y = u^2$. Calcule $\dfrac{dy}{du}$, pela definição.

Solução

Façamos $f(u) = u^2$. Assim,

$$\frac{dy}{du} = f'(u) = \lim_{\Delta u \to 0} \frac{f(u + \Delta u) - f(u)}{\Delta u} = \lim_{\Delta u \to 0} \frac{(u + \Delta u)^2 - u^2}{\Delta u} = 2u.$$

Assim, $y = u^2 \Rightarrow \dfrac{dy}{du} = 2u$.

Exemplo 4 Calcule.

a) $\dfrac{d}{dx}[x^2 - 5x]$.

b) $\dfrac{d}{dt}[\cos t]$.

c) $\dfrac{d}{du}[u^2 - 5u]$.

d) $\dfrac{d}{du}[u \operatorname{tg} u]$.

Solução

a) $\dfrac{d}{dx}[x^2 - 5x] = (x^2 - 5x)' = 2x - 5$.

b) $\dfrac{d}{dt}[\cos t] = (\cos t)' = -\operatorname{sen} t$.

c) $\dfrac{d}{du}[u^2 - 5u] = (u^2 - 5u)' = 2u - 5$.

d) $\dfrac{d}{du}[u \operatorname{tg} u] = (u \operatorname{tg} u)' = \operatorname{tg} u + u \sec^2 u$.

Derivadas

163

Exemplo 5 Seja $x = t^2$ sen t. Calcule.

a) $\dfrac{dx}{dt}$.

b) $\dfrac{dx}{dt}\bigg|_{t\,=\,\pi}$.

Solução

a) $\dfrac{dx}{dt} = \dfrac{d}{dt}(t^2 \text{ sen } t) = 2t \text{ sen } t + t^2 \cos t$.

Assim,

$$\frac{dx}{dt} = t(2 \text{ sen } t + t\cos t).$$

b) $\dfrac{dx}{dt}\bigg|_{t\,=\,\pi} = -\pi^2$.

É muito comum a notação $y = y(x)$ para indicar uma função; observe que nesta notação a letra y está sendo usada para indicar a função e ao mesmo tempo a variável dependente.

Exemplo 6 Sejam $u = u(x)$ e $v = v(x)$ funções deriváveis num mesmo conjunto A. Segue das regras de derivação que para todo x em A, tem-se

a) $y = u + v \Rightarrow \dfrac{dy}{dx} = \dfrac{d}{dx}[u + v] = \dfrac{du}{dx} + \dfrac{dv}{dx}$.

b) $y = uv \Rightarrow \dfrac{dy}{dx} = \dfrac{d}{dx}[uv] = \dfrac{du}{dx}v + u\dfrac{dv}{dx}$.

c) $y = \dfrac{u}{v} \Rightarrow \dfrac{dy}{dx} = \dfrac{d}{dx}\left[\dfrac{u}{v}\right] = \dfrac{\dfrac{du}{dx}v - u\dfrac{dv}{dx}}{v^2}$ em todo $x \in A$, com $v(x) \neq 0$.

Exemplo 7 Seja $y = u^2$ em que $u = u(x)$ é uma função derivável. Verifique que

$$\frac{dy}{dx} = 2u\frac{du}{dx}.$$

Solução

$$y = u \cdot u \Rightarrow \frac{dy}{dx} = \frac{d}{dx}[u \cdot u] = \frac{du}{dx}u + u\frac{du}{dx}.$$

Assim,

$$\frac{dy}{dx} = 2u\frac{du}{dx}.$$

Capítulo 7

Exemplo 8 Calcule $\dfrac{dy}{dx}$, em que $y = (x^2 + 3x)^2$.

Solução

Façamos $u = x^2 + 3x$. Assim,

$$y = u^2, \text{ em que } u = x^2 + 3x.$$

Pelo exemplo anterior,

$$\frac{dy}{dx} = 2u\frac{du}{dx}.$$

Como $\dfrac{du}{dx} = \dfrac{d}{dx}[x^2 + 3x] = 2x + 3$, segue que

$$\frac{dy}{dx} = 2\underbrace{(x^2 + 3x)}_{u}\underbrace{(2x + 3)}_{\frac{du}{dx}}.$$

> **Observação.** Vimos, no Exemplo 7, que sendo $y = u^2$ com $u = u(x)$ derivável, resulta
> $$\frac{dy}{dx} = 2u\frac{du}{dx}.$$

Por outro lado, $y = u^2 \Rightarrow \dfrac{dy}{du} = \dfrac{d}{du}[u^2] = 2u$. Assim,

①
$$\frac{dy}{dx} = \frac{dy}{du}\frac{du}{dx}$$

em que $\dfrac{dy}{du}$ deve ser calculado em $u = u(x)$. Provaremos mais adiante que esta regra ①, conhecida como *regra da cadeia*, é válida sempre que $y = y(u)$ e $u = u(x)$ forem deriváveis.

A seguir, provaremos ① num caso particular.

Exemplo 9 (*Regra da cadeia: um caso particular.*) Sejam $y = f(u)$ e $u = g(x)$ funções deriváveis e tais que, para todo x no domínio de g, $g(x)$ pertença ao domínio de f. Suponhamos, ainda, que

$$\Delta u = g(x + \Delta x) - g(x) \neq 0$$

para todo x e $x + \Delta x$ no domínio de g, com $\Delta x \neq 0$. Nestas condições, a composta $y = f(g(x))$ é derivável e vale a regra da cadeia

$$\frac{dy}{dx} = \frac{dy}{du}\frac{du}{dx}$$

em que $\dfrac{dy}{du}$ deve ser calculada em $u = g(x)$.

Solução

$$\frac{dy}{dx} = \lim_{\Delta x \to 0} \frac{f(g(x + \Delta x)) - f(g(x))}{\Delta x}$$

$$= \lim_{\Delta x \to 0} \frac{f(g(x + \Delta x)) - f(g(x))}{g(x + \Delta x) - g(x)} \cdot \frac{g(x + \Delta x) - g(x)}{\Delta x}.$$

Temos

$$\lim_{\Delta x \to 0} \frac{g(x + \Delta x) - g(x)}{\Delta x} = \lim_{\Delta x \to 0} \frac{\Delta u}{\Delta x} = \frac{du}{dx}.$$

Fazendo $\Delta u = g(x + \Delta x) - g(x)$ resulta

$$\lim_{\Delta x \to 0} \frac{f(g(x + \Delta x)) - f(g(x))}{g(x + \Delta x) - g(x)} = \lim_{\Delta u \to 0} \frac{f(u + \Delta u)) - f(u)}{\Delta x}$$

$$= \lim_{\Delta u \to 0} \frac{\Delta y}{\Delta u} = \frac{dy}{du}$$

em que $\dfrac{dy}{du}$ deve ser calculada em $u = g(x)$. Assim

$$\frac{dy}{dx} = \lim_{\Delta u \to 0} \frac{\Delta y}{\Delta u} \lim_{\Delta x \to 0} \frac{\Delta u}{\Delta x} = \frac{dy}{du} \frac{du}{dx}.$$

Observação. De $\dfrac{dy}{du} = f'(u)$ e $\dfrac{du}{dx} = g'(x)$ temos, também,

$$\frac{dy}{dx} = f'(u)g'(x), u = g(x),$$

ou seja,

$$[f(g(x))]' = f'(g(x))g'(x).$$

Seja $y = f(x)$. A notação $\dfrac{d^2 y}{dx^2} = \dfrac{d}{dx}\left(\dfrac{dy}{dx}\right)$ será usada para indicar a derivada de segunda ordem de f, em x, isto é, $\dfrac{d^2 y}{dx^2} = f''(x)$. A derivada de 3ª ordem será, também, indicada por $\dfrac{d^3 y}{dx^3} = \dfrac{d}{dx}\left(\dfrac{d^2 y}{dx^2}\right)$, e assim por diante.

Exemplo 10 Seja $y = 3x^3 - 6x + 2$. Calcule

a) $\dfrac{d^2 y}{dx^2}$

b) $\dfrac{d^2 y}{dx^2}\bigg|_{x=0}.$

Capítulo 7

Solução

a) $\dfrac{dy}{dx} = \dfrac{d}{dx}[3x^3 - 6x + 2] = 9x^2 - 6$

$\dfrac{d^2 y}{dx^2} = \dfrac{d}{dx}[9x^2 - 6] = 18x.$

Assim,

$$\dfrac{d^2 y}{dx^2} = 18x.$$

b) $\left.\dfrac{d^2 y}{dx^2}\right|_{x\,=\,0.} = 0$, que é o valor da derivada segunda em $x = 0$.

Exemplo 11 Seja $y = t^3 x$ em que $x = x(t)$ é uma função derivável até a 2ª ordem. Verifique que

a) $\dfrac{dy}{dt} = 3t^2 x + t^3 \dfrac{dx}{dt}.$

b) $\dfrac{d^2 y}{dt^2} = 6tx + 6t^2 \dfrac{dx}{dt} + t^3 \dfrac{d^2 x}{dt^2}.$

Solução

a) Observe que x é uma função derivável de t. Pela regra do produto,

$$\dfrac{dy}{dt} = \dfrac{d}{dt}(t^3 x) = \left[\dfrac{d}{dt}(t^3)\right] x + t^3 \dfrac{dx}{dt}$$

ou seja,

$$\dfrac{dy}{dt} = 3t^2 x + t^3 \dfrac{dx}{dt}.$$

b) Temos:

$$\dfrac{d^2 y}{dt^2} = \dfrac{d}{dt}[3t^2 x] + \dfrac{d}{dt}\left[t^3 \dfrac{dx}{dt}\right] = 6tx + 3t^2 \dfrac{dx}{dt} + 3t^2 \dfrac{dx}{dt} + t^3 \dfrac{d^2 x}{dt^2},$$

ou seja,

$$\dfrac{d^2 y}{dt^2} = 6tx + 6t^2 \dfrac{dx}{dt} + t^3 \dfrac{d^2 x}{dt^2}.$$

Exercícios 7.9

1. Calcule a derivada.

a) $y = 5x^3 + 6x - 1$

b) $s = \sqrt[5]{t} + \dfrac{3}{t}$

c) $x = \dfrac{t}{t + 1}$

d) $y = t \cos t$

Derivadas

167

e) $y = \dfrac{u+1}{\ln u}$

f) $x = t^3 e^t$

g) $s = e^t \operatorname{tg} t$

h) $y = \dfrac{x^3+1}{\operatorname{sen} x}$

i) $y = \sqrt[3]{u} \, \sec u$

j) $x = \dfrac{3}{t} + \dfrac{2}{t^2}$

l) $x = e^t \cos t$

m) $u = 5v^2 + \dfrac{3}{v^4}$

n) $V = \dfrac{4}{3} \pi r^3$

o) $E = \dfrac{1}{2} v^2$

p) $E = \dfrac{1}{2} mv^2$, m constante

q) $U = \dfrac{a}{x^{12}} - \dfrac{b}{x^6}$, a e b constantes

2. Seja $y = \dfrac{x^3}{x + \sqrt{x}}$. Calcule.

a) $\dfrac{dy}{dx}$

b) $\dfrac{dy}{dx}\bigg|_{x=1}$

3. Seja $y = t^2 x$, em que $x = x(t)$ é uma função derivável. Calcule $\dfrac{dy}{dt}\bigg|_{t=1}$ supondo $\dfrac{dx}{dt}\bigg|_{t=1} = 2$

e $x = 3$ para $t = 1$ (isto é, $x(1) = 3$).

4. Considere a função $y = xt^3$, na qual $x = x(t)$ é uma função derivável. Calcule $\dfrac{dy}{dt}\bigg|_{t=2}$ sabendo

que $\dfrac{dx}{dt}\bigg|_{t=2} = 3$ e que $x(2) = 1$ (isto é, $x = 1$ para $t = 2$).

5. Considere a função $y = \dfrac{t}{x+t}$, na qual $t = t(x)$ é uma função derivável. Calcule $\dfrac{dy}{dx}\bigg|_{x=1}$

sabendo que $\dfrac{dt}{dx}\bigg|_{x=1} = 4$ e que $t = 2$ para $x = 1$. (Observe que t está sendo olhado como

função de x.)

6. Seja $y = \dfrac{1}{x^2}$. Verifique que $x\dfrac{dy}{dx} + 2y = 0$.

7. Seja $y = \dfrac{-2}{x^2+k}$, k constante. Verifique que $\dfrac{dy}{dx} - xy^2 = 0$.

8. Calcule a derivada segunda.

a) $y = x^3 + 2x - 3$

b) $x = t \operatorname{sen} t$

c) $y = x^{10} + \dfrac{1}{x^3}$

d) $y = t \ln t$

e) $x = e^t \cos t$

f) $y = \dfrac{e^x}{x}$

Capítulo 7

9. Seja $y = x^2 - 3x$. Verifique que $x\dfrac{d^2y}{dx^2} - \dfrac{dy}{dx} = 3$.

10. Seja $y = \dfrac{1}{x}$. Verifique que $x^2\dfrac{d^3y}{dx^3} = 6\dfrac{dy}{dx}$.

11. Seja $x = \cos t$. Verifique que $\dfrac{d^2y}{dt^2} + x = 0$.

12. Seja $y = e^x \cos x$. Verifique que $\dfrac{d^2y}{dx^2} - 2\dfrac{dy}{dx} + 2y = 0$.

13. Seja $y = te^t$. Verifique que $\dfrac{d^2y}{dt^2} - 2\dfrac{dy}{dx} + y = 0$.

14. Suponha que $y = y(r)$ seja derivável até a 2ª ordem. Verifique que

$$\frac{d}{dr}\left[(r^2 + r)\frac{dy}{dr}\right] = (2r + 1)\frac{dy}{dr} + (r^2 + r)\frac{d^2y}{dr^2}.$$

15. Seja $y = x^2$, em que $x = x(t)$ é uma função derivável até a 2ª ordem. Verifique que $\dfrac{d^2y}{dt^2} = 2\left(\dfrac{dx}{dt}\right)^2 + 2x\,\dfrac{d^2x}{dt^2}$.

16. Suponha que $x = x(t)$ seja derivável até a 2ª ordem. Verifique que

a) $\dfrac{d}{dt}\left(t^2\dfrac{dx}{dt}\right) = 2t\dfrac{dx}{dt} + t^2\dfrac{d^2x}{dt^2}$.

b) $\dfrac{d}{dt}\left(x\dfrac{dx}{dt}\right) = \left(\dfrac{dx}{dt}\right)^2 + x\dfrac{d^2x}{dt^2}$.

7.10 Regra da Cadeia para Derivação de Função Composta

Sejam $y = f(x)$ e $x = g(t)$ duas funções deriváveis, com Im $g \subset D_f$. Nosso objetivo, a seguir, é provar que a composta $h(t) = f(g(t))$ é derivável e que vale a *regra da cadeia*

①
$$\boxed{h'(t) = f'(g(t))g'(t),\, t \in D_g}$$

Antes de passarmos à demonstração de ①, vejamos como fica a regra da cadeia na notação de Leibniz. Temos

$$\frac{dy}{dx} = f'(x) \text{ e } \frac{dx}{dt} = g'(t).$$

Sendo a composta dada por $y = f(g(t))$, segue de ① que

$$\frac{dy}{dt} = f'(g(t))g'(t)$$

ou

$$\frac{dy}{dt} = f'(x)g'(t), \text{ em que } x = g(t).$$

Assim,

$$\boxed{\frac{dy}{dt} = \frac{dy}{dx}\frac{dx}{dt}}$$

em que $\frac{dy}{dx}$ deve ser calculado em $x = g(t)$.

Suponhamos $y = f(x)$ derivável em p, $x = g(t)$ derivável em t_0, com $p = g(t_0)$, e Im $g \subset D_f$. Seja $h(t) = f(g(t))$. Vamos provar que

$$h'(t_0) = f'(g(t_0))\, g'(t_0).$$

Para isto, consideremos a função T dada por

$$T(x) = f(p) + f'(p)(x - p).$$

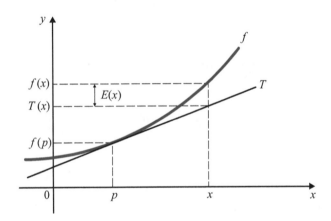

Observe que o gráfico de T é a reta tangente ao gráfico de f, em $(p, f(p))$. Temos

$$f(x) = T(x) + E(x)$$

ou

② $$f(x) - f(p) = f'(p)(x - p) + E(x), x \in D_f,$$

em que $E(x)$ é o erro que se comete ao aproximar $f(x)$ por $T(x)$. Conforme vimos no Exemplo 8 da Seção 7.2, $E(x) = \rho(x)(x - p), x \in D_f$, em que $\lim_{x \to p} \rho(x) = 0 = \rho(0)$. Fazendo em ② $x = g(t)$ e $p = g(t_0)$ e, em seguida, dividindo ambos os membros por $t - t_0$, $(t \neq t_0)$, obtemos

$$\frac{f(g(t)) - f(g(t_0))}{t - t_0} = f'(g(t_0))\frac{g(t) - g(t_0)}{t - t_0} + \frac{E(g(t))}{t - t_0}.$$

Capítulo 7

Temos

$$\lim_{t \to t_0} f'(g(t_0)) \frac{g(t) - g(t_0)}{t - t_0} = f'(g(t_0)g'(t_0).$$

Por outro lado, de $E(x) = \rho(x)(x - p)$ segue $E(g(t)) = \rho(g(t))(g(t) - g(t_0))$. Temos

$$\lim_{t \to t_0} \rho(g(t)) = \lim_{x \to p} \rho(x) = 0$$

Daí

$$\lim_{t \to t_0} \frac{E(g(t))}{t - t_0} = \lim_{t \to t_0} \rho(g(t)) \cdot \frac{g(t) - g(t_0)}{t - t_0} = 0 \cdot g'(t_0) = 0$$

Portanto

$$h'(t_0) = \lim_{t \to t_0} \frac{h(t) - h(t_0)}{t - t_0} = \lim_{t \to t_0} \frac{f(g(t)) - f(g(t_0))}{t - t_0} = f'(g(t_0))g'(t_0).$$

7.11 Aplicações da Regra da Cadeia

Pelo que vimos na seção anterior, sendo $y = f(u)$ e $u = g(x)$ deriváveis, com Im $g \subset D_f$, então a derivada da composta $y = f(g(x))$ é dada por

$$\frac{dy}{dx} = f'(g(x))g'(x)$$

ou

$$\frac{dy}{dx} = f'(u)g'(x), \text{ em que } u = g(x)$$

ou

$$\frac{dy}{dx} = \frac{dy}{du} \frac{du}{dx}$$

em que $\dfrac{dy}{du}$ deve ser calculada em $u = g(x)$.

Exemplo 1 Calcule a derivada.

a) $y = e^{3x}$.

b) $y = \text{sen } t^2$.

Solução

a) $y = e^u$, em que $u = 3x$. Pela regra da cadeia

$$\frac{dy}{dx} = \frac{dy}{du} \frac{du}{dx}.$$

Como $\dfrac{dy}{du} = e^u$ e $\dfrac{du}{dx} = 3$, resulta

$$\frac{dy}{dx} = e^u \cdot 3 \text{ ou } \frac{dy}{dx} = 3e^{3x}.$$

Derivadas

171

b) $y = \text{sen } x$, em que $x = t^2$. Pela regra da cadeia

$$\frac{dy}{dt} = \frac{dy}{dx}\frac{dx}{dt}.$$

Como $\dfrac{dy}{dx} = \cos x$ e $\dfrac{dx}{dt} = 2t$, resulta

$$\frac{dy}{dt} = \cos x \cdot 2t$$

ou seja,

$$\frac{dy}{dt} = 2t \cos t^2.$$

Poderíamos, também, ter obtido $\dfrac{dy}{dt}$ aplicando diretamente a fórmula $[f(g(t))]' = f'(g(t))g'(t)$. Veja:

$$\frac{dy}{dt} = [\text{sen } t^2]' = \text{sen}'\, t^2 (t^2)' = 2t \cos t^2.$$

Exemplo 2 Calcule $f'(x)$, sendo

a) $f(x) = (3x^2 + 1)^3$.

b) $f(x) = \cos 3x$.

Solução

a) $f(x) = u^3$, em que $u = 3x^2 + 1$. Temos

$$f'(x) = \frac{d}{du}[u^3]\frac{du}{dx} = 3u^2\frac{du}{dx} = 3(3x^2 + 1)^2(6x),$$

ou seja,

$$f'(x) = 18x(3x^2 + 1)^2.$$

b) $f'(x) = [\cos 3x]' = \cos'3x \cdot (3x)' = -3 \text{ sen } 3x.$

Exemplo 3 Calcule $\dfrac{dy}{dx}$, sendo $y = \ln(x^2 + 3)$.

Solução

$$y = \ln u, \; u = x^2 + 3.$$

$$\frac{dy}{dx} = \frac{d}{du}[\ln u]\frac{du}{dx} = \frac{1}{u}2x,$$

ou seja,

$$\frac{dy}{dx} = \frac{2x}{x^2 + 3}.$$

Capítulo 7

172

Exemplo 4 Seja $f: \mathbb{R} \to \mathbb{R}$ uma função derivável e seja $g(x) = f(\cos x)$. Calcule $g'\left(\dfrac{\pi}{3}\right)$ supondo $f'\left(\dfrac{1}{2}\right) = 4$.

Solução

Pela regra da cadeia

$$g'(x) = f'(\cos x)(\cos x)'$$

ou seja,

$$g'(x) = -\operatorname{sen} x \, f'(\cos x).$$

Então

$$g'\left(\frac{\pi}{3}\right) = -\frac{\sqrt{3}}{2} f'\left(\frac{1}{2}\right) = -2\sqrt{3}.$$

Exemplo 5 Suponha g derivável. Verifique que

> *a)* $[e^{g(x)}]' = e^{g(x)}g'(x)$.
>
> *b)* $[\ln g(x)]' = \dfrac{g'(x)}{g(x)}$.
>
> *c)* $[\cos g(x)]' = -g'(x)\operatorname{sen} g(x)$.
>
> *d)* $[\operatorname{sen} g(x)]' = g'(x)\cos g(x)$.

Solução

a) $y = e^u$, $u = g(x)$.

$$\frac{dy}{dx} = \frac{dy}{du}\frac{du}{dx} = \frac{d}{du}[e^u]\frac{du}{dx}.$$

Assim,

$$\frac{dy}{dx} = e^u g'(x), \; u = g(x),$$

ou seja,

$$[e^{g(x)}]' = e^{g(x)}g'(x).$$

b) $y = \ln u$, $u = g(x)$

$$\frac{dy}{dx} = \frac{d}{du}[\ln u]\frac{du}{dx} = \frac{1}{u}g'(x) = \frac{g'(x)}{g(x)}.$$

(c) e *(d)* ficam a seu cargo.

Derivadas

173

Exemplo 6 Seja $y = x^2 e^{3x}$. Calcule a derivada.

Solução

Pela regra do produto,

$$\frac{dy}{dx} = (x^2)' e^{3x} + x^2 (e^{3x})'.$$

Como $(x^2)' = 2x$ e $(e^{3x})' = e^{3x}(3x)' = 3e^{3x}$ resulta

$$\frac{dy}{dx} = 2xe^{3x} + 3x^2 e^{3x},$$

ou seja,

$$\frac{dy}{dx} = xe^{3x}[2 + 3x].$$

Exemplo 7 Seja $y = xe^{-2x}$. Verifique que

$$\frac{d^2 y}{dx^2} + 4\frac{dy}{dx} + 4y = 0.$$

Solução

$$\frac{dy}{dx} = e^{-2x} + x(e^{-2x})' = e^{-2x} - 2xe^{-2x}$$

$$\frac{d^2 y}{dx^2} = [e^{-2x}]' - [2xe^{-2x}]' = -2e^{-2x} - [2e^{-2x} - 4xe^{-2x}]$$
$$= -4e^{-2x} + 4xe^{-2x}.$$

Então

$$\frac{d^2 y}{dx^2} + 4\frac{dy}{dx} + 4y = [-4e^{-2x} + 4xe^{-2x}] + 4[e^{-2x} - 2xe^{-2x}] + 4xe^{-2x}$$
$$= -4e^{-2x} + 4xe^{-2x} + 4e^{-2x} - 8xe^{-2x} + 4xe^{-2x} = 0.$$

Exemplo 8 Calcule $\dfrac{d^2 y}{dx^2}$ sendo $y = \cos 5x$.

Solução

$$\frac{dy}{dx} = -5 \operatorname{sen} 5x.$$

$$\frac{d^2 y}{dx^2} = -5[\operatorname{sen} 5x]' = -25 \cos 5x.$$

Capítulo 7

174

Exemplo 9 Calcule $\dfrac{dy}{dx}$.

a) $y = \left(\dfrac{x+1}{x^2+1}\right)^4$.

b) $y = \sqrt[3]{x^2 + 3}$.

Solução

a) $y = u^4,\ u = \dfrac{x+1}{x^2+1}$.

$$\frac{dy}{dx} = 4u^3 \frac{du}{dx} = 4\left(\frac{x+1}{x^2+1}\right)^3 \left(\frac{x+1}{x^2+1}\right)'.$$

Como

$$\left(\frac{x+1}{x^2+1}\right)' = \frac{x^2+1-(x+1)2x}{(x^2+1)^2} = \frac{-x^2-2x+1}{(x^2+1)^2}$$

resulta

$$\frac{dy}{dx} = 4\left(\frac{x+1}{x^2+1}\right)^3 \frac{-x^2-2x+1}{(x^2+1)^2}.$$

b) $y = u^{\frac{1}{3}}$, em que $u = x^2 + 3$.

$$\frac{dy}{dx} = \frac{1}{3}u^{-\frac{2}{3}}\frac{du}{dx} = \frac{1}{3}(x^2+3)^{-\frac{2}{3}}(x^2+3)'.$$

Assim,

$$\frac{dy}{dx} = \frac{2x}{3\sqrt[3]{(x^2+3)^2}}.$$

Exemplo 10 Seja g derivável e $n \neq 0$ inteiro. Verifique que

> a) $[(g(x))^n]' = n(g(x))^{n-1}\,g'(x).$
>
> b) $[(g(x))^{1/n}]' = \dfrac{1}{n}(g(x))^{\frac{1}{n}-1}g'(x)(n \geq 2).$

Solução

a) $y = u^n,\ u = g(x)$.

$$\frac{dy}{dx} = \frac{d}{du}(u^n)\frac{du}{dx} = nu^{n-1}g'(x),$$

ou seja,

$$\frac{dy}{dx} = n(g(x))^{n-1}g'(x).$$

b) Fica a seu cargo.

Derivadas

175

Exemplo 11 Seja $f: \mathbb{R} \to \mathbb{R}$ uma função derivável até a 2ª ordem e seja g dada por $g(x) = f(x^2)$. Calcule $g''(2)$, supondo $f'(4) = 2$ e $f''(4) = 3$.

Solução

$$g'(x) = f'(x^2)(x^2)' = 2x\, f'(x^2).$$
$$g''(x) = [2x\, f'(x^2)]' = (2x)'\, f'(x^2) + 2x[f'(x^2)]'.$$

Como $[f'(x^2)]' = f''(x^2)(x^2)' = f''(x^2)2x$, resulta

$$g''(x) = 2\, f'(x^2) + 4x^2\, f''(x^2).$$

Então,

$$g''(2) = 2\, f'(4) + 16\, f''(4)$$

ou seja,

$$g''(2) = 52.$$

Exemplo 12 A função diferenciável $y = f(x)$ é tal que, para todo $x \in D_f$,

$$xf(x) + \operatorname{sen} f(x) = 4.$$

Mostre que

$$f'(x) = \frac{-f(x)}{x + \cos f(x)}$$

para todo $x \in D_f$, com $x + \cos f(x) \neq 0$.

Solução

$$[xf(x) + \operatorname{sen} f(x)]' = 4'.$$
$$[xf(x)]' + [\operatorname{sen} f(x)]' = 0.$$
$$f(x) + xf'(x) + [\cos f(x)] \cdot f'(x) = 0$$

daí

$$f'(x)[x + \cos f(x)] = -f(x),$$

ou seja,

$$f'(x) = \frac{-f(x)}{x + \cos f(x)}$$

em todo $x \in D_f$ com $x + \cos f(x) \neq 0$.

Exemplo 13 Seja $y = x^3$, em que $x = x(t)$ é uma função derivável até a 2ª ordem. Verifique que

$$\frac{d^2 y}{dt^2} = 6x\left(\frac{dx}{dt}\right)^2 + 3x^2 \frac{d^2 x}{dt^2}$$

Capítulo 7

176

Solução

$$\frac{dy}{dt} = \frac{d}{dx}[x^3]\frac{dx}{dt}$$

ou seja,

$$\frac{dy}{dt} = 3x^2\frac{dx}{dt}.$$

$$\frac{d^2y}{dt^2} = \frac{d}{dt}\left[3x^2\frac{dx}{dt}\right] = \frac{d}{dt}(3x^2)\frac{dx}{dt} + 3x^2\frac{d}{dt}\left(\frac{dx}{dt}\right).$$

Como

$$\frac{d}{dt}(3x^2) = \frac{d}{dx}[3x^2]\frac{dx}{dt} = 6x\frac{dx}{dt} \quad \text{e} \quad \frac{d}{dt}\left(\frac{dx}{dt}\right) = \frac{d^2x}{dt^2}$$

resulta

$$\frac{d^2y}{dt^2} = 6x\frac{dx}{dt}\frac{dx}{dt} + 3x^2\frac{d^2x}{dt^2}$$

ou seja,

$$\frac{d^2y}{dt^2} = 6x\left(\frac{dx}{dt}\right)^2 + 3x^2\frac{d^2x}{dt^2}.$$

Exercícios 7.11

1. Determine a derivada.

a) $y = \operatorname{sen} 4x$

b) $y = \cos 5x$

c) $f(x) = e^{3x}$

d) $f(x) = \cos 8x$

e) $y = \operatorname{sen} t^3$

f) $g(t) = \ln (2t + 1)$

g) $x = e^{\operatorname{sen} t}$

h) $f(x) = \cos e^x$

i) $y = (\operatorname{sen} x + \cos x)^3$

j) $y = \sqrt{3x + 1}$

l) $f(x) = \sqrt[3]{\dfrac{x-1}{x+1}}$

m) $y = e^{-5x}$

n) $x = \ln (t^2 + 3t + 9)$

o) $f(x) = e^{\operatorname{tg} x}$

p) $y = \operatorname{sen} (\cos x)$

q) $g(t) = (t^2 + 3)^4$

r) $f(x) = \cos (x^2 + 3)$

s) $y = \sqrt{x + e^x}$

t) $y = \operatorname{tg} 3x$

u) $y = \sec 3x$

2. Seja $f: \mathbb{R} \to \mathbb{R}$ derivável e seja $g(t) = f(t^2 + 1)$. Supondo $f'(2) = 5$, calcule $g'(1)$.

3. Seja $f: \mathbb{R} \to \mathbb{R}$ derivável e seja g dada por $g(x) = f(e^{2x})$. Supondo $f'(1) = 2$, calcule $g'(0)$.

Derivadas

177

4. Derive.

a) $y = xe^{3x}$

b) $y = e^x \cos 2x$

c) $y = e^{-x} \operatorname{sen} x$

d) $y = e^{-2t} \operatorname{sen} 3\, t$

e) $f(x) = e^{-x^2} + \ln (2x + 1)$

f) $g(t) = \dfrac{e^t - e^{-t}}{e^t + e^{-t}}$

g) $y = \dfrac{\cos 5x}{\operatorname{sen} 2x}$

h) $f(x) = (e^{-x} + e^{x^2})^3$

i) $y = t^3 e^{-3t}$

j) $g(x) = e^{x^2} \ln (1 + \sqrt{x})$

l) $y = (\operatorname{sen} 3x + \cos 2x)^3$

m) $y = \sqrt{e^x + e^{-x}}$

n) $y = \ln (x + \sqrt{x^2 + 1})$

o) $y = \sqrt{x^2 + e^{\sqrt{x}}}$

p) $y = x \ln (2x + 1)$

q) $y = [\ln (x^2 + 1)]^3$

r) $y = \ln (\sec x + \operatorname{tg} x)$

s) $y = \cos^3 x^3$

t) $f(x) = \dfrac{\cos x}{\operatorname{sen}^2 x}$

u) $f(t) = \dfrac{te^{2t}}{\ln(3t + 1)}$

5. Calcule a derivada segunda.

a) $y = \operatorname{sen} 5t$

b) $y = \cos 4t$

c) $x = \operatorname{sen} \omega t,\ \omega$ constante

d) $y = e^{-3x}$

e) $y = e^{-x^2}$

f) $y = \dfrac{e^x}{x + 1}$

g) $y = \ln (x^2 + 1)$

h) $y = \dfrac{x^2}{x - 1}$

i) $y = e^{-x} - e^{-2x}$

j) $y = e^{-x} \cos 2x$

l) $y = \dfrac{x}{x^2 + 1}$

m) $y = \dfrac{3x + 1}{x^2 + x}$

n) $y = \dfrac{\operatorname{sen} 3x}{e^x}$

o) $y = xe^{-2x}$

p) $y = \operatorname{sen} (\cos x)$

q) $f(x) = \dfrac{4x + 5}{x^2 - 1}$

r) $y = xe^{\frac{1}{x}}$

s) $y = \dfrac{x^2}{x^2 + x + 1}$

t) $g(t) = \sqrt{t^2 + 3}$

u) $y = x\sqrt[3]{x + 2}$

6. Seja $g : \mathbb{R} \to \mathbb{R}$ uma função diferenciável e seja f dada por $f(x) = xg(x^2)$. Verifique que
$$f'(x) = g(x^2) + 2x^2 g'(x^2).$$

7. Seja $g : \mathbb{R} \to \mathbb{R}$ uma função diferenciável e seja f dada por $f(x) = xg(x^2)$. Calcule $f'(1)$ supondo $g(1) = 4$ e $g'(1) = 2$.

8. Seja $g : \mathbb{R} \to \mathbb{R}$ diferenciável tal que $g(1) = 2$ e $g'(1) = 3$. Calcule $f'(0)$, sendo f dada por $f(x) = e^x g(3x + 1)$.

9. Seja $f : \mathbb{R} \to \mathbb{R}$ derivável até a 2ª ordem e seja g dada por $g(x) = f(e^{2x})$. Verifique que
$$g''(x) = 4e^{2x}[f'(e^{2x}) + e^{2x}f''(e^{2x})].$$

Capítulo 7

178

10. Seja $y = e^{2x}$. Verifique que $\dfrac{d^2 y}{dx^2} - 4y = 0$.

11. Seja $y = xe^{2x}$. Verifique que $\dfrac{d^2 y}{dx^2} - 4\dfrac{dy}{dx} + 4y = 0$.

12. Determine α de modo que $y = e^{\alpha x}$ verifique a equação $\dfrac{d^2 y}{dx^2} - 4y = 0$.

13. Determine α de modo que $y = e^{\alpha x}$ verifique a equação $\dfrac{d^2 y}{dx^2} - 3\dfrac{dy}{dx} + 2y = 0$.

14. Seja $y = e^{\alpha x}$, em que α é uma raiz da equação $\lambda^2 + a\lambda + b = 0$, com a e b constantes. Verifique que

$$\frac{d^2 y}{dx^2} + a\frac{dy}{dx} + by = 0.$$

15. Seja g uma função derivável. Verifique que

a) $[\operatorname{tg} g(x)]' = \sec^2 g(x) \cdot g'(x)$
b) $[\sec g(x)]' = \sec g(x)\, \operatorname{tg} g(x) \cdot g'(x)$
c) $[\cotg g(x)]' = -\operatorname{cosec}^2 g(x) \cdot g'(x)$
d) $[\operatorname{cosec} g(x)]' = -\operatorname{cosec} g(x)\cotg g(x) \cdot g'(x)$

16. Derive.

a) $y = \operatorname{tg} 3x$ 　　　　　　　　b) $y = \sec 4x$
c) $y = \cotg x^2$ 　　　　　　　　d) $y = \sec (\operatorname{tg} x)$
e) $y = \sec x^3$ 　　　　　　　　f) $y = e^{\operatorname{tg} x^2}$
g) $y = \operatorname{cosec} 2x$ 　　　　　　h) $y = x^3 \operatorname{tg} 4x$
i) $y = \ln (\sec 3x + \operatorname{tg} 3x)$ 　　j) $y = e^{-x} \sec x^2$
l) $y = (x^2 + \cotg x^2)^3$ 　　　　m) $y = x^2 \operatorname{tg} 2x$

17. Seja $y = \cos \omega t$, ω constante. Verifique que

$$\frac{d^2 y}{dt^2} + \omega^2 y = 0.$$

18. Seja $y = e^{-t} \cos 2t$. Verifique que

$$\frac{d^2 y}{dt^2} + 2\frac{dy}{dt} + 5y = 0.$$

19. Seja $y = \dfrac{x + 1}{x - 1}$. Verifique que

$$(1 - x)\frac{d^2 y}{dx^2} = 2\frac{dy}{dx}.$$

20. Seja $y = f(x)$ derivável até a 2ª ordem. Verifique que

$$\frac{d}{dx}\left(x^2 \frac{dy}{dx} \right) = 2x\frac{dy}{dx} + x^2 \frac{d^2 y}{dx^2}.$$

Derivadas

179

21. Seja $y = \sqrt{x^2 + 1}$. Verifique que

$$\left(\frac{dy}{dx}\right)^2 + y\frac{d^2y}{dx^2} = 1.$$

22. Seja $y = y(x)$ definida no intervalo aberto I e tal que, para todo x em I,

$$\frac{dy}{dx} = x^2 + y^2.$$

Verifique que, para todo x em I,

$$\frac{d^2y}{dx^2} = 2x + 2x^2y + 2y^3.$$

23. Seja $y = f(x)$ uma função derivável num intervalo aberto I, com $1 \in I$. Suponha $f(1) = 1$ e que, para todo x em I, $f'(x) = x + [f(x)]^3$.

a) Mostre que $f''(x)$ existe para todo x em I.

b) Calcule $f''(1)$.

c) Determine a equação da reta tangente ao gráfico de f no ponto de abscissa 1.

24. Seja $y = y(r)$ derivável até a 2ª ordem. Verifique que

$$\frac{d}{dr}\left(y^2\frac{dy}{dr}\right) = 2y\left(\frac{dy}{dr}\right)^2 + y^2\frac{d^2y}{dr^2}.$$

25. Seja $y = \dfrac{1}{x^2 + 1}$, em que $x = x(t)$ é uma função definida e derivável em $\mathbb{R}$. Verifique que, para todo t real,

$$\frac{dy}{dt} = -2xy^2\frac{dx}{dt}.$$

26. Seja $y = \dfrac{4}{x}$, em que $x = x(t)$ é uma função derivável num intervalo aberto I. Suponha que, para todo t em I, $x(t) \neq 0$ e $\dfrac{dx}{dt} = \beta$, β constante. Verifique que $\dfrac{d^2y}{dt^2} = \dfrac{8\beta^2}{x^3}$.

27. Seja f uma função diferenciável e suponha que, para todo $x \in D_f$, $3x^2 + x\,\mathrm{sen}\,f(x) = 2$. Mostre que $f'(x) = -\dfrac{6x + \mathrm{sen}\,f(x)}{x\cos f(x)}$, para todo $x \in D_f$, com $x\cos f(x) \neq 0$.

28. A função diferenciável $y = f(x)$ é tal que, para todo $x \in D_f$, o ponto $(x, f(x))$ é solução da equação $xy^3 + 2xy^2 + x = 4$. Sabe-se que $f(1) = 1$. Calcule $f'(1)$.

29. Seja $f:]-r, r[\to \mathbb{R}$ uma função derivável. Prove

a) Se f for uma função ímpar, então f' será par.

b) Se f for função par, então f' será ímpar.

30. Seja $g : \mathbb{R} \to \mathbb{R}$ uma função diferenciável tal que $g(2) = 2$ e $g'(2) = 2$. Calcule $H'(2)$, sendo H dada por $H(x) = g(g(g(x)))$.

Capítulo 7

180

7.12 Derivada de $f(x)^{g(x)}$

Sejam f e g duas funções deriváveis num mesmo conjunto A, com $f(x) > 0$ para todo $x \in A$. Consideremos a função definida em A e dada por

$$y = f(x)^{g(x)}.$$

Aplicando ln aos dois membros obtemos

$$\ln y = g(x) \ln f(x)$$

e, assim,

$$y = e^{g(x) \ln f(x)},$$

ou seja,

$$f(x)^{g(x)} = e^{g(x) \ln f(x)}.$$

Então,

$$\left[f(x)^{g(x)} \right]' = e^{g(x) \ln f(x)} [g(x) \ln f(x)]'$$

e, portanto,

$$\boxed{\left[f(x)^{g(x)} \right]' = f(x)^{g(x)} [g(x) \ln f(x)]'}$$

Exemplo 1 Calcule a derivada.

a) $y = x^x$.

b) $y = 3^x$.

Solução

a) $x^x = e^{x \ln x}$.

$$(x^x)' = e^{x \ln x} (x \ln x)' = x^x (\ln x + 1),$$

ou seja,

$$(x^x)' = x^x (1 + \ln x).$$

b) $3^x = e^{x \ln 3}$.

$$(3^x)' = e^{x \ln 3} (x \ln 3)'.$$

Como $\ln 3$ é constante, $(x \ln 3)' = x' \ln 3 = \ln 3$. Assim,

$$(3^x)' = 3^x \ln 3.$$

Exemplo 2 Seja $a > 0$, $a \neq 1$, constante. Mostre que, para todo x,

$$(a^x)' = a^x \ln a.$$

Solução

$$a^x = e^{x \ln a}$$

$$(a^x)' = e^{x \ln a} (x \ln a)'.$$

Como $(x \ln a)' = x' \ln a = \ln a$, resulta

$$a^x = a^x \ln a.$$

Exemplo 3 Seja α uma constante real qualquer. Mostre que, para todo $x > 0$,

$$(x^\alpha)' = \alpha x^{\alpha-1}.$$

Solução

$$x^\alpha = e^{\alpha \ln x}$$
$$(x^\alpha)' = e^{\alpha \ln x} (\alpha \ln x)'.$$

Sendo α constante $(\alpha \ln x)' = \alpha(\ln x)' = \dfrac{\alpha}{x}$. Assim,

$$(x^\alpha)' = x^\alpha \cdot \dfrac{\alpha}{x} = \alpha x^{\alpha-1}.$$

Exemplo 4 Calcule a derivada.

a) $f(x) = x^{\sqrt{2}}$

b) $y = 8^x + \log_2 x$.

Solução

a) $f'(x) = \sqrt{2} \, x^{\sqrt{2}-1}$, $x > 0$.

b) Pela fórmula de mudança de base,

$$\log_2 x = \dfrac{1}{\ln 2} \ln x.$$

Então,

$$(8^x + \log_2 x)' = 8^x \ln 8 + \dfrac{1}{x \ln 2}.$$

Exercícios 7.12

1. Calcule a derivada.

a) $f(x) = 5^x + \log_3 x$

b) $y = 2^{x^2} + 3^{2x}$

c) $g(x) = 3^{2x+1} + \log_2 (x^2 + 1)$

d) $y = (2x + 1)^x$

e) $f(x) = x^{\text{sen } 3x}$

f) $g(x) = (3 + \cos x)^x$

g) $y = x^x \text{ sen } x$

h) $y = x^{x^2+1}$

i) $y = (1 + i)^{-t}$, i constante

j) $y = 10^x - 10^{-x}$

l) $y = (2 + \text{sen } x)^{\cos 3x}$

m) $y = \ln (1 + x^x)$

n) $y = \left(1 + \dfrac{1}{x}\right)^x$

o) $y = x^{x^x}$

p) $y = x^\pi + \pi^x$

q) $y = (1 + x)^{e^{-x}}$

Capítulo 7

182

▶ **2.** Sejam f e g deriváveis em A, com $f(x) > 0$ em A. Verifique que, para todo x em A,

$$[f(x)^{g(x)}]' = \underbrace{f(x)^{g(x)} g'(x) \ln f(x)}_{①} + \underbrace{g(x) f(x)^{g(x)-1} f'(x)}_{②}$$

Observe: ① é a derivada de $f(x)^{g(x)}$, supondo f constante; ② é a derivada de $f(x)^{g(x)}$, supondo g constante.

3. Utilizando o resultado obtido no Exercício 2, calcule a derivada.

a) $y = (x + 2)^x$

b) $y = (1 + e^x)^{x^2}$

c) $y = (4 + \text{sen } 3x)^x$

d) $y = (x + 3)^{x^2}$

e) $y = (3 + \pi)^{x^2}$

f) $y = (x^2 + 1)^\pi$

7.13 Derivação de Função Dada Implicitamente

Consideremos uma equação nas variáveis x e y. Dizemos que uma função $y = f(x)$ é dada *implicitamente* por tal equação se, para todo x no domínio de f, o ponto $(x, f(x))$ for solução da equação.

Exemplo 1 Seja a equação $x^2 + y^2 = 1$. A função $y = \sqrt{1 - x^2}$ é dada implicitamente pela equação, pois, para todo x em $[-1, 1]$,

$$x^2 + (\sqrt{1 - x^2})^2 = 1.$$

Observe que a função $y = -\sqrt{1 - x^2}$ é, também, dada implicitamente por tal equação.

Exemplo 2 Determine uma função que seja dada implicitamente pela equação $y^2 + xy - 1 = 0$.

Solução

$$y^2 + xy - 1 = 0 \Leftrightarrow y = \frac{-x \pm \sqrt{x^2 + 4}}{2}.$$

A função

$$y = \frac{-x \pm \sqrt{x^2 + 4}}{2}, \, x \in \mathbb{R},$$

é dada implicitamente pela equação. É claro que

$$y = \frac{-x - \sqrt{x^2 + 4}}{2}, \, x \in \mathbb{R},$$

é outra função dada implicitamente por tal equação.

Derivadas

183

Exemplo 3 Mostre que existe uma única função $y = f(x)$, definida em $\mathbb{R}$, e dada implicitamente pela equação $y^3 + y = x$. Calcule $f(0)$, $f(10)$ e $f(-2)$.

Solução

A função $g(y) = y^3 + y$ é estritamente crescente em $\mathbb{R}$ (verifique), contínua, com $\lim\limits_{y \to +\infty} (y^3 + y) = +\infty$ e $\lim\limits_{y \to -\infty} (y^3 + y) = -\infty$. Segue do teorema do valor intermediário que para cada x real existe ao menos um número $\overline{y}$ tal que

① $$\overline{y}^3 + \overline{y} = x.$$

Como g é estritamente crescente, tal $\overline{y}$ é o único número real satisfazendo ①. A função f, definida em $\mathbb{R}$, e que a cada x associa $f(x)$, em que $f(x)$ é o único real tal que

$$[f(x)]^3 + f(x) = x,$$

é a única função definida em $\mathbb{R}$ e dada implicitamente pela equação.

Cálculo de $f(0)$

$$[f(0)]^3 + f(0) = 0 \Leftrightarrow f(0)[(f(0))^2 + 1] = 0;$$

assim,

$$f(0) = 0.$$

Cálculo de $f(10)$

$$[f(10)]^3 + f(10) = 10;$$

deste modo, $f(10)$ é raiz da equação $y^3 + y = 10$. Como $y = 2$ é a única raiz, resulta $f(10) = 2$.

Cálculo de $f(-2)$

$f(-2)$ é a única raiz da equação $y^3 + y = -2$. Assim,

$$f(-2) = -1.$$

Exemplo 4 Seja $y = f(x)$, $x \in \mathbb{R}$, a função dada implicitamente pela equação $y^3 + y = x$. Suponha que f seja derivável.

a) Mostre que $f'(x) = \dfrac{1}{3\,[f(x)]^2 + 1}$.

b) Determine a equação da reta tangente ao gráfico de f no ponto $(10, f(10))$.

Solução

a) Como $y = f(x)$ é dada implicitamente pela equação $y^3 + y = x$, segue que, para todo x,

$$[f(x)]^3 + f(x) = x$$

daí

$$\frac{d}{dx}[(f(x))^3 + f(x)] = \frac{d}{dx}(x).$$

Assim,

$$3[f(x)]^2 f'(x) + f'(x) = 1$$

e, portanto,

$$f'(x) = \frac{1}{3[f(x)]^2 + 1}.$$

Poderíamos, também, ter chegado a este resultado trabalhando diretamente com a equação $y^3 + y = x$:

$$\frac{d}{dx}[y^3 + y] = \frac{d}{dx}[x]$$

ou

$$\frac{d}{dx}[y^3] + \frac{dy}{dx} = 1.$$

Como $\dfrac{d}{dx}[y^3] = \dfrac{d}{dy}[y^3] \cdot \dfrac{dy}{dx} = 3y^2 \dfrac{dy}{dx}$, vem

$$3y^2 \frac{dy}{dx} + \frac{dy}{dx} = 1$$

e, portanto,

$$\frac{dy}{dx} = \frac{1}{3y^2 + 1}.$$

b) A equação da reta tangente ao gráfico de f em $(10, f(10))$ é:

$$y - f(10) = f'(10)(x - 10)$$

$$\begin{cases} f(10) = 2 \text{ (veja exemplo anterior)} \\ f'(10) = \dfrac{1}{3[f(10)]^2 + 1} = \dfrac{1}{13}. \end{cases}$$

Substituindo na equação acima, obtemos

$$y - 2 = \frac{1}{13}(x - 10) \text{ ou } y = \frac{1}{13}x + \frac{16}{13}.$$

Exemplo 5 A função $y = f(x)$, $y > 0$, é dada implicitamente pela equação $x^2 + y^2 = 4$.

a) Determine $f(x)$.

b) Mostre que $x + y\dfrac{dy}{dx} = 0$, para todo x no domínio de f.

c) Calcule $\dfrac{dy}{dx}$.

Solução

a) $x^2 + y^2 = 4 \Leftrightarrow y = \pm\sqrt{4 - x^2}$.

Como $y > 0$, resulta $f(x) = \sqrt{4 - x^2}$, $-2 < x < 2$.

b) Para todo x no domínio de f

$$\frac{d}{dx}[x^2 + y^2] = \frac{d}{dx}[4].$$

Como $\dfrac{d}{dx}[y^2] = \dfrac{d}{dy}[y^2]\dfrac{dy}{dx} = 2y\dfrac{dy}{dx}$, vem

$$2x + 2y\frac{dy}{dx} = 0,$$

ou seja,

$$x + y\frac{dy}{dx} = 0.$$

c) De $x + y\dfrac{dy}{dx} = 0$ obtemos $\dfrac{dy}{dx} = -\dfrac{x}{y}$. Assim,

$$\frac{dy}{dx} = \frac{-x}{\sqrt{4 - x^2}}, \text{ pois, } y = \sqrt{4 - x^2}.$$

Consideremos a equação sen $y = x$. No intervalo $\left[-\dfrac{\pi}{2}, \dfrac{\pi}{2}\right]$, a função sen y é estritamente crescente e contínua. Assim, para cada $x \in [-1, 1]$ existe um *único* $y \in \left[-\dfrac{\pi}{2}, \dfrac{\pi}{2}\right]$ tal que sen $y = x$. Pois bem, a função $y = y(x)$ definida implicitamente por essa equação e que a cada $x \in [-1, 1]$ associa $y \in \left[-\dfrac{\pi}{2}, \dfrac{\pi}{2}\right]$ é denominada *função arco-seno* e é indicada por $y = \text{arcsen } x$. Assim, para $y \in \left[-\dfrac{\pi}{2}, \dfrac{\pi}{2}\right]$,

$$\text{sen } y = x \Leftrightarrow y = \text{arcsen } x.$$

Observe que o domínio da função arcsen é o intervalo $[-1, 1]$ e a imagem o intervalo $\left[-\dfrac{\pi}{2}, \dfrac{\pi}{2}\right]$.

No próximo exemplo, vamos calcular a derivada de $y = \text{arcsen } x$ supondo que tal derivada exista. (Veremos mais adiante que $y = \text{arcsen } x$ é de fato derivável em $]-1, 1[$.)

Exemplo 6 Supondo que $y = \text{arcsen } x$ seja derivável em $]-1, 1[$, calcule $\dfrac{dy}{dx}$.

Solução

$$y = \text{arcsen } x \Leftrightarrow \text{sen } y = x \quad \left(-\frac{\pi}{2} \leq y \leq \frac{\pi}{2}\right)$$

Temos

$$\frac{d}{dx}[\text{sen } y] = \frac{d}{dx}[x]$$

Capítulo 7

daí

$$(\cos y)\frac{dy}{dx} = 1$$

e, portanto, $\dfrac{dy}{dx} = \dfrac{1}{\cos y}$, $-\dfrac{\pi}{2} < y < \dfrac{\pi}{2}$. De $\cos^2 y + \mathrm{sen}^2 y = 1$ e $y \in \left]-\dfrac{\pi}{2}, \dfrac{\pi}{2}\right[$, segue

$\cos y = \sqrt{1 - \mathrm{sen}^2 y}$. Lembrando que $\mathrm{sen}\, y = x$, resulta

$$\frac{dy}{dx} = \frac{1}{\sqrt{1 - x^2}}, -1 < x < 1.$$

Assim,

$$\boxed{(\mathrm{arcsen}\, x)' = \frac{1}{\sqrt{1 - x^2}}, -1 < x < 1}$$

Consideremos, agora, a equação tg $y = x$. No intervalo $\left]-\dfrac{\pi}{2}, \dfrac{\pi}{2}\right[$, a função tg y é estritamente crescente e contínua. Além disto, $\lim\limits_{y \to \frac{\pi}{2}^-} \mathrm{tg}\, y = +\infty$ e $\lim\limits_{y \to -\frac{\pi}{2}^+} \mathrm{tg}\, y = -\infty$. Segue que para

cada $x \in \mathbb{R}$ existe um único $y \in \left]-\dfrac{\pi}{2}, \dfrac{\pi}{2}\right[$ tal que tg $y = x$. A função $y = y(x)$ definida implicitamente por essa equação e que a cada $x \in \mathbb{R}$ associa $y \in \left]-\dfrac{\pi}{2}, \dfrac{\pi}{2}\right[$ é denominada *função*

arco-tangente e é indicada por $y = \mathrm{arctg}\, x$. Assim, para $y \in \left]-\dfrac{\pi}{2}, \dfrac{\pi}{2}\right[$,

$$\mathrm{tg}\, y = x \Leftrightarrow y = \mathrm{arctg}\, x.$$

No próximo exemplo, vamos calcular a derivada de $y = \mathrm{arctg}\, x$ supondo que tal derivada exista. (Veremos mais adiante que $y = \mathrm{arctg}\, x$ é derivável em $\mathbb{R}$.)

Exemplo 7 Supondo $y = \mathrm{arctg}\, x$ derivável em $\mathbb{R}$, calcule $\dfrac{dy}{dx}$.

Solução

$$y = \mathrm{arctg}\, x \Leftrightarrow \mathrm{tg}\, y = x \quad \left(-\frac{\pi}{2} < y < \frac{\pi}{2}\right)$$

Temos

$$\frac{d}{dx}[\mathrm{tg}\, y] = \frac{d}{dx}[x]$$

daí

$$(\sec^2 y)\frac{dy}{dx} = 1$$

Derivadas

187

e, portanto, $\dfrac{dy}{dx} = \dfrac{1}{\sec^2 y}$. Lembrando que $\sec^2 y = 1 + \operatorname{tg}^2 y$ e $\operatorname{tg} y = x$, resulta

$$\frac{dy}{dx} = \frac{1}{1 + x^2}$$

Assim

$$\boxed{(\operatorname{arctg} x)' = \frac{1}{1 + x^2}}$$

Exemplo 8 Calcule a derivada

a) $y = x^{x^3}$

b) $y = \sqrt[3]{\operatorname{arcsen} x}$

Solução

a) Você aprendeu na seção anterior como derivar tal função. Vejamos, agora, outro processo para derivá-la.

$$y = x^{x^3} \Leftrightarrow \ln y = x^3 \ln x \ (x > 0)$$

o que significa que $y = x^{x^3}$ é dada implicitamente por $\ln y = x^3 \ln x$. Temos

$$\frac{d}{dx}[\ln x] = \frac{d}{dx}[x^3 \ln x]$$

daí

$$\frac{y'}{y} = 3x^2 \ln x + x^3 \cdot \frac{1}{x}$$

ou seja,

$$y' = y[3x^2 \ln x + x^2].$$

Portanto,

$$\frac{dy}{dx} = x^{x^3}[3x^2 \ln x + x^2].$$

b) $y = \sqrt[3]{\operatorname{arcsen} x} \Leftrightarrow y^3 = \operatorname{arcsen} x$. Assim, a função $y = \sqrt[3]{\operatorname{arcsen} x}$ é dada implicitamente por $y^3 = \operatorname{arcsen} x$. Temos

$$\frac{d}{dx}[y^3] = \frac{d}{dx}[\operatorname{arcsen} x]$$

daí

$$3y^2 \frac{dy}{dx} = \frac{1}{\sqrt{1 - x^2}}$$

ou seja, $y' = \dfrac{1}{3\sqrt[3]{(\operatorname{arcsen} x)^2} \cdot \sqrt{1 - x^2}}.$

Exercícios 7.13

1. Suponha que $y = f(x)$ seja uma função derivável e dada implicitamente pela equação

$$xy^2 + y + x = 1.$$

   Mostre que $f'(x) = \dfrac{-1 - [f(x)]^2}{2xf(x) + 1}$ em todo $x \in D_f$ com $2xf(x) + 1 \neq 0$.

2. Determine uma função $y = f(x)$ que seja dada implicitamente pela equação $xy^2 + y + x = 1$.

3. A função $y = f(x)$ é dada implicitamente pela equação $xy + 3 = 2x$. Mostre que $x\dfrac{dy}{dx} = 2 - y$. Calcule $\dfrac{dy}{dx}\bigg|_{x=2}$.

4. Expresse $\dfrac{dy}{dx}$ em termos de x e de y, em que $y = f(x)$ é uma função diferenciável dada implicitamente pela equação

   a) $x^2 - y^2 = 4$
   b) $y^3 + x^2y = x + 4$
   c) $xy^2 + 2y = 3$
   d) $y^5 + y = x$
   e) $x^2 + 4y^2 = 3$
   f) $xy + y^3 = x$
   g) $x^2 + y^2 + 2y = 0$
   h) $x^2y^3 + xy = 2$
   i) $xe^y + xy = 3$
   j) $y + \ln(x^2 + y^2) = 4$
   l) $5y + \cos y = xy$
   m) $2y + \text{sen } y = x$

5. A função $y = f(x)$, $y > 0$, é dada implicitamente por $x^2 + 4y^2 = 2$. Determine a equação da reta tangente ao gráfico de f, no ponto de abscissa 1.

6. Determine a equação da reta tangente à elipse $\dfrac{x^2}{a^2} + \dfrac{y^2}{b^2} = 1$, no ponto (x_0, y_0), $y_0 \neq 0$.

7. Verifique que $y_0 x + x_0 y = 2$ é a equação da reta tangente à curva $xy = 1$ no ponto (x_0, y_0), $x_0 > 0$. Conclua que (x_0, y_0) é o ponto médio do segmento AB, em que A e B são as interseções da reta tangente, em (x_0, y_0), com os eixos coordenados.

8. Suponha que $y = f(x)$ seja uma função derivável dada implicitamente pela equação $y^3 + 2xy^2 + x = 4$. Suponha, ainda, que $1 \in D_f$.

   a) Calcule $f(1)$.
   b) Determine a equação da reta tangente ao gráfico de f no ponto de abscissa 1.

9. A reta tangente à curva $x^{\frac{2}{3}} + y^{\frac{2}{3}} = 1$, no ponto (x_0, y_0), $x_0 > 0$ e $y_0 > 0$, intercepta os eixos x e y nos pontos A e B, respectivamente. Mostre que a distância de A e B não depende de (x_0, y_0).

10. A reta tangente à curva $xy - x^2 = 1$ no ponto (x_0, y_0), $x_0 > 0$, intercepta o eixo y no ponto B. Mostre que a área do triângulo de vértices $(0, 0)$, (x_0, y_0) e B não depende de (x_0, y_0).

11. A função $y = f(x)$ é dada implicitamente pela equação $3y^2 + 2xy - x^2 = 3$. Sabe-se que, para todo $x \in D_f$, $f(x) > 0$ e que f admite uma reta tangente T paralela à reta $5y - x = 2$. Determine T.

7.14 Interpretação de $\dfrac{dy}{dx}$ como um Quociente. Diferencial

Até aqui, $\dfrac{dy}{dx}$ tem sido visto como uma simples notação para a derivada de $y = f(x)$. O que faremos a seguir é interpretar $\dfrac{dy}{dx}$ como um *quociente* entre dois acréscimos. Inicialmente, vamos olhar para dx como um acréscimo em x e, em seguida, procuraremos uma interpretação para o acréscimo dy.

Sabemos que $f'(x)$ é o coeficiente angular da reta tangente T, no ponto $(x, f(x))$, e que $\dfrac{dy}{dx} = f'(x)$. Se olharmos, então, para dy como o *acréscimo na ordenada da reta tangente T, correspondente ao acréscimo dx em x*, teremos $\dfrac{dy}{dx} = f'(x)$.

$$\dfrac{dy}{dx} = f'(x) = \operatorname{tg}\alpha$$

ou

$$dy = f'(x)dx$$

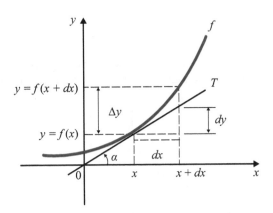

Observe que

$$\Delta y = f(x + dx) - f(x)$$

é o acréscimo que a função sofre quando se passa de x a $x + dx$. O acréscimo dy pode então ser olhado como um valor aproximado para Δy; evidentemente, o erro "$\Delta y - dy$" que se comete na aproximação de Δy por dy será tanto menor quanto menor for dx.

Fixado x, podemos olhar para a *função linear* que a cada $dx \in \mathbb{R}$, associa $dy \in \mathbb{R}$, em que $dy = f'(x)dx$. Tal função denomina-se *diferencial de f em x*, ou, simplesmente, *diferencial de $y = f(x)$*.

Exemplo 1 Seja $y = x^2$. Relacione Δy com dy.

Solução

$$\dfrac{dy}{dx} = (x^2)' = 2x.$$

Assim, a diferencial de $y = x^2$ é dada por

$$dy = 2x\, dx.$$

Por outro lado

$$\Delta y = (x + dx)^2 - x^2$$

ou seja,

$$\Delta y = 2x\, dx + (dx)^2$$

e, portanto, $\Delta y - dy = (dx)^2$. Observe que, quanto menor for dx, mais próximo estará dy de Δy.

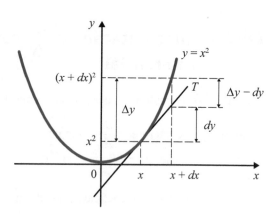

Exemplo 2 Seja $A = \pi r^2$. Calcule a diferencial de $A = A(r)$. Interprete.

Solução

$$\frac{dA}{dr} = A'(r) = 2\pi r.$$

A diferencial de $A = \pi r^2$ é dada por

$$dA = 2\pi r\, dr.$$

Interpretação

$A = \pi r^2$ é a fórmula que nos fornece a área de um círculo em função do raio r; $dA = 2\pi r\, dr$ é então um valor aproximado para o acréscimo ΔA na área A correspondente ao acréscimo dr em r.

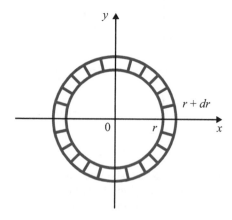

Observe que ΔA é a área da região hachurada e que $dA = 2\pi r\, dr$ é a área de um retângulo de comprimento $2\pi r$ ($2\pi r$ é o comprimento da circunferência de raio r) e altura dr. Vamos calcular o erro que se comete na aproximação

① $$\Delta A \cong 2\pi r\, dr.$$

Temos

$$\Delta A = \pi(r + dr)^2 - \pi r^2 = 2\pi r\, dr + \pi(dr)^2$$

daí
$$\Delta A - dA = \pi(dr)^2.$$

Deste modo, o erro que se comete na aproximação ① é igual a $\pi(dr)^2$, que é a área de um círculo de raio dr.

Exemplo 3 Utilizando a diferencial, calcule um valor aproximado para o acréscimo Δy que a função $y = x^2$ sofre quando se passa de $x = 1$ a $1 + dx = 1{,}001$. Calcule o erro.

Solução

A diferencial de $y = x^2$, em x, é:
$$dy = 2x\, dx.$$

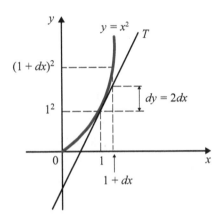

Em $x = 1$
$$dy = 2dx.$$

Como $dx = 0{,}001$, resulta que
$$dy = 0{,}002$$

é um valor aproximado para o acréscimo
$$\Delta y = (1{,}001)^2 - 1^2.$$

O erro que se comete na aproximação $\Delta y \cong dy$ é igual a $0{,}000001$. Observe que $1 + dy = 1{,}002$ é um valor aproximado para $(1{,}001)^2$, com erro igual a 10^{-6}.

Exemplo 4 Utilizando a diferencial, calcule um valor aproximado para $\sqrt{1{,}01}$. Avalie o erro.

Solução

Consideremos a função $y = \sqrt{x}$.
  Primeiro vamos calcular dy para $x = 1$ e $dx = 0{,}01$.

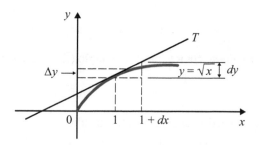

Temos:
$$dy = \frac{1}{2\sqrt{x}} dx.$$

Em $x = 1$,
$$dy = \frac{1}{2} dx.$$

Portanto, $dy = \dfrac{0,01}{2} = 0,005$ para $dx = 0,01$. Assim, $1 + dy = 1,005$ é um valor aproximado (por excesso) de $\sqrt{1,01}$. Como 1,004 é um valor aproximado por falta (($1,004)^2 < 1,01$) segue que

$$\sqrt{1,01} \cong 1,005$$

com erro, em módulo, inferior a 0,001.

Exercícios 7.14

1. Calcule a diferencial.

   a) $y = x^3$
   b) $y = x^2 - 2x$
   c) $y = \dfrac{x}{x+1}$
   d) $y = \sqrt[3]{x}$

2. Seja $A = l^2$, $l > 0$.

   a) Calcule a diferencial.
   b) Interprete geometricamente o erro que se comete na aproximação de ΔA por dA. (Olhe para $A = l^2$ como a fórmula para o cálculo da área do quadrado de lado l.)

3. Seja $V = \dfrac{4}{3} \pi r^3$, $r > 0$.

   a) Calcule a diferencial.
   b) Interprete geometricamente dV. (Lembre-se de que V é o volume da esfera de raio r e que $4\pi r^2$ é a área da superfície esférica de raio r.)

4. Seja $y = x^2 + 3x$.

   a) Calcule a diferencial.
   b) Calcule o erro que se comete na aproximação de Δy por dy. Interprete graficamente.

Derivadas

193

7.15 Velocidade e Aceleração. Taxa de Variação

Suponhamos que uma partícula se desloca sobre o eixo x com função de posição $x = f(t)$. Isto significa dizer que a função f fornece a cada instante a posição ocupada pela partícula na reta. A *velocidade média* da partícula entre os instantes t e $t + \Delta t$ é definida pelo quociente $\dfrac{f(t + \Delta t) - f(t)}{\Delta t}$, em que $\Delta x = f(t + \Delta t) - f(t)$ é o *deslocamento* da partícula entre os instantes t e $t + \Delta t$. A *velocidade* da partícula no instante t é definida como em que a derivada (caso exista) de f em t, isto é:

$$v(t) = \frac{dy}{dt} = f'(t).$$

Assim, pela definição de derivada,

$$v(t) = \lim_{\Delta t \to 0} \frac{f(t + \Delta t) - f(t)}{\Delta t}.$$

A *aceleração* no instante t é definida como em que a derivada em t da função $v = v(t)$:

$$a(t) = \frac{dv}{dt} = \frac{d^2 x}{dt^2}.$$

Pela definição de derivada,

$$a(t) = \lim_{\Delta t \to 0} \frac{v(t + \Delta t) - v(t)}{\Delta t}.$$

O quociente $\dfrac{v(t + \Delta t) - v(t)}{\Delta t}$ é a aceleração média entre os instantes t e $t + \Delta t$.

Exemplo 1 Uma partícula move-se sobre o eixo x de modo que no instante t a posição x é dada por $x = t^2$, $t \geq 0$, em que x é dado em metros e t em segundos.

a) Determine as posições ocupadas pela partícula nos instantes $t = 0$, $t = 1$ e $t = 2$.
b) Qual a velocidade no instante t?
c) Qual a aceleração no instante t?
d) Esboce o gráfico da função de posição.

Solução

a)

t	x
0	0
1	1
2	4
3	9

b) $\dfrac{dx}{dt} = 2t$. A velocidade no instante t é $v(t) = 2t$ (m/s).

c) $\dfrac{d^2 x}{dt^2} = \dfrac{dv}{dt} = 2$. A aceleração no instante t é

$$a(t) = 2 \ (\text{m/s}^2)$$

A aceleração é constante e igual a 2.

d)

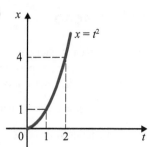

Exemplo 2 Uma partícula move-se sobre o eixo x de modo que no instante t a posição x é dada por $x = \cos 3t$, $t \geq 0$. Suponha x dado em metros e t em segundos.

a) Determine as posições ocupadas pela partícula nos instantes $t = 0$, $t = \dfrac{\pi}{6}$, $t = \dfrac{\pi}{3}$, $t = \dfrac{\pi}{2}$ e $t = \dfrac{2\pi}{3}$.

b) Qual a velocidade no instante t?
c) Qual a aceleração no instante t?
d) Esboce o gráfico da função de posição.

Solução

a)

t	x
0	1
$\pi/6$	0
$\pi/3$	-1
$\pi/2$	0
$2\pi/3$	1

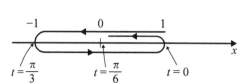

A partícula executa um movimento de "vaivém" entre as posições -1 e 1.

b) $\dfrac{dx}{dt} = -3 \operatorname{sen} 3t$ ou $v(t) = -3 \operatorname{sen} 3t$ (m/s).

c) $\dfrac{d^2x}{dt^2} = -9 \cos 3t$ ou $a(t) = -9 \cos 3t$ (m/s^2).

Observe que a aceleração é proporcional à posição, com coeficiente de proporcionalidade -9, isto é, $\dfrac{d^2x}{dt^2} = -9x$.

d)

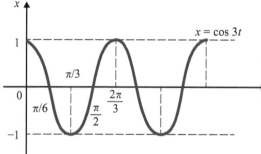

Derivadas

195

Exemplo 3 Um ponto move-se ao longo do gráfico de $y = x^2 + 1$ de tal modo que a sua abscissa x varia a uma velocidade constante de 3 (cm/s). Qual é, quando $x = 4$ (cm), a velocidade da ordenada y?

Solução

Façamos, por um momento, $x = g(t)$ e seja t_0 o instante em que $x = 4$, isto é, $g(t_0) = 4$. O que se quer então é a velocidade da abscissa y no instante t_0, ou seja, $\dfrac{dy}{dt}\bigg|_{t\,=\,t_0}$. Como $y = x^2 + 1$, pela regra da cadeia,

$$\frac{dy}{dt} = \frac{dy}{dx}\frac{dx}{dt} = 2x\frac{dx}{dt}.$$

Como $\dfrac{dx}{dt} = 3$, $\dfrac{dy}{dt} = 6x$. Como $x = 4$ para $t = t_0$, resulta

$$\frac{dy}{dt}\bigg|_{t\,=\,t_0} = 24 \text{ (cm/s)}.$$

Deste modo, para $x = 4$, a velocidade da ordenada y será 24 (cm/s).

Seja a função $y = f(x)$. A razão $\dfrac{f(x + \Delta x) - f(x)}{\Delta x}$ é a *taxa média de variação de f entre x* e $x + \Delta x$. A derivada de f, em x, é também denominada *taxa de variação de f*, em x. Referir-nos-emos a $\dfrac{dy}{dx}$ como a *taxa de variação de y em relação a x*.

Seja $\Delta y = f(x + \Delta x) - f(x)$; para Δx suficientemente pequeno

$$\Delta y \cong f'(x)\,\Delta x.$$

Assim, para Δx *suficientemente pequeno, a variação Δy em y é aproximadamente $f'(x)$ vezes a variação Δx em x*.

Exemplo 4 O raio r de uma esfera está variando, com o tempo, a uma taxa constante de 5 (m/s). Com que taxa estará variando o volume da esfera no instante em que $r = 2$ (m)?

Solução

Seja t_0 o instante em que $r = 2$. Queremos calcular $\dfrac{dV}{dt}\bigg|_{t\,=\,t_0}$. Sabemos que $V = \dfrac{4}{3}\pi r^3$. Pela regra da cadeia

$$\frac{dV}{dt} = \frac{dV}{dr}\frac{dr}{dt}.$$

Como $\dfrac{dV}{dr} = 4\pi r^2$ e $\dfrac{dr}{dt} = 5$, resulta

$$\frac{dV}{dr} = 20\pi r^2.$$

Para $t = t_0$, $r = 2$; logo, $\left.\dfrac{dV}{dt}\right|_{t=t_0} = 80\pi (\text{m}^3/\text{s})$. No instante em que $r = 2$, o volume estará variando a uma taxa de $80\pi (\text{m}^3/\text{s})$.

Exemplo 5 Um ponto P move-se sobre a elipse $4x^2 + y^2 = 1$. Sabe-se que as coordenadas $x(t)$ e $y(t)$ de P são funções definidas e deriváveis em um intervalo I. Verifique que

$$\frac{dy}{dt} = -\frac{4x}{y}\frac{dx}{dt}$$

em todo $t \in I$, com $y(t) \neq 0$.

Solução

$$\frac{d}{dt}[4x^2 + y^2] = \frac{d}{dt}(1).$$

Como $\dfrac{d}{dt}(4x^2) = \dfrac{d}{dx}(4x^2)\dfrac{d}{dt} = 8x\dfrac{dx}{dt}$ e $\dfrac{d}{dt}(y^2) = \dfrac{d}{dy}(y^2)\dfrac{dy}{dt} = 2y\dfrac{dy}{dt}$, resulta

$$8x\frac{dx}{dt} + 2y\frac{dy}{dt} = 0$$

e, portanto,

$$\frac{dy}{dt} = -\frac{4x}{y}\frac{dx}{dt}$$

em todo $t \in I$, com $y(t) \neq 0$.

Exemplo 6 A função $x = f(t)$, $t \in I$, é derivável até a 2ª ordem no intervalo aberto I e seu gráfico tem o seguinte aspecto

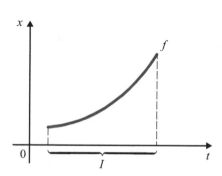

O que é mais razoável esperar que ocorra: $f''(t) < 0$ em I ou $f''(t) \geq 0$ em I?

Solução

Vamos pensar cinematicamente. À medida que o tempo aumenta, a partícula, em intervalos de tempos iguais, percorre espaços cada vez maiores, o que significa que a velocidade está aumentando, logo, é razoável esperar que a aceleração seja positiva em I, ou seja, $f''(t) \geq 0$ em I.

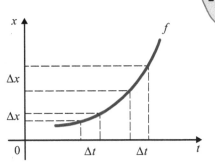

Exercícios 7.15

1. Uma partícula desloca-se sobre o eixo x com função de posição $x = 3 + 2t - t^2$, $t \geq 0$.

   a) Qual a velocidade no instante t?
   b) Qual a aceleração no instante t?
   c) Estude a variação do sinal de $v(t)$.
   d) Esboce o gráfico da função de posição.

2. Uma partícula desloca-se sobre o eixo x com função de posição $x = \dfrac{1}{2}t + 1$, $t \geq 0$.

   a) Determine a velocidade no instante t.
   b) Qual a aceleração no instante t?
   c) Esboce o gráfico da função de posição.

3. A posição de uma partícula que se desloca ao longo do eixo x depende do tempo de acordo com a equação $x = -t^3 + 3t^2$, $t \geq 0$.

   a) Estude o sinal de $v(t)$.
   b) Estude o sinal de $a(t)$.
   c) Calcule $\lim\limits_{t \to +\infty} (-t^3 + 3t^2)$.
   d) Esboce o gráfico da função $x = -t^3 + 3t^2$, $t \geq 0$.

4. Seja $x = f(t)$, $t \geq 0$, tal que $f(0) = 1$, $\dfrac{dx}{dt} > 0$ e $\dfrac{d^2x}{dt^2} > 0$ para $t \geq 0$. Como você acha que deve ser o gráfico de f? Por quê?

5. A função $x = f(t)$, $t \in I$, é derivável até a $2^{\underline{a}}$ ordem no intervalo aberto I e seu gráfico tem o seguinte aspecto

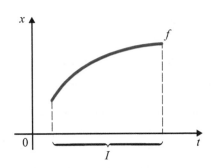

O que é mais razoável esperar que ocorra: $f''(t) \leq 0$ ou $f''(t) > 0$ em I? Por quê?

Capítulo 7

198

6. Seja $x = f(t)$, $t \geq 0$, tal que $f(0) = 1$ e $f(1) = 2$. Suponha, ainda, que $\dfrac{dx}{dt} > 0$ para $t \geq 0$; $\dfrac{d^2x}{dt^2} < 0$ para $0 < t < 1$ e $\dfrac{d^2x}{dt^2} > 0$ para $t > 1$. Como você acha que deve ser o gráfico de f? Por quê?

7. Seja $f(t) = t^3 + 3t^2$.

    a) Estude o sinal de $f'(t)$.

    b) Estude o sinal de $f''(t)$.

    c) Calcule $\lim\limits_{t \to +\infty} (t^3 + 3t^2)$ e $\lim\limits_{t \to -\infty} (t^3 + 3t^2)$.

    d) Utilizando as informações acima, esboce o gráfico de f.

8. Seja $f(t) = \dfrac{t}{t^2 + 4}$.

    a) Estude o sinal de $f'(t)$.

    b) Estude o sinal de $f''(t)$.

    c) Calcule $\lim\limits_{t \to +\infty} \dfrac{t}{t^2 + 4}$ e $\lim\limits_{t \to -\infty} \dfrac{t}{t^2 + 4}$.

    d) Utilizando as informações acima, esboce o gráfico de f.

9. A posição de uma partícula que se desloca ao longo do eixo x varia com o tempo segundo a equação $x = \dfrac{v_0}{k}(1 - e^{-kt})$, $t \geq 0$, em que v_0 e k são constantes estritamente positivas.

    a) Qual a velocidade no instante t?

    b) Com argumentos físicos, justifique a afirmação: "a função é estritamente crescente."

    c) Qual a aceleração no instante t?

    d) Com argumentos físicos, justifique a afirmação: "o gráfico da função tem a *concavidade voltada para baixo*."

    e) Calcule $\lim\limits_{t \to +\infty} \dfrac{v_0}{k}(1 - e^{-kt})$.

    f) Esboce o gráfico da função.

10. A equação do movimento de uma partícula que se desloca ao longo do eixo x é $x = e^{-t}$ sen t, $t \geq 0$.

    a) Determine a velocidade e a aceleração no instante t.

    b) Calcule $\lim\limits_{t \to +\infty} e^{-t}$ sen t.

    c) Esboce o gráfico da função.

    d) Interprete tal movimento.

11. Um ponto P move-se sobre a parábola $y = 3x^2 - 2x$. Suponha que as coordenadas $x(t)$ e $y(t)$ de P são deriváveis e que $\dfrac{dx}{dt} \neq 0$. Pergunta-se: em que ponto da parábola a velocidade da ordenada y de P é o triplo da velocidade da abscissa x de P?

▶ 12. Um ponto P move-se ao longo do gráfico de $y = \dfrac{1}{x^2 + 1}$ de tal modo que a sua abscissa x varia a uma velocidade constante de 5 (m/s). Qual a velocidade de y no instante em que $x = 10$ m?

Derivadas

13. Um ponto desloca-se sobre a hipérbole $xy = 4$ de tal modo que a velocidade de y é $\dfrac{dy}{dt} = \beta$, β constante. Mostre que a aceleração da abscissa x é $\dfrac{d^2x}{dt^2} = \dfrac{\beta^2}{8}x^3$.

14. Um ponto move-se ao longo da elipse $x^2 + 4y^2 = 1$. A abscissa x está variando a uma velocidade $\dfrac{dx}{dt} = \operatorname{sen} 4t$. Mostre que

    a) $\dfrac{dy}{dt} = -\dfrac{x \operatorname{sen} 4t}{4y}$

    b) $\dfrac{d^2y}{dt^2} = -\dfrac{\operatorname{sen}^2 4t + 16xy^2 \cos 4t}{16y^3}$

15. Um ponto move-se sobre a semicircunferência $x^2 + y^2 = 5$, $y \geq 0$. Suponha $\dfrac{dx}{dt} > 0$. Determine o ponto da curva em que a velocidade de y seja o dobro da de x.

16. Uma escada de 8 m está encostada em uma parede. Se a extremidade inferior da escada for afastada do pé da parede a uma velocidade constante de 2 (m/s), com que velocidade a extremidade superior estará descendo no instante em que a inferior estiver a 3 m da parede?

17. Suponha que os comprimentos dos segmentos AB e OB sejam, respectivamente, 5 cm e 3 cm. Suponha, ainda, que θ esteja variando a uma taxa constante de $\dfrac{1}{2}$ rad/s. Determine a velocidade de A, quando $\theta = \dfrac{\pi}{2}$ rad.

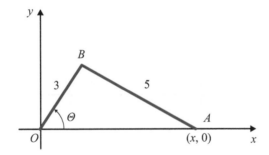

18. Enche-se um reservatório, cuja forma é a de um cone circular reto, de água a uma taxa de 0,1 m³/s. O vértice está a 15 m do topo e o raio do topo é de 10 m. Com que velocidade o nível h da água está subindo no instante em que $h = 5$ m.

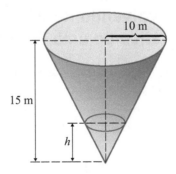

19. O ponto $P = (x, y)$ está fixo à roda de raio 1 m, que rola, sem escorregamento, sobre o eixo x. O ângulo θ está variando a uma taxa constante de 1 rad/s. Expresse as velocidades da abscissa e da ordenada de P em função de θ.

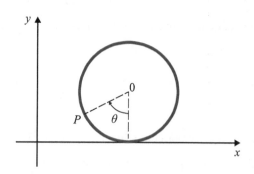

20. Um ponto P move-se sobre a parábola $y^2 = x$, $x > 0$ e $y > 0$. A abscissa x está variando com uma aceleração que, em cada instante, é o dobro do quadrado da velocidade da ordenada y. Mostre que a ordenada está variando com aceleração nula.

21. Dois pontos P e Q deslocam-se, respectivamente, nos eixos x e y de modo que a soma das distâncias de P a R e de R a Q mantém-se constante e igual a e durante o movimento, em que $R = (0, h)$ é um ponto fixo. (Veja a figura a seguir.)

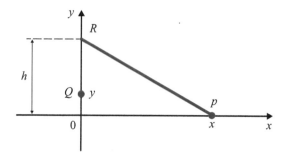

Relacione a velocidade $\dfrac{dy}{dt}$ de Q com a velocidade $\dfrac{dx}{dt}$ de P.

7.16 Problemas Envolvendo Reta Tangente e Reta Normal ao Gráfico de uma Função

Seja f uma função derivável em p. Já vimos que, por definição, $f'(p)$ é o coeficiente angular da reta tangente ao gráfico de f no ponto de abscissa p e que

$$y - f(p) = f'(p)(x - p)$$

é a equação da reta tangente em $(p, f(p))$.

Derivadas

A reta que passa por $(p, f(p))$, e que é perpendicular à reta tangente anterior, denomina-se *reta normal* ao gráfico de f em $(p, f(p))$. Se $f'(p) \neq 0$, a equação da reta normal no ponto de abscissa p será

$$y - f(p) = -\frac{1}{f'(p)}(x - p).$$

Lembrete. Você aprendeu na geometria analítica que, se $y = mx + n$ e $y = m_1 x + n_1$ são retas perpendiculares, então os seus coeficientes angulares satisfazem a relação

$$mm_1 = -1 \text{ ou } m_1 = \frac{1}{m}.$$

Assim, como $f'(p)$ é o coeficiente angular da reta tangente em $(p, f(p))$, a reta normal, neste ponto, terá coeficiente angular $-\frac{1}{f'(p)}$, desde que $f'(p) \neq 0$. Se $f'(p) = 0$, a equação da reta normal em $(p, f(p))$ será $x = p$.

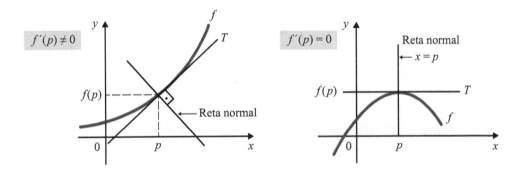

Exemplo 1 Seja $f(x) = x^2 - x$. Determine as equações das retas tangente e normal no ponto de abscissa 0.

Solução

Reta tangente no ponto de abscissa 0:
$$y - f(0) = f'(0)(x - 0)$$

$$\begin{cases} f(0) = 0 \\ f'(x) = 2x - 1 \Rightarrow f'(0) = -1. \end{cases}$$

Substituindo na equação acima vem
$$y - 0 = -1(x - 0) \text{ ou } y = -x.$$

Assim, $y = -x$ é a equação da reta tangente ao gráfico de f no ponto de abscissa 0.

Reta normal no ponto de abscissa 0:
$$y - f(0) = -\frac{1}{f'(0)}(x - 0).$$

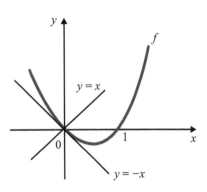

Capítulo 7

Como $f(0) = 0$ e $f'(0) = -1$, resulta

$$y = x$$

que é a equação da reta normal no ponto de abscissa 0.

Exemplo 2 Seja $f(x) = 2x + 1$. Determine a equação da reta tangente ao gráfico de f no ponto de abscissa 3.

Solução

A equação da reta tangente em $(3, f(3))$ é:

$$y - f(3) = f'(3)(x - 3)$$

$$\begin{cases} f(3) = 7 \\ f'(x) = 2 \Rightarrow f'(3) = 2. \end{cases}$$

Assim, $y - 7 = 2(x - 3)$ ou $y = 2x + 1$, é a equação da reta tangente em $(3, f(3))$. Observe que a reta tangente ao gráfico de f em $(3, f(3))$ coincide com o gráfico de f!!

> **Observação.** A nossa definição de reta tangente não exige que a reta tangente "toque" a curva em um único ponto.

Exemplo 3 r é uma reta que passa por $(1, -1)$ e é tangente ao gráfico de $f(x) = x^3 - x$. Determine r.

Solução

Supondo que r seja tangente ao gráfico de f em $(p, f(p))$, a equação de r será

$$y - f(p) = f'(p)(x - p)$$

$$\begin{cases} f(p) = p^3 - p \\ f'(p) = 3p^2 - 1 \end{cases}$$

e, portanto, $y - p^3 + p = (3p^2 - 1)(x - p)$. O problema, agora, consiste em achar p. Como r passa por $(1, -1)$ (*observe*: $x = 1 \Rightarrow y = -1$)

$$-1 - p^3 + p = (3p^2 - 1)(1 - p)$$

ou

$$2p^3 - 3p^2 = 0$$

e, assim, $p = 0$ ou $p = \dfrac{3}{2}$. Portanto, a equação de r será

$$y - f(0) = f'(0)(x - 0) \text{ ou } y - f\left(\frac{3}{2}\right) = f'\left(\frac{3}{2}\right)\left(x - \frac{3}{2}\right)$$

ou seja,
$$y = -x \text{ ou } y = \frac{23}{4}x - \frac{27}{4}.$$

Pelo ponto $(1, -1)$ passam duas retas que são tangentes ao gráfico de f.

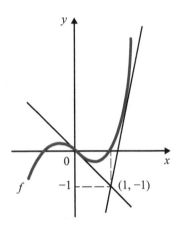

Exemplo 4 Determine a equação da reta tangente ao gráfico de $f(x) = x^2 + 3x$ e paralela à reta $y = 2x + 3$.

Solução

Supondo que a reta procurada seja tangente ao gráfico de f no ponto de abscissa p, sua equação será
$$y - f(p) = f'(p)(x - p).$$

Pela condição de paralelismo, devemos ter
$$f'(p) = 2 \text{ ou } 2p + 3 = 2$$

e, portanto, $p = -\dfrac{1}{2}$. A equação da reta pedida será então

$$y - f\left(-\frac{1}{2}\right) = f'\left(-\frac{1}{2}\right)\left(x + \frac{1}{2}\right)$$

ou

$$x + \frac{5}{4} = 2\left(x + \frac{1}{2}\right)$$

ou seja,

$$y = 2x - \frac{1}{4}.$$

Capítulo 7

204

Exercícios 7.16

1. Determine as equações das retas tangente e normal ao gráfico da função dada, no ponto dado.

   a) $f(x) = x^2 - 3x$, no ponto de abscissa 0

   b) $f(x) = \sqrt[3]{x}$, no ponto de abscissa 8

   c) $g(x) = \dfrac{1}{x^2}$, no ponto de abscissa 1

   d) $g(x) = x + \dfrac{1}{x}$, no ponto de abscissa 1

2. Seja $f(x) = x^2$. Determine a equação da reta que é tangente ao gráfico de f e paralela à reta $y = \dfrac{1}{2}x + 3$.

3. Sabe-se que r é uma reta tangente ao gráfico de $f(x) = x^3 + 3x$ e paralela à reta $y = 6x - 1$. Determine r.

4. Determine a equação da reta que é perpendicular à reta $2y + x = 3$ e tangente ao gráfico de $f(x) = x^2 - 3x$.

5. Sabe-se que r é uma reta perpendicular à reta $3x + y = 3$ e tangente ao gráfico de $f(x) = x^3$. Determine r.

6. A reta s passa pelo ponto $(3, 0)$ e é normal ao gráfico de $f(x) = x^2$ no ponto (a, b).

   a) Determine (a, b).   b) Determine a equação de s.

7. Sabe-se que r é uma reta que passa pela origem e que é tangente ao gráfico de $f(x) = x^3 + 2x^2 - 3x$. Determine r.

8. Determine todos os pontos (a, b) sobre a curva $y = x^4 + 2x^3 - 2x^2 + 8x + 12$ tais que a reta tangente em (a, b) seja paralela à reta $8x - y + \pi = 0$.

9. Determine todos os pontos (a, b) sobre o gráfico da função dada por $y = 4x^3 + x^2 - 4x - 1$ tais que a reta tangente em (a, b) seja paralela ao eixo x.

10. Sabe-se que r é uma reta que passa pelo ponto $(0, 2)$ e que é tangente ao gráfico de $f(x) = x^3$. Determine r.

11. Determine a equação de uma reta, não vertical, que passa pelo ponto $\left(0, \dfrac{4}{3}\right)$ e que seja normal ao gráfico de $y = x^3$.

▶ 12. Determine todos os pontos (a, b) de $\mathbb{R}^2$ tais que por (a, b) passem duas retas tangentes ao gráfico de $f(x) = x^2$.

13. Sejam A e B os pontos em que o gráfico de $f(x) = x^2 - \alpha x$, α real, intercepta o eixo x. Determine α para que as retas tangentes ao gráfico de f, em A e em B, sejam perpendiculares.

14. Determine β para que $y = \beta x - 2$ seja tangente ao gráfico de $f(x) = x^3 - 4x$.

15. Sabe-se que r é uma reta tangente aos gráficos de $f(x) = -x^2$ e de $g(x) = \dfrac{1}{2} + x^2$. Determine r.

Exercícios do Capítulo

1. Calcule, pela definição, a derivada da função dada, no ponto dado.

   a) $f(x) = \dfrac{1}{x+1}$ em $p = 2$

   b) $g(x) = \sqrt{2x+1}$ em $p = 0$

   c) $y = \operatorname{sen} \pi x$ em $p = 1$

   d) $f(x) = e^{x^2}$ em $p = 0$

   e) $g(x) = \begin{cases} x^{3/2} \operatorname{sen} \dfrac{1}{x^2} & \text{se } x \neq 0 \\ 0 & \text{se } x = 0 \end{cases}$ em $p = 0$

   f) $g(x) = \sqrt{x^2 + x}$ em $p = 1$

   g) $y = \cos x^2$ em $p = 0$

   h) $y = \sqrt{1 + \sqrt{x}}$ em $p = 1$

   i) $y = x^x$ em $p = 1$ (*Sugestão*: Veja Exemplo 3-6.3.)

2. Calcule a derivada

   a) $y = \sqrt{1 + \sqrt{x}}$

   b) $y = \ln(3x + \sqrt{1 + 9x^2})$

   c) $y = x \, 5^{x^2}$

   d) $y = (2 + \operatorname{sen} x)^x$

   e) $y = \ln \sqrt{\dfrac{1 + \operatorname{sen} x}{1 - \operatorname{sen} x}}$

   f) $x = e^{t^2} \operatorname{sen} 3t$

   g) $s = t \ln \dfrac{t^2 - 1}{t^2 + 1}$

   h) $y = \dfrac{x^2 + 1}{\sqrt{x + 1}}$

   i) $y = \dfrac{t^3}{(t^2 + 1)^2}$

   j) $f(x) = \dfrac{x \operatorname{tg} 3x}{x^2 + 4}$

   l) $y = \ln \dfrac{1 + \operatorname{tg} \dfrac{x}{2}}{1 - \operatorname{tg} \dfrac{x}{2}}$

   m) $g(x) = \dfrac{e^{\sec \sqrt{x}}}{x}$

   n) $y = e^{x^x}$

   o) $y = \dfrac{1}{2} \operatorname{tg}^2 x + \ln \cos x$

   p) $y = \ln \left[\dfrac{\sqrt{1-x} + \sqrt{1+x}}{\sqrt{1-x} - \sqrt{1+x}} \right] - \dfrac{\sqrt{1-x^2}}{x}$

   q) $y = \dfrac{2(4 + 3\sqrt[3]{x})(2 - \sqrt[3]{x})^{\frac{3}{2}}}{5}$

   r) $s = \dfrac{2^{3t} - 2^{-3t}}{2^{3t} + 2^{-3t}}$

   s) $f(x) = \ln \dfrac{\cos \sqrt{x}}{1 + \operatorname{sen} \sqrt{x}}$

   t) $y = e^{-3x}(\cos 3x - \operatorname{sen} 3x)$

   u) $y = \dfrac{1}{2} \operatorname{cotg}^2 5x + \ln \operatorname{sen} 5x$

Capítulo 7

3. Expresse $\dfrac{dy}{dx}$ em termos de x e de y, em que $y = y(x)$ é uma função derivável, dada implicitamente pela equação dada.

   a) $y^3 + \text{sen } xy = 1$

   b) $e^y + xy = x$

   c) $y^x + x = y^2$

   d) $x \cos y + y \cos x = 2$

4. Seja $y = f(x)$ definida e derivável num intervalo contendo 1 e suponha que f seja dada implicitamente pela equação $y^3 + x^2 y = 130$. Determine as equações das retas tangente e normal ao gráfico de f, no ponto de abscissa 1.

5. Determine uma reta que seja paralela a $x + y = 1$ e que seja tangente à curva $x^2 + xy + y^2 = 3$.

6. Determine uma reta que seja tangente à elipse $x^2 + 2y^2 = 9$ e que intercepta o eixo y no ponto de ordenada $\dfrac{9}{4}$.

7. Mostre que a reta $\dfrac{x}{x_0} + \dfrac{y}{y_0} = 2$ é tangente à curva $\left(\dfrac{x}{x_0}\right)^3 + \left(\dfrac{y}{y_0}\right)^3 = 2$ no ponto (x_0, y_0).

8. Determine uma reta paralela a $x + y = 1$ e tangente à curva $y^3 + xy + x^3 = 0$ em um ponto (x_0, y_0), com $x_0 < 0$ e $y_0 < 0$.

9. Os lados x e y de um retângulo estão variando a taxas constantes de 0,2 m/s e 0,1 m/s, respectivamente. A que taxa estará variando a área do retângulo no instante em que $x = 1$ m e $y = 2$ m?

10. A altura h e o raio r da base de um cone circular reto estão variando a taxas constantes de 0,1 m/s e 0,3 m/s, respectivamente. A que taxa estará variando o volume do cone no instante em que $h = 0{,}5$ m e $r = 0{,}2$ m?

11. O volume V e o raio r da base de um cone circular reto estão variando a taxas constantes de 0,1 π m³/s e 0,2 m/s, respectivamente. Expresse $\dfrac{dh}{dt}$ em termos de r e h, em que h é a altura do cone.

12. Num determinado instante, as arestas de um paralelepípedo medem a, b, c (m) e, neste instante, estão variando com velocidades v_a, v_b e v_c (m/s), respectivamente. Mostre que neste instante o volume do paralelepípedo estará variando a uma taxa de $v_a bc + av_b c + abv_c$ (m³/s).

13. O raio r e a altura h de um cilindro circular reto estão variando de modo a manter constante o volume V. Num determinado instante $h = 3$ cm e $r = 1$ cm e, neste instante, a altura está variando a uma taxa de 0,2 cm/s. A que taxa estará variando o raio neste instante?

14. Uma piscina tem 10 m de largura, 20 m de comprimento, 1 m de profundidade nas extremidades e 3 m no meio, de modo que o fundo seja formado por dois planos inclinados. Despeja-se água na piscina a uma taxa de 0,3 m³/min. Seja h a altura da água em relação à parte mais profunda. Com que velocidade h estará variando no instante em que $h = 1$ m?

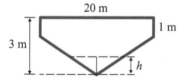

15. Num determinado instante $\theta = \dfrac{\pi}{3}$ e está variando, neste instante, a uma taxa de 0,01 radiano por segundo (veja figura). A que taxa estará variando o ângulo α neste instante?

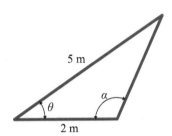

16. Com relação ao exercício anterior, supondo $\dfrac{\pi}{2} < \alpha < \pi$, expresse $\dfrac{d\alpha}{dt}$ em termos de θ e $\dfrac{d\theta}{dt}$.

17. Considere as funções dadas por $y = ax^2$ e $y = -x^2 + 1$. Determine a para que os gráficos se interceptem ortogonalmente. (Os gráficos se interceptam ortogonalmente em (x_0, y_0) se as retas tangentes aos gráficos, neste ponto, forem perpendiculares.)

18. Determine a para que as circunferências $x^2 + y^2 = 1$ e $(x - a)^2 + y^2 = 1$ se interceptem ortogonalmente.

19. Mostre que, para todo a, as curvas $y = ax^2$ e $x^2 + 2y^2 = 1$ se interceptam ortogonalmente.

20. Suponha $f: \mathbb{R} \to \mathbb{R}$ derivável e considere a função dada por $y = x^2 f(x^2 + 1)$.

  a) Verifique que $\dfrac{dy}{dx} = 2x f(x^2 + 1) + 2x^3 f'(x^2 + 1)$

  b) Expresse $\left.\dfrac{dy}{dx}\right|_{x=1}$ em termos de $f(2)$ e $f'(2)$.

21. Seja ϕ a função dada por $\phi(x) = x^2 + 1$. Calcule.

  a) $\phi'(\phi(x))$
  b) $(\phi(\phi(x)))'$

22. Calcule $\phi'(\phi(x))$ sendo ϕ dada por

  a) $\phi(x) = \operatorname{sen} x$
  b) $\phi(x) = \dfrac{1}{x}$
  c) $\phi(x) = \ln(x^2 + 1)$
  d) $\phi(x) = e^{x^2}$

23. Para cada ϕ do exercício anterior, calcule $(\phi(\phi(x)))'$.

24. Dê exemplos de funções ϕ que satisfazem a condição $\phi'(\phi(x)) = (\phi(\phi(x)))'$, para todo x no domínio de ϕ.

Capítulo 7

208

25. Considere uma partícula que se desloca sobre o eixo x com função de posição $x = \cos 3t$.

   a) Verifique que a aceleração é proporcional à posição.

   b) Calcule a aceleração no instante em que a partícula se encontra na posição $x = \dfrac{1}{2}$.

26. Considere uma partícula que se desloca sobre o eixo x com função de posição $x = \dfrac{1}{2t + 1}$.

   a) Verifique que a aceleração é proporcional ao cubo da posição.

   b) Qual a aceleração no instante em que a partícula se encontra na posição $x = \sqrt[3]{7}$?

27. Seja $f: \mathbb{R} \to \mathbb{R}$ derivável até a $2^{\underline{a}}$ ordem e seja h dada por $h(t) = f(\cos 3t)$.

   a) Expresse $h''(t)$ em termos de $t, f'(\cos 3t)$ e de $f''(\cos 3t)$.

   b) Calcule $h''\left(\dfrac{\pi}{9}\right)$ admitindo que $f'\left(\dfrac{1}{2}\right) = 4$ e $f''\left(\dfrac{1}{2}\right) = 3$.

28. Suponha que $y = y(t)$ seja uma função derivável tal que para todo t no seu domínio $\dfrac{dy}{dt} = ty^2$.

   a) Expresse $\dfrac{d^2 y}{dt^2}$ em termos de t e de y.

   b) Calcule $\dfrac{d^2 y}{dt^2}\bigg|_{t = 1}$ supondo que $y(1) = 1$.

29. Seja $y = y(x)$ definida e derivável num intervalo I e tal que, para todo x em I, $\dfrac{dy}{dx} = x + \text{sen } y$.

   a) Expresse $\dfrac{d^3 y}{dx^3}$ em termos de x e de y.

   b) Calcule $\dfrac{d^3 y}{dx^3}\bigg|_{x = 0}$ admitindo que $y(0) = \dfrac{\pi}{4}$.

30. Seja $f: \mathbb{R} \to \mathbb{R}$ derivável até a $2^{\underline{a}}$ ordem e tal que, para todo x,

$$f''(x) + 4 f(x) = 0.$$

Mostre que, para todo x,

$$\frac{d}{dx}[f'(x) \text{ sen } 2x - 2 \cos 2x \, f(x)] = 0$$

.

31. Sejam $f: \mathbb{R} \to \mathbb{R}$ derivável até a $2^{\underline{a}}$ ordem e h dada por $h(x) = f(f(x))$. Verifique que, para todo x, $h''(x) = f''(f(x))(f'(x))^2 + f'(f(x)) f''(x)$.

Derivadas

209

32. Considere o polinômio

$$P(x) = A_0 + A_1(x - x_0) + A_2(x - x_0)^2 + A_3(x - x_0)^3$$

em que A_0, A_1, A_2, A_3 e x_0 são números reais fixos. Mostre que

$$P(x) = P(x_0) + P'(x_0)(x - x_0) + \frac{P''(x_0)}{2!}(x - x_0)^2 + \frac{P'''(x_0)}{3!}(x - x_0)^3.$$

33. Considere o polinômio $P(x) = a_0 + a_1x + a_2x^2 + a_3x^3$ em que a_0, a_1, a_2 e a_3 são reais fixos. Seja x_0 um real dado.

a) Mostre que existem constantes A_0, A_1, A_2 e A_3 tais que

$$P(x) = A_0 + A_1(x - x_0) + A_2(x - x_0)^2 + A_3(x - x_0)^3.$$

(*Sugestão*: Faça $x = (x - x_0) + x_0$.)

b) Conclua que

① $$P(x) = P(x_0) + P'(x_0)(x - x_0) + \frac{P''(x_0)}{2!}(x - x_0)^2 + \frac{P'''(x_0)}{3!}(x - x_0)^3.$$

(Dizemos que ① é o *desenvolvimento de Taylor* do polinômio $P(x)$ em potências de $x - x_0$.)

34. Determine o desenvolvimento de Taylor de $P(x) = x^3 + 2x + 3$, em potências de $(x - 1)$.

35. Generalize o resultado do Exercício 33.

36. Determine o desenvolvimento de Taylor de $P(x) = x^4 - 3x^2 + x + 1$ em potências de

a) $x - 2$
b) $x + 1$

37. Sejam $P(x)$ e $Q(x)$ polinômios tais que $P(x_0) = 0$, $Q(x_0) = 0$ e $Q'(x_0) \neq 0$. Mostre que

$$\lim_{x \to x_0} \frac{P(x)}{Q(x)} = \frac{P'(x_0)}{Q'(x_0)}.$$

(*Sugestão*: Desenvolva $P(x)$ e $Q(x)$ em potências de $x - x_0$ e simplifique.)

38. Sejam $P(x)$ e $Q(x)$ polinômios tais que $P(x_0) = P'(x_0) = 0$, $Q(x_0) = Q'(x_0) = 0$ e $Q''(x_0) \neq 0$. Mostre que $\lim_{x \to x_0} \dfrac{P(x)}{Q(x)} = \dfrac{P''(x_0)}{Q''(x_0)}$. Generalize.

39. Utilizando os Exercícios 37 e 38, calcule.

a) $\lim_{x \to 1} \dfrac{x^{100} + x - 2}{x^{99} - x}$

b) $\lim_{x \to 1} \dfrac{x^3 - x^2 - x + 1}{x^{10} - 9x^2 + 8x}$

c) $\lim_{x \to -1} \dfrac{x^5 + 3x + 4}{x^{20} + 3x + 2}$

d) $\lim_{x \to 1} \dfrac{x^4 - 2x^3 + 2x - 1}{x^8 - 6x^6 + 8x^5 - 3x^4}$

40. Sejam f e g deriváveis em p e tais que $f(p) = g(p) = 0$. Supondo $g'(p) \neq 0$, mostre que

$$\lim_{x \to p} \frac{f(x)}{g(x)} = \frac{f'(p)}{g'(p)}.$$

Capítulo 7

41. Utilizando o Exercício 40, calcule.

a) $\displaystyle\lim_{x\to 0}\frac{\ln(x+1)}{x^2+\operatorname{sen}x}$

b) $\displaystyle\lim_{x\to\frac{\pi}{2}}\frac{e^{2x-\pi}-1}{2\operatorname{sen}x+\operatorname{sen}6x-2}$

c) $\displaystyle\lim_{x\to -1}\frac{x\sqrt[3]{x+1}}{\operatorname{sen}\pi x^2}$

d) $\displaystyle\lim_{x\to 0}\frac{x+\sqrt[3]{x^2+\operatorname{sen}3x}}{\ln(x^2+x+1)}$

e) $\displaystyle\lim_{x\to 0}\frac{e^{-x^2}+x-1}{e^{4x}+x^5-1}$

f) $\displaystyle\lim_{x\to 1}\frac{\operatorname{sen}(\operatorname{sen}\pi x)}{2-\sqrt{x}-\sqrt[3]{x^2}}$

42. Seja f definida em $\mathbb{R}$ e derivável em p. Suponha $f'(p)>0$. Prove que existe $r>0$ tal que

$$f(x)>f(p)\quad\text{em}\quad]p,p+r[$$

e

$$f(x)<f(p)\quad\text{em}\quad]p-r,p[.$$

(*Sugestão*: Lembre-se da definição de derivada e utilize a conservação do sinal.)

43. Seja f definida e derivável em $\mathbb{R}$ e sejam a e b raízes consecutivas de f. Mostre que

$$f'(a)\cdot f'(b)\le 0.$$

44. Suponha f derivável no intervalo I. Prove que se f for estritamente crescente em I, então $f'(x)\ge 0$ em I.

45. Suponha f derivável em $[a,b]$ e tal que $f'(a)\cdot f'(b)<0$. Prove que existe p em $]a,b[$ tal que $f(x)\le f(p)$ para todo x em $[a,b]$ ou $f(x)\ge f(p)$ para todo x em $[a,b]$. Interprete geometricamente.

46. Suponha f derivável em $[a,b]$ tal que $f'(a)\cdot f'(b)>0$ e $f(a)=f(b)$. Prove que existem x_1, $x_2\in\ ]a,b[$ tais que, para todo x em $[a,b]$, $f(x_1)\le f(x)\le f(x_2)$. Interprete geometricamente.

47. Seja $f:\mathbb{R}\to\mathbb{R}$ uma função tal que quaisquer que sejam x e t

$$|f(x)-f(t)|\le |x-t|^2.$$

Calcule $f'(x)$.

48. Sejam f e g definidas em $\mathbb{R}$, com g contínua em 0, e tais que, para todo x, $f(x)=xg(x)$. Mostre que f é derivável em 0.

49. Suponha f definida em $\mathbb{R}$, derivável em 0 e $f(0)=0$. Prove que existe g definida em $\mathbb{R}$, contínua em 0, tal que $f(x)=xg(x)$ para todo x.

Funções Inversas

8.1 Função Inversa

Dizemos que uma função f é *injetora* se, quaisquer que sejam s e t no seu domínio,

$$s \neq t \Rightarrow f(s) \neq f(t).$$

Observamos que se f for estritamente crescente ou estritamente decrescente, então f será injetora.

Suponhamos, agora, que f seja injetora e que $B = \text{Im } f$. Assim, para cada $x \in B$ existe um único $y \in D_f$ tal que $f(y) = x$.

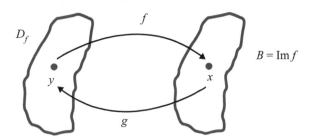

Podemos, então, considerar a função g, definida em B, e dada por

$$g(x) = y \Leftrightarrow f(y) = x.$$

Tal função g denomina-se *função inversa* de f.

Observe que a função inversa $y = g(x)$ é dada implicitamente pela equação $f(y) = x$.

Se f for uma função que admite função inversa, então diremos que f é uma *função inversível*. Observe que se f for uma função inversível, com inversa g, então g também será inversível, e sua inversa será f.

Exemplo 1 A função $f(x) = x^2$, $x \geq 0$, é estritamente crescente em $[0, +\infty[$, logo, f é inversível. A sua inversa é a função g, definida em $[0, +\infty[= \text{Im } f$, e dada por

$$g(x) = y \Leftrightarrow f(y) = x.$$

Para expressar y em função de x procedemos assim:

$$f(y) = x \Leftrightarrow y^2 = x \Leftrightarrow y = \sqrt{x} \quad (y, x \in \mathbb{R}_+).$$

A inversa de $f(x) = x^2$, $x \geq 0$, é a função $g(x) = \sqrt{x}$, $x \geq 0$.

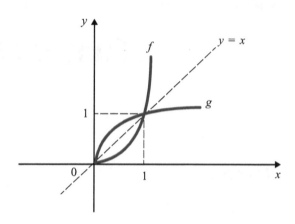

Os gráficos de f e de g são *simétricos* em relação à reta $y = x$.

Observação. Suponhamos que f admita inversa g. Temos

$$(a, b) \in G_f \Leftrightarrow b = f(a) \Leftrightarrow a = g(b) \Leftrightarrow (b, a) \in G_g$$

ou seja,

$$(a, b) \in G_f \Leftrightarrow (b, a) \in G_g.$$

Quando (a, b) descreve o gráfico de f, (b, a) descreve o gráfico de g. Como (a, b) e (b, a) são simétricos em relação à reta $y = x$, resulta que os gráficos de f e de g são simétricos em relação à reta $y = x$.

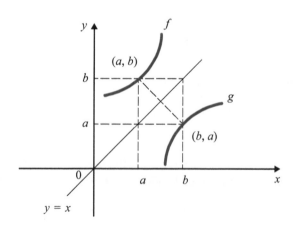

Exemplo 2 A função $f(x) = e^x$, $x \in \mathbb{R}$, é estritamente crescente, logo inversível. Sua inversa é a função $g(x) = \ln x$, $x > 0$, pois

$$\ln x = y \Leftrightarrow e^y = x \quad (x \text{ e } y \text{ reais, com } x > 0).$$

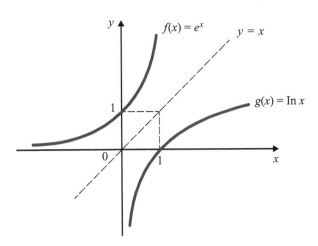

Exemplo 3 (*Função arco-seno*). A função $f(x) = \text{sen } x$, $x \in \left[-\dfrac{\pi}{2}, \dfrac{\pi}{2}\right]$, é estritamente crescente, portanto inversível, e sua imagem é o intervalo fechado $[-1, 1]$. A inversa de f é a função $g(x) = \text{arcsen } x$ (leia: arco-seno x), $x \in [-1, 1]$, dada por

$$\text{arcsen } x = y \Leftrightarrow \text{sen } y = x$$

com $x \in [-1, 1]$ e $y \in \left[-\dfrac{\pi}{2}, \dfrac{\pi}{2}\right]$.

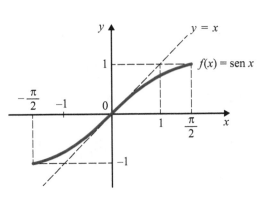

Gráfico de $f(x) = \text{sen } x$, $x \in \left[-\dfrac{\pi}{2}, \dfrac{\pi}{2}\right]$

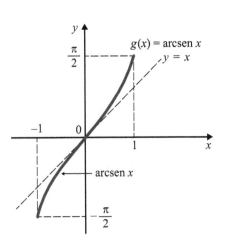

Exemplo 4 (*Função arco-tangente*). A função $f(x) = \operatorname{tg} x$, $x \in \left]-\dfrac{\pi}{2}, \dfrac{\pi}{2}\right[$, é estritamente crescente, portanto inversível, e sua imagem é $\mathbb{R}$. Sua inversa é a função $g(x) = \operatorname{arctg} x$, $x \in \mathbb{R}$, dada por

$$\operatorname{arctg} x = y \Leftrightarrow \operatorname{tg} y = x$$

em que $x \in \mathbb{R}$ e $y \in \left]-\dfrac{\pi}{2}, \dfrac{\pi}{2}\right[$.

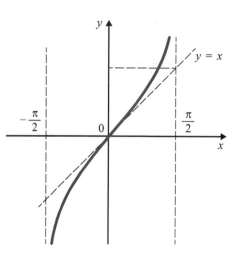

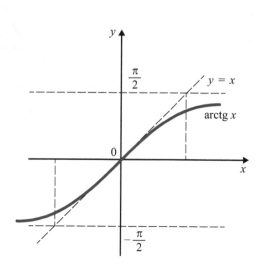

Exercícios 8.1

1. Calcule.

a) $\operatorname{arcsen} 1$

b) $\operatorname{arcsen} \dfrac{1}{2}$

c) $\operatorname{arcsen} \dfrac{\sqrt{3}}{2}$

d) $\operatorname{arctg} 1$

e) $\operatorname{arctg}(-1)$

f) $\operatorname{arctg} \sqrt{3}$

g) $\operatorname{arcsen}\left(-\dfrac{1}{2}\right)$

h) $\operatorname{arcsen}(-1)$

i) $\operatorname{arctg}(-\sqrt{3})$

j) $\operatorname{arcsen}\left(-\dfrac{\sqrt{3}}{2}\right)$

l) $\operatorname{arctg} \dfrac{\sqrt{3}}{3}$

m) $\operatorname{arctg}\left(-\dfrac{\sqrt{3}}{3}\right)$

2. Verifique que

a) $\cos(\operatorname{arcsen} x) = \sqrt{1-x^2}$

b) $\sec(\operatorname{arctg} x) = \sqrt{1+x^2}$

Funções Inversas

3. Calcule.

a) $\cos\left(\arcsen \dfrac{1}{2}\right)$

b) $\cos\left(\arcsen \dfrac{\sqrt{3}}{2}\right)$

c) $\cos\left(\arcsen \left(-\dfrac{\sqrt{3}}{2}\right)\right)$

d) $\sec(\arctg 1)$

e) $\arcsen(\sen x)$, em que $-\dfrac{\pi}{2} \leq x \leq \dfrac{\pi}{2}$

f) $\arctg(\tg x)$, em que $-\dfrac{\pi}{2} < x < \dfrac{\pi}{2}$

g) $\arcsen\left(\sen \dfrac{2\pi}{3}\right)$ (Cuidado!)

h) $\arcsen(\sen 3\pi)$

i) $\arcsen\left(\sen \dfrac{5\pi}{3}\right)$

j) $\arcsen(\sen x)$, em que $x = 2k\pi + \bar{x}$, k inteiro e $\bar{x} \in \left[-\dfrac{\pi}{2}, \dfrac{\pi}{2}\right]$

4. Seja f uma função inversível com inversa g. Mostre que

a) $f(g(x)) = x$ para todo $x \in D_g$

b) $g(f(x)) = x$ para todo $x \in D_f$

5. Prove que a função $f(x) = \arcsen x$, $x \in [-1, 1]$, é contínua. (Veja Exercício 12.)

6. Prove que a função $f(x) = \arctg x$, $x \in \mathbb{R}$, é contínua. (Veja Exercício 12.)

7. Seja f dada por $f(x) = x^3$.

   a) Mostre que f é inversível e determine sua inversa g

   b) Esboce os gráficos de f e de g

8. Qual a função inversa de $f(x) = \dfrac{1}{x}$?

9. Qual a função inversa de $f(x) = \dfrac{x+1}{x-1}$?

10. Seja $f(x) = \dfrac{e^x - e^{-x}}{2}$.

    a) Mostre que f é inversível e determine sua inversa g

    b) Esboce os gráficos de f e de g

11. Seja $f(x) = x + e^x$. Mostre que f é inversível e esboce os gráficos de f e de sua inversa.

12. Seja f uma função cujo domínio e imagem são *intervalos*. Prove que se f for estritamente crescente (ou estritamente decrescente), então f será contínua.

Capítulo 8

216

13. Seja $f(x) = x + e^x$ e seja g sua inversa.

    a) Prove que o domínio e a imagem de g são intervalos.

    b) Prove que g é estritamente crescente.

    c) Prove que g é contínua. (*Sugestão*: Utilize o Exercício 12.)

14. Prove que, se f for definida, contínua e injetora no intervalo I, então f será estritamente crescente ou estritamente decrescente.

8.2 Derivada de Função Inversa

Seja f uma função inversível, com inversa g; assim,

$$f(g(x)) = x \text{ para todo } x \in D_g.$$

Segue que para todo $x \in D_g$

$$[f(g(x))]' = x'$$

ou

$$[f(g(x))]' = 1.$$

Se supusermos f e g diferenciáveis, podemos aplicar a regra da cadeia ao 1º membro da equação acima:

$$f'(g(x))g'(x) = 1$$

ou

$$\boxed{g'(x) = \frac{1}{f'(g(x))} \text{ para todo } x \in D_g}$$

que é a fórmula que nos permite calcular a derivada de g conhecendo-se a derivada de f.

> **Observação.** Observe atentamente as notações
>
> $$f'(g(x)) \text{ e } [f(g(x))]':$$
>
> $f'(g(x))$ é o valor que a derivada de f assume em $g(x)$, enquanto $[f(g(x))]' = f'(g(x))g'(x)$.

O próximo teorema nos conta que, se f for inversível e derivável e se sua inversa g for *contínua*, então g será derivável em todo p de seu domínio em que $f'(g(p)) \neq 0$.

> **Teorema.** Seja f uma função inversível, com função inversa g. Se f for derivável em $q = g(p)$, com $f'(q) \neq 0$, e se g for contínua em p, então g será derivável em p.

Demonstração

$$\frac{g(x) - g(p)}{x - p} = \frac{g(x) - g(p)}{f(g(x)) - f(g(p))} = \frac{1}{\dfrac{f(g(x)) - f(g(p))}{g(x) - g(p)}}, x \neq p.$$

Fazendo $u = g(x)$, pela continuidade de g em p, $u \to q$ para $x \to p$. Então,

$$\lim_{x \to p} \frac{g(x) - g(p)}{x - p} = \lim_{u \to q} \frac{1}{\dfrac{f(u) - f(q)}{u - q}}.$$

Como $\displaystyle\lim_{u \to q} \frac{f(u) - f(q)}{u - q} = f'(q) = f'(g(p))$, resulta

$$g'(p) = \lim_{x \to p} \frac{g(x) - g(p)}{x - p} = \frac{1}{f'(g(p))}.$$

Portanto, g é derivável em p e $g'(p) = \dfrac{1}{f'(g(p))}$. ∎

Exemplo 1 (*Derivada do arco-seno.*) A função arcsen é contínua e é a inversa de $f(x) = $ sen $x, x \in \left[-\dfrac{\pi}{2}, \dfrac{\pi}{2}\right]$. Temos

① $$\text{arcsen}' x = \frac{1}{f'(\text{arcsen} x)} = \frac{1}{\cos(\text{arcsen} x)}$$

pois $f' = \cos$ em $\left[-\dfrac{\pi}{2}, \dfrac{\pi}{2}\right]$. De

$$[\cos(\text{arcsen} x)]^2 + \underbrace{[\text{sen}(\text{arcsen} x)]^2}_{x} = 1$$

segue

$$[\cos(\text{arcsen} x)]^2 = 1 - x^2$$

e, portanto, $\cos(\text{arcsen} x) = \sqrt{1 - x^2}$, uma vez que arcsen $x \in \left[-\dfrac{\pi}{2}, \dfrac{\pi}{2}\right]$. Substituindo em ① resulta

$$\boxed{\text{arcsen}' x = \frac{1}{\sqrt{1 - x^2}}, -1 < x < 1.}$$

Capítulo 8

218

Outro processo para se obter a derivada de $y = \text{arcsen}\, x$. Esta função, como sabemos, é dada implicitamente pela equação $\text{sen}\, y = x$, $-\dfrac{\pi}{2} \le y \le \dfrac{\pi}{2}$. Temos, então,

$$\frac{d}{dx}[\text{sen}\, y] = \frac{d}{dx}[x].$$

Daí, $[\cos y]\dfrac{dy}{dx} = 1$ e, portanto,

$$\frac{dy}{dx} = \frac{1}{\cos y}, \; -\frac{\pi}{2} < y < \frac{\pi}{2},$$

ou seja,

$$\frac{dy}{dx} = \frac{1}{\sqrt{1 - x^2}}, \; -1 < x < 1.$$

(Veja Exemplo 6 da Seção 7.13.)

Vejamos como fica a fórmula de derivação de função inversa na notação de Leibniz. Seja $y = g(x)$ a inversa da função dada por $x = f(y)$ (observe que sendo g a inversa de f, temos: $y = g(x) \Leftrightarrow x = f(y)$). Então,

$$\frac{dy}{dx} = g'(x) = \frac{1}{f'(g(x))} = \frac{1}{\dfrac{dx}{dy}}$$

ou

$$\boxed{\frac{dy}{dx} = \frac{1}{\dfrac{dx}{dy}}}$$

em que $\dfrac{dx}{dy}\left(\dfrac{dx}{dy} = f'(y)\right)$ deve ser calculado em $y = g(x)$.

Como exemplo, calculemos a derivada de arctg na notação de Leibniz:

$$y = \text{arctg}\, x \Leftrightarrow x = \text{tg}\, y, \text{ com } x \in \mathbb{R} \text{ e } -\frac{\pi}{2} < y < \frac{\pi}{2}.$$

Então,

$$\frac{dy}{dx} = \frac{1}{\dfrac{dx}{dy}} = \frac{1}{\sec^2 y} = \frac{1}{1 + \text{tg}^2 y} = \frac{1}{1 + x^2}.$$

Funções Inversas

219

Exemplo 2 Determine a derivada.

a) $y = \text{arcsen } x^2$

b) $f(x) = x \text{ arctg } 3x$.

Solução

a) $\dfrac{dy}{dx} = \text{arcsen}' \, x^2 \cdot (x^2)' = \dfrac{1}{\sqrt{1 - (x^2)^2}} \cdot 2x$

ou seja,

$$\frac{d}{dx}[\text{arcsen } x^2] = \frac{2x}{\sqrt{1 - x^4}}.$$

Poderíamos, também, ter calculado $\dfrac{dy}{dx}$ da seguinte forma:

$$y = \text{arcsen } u \text{ no qual } u = x^2$$

$$\frac{dy}{dx} = \frac{d}{du}[\text{arcsen } u] \cdot \frac{du}{dx} = \frac{1}{\sqrt{1 - u^2}} \cdot 2x$$

ou seja,

$$\frac{dy}{dx} = \frac{2x}{\sqrt{1 - x^4}}.$$

b) Como $f(x) = x \text{ arctg } 3x$ vem:

$$f'(x) = 1 \cdot \text{arctg } 3x + x \, [\text{arctg } 3x]'.$$

Mas, $[\text{arctg } 3x]' = \text{arctg}' \, (3x) \cdot (3x)' = \dfrac{3}{1 + (3x)^2}$.

Assim,

$$f'(x) = \text{arctg } 3x + \frac{3x}{1 + 9x^2}.$$

Observação. A derivada de arctg $3x$ poderia, também, ter sido calculada da seguinte forma:

$$\frac{d}{dx}[\text{arctg } 3x] = \frac{d}{du}[\text{arctg } u]\frac{du}{dx}, \text{ em que } u = 3x;$$

assim,

$$[\text{arctg } 3x]' = \frac{d}{dx}[\text{arctg } 3x] = \frac{1}{1 + u^2} \cdot 3 = \frac{3}{1 + 9x^2}.$$

Exercícios 8.2

1. Determine a derivada.

    a) $y = x \arctg x$

    b) $f(x) = \arcsen 3x$

    c) $g(x) = \arcsen x^3$

    d) $y = \arctg x^2$

    e) $y = 3 \arctg (2x + 3)$

    f) $y = \arcsen e^x$

    g) $y = e^{3x} \arcsen 2x$

    h) $y = \dfrac{\sen 3x}{\arctg 4x}$

    i) $y = x^2 e^{\arctg 2x}$

    j) $y = \dfrac{x \arctg x}{\cos 2x}$

    l) $y = e^{-3x} + \ln (\arctg x)$

    m) $f(x) = \dfrac{e^{-x} \arctg e^x}{\tg x}$

2. Seja $f(x) = x + e^x$ e seja g a inversa de f. Mostre que g é derivável e que $g'(x) = \dfrac{1}{1 + e^{g(x)}}$.

    (*Sugestão*: Veja Exercício 13-8.1.)

3. Seja $f(x) = x + e^x$ e seja g a função inversa de f. Calcule $g'(1)$ e $g''(1)$.

4. Seja $f(x) = x + \ln x, x > 0$.

    a) Mostre que f admite função inversa g, que g é derivável e que $g'(x) = \dfrac{g(x)}{1 + g(x)}$

    b) Esboce os gráficos de f e de g

    c) Calcule $g(1), g'(1)$ e $g''(1)$

5. Seja $f(x) = x + x^3$.

    a) Mostre que f admite função inversa g

    b) Expresse $g'(x)$ em termos de $g(x)$

    c) Calcule $g'(0)$

6. (*Função arco-cosseno.*) A função $f(x) = \cos x, 0 \leq x \leq \pi$, é inversível e sua inversa é a função $g(x) = \arccos x, -1 < x < 1$.

    a) Calcule $\arccos' x$

    b) Esboce o gráfico de g

7. (*Função arco-secante.*) A função $f(x) = \sec x, 0 \leq x < \dfrac{\pi}{2}$ é inversível e sua inversa é a função $g(x) = \arcsec x, x \geq 1$. Calcule $\arcsec' x$.

8. Verifique que

    a) $\dfrac{d}{dx}\left[x \arctg x - \dfrac{1}{2} \ln(1 + x^2) \right] = \arctg x$

    b) $\dfrac{d}{dx}\left[\dfrac{x^3}{3} \arcsen x + \dfrac{x^2 + 2}{9} \sqrt{1 - x^2} \right] = x^2 \arcsen x$

c) $\dfrac{d}{dx}\left[(x+1)\operatorname{arctg}\sqrt{x} - \sqrt{x}\right] = \operatorname{arctg}\sqrt{x}$

d) $\dfrac{d}{dx}\left[-\dfrac{1}{2}\operatorname{arcsen}\left(\dfrac{2-x}{x\sqrt{2}}\right)\right] = \dfrac{1}{x\sqrt{x^2 + 4x - 4}}$

e) $\dfrac{d}{dx}\left[\dfrac{\sqrt{27x^2 + 6x - 1}}{x} - 3\operatorname{arcsen}\left(\dfrac{1-3x}{6x}\right)\right] = \dfrac{1}{x^2\sqrt{27x^2 + 6x - 1}}$

f) $\dfrac{d}{dx}\left[-\sqrt{\dfrac{2}{3}}\operatorname{arctg}\sqrt{\dfrac{2(3-x)}{3(x-2)}}\right] = \dfrac{1}{x\sqrt{5x - 6 - x^2}}$

g) $\dfrac{d}{dx}\left[\dfrac{1}{36}x(9x^2 - 2)\sqrt{4 - 9x^2} + \dfrac{2}{27}\operatorname{arcsen}\dfrac{3x}{2}\right] = x^2\sqrt{4 - 9x^2}$

9

CAPÍTULO

Estudo da Variação das Funções

9.1 Teorema do Valor Médio (TVM)

O objetivo desta seção é apresentar o enunciado de um dos teoremas mais importantes do cálculo: o *teorema do valor médio* (*TVM*). A demonstração é deixada para o Cap. 15.

> **Teorema do valor médio (TVM).** Se f for contínua em $[a, b]$ e derivável em $]a, b[$, então existirá pelo menos um c em $]a, b[$ tal que
>
> ① $$\frac{f(b) - f(a)}{b - a} = f'(c) \quad \text{ou} \quad f(b) - f(a) = f'(c)(b - a).$$

Geometricamente, este teorema conta-nos que se s é uma reta passando pelos pontos $(a, f(a))$ e $(b, f(b))$, então existirá pelo menos um ponto $(c, f(c))$, com $a < c < b$, tal que a reta tangente ao gráfico de f, neste ponto, é paralela à reta s. Como $\dfrac{f(b) - f(a)}{b - a}$ é o coeficiente angular de s e $f'(c)$ o de T, $\dfrac{f(b) - f(a)}{b - a} = f'(c)$.

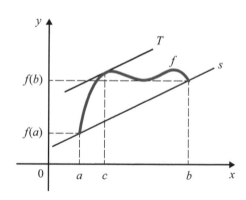

Estudo da Variação das Funções

Vejamos, agora, uma interpretação cinemática para o TVM. Suponhamos que $x = f(t)$ seja a função de posição do movimento de uma partícula sobre o eixo $0x$. Assim, $\dfrac{f(b) - f(a)}{b - a}$ será a velocidade média entre os instantes $t = a$ e $t = b$. Pois bem, o TVM conta-nos que se f for contínua em $[a, b]$ e derivável em $]a, b[$, então tal velocidade média será igual à velocidade (instantânea) da partícula em algum instante c entre a e b.

As situações que apresentamos a seguir mostram-nos que as hipóteses "f contínua em $[a, b]$ e f derivável em $]a, b[$" são indispensáveis.

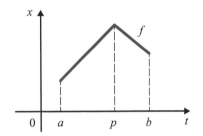

f não é derivável de p, não existe c verificando ①.

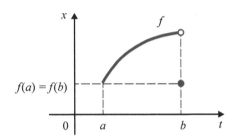

f não é contínua em $[a, b]$, não existe c verificando ①.

Antes de passarmos à próxima seção vamos relembrar as seguintes definições. Sejam f uma função e A um subconjunto do domínio de f. Dizemos que f é *estritamente crescente* (*estritamente decrescente*) em A se, quaisquer que sejam s e t em A,

$$s < t \Rightarrow f(s) < f(t) \qquad (f(s) > f(t)).$$

Por outro lado, dizemos que f é *crescente* (decrescente) em A se, quaisquer que sejam s e t em A,

$$s < t \Rightarrow f(s) \leqslant f(t) \qquad (f(s) \geqslant f(t)).$$

9.2 Intervalos de Crescimento e de Decrescimento

Como consequência do TVM temos o seguinte teorema.

> **Teorema.** Seja f contínua no intervalo I.
> *a*) Se $f'(x) > 0$ para todo x interior a I, então f será estritamente crescente em I.
> *b*) Se $f'(x) < 0$ para todo x interior a I, então f será estritamente decrescente em I.

Demonstração

a) Precisamos provar que quaisquer que sejam s e t em I, $s < t \Rightarrow f(s) < f(t)$. Sejam, então, s e t em I, com $s < t$.

Da hipótese, segue que f é contínua em $[s, t]$ e derivável em $]s, t[$; pelo TVM existe $\bar{x} \in]s, t[$ tal que

$$f(t) - f(s) = f'(\bar{x})(t - s).$$

De $f'(\bar{x}) > 0$, pois $\bar{x}$ está no interior de I, e de $t - s > 0$ segue

$$f(t) - f(s) > 0 \quad \text{ou} \quad f(s) < f(t).$$

Portanto,

$$\forall s, t \in I, s < t \Rightarrow f(s) < f(t).$$

b) Fica como exercício.

(*Observação*: x interior a I significa que $x \in I$, mas x não é extremidade de I.)

Exemplo 1 Determine os intervalos de crescimento e de decrescimento de $f(x) = x^3 - 2x^2 + x + 2$. Esboce o gráfico.

Solução

$$f'(x) = 3x^2 - 4x + 1$$

$$3x^2 - 4x + 1 = 0 \Leftrightarrow x = 1 \text{ ou } x = \frac{1}{3}.$$

Então,

$$\begin{cases} f'(x) > 0 \text{ em }]-\infty, \frac{1}{3}[\text{ e em }]1, +\infty[\\ f'(x) < 0 \text{ em }]\frac{1}{3}, 1[. \end{cases}$$

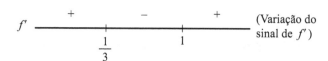

(Variação do sinal de f')

Como f é contínua, segue do teorema anterior que

$$\begin{cases} f \text{ é estritamente crescente em }]-\infty, \frac{1}{3}] \text{ e em } [1, +\infty[\\ f \text{ é estritamente decrescente em } [\frac{1}{3}, 1]. \end{cases}$$

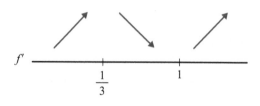

Antes de esboçar o gráfico de f vamos calcular os limites de f para $x \to +\infty$ e $x \to -\infty$.

$$\lim_{x \to +\infty} [x^3 - 2x^2 + x + 2] = \lim_{x \to +\infty} x^3 \left[1 - \frac{2}{x} + \frac{1}{x^2} + \frac{2}{x^3}\right] = +\infty$$

$$\lim_{x \to -\infty} [x^3 - 2x^2 + x + 2] = -\infty.$$

Gráfico de f

x	$f(x)$
-1	-2
0	2
$\frac{1}{3}$	$\frac{58}{27}$
1	2

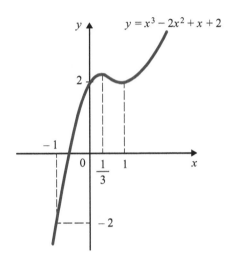

Exemplo 2 Seja $f(x) = \dfrac{x^2 - x}{1 + 3x^2}$. Estude f com relação a crescimento e decrescimento. Esboce o gráfico.

Solução

$$f'(x) = \frac{3x^2 + 2x - 1}{(1 + 3x^2)^2}.$$

Como $(1 + 3x^2)^2 > 0$ para todo x, o sinal de f' é o mesmo que o do numerador.

$$3x^2 + 2x - 1 = 0 \Leftrightarrow x = -1 \text{ ou } x = \frac{1}{3}$$

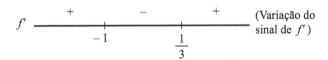

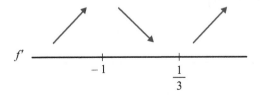

f é estritamente crescente em $]-\infty, -1]$ e em $\left[\dfrac{1}{3}, +\infty\right[$

f é estritamente decrescente em $\left[-1, \dfrac{1}{3}\right]$.

Temos

$$\lim_{x \to +\infty} \dfrac{x^2 - x}{1 + 3x^2} = \lim_{x \to +\infty} \dfrac{1 - \dfrac{1}{x}}{\dfrac{1}{x^2} + 3} = \dfrac{1}{3}$$

$$\lim_{x \to -\infty} \dfrac{x^2 - x}{1 + 3x^2} = \dfrac{1}{3}.$$

Gráfico de f

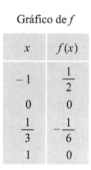

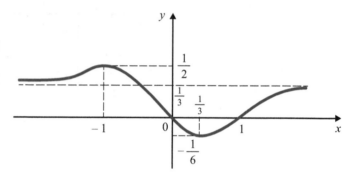

Exemplo 3 Determine os intervalos de crescimento e de decrescimento de $f(x) = \dfrac{x^2}{x^2 - 1}$. Esboce o gráfico.

Solução

$$D_f = \{x \in \mathbb{R} \mid x \neq \pm 1\} = \mathbb{R} - \{-1, 1\}.$$

$$f'(x) = \dfrac{-2x}{(x^2 - 1)^2}.$$

Então,

$\begin{cases} f'(x) > 0 \text{ em }]-\infty, -1[\text{ e em }]-1, 0[\\ f'(x) < 0 \text{ em }]0, 1[\text{ e em }]1, +\infty[. \end{cases}$

```
f'  ────+────+────−────−────
         -1   0    1
```

Segue que

$\begin{cases} f \text{ é estritamente crescente em }]-\infty, -1[\text{ e em }]-1, 0] \\ f \text{ é estritamente decrescente em } [0, 1[\text{ e em }]1, +\infty[. \end{cases}$

Cuidado: f não é estritamente crescente em $]-\infty, 0]$!!!

Temos

$$\lim_{x \to +\infty} \frac{x^2}{x^2 - 1} = \lim_{x \to +\infty} \frac{1}{1 - \frac{1}{x^2}} = 1$$

$$\lim_{x \to -\infty} \frac{x^2}{x^2 - 1} = 1.$$

Os limites laterais de f em 1 e -1 fornecem-nos informações sobre o comportamento de f nas proximidades de 1 e -1. Vamos então calculá-los.

$$\lim_{x \to 1^+} \frac{x^2}{x^2 - 1} = \lim_{x \to 1^+} \frac{1}{x - 1} \cdot \frac{x^2}{x + 1} = +\infty \cdot \frac{1}{2} = +\infty$$

$$\lim_{x \to 1^-} \frac{x^2}{x^2 - 1} = -\infty \cdot \frac{1}{2} = -\infty$$

$$\lim_{x \to -1^+} \frac{x^2}{x^2 - 1} = \lim_{x \to -1^+} \frac{1}{x + 1} \cdot \frac{x^2}{x - 1} = +\infty \left(-\frac{1}{2}\right) = -\infty$$

$$\lim_{x \to -1^-} \frac{x^2}{x^2 - 1} = -\infty \left(-\frac{1}{2}\right) = +\infty.$$

Gráfico de f

x	$f(x)$
0	0
-2	$\frac{4}{3}$
2	$\frac{4}{3}$

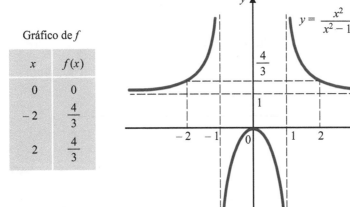

Capítulo 9

Exemplo 4 Suponha $f''(x) > 0$ em $]a, b[$ e que existe c em $]a, b[$ tal que $f'(c) = 0$. Prove que f é estritamente decrescente em $]a, c[$ e estritamente crescente em $]c, b[$.

Solução

f' é estritamente crescente em $]a, b[$, pois, $f''(x) > 0$ em $]a, b[$. Assim,

$$\begin{cases} f'(x) < f'(c) = 0 \text{ em }]a, c[\\ f'(x) > f'(c) = 0 \text{ em }]c, b[. \end{cases}$$

Segue que

$$\begin{cases} f \text{ é estritamente decrescente em }]a, c[\\ f \text{ é estritamente crescente em }]c, b[. \end{cases}$$

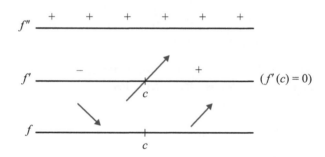

Exemplo 5 Prove que $g(x) = 8x^3 + 30x^2 + 24x + 10$ admite uma única raiz real a, com $-3 < a < -2$.

Solução

Vamos estudar g com relação a crescimento e decrescimento.

$$g'(x) = 24x^2 + 60x + 24$$

$$24x^2 + 60x + 24 = 0 \Leftrightarrow x = -2 \text{ ou } x = -\frac{1}{2}$$

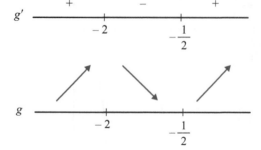

Como $g\left(-\dfrac{1}{2}\right) = \dfrac{9}{2} > 0$, g estritamente decrescente em $\left[-2, -\dfrac{1}{2}\right]$ e estritamente crescente em $\left[-\dfrac{1}{2}, +\infty\right[$, segue que $g(x) > 0$ para todo $x \geqslant -2$. Por outro lado, como $\lim\limits_{x \to -\infty} g(x) = -\infty$ e g estritamente crescente em $]-\infty, -2]$, resulta que g admite uma única raiz neste intervalo. Tendo em vista que $g(-3) = -8$ e $g(-2) > 0$, segue que a única raiz está contida no intervalo $[-3, -2]$.

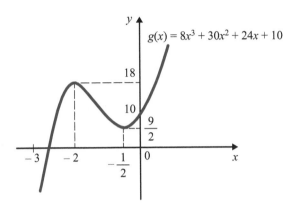

Exemplo 6

a) Mostre que, para todo $x \geqslant 0$, $e^x > x$.

b) Mostre que, para todo $x \geqslant 0$, $e^x > \dfrac{x^2}{2}$.

c) Conclua de (b) que $\lim\limits_{x \to +\infty} \dfrac{e^x}{x} = +\infty$.

Solução

a) Consideremos a função $f(x) = e^x - x$. Temos
$$f(0) = 1.$$

Se provarmos que f é estritamente crescente em $[0, +\infty[$, seguirá que, para $x \geqslant 0$,
$$e^x - x \geqslant 1 > 0 \quad \text{ou} \quad e^x > x.$$

Como $f'(x) = e^x - 1$, para $x > 0$
$$f'(x) > 0$$

e, portanto, f é estritamente crescente em $[0, +\infty[$.

b) Seja $g(x) = e^x - \dfrac{x^2}{2}$. Temos
$$g'(x) = e^x - x.$$

Capítulo 9

Pelo item (a) $g'(x) > 0$ para todo $x \geqslant 0$. Assim, $g(x)$ é estritamente crescente em $[0, +\infty[$; como $g(0) = 1$, segue que para todo $x \geqslant 0$

$$e^x - \frac{x^2}{2} > 0 \text{ ou } e^x > \frac{x^2}{2}.$$

c) Pelo item (b), para todo $x > 0$

$$\frac{e^x}{x} > \frac{x}{2}.$$

Como $\lim\limits_{x \to +\infty} \dfrac{x}{2} = +\infty$, resulta

$$\lim_{x \to +\infty} \frac{e^x}{x} = +\infty.$$

Para $x \to +\infty$, e^x tende a $+\infty$ mais rapidamente que x.

Vamos mostrar, a seguir, que, *para $x \to +\infty$, e^x tende a $+\infty$ mais rapidamente que qualquer potência de x.*

Seja $\alpha > 0$ um real dado. Observamos que

$$\lim_{x \to +\infty} \frac{e^{\frac{x}{\alpha}}}{x} = \lim_{x \to +\infty} \frac{e^{\left(\frac{x}{\alpha}\right)^u}}{\alpha \cdot \dfrac{x}{\alpha}} = \lim_{u \to +\infty} \frac{e^u}{\alpha u} = +\infty.$$

Temos, agora,

$$\lim_{x \to +\infty} \frac{e^x}{x^{\alpha}} \lim_{x \to +\infty} \left[\frac{e^{\frac{x}{\alpha}}}{x} \right]^{\alpha} = \lim_{u \to \infty} u^{\alpha} = +\infty.$$

Assim,

$$\boxed{\lim_{x \to +\infty} \frac{e^x}{x^{\alpha}} = +\infty \ (\alpha > 0)}$$

Para $x \to +\infty$, e^x tende a $+\infty$ mais rapidamente que qualquer potência de x.

Exemplo 7 Suponha g derivável no intervalo aberto $I =]p, q[$, com $g'(x) > 0$ em I, e tal que $\lim\limits_{x \to p^+} g(x) = 0$. Nestas condições, prove que, para todo x em I, tem-se $g(x) > 0$.

Solução

Consideremos a função G, definida em $[p, q[$ e dada por

$$G(x) = \begin{cases} g(x) & \text{se } x \in \ ]p, q[\\ 0 & \text{se } x = p. \end{cases}$$

Como g é derivável no intervalo aberto I, g é contínua neste intervalo. Logo, G é, também, contínua em I. Por outro lado

$$\lim_{x \to p} G(x) = \lim_{x \to p^+} g(x) = 0 = G(0)$$

ou seja, G é contínua em $p = 0$. Logo, G é contínua em $[p, q[$. Para $x \in I$, $G'(x) = g'(x) > 0$. De $G(p) = 0$, segue $G(x) > 0$ para todo $x \in I$, ou seja, $g(x) > 0$ para todo $x \in I$.

Na Seção 9.4, vamos estabelecer as *regras de L'Hospital*, que são ferramentas poderosas e que se aplicam ao cálculo de limites que apresentam indeterminações dos tipos $\dfrac{0}{0}$ e $\dfrac{\infty}{\infty}$. Para demonstrar tais regras, vamos precisar dos dois exemplos que apresentaremos a seguir.

Exemplo 8 Sejam f e g duas funções deriváveis no intervalo aberto $I =]p, q[$, com $g'(x) > 0$ em I, e tais que

$$\lim_{x \to p^+} f(x) = 0 \text{ e } \lim_{x \to p^+} g(x) = 0.$$

Suponha, ainda, que existam constantes α e β tais que, para todo $x \in I$, $\alpha < \dfrac{f'(x)}{g'(x)} < \beta$. Nestas condições, mostre que, para todo x em I, tem-se, também,

$$\alpha < \frac{f(x)}{g(x)} < \beta.$$

Solução

Pelo exemplo anterior, temos, para todo $x \in I$, $g(x) > 0$. Por outro lado, para todo x em I,

$$\alpha < \frac{f'(x)}{g'(x)} < \beta \Rightarrow \alpha g'(x) < f'(x) < \beta g'(x).$$

Segue que, para todo x em I,

① $$\alpha g'(x) - f'(x) < 0$$

e

② $$\beta g'(x) - f'(x) > 0.$$

De $\lim_{x \to p^+} [\alpha g(x) - f(x)] = 0$, $\lim_{x \to p^+} [\beta g(x) - f(x)] = 0$, e de ① e ② segue

$$\alpha g(x) - f(x) < 0 \quad e \quad \beta g(x) - f(x) > 0$$

para todo x em I. Logo, para todo x em I,

$$\alpha < \frac{f(x)}{g(x)} < \beta.$$

Capítulo 9

Exemplo 9 Sejam f e g deriváveis no intervalo aberto $I =]m, p[$, com $g'(x) > 0$ em I, e tais que

$$\lim_{x \to p^-} f(x) = +\infty \quad e \quad \lim_{x \to p^-} g(x) = +\infty.$$

Suponha, ainda, que existam constantes α e β tais que, para todo x em I, $\alpha < \dfrac{f'(x)}{g'(x)} < \beta$.

Nestas condições, mostre que existem constantes M, N e s, com $s \in]m, p[$, tais que, para todo $x \in]s, p[$,

$$\frac{M}{g(x)} + \alpha < \frac{f(x)}{g(x)} < \beta + \frac{N}{g(x)}.$$

Solução

De $\lim_{x \to p^-} g(x) = +\infty$ segue que existe $s \in]m, p[$ tal que, para todo $x \in]s, p[$, tem-se $g(x) > 0$. Por outro lado, para todo $x \in I$, tem-se

$$\alpha g'(x) - f'(x) < 0$$

e

$$\beta g'(x) - f'(x) > 0.$$

Segue que, para todo $x \in]s, p[$, tem-se

$$\alpha g(x) - f(x) < \alpha g(s) - f(s)$$

e

$$\beta g(x) - f(x) > \beta g(s) - f(s)$$

Fazendo $M = f(s) - \alpha g(s)$, $N = f(s) - \beta g(s)$ e lembrando que $g(x) > 0$ em I, resulta, para todo $x \in]s, p[$,

$$\frac{M}{g(x)} + \alpha < \frac{f(x)}{g(x)} < \beta + \frac{N}{g(x)}.$$

Exercícios 9.2

1. Determine os intervalos de crescimento e de decrescimento e esboce o gráfico (calcule para isto todos os limites necessários).

a) $f(x) = x^3 - 3x^2 + 1$

b) $f(x) = x^3 + 2x^2 + x + 1$

c) $f(x) = x + \dfrac{1}{x}$

d) $y = x^2 + \dfrac{1}{x}$

e) $y = x + \dfrac{1}{x^2}$

f) $f(x) = 3x^5 - 5x^3$

g) $x = \dfrac{t}{1 + t^2}$

h) $x = \dfrac{t^2}{1 + t^2}$

i) $x = 2 - e^{-t}$

j) $y = e^{-x^2}$

l) $f(x) = e^{2x} - e^x$

m) $g(t) = e^{\frac{1}{t}}$

n) $f(x) = \dfrac{x^3 - x^2 + 1}{x}$

o) $f(x) = \dfrac{3x^2 + 4x}{1 + x^2}$

p) $g(x) = xe^x$

q) $f(x) = -x^4 + 4x^3 - 4x^2 + 2$

r) $f(x) = \dfrac{e^x}{x}$

s) $g(x) = \dfrac{x^2 - x + 1}{2(x - 1)}$

t) $f(x) = \dfrac{\ln x}{x}$

u) $g(x) = x - e^x$

2. Prove que a equação $x^3 - 3x^2 + 6 = 0$ admite uma única raiz real. Determine um intervalo de amplitude 1 que contenha tal raiz.

3. Prove que a equação $x^3 + x^2 - 5x + 1 = 0$ admite três raízes reais distintas. Localize tais raízes.

4. Determine a, para que a equação

$$x^3 + 3x^2 - 9x + a = 0$$

admita uma única raiz real.

5. Calcule.

a) $\displaystyle\lim_{x \to +\infty} \dfrac{e^x}{x^3}$

b) $\displaystyle\lim_{x \to +\infty} \dfrac{x^3}{e^x}$

c) $\displaystyle\lim_{x \to 0^+} xe^{\frac{1}{x}}$

d) $\displaystyle\lim_{x \to 0^-} xe^{\frac{1}{x}}$

e) $\displaystyle\lim_{x \to +\infty} \dfrac{\ln x}{x}$

f) $\displaystyle\lim_{x \to +\infty} \dfrac{e^x}{\ln x}$

6. Determine os intervalos de crescimento e de decrescimento e esboce o gráfico (para isto, calcule todos os limites necessários).

a) $f(x) = \dfrac{e^x}{x^2}$

b) $f(x) = x \ln x$

c) $g(x) = \dfrac{x}{2 \ln x}$

d) $g(x) = x^x, x > 0$

7. Seja

$$f(x) = \begin{cases} e^{-\frac{1}{x^2}} & \text{se } x \neq 0 \\ 0 & \text{se } x = 0. \end{cases}$$

a) Calcule $f'(0)$, pela definição

b) Determine f'

c) Esboce o gráfico, calculando, para isto, todos os limites necessários

8. Seja $n \geq 2$ um natural dado. Prove que $x^n - 1 \geq n(x - 1)$ para todo $x \geq 1$.

(*Sugestão*: Verifique que $f(x) = [x^n - 1] - n(x - 1)$ é estritamente crescente em $[1, +\infty[.)$

Capítulo 9

234

9. Prove que, para todo $x > 0$, tem-se

  $a)$ $e^x > x + 1$

  $b)$ $e^x > 1 + x + \dfrac{x^2}{2}$

10. Mostre que, para todo $x > 0$, tem-se

  $a)$ $\cos x > 1 - \dfrac{x^2}{2}$

  $b)$ $\operatorname{sen} x > x - \dfrac{x^3}{3!}$

11. Mostre que, para todo $x > 0$, tem-se

  $a)$ $\operatorname{sen} x < x - \dfrac{x^3}{3!} + \dfrac{x^5}{5!}$

  $b)$ $0 < \operatorname{sen} x - \left[x - \dfrac{x^3}{3!} \right] < \dfrac{x^5}{5!}$

  (*Sugestão*: Utilize o item (b) do Exercício 10 e o item (a) acima.)

12. $a)$ Mostre que, para todo $x > 0$,

$$x - \frac{x^3}{3!} + \frac{x^5}{5!} - \frac{x^7}{7!} < \operatorname{sen} x$$

  $b)$ Mostre que, para todo $x \neq 0$,

$$\left| \operatorname{sen} x - \left[x - \frac{x^3}{3!} + \frac{x^5}{5!} \right] \right| < \frac{|x|^7}{7!}.$$

Generalize tal resultado.

13. Suponha que f tenha derivada contínua no intervalo I e que f' nunca se anula em I. Prove que f é estritamente crescente em I ou estritamente decrescente em I.

14. Seja $f(x) = 2x - \sqrt{x^2 + 3}$, $x \in \mathbb{R}$.

  $a)$ Verifique que f' é contínua em $\mathbb{R}$

  $b)$ Verifique que $f'(x) \neq 0$ em $\mathbb{R}$

  $c)$ Tendo em vista que $f'(0) > 0$, conclua que f é estritamente crescente

  (*Sugestão*: Veja Exercício 13.)

15. Seja f uma função tal que $f'''(x) > 0$ para todo x em $]a, b[$. Suponha que existe c em $]a, b[$ tal que $f''(c) = f'(c) = 0$. Prove que f é estritamente crescente em $]a, b[$.

16. Suponha f derivável no intervalo aberto I. Prove que, se f for estritamente crescente em I, então $f'(x) \geqslant 0$ para todo x em I.

17. Suponha f derivável no intervalo I. A afirmação: "f é estritamente crescente em I se e somente se $f'(x) > 0$ em I" é falsa ou verdadeira? Justifique.

18. Suponha f derivável no intervalo I. Prove: f crescente em $I \Leftrightarrow f'(x) \geqslant 0$ em I.

  (*Lembrete*: f se diz crescente em I se quaisquer que sejam s e t em I, $s < t \Rightarrow f(s) \leqslant f(t)$.)

19. Sejam f, g duas funções deriváveis em $]a, b[$, tais que $f'(x) < g'(x) \forall x$ em $]a, b[$. Suponha que exista c em $]a, b[$, com $f(c) = g(c)$. Prove que $f(x) < g(x)$ para $x > c$ e $f(x) > g(x)$ para $x < c$.

9.3 Concavidade e Pontos de Inflexão

Seja f derivável no intervalo aberto I e seja p um ponto de I. A reta tangente em $(p, f(p))$ ao gráfico de f é

$$y - f(p) = f'(p)(x - p) \quad \text{ou} \quad y = f(p) + f'(p)(x - p).$$

Deste modo, a reta tangente em $(p, f(p))$ é o gráfico da função T dada por

$$T(x) = f(p) + f'(p)(x - p).$$

Definição 1. Dizemos que f tem a *concavidade para cima* no intervalo aberto I se

$$f(x) > T(x)$$

quaisquer que sejam x e p em I, com $x \neq p$.

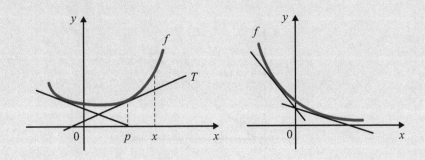

Definição 2. Dizemos que f tem a *concavidade para baixo* no intervalo aberto I se

$$f(x) < T(x)$$

quaisquer que sejam x e p em I, com $x \neq p$.

Definição 3. Sejam f uma função e $p \in D_f$, com f contínua em p. Dizemos que p é *ponto de inflexão* de f se existirem números reais a e b, com $p \in]a, b[\subset D_f$, tal que f tenha concavidades de nomes contrários em $]a, p[$ e em $]p, b[$.

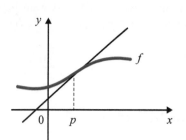

p é ponto de inflexão de f
(ponto de inflexão oblíquo)

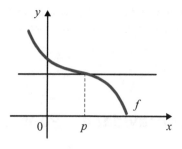

p é ponto de inflexão de f
(ponto de inflexão horizontal)

Teorema. Seja f uma função que admite derivada até a 2ª ordem no intervalo aberto I.

a) Se $f''(x) > 0$ em I, então f terá a concavidade para cima em I.
b) Se $f''(x) < 0$ em I, então f terá a concavidade para baixo em I.

Demonstração

a) Seja p um real qualquer em I. Precisamos provar que, para todo x em I, $x \neq p$,
$$f(x) > T(x)$$
em que $T(x) = f(p) + f'(p)(x - p)$.

Consideremos a função $g(x) = f(x) - T(x)$, $x \in I$; vamos provar que $g(x) > 0$ para todo x em I, $x \neq p$.

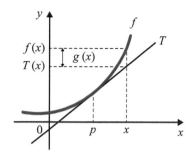

Temos
$$\begin{cases} g'(x) = f'(x) - T'(x) \\ T'(x) = f'(p) \end{cases}$$

daí

$$\boxed{g'(x) = f'(x) - f'(p), x \in I.}$$

Como $f''(x) > 0$ em I, segue que f' é estritamente crescente em I. Então,
$$\begin{cases} g'(x) > 0 & \text{para } x > p \\ g'(x) < 0 & \text{para } x < p. \end{cases}$$

Segue que g é estritamente decrescente em $\{x \in I \mid x < p\}$ e estritamente crescente em $\{x \in I \mid x > p\}$. Como $g(p) = 0$, resultado
$$g(x) > 0$$
para todo x em I, $x \neq p$.

b) Fica a seu cargo.

Exemplo 1 Seja $f(x) = e^{-\frac{x^2}{2}}$. Estude f com relação à concavidade e determine os pontos de inflexão.

Solução

$f'(x) = -xe^{-\frac{x^2}{2}}$.

$f''(x) = (x^2 - 1) e^{-\frac{x^2}{2}}$.

Como $e^{-\frac{x^2}{2}} > 0$ para todo x, o sinal de $f''(x)$ é o mesmo que o de $x^2 - 1$.

$$f'' \quad \underline{\quad + \quad | \quad - \quad | \quad + \quad} \quad \text{(Variação do}$$
$$\qquad \qquad \quad -1 \qquad \quad 1 \qquad \text{sinal de } f'')$$

$$f \quad \underline{\quad \cup \quad | \quad \cap \quad | \quad \cup \quad} \quad \text{(Concavidade}$$
$$\qquad \quad -1 \qquad \quad 1 \qquad \text{de } f)$$

$\begin{cases} f''(x) > 0 & \text{em }]-\infty, -1[\text{ e em }]1, +\infty[\\ f''(x) < 0 & \text{em }]-1, 1[\end{cases}$

então,

$\begin{cases} f \text{ tem a concavidade para cima em }]-\infty, -1[\text{ e em }]1, +\infty[\\ f \text{ tem a concavidade para baixo em }]-1, 1[\end{cases}$

Pontos de inflexão: -1 e 1.

Exemplo 2 Esboce o gráfico de $f(x) = e^{-\frac{x^2}{2}}$.

Solução

$f'(x) = -xe^{-\frac{x^2}{2}}$

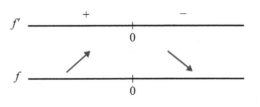

$f''(x) = (x^2 - 1)e^{-\frac{x^2}{2}}$

Pontos de inflexão: -1 e 1.

$$\lim_{x \to +\infty} e^{-\frac{x^2}{2}} = 0 \text{ e } \lim_{x \to -\infty} e^{-\frac{x^2}{2}} = 0.$$

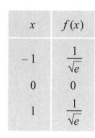
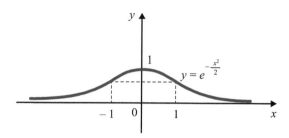

Exemplo 3 Seja f derivável até a 3ª ordem no intervalo aberto I e seja $p \in I$. Suponha que $f''(p) = 0, f'''(p) \neq 0$ e que f''' seja contínua em p. Prove que p é ponto de inflexão.

Solução

Para fixar o raciocínio, suponhamos $f'''(p) > 0$. Como f''' é contínua em p, pela conservação do sinal, existe $r > 0$ (que pode ser tomado de modo que $]p - r, p + r[$ esteja contido em I) tal que:

$$f'''(x) > 0 \text{ em }]p - r, p + r[.$$

Segue que f'' é estritamente crescente em $]p - r, p + r[$. Então,

$\begin{cases} f''(p) = 0 \\ f'' \text{ estritamente crescente em }]p - r, p + r[\end{cases}$

implica

$\begin{cases} f''(x) < 0 \text{ em }]p - r, p[\\ f''(x) > 0 \text{ em }]p, p + r[\end{cases}$

logo, p é ponto de inflexão.

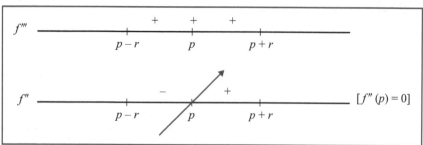

Estudo da Variação das Funções

239

> **Exemplo 4** Seja f derivável até a $2^{\underline{a}}$ ordem no intervalo aberto I e seja $p \in I$. Suponha f'' contínua em p. Prove que $f''(p) = 0$ é *condição necessária* (mas não suficiente) para p ser ponto de inflexão de f.
>
> **Solução**
>
> Se $f''(p) \neq 0$, pela conservação do sinal, existe $r > 0$ tal que $f''(x)$ tem o mesmo sinal que $f''(p)$ em $]p - r, p + r[$, logo p não poderá ser ponto de inflexão. Fica provado, assim, que, se p for ponto de inflexão, deveremos ter necessariamente $f''(p) = 0$. Para verificar que a condição não é suficiente, basta olhar para a função $f(x) = x^4 : f''(0) = 0$, mas 0 não é ponto de inflexão.

Exercícios 9.3

1. Estude a função dada com relação à concavidade e pontos de inflexão.

a) $f(x) = x^3 - 3x^2 - 9x$

b) $f(x) = 2x^3 - x^2 - 4x + 1$

c) $f(x) = xe^{-2x}$

d) $x(t) = t^2 + \dfrac{1}{t}$

e) $g(x) = e^{-x} - e^{-2x}$

f) $g(x) = \dfrac{x^2}{x^2 - 2}$

g) $y = \dfrac{x}{1 + x^2}$

h) $f(x) = 1 - e^{-x}$

i) $f(x) = \dfrac{\ln x}{x}$

j) $f(x) = x^4 - 2x^3 + 2x$

l) $g(x) = \sqrt[3]{x^2 - x^3}$

m) $y = \dfrac{x^3}{1 + x^2}$

n) $f(x) = xe^{\frac{1}{x}}$

o) $f(x) = x \ln x$

2. Esboce o gráfico de cada uma das funções do exercício anterior.

3. Seja $f(x) = ax^3 + bx^2 + cx + d$, $a \neq 0$. Prove que f admite um único ponto de inflexão.

4. Se p for ponto de inflexão de f e se $f'(p) = 0$, então diremos que p é *ponto de inflexão horizontal* de f. Cite uma condição suficiente para que p seja ponto de inflexão horizontal de f.

5. Se p for ponto de inflexão de f e se $f'(p) \neq 0$, então diremos que p é *ponto de inflexão oblíquo* de f. Cite uma condição suficiente para que p seja ponto de inflexão oblíquo de f.

6. Sejam f uma função derivável até a $5^{\underline{a}}$ ordem no intervalo aberto I e $p \in I$. Suponha $f^{(5)}$ contínua em p. Prove que

$$f''(p) = f'''(p) = f^{(4)}(p) = 0 \quad \text{e} \quad f^{(5)}(p) \neq 0$$

é uma *condição suficiente* para p ser ponto de inflexão de f. Generalize tal resultado.

7. Seja f derivável até a $2^{\underline{a}}$ ordem em $\mathbb{R}$ e tal que, para todo x, $xf''(x) + f'(x) = 4$.

a) Mostre que f'' é contínua em todo $x \neq 0$

b) Mostre que f não admite ponto de inflexão horizontal

8. Seja $f(x) = x^5 + bx^4 + cx^3 - 2x + 1$.

  a) Que condições b e c devem satisfazer para que 1 seja ponto de inflexão de f? Justifique.
  b) Existem b e c que tornam 1 ponto de inflexão horizontal? Em caso afirmativo, determine-os.

9. Suponha que $f''(x) > 0$ em $]a, +\infty[$ e que existe $x_0 > a$ tal que $f'(x_0) > 0$. Prove que $\lim_{x \to +\infty} f(x) = +\infty$.

10. Seja f definida e derivável no intervalo aberto I, com $1 \in I$, tal que

$$\begin{cases} f'(x) = x^2 + f^2(x) \text{ para todo } x \text{ em } I \\ f(1) = 1 \end{cases}$$

  a) Mostre que, para todo x em I, $f''(x)$ existe e que f'' é contínua em I
  b) Mostre que existe $r > 0$ tal que $f'(x) > 0$ e $f''(x) > 0$ em $]1 - r, 1 + r[$
  c) Esboce o gráfico de $y = f(x), x \in \,]1 - r, 1 + r[$

11. Seja f definida e derivável no intervalo $]-r, r[$ $(r > 0)$. Suponha que

$$\begin{cases} f'(x) = x^2 + f^2(x) \text{ para todo } x \text{ em }]-r, r[\\ f(0) = 0 \end{cases}$$

  a) Mostre que 0 é ponto de inflexão horizontal
  b) Mostre que $f'(x) > 0$ para $x \neq 0$
  c) Estude f com relação à concavidade
  d) Mostre que $f(x) > \dfrac{2}{3!} x^3$ para $0 < x < r$
  e) Faça um esboço do gráfico de f

9.4 Regras de L'Hospital

As regras de L'Hospital, que vamos enunciar a seguir e cujas demonstrações são deixadas para o final da seção, aplicam-se a cálculos de limites que apresentam indeterminações dos tipos $\dfrac{0}{0}$ e $\dfrac{\infty}{\infty}$.

1ª REGRA DE L'HOSPITAL. Sejam f e g deriváveis em $]p - r, p[$ e em $]p, p + r[$ $(r > 0)$, com $g'(x) \neq 0$ para $0 < |x - p| < r$. Nestas condições, se

$$\lim_{x \to p} f(x) = 0, \ \lim_{x \to p} g(x) = 0$$

e se $\lim_{x \to p} \dfrac{f'(x)}{g'(x)}$ existir (finito ou infinito), então $\lim_{x \to p} \dfrac{f(x)}{g(x)}$ existirá e

$$\lim_{x \to p} \dfrac{f(x)}{g(x)} = \lim_{x \to p} \dfrac{f'(x)}{g'(x)}.$$

Estudo da Variação das Funções

241

Observamos que a 1ª regra de L'Hospital continua válida se substituirmos "$x \to p$" por "$x \to p^+$" ou por "$x \to p^-$" ou por "$x \to \pm\infty$".

2ª REGRA DE L'HOSPITAL. Sejam f e g deriváveis em $]m, p[$, com $g'(x) \neq 0$ em $]m, p[$. Nestas condições, se

$$\lim_{x \to p^-} f(x) = +\infty, \ \lim_{x \to p^-} g(x) = +\infty$$

e se $\lim_{x \to p^-} \dfrac{f'(x)}{g'(x)}$ existir (finito ou infinito), então $\lim_{x \to p^-} \dfrac{f(x)}{g(x)}$ existirá e

$$\lim_{x \to p^-} \frac{f(x)}{g(x)} = \lim_{x \to p^-} \frac{f'(x)}{g'(x)}.$$

Observamos que a 2ª regra continua válida se substituirmos "$x \to p^-$" por "$x \to p^+$" ou por "$x \to p$" ou por "$x \to \pm\infty$". A regra permanece válida se substituirmos um dos símbolos $+\infty$, ou ambos, por $-\infty$.

Exemplo 1 Calcule

a) $\lim_{x \to 1} \dfrac{x^5 - 6x^3 + 8x - 3}{x^4 - 1}$

b) $\lim_{x \to +\infty} \dfrac{e^x}{x}$

c) $\lim_{x \to 0^+} x \ln x.$

Solução

a) $\lim_{x \to 1} \dfrac{x^5 - 6x^3 + 8x - 3}{x^4 - 1} = \left[\dfrac{0}{0}\right].$ Temos

$$\lim_{x \to 1} \frac{(x^5 - 6x^3 + 8x - 3)'}{(x^4 - 1)'} = \lim_{x \to 1} \frac{5x^4 - 18x^2 + 8}{4x^3} = \frac{-5}{4}.$$

Pela 1ª regra de L'Hospital

$$\lim_{x \to 1} \frac{x^5 - 6x^3 + 8x - 3}{x^4 - 1} = \lim_{x \to 1} \frac{(x^5 - 6x^3 + 8x - 3)'}{(x^4 - 1)'} = -\frac{5}{4}.$$

ou seja,

$$\lim_{x \to 1} \frac{x^5 - 6x^3 + 8x - 3}{x^4 - 1} = -\frac{5}{4}.$$

b) $\lim_{x \to +\infty} \dfrac{e^x}{x} = \left[\dfrac{\infty}{\infty}\right].$

Pela 2ª regra de L'Hospital,

$$\lim_{x \to +\infty} \frac{e^x}{x} = \lim_{x \to +\infty} \frac{(e^x)'}{(x)'} = \lim_{x \to +\infty} e^x = +\infty.$$

Capítulo 9

Assim,

$$\lim_{x \to +\infty} \frac{e^x}{x} = +\infty.$$

c) $\lim_{x \to 0^+} x \ln x = [0 \cdot (-\infty)]$ que é uma indeterminação que poderá ser colocada na forma $\frac{0}{0}$ ou $\frac{\infty}{\infty}$. É mais interessante aqui passá-la para a forma $\frac{\infty}{\infty}$, que nos permitirá eliminar o $\ln x$.

$$\lim_{x \to 0^+} x \ln x = \lim_{x \to 0^+} \frac{\ln x}{\dfrac{1}{x}} = \left[\frac{-\infty}{\infty} \right].$$

$$\lim_{x \to 0^+} \frac{\ln x}{\dfrac{1}{x}} = \lim_{x \to 0^+} \frac{(\ln x)'}{\left(\dfrac{1}{x}\right)'} = \lim_{x \to 0^+} \frac{\dfrac{1}{x}}{-\dfrac{1}{x^2}} = \lim_{x \to 0^+} (-x) = 0.$$

Ou seja,

$$\lim_{x \to 0^+} x \ln x = 0.$$

Como vimos, as regras de L'Hospital aplicam-se às indeterminações da forma $\frac{0}{0}$ e $\frac{\infty}{\infty}$. Os próximos exemplos mostram como as outras formas de indeterminação $(0 \cdot \infty, \infty - \infty, 0^0, \infty^0$ e $1^\infty)$ podem ser reduzidas a estas. (Observamos que 0^0, ∞^0 e 1^∞ são indeterminações do tipo $0 \cdot \infty$. Veja: $0^0 = e^{0 \ln 0} = e^{0 \cdot (-\infty)}$; $\infty^0 = e^{0 \ln \infty} = e^{0 \cdot \infty}$ e $1^\infty = e^{\infty \ln 1} = e^{\infty \cdot 0}$.)

Exemplo 2 Calcule

a) $\lim_{x \to 0^+} x^2 e^{\frac{1}{x}}$

b) $\lim_{x \to 0^+} \left(\frac{1}{x^2} - \frac{1}{\operatorname{sen} x} \right)$

c) $\lim_{x \to 0} \left(\frac{1}{x} - \frac{1}{\operatorname{sen} x} \right)$

Solução

a) $\lim_{x \to 0^+} x^2 e^{\frac{1}{x}} = [0 \cdot \infty]$.

Fazendo $x^2 e^{\frac{1}{x}} = \dfrac{x^2}{e^{-\frac{1}{x}}}$, somos levados a uma indeterminação da forma $\frac{0}{0}$. Então

$$\lim_{x \to 0^+} x^2 e^{\frac{1}{x}} = \lim_{x \to 0^+} \frac{x^2}{e^{-\frac{1}{x}}} = \lim_{x \to 0^+} = \frac{2x}{\dfrac{1}{x^2} e^{-1/x}}$$

Estudo da Variação das Funções

e o último limite é igual a

$$\lim_{x \to 0^+} = \frac{2x^3}{e^{-\frac{1}{x}}}.$$

Bonito! Em vez de simplificar, complicou!! Vamos, então, mudar a nossa estratégia. Façamos a mudança de variável $u = \dfrac{1}{x}$. (Veja: $e^{\frac{1}{x}}$ está pedindo a mudança de variável $u = \dfrac{1}{x}$.) Temos, então

$$\lim_{x \to 0^+} x^2 e^{\frac{1}{x}} = \lim_{u \to +\infty} \frac{e^u}{u^2} = \left[\frac{\infty}{\infty} \right]$$

Pela 2ª regra de L'Hospital,

$$\lim_{u \to +\infty} \frac{e^u}{u^2} = \lim_{u \to +\infty} \frac{(e^u)'}{(u^2)'} = \lim_{u \to +\infty} \frac{e^u}{2u}$$

desde que o último limite exista. Ainda, pela 2ª regra de L'Hospital,

$$\lim_{u \to +\infty} \frac{e^u}{u} = \lim_{u \to +\infty} e^u = +\infty.$$

Segue que $\lim\limits_{u \to +\infty} \dfrac{e^u}{2u} = +\infty$ e, portanto, $\lim\limits_{u \to +\infty} \dfrac{e^u}{u^2} = +\infty$. Assim,

$$\lim_{x \to 0^+} x^2 e^{\frac{1}{x}} = +\infty.$$

(*Observação*. Se $\lim\limits_{x \to p} \dfrac{f(x)}{g(x)} = \left[\dfrac{0}{0} \right]$ ou $\left[\dfrac{\infty}{\infty} \right]$, $\lim\limits_{x \to p} \dfrac{f'(x)}{g'(x)} = \left[\dfrac{0}{0} \right]$ ou $\left[\dfrac{\infty}{\infty} \right]$ e $\lim\limits_{x \to p} \dfrac{f''(x)}{g''(x)}$ existir (finito ou infinito), então

$$\lim_{x \to p} \frac{f(x)}{g(x)} = \lim_{x \to p} \frac{f''(x)}{g''(x)}.$$

Verifique e generalize.)

b) $\lim\limits_{x \to 0^+} \left(\dfrac{1}{x^2} - \dfrac{1}{\operatorname{sen} x} \right) = [\infty - \infty]$. Temos

$$\frac{1}{x^2} - \frac{1}{\operatorname{sen} x} = \frac{1}{x^2} \left(1 - \frac{x^2}{\operatorname{sen} x} \right),$$

$$\lim_{x \to 0^+} \frac{1}{x^2} = +\infty$$

e

$$\lim_{x \to 0^+} \frac{x^2}{\operatorname{sen} x} = \lim_{x \to 0^+} \frac{2x}{\cos x} = 0.$$

Segue que

$$\lim_{x \to 0^+} \frac{1}{x^2}\left(1 - \frac{x^2}{\operatorname{sen} x}\right) = +\infty \cdot 1 = +\infty$$

ou seja,

$$\lim_{x \to 0^+}\left(\frac{1}{x^2} - \frac{1}{\operatorname{sen} x}\right) = +\infty.$$

(*Observação.* Se $\lim_{x \to p} f(x) = +\infty$, $\lim_{x \to p} g(x) = +\infty$ e $\lim_{x \to p} \dfrac{f(x)}{g(x)} \neq 1$, proceda como acima no cálculo de $\lim_{x \to p}(g(x) - f(x))$.)

c) $\lim_{x \to 0}\left(\dfrac{1}{x} - \dfrac{1}{\operatorname{sen} x}\right) = [\infty - \infty]$. Temos

$$\lim_{x \to 0}\left(\frac{1}{x} - \frac{1}{\operatorname{sen} x}\right) = \lim_{x \to 0}\frac{\operatorname{sen} x - x}{x \operatorname{sen} x} = \left[\frac{0}{0}\right].$$ Pela 1ª regra de L'Hospital,

$$\lim_{x \to 0}\frac{\operatorname{sen} x - x}{x \operatorname{sen} x} = \lim_{x \to 0}\frac{\cos x - 1}{\operatorname{sen} x + x \cos x} = \left[\frac{0}{0}\right]$$

$$= \lim_{x \to 0}\frac{-\operatorname{sen} x}{\cos x + \cos x - x \operatorname{sen} x} = 0.$$

Portanto,

$$\lim_{x \to 0}\left(\frac{1}{x} - \frac{1}{\operatorname{sen} x}\right) = 0.$$

Exemplo 3 Calcule $\lim_{x \to +\infty} e^x\left[e - \left(1 + \dfrac{1}{x}\right)^x\right]$.

Solução

$\lim_{x \to +\infty} e^x\left[e - \left(1 + \dfrac{1}{x}\right)^x\right] = [\infty \cdot 0]$. Temos

$$e^x\left[e - \left(1 + \frac{1}{x}\right)^x\right] = \frac{e - \left(1 + \dfrac{1}{x}\right)^x}{e^{-x}}$$

e

$$\lim_{x \to +\infty}\frac{e - \left(1 + \dfrac{1}{x}\right)^x}{e^{-x}} = \left[\frac{0}{0}\right].$$

Estudo da Variação das Funções

De $\left[\left(1+\dfrac{1}{x}\right)^x\right]' = \left(1+\dfrac{1}{x}\right)^x\left(x\ln\left(1+\dfrac{1}{x}\right)\right)' =$

$\left(1+\dfrac{1}{x}\right)^x\left(\ln\left(1+\dfrac{1}{x}\right) + x\cdot\dfrac{-\dfrac{1}{x^2}}{1+\dfrac{1}{x}}\right) = \left(1+\dfrac{1}{x}\right)^x\left(\ln\left(1+\dfrac{1}{x}\right) - \dfrac{1}{x+1}\right)$ e da 1ª regra de

L'Hospital resulta

$$\lim_{x\to+\infty}\frac{e-\left(1+\dfrac{1}{x}\right)^x}{e^{-x}} = \lim_{x\to+\infty}\frac{\left(1+\dfrac{1}{x}\right)^x\left[\ln\left(1+\dfrac{1}{x}\right)-\dfrac{1}{1+x}\right]}{e^{-x}} = \left[\frac{0}{0}\right]$$

Para facilitar as coisas, observamos:

como $\lim_{x\to+\infty}\left(1+\dfrac{1}{x}\right)^x = e$, basta então calcular $\lim_{x\to+\infty}\dfrac{\ln\left(1+\dfrac{1}{x}\right)^x - \dfrac{1}{1+x}}{e^{-x}} = \left[\dfrac{0}{0}\right].$

Este último limite é igual a

$$\lim_{x\to+\infty}\frac{\dfrac{-\dfrac{1}{x^2}}{1+\dfrac{1}{x}} + \dfrac{1}{(x+1)^2}}{-e^{-x}} =$$

$$= \lim_{x\to+\infty}\frac{e^x}{x(x+1)^2} = \left[\frac{\infty}{\infty}\right]\text{ (Confira!)}$$

De $(x+1)^2 = x^2\left(1+\dfrac{1}{x}\right)^2$ segue

$$\lim_{x\to+\infty}\frac{e^x}{x(x+1)^2} = \lim_{x\to+\infty}\frac{e^x}{x^3\left(1+\dfrac{1}{x}\right)^2}$$

$$= \lim_{x\to+\infty}\frac{1}{\left(1+\dfrac{1}{x}\right)^2}\cdot\frac{e^x}{x^3} = 1\cdot(+\infty) = +\infty$$

pois, como já sabemos, $\lim_{x\to+\infty}\dfrac{e^x}{x^3} = +\infty$. (Ou por L'Hospital:

$\lim_{x\to+\infty}\dfrac{e^x}{x^3} = \lim_{x\to+\infty}\dfrac{e^x}{3x^2} = \lim_{x\to+\infty}\dfrac{e^x}{6x} = \lim_{x\to+\infty}\dfrac{e^x}{6} = +\infty.$) Portanto,

$$\lim_{x\to+\infty}e^x\left[e-\left(1+\dfrac{1}{x}\right)^x\right] = +\infty$$

Capítulo 9

246

Exemplo 4 Calcule

a) $\displaystyle\lim_{x\to 0^+} x^x$

b) $\displaystyle\lim_{x\to +\infty}\left[1+\frac{1}{x^2}\right]^x$

Solução

a) $\displaystyle\lim_{x\to 0^+} x^x = [0^0].$

$x^x = e^{x\ln x}$ e $\displaystyle\lim_{x\to 0^+} x\ln x = 0$ (EXEMPLO 1)

Então

$$\lim_{x\to 0^+} x^x = \lim_{x\to 0^+} e^{x\ln x} = e^0 = 1.$$

b) $\displaystyle\lim_{x\to +\infty}\left[1+\frac{1}{x^2}\right]^x = [1^\infty].$

$$\left(1+\frac{1}{x^2}\right)^x = e^{x\ln\left(1+\frac{1}{x^2}\right)}.$$

$$\lim_{x\to +\infty} x\ln\left(1+\frac{1}{x^2}\right) = \lim_{x\to +\infty} \frac{\ln\left(1+\dfrac{1}{x^2}\right)}{\dfrac{1}{x}} = \left[\frac{0}{0}\right].$$

O último limite é igual a

$$\lim_{x\to +\infty} \frac{-\dfrac{2}{x^3+x}}{-\dfrac{1}{x^2}} = \lim_{x\to +\infty} \frac{2x}{x^2+1} = 0$$

Logo,

$$\lim_{x\to +\infty}\left[1+\frac{1}{x^2}\right]^x = \lim_{x\to +\infty} e^{x\ln\left(1+\frac{1}{x^2}\right)} = 1.$$

(*Observação*. Outro modo para calcular este limite é:

$\displaystyle\lim_{x\to +\infty}\left(1+\frac{1}{x^2}\right)^x = \lim_{x\to +\infty}\left[\left(1+\frac{1}{x^2}\right)^{x^2}\right]^{1/x} = \lim_{x\to +\infty} e^{\frac{1}{x}\ln\left(1+\frac{1}{x^2}\right)^{x^2}} = 1$, pois $\displaystyle\lim_{x\to +\infty}\frac{1}{x} = 0$ e

$\displaystyle\lim_{x\to +\infty}\left(1+\frac{1}{x^2}\right)^{x^2} = e.$)

Exemplo 5 Calcule

a) $\displaystyle\lim_{x\to +\infty}\left(1+\frac{3}{x}\right)^x$

b) $\displaystyle\lim_{x\to +\infty} (x+1)^{\frac{1}{\ln x}}$

Estudo da Variação das Funções

Solução

a) $\displaystyle\lim_{x \to +\infty} \left(1 + \frac{3}{x}\right)^x = [1^\infty]$.

$$\left(1 + \frac{3}{x}\right)^x = e^{x\ln\left(1 + \frac{3}{x}\right)}$$

$$\lim_{x \to +\infty} x\ln\left(1 + \frac{3}{x}\right) = \lim_{x \to +\infty} \frac{\ln\left(1 + \frac{3}{x}\right)}{\frac{1}{x}} = \left[\frac{0}{0}\right].$$

O último limite é igual a

$$\lim_{x \to +\infty} \frac{\frac{1}{1 + 3/x} \cdot \left(-\frac{3}{x^2}\right)}{-\frac{1}{x^2}} = \lim_{x \to +\infty} \frac{3}{1 + \frac{3}{x}} = 3.$$

Assim

$$\lim_{x \to +\infty} \left(1 + \frac{3}{x}\right)^x = \lim_{x \to +\infty} e^{x\ln\left(1 + \frac{3}{x}\right)} = e^3.$$

(Este limite poderia, também, ter sido calculado da seguinte forma: fazendo a mudança de

variável $\dfrac{3}{x} = \dfrac{1}{u}$ resulta $\displaystyle\lim_{x \to +\infty} \left(1 + \frac{3}{x}\right)^x = \lim_{x \to +\infty} \left[\left(1 + \frac{1}{u}\right)^u\right]^3 = e^3.$)

b) $\displaystyle\lim_{x \to +\infty} (x + 1)^{\frac{1}{\ln x}} = [\infty^0]$.

$$(x + 1)^{\frac{1}{\ln x}} = e^{\frac{1}{\ln x} \cdot \ln(x+1)}.$$

$$\lim_{x \to +\infty} \frac{1}{\ln x} \cdot \ln(x + 1) = \lim_{x \to +\infty} \frac{\ln(x + 1)}{\ln x} = \left[\frac{\infty}{\infty}\right] = \lim_{x \to +\infty} \frac{\frac{1}{x + 1}}{\frac{1}{x}} = 1. \text{ Assim}$$

$$\lim_{x \to +\infty} (x + 1)^{\frac{1}{\ln x}} = \lim_{x \to +\infty} e^{\frac{\ln(x+1)}{\ln x}} = e.$$

Exemplo 6 Calcule $\displaystyle\lim_{x \to +\infty} \left(\frac{1}{\ln x}\right)^{x+1}$.

Solução

$$\lim_{x \to +\infty} \left(\frac{1}{\ln x}\right)^{x+1} = [0^\infty]$$

Capítulo 9

que *não* é indeterminação. Veja

$$\left(\frac{1}{\ln x}\right)^{x+1} = e^{(x+1)\ln\left(\frac{1}{\ln x}\right)}$$

e

$$\lim_{x\to+\infty} (x+1)\ln\left(\frac{1}{\ln x}\right) = +\infty \cdot (-\infty) = -\infty.$$

Assim

$$\lim_{x\to+\infty}\left(\frac{1}{\ln x}\right)^{x+1} = \lim_{x\to+\infty} e^{(x+1)\ln\left(\frac{1}{\ln x}\right)} = 0.$$

Vimos anteriormente (Exemplo 8 da Seção 7.2) que se f for derivável em p então

$$\lim_{x\to p}\frac{f(x) - [f(p) + f'(p)\,(x - p)]}{x - p} = 0$$

ou seja, o erro $E(x) = f(x) - T(x)$, em que $T(x) = f(p) + f'(p)\,(x - p)$, tende a zero mais rapidamente do que $x - p$, quando x tende a p, o que significa

$$f(x) = f(p) + f'(p)\,(x - p) + \underbrace{\varphi(x)\,(x - p)}_{E(x)}$$

com $\lim_{x\to p}\varphi(x) = 0$. Assim, $T(x)$ é um *valor aproximado* para $f(x)$ e o *erro* que se comete nesta aproximação *tende a zero mais rapidamente do que $x - p$, quando x tende a p*. A seguir, estamos interessados em determinar a de modo que

$$P_2(x) = f(p) + f'(p)(x - p) + a(x - p)^2$$

seja um valor aproximado para $f(x)$ com erro tendendo a zero mais rapidamente que $(x - p)^2$, quando x tende a p.

Exemplo 7 Suponha f derivável no intervalo $]p - r, p + r[$, $r > 0$, e que a derivada de 2ª ordem de f exista em p. Mostre que se

$$\lim_{x\to p}\frac{f(x) - [f(p) + f'(p)\,(x - p) + a\,(x - p)^2]}{(x - p)^2} = 0$$

então $a = \dfrac{f''(p)}{2}$.

Solução

Vamos, então, calcular o limite

$$\lim_{x\to p}\frac{f(x) - [f(p) + f'(p)\,(x - p) + a\,(x - p)^2]}{(x - p)^2} = \left[\frac{0}{0}\right]$$

Estudo da Variação das Funções

Pela 1ª regra de L'Hospital, tal limite é igual a

$$\lim_{x \to p} \frac{f(x) - [f'(p) + 2a(x - p)]}{2(x - p)} =$$

$$= \frac{1}{2} \lim_{x \to p} \left[\frac{f'(x) - f(p)}{x - p} - 2a \right] = \frac{1}{2}[f''(p) - 2a],$$

pois, $f''(p) = \lim_{x \to p} \dfrac{f'(x) - f'(p)}{x - p}$. Segue da hipótese que $a = \dfrac{f''(p)}{2}$.

> **Observação.** Seja
>
> $$P_2(x) = f(p) + f'(p)(x - p) + \frac{f''(p)}{2}(x - p)^2.$$
>
> Do que vimos acima resulta
>
> $$f(x) = P_2(x) + \underbrace{\varphi(x)(x - p)^2}_{E(x)}$$
>
> com $\lim_{x \to p} \varphi(x) = 0$. Ou seja, o polinômio $P_2(x)$ é um *valor aproximado de* $f(x)$ *com erro*
>
> $E(x) = \varphi(x)(x - p)^2$ *tendendo a zero mais rapidamente do que* $(x - p)^2$, *quando* x *tende a*
> p. O polinômio $P_2(x)$ é denominado *polinômio de Taylor de ordem 2 de* f *em* $x = p$.

Exemplo 8 Suponha f derivável até a 2ª ordem no intervalo $]p - r, p + r[$, $r > 0$, e que a derivada de 3ª ordem de f exista em p. Mostre que se

$$\lim_{x \to p} \frac{f(x) - \left[f(p) + f'(p)(x - p) + \dfrac{f''(p)}{2}(x - p)^2 + a(x - p)^3\right]}{(x - p)^3} = 0$$

então, $a = \dfrac{f'''(p)}{3!}$.

Solução

Pela 1ª regra de L'Hospital, o limite acima é igual a

$$\lim_{x \to p} \frac{f'(x) - [f'(p) + f''(p)(x - p) + 3a(x - p)^2]}{3(x - p)^2} = \left[\frac{0}{0}\right]$$

$$= \lim_{x \to p} \frac{f''(x) - [f''(p) + 6a(x - p)]}{6(x - p)}$$

$$= \lim_{x \to p} \frac{1}{6} \left[\frac{f''(x) - f''(p)}{x - p} - 6a \right] = \frac{1}{6}[f'''(p) - 6a].$$

Capítulo 9

Da hipótese, segue

$$a = \frac{f'''(p)}{3!}.$$

O polinômio

$$P_3(x) = f(p) + f'(p)(x - p) + \frac{f''(p)}{2!}(x - p)^2 + \frac{f'''(p)}{3!}(x - p)^3$$

denomina-se *polinômio de Taylor de ordem 3 de f em x = p*. Segue, do que vimos acima, que *$P_3(x)$ é um valor aproximado de f(x) com erro E(x) = f(x) − $P_3(x)$ tendendo a zero mais rapidamente do que $(x − p)^3$, para x tendendo a p*. Generalize. O polinômio de Taylor de uma função é uma das ferramentas poderosas do cálculo numérico. No Cap. 15, voltaremos ao polinômio de Taylor.

Para encerrar a seção, vamos provar as regras de L'Hospital. Para provar tais regras, vamos substituir a hipótese $g'(x) \neq 0$ em $]p, p + r[$, na 1ª regra, e $g'(x) \neq 0$ em $]m, p[$, na 2ª regra, por $g'(x) > 0$ nestes intervalos. (Este fato não restringe em nada as nossas regras, pois o teorema de Darboux (veja Exercício 8 da Seção 9.7) nos diz exatamente o seguinte: $g'(x) \neq 0$ no intervalo aberto $I \Rightarrow g'(x)$ mantém o mesmo sinal neste intervalo.)

> **Demonstração da 1ª regra de L'Hospital**

Suponhamos

$$\lim_{x \to p^+} \frac{f'(x)}{g'(x)} = L, \, L \in \mathbb{R}.$$

Segue que, dado $\varepsilon > 0$ existe $\delta > 0$, $\delta < r$, tal que, para $p < x < p + \delta$, tem-se

$$L - \varepsilon < \frac{f'(x)}{g'(x)} < L + \varepsilon.$$

Do Exemplo 8 da Seção 9.2, segue que, para $p < x < p + \delta$, tem-se, também,

$$L - \varepsilon < \frac{f(x)}{g(x)} < L + \varepsilon.$$

Logo,

$$\lim_{x \to p^+} \frac{f(x)}{g(x)} = L.$$

Fica para o aluno provar, como exercício, a 1ª regra nos casos:

$$\lim_{x \to p^+} \frac{f'(x)}{g'(x)} = +\infty \quad \text{ou} \quad \lim_{x \to p^+} \frac{f'(x)}{g'(x)} = -\infty.$$

De modo análogo, demonstra-se que

$$\lim_{x \to p^-} \frac{f(x)}{g(x)} = \lim_{x \to p^-} \frac{f'(x)}{g'(x)}$$

Estudo da Variação das Funções

251

> *Demonstração da 2ª regra de L'Hospital*

Suponhamos

$$\lim_{x \to p^-} \frac{f'(x)}{g'(x)} = L, \, L \in \mathbb{R}.$$

Pela definição de limite, dado $\varepsilon > 0$ existe $\delta_1 > 0$, com $p - \delta_1 > m$, tal que, para $p - \delta_1 < x < p$,

$$L - \frac{\varepsilon}{2} < \frac{f'(x)}{g'(x)} < L + \frac{\varepsilon}{2}.$$

Do Exemplo 9 da Seção 9.2, segue que existem constantes M, N e s, com $s \in \,]p - \delta_1, p[$, tal que, para $s < x < p$,

① $$\frac{M}{g(x)} + L - \frac{\varepsilon}{2} < \frac{f(x)}{g(x)} < \frac{N}{g(x)} + L + \frac{\varepsilon}{2}.$$

Por outro lado, de

$$\lim_{x \to p^-} \frac{M}{g(x)} = 0 \quad \text{e} \quad \lim_{x \to p^-} \frac{N}{g(x)} = 0$$

existe $\delta > 0$, com $p - \delta > s$, tal que

$$-\frac{\varepsilon}{2} < \frac{M}{g(x)} \quad \text{e} \quad \frac{N}{g(x)} < \frac{\varepsilon}{2}$$

para $p - \delta < x < p$. Daí e de ① resulta, para $p - \delta < x < p$,

$$L - \varepsilon < \frac{f(x)}{g(x)} < L + \varepsilon.$$

Ou seja,

$$\lim_{x \to p^-} \frac{f(x)}{g(x)} = L.$$ ∎

Fica para o aluno provar, como exercício, a 2ª regra no caso $\lim\limits_{x \to p^-} \dfrac{f'(x)}{g'(x)} = \pm\infty$. De modo análogo, demonstra-se que

$$\lim_{x \to p^+} \frac{f(x)}{g(x)} = \lim_{x \to p^+} \frac{f'(x)}{g'(x)}.$$

> **Observação.** As regras de L'Hospital contam-nos que, se $\lim\limits_{x \to p} \dfrac{f(x)}{g(x)} = \left[\dfrac{0}{0}\right]$ ou $\lim\limits_{x \to p} \dfrac{f(x)}{g(x)} = \left[\dfrac{\infty}{\infty}\right]$ e se $\lim\limits_{x \to p} \dfrac{f'(x)}{g'(x)}$ existir, então $\lim\limits_{x \to p} \dfrac{f(x)}{g(x)}$ também existirá e $\lim\limits_{x \to p} \dfrac{f(x)}{g(x)} = \lim\limits_{x \to p} \dfrac{f'(x)}{g'(x)}$.
> Entretanto, $\lim\limits_{x \to p} \dfrac{f(x)}{g(x)}$ poderá existir, sem que $\lim\limits_{x \to p} \dfrac{f'(x)}{g'(x)}$ exista (veja Exercício 4).

Exercícios 9.4

1. Calcule

a) $\lim_{x \to -1} \dfrac{4x^3 + x^2 + 3}{x^5 + 1}$

b) $\lim_{x \to 1} \dfrac{x^{100} - x^2 + x - 1}{x^{10} - 1}$

c) $\lim_{x \to 0^+} x e^{\frac{1}{x}}$

d) $\lim_{x \to +\infty} \dfrac{e^{3x}}{x^2}$

e) $\lim_{x \to +\infty} \dfrac{\ln x}{e^{3x}}$

f) $\lim_{x \to 0^+} \operatorname{sen} x \ln x$

g) $\lim_{x \to 0^+} (1 - \cos x) \ln x$

h) $\lim_{x \to +\infty} (x^2 + 1)^{\frac{1}{\ln x}}$

i) $\lim_{x \to 0^+} \left[\dfrac{1}{x} + \ln x \right]$

j) $\lim_{x \to 0^-} (1 - \cos x)^{\frac{1}{x}}$

l) $\lim_{x \to 0} \dfrac{\operatorname{tg} 3x - \operatorname{sen} x}{\operatorname{sen}^3 x}$

m) $\lim_{x \to 0} \dfrac{\sec^3 x}{1 - \cos x}$

n) $\lim_{x \to +\infty} x^3 e^{-4x}$

o) $\lim_{x \to +\infty} [x - \sqrt[3]{x^3 - x}]$

p) $\lim_{x \to 1^-} \dfrac{e^{\frac{1}{x^2 - 1}}}{x - 1}$

q) $\lim_{x \to +\infty} \left[\dfrac{x}{x^2 + 1} \right]^x$

r) $\lim_{x \to 0^+} [\cos 3x]^{\frac{1}{\operatorname{sen} x}}$

s) $\lim_{x \to 0^+} x^{\operatorname{tg} x^2}$

2. Sejam f e g deriváveis até a 2ª ordem em $]p, b[$, com $g''(x) \neq 0$ em $]p, b[$. Suponha que

$$\lim_{x \to p^+} f(x) = \lim_{x \to p^+} f'(x) = 0 \quad \text{e} \quad \lim_{x \to p^+} g(x) = \lim_{x \to p^+} g'(x) = 0$$

ou

$$\lim_{x \to p^+} f(x) = \lim_{x \to p^+} f'(x) = \pm \infty \quad \text{e} \quad \lim_{x \to p^+} g(x) = \lim_{x \to p^+} g'(x) = \pm \infty.$$

Prove que, se $\lim_{x \to p^+} \dfrac{f''(x)}{g''(x)}$ existir (finito ou infinito), então $\lim_{x \to p^+} \dfrac{f(x)}{g(x)}$ existirá e $\lim_{x \to p^+} \dfrac{f(x)}{g(x)} = \lim_{x \to p^+} \dfrac{f''(x)}{g''(x)}$. Generalize tal resultado.

3. Calcule

a) $\lim_{x \to 1} \dfrac{x^4 - 2x^3 + 2x - 1}{x^2 - 2x + 1}$

b) $\lim_{x \to 0^+} \dfrac{x^2 + \operatorname{tg}^3 x}{\operatorname{sen}^3 x}$

c) $\lim_{x \to +\infty} \dfrac{e^{2x}}{x^3}$

d) $\lim_{x \to 0} \dfrac{x - \operatorname{tg} x}{x^3}$

4. Sejam $f(x) = x^2 \operatorname{sen} \dfrac{1}{x}$ e $g(x) = x$. Verifique que $\lim_{x \to 0} f(x) = \lim_{x \to 0} g(x) = 0$, $\lim_{x \to 0} \dfrac{f(x)}{g(x)} = 0$ e que $\lim_{x \to 0} \dfrac{f'(x)}{g'(x)}$ não existe. Há alguma contradição com a 1ª regra de L'Hospital?

9.5 Gráficos

Para o esboço do gráfico de uma função f, sugerimos o roteiro:

- *a*) explicitar o domínio.
- *b*) determinar os intervalos de crescimento e de decrescimento.
- *c*) estudar a concavidade e destacar os pontos de inflexão.
- *d*) calcular os limites laterais de f, em p, nos casos:
    - (i) $p \notin D_f$, mas p é extremo de um dos intervalos que compõem D_f.
    - (ii) $p \in D_f$, mas f não é contínua em p.
- *e*) calcular os limites para $x \to +\infty$ e $x \to -\infty$.
- *f*) determinar ou localizar as raízes de f.

Exemplo 1 Esboce o gráfico de $f(x) = x^3 - x^2 - x + 1$.

Solução

a) $D_f = \mathbb{R}$.

b) Intervalos de crescimento e de decrescimento.

$$f'(x) = 3x^2 - 2x - 1 \qquad 3x^2 - 2x - 1 = 0 \Leftrightarrow \begin{cases} x = 1 \\ \text{ou} \\ x = -\dfrac{1}{3} \end{cases}$$

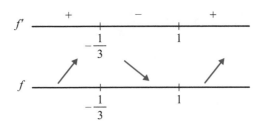

c) Concavidade e pontos de inflexão.

$$f''(x) = 6x - 2$$

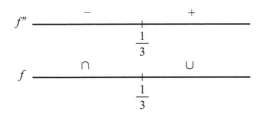

Ponto de inflexão: $\dfrac{1}{3}$

d) Como *f* é contínua em ℝ, precisamos apenas calcular os limites para $x \to +\infty$ e $x \to -\infty$.

$$\lim_{x \to +\infty} [x^3 - x^2 - x + 1] = \lim_{x \to +\infty} x^3 \left[1 - \frac{1}{x} - \frac{1}{x^2} + \frac{1}{x^3}\right] = +\infty$$

$$\lim_{x \to -\infty} [x^3 - x^2 - x + 1] = -\infty.$$

e) As raízes de *f* são: -1 e 1 (1 é raiz dupla).

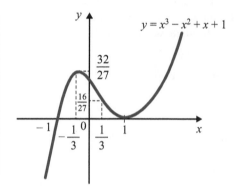

x	$f(x)$
-1	0
$-\frac{1}{3}$	$\frac{32}{27}$
0	1
1	0
$\frac{1}{3}$	$\frac{16}{27}$

Exemplo 2 Esboce o gráfico de $f(x) = \dfrac{x^4 + 1}{x^2}$.

Solução

a) $D_f = \mathbb{R} - \{0\}$.

b) Intervalos de crescimento e de decrescimento.

Para calcular $f'(x)$ é conveniente escrever *f* na forma $f(x) = x^2 + \dfrac{1}{x^2}$

$$\boxed{f'(x) = 2x - 2x^{-3}}$$ ou $$f'(x) = \dfrac{2(x^2 + 1)(x^2 - 1)}{x^3}$$

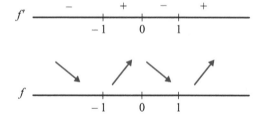

Observação. O sinal de $f'(x)$ é o mesmo que o de $\dfrac{x^2-1}{x}$, já que $\dfrac{2(x^2+1)}{x^2} > 0$.

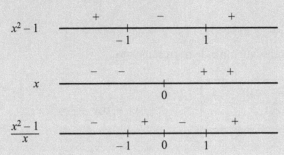

c) Concavidade e pontos de inflexão.

$$f''(x) = 2 + 6x^{-4}$$

Não há ponto de inflexão.

d) Limites laterais de f em 0.

$$\lim_{x \to 0^+}\left[x^2 + \frac{1}{x^2}\right] = \lim_{x \to 0^-}\left[x^2 + \frac{1}{x^2}\right] = +\infty.$$

e) Limites para $x \to +\infty$ e $x \to -\infty$.

$$\lim_{x \to +\infty}\left[x^2 + \frac{1}{x^2}\right] = +\infty = \lim_{x \to -\infty}\left[x^2 + \frac{1}{x^2}\right]$$

f) f não admite raiz.

x	$f(x)$
-1	2
1	2

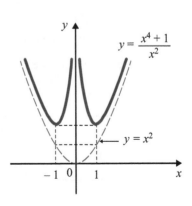

Observe que, quando x tende a $+\infty$ ou $-\infty$, o gráfico de f vai "encostando" por cima no gráfico de $y = x^2$.

Exemplo 3 Esboce o gráfico de $f(x) = \dfrac{4x + 5}{x^2 - 1}$.

Solução

a) $D_f = \{x \in \mathbb{R} \mid x \neq \pm 1\}$.

b) Intervalos de crescimento e de decrescimento.

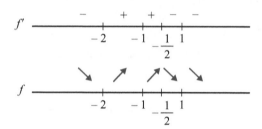

$$f'(x) = \dfrac{-4x^2 - 10x - 4}{(x^2 - 1)^2}$$

$$-4x^2 - 10x - 4 = 0 \Leftrightarrow \begin{cases} x = -2 \\ \text{ou} \\ x = -\dfrac{1}{2} \end{cases}$$

c) Concavidade e pontos de inflexão.

$$f''(x) = \dfrac{(-8x - 10)(x^2 - 1)^2 - (-4x^2 - 10x - 4)\, 2\,(x^2 - 1)2x}{(x^2 - 1)^4}$$

$$f''(x) = \dfrac{(x^2 - 1)\,[8x^3 + 30x^2 + 24x + 10]}{(x^2 - 1)^4}$$

Vimos, no Exemplo 5-9.2, que $g(x) = 8x^3 + 30x^2 + 24x + 10$ admite uma única raiz real a, com $-3 < a < -2$, e que

$$g(x) < 0 \text{ para } x < a \text{ e } g(x) > 0 \text{ para } x > a.$$

Combinando o sinal de $g(x)$ com o de $x^2 - 1$, resulta

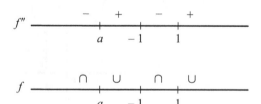

Ponto de inflexão: a é o único ponto de inflexão.

d) Limites laterais em -1 e 1.

$$\lim_{x \to 1^+} \frac{4x+5}{x^2-1} = \lim_{x \to 1^+} \frac{1}{x-1} \cdot \frac{4x+5}{x+1} = +\infty$$

$$\lim_{x \to 1^-} \frac{4x+5}{x^2-1} = -\infty$$

$$\lim_{x \to -1^+} \frac{4x+5}{x^2-1} = \lim_{x \to -1^+} \frac{1}{x+1} \cdot \frac{4x+5}{x-1} = +\infty \left(-\frac{1}{2}\right) = -\infty$$

$$\lim_{x \to -1^-} \frac{4x+5}{x^2-1} = +\infty$$

e) $\lim_{x \to +\infty} \dfrac{4x+5}{x^2-1} = 0 = \lim_{x \to -\infty} \dfrac{4x+5}{x^2-1}$.

f) A única raiz de f é $-\dfrac{5}{4}$.

x	$f(x)$
-2	-1
$-\dfrac{5}{4}$	0
$-\dfrac{1}{2}$	-4
0	-5

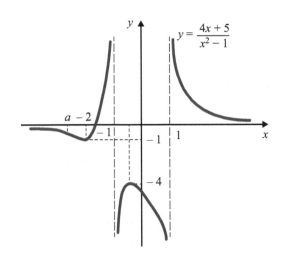

Seja f uma função. Se existir uma reta $y = mx + n$ tal que $\lim_{x \to +\infty} [f(x) - (mx + n)] = 0$, então diremos que $y = mx + n$ é uma *assíntota* para f; se $m = 0$, teremos uma *assíntota horizontal*, e se $m \neq 0$, uma *assíntota oblíqua*.

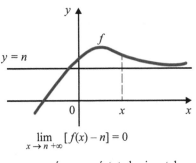

$\lim_{x \to +\infty} [f(x) - n] = 0$

$y = n$ é uma assíntota horizontal

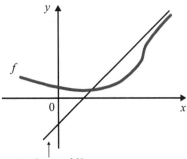

Assíntota oblíqua

O que dissemos para $x \to +\infty$ vale para $x \to -\infty$.

Capítulo 9

258

Se f for da forma $f(x) = \dfrac{p(x)}{q(x)}$, com p e q polinômios, f admitirá assíntota se "grau de p − grau de q" for menor ou igual a 1. Se "grau de p − grau de q" for 1 ou 0, para determinar a assíntota basta "extrair os inteiros". Se "grau de p − grau de q" for estritamente menor que zero, ou seja, se grau de q for estritamente maior que grau de p, então $y = 0$ é uma assíntota.

Exemplo 4 Determine a assíntota e esboce o gráfico de $f(x) = \dfrac{x^3}{x^2 + 1}$.

Solução

f é uma função racional e a diferença entre o grau do numerador e do denominador é 1, logo, f admite assíntota. Temos

$$\frac{x^3}{x^2 + 1} = x - \frac{x}{x^2 + 1}.$$

Como $\lim\limits_{x \to +\infty} \dfrac{x}{x^2 + 1} = 0 = \lim\limits_{x \to -\infty} \dfrac{x}{x^2 + 1}$, quando x tende a $+\infty$ ou $-\infty$, o gráfico de f vai encostando na assíntota $y = x$. Temos, agora,

a) $D_f = \mathbb{R}$.

b) Intervalos de crescimento e de decrescimento.

$$f'(x) = \frac{x^4 + 3x^2}{(x^2 + 1)^2}$$

f é contínua em $\mathbb{R}$ e $f'(x) > 0$, para $x \neq 0$, logo, f é estritamente crescente em $\mathbb{R}$.

c) Concavidade e pontos de inflexão.

$$f''(x) = \frac{-2x(x^2 - 3)}{(x^2 + 1)^3}$$

$$f'' \quad \overline{\quad\underset{-\sqrt{3}}{\overset{+}{}}\quad\underset{0}{\overset{-}{}}\quad\underset{\sqrt{3}}{\overset{+}{}}\quad\overset{-}{}\quad}$$

$$f \quad \overline{\quad\underset{-\sqrt{3}}{\overset{\cup}{}}\quad\underset{0}{\overset{\cap}{}}\quad\underset{\sqrt{3}}{\overset{\cup}{}}\quad\overset{\cap}{}\quad}$$

d) $\lim\limits_{x \to +\infty} \dfrac{x^3}{x^2 + 1} = +\infty$ e $\lim\limits_{x \to -\infty} \dfrac{x^3}{x^2 + 1} = -\infty$.

e) 0 é a única raiz de f.

f) $y = x$ é assíntota.

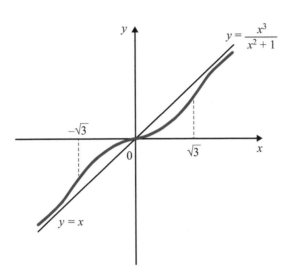

Observação. Como $f'(0) = 0$, $y = 0$ é a reta tangente ao gráfico de *f* em $(0, 0)$.

Muitas vezes, por inspeção, é possível prever a existência ou não de assíntota. Um bom indicador para a existência de assíntota oblíqua é o seguinte: se para *x* suficientemente grande, $f(x) \cong mx$, para algum *m*, então será razoável esperar a existência de assíntota. Por exemplo, para *x* suficientemente grande, temos:

$$\sqrt{4x^2 + x + 1} = 2x\sqrt{1 + \frac{1}{4x} + \frac{1}{4x^2}} \cong 2x$$

$$\sqrt[3]{3x^3 - x^2} = \sqrt[3]{3x}\sqrt[3]{1 - \frac{1}{3x}} \cong \sqrt[3]{3x}$$

$$\sqrt{x^2 + 1} = x\sqrt{1 + \frac{1}{x^2}} \cong x$$

Então, é razoável esperar que tais funções admitam assíntotas.
Observe:

$$\lim_{x \to +\infty} [f(x) - mx - n] = 0 \Leftrightarrow n = \lim_{x \to +\infty} [f(x) - mx]$$

Para determinar assíntota, procedemos assim: primeiro determinamos *m* (caso exista) para que

$$\lim_{x \to +\infty} [f(x) - mx] \text{ (ou } \lim_{x \to -\infty} [f(x) - mx])$$

seja finito; em seguida, tomamos para *n* o valor deste limite.

Capítulo 9

260

Observamos que se $\lim\limits_{x \to +\infty} [f(x) - mx]$ for finito, então

$$\lim_{x \to +\infty} \frac{f(x) - mx}{x} = 0$$

ou seja,

$$m = \lim_{x \to +\infty} \frac{f(x)}{x}.$$

(**Cuidado.** $\lim\limits_{x \to +\infty} \dfrac{f(x)}{x}$ poderá ser finito *sem que* $\lim\limits_{x \to +\infty} [f(x) - mx]$ o seja. Verifique.) De modo análogo, se $\lim\limits_{x \to -\infty} [f(x) - mx]$ for *finito*, deveremos ter obrigatoriamente $m = \lim\limits_{x \to -\infty} \dfrac{f(x)}{x}$. A seguir, sugerimos um processo para se determinar assíntota.

Primeiro determine m, caso exista, através do limite

$$m = \lim_{x \to +\infty} \frac{f(x)}{x}.$$

Em seguida, calcule

$$n = \lim_{x \to +\infty} [f(x) - mx].$$

Se n for finito, $y = mx + n$ será assíntota (para $x \to +\infty$). Proceda de modo análogo para $x \to -\infty$.

Observação. Se $\lim\limits_{x \to +\infty} f(x) = \pm\infty$ e se $\lim\limits_{x \to +\infty} f'(x)$ existe, pela 2ª regra de L'Hospital $\lim\limits_{x \to +\infty} \dfrac{f(x)}{x} = \lim\limits_{x \to +\infty} f'(x)$. (Interprete.)

Exemplo 5 Determine as assíntotas de

$$f(x) = \sqrt{x^2 + 1}.$$

Solução

Temos

$$\frac{f(x)}{x} = \frac{|x|\sqrt{1 + \dfrac{1}{x^2}}}{x} = \begin{cases} \sqrt{1 + \dfrac{1}{x^2}} & \text{se } x > 0 \\[3mm] -\sqrt{1 + \dfrac{1}{x^2}} & \text{se } x < 0 \end{cases}$$

Segue que

$$\lim_{x \to +\infty} \frac{f(x)}{x} = \lim_{x \to +\infty} \sqrt{1 + \frac{1}{x^2}} = 1$$

e

$$\lim_{x \to -\infty} \frac{f(x)}{x} = \lim_{x \to -\infty} -\sqrt{1 + \frac{1}{x^2}} = -1.$$

Assim, $m = 1$, para $x \to +\infty$, e $m = -1$ para $x \to -\infty$. Vamos, agora, deteminar n. Para $x \to +\infty$,

$$n = \lim_{x \to +\infty} [f(x) - mx]$$

$$n = \lim_{x \to +\infty} [\sqrt{x^2 + 1} - x]$$

$$= \lim_{x \to +\infty} \frac{1}{\sqrt{x^2 + 1} + x} = 0$$

Assim, para $x \to +\infty$, $y = x$ é assíntota. Para $x \to -\infty$, temos

$$n = \lim_{x \to -\infty} [\sqrt{x^2 + 1} + x]$$

$$= \lim_{x \to +\infty} [\sqrt{u^2 + 1} - u] = \lim_{u \to +\infty} \frac{1}{\sqrt{u^2 + 1} + u} = 0.$$

Logo, para $x \to -\infty$, $y = -x$ é assíntota.

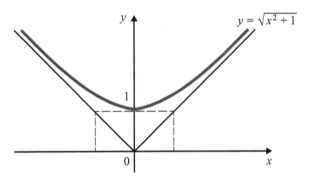

Exemplo 6 Determine as assíntotas e esboce o gráfico de $f(x) = \sqrt{4x^2 + x + 1}$.

Solução
Temos

$$\frac{f(x)}{x} = \frac{|x|\sqrt{4 + \frac{1}{x} + \frac{1}{x^2}}}{x} = \begin{cases} \sqrt{4 + \frac{1}{x} + \frac{1}{x^2}} & \text{se } x > 0 \\ -\sqrt{4 + \frac{1}{x} + \frac{1}{x^2}} & \text{se } x < 0. \end{cases}$$

Capítulo 9

Daí

$$\lim_{x \to +\infty} \frac{f(x)}{x} = \lim_{x \to +\infty} \sqrt{4 + \frac{1}{x} + \frac{1}{x^2}} = 2$$

e

$$\lim_{x \to -\infty} \frac{f(x)}{x} = \lim_{x \to -\infty} -\sqrt{4 + \frac{1}{x} + \frac{1}{x^2}} = -2.$$

Assim, para $x \to +\infty$, $m = 2$, e, para $x \to -\infty$, $m = -2$. Vamos agora determinar n. Para $x \to +\infty$, temos

$$n = \lim_{x \to +\infty} [f(x) - mx] = \lim_{x \to +\infty} (\sqrt{4x^2 + x + 1} - 2x).$$

Para $x > 0$,

$$\sqrt{4x^2 + x + 1} - 2x = \frac{x + 1}{\sqrt{4x^2 + x + 1} + 2x}$$

$$= \frac{1 + \dfrac{1}{x}}{\sqrt{4 + \dfrac{1}{x} + \dfrac{1}{x^2}} + 2}.$$

Segue que $n = \dfrac{1}{4}$. Logo, para $x \to +\infty$, $y = 2x + \dfrac{1}{4}$ é assíntota. Para $x \to -\infty$,

$$n = \lim_{x \to -\infty} \left[\sqrt{4x^2 + x + 1} + 2x \right]$$

$$= \lim_{u \to +\infty} \left[\sqrt{4u^2 - u + 1} - 2x \right]$$

$$= \lim_{u \to +\infty} \frac{-1 + \dfrac{1}{u}}{\sqrt{4 - \dfrac{1}{u} + \dfrac{1}{u^2}} + 2} = -\frac{1}{4}.$$

Assim, para $x \to -\infty$, $y = -2x - \dfrac{1}{4}$ é assíntota. Temos, então, as assíntotas

$$y = 2x + \frac{1}{4} \ (\text{para } x \to +\infty)$$

e

$$y = -2x - \frac{1}{4} \ (\text{para } x \to -\infty).$$

Temos, agora,

a) $D_f = \mathbb{R}$, pois, $4x^2 + x + 1 > 0$ para todo x.
b) Intervalos de crescimento e de decrescimento.

$$f'(x) = \frac{8x + 1}{2\sqrt{4x^2 \ x + 1}}$$

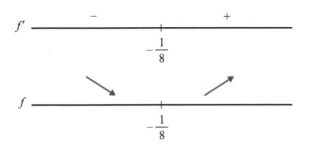

c) Concavidade e pontos de inflexão.

$$f''(x) = \frac{15}{4(4x^2 + x + 1)\sqrt{4x^2 + x + 1}}$$

$f''(x) > 0$ para todo x, logo, concavidade para cima em $\mathbb{R}$.

d) $\lim_{x \to +\infty} \sqrt{4x^2 + x + 1} = +\infty = \lim_{x \to -\infty} \sqrt{4x^2 + x + 1}$.

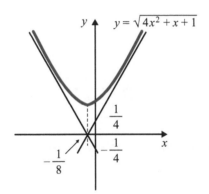

Exemplo 7 Determine as assíntotas e esboce o gráfico de $f(x) = \sqrt[3]{x^3 - x^2}$.

Solução

Temos

$$\frac{f(x)}{x} = \frac{\sqrt[3]{x^3 - x^2}}{x} = \sqrt[3]{1 - \frac{1}{x}}.$$

Segue que

$$\lim_{x \to +\infty} \frac{f(x)}{x} = \lim_{x \to +\infty} \sqrt[3]{1 - \frac{1}{x}} = 1$$

e

$$\lim_{x \to -\infty} \frac{f(x)}{x} = \lim_{x \to -\infty} \sqrt[3]{1 - \frac{1}{x}} = 1.$$

Assim, $m = 1$. Vamos, agora, determinar n.

$$f(x) - mx = x\sqrt[3]{1 + \frac{1}{x}} - x = \frac{\sqrt[3]{1 - \frac{1}{x}} - 1}{\frac{1}{x}}.$$

Para $x \to +\infty$,

$$n = \lim_{x \to +\infty} [f(x) - mx] = \lim_{u \to 0^+} \frac{\sqrt[3]{1-u} - 1}{u} = \left[\frac{0}{0}\right].$$

Pela 1ª regra de L'Hospital,

$$n = \lim_{u \to 0^+} \frac{\frac{1}{3}(1-u)^{-\frac{2}{3}} \cdot (-1)}{1} = -\frac{1}{3}.$$

Para $x \to -\infty$,

$$n = \lim_{u \to 0^-} \frac{\sqrt[3]{1-u} - 1}{u} = -\frac{1}{3}.$$

Logo, $y = x - \frac{1}{3}$ é assíntota para $x \to +\infty$ e para $x \to -\infty$.

Temos, agora,

a) $D_f = \mathbb{R}$.

b) Intervalos de crescimento e de decrescimento.

$$\boxed{f'(x) = \frac{3x^2 - 2x}{3\sqrt[3]{(x^3 - x^2)^2}}, \ x \neq 1 \text{ e } x \neq 0}$$

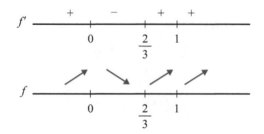

c) Concavidade e pontos de inflexão.

$$f''(x) = \frac{-2}{9\sqrt[3]{(x^3 - x^2)^2}\,(x - 1)}$$

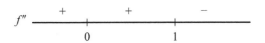

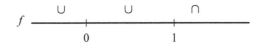

Ponto de inflexão: 1 é o único ponto de inflexão.

d) $\lim\limits_{x \to +\infty} \sqrt[3]{x^3 - x^2} = \lim\limits_{x \to +\infty} x\sqrt[3]{1 - \frac{1}{x}} = +\infty$

$\lim\limits_{x \to -\infty} \sqrt[3]{x^3 - x^2} = -\infty.$

e) Em 0 e 1 a função é contínua, mas não é derivável. Vamos então estudar o comportamento do gráfico de *f* nos pontos de abscissas 0 e 1.

$\boxed{(0, f(0))}$

Seja s_x a reta secante ao gráfico de *f* passando pelos pontos $(0, f(0))$ e $(x, f(x))$. O coeficiente angular de s_x é

$$\frac{f(x) - f(0)}{x - 0} = \frac{\sqrt[3]{x^3 - x^2}}{x} = \frac{1}{\sqrt[3]{x}}\sqrt[3]{x - 1},\ x \neq 0.$$

$$\lim\limits_{x \to 0^+} \frac{f(x) - f(0)}{x - 0} = -\infty \ \ \text{e} \ \ \lim\limits_{x \to 0^-} \frac{f(x) - f(0)}{x - 0} = +\infty.$$

$\boxed{(1, f(1))}$

O coeficiente angular da reta secante s_x, que passa pelos pontos $(1, f(1))$ e $(x, f(x))$ é

$$\frac{f(x) - f(1)}{x - 1} = \frac{\sqrt[3]{x^3 - x^2}}{x - 1} = \sqrt[3]{x^2} \cdot \frac{1}{\sqrt[3]{(x - 1)^2}},\ x \neq 1.$$

$$\lim\limits_{x \to 1^+} \frac{f(x) - f(1)}{x - 1} = \lim\limits_{x \to 1^-} \frac{f(x) - f(1)}{x - 1} = +\infty.$$

No ponto $(1, f(1))$ o gráfico de *f* admite uma reta tangente vertical.

Capítulo 9

Gráfico de f

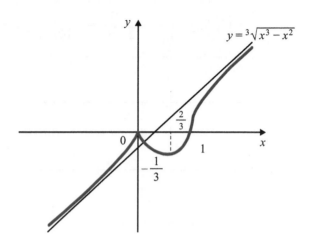

Interprete graficamente os limites

$$\lim_{x \to 0^+} \frac{f(x) - f(0)}{x - 0} \text{ e } \lim_{x \to 0^-} \frac{f(x) - f(0)}{x - 0}.$$

Exercícios 9.5

Esboce o gráfico.

1. $f(x) = x^3 - 3x^2 + 3x$
2. $f(x) = x^3 - x^2 + 1$
3. $y = \sqrt{x^2 - 4}$
4. $y = \dfrac{x}{x + 1}$
5. $y = \dfrac{x^2}{x + 1}$
6. $g(x) = xe^{-3x}$
7. $f(x) = 2x + 1 + e^{-x}$
8. $f(x) = e^{-x^2}$
9. $y = \dfrac{x^4}{4} - \dfrac{3x^2}{2} + 2x + 1$
10. $f(x) = \sqrt[3]{x^3 - x}$
11. $y = \dfrac{x^3}{x^2 + 4}$
12. $y = \dfrac{x^3}{x^2 - 1}$
13. $y = \dfrac{x^3 - x + 1}{x^2}$
14. $y = e^x - e^{3x}$
15. $f(x) = x^4 - 2x^2$
16. $y = \sqrt{x^2 + 2x + 5}$
17. $y = \dfrac{x - 1}{x^2}$
18. $f(x) = \dfrac{x^2}{x^2 - x - 2}$
19. $y = \dfrac{x^2 - x + 1}{x^2}$
20. $y = \dfrac{4x + 3x^2}{1 + x^2}$

9.6 Máximos e Mínimos

Definição 1. Sejam f uma função, $A \subset D_f$ e $p \in A$. Dizemos que $f(p)$ é o *valor máximo* de f em A ou que p um *ponto de máximo* de f em A se $f(x) \leq f(p)$ para todo x em A. Se $f(x) \geq f(p)$ para todo x em A, dizemos então que $f(p)$ é o *valor mínimo* de f em A ou que p é um *ponto de mínimo* de f em A.

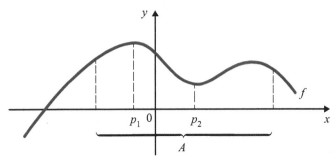

$f(p_1)$ valor máximo de f em A
$f(p_2)$ valor mínimo de f em A

Definição 2. Sejam f uma função e $p \in D_f$. Dizemos que $f(p)$ é o *valor máximo global* de f ou que p é um *ponto de máximo global* de f se, para todo x em D_f, $f(x) \leq f(p)$. Se, para todo x em D_f, $f(x) \geq f(p)$, diremos então que $f(p)$ é o *valor mínimo global* de f ou que p é um *ponto de mínimo global* de f.

Definição 3. Sejam f uma função e $p \in D_f$. Dizemos que p é o *ponto de máximo local* de f se existir $r > 0$ tal que

$$f(x) \leq f(p)$$

para todo x em $]p - r, p + r[\cap D_f$. Por outro lado, dizemos que p é o *ponto de mínimo local* de f se existir $r > 0$ tal que

$$f(x) \geq f(p)$$

para todo x em $]p - r, p + r[\cap D_f$.

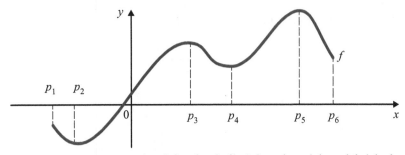

p_1, p_3 e p_5 são pontos de máximo local; $f(p_5)$ é o valor máximo global de f
p_2, p_4 e p_6 são pontos de mínimo local; $f(p_2)$ é o valor mínimo global de f

Uma boa maneira de se determinar os pontos de máximo e de mínimo de uma função f é estudá-la com relação a crescimento e decrescimento. Sejam $a < c < b$; se f for crescente em $]a, c]$ e decrescente em $[c, b[$, então c será um ponto de máximo local de f; se f for decrescente em $]a, c]$ e crescente em $[c, b[$, então c será um ponto de mínimo local de f.

Exemplo 1 Seja $f(x) = x^3 - 3x^2 + 3$.

a) Estude f com relação a máximos e mínimos.
b) Determine os valores máximo e mínimo de f em $[-2, 3]$. Em que pontos estes valores são atingidos?

Solução

a) $\boxed{f'(x) = 3x^2 - 6x}$

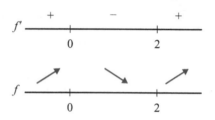

ponto de máximo local: 0
ponto de mínimo local: 2

Como $\lim_{x \to +\infty} (x^3 - 3x^2 + 3) = +\infty$ e $\lim_{x \to -\infty} (x^3 - 3x^2 + 3) = -\infty$, segue que f não assume nem valor máximo global, nem valor mínimo global.

b)

x	$f(x)$
-2	-17
0	3
2	-1
3	3

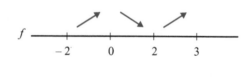

$f(-2) = -17$ é o valor mínimo de f em $[-2, 3]$.
$f(0) = f(3) = 3$ é o valor máximo de f em $[-2, 3]$.

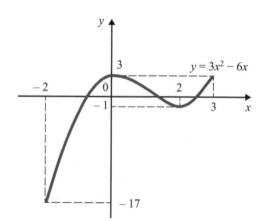

Estudo da Variação das Funções

Exemplo 2 Determine dois números positivos cuja soma seja 4 e tal que a soma do cubo do menor com o quadrado do maior seja mínima.

Solução

Indiquemos por x o número menor ($0 \leqslant x \leqslant 2$); assim o maior é $4 - x$. Seja
$$S(x) = x^3 + (4 - x)^2,\ 0 \leqslant x \leqslant 2.$$
Devemos determinar x que torna mínimo o valor de S. Temos
$$S'(x) = 3x^2 + 2x - 8$$

$$3x^2 + 2x - 8 = 0 \Leftrightarrow \begin{cases} x = \dfrac{4}{3} \\ \text{ou} \\ x = -2 \end{cases}$$

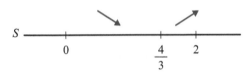

Assim, $x = \dfrac{4}{3}$ torna mínimo o valor de S.

Conclusão. Os números procurados são $\dfrac{4}{3}$ e $\dfrac{8}{3}$.

Exemplo 3 Pede-se construir um cilindro circular reto de área total S dada e cujo volume seja máximo.

Solução

Precisamos determinar r (raio da base) e h (altura).
  Temos
$$\begin{cases} \text{área da base} = \pi r^2 \\ \text{área lateral} = 2\pi rh \end{cases}$$
Assim,
$$S = 2\pi r^2 + 2\pi rh$$
daí, $h = \dfrac{S - 2\pi r^2}{2\pi r},\ 0 < r < \sqrt{\dfrac{S}{2\pi}}$.

Capítulo 9

Podemos, então, exprimir o volume V em função de r.

$$V(r) = \pi r^2 \cdot \frac{S - 2\pi r^2}{2\pi r}, \quad 0 < r < \sqrt{\frac{S}{2\pi}} \quad (S \text{ é constante})$$

ou

$$V(r) = \frac{Sr}{2} - \pi r^3, \quad 0 < r < \sqrt{\frac{S}{2\pi}}.$$

Devemos determinar r que torna V máximo.

$$V'(r) \frac{S}{2} - 3\pi r^2; \frac{S}{2} - 3\pi r^2 = 0 \Leftrightarrow r = \pm \sqrt{\frac{S}{6\pi}}.$$

Observação. A condição $0 < r < \sqrt{\frac{S}{2\pi}}$ é para deixar $r > 0$ e $h > 0$.

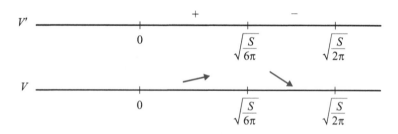

Assim, $r = \sqrt{\frac{S}{6\pi}}$ torna V máximo.

Conclusão. $r = \sqrt{\frac{S}{6\pi}}$ e $h = 2\sqrt{\frac{S}{6\pi}}$ são, respectivamente, o raio e a altura do cilindro de volume máximo.

Exercícios 9.6

1. Estude a função dada com relação a máximos e mínimos locais e globais.

a) $f(x) = \dfrac{x}{1 + x^2}$

b) $f(x) = xe^{-2x}$

c) $f(x) = e^x \, e^{-3x}$

d) $f(x) = 2x^3 - 9x^2 + 12x + 3$

e) $f(x) = x^2 + 3x + 2$

f) $x(t) = te^{-t}$

g) $f(x) = x^4 - 4x^3 + 4x^2 + 2$

h) $f(x) = \operatorname{sen} x + \cos x, \, x \in [0, \pi]$

i) $y(t) = -t^3 + 3t^2 + 4, t \in [-1, 3]$ j) $h(x) = \dfrac{x}{1 + x \operatorname{tg} x}, x \in \left[0, \dfrac{\pi}{2}\right[$

l) $f(x) = \dfrac{x^5}{5} - \dfrac{x^4}{2} - \dfrac{x^3}{3} + x^2$ m) $y = e^{\frac{x-1}{x^2}}$

n) $y = \sqrt[3]{x^3 - x^2}$ o) $y = \sqrt[3]{x^3 - x}$

2. Determine as dimensões do retângulo de área máxima e cujo perímetro $2p$ é dado.

3. Determine o número real positivo cuja diferença entre ele e seu quadrado seja máxima.

4. Determine o número real positivo cuja soma com o inverso de seu quadrado seja mínima.

5. Determine a altura do cilindro circular reto, de volume máximo, inscrito na esfera de raio R dado.

6. Determine a altura do cone circular reto, de volume máximo, inscrito na esfera de raio R dado.

7. Determine a altura do cone circular reto, de volume máximo, e com geratriz a dada.

8. Considere a curva $y = 1 - x^2$, $0 \leq x \leq 1$. Traçar uma tangente à curva tal que a área do triângulo que ela forma com os eixos coordenados seja mínima.

9. Determine o retângulo de área máxima e lados paralelos aos eixos coordenados, inscrito na elipse $4x^2 + y^2 = 1$.

10. Deseja-se construir uma caixa, de forma cilíndrica, de 1 m³ de volume. Nas laterais e fundo será utilizado material que custa R$ 10 o metro quadrado e na tampa material de R$ 20 o metro quadrado. Determine as dimensões da caixa que minimizem o custo do material empregado.

11. r é uma reta que passa pelo ponto $(1, 2)$ e intercepta os eixos nos pontos $A = (a, 0)$ e $B = (0, b)$, com $a > 0$ e $b > 0$. Determine r de modo que a distância de A a B seja a menor possível.

12. Certa pessoa que se encontra em A, para atingir C, utilizará na travessia do rio (de 100 m de largura) um barco com velocidade máxima de 10 km/h; de B a C utilizará uma bicicleta com velocidade máxima de 15 km/h. Determine B para que o tempo gasto no percurso seja o menor possível.

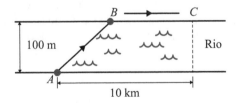

13. Qual o ponto P da curva $y = x^2$ que se encontra mais próximo de $(3, 0)$? Seja $P = (a, b)$ tal ponto; mostre que a reta que passa por $(3, 0)$ e (a, b) é normal à curva em (a, b).

14. Encontre o ponto da curva $y = \dfrac{2}{x}$, $x > 0$, que está mais próximo da origem.

15. Duas partículas P e Q movem-se, respectivamente, sobre os eixos $0x$ e $0y$. A função de posição de P é $x = \sqrt{t}$ e a de Q, $y = t^2 - \dfrac{3}{4}$, $t \geq 0$. Determine o instante em que a distância entre P e Q seja a menor possível.

16. Seja g definida e positiva no intervalo I. Seja $p \in I$. Prove: p será ponto de máximo (ou de mínimo) de $h(x) = \sqrt{g(x)}$ em I, se e somente se p for ponto de máximo (ou de mínimo) de g em I.

17. Um sólido será construído acoplando-se a um cilindro circular reto, de altura h e raio r, uma semiesfera de raio r. Deseja-se que a área da superfície do sólido seja 5π. Determine r e h para que o volume seja máximo.

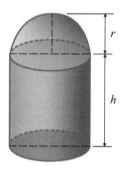

18. A Cia. α Ltda. produz determinado produto e vende-o a um preço unitário de R$ 13. Estima-se que o custo total c para produzir e vender q unidades é dado por $c = q^3 - 3q^2 + 4q + 2$. Supondo que toda a produção seja absorvida pelo mercado consumidor, que quantidade deverá ser produzida para se ter lucro máximo?

19. Determinado produto é produzido e vendido a um preço unitário p. O preço de venda não é constante, mas varia em função da quantidade q demandada pelo mercado, de acordo com a equação $p = \sqrt{20 - q}$, $0 \leq q \leq 20$. Admita que, para produzir e vender uma unidade do produto, a empresa gasta em média R$ 3,50. Que quantidade deverá ser produzida para que o lucro seja máximo?

20. Do ponto A, situado numa das margens de um rio, de 100 m de largura, deve-se levar energia elétrica ao ponto C situado na outra margem do rio. O fio a ser utilizado na água custa R$ 5 o metro, e o que será utilizado fora, R$ 3 o metro. Como deverá ser feita a ligação para que o gasto com os fios seja o menor possível? (Suponha as margens retilíneas e paralelas.)

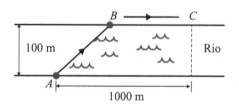

Estudo da Variação das Funções

21. Sejam $P = (0, a)$ e $Q = (b, c)$, em que a, b e c são números reais dados e estritamente positivos. Seja $M = (x, 0)$, com $0 \leq x \leq b$.

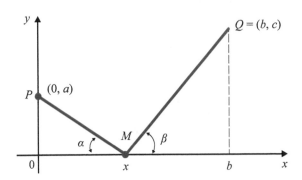

a) Determine x para que o perímetro do triângulo PMQ seja mínimo.

b) Conclua que o perímetro será mínimo para $\alpha = \beta$.

22. Determine M no gráfico de $y = x^3$, $0 \leq x \leq 1$, de modo que a área do triângulo de vértices $(0, 0)$, $(1, 1)$ e M seja máxima.

23. A Cia. γ Ltda. produz um determinado produto e vende-o com um lucro total dado por $L(q) = -q^3 + 12q^2 + 60q - 4$, em que q representa a quantidade produzida. Determine o lucro máximo e a produção que maximiza o lucro. Esboce o gráfico desta função.

24. Determine uma reta tangente ao gráfico de $y = 1 - x^2$, de modo que a distância da origem a ela seja a menor possível.

25. Determine o ponto da parábola $y = 1 - x^2$ que se encontra mais próximo da origem.

26. Seja (x_0, y_0), $x_0 > 0$ e $y_0 > 0$, um ponto da elipse $x^2 + 4y^2 = 1$. Seja T a reta tangente à elipse no ponto (x_0, y_0).

a) Verifique que T tem por equação

$$x_0 x + 4 y_0 y = 1.$$

b) Determine x_0 de modo que a área do triângulo determinado por T e pelos eixos coordenados seja mínima.

27. Uma partícula P desloca-se sobre o eixo x com velocidade constante e igual a 1. Outra partícula Q desloca-se sobre a parábola $y = 1 - x^2$ de modo que sua projeção sobre o eixo x descreve um movimento com velocidade constante e igual a 2. No instante $t = 0$, as partículas P e Q encontram-se, respectivamente, nas posições $(0, 0)$ e $(0, 1)$. Determine o instante em que as partículas encontram-se mais próximas.

28. Dado o triângulo retângulo de catetos 3 e 4, determine o retângulo de maior área nele inscrito, de modo que um dos lados esteja contido na hipotenusa.

29. Determine o ponto da parábola $y = x^2$ que se encontra mais próximo da reta $y = x - 2$.

30. Dois vértices de um retângulo R estão sobre o eixo x e os outros dois sobre o gráfico de $y = \dfrac{x}{1 + x^2}$, $x > 0$. Considere o cilindro que se obtém girando o retângulo R em torno do eixo x. Determine o retângulo R de modo que o volume do cilindro seja o maior possível.

31. Considere duas retas paralelas r e s. Sejam A e C dois pontos distintos de r e B um ponto de s.

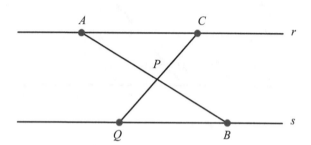

Determine Q na reta s de modo que a soma das áreas dos triângulos APC e QPB seja mínima.

32. Considere o triângulo isósceles ABC, com $AB = BC$. Seja H o ponto médio de AC. Determine P no segmento HB de modo que a soma das distâncias de P aos pontos A, B e C seja a menor possível.

33. (*Lei de refração de Snellius.*) Considere uma reta r e dois pontos P e Q localizados em semiplanos opostos.

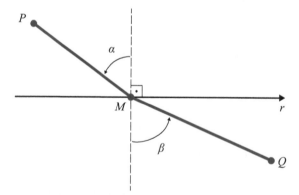

Uma partícula vai de P a M com velocidade constante u e movimento retilíneo; em seguida, vai de M a Q com velocidade constante v, também, com movimento retilíneo. Mostre que o tempo de percurso será mínimo se

$$\frac{\operatorname{sen}\alpha}{u} = \frac{\operatorname{sen}\beta}{v}.$$

9.7 Condição Necessária e Condições Suficientes para Máximos e Mínimos Locais

Sejam f uma função e p um *ponto interior* a D_f (p interior a $D_f \Leftrightarrow$ existe um intervalo aberto I, com $I \subset D_f$ e $p \in I$). Suponhamos f derivável em p. O nosso próximo teorema conta-nos que uma *condição necessária*, mas *não suficiente*, para que p seja ponto de máximo ou de mínimo local é que $f'(p) = 0$. A figura abaixo dá-nos uma ideia geométrica do que falamos acima.

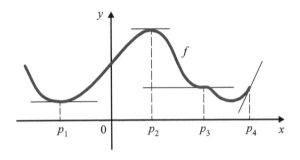

p_1 é o ponto de mínimo local: $f'(p_1) = 0$
p_2 é o ponto de máximo local: $f'(p_2) = 0$
$f'(p_3) = 0$, mas p_3 nem é ponto de máximo,
nem de mínimo; p_3 é ponto de inflexão horizontal
p_4 é ponto de máximo local, mas $f'(p_4) \neq 0$;
p_4 não é *ponto interior*.

Teorema 1. Seja f uma função derivável em p, em que p é um ponto interior a D_f. Uma *condição necessária* para que p seja ponto de máximo ou de mínimo local é que $f'(p) = 0$.

Demonstração

Suponhamos que p seja ponto de máximo local (a demonstração será análoga se p for ponto de mínimo local). Assim, existe $r > 0$ tal que

$$f(x) \leq f(p) \text{ em }]p - r, p + r[\cap D_f.$$

Como, por hipótese, p é interior a D_f, podemos escolher r de modo que $]p - r, p + r[\subset D_f$. Assim

$$f(x) \leq f(p) \text{ para todo } x \text{ em }]p - r, p + r[.$$

Como f é derivável em p, os limites laterais

$$\lim_{x \to p^+} \frac{f(x) - f(p)}{x - p} \text{ e } \lim_{x \to p^-} \frac{f(x) - f(p)}{x - p}$$

existem e são iguais a $f'(p)$:

$$f'(p) = \lim_{x \to p^+} \frac{f(x) - f(p)}{x - p} = \lim_{x \to p^-} \frac{f(x) - f(p)}{x - p}.$$

Para $p < x < p + r$, $\dfrac{f(x) - f(p)}{x - p} \leq 0$; pela conservação do sinal

$$\lim_{x \to p^+} \dfrac{f(x) - f(p)}{x - p} \leq 0$$

logo, $f'(p) \leq 0$.

Para $p - r < x < p$, $\dfrac{f(x) - f(p)}{x - p} \geq 0$; daí

$$\lim_{x \to p^-} \dfrac{f(x) - f(p)}{x - p} \geq 0$$

logo, $f'(p) \geq 0$. Como $f'(p) \geq 0$ e $f'(p) \leq 0$ resulta $f'(p) = 0$. ■

Um ponto $p \in D_f$ se diz *ponto crítico* ou *ponto estacionário* de f se $f'(p) = 0$. O teorema anterior conta-nos, então, que se p for *interior* a D_f e f derivável em p, então uma *condição necessária* para que p seja ponto de máximo ou de mínimo local de f é que p seja *ponto crítico* de f.

Vamos, agora, estabelecer uma *condição suficiente* para que um ponto p seja ponto de máximo ou de mínimo local.

> **Teorema 2.** Sejam f uma função que admite derivada de 2ª ordem contínua no intervalo aberto I e $p \in I$.
> a) $f'(p) = 0$ e $f''(p) > 0 \Rightarrow p$ é ponto de mínimo local.
> b) $f'(p) = 0$ e $f''(p) < 0 \Rightarrow p$ é ponto de máximo local.

Demonstração

a) Como f'' é contínua em I e $f''(p) > 0$, pelo teorema da conservação do sinal, existe $r > 0$ (tal r pode ser tomado de modo que $]p - r, p + r[$ esteja contido em I, pois estamos supondo I intervalo aberto e $p \in I$) tal que

$$f''(x) > 0 \text{ em }]p - r, p + r[.$$

Segue que f' é estritamente crescente neste intervalo; como $f'(p) = 0$, resulta:

$$\begin{cases} f'(x) < 0 \text{ em }]p - r, p[\\ f'(x) > 0 \text{ em }]p, p + r[. \end{cases} \text{ e}$$

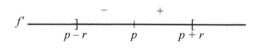

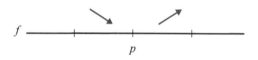

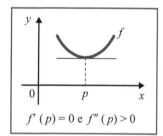

$f'(p) = 0$ e $f''(p) > 0$

Logo, f é estritamente decrescente em $]p - r, p]$ e estritamente crescente em $[p, p + r[$. Portanto, p é ponto de mínimo local.

b) Faça você. ■

Estudo da Variação das Funções

Exercícios 9.7

1. Determine os pontos críticos da função dada e classifique-os (a classificação refere-se a ponto de máximo local, ponto de mínimo local ou ponto de inflexão).

   a) $f(x) = \dfrac{x^4}{4} - x^3 - 2x^2 + 3$

   b) $x(t) = \sqrt[3]{t^3 - 2t + 1}$

   c) $h(x) = x^3 - 3x^2 + 3x - 1$

   d) $f(x) = \dfrac{1}{x^4 + 2x^3 + x^2 + 1}$

   e) $f(x) = x^4 - 4x^3 + 6x^2 - 4x + 1$

   ▶ f) $g(x) = x^2 e^{-5x}$

2. Suponha que f admite derivada de 3ª ordem contínua no intervalo aberto I e seja $p \in I$. Prove que se $f'(p) = f''(p) = 0$ e $f'''(p) \neq 0$, então p é ponto de inflexão horizontal.

3. Suponha que f admite derivada até a 4ª ordem contínua no intervalo aberto I e seja $p \in I$. Prove que se $f'(p) = f''(p) = f'''(p) = 0$ e $f^{(4)}(p) \neq 0$, então p será ponto de máximo local se $f^{(4)}(p) < 0$ e será ponto de mínimo local se $f^{(4)}(p) > 0$.

4. Generalize os resultados obtidos nos Exercícios 2 e 3.

5. Seja f derivável em $\mathbb{R}$ e seja g dada por $g(x) = \dfrac{f(x)}{x}$, $x \neq 0$. Suponha que p é ponto de máximo local de g.

   a) Prove que $pf'(p) - f(p) = 0$.

   b) Prove que a reta tangente ao gráfico de f no ponto de abscissa p passa pela origem.

6. Suponha que f seja derivável até a 2ª ordem em $\mathbb{R}$ e tal que para todo x

$$f''(x) + x f'(x) = 1.$$

   a) Prove que f não admite ponto de máximo local.

   b) Prove que, se f admitir um ponto crítico x_0, então x_0 será ponto de mínimo local.

   c) Prove que f poderá admitir no máximo um ponto crítico.

7. Suponha que f seja derivável até a 2ª ordem em $\mathbb{R}$ e tal que para todo x

$$x f''(x) + f'(x) = 2.$$

   a) Prove que, se x_0 for ponto de máximo local, então $x_0 < 0$.

   b) Prove que, se x_0 for ponto de mínimo local, então $x_0 > 0$.

   c) Prove que $f'(x) > 0$ para todo x.

   (*Sugestão*: Observe que $f'(0) = 2$.)

8. (Teorema de Darboux.) Suponha g derivável em $[a, b]$, com $g'(a) < 0$ e $g'(b) > 0$. Prove que existe c em $]a, b[$ tal que $g'(c) = 0$. Interprete geometricamente.

   (*Sugestão*: Verifique que o valor mínimo $g(c)$ de g em $[a, b]$ é tal que $g(c) < g(a)$ e $g(c) < g(b)$.)

Capítulo 9

278

9. Suponha g derivável no intervalo I e tal que $g'(x) \neq 0$ em todo x de I. Prove que

$$g'(x) > 0 \text{ em todo } x \in I$$

ou

$$g'(x) < 0 \text{ em todo } x \in I.$$

10. Suponha g derivável em $[a, b]$ e seja m tal que $g'(a) < m < g'(b)$. Prove que existe c em $]a, b[$ tal que $g'(c) = m$.

(*Sugestão*: Aplique o Exercício 8 à função $f(x) = g(x) - mx$.)

11. Seja $y = f(x)$ uma função derivável até a 2ª ordem no intervalo aberto I, tal que para todo $x \in I$.

$$f''(x) + xf'(x) - [f(x)]^2 = 0$$
$$f(x) \neq 0.$$

a) Verifique que f'' é contínua em I.

b) Prove que f não admite ponto de máximo local em I.

12. Seja $y = f(x)$ derivável até a 2ª ordem em $]-r, r[, r > 0$, tal que, para todo $x \in]-r, r[$,

$$f''(x) + f'(x) - x[f(x)]^2 = 0.$$

Suponha, ainda, que $f(0) = 0$ e $f'(0) = 1$.

a) Prove que f não admite ponto de máximo local em $]0, r]$.

b) Prove que f não admite ponto de mínimo local em $]-r, 0]$.

c) Prove que f é estritamente crescente em $]-r, r[$.

9.8 Máximo e Mínimo de Função Contínua em Intervalo Fechado

Seja f uma função *contínua* no intervalo fechado $[a, b]$. O teorema de Weierstrass (veja Cap. 5) garante-nos que f assume em $[a, b]$ valor máximo e valor mínimo. Vamos descrever, a seguir, um processo bastante interessante para determinar os valores máximos e mínimos de f em $[a, b]$. Suponhamos f derivável em $]a, b[$. Seja $f(p)$ o valor máximo de f em $[a, b]$; deste modo, p ou é extremidade de $[a, b]$ ou $p \in]a, b[$; se $p \in]a, b[$, pelo teorema 1 da seção anterior, $f'(p) = 0$. Segue que, *para se obter o valor máximo de f em $[a, b]$, é suficiente comparar os valores que f assume nas extremidades de $[a, b]$ com os assumidos nos pontos críticos que pertencem a $]a, b[$. O valor máximo de f em $[a, b]$ será então o maior desses valores. Evidentemente, o valor mínimo de f em $[a, b]$ será o menor daqueles valores.*

Deixamos a seu cargo descrever um processo para se determinar os valores máximos e mínimos de f em $[a, b]$, no caso em que f é *contínua no intervalo fechado* $[a, b]$ e *não* derivável em apenas um número finito de pontos de $[a, b]$.

Exercícios 9.8

Determine os valores máximos e mínimos (caso existam) da função dada, no intervalo dado.

1. $f(x) = \dfrac{x^4}{4} - x^3 - 2x^2 + 3$ em $[-2, 3]$.

2. $g(x) = x^3 - 3x^2 + 3x - 1$ em $[-2, 1]$.

3. $f(x) = \dfrac{x^5}{5} - \dfrac{x^4}{2} - x^3 + 4x^2 - 4x + 1$ em $[-3, 3]$.

 4. $f(x) = \operatorname{sen} x - \cos x$ em $[0, \pi]$.

5. $f(x) = \sqrt[3]{x^3 - 2x^2}$ em $[-1, 2]$.

6. $f(x) = \dfrac{1}{x^3 - 2x^2}$ em $]0, 2[$.

10

CAPÍTULO

Primitivas

10.1 Relação entre Funções com Derivadas Iguais

Já sabemos que a derivada de uma função constante é zero. Entretanto, uma função pode ter derivada zero em todos os pontos de seu domínio e *não* ser constante; por exemplo

$$f(x) = \begin{cases} 1 & \text{se } x > 0 \\ -1 & \text{se } x < 0 \end{cases}$$

é tal que $f'(x) = 0$ em todo x no seu domínio, mas f não é constante. O próximo teorema, que é uma consequência do TVM, conta-nos que se f tiver derivada zero em todos os pontos de um *intervalo*, então f será constante neste intervalo.

> **Teorema.** Seja f contínua no intervalo I. Se $f'(x) = 0$ em todo x interior a I, então existirá uma constante k tal que $f(x) = k$ para todo x em I.

Demonstração

Seja x_0 um ponto fixo em I. Vamos provar que, para todo x em I, $f(x) = f(x_0)$, o que significará que f é constante em I. Para todo x em I, $x \neq x_0$, existe, pelo TVM, um $\overline{x}$ pertencente ao intervalo aberto de extremos x e x_0 tal que

$$f(x) - f(x_0) = f'(\overline{x})(x - x_0).$$

(Observe que de acordo com a hipótese, f é contínua no intervalo fechado de extremos x e x_0 e derivável no intervalo aberto de mesmos extremos.)

Como $\overline{x}$ é interior a I, pela hipótese $f'(\overline{x}) = 0$, logo

$$f(x) - f(x_0) = 0 \quad \text{ou} \quad f(x) = f(x_0)$$

para todo x em I. Tomando-se $k = f(x_0)$, resulta o teorema. ■

Como consequência deste teorema, provaremos que se duas *funções tiverem derivadas iguais num intervalo, então, neste intervalo, elas diferirão por uma constante.*

Primitivas

281

> *Corolário.* Sejam f e g contínuas no intervalo I. Se $f'(x) = g'(x)$ em todo x interior a I, então existirá uma constante k tal que
>
> $$g(x) = f(x) + k$$
>
> para todo x em I.

Demonstração

A função $h(x) = g(x) - f(x)$ é contínua em I e para todo x interior a I, $h'(x) = g'(x) - f'(x) = 0$. Pelo teorema anterior, existe uma constante k tal que

$$g(x) - f(x) = k \quad \text{ou} \quad g(x) = f(x) + k$$

para todo x em I.

Observamos que se f e g satisfizerem as hipóteses do corolário e se $f(x_0) = g(x_0)$ para algum $x_0 \in I$, então $f(x) = g(x)$ para todo $x \in I$. De fato, pelo corolário, existe k tal que

$$g(x) = f(x) + k$$

para todo x em I. Em particular, $g(x_0) = f(x_0) + k$, logo $k = 0$. Portanto, $g(x) = f(x)$ em I.

Já vimos que se $f(x) = e^x$, $x \in \mathbb{R}$, então, $f'(x) = e^x$, ou seja, a função $f(x) = e^x$ goza da seguinte propriedade: *a sua derivada é ela própria*. O próximo exemplo nos mostra que as *únicas* funções que gozam desta propriedade são as funções da forma $f(x) = ke^x$, em que k é uma constante.

Exemplo 1 Seja f definida e derivável em $\mathbb{R}$ e tal que, para todo x, $f'(x) = f(x)$. Prove que existe uma constante k tal que, para todo x, tem-se $f(x) = ke^x$.

Solução

A ideia para a prova é considerar o quociente $\dfrac{f(x)}{e^x}$ e mostrar que a sua derivada é zero.

Temos

$$\left(\frac{f(x)}{e^x} \right)' = \frac{f'(x)e^x - f(x)e^x}{e^{2x}}.$$

Da hipótese $f'(x) = f(x)$ segue

$$\left(\frac{f(x)}{e^x} \right)' = \frac{f(x)e^x - f(x)e^x}{e^{2x}} = 0$$

para todo x em $\mathbb{R}$. Pelo teorema 1, existe uma constante k tal que, para todo x,

$$\frac{f(x)}{e^x} = k$$

ou seja,

$$f(x) = ke^x.$$

Capítulo 10

O exemplo acima nos diz que as *soluções da equação diferencial* $\frac{dy}{dx} = y$ são as funções da forma $y = ke^x$, k constante, isto é,

$$\frac{dy}{dx} = y \Leftrightarrow y = ke^x, \ k \text{ constante.}$$

Observe: $y = f(x)$ *é solução da equação diferencial* $\frac{dy}{dx} = y$ se e somente se a derivada de f for ela própria.

Exemplo 2 Determine $y = f(x)$, $x \in \mathbb{R}$, tal que

$$\frac{dy}{dx} = y \ \text{ e } \ f(0) = 2.$$

Solução

$$\frac{dy}{dx} = y \Leftrightarrow y = ke^x, \ k \text{ constante.}$$

Assim, a f procurada é da forma $f(x) = ke^x$, com k constante. A condição $f(0) = 2$ nos permite determinar a constante k. De fato, de $f(x) = ke^x$ segue $f(0) = k$ e, portanto, $k = 2$. A função que satisfaz o problema dado é, então, $f(x) = 2e^x$. Ou seja, $y = 2e^x$.

Consideremos, agora, a função $f(x) = e^{\alpha x}$, α constante. Temos $f'(x) = \alpha \, e^{\alpha x}$, ou seja, $f'(x) = \alpha f(x)$. Raciocinando como no Exemplo 1, prova-se (veja Exercício 1) que as *únicas* funções que satisfazem a equação $f'(x) = \alpha f(x)$, $x \in \mathbb{R}$ e α constante, são as funções da forma $f(x) = ke^{\alpha x}$, k constante. Ou seja, sendo α constante, tem-se

$$\frac{dy}{dx} = \alpha y \Leftrightarrow y = ke^{\alpha x}, \ k \text{ constante}$$

ou

$$f'(x) = \alpha f(x) \Leftrightarrow f(x) = ke^{\alpha x}, \ k \text{ constante.}$$

Exemplo 3 Determine a função $y = y(x)$, $x \in \mathbb{R}$, que satisfaz as condições

$$\frac{dy}{dx} = 3y \text{ e } y(0) = -1.$$

Solução

$$\frac{dy}{dx} = 3y \Leftrightarrow y = k \, e^{3x} \ (k \text{ constante}).$$

Da condição $y(0) = -1$, resulta $k = -1$. A função procurada é $y = -e^{3x}$, $x \in \mathbb{R}$.

Primitivas

283

Exemplo 4 Determine uma função $y = f(x)$, definida num intervalo aberto I, com $1 \in I$, tal que $f(1) = 1$ e, para todo x em I,

$$\frac{dy}{dx} = xy.$$

Solução

Devemos ter, para todo x em I,

$$f'(x) = xf(x).$$

Como a função f deve ser derivável em I, resulta que f deve ser, também, contínua em I. Então, a condição $f(1) = 1$ e o teorema da conservação do sinal garantem-nos que, para x próximo de 1, devemos ter $f(x) > 0$. Vamos, então, procurar f, definida num intervalo aberto I, e que, neste intervalo, satisfaça a condição $f(x) > 0$. Temos, então,

$$\frac{f'(x)}{f(x)} = x, x \in I.$$

Lembrando que $[\ln f(x)]' = \dfrac{f'(x)}{f(x)}$ e que $\left(\dfrac{x^2}{2}\right)' = x$, resulta

$$[\ln f(x)]' = \left(\frac{x^2}{2}\right)'$$

para todo x em I. Como as derivadas das funções $\ln f(x)$ e $\dfrac{x^2}{2}$ são iguais em I, do corolário acima resulta que existe uma constante k tal que, para todo x em I,

$$\ln f(x) = \frac{x^2}{2} + k.$$

Da condição $f(1) = 1$, segue

$$\ln 1 = \frac{1}{2} + k$$

e, portanto, $k = -\dfrac{1}{2}$. Assim, a função

$$y = \frac{1}{\sqrt{e}} e^{\frac{x^2}{2}}, x \in \mathbb{R},$$

satisfaz as condições dadas. (Observe que esta é *uma* função satisfazendo as condições dadas. Será que existe outra? Como veremos no Cap. 13, esta é a *única* função definida em $\mathbb{R}$ e satisfazendo as condições dadas.)

Exemplo 5 Determine uma função $y = f(x)$, definida num intervalo aberto I, com $1 \in I$, tal que $f(1) = -1$ e, para todo x em I,

$$\frac{dy}{dx} = 2y^2.$$

Solução

Devemos ter, para todo x em I,
$$f'(x) = 2[f(x)]^2.$$
A condição $f(1) = -1$ permite-nos supor $f(x) < 0$ em I. Temos, então,
$$[f(x)]^{-2} f'(x) = 2, x \in I.$$
Lembrando que $\{-[f(x)]^{-1}\}' = [f(x)]^{-2} f'(x)$ e que $(2x)' = 2$, resulta
$$\{-[f(x)]^{-1}\}' = (2x)', x \in I.$$
Pelo corolário, existe uma constante k tal que, para todo $x \in I$,
$$-[f(x)]^{-1} = 2x + k.$$
Da condição $f(1) = -1$, segue $k = -1$. A função
$$f(x) = \frac{-1}{2x-1}, x > \frac{1}{2}$$
satisfaz as condições dadas. (A condição $x > \frac{1}{2}$ é para garantir que 1 pertença ao domínio de f.)

Exercícios 10.1

1. Seja $f : \mathbb{R} \to \mathbb{R}$, derivável e tal que, para todo x, $f'(x) = \alpha f(x)$, α constante não nula. Prove que existe uma constante k, tal que, para todo x, $f(x) = k e^{\alpha x}$.

2. Determine $y = f(x)$, $x \in \mathbb{R}$, tal que
$$f'(x) = 2f(x) \text{ e } f(0) = 1.$$
(*Sugestão*: Utilize o Exercício 1.)

3. Uma partícula desloca-se sobre o eixo $0x$, de modo que em cada instante t a velocidade é o dobro da posição $x = x(t)$. Sabe-se que $x(0) = 1$. Determine a posição da partícula no instante t.

4. A função $y = f(x)$, $x \in \mathbb{R}$, é tal que $f(0) = 1$ e $f'(x) = -2f(x)$ para todo x. Esboce o gráfico de f.

5. Seja $y = f(x)$, $x \in \mathbb{R}$, derivável até a 2ª ordem e tal que, para todo x, $f''(x) + f(x) = 0$. Seja g dada por $g(x) = f'(x) \operatorname{sen} x - f(x) \cos x$. Prove que g é constante.

6. Seja $f : \mathbb{R} \to \mathbb{R}$ derivável até a 2ª ordem e tal que, para todo x, $f''(x) + f(x) = 0$. Prove que existe uma constante A tal que
$$\left[\frac{f(x) - A \cos x}{\operatorname{sen} x} \right]' = 0$$
para todo x em $]0, \pi[$. Conclua que exista outra constante B tal que, para todo x em $]0, \pi[$, $f(x) = A \cos x + B \operatorname{sen} x$.

(*Sugestão*: Utilize o Exercício 6.)

Primitivas

285

7. Seja $f : \mathbb{R} \to \mathbb{R}$ derivável até a 2ª ordem e tal que, para todo x, $f''(x) - f(x) = 0$.

a) Prove que $g(x) = e^x[f'(x) - f(x)]$, $x \in \mathbb{R}$, é constante.

b) Prove que existe uma constante A tal que, para todo x, $\left[\dfrac{f(x) - Ae^{-x}}{e^x} \right]' = 0$.

c) Conclua de (*b*) que existe uma outra constante B tal que $f(x) = Ae^{-x} + Be^x$, para todo x.

8. Sejam f e g duas funções definidas e deriváveis em $\mathbb{R}$. Suponha que $f(0) = 0$, $g(0) = 1$ e que para todo x

$$f'(x) = g(x) \quad \text{e} \quad g'(x) = -f(x).$$

a) Mostre que, para todo x,

$$(f(x) - \operatorname{sen} x)^2 + (g(x) - \cos x)^2 = 0.$$

b) Conclua de (*a*) que $f(x) = \operatorname{sen} x$ e $g(x) = \cos x$.

9. Utilizando o Exercício 1, determine a única função $y = y(x)$, $x \in \mathbb{R}$, que satisfaça as condições dadas.

a) $\dfrac{dy}{dx} = 2y$ e $y(0) = 1$

b) $\dfrac{dy}{dx} = -y$ e $y(0) = -1$

c) $\dfrac{dy}{dx} = \dfrac{1}{2}y$ e $y(0) = 2$

d) $\dfrac{dy}{dx} = \sqrt{2}y$ e $y(0) = -\dfrac{1}{2}$

10. Determine a função cujo gráfico passe pelo ponto $(0, 1)$ e tal que a reta tangente no ponto de abscissa x intercepte o eixo $0x$ no ponto de abscissa $x + 1$.

11. Determine uma função $y = f(x)$, definida num intervalo aberto, satisfazendo as condições dadas

a) $\dfrac{dy}{dx} = \dfrac{x}{y^3}$, $y(0) = 1$

b) $\dfrac{dy}{dx} = y \operatorname{sen} x$, $y(0) = 1$.

12. Seja $f : \mathbb{R} \to \mathbb{R}$ derivável até a 2ª ordem e tal que, para todo x,

$$f''(x) = -f(x).$$

a) Mostre que, para todo x,

$$\frac{d}{dx}\left[(f'(x))^2 + (f(x))^2 \right] = 0$$

b) Conclua que existe uma constante E tal que, para todo x,

$$[f'(x)] + [f(x)]^2 = E.$$

13. Sejam $f(t)$, $g(t)$ e $h(t)$ funções deriváveis em $\mathbb{R}$ e tais que, para todo t,

$$\begin{cases} f'(t) = g(t) \\ g'(t) = -f(t) - h(t) \\ h'(t) = g(t). \end{cases}$$

Suponha que $f(0) = g(0) = h(0) = 1$. Prove que, para todo t,

$$[f(t)]^2 + [g(t)]^2 + [h(t)]^2 = 3$$

14. Sejam $f(t)$ e $g(t)$ funções deriváveis em $\mathbb{R}$ e tais que, para todo t,

$$\begin{cases} f'(t) = 2g(t) \\ g'(t) = -f(t). \end{cases}$$

Suponha, ainda, que $f(0) = 0$ e $g(0) = 1$. Prove que, para todo t, o ponto $(f(t), g(t))$ pertence à elipse $\dfrac{x^2}{2} + y^2 = 1$.

10.2 Primitiva de uma Função

Seja f uma função definida num intervalo I. Uma *primitiva* de f em I é uma função F definida em I, tal que

$$F'(x) = f(x)$$

para todo x em I.

Exemplo 1 $F(x) = \dfrac{1}{3}x^3$ é uma primitiva de $f(x) = x^2$ em $\mathbb{R}$, pois, para todo x em $\mathbb{R}$,

$$F'(x) = \left[\dfrac{1}{3}x^3\right]' = x^2.$$

Observe que, para toda constante k, $G(x) = \dfrac{1}{3}x^3 + k$ é, também, primitiva de $f(x) = x^2$.

Exemplo 2 Para toda constante k, $F(x) = 2x + k$ é primitiva, em $\mathbb{R}$, de $f(x) = 2$, pois,

$$F'(x) = (2x + k)' = 2$$

para todo x.

Sendo F uma primitiva de f em I, então, para toda constante k, $F(x) + k$ é, também, primitiva de f. Por outro lado, como vimos na seção anterior, se duas funções têm derivadas iguais num intervalo, elas diferem, neste intervalo, por uma constante. Segue que as primitivas de f em I são as funções da forma $F(x) + k$, com k constante. Diremos, então, que

$$y = F(x) + k, \quad k \text{ constante,}$$

é a *família* das primitivas de f em I. A notação $\int f(x)dx$ será usada para representar a família das primitivas de f:

$$\int f(x)dx = F(x) + k.$$

Na notação $\int f(x)dx$, a função f denomina-se *integrando*. Uma primitiva de f será, também, denominada *uma integral indefinida* de f. É comum referir-se a $\int f(x)dx$ como *a integral indefinida* de f.

Primitivas

287

> **Observação.** O domínio da função f que ocorre em $\int f(x)dx$ deverá ser sempre um intervalo; nos casos em que o domínio não for mencionado, ficará implícito que se trata de um intervalo.

Exemplo 3 Calcule.

a) $\int x^2 dx.$

b) $\int dx.$

Solução

a) $\left[\dfrac{1}{3}x^3\right]' = x^2.$ Logo, $\int x^2 dx = \dfrac{x^3}{3} + k.$

b) O integrando é a função constante $f(x) = 1$. Então

$$\int dx = \int 1 \cdot dx = x + k$$

pois, $(x)' = 1.$

Exemplo 4 Calcule $\int x^\alpha dx$, em que $\alpha \neq -1$ é um real fixo.

Solução

$$\left[\dfrac{1}{\alpha + 1}x^{\alpha+1}\right]' = x^\alpha, \text{ logo, } \int x^\alpha dx = \dfrac{x^{\alpha+1}}{\alpha + 1} + k.$$

Exemplo 5 Calcule

a) $\int x^3 dx.$

b) $\int \dfrac{1}{x^2} dx.$

Solução

a) $\int x^3 dx = \dfrac{x^4}{4} + x$, pois, $\left[\dfrac{x^4}{4}\right]' = \left[\dfrac{1}{4}x^4\right]' = x^3.$

b) $\int \dfrac{1}{x^2} dx = \int x^{-2} dx = \dfrac{1}{-2 + 1}x^{-2+1} + k$ (veja Exemplo 4)

ou seja,

$$\int \dfrac{1}{x^2} dx = -x^{-1} + k$$

e, portanto,

$$\int \dfrac{1}{x^2} dx = -\dfrac{1}{x} + k.$$

Capítulo 10

288

Exemplo 6 Calcule $\int \sqrt[3]{x^2}\, dx$.

Solução

$$\int \sqrt[3]{x^2}\, dx = \int x^{\frac{2}{3}}dx = \frac{x^{\frac{2}{3}+1}}{\frac{2}{3}+1} + k$$

ou seja,

$$\int \sqrt[3]{x^2}\, dx = \frac{3}{5}\sqrt[3]{x^5} + k.$$

Exemplo 7 Calcule $\int \left(x^5 + \dfrac{1}{x^3} + 4 \right)dx$.

Solução

$$\int (x^5 + x^{-3} + 4)dx = \frac{x^{5+1}}{5+1} + \frac{x^{-3+1}}{-3+1} + 4x + k$$

ou seja,

$$\int \left(x^5 + \frac{1}{x^3} + 4 \right)dx = \frac{x^6}{6} - \frac{x^{-2}}{2} + 4x + k$$

e, portanto,

$$\int \left(x^5 + \frac{1}{x^3} + 4 \right)dx = \frac{x^6}{6} - \frac{1}{2x^2} + 4x + k.$$

Exemplo 8 Calcule $\int \dfrac{1}{x}dx,\ x > 0$.

Solução

$$\int \frac{1}{x}dx = (\ln x) + k\ (x > 0)$$

pois $(\ln x + k)' = \dfrac{1}{x}$.

Seja α um real fixo. Dos Exemplos 4 e 8 resulta

$$\int x^\alpha dx = \begin{cases} \dfrac{x^{\alpha+1}}{\alpha+1} + k & \text{se } \alpha \neq -1 \\[2mm] (\ln x) + k & \text{se } \alpha = -1\ (x > 0) \end{cases}$$

Primitivas

Exemplo 9 Calcule $\int\left(\dfrac{1}{x} + \sqrt{x}\right)dx$, $x > 0$.

Solução

$$\int\left(\frac{1}{x} + x^{\frac{1}{2}}\right)dx = (\ln x) + \frac{x^{\frac{3}{2}}}{\frac{3}{2}} + k$$

ou seja,

$$\int\left(\frac{1}{x} + \sqrt{x}\right)dx = (\ln x) + \frac{2}{3}\sqrt{x^3} + k.$$

Exemplo 10 Seja α um real fixo, $\alpha \neq 0$. Calcule $\int e^{\alpha x}\,dx$.

Solução

$\left[\dfrac{1}{\alpha}e^{\alpha x}\right]' = e^{\alpha x}$, logo,

$$\int e^{\alpha x}\,dx = \frac{1}{\alpha}e^{\alpha x} + k.$$

Exemplo 11 Calcule.

$a)$ $\int e^x\,dx$.

$b)$ $\int e^{2x}\,dx$.

Solução

$a)$ $\int e^x\,dx = e^x + k$.

$b)$ $\int e^{2x}\,dx = \dfrac{1}{2}e^{2x} + k$.

Exemplo 12 Determine $y = y(x)$, $x \in \mathbb{R}$, tal que

$$\frac{dy}{dx} = x^2.$$

Solução

$$\frac{dy}{dx} = x^2 \Leftrightarrow y = \int x^2\,dx.$$

Assim,

$$y = \frac{x^3}{3} + k.$$

Capítulo 10

290

Vimos, ao final da seção anterior, que se $F'(x) = G'(x)$ para todo x no intervalo I e se, para algum x_0 em I, $F(x_0) = G(x_0)$, então, $F(x) = G(x)$ em I. Segue deste resultado que se f admitir uma primitiva em I e se x_0, y_0 forem dois reais quaisquer, com $x_0 \in I$, então existirá uma *única* função $y = y(x)$, $x \in I$, tal que

$$\begin{cases} \dfrac{dy}{dx} = f(x), x \in I, \\ y(x_0) = y_0. \end{cases}$$

Exemplo 13 Determine a única função $y = y(x)$, definida em $\mathbb{R}$, tal que

$$\begin{cases} \dfrac{dy}{dx} = x^2 \\ y(0) = 2. \end{cases}$$

Solução

$$\frac{dy}{dx} = x^2 \Rightarrow y = \int x^2 dx = \frac{1}{3}x^3 + k.$$

A condição $y(0) = 2$ significa que, para $x = 0$, devemos ter $y = 2$. Vamos determinar k para que esta condição esteja satisfeita.

Substituindo, então, em $y = \dfrac{1}{3}x^3 + k$, x por 0 e y por 2, resulta $k = 2$. Assim,

$$y = \frac{1}{3}x^3 + 2.$$

Exemplo 14 Determine a função $y = y(x)$, $x \in \mathbb{R}$, tal que

$$\frac{d^2y}{dx^2} = x + 1, \ y(0) = 1 \text{ e } y'(0) = 0.$$

Solução

$$\frac{d^2y}{dx^2} = x + 1 \Rightarrow \frac{dy}{dx} = \int (x + 1)\,dx.$$

Assim,

$$\frac{dy}{dx} = \frac{x^2}{2} + x + k_1.$$

Para se ter $y'(0) = 0$ ou $\dfrac{dy}{dx}\bigg|_{x=0} = 0$, é preciso que $k_1 = 0$. Assim,

$$\frac{dy}{dx} = \frac{x^2}{2} + x$$

Primitivas

291

daí

$$y = \int \left(\frac{x^2}{2} + x \right) dx = \frac{x^3}{6} + \frac{x^2}{2} + k_2.$$

Para $k_2 = 1$, a condição inicial $y(0) = 1$ se verifica. Assim,

$$y = \frac{x^3}{6} + \frac{x^2}{2} + 1.$$

Exemplo 15 Uma partícula desloca-se sobre o eixo x e sabe-se que no instante t, $t \geq 0$, a velocidade é $v(t) = 2t + 1$. Sabe-se, ainda, que no instante $t = 0$ a partícula encontra-se na posição $x = 1$. Determine a posição $x = x(t)$ da partícula no instante t.

Solução

$$\frac{dy}{dt} = 2t + 1 \text{ e } x(0) = 1.$$

Temos:

$$\frac{dy}{dt} = 2t + 1 \Rightarrow x = \int (2t + 1) \, dt = t^2 + t + k.$$

Para $k = 1$, teremos $x = 1$ para $t = 0$. Assim,

$$x(t) = t^2 + t + 1.$$

Exercícios 10.2

1. Calcule.

a) $\int x \, dx$

b) $\int 3 \, dx$

c) $\int (3x + 1) \, dx$

d) $\int (x^2 + x + 1) \, dx$

e) $\int x^3 \, dx$

f) $\int (x^3 + 2x + 3) \, dx$

g) $\int \frac{1}{x^2} \, dx$

h) $\int \left(x + \frac{1}{x^3} \right) dx$

i) $\int \sqrt{x} \, dx$

j) $\int \sqrt[3]{x} \, dx$

l) $\int \left(x + \frac{1}{x} \right) dx$

m) $\int (2 + \sqrt[4]{x}) \, dx$

n) $\int (ax + b) \, dx$, a e b constantes

o) $\int \left(3x^2 + x + \frac{1}{x^3} \right) dx$

p) $\int \left(\sqrt{x} + \frac{1}{x^2} \right) dx$

q) $\int \left(\frac{2}{x} + \frac{3}{x^2} \right) dx$

Capítulo 10

r) $\int (3\sqrt[3]{x^2} + 3)\,dx$

s) $\int \left(2x^3 - \dfrac{1}{x^4}\right)dx$

t) $\int \dfrac{x^2 + 1}{x}\,dx$

2. Seja $\alpha \neq 0$ um real fixo. Verifique que

a) $\int \operatorname{sen}\alpha x\,dx = -\dfrac{1}{\alpha}\cos\alpha x + k$

b) $\int \cos\alpha x\,dx = \dfrac{1}{\alpha}\operatorname{sen}\alpha x + k$

3. Calcule.

a) $\int e^{2x}\,dx$

b) $\int e^{-x}\,dx$

c) $\int (x + 3e^x)\,dx$

d) $\int \cos 3x\,dx$

e) $\int \operatorname{sen} 5x\,dx$

f) $\int (e^{2x} + e^{-2x})\,dx$

g) $\int (x^2 + \operatorname{sen} x)\,dx$

h) $\int (3 + \cos x)\,dx$

i) $\int \dfrac{e^x + e^{-x}}{2}\,dx$

j) $\int \dfrac{1}{e^{3x}}\,dx$

l) $\int (\operatorname{sen} 3x + \cos 5x)\,dx$

m) $\int \left(\dfrac{1}{x} + e^x\right)dx,\ x > 0$

n) $\int \operatorname{sen}\dfrac{x}{2}\,dx$

o) $\int \cos\dfrac{x}{3}\,dx$

p) $\int (\sqrt[3]{x} + \cos 3x)\,dx$

q) $\int (x + e^{3x})\,dx$

r) $\int (3 + e^{-x})\,dx$

s) $\int 5e^{7x}\,dx$

t) $\int (1 - \cos 4x)\,dx$

u) $\int \left(2 + \operatorname{sen}\dfrac{x}{3}\right)dx$

4. Verifique que

a) $\int \dfrac{1}{\sqrt{1 - x^2}}\,dx = \operatorname{arcsen} x + k,\ -1 < x < 1$

b) $\int \dfrac{1}{1 + x^2}\,dx = \operatorname{arctg} x + k$

5. Determine a função $y = y(x),\ x \in \mathbb{R}$, tal que

a) $\dfrac{dy}{dx} = 3x - 1$ e $y(0) = 2$

b) $\dfrac{dy}{dx} = x^3 - x + 1$ e $y(1) = 1$

c) $\dfrac{dy}{dx} = \cos x$ e $y(0) = 0$

d) $\dfrac{dy}{dx} = \operatorname{sen} 3x$ e $y(0) = 1$

e) $\dfrac{dy}{dx} = \dfrac{1}{2}x + 3$ e $y(-1) = 0$

f) $\dfrac{dy}{dx} = e^{-x}$ e $y(0) = 1$

Primitivas

293

6. Determine a função $y = y(x)$, $x > 0$, tal que

a) $\dfrac{dy}{dx} = \dfrac{1}{x^2}$ e $y(1) = 1$

b) $\dfrac{dy}{dx} = 3 + \dfrac{1}{x}$ e $y(1) = 2$

c) $\dfrac{dy}{dx} = x + \dfrac{1}{\sqrt{x}}$ e $y(1) = 0$

d) $\dfrac{dy}{dx} = \dfrac{1}{x} + \dfrac{1}{x^2}$ e $y(1) = 1$

7. Uma partícula desloca-se sobre o eixo x com velocidade $v(t) = t + 3$, $t \geqslant 0$. Sabe-se que, no instante $t = 0$, a partícula encontra-se na posição $x = 2$.

a) Qual a posição da partícula no instante t?

b) Determine a posição da partícula no instante $t = 2$.

c) Determine a aceleração.

8. Uma partícula desloca-se sobre o eixo x com velocidade $v(t) = 2t - 3$, $t \geqslant 0$. Sabe-se que no instante $t = 0$ a partícula encontra-se na posição $x = 5$. Determine o instante em que a partícula estará mais próxima da origem.

9. Uma partícula desloca-se sobre o eixo x com velocidade $v(t) = at + v_0$, $t \geqslant 0$ (a e v_0 constantes). Sabe-se que, no instante $t = 0$, a partícula encontra-se na posição $x = x_0$. Determine a posição $x = x(t)$ da partícula no instante t.

10. Uma partícula desloca-se sobre o eixo x com função de posição $x = x(t)$, $t \geqslant 0$. Determine $x = x(t)$, sabendo que

a) $\dfrac{dx}{dt} = 2t + 3$ e $x(0) = 2$

b) $v(t) = t^2 - 1$ e $x(0) = -1$

c) $\dfrac{d^2x}{dt^2} = 3$, $v(0) = 1$ e $x(0) = 1$

d) $\dfrac{d^2x}{dt^2} = e^{-t}$, $v(0) = 0$ e $x(0) = 1$

e) $\dfrac{d^2x}{dt^2} = \cos 2t$, $v(0) = 1$ e $x(0) = 0$

f) $\dfrac{d^2x}{dt^2} = \operatorname{sen} 3t$, $v(0) = 0$ e $x(0) = 0$

g) $\dfrac{dx}{dt} = \dfrac{1}{1 + t^2}$ e $x(0) = 0$

11. Esboce o gráfico da função $y = y(x)$, $x \in \mathbb{R}$, sabendo que

a) $\dfrac{dy}{dx} = 2x - 1$ e $y(0) = 0$

b) $\dfrac{d^2y}{dx^2} = -4 \cos 2x$, $y(0) = 1$ e $y'(0) = 0$

c) $\dfrac{d^2y}{dx^2} = e^{-x}$, $y(0) = 0$ e $y'(0) = -1$

d) $\dfrac{dy}{dx} = \dfrac{1}{1 + x^2}$ e $y(0) = 0$

Integral de Riemann

Neste capítulo introduziremos o conceito de integral de Riemann e estudaremos algumas de suas propriedades. A integral tem muitas aplicações tanto na geometria (cálculo de áreas, comprimento de arco etc.) como na física (cálculo de trabalho, de massa etc.), como veremos.

11.1 Partição de um Intervalo

Uma *partição* P de um intervalo $[a, b]$ é um conjunto finito $P = \{x_0, x_1, x_2, ..., x_n\}$ em que $a = x_0 < x_1 < x_2 < ... < x_n = b$.

Uma partição P de $[a, b]$ divide $[a, b]$ em n intervalos $[x_{i-1}, x_i]$, $i = 1, 2, ..., n$.

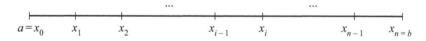

A amplitude do intervalo $[x_{i-1}, x_i]$ será indicada por $\Delta x_i = x_i - x_{i-1}$. Assim:

$$\Delta x_1 = x_1 - x_0, \Delta x_2 = x_2 - x_1 \text{ etc.}$$

Os números $\Delta x_1, \Delta x_2, ..., \Delta x_n$ não são necessariamente iguais; o maior deles denomina-se *amplitude* da partição P e indica-se por máx Δx_i.

Uma partição $P = \{x_0, x_1, x_2, ..., x_n\}$ de $[a, b]$ será indicada simplesmente por

$$P: a = x_0 < x_1 < x_2 < ... < x_n = b.$$

11.2 Soma de Riemann

Sejam f uma função definida em $[a, b]$ e $P: a = x_0 < x_1 < x_2 < ... < x_n = b$ uma partição de $[a, b]$. Para cada índice i ($i = 1, 2, 3, ..., n$) seja c_i um número em $[x_{i-1}, x_i]$ escolhido arbitrariamente.

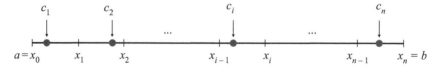

Pois bem, o número

$$\sum_{i=1}^{n} f(c_i) \Delta x_i = f(c_1) \Delta x_1 + f(c_2) \Delta x_2 + \ldots + f(c_n) \Delta x_n$$

denomina-se *soma de Riemann* de f, relativa à partição P e aos números c_i.

Observe que, se $f(c_i) > 0$, $f(c_i) \Delta x_i$ será então a área do retângulo R_i determinado pelas retas $x = x_{i-1}$, $x = x_i$, $y = 0$ e $y = f(c_i)$; se $f(c_i) < 0$, a área de tal retângulo será $-f(c_i) \Delta x_i$.

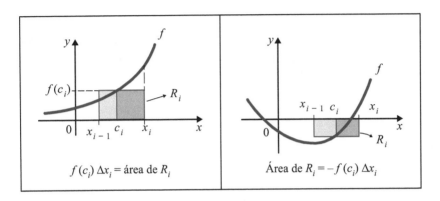

Geometricamente, podemos então interpretar a soma de Riemann

$$\sum_{i=1}^{n} f(c_i) \Delta x_i$$

como a *diferença* entre a soma das áreas dos retângulos R_i que estão acima do eixo x e a soma das áreas dos que estão abaixo do eixo x.

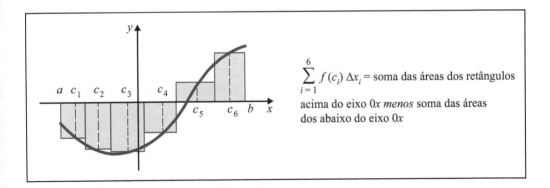

Seja F uma função definida em $[a, b]$ e seja $P: a = x_0 < x_1 < x_2 < x_3 < x_4 = b$ uma partição de $[a, b]$. O acréscimo $F(b) - F(a)$ que a F sofre quando se passa de $x = a$ para $x = b$ é igual à soma dos acréscimos $F(x_i) - F(x_{i-1})$ para i variando de 1 a 4:

$$F(b) - F(a) = F(x_4) - F(x_0) = [F(x_4) - F(x_3)] + [F(x_3) - F(x_2)] +$$
$$[F(x_2) - F(x_1)] + [F(x_1) - F(x_0)].$$

Isto é:

$$F(b) - F(a) = \sum_{i=1}^{4}[F(x_i) - F(x_{i-1})].$$

De modo geral, se $P: a = x_0 < x_1 < x_2 < \ldots < x_n = b$ for uma partição de $[a, b]$, então

$$F(b) - F(a) = \sum_{i=1}^{n}[F(x_i) - F(x_{i-1})].$$

Exemplo Sejam F e f definidas em $[a, b]$ e tais que $F' = f$ em $[a, b]$; assim F é uma primitiva de f em $[a, b]$. Seja a partição $P: a = x_0 < x_1 < x_2 < \ldots < x_n = b$ de $[a, b]$. Prove que escolhendo convenientemente $\overline{c}_i$ em $[x_{i-1}, x_i]$ tem-se

$$F(b) - F(a) = \sum_{i=1}^{n}f(\overline{c}_i)\Delta x_i.$$

Solução

Pelo que vimos acima

$$F(b) - F(a) = \sum_{i=1}^{n}[F(x_i) - F(x_{i-1})].$$

Pelo TVM, existe $\overline{c}_i$ em $[x_{i-1}, x_i]$ tal que

$$F(x_i) - F(x_{i-1}) = F'(\overline{c}_i)(x_i - x_{i-1})$$

e como $F' = f$ em $[a, b]$ e $\Delta x_i = x_i - x_{i-1}$ resulta

$$F(b) - F(a) = \sum_{i=1}^{n}f(\overline{c}_i)\Delta x_i.$$

Suponhamos, no exemplo anterior, que f seja contínua em $[a, b]$ e que os Δx_i sejam suficientemente pequenos; assim, para qualquer escolha de c_i em $[x_{i-1}, x_i]$, $f(c_i)$ deve diferir muito pouco de $f(\overline{c}_i)$. É razoável, então, que nestas condições $\sum_{i=1}^{n}f(c_i)\Delta x_i$ seja uma boa avaliação para o acréscimo $F(b) - F(a)$, isto é:

$$F(b) - F(a) \cong \sum_{i=1}^{n}f(c_i)\Delta x_i.$$

É razoável, ainda, esperar que a aproximação acima será tanto melhor quanto menores forem os Δx_i. Veremos mais adiante que, no caso de f ser contínua em $[a, b]$,

$$F(b) - F(a) = \lim_{\text{máx } \Delta x_i \to 0} \sum_{i=1}^{n}f(c_i)\Delta x_i.$$

em que máx Δx_i indica o maior número do conjunto $\{\Delta x_i \mid i = 1, 2, \ldots, n\}$.

O sentido em que tal limite deve ser considerado será esclarecido na próxima seção. Observe que máx $\Delta x_i \to 0$ implica que todos os Δx_i tendem também a zero.

Integral de Riemann

297

Vejamos uma versão cinemática do que dissemos anteriormente. Consideremos uma partícula deslocando-se sobre o eixo $0x$ com função de posição $x = x(t)$ e com velocidade $v = v(t)$ contínua em $[a, b]$. Observe que $x = x(t)$ é uma primitiva de $v = v(t)$. Seja $a = t_0 < t_1 < t_2 < \ldots < t_n = b$ uma partição de $[a, b]$ e suponhamos máx Δt_i suficientemente pequeno (o que implica que todos os Δt_i são suficientemente pequenos). Sendo c_i um instante qualquer entre t_{i-1} e t_i, a velocidade $v(c_i)$ é um valor aproximado para a velocidade média entre os instantes t_{i-1} e t_i:

$$v(c_i) \cong \frac{\Delta x_i}{\Delta t_i} \text{ ou } \Delta x_i \cong v(c_i)\Delta t_i$$

(observe que, pelo TVM, existe um instante $\overline{c}_i$ entre t_{i-1} e t_i tal que $\Delta x_i = v(\overline{c}_i)\Delta t_i$), em que Δx_i é o deslocamento da partícula entre os instantes t_{i-1} e t_i. Como a soma dos deslocamentos Δx_i, para i variando de 1 a n, é igual ao deslocamento $x(b) - x(a)$, resulta

$$x(b) - x(a) \cong \sum_{i=1}^{n} v(c_i)\Delta t_i.$$

É razoável esperar que, à medida que as amplitudes Δt_i tendam a zero, a soma $\sum_{i=1}^{n} v(c_i)\Delta t_i$ tenda a $x(b) - x(a)$:

$$x(b) - x(a) = \lim_{\text{máx } \Delta t_i \to 0} \sum_{i=1}^{n} v(c_i)\Delta t_i.$$

11.3 Integral de Riemann: Definição

Sejam f uma função definida em $[a, b]$ e L um número real. Dizemos que $\sum_{i=1}^{n} f(c_i)\Delta x_i$ tende a L, quando máx $\Delta x_i \to 0$, e escrevemos

$$\lim_{\text{máx } \Delta x_i \to 0} \sum_{i=1}^{n} f(c_i)\Delta x_i = L$$

se, para todo $\varepsilon > 0$ dado, existir um $\delta > 0$ que só dependa de ε mas não da particular escolha dos c_i, tal que

$$\left| \sum_{i=1}^{n} f(c_i)\Delta x_i - L \right| < \varepsilon$$

para toda partição P de $[a, b]$, com máx $\Delta x_i < \delta$.

Tal número L, que quando existe é único (verifique), denomina-se *integral* (de Riemann) de f em $[a, b]$ e indica-se por $\int_a^b f(x)\,dx$. Então, por definição,

$$\boxed{\int_a^b f(x)\,dx = \lim_{\text{máx } \Delta x_i \to 0} \sum_{i=1}^{n} f(c_i)\Delta x_i.}$$

Capítulo 11

Se $\int_a^b f(x)\,dx$ existe, então diremos que f é *integrável* (segundo Riemann) em $[a, b]$. É comum referirmo-nos a $\int_a^b f(x)\,dx$ como *integral definida* de f em $[a, b]$.

> **Observação.** Pomos, ainda, por definição:
>
> $$\int_a^a f(x)\,dx = 0 \ e \int_b^a f(x)\,dx = -\int_a^b f(x)\,dx \ (a < b).$$

11.4 Propriedades da Integral

> *Teorema.* Sejam f, g integráveis em $[a, b]$ e k uma constante. Então
>
> *a)* $f + g$ é integrável em $[a, b]$ e $\int_a^b [f(x) + g(x)]\,dx = \int_a^b f(x)\,dx + \int_a^b g(x)\,dx$.
>
> *b)* kf é integrável em $[a, b]$ e $\int_a^b kf(x)\,dx = k\int_a^b f(x)\,dx$.
>
> *c)* Se $f(x) \geq 0$ em $[a, b]$, então $\int_a^b f(x)\,dx \geq 0$.
>
> *d)* Se $c \in \ ]a, b[$ e f é integrável em $[a, c]$ e em $[c, b]$ então
>
> $$\int_a^b f(x)\,dx = \int_a^c f(x)\,dx + \int_c^b f(x)\,dx.$$

Demonstração

a) Para toda partição P de $[a, b]$ e qualquer que seja a escolha de c_i em $[x_{i-1}, x_i]$

$$\left| \sum_{i=1}^n [f(c_i) + g(c_i)]\,\Delta x_i - \left[\int_a^b f(x)\,dx + \int_a^b g(x)\,dx \right] \right| \leq \left| \sum_{i=1}^n f(c_i)\,\Delta x_i - \int_a^b f(x)\,dx \right| +$$

$$\left| \sum_{i=1}^n g(c_i)\,\Delta x_i - \int_a^b g(x)\,dx \right|.$$

Da integrabilidade de f e g segue que dado $\varepsilon > 0$ existe $\delta > 0$ tal que

$$\left| \sum_{i=1}^n f(c_i)\,\Delta x_i - \int_a^b f(x)\,dx \right| < \frac{\varepsilon}{2}$$

e

$$\left| \sum_{i=1}^n g(c_i)\,\Delta x_i - \int_a^b g(x)\,dx \right| < \frac{\varepsilon}{2}$$

para toda partição P de $[a, b]$ com máx $\Delta x_i < \delta$. Logo,

$$\left| \sum_{i=1}^n [f(c_i) + g\,(c_i)]\,\Delta x_i - \left[\int_a^b f(x)\,dx + \int_a^b g(x)\,dx \right] \right| < \varepsilon$$

para toda partição P de $[a, b]$ com máx $\Delta x_i < \delta$. Assim,

$$\lim_{\text{máx } \Delta x_i \to 0} \sum_{i=1}^{n} [f(c_i) + g(c_i)] \Delta x_i = \int_a^b f(x)\,dx + \int_a^b g(x)\,dx$$

ou seja, $f + g$ é integrável e

$$\int_a^b [f(x) + g(x)]\,dx = \int_a^b f(x)\,dx + \int_a^b g(x)\,dx.$$

b) Fica como exercício.

c) Como $f(x) \geq 0$ em $[a, b]$, para toda partição P de $[a, b]$ e qualquer que seja a escolha dos c_i

$$\sum_{i=1}^{n} f(c_i) \Delta x_i \geq 0.$$

Se tivéssemos $\int_a^b f(x)\,dx < 0$, tomando-se $\varepsilon > 0$ tal que $\int_a^b f(x)\,dx + \varepsilon < 0$, existiria um $\delta > 0$ tal que

$$\int_a^b f(x)\,dx - \varepsilon < \sum_{i=1}^{n} f(c_i) \Delta x_i < \int_a^b f(x)\,dx + \varepsilon$$

para toda partição P de $[a, b]$ com máx $\Delta x_i < \delta$. Assim, para alguma partição P teríamos

$$\sum_{i=1}^{n} f(c_i) \Delta x_i < 0$$

que é uma contradição.

d) Para toda partição P de $[a, b]$, com $c \in P$,

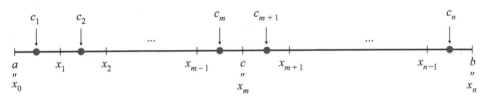

temos

$$\left| \sum_{i=1}^{n} f(c_i) \Delta x_i - \left[\int_a^c f(x)\,dx + \int_c^b f(x)\,dx \right] \right| \leq$$

$$\leq \left| \sum_{i=1}^{m} f(c_i) \Delta x_i - \int_a^c f(x)\,dx \right| + \left| \sum_{i=m+1}^{n} f(c_i) \Delta x_i - \int_c^b f(x)\,dx \right|.$$

Como, por hipótese, f é integrável em $[a, c]$ e em $[c, b]$, dado $\varepsilon > 0$, existe $\delta > 0$ tal que, para toda partição P de $[a, b]$, com $c \in P$, e máx $\Delta x_i < \delta$

$$\left| \sum_{i=1}^{m} f(c_i) \Delta x_i - \int_a^c f(x)\,dx \right| < \frac{\varepsilon}{2}$$

Capítulo 11

300

e

$$\left| \sum_{i=m}^{n} f(c_i)\Delta x_i - \int_{c}^{b} f(x)\,dx \right| < \frac{\varepsilon}{2}$$

e, portanto,

$$\left| \sum_{i=1}^{n} f(c_i)\Delta x_i - \left[\int_{a}^{c} f(x)\,dx + \int_{c}^{b} f(x)\,dx \right] \right| < \varepsilon.$$

Segue, então, da integrabilidade de f em $[a, b]$ que $\int_{a}^{b} f(x)\,dx = \int_{a}^{c} f(x)\,dx + \int_{c}^{b} f(x)\,dx$. (Por quê?)

11.5 1º Teorema Fundamental do Cálculo

De acordo com a definição de integral, se f for integrável em $[a, b]$, o valor do limite

$$\lim_{\text{máx } \Delta x_i \to 0} \sum_{i=1}^{n} f(c_i)\Delta x_i$$

será sempre o mesmo, independentemente da escolha dos c_i, e igual a $\int_{a}^{b} f(x)\,dx$. Assim, se, para uma particular escolha dos c_i, tivermos

$$\lim_{\text{máx } \Delta x_i \to 0} \sum_{i=1}^{n} f(c_i)\Delta x_i = L$$

então teremos $L = \int_{a}^{b} f(x)\,dx$.

Suponhamos, agora, que f seja integrável em $[a, b]$ e que admita uma primitiva $F(x)$ em $[a, b]$, isto é, $F'(x) = f(x)$ em $[a, b]$. Seja $P : a = x_0 < x_1 < x_2 < \ldots < x_n = b$ uma partição qualquer de $[a, b]$. Já vimos que (veja exemplo da Seção 11.2)

$$F(b) - F(a) = \sum_{i=1}^{n} [F(x_i) - F(x_{i-1})].$$

Segue, então, do TVM, que, para uma conveniente escolha de $\overline{c}_i$ em $[x_{i-1}, x_i]$, teremos

$$F(b) - F(a) = \sum_{i=1}^{n} F'(\overline{c}_i)\Delta x_i$$

ou

① $$F(b) - F(a) = \sum_{i=1}^{n} f(\overline{c}_i)\Delta x_i.$$

Se, para cada partição P de $[a, b]$, os $\overline{c}_i$ forem escolhidos como em ①, teremos

$$\lim_{\text{máx } \Delta x_i \to 0} \sum_{i=1}^{n} f(\overline{c}_i)\Delta x_i = F(b) - F(a)$$

Integral de Riemann

301

e, portanto,

$$\int_a^b f(x)\,dx = F(b) - F(a).$$

Fica provado assim o

> **1º teorema fundamental do cálculo.**
> Se f for integrável em $[a, b]$ e se F for uma primitiva de f em $[a, b]$, então
>
> $$\int_a^b f(x)\,dx = F(b) - F(a).$$

Provaremos mais adiante (veja Apêndice D) que toda função contínua em $[a, b]$ é integrável em $[a, b]$; por ora, vamos admitir e utilizar tal resultado. Segue, então, do 1º teorema fundamental do cálculo que se f for *contínua* em $[a, b]$ e F uma primitiva de f em $[a, b]$, então

$$\int_a^b f(x)\,dx = F(b) - F(a).$$

A diferença $F(b) - F(a)$ será indicada por $[F(x)]_b^a$, assim

$$\int_a^b f(x)\,dx = [F(x)]_b^a = F(b) - F(a).$$

Exemplo 1 Calcule $\int_1^2 x^2\,dx$.

Solução

$F(x) = \dfrac{1}{3}x^3$ é uma primitiva de $f(x) = x^2$ e f é contínua em $[1, 2]$, assim

$$\int_1^2 x^2\,dx = \left[\frac{1}{3}x^3\right]_1^2 = \frac{8}{3} - \frac{1}{3} = \frac{7}{3}$$

ou seja,

$$\int_1^2 x^2\,dx = \frac{7}{3}.$$

Exemplo 2 Calcule $\int_{-1}^3 4\,dx$.

Solução

$$\int_{-1}^3 4\,dx = [4x]_{-1}^3 = 12 - 4(-1) = 16$$

ou seja,

$$\int_{-1}^3 4\,dx = 16.$$

Capítulo 11

302

Exemplo 3 Calcule $\int_0^2 (x^3 + 3x - 1)\,dx$.

Solução

$$\int_0^2 (x^3 + 3x - 1)\,dx = \left[\frac{x^4}{4} + \frac{3x^2}{2} - x\right]_0^2 = \frac{2^4}{4} + \frac{12}{2} - 2$$

ou seja,

$$\int_0^2 (x^3 + 3x - 1)\,dx = 8.$$

Exemplo 4 Calcule $\int_1^2 \frac{1}{x^2}\,dx$.

Solução

$$\int_1^2 \frac{1}{x^2}\,dx = \int_1^2 x^{-2}\,dx = \left[-\frac{1}{x}\right]_1^2 = -\left[\frac{1}{x}\right]_1^2 = -\left[\frac{1}{2} - \frac{1}{1}\right].$$

Assim,

$$\int_1^2 \frac{1}{x^2}\,dx = \frac{1}{2}.$$

Exemplo 5 Calcule $\int_1^2 \left(\frac{1}{x} + \frac{1}{x^3}\right)dx$.

Solução

$$\int_1^2 \left(\frac{1}{x} + \frac{1}{x^3}\right)dx = \left[\ln x - \frac{1}{2x^2}\right]_1^2 = \frac{8\ln 2 + 3}{8}$$

ou seja,

$$\int_1^2 \left(\frac{1}{x} + \frac{1}{x^3}\right)dx = \frac{8\ln 2 + 3}{8}.$$

Exemplo 6 Calcule $\int_0^{\frac{\pi}{8}} \operatorname{sen} 2x\,dx$.

Solução

$$\int_0^{\frac{\pi}{8}} \operatorname{sen} 2x\,dx = \left[-\frac{1}{2}\cos 2x\right]_0^{\frac{\pi}{8}} = -\frac{1}{2}\cos\frac{\pi}{4} + \frac{1}{2}$$

ou seja,

$$\int_0^{\frac{\pi}{8}} \operatorname{sen} 2x\,dx = \frac{2 - \sqrt{2}}{4}.$$

> **Integral de Riemann**
>
> 303

> **Exemplo 7** Calcule $\int_0^1 e^{-x}\, dx$.
>
> *Solução*
>
> $$\int_0^1 e^{-x}\, dx = [-e^{-x}]_0^1 = 1 - \frac{1}{e}.$$

Exercícios 11.5

Calcule.

1. $\int_0^1 (x + 3)\, dx$

2. $\int_{-1}^1 (2x + 1)\, dx$

3. $\int_0^4 \frac{1}{2}\, dx$

4. $\int_{-2}^1 (x^2 - 1)\, dx$

5. $\int_1^3 dx$

6. $\int_{-1}^2 4\, dx$

7. $\int_1^3 \frac{1}{x^3}$

8. $\int_{-1}^1 5\, dx$

9. $\int_0^2 (x^2 + 3x - 3)\, dx$

10. $\int_0^1 \left(5x^3 - \frac{1}{2} \right) dx$

11. $\int_1^1 (2x + 3)\, dx$

12. $\int_1^0 (2x + 3)\, dx$

13. $\int_{-2}^{-1} \left(\frac{1}{x^2} + x \right) dx$

14. $\int_0^4 \sqrt{x}$

15. $\int_1^4 \frac{1}{\sqrt{x}}\, dx$

16. $\int_0^8 \sqrt[3]{x}\, dx$

17. $\int_{-1}^0 (x^3 - 2x + 3)\, dx$

18. $\int_0^1 \sqrt[8]{x}\, dx$

19. $\int_1^2 \left(x^3 + x + \frac{1}{x^3} \right) dx$

20. $\int_0^1 (x + \sqrt[4]{x})\, dx$

21. $\int_1^3 \left(5 + \frac{1}{x^2} \right) dx$

22. $\int_{-3}^3 x^3\, dx$

23. $\int_{-1}^1 (x^7 + x^3 + x)\, dx$

24. $\int_{\frac{1}{2}}^1 (x + 3)\, dx$

25. $\int_1^4 (5x + \sqrt{x})\, dx$

26. $\int_1^0 (x^7 - x + 3)\, dx$

27. $\int_1^2 \frac{1 + x}{x^3}\, dx$

28. $\int_0^1 (x + 1)^2\, dx$

Capítulo 11

304

29. $\int_1^4 \dfrac{1+x}{\sqrt{x}}\,dx$

30. $\int_0^1 (x-3)^2\,dx$

31. $\int_0^2 (t^2+3t-1)\,dt$

32. $\int_1^2 \dfrac{1+t^2}{t^4}\,dt$

33. $\int_{\frac{1}{2}}^1 (s+2)\,ds$

34. $\int_0^3 (u^2-2u+3)\,du$

35. $\int_1^2 (s^2+3s+1)\,ds$

36. $\int_{-1}^1 \sqrt[3]{t}\,dt$

37. $\int_1^3 \left(1+\dfrac{1}{x}\right)dx$

38. $\int_1^2 \dfrac{1+3x^2}{x}\,dx$

39. $\int_{-\frac{\pi}{3}}^{\frac{\pi}{2}} \cos 2x\,dx$

40. $\int_{-\pi}^0 \operatorname{sen} 3x\,dx$

41. $\int_{-1}^1 e^{2x}\,dx$

42. $\int_0^1 \dfrac{1}{1+t^2}\,dt$

43. $\int_0^{\frac{\pi}{4}} \operatorname{sen} x\,dx$

44. $\int_{-1}^0 e^{-2x}\,dx$

45. $\int_0^{\frac{\pi}{3}} (3+\cos 3x)\,dx$

46. $\int_0^1 \operatorname{sen} 5x\,dx$

▶ **47.** $\int_0^{\frac{1}{2}} \dfrac{1}{\sqrt{1-x^2}}\,dx$

48. $\int_0^2 2^x\,dx$

49. $\int_0^1 2x\,e^{x^2}\,dx$

50. $\int_0^1 \dfrac{2x}{1+x^2}\,dx$

51. $\int_0^1 \dfrac{1}{1+x}\,dx$

52. $\int_{-1}^1 x^3\,e^{x^4}\,dx$

53. $\int_0^{\frac{\pi}{3}} (\operatorname{sen} x+\operatorname{sen} 2x)\,dx$

54. $\int_0^{\frac{\pi}{2}} \left(\dfrac{1}{2}+\dfrac{1}{2}\cos 2x\right)dx$

55. $\int_0^{\frac{\pi}{2}} \cos^2 x\,dx\left(Sugestão\text{: Verifique que }\cos^2 x=\dfrac{1}{2}+\dfrac{1}{2}\cos 2x.\right)$

▶ **56.** $\int_0^{\frac{\pi}{2}} \operatorname{sen}^2 x\,dx$

57. $\int_0^{\frac{\pi}{4}} \sec^2 x\,dx$

58. $\int_0^1 3^x\,dx$

59. $\int_0^1 3^x\,e^x\,dx$

60. $\int_0^{\frac{\pi}{4}} \operatorname{tg}^2 x\,dx$

11.6 Cálculo de Áreas

Seja f contínua em $[a, b]$, com $f(x) \geq 0$ em $[a, b]$. Estamos interessados em definir a *área* do conjunto A do plano limitado pelas retas $x = a$, $x = b$, $y = 0$ e pelo gráfico de $y = f(x)$.

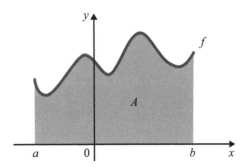

Seja, então, $P : a = x_0 < x_1 < x_2 < \ldots < x_n = b$ uma partição de $[a, b]$ e sejam $\overline{c}_i$ e $\overline{\overline{c}}_i$ em $[x_{i-1}, x_i]$ tais que $f(\overline{c}_i)$ é o valor mínimo e $f(\overline{\overline{c}}_i)$ o valor máximo de f em $[x_{i-1}, x_i]$. Uma boa definição para *área de A* deverá implicar que a soma de Riemann $\sum_{i=1}^{n} f(\overline{c}_i) \Delta x_i$ seja uma aproximação por *falta* da área de A e que $\sum_{i=1}^{n} f(\overline{\overline{c}}_i) \Delta x_i$ seja uma aproximação por excesso, isto é

$$\sum_{i=1}^{n} f(\overline{c}_i) \Delta x_i \leq \text{área } A \leq \sum_{i=1}^{n} f(\overline{\overline{c}}_i) \Delta x_i$$

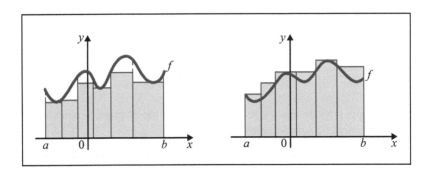

Como as somas de Riemann mencionadas tendem a $\int_a^b f(x)\,dx$, quando máx $\Delta x_i \to 0$, nada mais natural do que definir a *área de A* por

$$\boxed{\text{área } A = \int_a^b f(x)\,dx.}$$

Da mesma forma define-se área de A no caso em que f é uma função integrável qualquer, com $f(x) \geq 0$ em $[a, b]$.

Exemplo 1 Calcule a área do conjunto do plano limitado pelas retas $x = 0$, $x = 1$, $y = 0$ e pelo gráfico de $f(x) = x^2$.

Solução

Área $A = \int_0^1 x^2 \, dx = \left[\dfrac{x^3}{3}\right]_0^1 = \dfrac{1}{3}$

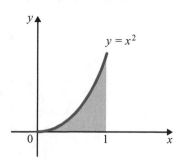

Exemplo 2 Calcule a área do conjunto $A = \left\{(x, y) \in \mathbb{R}^2 \mid 1 \leq x \leq 2 \text{ e } 0 \leq y \leq \dfrac{1}{x^2}\right\}$.

Solução

A é o conjunto do plano limitado pelas retas $x = 1$, $x = 2$, $y = 0$ e pelo gráfico de $y = \dfrac{1}{x^2}$.

Área $A = \int_1^2 \dfrac{1}{x^2} \, dx = \left[-\dfrac{1}{x}\right]_1^2 = \dfrac{1}{2}$.

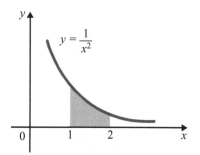

As situações que apresentamos a seguir sugerem como estender o conceito de área para uma classe mais ampla de subconjuntos do $\mathbb{R}^2$.

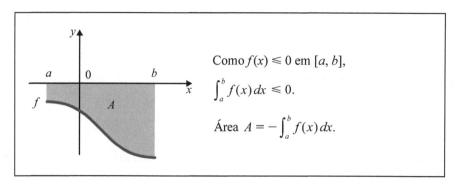

Como $f(x) \leq 0$ em $[a, b]$,

$\int_a^b f(x) \, dx \leq 0$.

Área $A = -\int_a^b f(x) \, dx$.

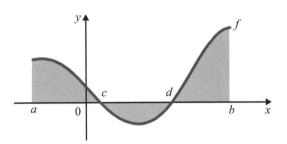

Seja A o conjunto hachurado.

$$\text{Área} = \int_a^c f(x)\,dx - \int_c^d f(x)\,dx + \int_d^b f(x)\,dx = \int_a^b |f(x)|\,dx$$

Observe:

$$\int_a^b f(x)\,dx = \int_a^c f(x)\,dx + \int_c^d f(x)\,dx + \int_d^b f(x)\,dx = \text{soma das áreas dos conjuntos}$$
acima do eixo $0x$ *menos* soma das áreas dos conjuntos abaixo do eixo $0x$.

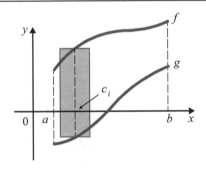

$[f(c_i) - g(c_i)]\Delta x_i = $ área retângulo hachurado.

$$\lim_{\max \Delta x_i \to 0} \sum_{i=1}^n [f(c_i) - g(c_i)]\Delta x_i = \int_a^b [f(x) - g(x)]\,dx = \text{área } A$$

em que A é o conjunto limitado pelas retas $x = a$, $x = b$ e pelos gráficos de $y = f(x)$ e $y = g(x)$, com $f(x) \geq g(x)$ em $[a, b]$.

Exemplo 3

a) Calcule a área da região limitada pelo gráfico de $f(x) = x^3$, pelo eixo x e pelas retas $x = -1$ e $x = 1$.

b) Calcule $\int_{-1}^{1} x^3\,dx$.

Capítulo 11

Solução

a) Área $A = -\int_{-1}^{0} x^3\,dx + \int_{0}^{1} x^3\,dx = \frac{1}{4} + \frac{1}{4} = \frac{1}{2}$.

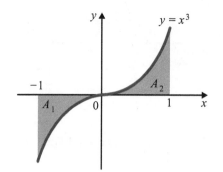

Área $A_1 = -\int_{-1}^{0} x^3\,dx = \frac{1}{4}$

Área $A_2 = \int_{0}^{1} x^3\,dx = \frac{1}{4}$

b) $\int_{-1}^{1} x^3\,dx = \left[\dfrac{x^4}{4}\right]_{-1}^{1} = 0 = $ área $A_2 - $ área A_1.

Exemplo 4 Calcule a área da região limitada pelas retas $x = 0$, $x = 1$, $y = 2$ e pelo gráfico de $y = x^2$.

Solução

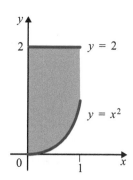

$$\text{Área} = \int_{0}^{1} (2 - x^2)\,dx = \left[2x - \frac{x^3}{3}\right]_{0}^{1} = \frac{5}{3}.$$

Exemplo 5 Calcule a área do conjunto de todos os pontos (x, y) tais que $x^2 \leqslant y \leqslant \sqrt{x}$.

Solução

$$\text{Área} = \int_{0}^{1} [\sqrt{x} - x^2]\,dx$$
$$= \left[\frac{2}{3}\sqrt{x^3} - \frac{x^3}{3}\right]_{0}^{1}$$
$$= \frac{2}{3} - \frac{1}{3} = \frac{1}{3}.$$

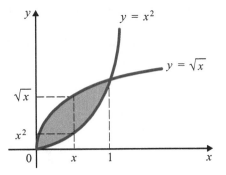

Observe: para cada x em [0, 1], (x, y) pertence ao conjunto se e somente se $x^2 \leq y \leq \sqrt{x}$.

Exemplo 6 Calcule a área da região compreendida entre os gráficos de $y = x$ e $y = x^2$, com $0 \leq x \leq 2$.

Solução

As curvas $y = x$ e $y = x^2$ interceptam-se nos pontos de abscissas 0 e 1. Então,

$$\text{Área} = \int_0^1 [x - x^2]\,dx + \int_1^2 [x^2 - x]\,dx$$
$$= \left[\frac{x^2}{2} - \frac{x^3}{3}\right]_0^1 + \left[\frac{x^3}{3} - \frac{x^2}{2}\right]_1^2 = 1.$$

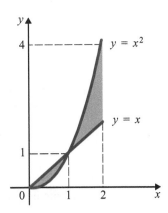

Observação. Os pontos em que as curvas $y = x$ e $y = x^2$ se interceptam são as soluções do sistema

$$\begin{cases} y = x \\ y = x^2. \end{cases}$$

Consideremos, agora, uma partícula que se desloca sobre o eixo x com equação $x = x(t)$ e com velocidade $v = v(t)$ contínua em $[a, b]$. A diferença $x(b) - x(a)$ é o *deslocamento* da partícula entre os instantes a e b. Como $x(t)$ é uma primitiva de $v(t)$, segue do 1º teorema fundamental do cálculo que

$$x(b) - x(a) = \int_a^b v(t)\,dt.$$

Por outro lado, definimos o *espaço* percorrido pela partícula entre os instantes a e b por $\int_a^b |v(t)|\,dt$.

Se $v(t) \geq 0$ em $[a, b]$, o deslocamento entre os instantes a e b será igual ao espaço percorrido entre estes instantes, que, por sua vez, será numericamente igual à área do conjunto A limitado pelas retas $t = a$, $t = b$, pelo eixo $0t$ e pelo gráfico de $v = v(t)$.

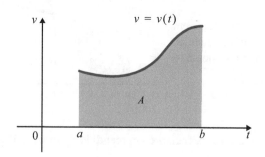

Suponhamos, agora, por exemplo, que $v(t) \geq 0$ em $[a, c]$ e $v(t) \leq 0$ em $[c, b]$.

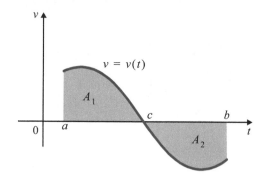

Neste caso, o deslocamento entre os instantes a e b será

$$x(b) - x(a) = \int_a^b v(t)\,dt = \text{área } A_1 - \text{área } A_2$$

enquanto o espaço percorrido entre estes instantes será

$$\int_a^b |v(t)|\,dt = \int_a^c v(t)\,dt - \int_c^b v(t)\,dt = \text{área } A_1 + \text{área } A_2.$$

Exemplo 7 Uma partícula desloca-se sobre o eixo x com velocidade $v(t) = 2 - t$.

a) Calcule o deslocamento entre os instantes $t = 1$ e $t = 3$. Discuta o resultado encontrado.
b) Calcule o espaço percorrido entre os instantes 1 e 3.

Solução

a) $x(3) - x(1) = \int_1^3 (2 - t)\,dt = \left[2t - \dfrac{t^2}{2}\right]_1^3 = 0.$

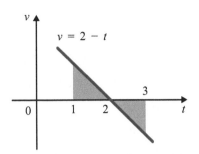

Em [1, 2 [, $v(t) > 0$, o que significa que no intervalo de tempo [1, 2] a partícula avança no sentido positivo; em]2, 3], $v(t) < 0$, o que significa que neste intervalo de tempo a partícula recua, de tal modo que no instante $t = 3$ ela volta a ocupar a mesma posição por ela ocupada no instante $t = 1$.

b) O espaço percorrido entre os instantes $t = 1$ e $t = 3$ é

$$\int_1^3 |2 - t|\,dt = \int_1^2 (2 - t)\,dt - \int_2^3 (2 - t)\,dt = 1.$$

Observe que o espaço percorrido entre os instantes 1 e 2 é

$$\int_1^2 (2 - t)\,dt = \frac{1}{2}$$

e que o espaço percorrido entre os instantes 2 e 3 é

$$\int_2^3 |2 - t|\,dt = -\int_2^3 (2 - t)\,dt = \frac{1}{2}.$$

Exercícios 11.6

Nos Exercícios 1 a 22, desenhe o conjunto A dado e calcule a área.

1. A é o conjunto do plano limitado pelas retas $x = 1$, $x = 3$, pelo eixo $0x$ e pelo gráfico de $y = x^3$.

2. A é o conjunto do plano limitado pelas retas $x = 1$, $x = 4$, $y = 0$ e pelo gráfico de $y = \sqrt{x}$.

3. A é o conjunto de todos (x, y) tais que $x^2 - 1 \leq y \leq 0$.

4. A é o conjunto de todos (x, y) tais que $0 \leq y \leq 4 - x^2$.

5. A é o conjunto de todos (x, y) tais que $0 \leq y \leq |\operatorname{sen} x|$, com $0 \leq x \leq 2\pi$.

6. A é a região do plano compreendida entre o eixo $0x$ e o gráfico de $y = x^2 - x$, com $0 \leq x \leq 2$.

7. A é o conjunto do plano limitado pela reta $y = 0$ e pelo gráfico de $y = 3 - 2x - x^2$, com $-1 \leq x \leq 2$.

Capítulo 11

8. A é o conjunto do plano limitado pelas retas $x = -1$, $x = 2$, $y = 0$ e pelo gráfico de $y = x^2 + 2x + 5$.

9. A é o conjunto do plano limitado pelo eixo $0x$, pelo gráfico de $y = x^3 - x$, $-1 \leqslant x \leqslant 1$.

10. A é o conjunto do plano limitado pela reta $y = 0$ e pelo gráfico de $y = x^3 - x$, com $0 \leqslant x \leqslant 2$.

11. A é o conjunto do plano limitado pelas retas $x = 0$, $x = \pi$, $y = 0$ e pelo gráfico de $y = \cos x$.

12. A é o conjunto de todos (x, y) tais que $x \geqslant 0$ e $x^3 \leqslant y \leqslant x$.

13. A é o conjunto do plano limitado pela reta $y = x$, pelo gráfico de $y = x^3$, com $-1 \leqslant x \leqslant 1$.

14. $A = \{(x, y) \in \mathbb{R}^2 \mid 0 \leqslant x \leqslant 1 \text{ e } \sqrt{x} \leqslant y \leqslant 3\}$.

15. A é o conjunto do plano limitado pelas retas $x = 0$, $x = \dfrac{\pi}{2}$ e pelos gráficos de $y = \text{sen } x$ e $y = \cos x$.

16. A é o conjunto de todos os pontos (x, y) tais que $x^2 + 1 \leqslant y \leqslant x + 1$.

17. A é o conjunto de todos os pontos (x, y) tais que $x^2 - 1 \leqslant y \leqslant x + 1$.

18. A é o conjunto do plano limitado pelas retas $x = 0$, $x = \dfrac{\pi}{2}$ e pelos gráficos de $y = \cos x$ e $y = 1 - \cos x$.

19. $A = \{(x, y) \in \mathbb{R}^2 \mid x \geqslant 0 \text{ e } x^3 - x \leqslant y \leqslant -x^2 + 5x \}$.

20. A é o conjunto do plano limitado pelos gráficos de $y = x^3 - x$, $y = \text{sen } \pi x$, com $-1 \leqslant x \leqslant 1$.

21. A é o conjunto de todos os pontos (x, y) tais que $x \geqslant 0$ e $-x \leqslant y \leqslant x - x^2$.

22. A é o conjunto de todos (x, y) tais que $x > 0$ e $\dfrac{1}{x^2} \leqslant y \leqslant 5 - 4x^2$.

23. Uma partícula desloca-se sobre o eixo x com velocidade $v(t) = 2t - 3$, $t \geqslant 0$.
    a) Calcule o deslocamento entre os instantes $t = 1$ e $t = 3$.
    b) Qual o espaço percorrido entre os instantes $t = 1$ e $t = 3$?
    c) Descreva o movimento realizado pela partícula entre os instantes $t = 1$ e $t = 3$.

24. Uma partícula desloca-se sobre o eixo $0x$ com velocidade $v(t) = \text{sen } 2t$, $t \geqslant 0$. Calcule o espaço percorrido entre os instantes $t = 0$ e $t = \pi$.

25. Uma partícula desloca-se sobre o eixo $0x$ com velocidade $v(t) = -t^2 + t$, $t \geqslant 0$. Calcule o espaço percorrido entre os instantes $t = 0$ e $t = 2$.

26. Uma partícula desloca-se sobre o eixo $0x$ com velocidade $v(t) = t^2 - 2t - 3$, $t \geqslant 0$. Calcule o espaço percorrido entre os instantes $t = 0$ e $t = 4$.

11.7 Mudança de Variável na Integral

Veremos, no Vol. 2, que toda *função contínua* num intervalo I admite, neste intervalo, uma primitiva. Por ora, vamos admitir tal resultado e usá-lo na demonstração do próximo teorema.

Integral de Riemann

313

> **Teorema.** Seja f contínua num intervalo I e sejam a e b dois reais quaisquer em I. Seja g: $[c, d] \to I$, com g' contínua em $[c, d]$, tal que $g(c) = a$ e $g(d) = b$. Nestas condições
> $$\int_a^b f(x)\,dx = \int_c^d f(g(u))\,g'(u)\,du.$$

Demonstração

Como f é contínua em I, segue que f admite uma primitiva F em I. Assim,

① $$\int_a^b f(x)\,dx = F(b) - F(a).$$

A função $H(u) = F(g(u))$, $u \in [c, d]$, é uma primitiva de $f(g(u))\,g'(u)$; de fato,

$$H'(u) = [F(g(u))]' = F'(g(u))\,g'(u)$$

ou seja,

$$H'(u) = f(g(u))\,g'(u)$$

pois, $F' = f$. Segue que

$$\int_c^d f(g(u))\,g'(u)\,du = [F(g(u))]_c^d = F(g(d)) - F(g(c)).$$

Por hipótese, $g(d) = b$ e $g(c) = a$. Tendo em vista ①, resulta

$$\int_c^d f(g(u))\,g'(u)\,du = F(b) - F(a) = \int_a^b f(x)\,dx. \qquad \blacksquare$$

$$\int_a^b f(x)\,dx = ?$$

$$\begin{cases} x = g(u) & ; dx = g'(u)\,du \\ x = a & ; u = c \text{ em que } g(c) = a \\ x = b & ; u = d \text{ em que } g(d) = b \end{cases}$$

$$\int_a^b f(x)\,dx = \int_c^d f(g(u))\,g'(u)\,du$$

Exemplo 1 Calcule $\int_0^1 (x - 1)^{10}\,dx$.

Solução

Façamos $x - 1 = u$, ou seja, $x = u + 1$.

$$\begin{cases} x = u + 1 & ; dx = (u + 1)'\,du \text{ ou } dx = du \\ x = 0 & ; u = -1 \\ x = 1 & ; u = 0 \end{cases}$$

$$\int_0^1 (x - 1)^{10}\,dx = \int_{-1}^0 u^{10}\,du = \left[\frac{u^{11}}{11}\right]_{-1}^0 = \frac{1}{11}.$$

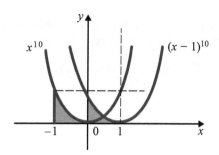

Exemplo 2 Calcule $\int_{\frac{1}{2}}^{1} \sqrt{2x-1}\, dx$.

Solução

Façamos $u = 2x - 1$ ou $x = \frac{1}{2}u + \frac{1}{2}$

$$\begin{cases} x = \frac{1}{2}u + \frac{1}{2} & ; dx = \frac{1}{2}du \\ x = \frac{1}{2} & ; u = 0 \\ x = 1 & ; u = 1 \end{cases}$$

$$\int_{\frac{1}{2}}^{1} \sqrt{2x-1}\, dx = \int_{0}^{1} \sqrt{u}\, \frac{1}{2} du = \frac{1}{2} \int_{0}^{1} \sqrt{u}\, du$$

$$\int_{0}^{1} \sqrt{u}\, du = \left[\frac{2}{3} \sqrt{u^3} \right]_{0}^{1} = \frac{2}{3}.$$

Assim,

$$\int_{\frac{1}{2}}^{1} \sqrt{2x-1}\, dx = \frac{1}{3}.$$

Observação. Poderíamos, também, ter feito a mudança de variável $2x - 1 = u^2$ ou $x = \frac{1}{2}u^2 + \frac{1}{2}$.

$$\begin{cases} x = \frac{1}{2}u^2 + \frac{1}{2} & ; dx = u\, du \\ x = \frac{1}{2} & ; u = 0 \\ x = 1 & ; u = 1 \text{ (ou } u = -1) \end{cases}$$

$$\int_{\frac{1}{2}}^{1} \sqrt{2x-1}\, dx = \int_{0}^{1} \sqrt{u^2}\, u\, du = \int_{0}^{1} |u|\, u\, du.$$

Como u está variando em $[0, 1]$, $|u| = u$, daí

$$\int_0^1 |u| u \, du = \int_0^1 u^2 \, du = \frac{1}{3}.$$

Se em vez de $u = 1$ tivéssemos tomado $u = -1$, teríamos

$$\int_{\frac{1}{2}}^1 \sqrt{2x-1} \, dx = \int_0^{-1} \sqrt{u^2} \; u \, du = \int_0^{-1} |u| u \, du.$$

Como u está variando, agora, no intervalo $[-1, 0]$, $|u| = -u$; assim,

$$\int_0^{-1} |u| u \, du = \int_0^{-1} -u^2 \, du = -\left[\frac{u^3}{3}\right]_0^{-1} = \frac{1}{3}.$$

Observe que tanto $g(u) = \frac{1}{2}u^2 + \frac{1}{2}$, $u \in [0, 1]$, quanto $g(u) = \frac{1}{2}u^2 + \frac{1}{2}$, $u \in [-1, 0]$, satisfazem as condições do teorema de mudança de variável.

Às vezes, com pequenos ajustes, a integral a ser calculada pode ser colocada na forma $\int_c^d f(g(x)) \, g'(x) \, dx$. Neste caso, a mudança de variável $u = g(x)$, $x \in [c, d]$, transforma a integral $\int_{g(c)}^{g(d)} f(u) \, du$ na anterior.

$$\int_c^d f(g(x)) g'(x) \, dx = ?$$

$$\begin{cases} x = g(x) & ; du = g'(x) \, dx \\ x = c & ; u = g(c) \\ x = d & ; u = g(d) \end{cases}$$

$$\int_c^d f(g(x)) g'(x) \, dx = \int_{g(c)}^{g(d)} f(u) \, du.$$

Exemplo 3 Calcule $\int_0^1 e^{3x} \, dx$.

Solução

Multiplicando o integrando por 3 e dividindo a integral por 3, nada muda:

$$\int_0^1 e^{3x} \, dx = \frac{1}{3} \int_0^1 e^{\overset{u}{\overbrace{3x}}} \underbrace{3 \, dx}_{du}$$

$$\begin{cases} x = 3x & ; du = 3 \, dx \\ x = 0 & ; u = 0 \\ x = 1 & ; u = 3 \end{cases}$$

$$\int_0^1 e^{3x} \, dx = \frac{1}{3} \int_0^3 e^u \, du = \frac{1}{3}[e^u]_0^3 = \frac{1}{3}[e^3 - 1].$$

Capítulo 11

Exemplo 4 Calcule $\int_0^1 \dfrac{x}{x^2+1}\,dx$.

Solução

Fazendo $u = x^2 + 1$, $du = 2x\,dx$. Vamos então multiplicar o integrando por 2 e dividir a integral por 2.

$$\int_0^1 \frac{x\,dx}{x^2+1} = \frac{1}{2}\int_0^1 \frac{\overbrace{2x\,dx}^{du}}{\underbrace{x^2+1}_{u}}$$

$$\begin{cases} x = x^2 + 1 & ; du = 2x\,dx \\ x = 0 & ; u = 1 \\ x = 1 & ; u = 2 \end{cases}$$

$$\int_0^1 \frac{x}{x^2+1}\,dx = \frac{1}{2}\int_1^2 \frac{du}{u} = \frac{1}{2}\int_1^2 \frac{1}{u}\,du = \frac{1}{2}[\ln u]_1^2$$

ou seja,

$$\int_0^1 \frac{x}{x^2+1}\,dx = \frac{\ln 2}{2}.$$

Exemplo 5 Calcule $\int_1^2 x\sqrt{x^2+1}\,dx$.

Solução

$$\int_1^2 x\sqrt{x^2+1}\,dx = \frac{1}{2}\int_1^2 \sqrt{x^2+1}\;2x\,dx.$$

$$\begin{cases} u = x^2 + 1 & ; du = 2x\,dx \\ x = 1 & \Leftrightarrow u = 2 \\ x = 2 & \Leftrightarrow u = 5 \end{cases}$$

$$\int_1^2 x\sqrt{x^2+1}\,dx = \frac{1}{2}\int_2^5 \sqrt{u}\,du = \frac{1}{2}\left[\frac{u^{3/2}}{3/2}\right]_2^5 = \frac{1}{3}[5\sqrt{5} - 2\sqrt{2}].$$

Antes de passarmos ao próximo exemplo, observamos que o valor da integral de f em $[a, b]$ não depende do símbolo que se usa para representar a variável independente:

$$\int_a^b f(x)\,dx = \int_a^b f(u)\,du = \int_a^b f(s)\,ds = \int_a^b f(t)\,dt \quad etc.$$

Exemplo 6 Seja f uma função ímpar e contínua em $[-r, r]$, $r > 0$. Mostre que

$$\int_{-r}^r f(x)\,dx = 0.$$

Integral de Riemann

317

Solução

$$f \text{ ímpar} \Leftrightarrow f(-x) = -f(x) \text{ em } [-r, r].$$

Façamos a mudança de variável $u = -x$

$$\begin{cases} u = -x & ; du = -dx \\ x = -r & ; u = r \\ x = r & ; u = -r \end{cases}$$

$$\int_{-r}^{r} f(x)\,dx = -\int_{-r}^{r} f(x)(-dx) = -\int_{r}^{-r} f(-u)\,du = \int_{-r}^{r} f(-u)\,du$$

Como $f(-u) = -f(u)$, resulta

$$\int_{-r}^{r} f(x)\,dx = -\int_{-r}^{r} f(u)\,du;$$

mas, $\int_{-r}^{r} f(u)\,du = \int_{-r}^{r} f(x)\,dx$ (veja observação acima), logo

$$\int_{-r}^{r} f(x)\,dx = -\int_{-r}^{r} f(x)\,dx$$

ou seja,

$$2\int_{-r}^{r} f(x)\,dx = 0$$

e, portanto,

$$\int_{-r}^{r} f(x)\,dx = 0. \text{ (Interprete graficamente.)}$$

Exemplo 7 Calcule $\int_{-1}^{1} x\sqrt{x^4 + 3}\,dx$.

Solução

$f(x) = x\sqrt{x^4 + 3}$ é uma função ímpar, pois,

$$f(-x) = -x\sqrt{(-x)^4 + 3} = -(x\sqrt{x^4 + 3}) = -f(x).$$

Pelo exemplo anterior,

$$\int_{-1}^{1} x\sqrt{x^4 + 3}\,dx = 0.$$

Exemplo 8 Calcule $\int_{-1}^{0} x^2\sqrt{x + 1}\,dx$.

Solução

Aqui é conveniente a mudança $u = x + 1$

$$\begin{cases} u = x + 1 & ; du = dx \\ x = -1 & ; u = 0 \\ x = 0 & ; u = 1. \end{cases}$$

Capítulo 11

De $u = x + 1$, segue $x = u - 1$. Então,

$$\int_{-1}^{0} x^2 \sqrt{x + 1}\, dx = \int_{0}^{1} (u - 1)^2 \sqrt{u}\, du = \int_{0}^{1} (u^2 - 2u + 1)u^{\frac{1}{2}}\, du = \int_{0}^{1} (u^{\frac{5}{2}} - 2u^{\frac{3}{2}} + u^{\frac{1}{2}})\, du.$$

Assim,

$$\int_{-1}^{0} x^2 \sqrt{x + 1}\, dx = \left[\frac{u^{\frac{7}{2}}}{\frac{7}{2}} - 2\frac{u^{\frac{5}{2}}}{\frac{5}{2}} + \frac{u^{\frac{3}{2}}}{\frac{3}{2}} \right]_{0}^{1} = \frac{16}{105}.$$

Exercícios 11.7

1. Calcule.

a) $\displaystyle\int_{1}^{2} (x - 2)^5\, dx$

b) $\displaystyle\int_{0}^{1} (3x + 1)^4\, dx$

c) $\displaystyle\int_{0}^{1} \sqrt{3x + 1}\, dx$

d) $\displaystyle\int_{-1}^{0} (2x + 5)^3\, dx$

e) $\displaystyle\int_{-3}^{4} \sqrt[3]{5 - x}\, dx$

f) $\displaystyle\int_{1}^{2} \frac{2}{(3x - 2)^3}\, dx$

g) $\displaystyle\int_{0}^{1} \frac{1}{(x + 1)^5}\, dx$

h) $\displaystyle\int_{-2}^{1} \frac{3}{4 + x}\, dx$

i) $\displaystyle\int_{0}^{2} e^{2x}\, dx$

j) $\displaystyle\int_{0}^{1} xe^{x^2}\, dx$

l) $\displaystyle\int_{-1}^{0} x\sqrt{x + 1}\, dx$

m) $\displaystyle\int_{0}^{\frac{\pi}{3}} \cos 2x\, dx$

n) $\displaystyle\int_{0}^{1} \frac{x^2}{1 + x^3}\, dx$

o) $\displaystyle\int_{0}^{1} \frac{x^2}{(1 + x^3)^2}\, dx$

p) $\displaystyle\int_{-1}^{0} x^2 \sqrt{1 + x^3}\, dx$

q) $\displaystyle\int_{1}^{3} \frac{2}{5 + 3x}\, dx$

r) $\displaystyle\int_{-1}^{1} \sqrt[3]{x + 1}\, dx$

s) $\displaystyle\int_{0}^{1} \frac{x}{(x + 1)^5}\, dx$

t) $\displaystyle\int_{-1}^{0} x(x + 1)^{100}\, dx$

u) $\displaystyle\int_{1}^{2} x^2(x - 2)^{10}\, dx$

2. Suponha f contínua em $[-2, 0]$. Calcule $\int_{0}^{2} f(x - 2)\, dx$, sabendo que $\int_{-2}^{0} f(x)\, dx = 3$.

3. Suponha f contínua em $[-1, 1]$. Calcule $\int_{0}^{1} f(2x - 1)\, dx$, sabendo que $\int_{-1}^{0} f(u)\, du = 5$.

4. Suponha f contínua em $[0, 4]$. Calcule $\int_{-2}^{2} xf(x^2)\, dx$.

5. Calcule $\displaystyle\int_{-\pi}^{\pi} \frac{\operatorname{sen} x}{x^4 - x^2 + 1}\, dx$.

Integral de Riemann

319

6. Calcule a área do conjunto dado.

a) $A = \left\{ (x, y) \in \mathbb{R}^2 \mid 1 \leqslant x \leqslant 2 \text{ e } 0 \leqslant y \leqslant \sqrt{x - 1} \right\}$

b) $A = \left\{ (x, y) \in \mathbb{R}^2 \mid 0 \leqslant x \leqslant 2 \text{ e } 0 \leqslant y \leqslant \dfrac{x}{1 + x^2} \right\}$

c) A é o conjunto do plano limitado pela reta $x = 1$ e pelos gráficos de $y = e^{-2x}$ e $y = e^{-x}$, com $x \geqslant 0$.

7. Calcule.

a) $\displaystyle\int_0^1 x\sqrt{x^2 + 3}\, dx$

b) $\displaystyle\int_0^1 x(x^2 + 3)^5\, dx$

c) $\displaystyle\int_1^2 x(x^2 - 1)^5\, dx$

d) $\displaystyle\int_0^1 x\sqrt{1 - x^2}\, dx$

e) $\displaystyle\int_{-1}^0 x^2 e^{x^3}\, dx$

f) $\displaystyle\int_0^1 x\sqrt{1 + 2x^2}\, dx$

g) $\displaystyle\int_1^2 \dfrac{3s}{1 + s^2}\, ds$

h) $\displaystyle\int_0^1 \dfrac{1}{1 + 4s}\, ds$

i) $\displaystyle\int_0^3 \dfrac{x}{\sqrt{x + 1}}\, dx$

j) $\displaystyle\int_0^1 \dfrac{s}{\sqrt{s^2 + 1}}\, ds$

l) $\displaystyle\int_0^3 \dfrac{x^2}{\sqrt{x + 1}}\, dx$

m) $\displaystyle\int_0^1 \dfrac{x^2}{(x + 1)^2}\, dx$

n) $\displaystyle\int_{-1}^1 x^3(x^2 + 3)^{10}\, dx$

o) $\displaystyle\int_0^{\sqrt{3}} x^3\sqrt{x^2 + 1}\, dx$

p) $\displaystyle\int_0^{\frac{\pi}{3}} \operatorname{sen} x \cos^2 x\, dx$

q) $\displaystyle\int_0^{\frac{\pi}{6}} \cos x \operatorname{sen}^5 x\, dx$

r) $\displaystyle\int_{\frac{\pi}{3}}^{\frac{\pi}{2}} \operatorname{sen} x(1 - \cos^2 x)\, dx$

s) $\displaystyle\int_{\frac{\pi}{3}}^{\frac{\pi}{2}} \operatorname{sen} x \operatorname{sen}^2 x\, dx$

t) $\displaystyle\int_{\frac{\pi}{3}}^{\frac{\pi}{2}} \operatorname{sen}^3 x\, dx$

▶ u) $\displaystyle\int_0^{\frac{\pi}{6}} \cos^3 x\, dx$

8. Um aluno (precipitado), ao calcular a integral $\displaystyle\int_{-1}^1 \sqrt{1 + x^2}\, dx$, raciocinou da seguinte forma: fazendo a mudança de variável $u = 1 + x^2$, os novos extremos de integração seriam iguais a 2 ($x = -1 \to u = 2$; $x = 1 \to u = 2$) e assim a integral obtida após a mudança de variável seria igual a zero e, portanto, $\displaystyle\int_{-1}^1 \sqrt{1 + x^2}\, dx = 0!!$ Onde está o erro?

9. Seja f uma função par e contínua em $[-r, r]$, $r > 0$. (Lembre-se: f par $\Leftrightarrow f(-x) = f(x)$.)

a) Mostre que $\displaystyle\int_{-r}^0 f(x)\, dx = \int_0^r f(x)\, dx$.

b) Conclua de (a) que $\displaystyle\int_{-r}^r f(x)\, dx = 2\int_0^r f(x)\, dx$. Interprete graficamente.

10. Suponha f contínua em $[a, b]$. Seja $g: [c, d] \to \mathbb{R}$ com g' contínua em $[c, d]$, $g(c) = a$ e $g(d) = b$. Suponha, ainda, que $g'(u) > 0$ em $]c, d[$. Seja $c = u_0 < u_1 < u_2 < \ldots < u_n = d$ uma partição de $[c, d]$ e seja $a = x_0 < x_1 < x_2 < \ldots < x_n = b$ partição de $[a, b]$, em que $x_i = g(u_i)$, para i variando de 0 a n.

a) Mostre que, para todo i, $i = 1, 2, \ldots, n$, existe $\bar{u}_i$ em $[u_{i-1}, u_i]$ tal que

$$\Delta x_i = g'(\bar{u}_i) \, \Delta u_i.$$

b) Conclua de (a) que

$$\sum_{i=1}^{n} f(g'(\bar{u}_i)) g'(\bar{u}_i) \, \Delta u_i = \sum_{i=1}^{n} f(c_i) \, \Delta u_i$$

em que $c_i = g(\bar{u}_i)$.

c) Mostre que existe $M > 0$ tal que

$$\Delta x_i \leq M \, \Delta u_i$$

para i variando de 0 a n.

d) Conclua que

$$\lim_{\text{máx } \Delta u_i \to 0} \sum_{i=1}^{n} f(g(\bar{u}_i)) g'(\bar{u}_i) \, \Delta u_i = \lim_{\text{máx } \Delta u_i \to 0} \sum_{i=1}^{n} f(c_i) \, \Delta u_i$$

ou seja,

$$\int_c^d f(g(u)) g'(u) \, du = \int_a^b f(x) \, dx$$

11.8 Trabalho

Nesta seção, admitiremos que o leitor já saiba o que é um *vetor*. Consideremos, então, um eixo $0s$

e indiquemos por $\vec{u}$ o vetor, de comprimento *unitário*, determinado pelo segmento orientado de origem 0 e extremidade 1.

Seja α um número real; $\vec{F} = \alpha \, \vec{u}$ é um vetor *paralelo* a $\vec{u}$. O número α é a *componente* de $\vec{F}$ na direção $\vec{u}$. Se $\alpha > 0$, $\alpha \, \vec{u}$ tem o *mesmo sentido* que $\vec{u}$; se $\alpha < 0$, $\alpha \, \vec{u}$ tem *sentido contrário* ao de $\vec{u}$.

Suponhamos, agora, que uma *força constante* $\vec{F} = \alpha \, \vec{u}$ atua sobre uma partícula, que se desloca sobre o eixo $0s$, entre as posições $s = s_1$ e $s = s_2$, com s_1 e s_2 quaisquer. Definimos o *trabalho t* realizado por $\vec{F}$, de s_1 a s_2, por

$$\boxed{\tau = \alpha \, (s_2 - s_1).}$$

Assim, o trabalho realizado pela força constante $\vec{F} = \alpha \vec{u}$, de s_1 a s_2, é, por definição, o *produto da componente de $\vec{F}$, na direção do deslocamento (isto é, na direção $\vec{u}$), pelo deslocamento*. Temos os seguintes casos:

1) $\alpha > 0$ e $s_2 > s_1 \Rightarrow \tau > 0$.

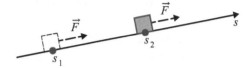

2) $\alpha < 0$ e $s_2 > s_1 \Rightarrow \tau < 0$.

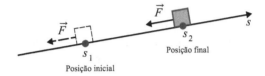

Neste caso, $\vec{F}$ atua *contra* o movimento; $\vec{F}$ é uma força de resistência ao movimento.

3) $\alpha > 0$ e $s_2 < s_1 \Rightarrow \tau < 0$.

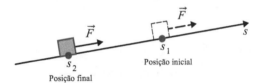

$\vec{F}$ realiza um trabalho de resistência ao movimento: $\tau < 0$.

4) $\alpha < 0$ e $s_2 < s_1 \Rightarrow \tau > 0$.

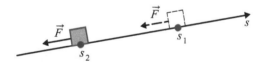

$\vec{F}$ atua a *favor* do movimento: $\tau > 0$.

Suponhamos, agora, que sobre uma partícula que se desloca sobre o eixo 0s atua uma *força constante $\vec{F}$, de intensidade F, mas não paralela* ao deslocamento

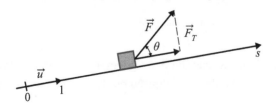

$$\vec{F}_T = F \cos \theta \, \vec{u}$$

em que θ é contado no sentido anti-horário de 0s para $\vec{F}$. O *trabalho* τ realizado por $\vec{F}$, de s_1 a s_2, é, então, por definição,

$$\tau = (F \cos \theta)(s_2 - s_1)$$

em que $F \cos \theta$ é a componente de $\vec{F}$ na direção do deslocamento.

Observação. No Sistema Internacional de Unidades (SI) a unidade de comprimento é o metro (m), a de tempo o segundo (s), a de massa o quilograma (kg), a de força o Newton (N) e a de trabalho o Joule (J). Sempre que deixarmos de mencionar as unidades adotadas, ficará implícito que se trata do sistema SI.

Exemplo 1 Sobre um bloco em movimento atua uma força constante, paralela ao deslocamento e a favor do movimento. Supondo que a força tenha intensidade de 10 N, calcule o trabalho por ela realizado quando o bloco se desloca de $x = 2$ m a $x = 10$ m.

Solução

O trabalho τ realizado por $\vec{F}$ é

$$\tau = 10(10 - 2) = 80 \text{ J}.$$

Exemplo 2 Um bloco de massa 10 kg desliza sobre um plano inclinado, da altura de 5 m até o solo. O plano inclinado forma com o solo um ângulo de 30°. Calcule o trabalho realizado pela força gravitacional. (Suponha a aceleração gravitacional constante e igual a 10 m/s².)

Solução

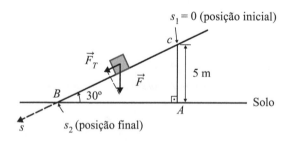

Pela lei de Newton, a intensidade de $\vec{F}$ é Mg, em que M é a massa do bloco e g a aceleração gravitacional. A componente de $\vec{F}$ na direção do deslocamento é $Mg \cos 60°$. O trabalho τ realizado por $\vec{F}$ é:

$$\tau = (Mg \cos 60°)(s_2 - s_1).$$

s_2 é o comprimento da hipotenusa do triângulo retângulo ABC:
$$s_2 \operatorname{sen} 30° = 5 \quad \text{ou} \quad s_2 = 10.$$

Como $\cos 60° = \dfrac{1}{2}$, $M = 10$ e $g = 10$, resulta

$$\tau = 500 \text{ J}.$$

Exemplo 3 Sobre uma partícula que se desloca sobre o eixo x agem duas forças: $\vec{F}_1 = 10\,\vec{i}$ e $\vec{F}_2 = -3\,\vec{i}$. Calcule os trabalhos realizados por elas no deslocamento de $x = 1$ a $x = 5$. Supondo que $\vec{F}_1$ e $\vec{F}_2$ são as únicas forças agindo sobre a partícula, calcule o trabalho realizado, no deslocamento mencionado, pela resultante $\vec{R}$.

Solução

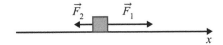 

As forças são paralelas ao deslocamento.
Trabalho realizado por $\vec{F}_1$:

$$\tau_1 = 10\,(5 - 1) = 40 \text{ J}.$$

Trabalho realizado por $\vec{F}_2$:

$$\tau_2 = -3\,(5 - 1) = -12 \text{ J}.$$

Trabalho realizado pela resultante $\vec{R}$ ($\vec{R} = \vec{F}_1 + \vec{F}_2$, ou seja, $\vec{R} = 7\vec{i}$):

$$\tau = 7\,(5 - 1) = 28 \text{ J}.$$

Exemplo 4 Uma partícula de massa 5 kg é lançada verticalmente. Calcule o trabalho realizado pela força gravitacional quando a partícula se desloca da altura $y = 1$ m a $y = 5$ m.

Solução

Pela lei de Newton, a força gravitacional $\vec{F}$ é dada por

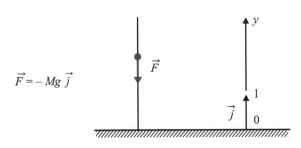

em que M é a massa da partícula e g a aceleração da gravidade que suporemos constante e igual a 10 m/s². Observe que $\vec{F}$ é paralela ao deslocamento. O trabalho τ realizado por $\vec{F}$ é então

$$\tau = -Mg(5-1)$$

ou

$$\tau = -200 \text{ J}.$$

Nosso objetivo a seguir é definir *trabalho* realizado por uma força variável com a posição. Suponhamos, então, que sobre uma partícula que se desloca sobre o eixo x atua uma força paralela ao deslocamento e variável com a posição x, $\vec{F}(x) = f(x)\vec{i}$.

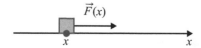

Observe que $f(x)$ é a componente de $\vec{F}(x)$, na direção do deslocamento. Vejamos, então, como definir o trabalho realizado por $\vec{F}$ no deslocamento de $x = a$ a $x = b$. Suponhamos, por um momento, $a < b$ e $f(x)$ contínua em $[a, b]$.

Seja $P : a = x_0 < x_1 < x_2 < \ldots < x_n = b$ uma partição de $[a, b]$.

Supondo máx Δx_i suficientemente pequeno e tendo em conta a continuidade de f, o trabalho realizado de x_{i-1} a x_i ($i = 1, 2, \ldots, n$) deverá ser aproximadamente $f(\overline{x}_i) \Delta x_i$; por outro lado, é razoável esperar que a soma de Riemann

$$\sum_{i=1}^{n} f(\overline{x}_i) \Delta x_i$$

deva ser um valor aproximado para o trabalho realizado por $\vec{F}$ no deslocamento de $x = a$ a $x = b$ e que esta aproximação seja tanto melhor quanto menor for máx Δx_i. Nada mais natural, então, do que definir o *trabalho* τ realizado por $\vec{F}(x) = f(x)\vec{i}$, no deslocamento de $x = a$ a $x = b$, por

$$\boxed{\tau = \int_a^b f(x)\,dx.}$$

Na definição acima, a e b podem ser quaisquer e $f(x)$ integrável no intervalo fechado de extremidades a e b.

Observe que, se $a < b$ e $f(x) \geq 0$ em $[a, b]$, o trabalho realizado por $\vec{F}(x) = f(x)\vec{i}$, de $x = a$ a $x = b$, é numericamente igual à área do conjunto do plano limitado pelas retas $x = a$, $x = b$, $y = 0$ e pelo gráfico de $y = f(x)$.

Exemplo 5 Sobre uma partícula que se desloca sobre o eixo $0x$ atua uma força paralela ao deslocamento e de componente $f(x) = \dfrac{1}{x^2}$. Calcule o trabalho realizado pela força no deslocamento de $x = 1$ a $x = 2$.

Solução

O trabalho realizado por $\vec{F}$ de $x = 1$ a $x = 2$ é

$$\tau = \int_1^2 \frac{1}{x^2}\, dx = \left[-\frac{1}{x}\right]_1^2 = \frac{1}{2}\, \text{J}.$$

Exemplo 6 Considere uma mola com uma das extremidades fixa

e suponha que a origem, $x = 0$, coincida com a extremidade livre da mola, quando esta se encontra em seu estado normal (não distendida). Se a mola for distendida ou comprimida até que sua extremidade livre se desloque à posição x, a mola exercerá sobre o agente que a deforme uma força cujo valor, em boa aproximação, será

$$\vec{F}(x) = -kx\, \vec{i} \quad \text{(lei de Hooke)}$$

no qual k é uma constante denominada *constante elástica* da mola.

Suponha, agora, que a mola seja distendida e presa na sua extremidade livre uma partícula. Supondo $k = 5$, calcule o trabalho realizado pela mola quando a partícula se desloca da posição

a) $x = 0{,}2$ a $x = 0$.
b) $x = 0{,}2$ a $x = -0{,}2$.

Solução

a) $\tau = \displaystyle\int_{0,2}^{0} -5x\, dx = \left[-\dfrac{5x^2}{2}\right]_{0,2}^{0} = 0{,}1\, \text{J}.$

b) $\tau = \displaystyle\int_{0,2}^{-0,2} -5x\, dx = 0.$ Interprete.

Exemplo 7 (*Relação entre trabalho e energia cinética*). Uma partícula de massa m desloca-se sobre o eixo x com função de posição $x = x(t)$ em que $x(t)$ é suposta derivável até a 2ª ordem em $[t_0, t_1]$. Suponha que a componente, na direção do deslocamento, da *força resultante*

Capítulo 11

que atua sobre a partícula seja $f(x)$, com f contínua em $[x_0, x_1]$, em que $x_0 = x(t_0)$ e $x_1 = x(t_1)$. Verifique que o trabalho realizado pela resultante, de x_0 a x_1, é igual à *variação na energia cinética*, isto é,

$$\int_{x_0}^{x_1} f(x)\,dx = \frac{1}{2}mv_1^2 - \frac{1}{2}mv_0^2$$

em que v_0 e v_1 são, respectivamente, as velocidades nos instantes t_0 e t_1.

Solução

$$\begin{cases} x = x(t) & ; dx = x'(t)\,dt \text{ ou } dx = v(t)\,dt \\ x = x_0 & ; t = t_0 \\ x = x_1 & ; t = t_1 \end{cases}$$

$$\int_{x_0}^{x_1} f(x)\,dx = \int_{t_0}^{t_1} f(x(t))v(t)\,dt.$$

Pela Lei de Newton (força = massa $\times$ aceleração)

$$f(x(t)) = ma(t)$$

em que $a(t)$ é a aceleração no instante t. Assim

$$\int_{x_0}^{x_1} f(x)\,dx = \int_{t_0}^{t_1} ma(t)v(t)\,dt = m\int_{t_0}^{t_1} v(t)a(t)\,dt.$$

Fazendo na última integral a mudança de variável $v = v(t)$

$$\begin{cases} v = v(t) & ; dv = v'(t)\,dt \text{ ou } dv = a(t)\,dt \\ t = t_0 & ; v = v_0 \\ t = t_1 & ; v = v_1 \end{cases}$$

$$\int_{x_0}^{x_1} f(x)\,dx = m\int_{t_0}^{t_1} v(t)a(t)\,dt = m\int_{v_0}^{v_1} v\,dv = \frac{1}{2}mv_1^2 - \frac{1}{2}mv_0^2.$$

Observação. Se v é a velocidade no instante t, $\dfrac{1}{2}mv^2$ é, por definição, a *energia cinética* da partícula no instante t.

Exercícios 11.8

1. Sobre uma partícula que se desloca sobre o eixo x atua uma força cuja componente na direção do deslocamento é $f(x)$. Calcule o trabalho realizado pela força quando a partícula se desloca de $x = a$ a $x = b$, sendo dados

   a) $f(x) = 3$, $a = 0$ e $b = 2$

   b) $f(x) = x$, $a = -1$ e $b = 3$

   c) $f(x) = -\dfrac{2}{x^2}$, $a = 1$ e $b = 2$

   d) $f(x) = -3x$, $a = -1$ e $b = 1$

Integral de Riemann

327

2. Uma partícula de massa $m = 2$ desloca-se sobre o eixo $0x$ sob a ação da força resultante $\vec{F}(x) = -3x\,\vec{i}$. Sabe-se que $x(0) = 1$ e $v(0) = 0$.

a) Verifique que, para todo $t \geq 0$,

$$\frac{3x^2}{2} + v^2 = \frac{3}{2}$$

em que $x = x(t)$ e $v = v(t)$.

b) Calcule o módulo da velocidade da partícula quando esta se encontrar na posição $x = 0$.

c) Qual o máximo valor de x? Qual o mínimo valor de x?

d) Em que posição $|v|$ é mínimo?

e) Como você acha que deve ser o movimento descrito pela partícula?

3. Uma partícula de massa $m = 1$ desloca-se sobre o eixo x sob a ação da força resultante $\vec{F}(x) = -x\,\vec{i}$. Sabe-se que no instante $t = 0$ a partícula encontra-se na posição $x = 1$ e que, neste instante, a velocidade é $v = 2$.

a) Verifique que, para todo $t \geq 0$,

$$x^2 + v^2 = 5$$

em que $x = x(t)$ e $v = v(t)$.

b) Qual o máximo valor de x? Qual o mínimo valor de x?

c) Em que posição $|v|$ é máximo?

d) Em que posição $|v|$ é mínimo?

4. Uma partícula de massa $m = 5$ desloca-se sobre o eixo $0x$ sob a ação da força resultante $\vec{F}(x) = -2x\,\vec{i}$. Sabe-se que no instante $t = 2$ a posição é $x = 0$ e a velocidade $v = 4$.

a) Expresse o módulo de v em função de x.

b) Qual o máximo valor de $|v|$?

c) Qual o máximo valor de $|x|$?

d) Em que posições a velocidade é zero?

5. Uma partícula de massa $m = 2$ desloca-se sobre o eixo $0x$ sob a ação da força resultante $\vec{F}(x) = \dfrac{1}{x^2}\,\vec{i}$. Sabe-se que $x(0) = 1$ e $v(0) = 0$. Expresse v em função de x.

6. Uma partícula de massa m desloca-se sobre o eixo $0x$ com aceleração constante a, de sorte que a força resultante sobre a partícula é, pela Lei de Newton, $ma\,\vec{i}$. Sejam x_0 e v_0 a posição e a velocidade no instante $t = 0$. Mostre que, para todo $t \geq 0$,

$$2a\,(x - x_0) = v^2 - v_0^2$$

em que $x = x(t)$ e $v = v(t)$.

7. Um corpo de massa m é lançado verticalmente. Seja $y = y(t)$ a altura no instante t (considere o eixo vertical $0y$ orientado do solo para cima). Suponha $y(0) = 0$ e $v(0) = v_0$. Suponha, ainda, que a única força agindo sobre o corpo seja a gravitacional $-mg\,\vec{j}$, em que g é a aceleração gravitacional suposta constante.

a) Verifique que $v^2 = v_0^2 - 2gy$

b) Qual a altura máxima atingida pelo corpo?

8. Uma partícula de massa $m = 2$ desloca-se sobre o eixo $0x$ sob a ação da força resultante $\vec{F}(x) = \dfrac{-1}{x^2}\,\vec{i}$. Suponha $x(0) = 1$ e $v(0) = v_0 > 0$.

a) Relacione v com x.

b) Determine o menor valor de v_0 para que a partícula não retorne à posição inicial $x = 1$.

9. De acordo com a lei da gravitação de Newton, a Terra (massa M) atrai uma partícula de massa m com uma força de intensidade (G é a constante gravitacional)

$$f(r) = G\frac{Mm}{r^2}$$

em que r é a distância da partícula ao centro da Terra. Suponha, agora, que a partícula seja lançada da superfície da Terra com uma velocidade inicial $v_0 > 0$ e que a única força atuando sobre ela seja a gravitacional. Mostre que o menor valor de v_0 para que a partícula não retorne à Terra é $\sqrt{\dfrac{2GM}{R}}$, em que M e R são, respectivamente, a massa e o raio da Terra. (Despreze a rotação da Terra.)

10. Sobre uma partícula que se desloca sobre o eixo $0x$ atua uma força $\vec{F}$ de intensidade $3x$ e que forma com o eixo $0x$ um ângulo constante de $30°$.

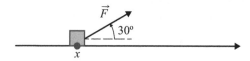

Calcule o trabalho realizado por $\vec{F}$ quando a partícula se desloca de $x = 0$ a $x = 3$.

11. Sobre uma partícula que se desloca sobre o eixo x atua uma força $\vec{F}$ de intensidade constante e igual a 3 N e que forma com o eixo $0x$ um ângulo de x radianos.

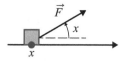

Calcule o trabalho realizado por $\vec{F}$ quando a partícula se desloca

a) de $x = 0$ a $x = \dfrac{\pi}{4}$

b) de $x = 0$ a $x = \pi$. Interprete o resultado.

12. Sobre uma partícula que se desloca sobre o eixo $0x$ atua uma força $\vec{F}$, sempre dirigida para o ponto P (veja figura), e cuja intensidade é igual ao inverso do quadrado da distância da partícula a P.

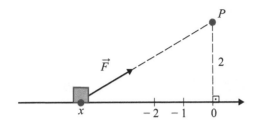

Calcule o trabalho realizado por $\vec{F}$ quando a partícula se desloca de $x = -2$ a $x = -1$.

13. Uma mola AB de constante k está presa ao suporte A e a um corpo B de massa m. O comprimento normal da mola é l. Desprezando o atrito entre o corpo B e a barra horizontal, mostre que a aceleração a do corpo B é dada por

$$a = -\frac{kx}{m}\left(1 - \frac{l}{\sqrt{x^2 + l^2}}\right)$$

em todo instante t em que $v \neq 0$.

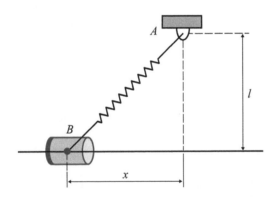

12 CAPÍTULO

Técnicas de Primitivação

12.1 Primitivas Imediatas

Sejam $\alpha \neq 0$ e c e k constantes reais. Das fórmulas de derivação já vistas seguem as seguintes de primitivação:

a) $\displaystyle\int c\,dx = cx + k$

b) $\displaystyle\int x^{\alpha}\,dx = \frac{x^{\alpha+1}}{\alpha+1} + k\,(a \neq -1)$

c) $\displaystyle\int e^{x}\,dx = e^{x} + k$

d) $\displaystyle\int \frac{1}{x}\,dx = \ln x + k\,(x > 0)$

e) $\displaystyle\int \frac{1}{x}\,dx = \ln(-x) + k\,(x < 0)$

f) $\displaystyle\int \frac{1}{x}\,dx = \ln|x| + k$

g) $\displaystyle\int \cos x\,dx = \operatorname{sen} x + k$

h) $\displaystyle\int \operatorname{sen} x\,dx = -\cos x + k$

i) $\displaystyle\int \sec^{2} x\,dx = \operatorname{tg} x + k$

j) $\displaystyle\int \sec x\,\operatorname{tg} x\,dx = \sec x + k$

l) $\displaystyle\int \sec x\,dx = \ln|\sec x + \operatorname{tg} x| + k$

m) $\displaystyle\int \operatorname{tg} x\,dx = -\ln|\cos x| + k$

n) $\displaystyle\int \frac{1}{1+x^{2}}\,dx = \operatorname{arctg} x + k$

o) $\displaystyle\int \frac{1}{\sqrt{1-x^{2}}}\,dx = \operatorname{arcsen} x + k$

Exemplo 1 Calcule.

a) $\displaystyle\int x^{2}\,dx$

b) $\displaystyle\int dx$

c) $\displaystyle\int \cos x\,dx$

Solução

a) $\displaystyle\int x^{2}\,dx = \frac{x^{3}}{3} + k.$

b) $\displaystyle\int dx = x + k.$

c) $\displaystyle\int \cos x\,dx = \operatorname{sen} x + k.$

Técnicas de Primitivação

Antes de passarmos ao próximo exemplo, lembramos que o domínio da função que ocorre no integrando de $\int f(x)\, dx$ deve ser sempre um *intervalo*; quando nada for mencionado a respeito do domínio de f, ficará implícito que se trata de um intervalo.

Exemplo 2 Calcule.

a) $(\ln |x|)'$

b) $\int \dfrac{1}{x}\, dx\,(x > 0)$

c) $\int \dfrac{1}{x}\, dx\ (x < 0)$

d) $\int \dfrac{1}{x}\, dx$

Solução

a) $\ln |x| = \begin{cases} \ln x & \text{se } x > 0 \\ \ln (-x) & \text{se } x < 0. \end{cases}$

Para $x > 0$, $[\ln |x|]' = [\ln x]' = \dfrac{1}{x}$.

Para $x < 0$, $[\ln |x|]' = [\ln (-x)]' = \dfrac{1}{-x}(-x)' = \dfrac{1}{x}$.

Portanto, para todo $x \neq 0$

$$\boxed{[\ln |x|]' = \dfrac{1}{x}.}$$

b) $\int \dfrac{1}{x}\, dx = \ln x + k\,(x > 0)$

c) $\int \dfrac{1}{x}\, dx = \ln (-x) + k\,(x < 0)$

d) Aqui o domínio não foi explicitado: tanto pode ser um intervalo contido em $]0, +\infty[$ como em $]-\infty, 0[$. Em qualquer caso

$$\int \dfrac{1}{x}\, dx = \ln |x| + k.$$

Exemplo 3 Seja $\alpha \neq 0$ uma constante. Calcule

$$\int x^\alpha\, dx.$$

Solução

Se $\alpha \neq -1$, $\int x^\alpha\, dx = \dfrac{x^{\alpha + 1}}{\alpha + 1} + k$.

Se $\alpha = -1$, $\int x^{-1}\, dx = \int \dfrac{1}{x}\, dx = \ln |x| + k$.

Capítulo 12

Assim:

$$\int x^\alpha \, dx = \begin{cases} \dfrac{x^{\alpha+1}}{\alpha+1} + k \text{ se } \alpha \neq -1 \\ \ln|x| + k \text{ se } \alpha = -1 \end{cases}$$

Exemplo 4 Calcule.

a) $\displaystyle\int x\sqrt{x}\,dx$

b) $\displaystyle\int \frac{x^3+1}{x}\,dx$

c) $\displaystyle\int \frac{1}{1+x^2}\,dx$

d) $\displaystyle\int \frac{1}{\sqrt{1-x^2}}\,dx$

Solução

a) $\displaystyle\int x\sqrt{x}\,dx = \int x^{\frac{3}{2}}\,dx = \frac{x^{\frac{3}{2}+1}}{\dfrac{3}{2}+1} + k$

ou seja:

$$\int x\sqrt{x}\,dx = \frac{2}{5}\sqrt{x^5} + k.$$

b) $\displaystyle\int \frac{x^3+1}{x}\,dx = \int\left(x^2 + \frac{1}{x}\right)dx = \frac{x^3}{3} + \ln|x| + k.$

c) $\displaystyle\int \frac{1}{1+x^2}\,dx = \operatorname{arctg} x + k.$

d) $\displaystyle\int \frac{1}{\sqrt{1-x^2}}\,dx = \operatorname{arcsen} x + k.$

Exemplo 5 Calcule.

a) $\displaystyle\int \sec^2 x\,dx$

b) $\displaystyle\int \operatorname{tg}^2 x\,dx$

Solução

a) $\displaystyle\int \sec^2 x\,dx = \operatorname{tg} x + k.$

b) $\displaystyle\int \operatorname{tg}^2 x\,dx = \int (\sec^2 x - 1)\,dx = \operatorname{tg} x - x + k.$

Exemplo 6 Verifique que

$$\int \operatorname{tg} x\,dx = -\ln|\cos x| + k.$$

Técnicas de Primitivação

333

Solução

Pela observação que fizemos anteriormente, o domínio de $f(x) = \text{tg } x$ deve ser um intervalo I, pois, neste problema, tg x aparece como um integrando. Neste intervalo temos: $\cos x > 0$ para todo x em I ou $\cos x < 0$ para todo $x \in I$ (por quê?).

Se $\cos x > 0$, $[-\ln|\cos x|]' = [-\ln \cos x]' = -\dfrac{-\text{sen } x}{\cos x} = \text{tg } x.$

Se $\cos x < 0$, $[-\ln|\cos x|]' = [-\ln(-\cos x)]' = -\dfrac{\text{sen } x}{-\cos x} = \text{tg } x.$

Em qualquer caso,

$$\int \text{tg } x \, dx = -\ln|\cos x| + k.$$

Exemplo 7 Seja $\alpha \neq 0$ uma constante. Verifique que

a) $\displaystyle\int e^{\alpha x} \, dx = \frac{1}{\alpha} e^{\alpha x} + k.$

b) $\displaystyle\int \cos \alpha x \, dx = \frac{1}{\alpha} \text{sen } \alpha x + k.$

Solução

a) $\left[\dfrac{1}{\alpha} e^{\alpha x}\right]' = \dfrac{1}{\alpha}[e^{\alpha x}]' = \dfrac{1}{\alpha} e^{\alpha x} \alpha = e^{\alpha x}.$ Assim,

$$\int e^{\alpha x} \, dx = \frac{1}{\alpha} e^{\alpha x} + k.$$

b) $\left[\dfrac{1}{\alpha} \text{sen } \alpha x\right]' = \dfrac{1}{\alpha} \text{sen}' \alpha x \cdot (\alpha x)' = \cos \alpha x.$

Assim,

$$\int \cos \alpha x \, dx = \frac{1}{\alpha} \text{sen } \alpha x + k.$$

Exemplo 8 Calcule.

a) $\displaystyle\int e^{2x} \, dx$

b) $\displaystyle\int \cos 3x \, dx$

c) $\displaystyle\int \text{sen } 5x \, dx$

d) $\displaystyle\int e^{-x} \, dx$

Solução

a) $\displaystyle\int e^{2x} \, dx = \frac{1}{2} e^{2x} + k.$

b) $\displaystyle\int \cos 3x \, dx = \frac{1}{3} \text{sen } 3x + k.$

c) $\displaystyle\int \text{sen } 5x \, dx = -\frac{1}{5} \cos 5x + k.$

d) $\displaystyle\int e^{-x} \, dx = -e^{-x} + k.$

Capítulo 12

334

Exemplo 9 Calcule $\int \cos^2 x \, dx$.

Solução

$$\cos 2x = \cos^2 x - \text{sen}^2 x = 2\cos^2 x - 1$$

$$\boxed{\cos^2 x = \frac{1}{2} + \frac{1}{2}\cos 2x.}$$

Então:

$$\int \cos^2 x \, dx = \int \left[\frac{1}{2} + \frac{1}{2}\cos 2x\right] dx = \frac{1}{2}x + \frac{1}{4}\text{sen } 2x + k$$

ou seja,

$$\int \cos^2 x \, dx = \frac{1}{2}x + \frac{1}{4}\text{sen } 2x + k.$$

Exercícios 12.1

1. Calcule e verifique sua resposta por derivação.

a) $\int 3 \, dx$

b) $\int x \, dx$

c) $\int x^5 \, dx$

d) $\int \sqrt{x} \, dx$

e) $\int \sqrt[5]{x^2} \, dx$

f) $\int x^{-4} \, dx$

g) $\int \frac{1}{x^3} \, dx$

h) $\int \frac{x + x^2}{x^2} \, dx$

i) $\int \left(\frac{1}{x} + \frac{1}{x^2}\right) dx$

j) $\int \left(x^2 + \frac{3}{x}\right) dx$

l) $\int \frac{x + 1}{x} \, dx$

m) $\int (e^x + 4) \, dx$

n) $\int e^{5x} \, dx$

o) $\int e^{-2x} \, dx$

p) $\int (e^{2x} + e^{-x}) \, dx$

q) $\int \left(\frac{1}{x} + \frac{1}{e^x}\right) dx$

r) $\int \left(e^{4x} + \frac{1}{x^2}\right) dx$

s) $\int \left(\frac{3}{x} + \frac{2}{x^3}\right) dx$

t) $\int \frac{x^5 + x + 1}{x^2} \, dx$

u) $\int e^{\sqrt{2}x} \, dx$

Técnicas de Primitivação

335

2. Calcule.

a) $\int_0^1 e^{2x}\, dx$

b) $\int_1^2 \left(x + \dfrac{1}{x} \right) dx$

c) $\int_{-1}^1 e^{-x}\, dx$

d) $\int_0^1 \dfrac{1}{1 + x^2}\, dx$

e) $\int_0^{\frac{1}{2}} \dfrac{1}{\sqrt{1 - x^2}}\, dx$

f) $\int_1^2 \dfrac{x^3 + 1}{x}\, dx$

3. Calcule e verifique sua resposta por derivação.

a) $\int \operatorname{sen} x\, dx$

b) $\int \operatorname{sen} 2x\, dx$

c) $\int \cos 5x\, dx$

d) $\int \operatorname{sen} 4t\, dt$

e) $\int \cos 7t\, dt$

f) $\int \cos \sqrt{3}\, t\, dt$

g) $\int \left(\dfrac{1}{2} - \dfrac{1}{2} \cos 2x \right) dx$

h) $\int \left(2 + \dfrac{1}{3} \operatorname{sen} 2x \right) dx$

i) $\int \left(x + \dfrac{1}{5} \cos 3x \right) dx$

j) $\int \left(\dfrac{1}{x} + 4 \operatorname{sen} 3x \right) dx$

l) $\int \left(\dfrac{1}{3} + \dfrac{5}{2} \cos 7x \right) dx$

m) $\int \left(\cos 3x + \dfrac{1}{2} \operatorname{sen} 4x \right) dx$

n) $\int \left(\dfrac{1}{3} \operatorname{sen} 2x + \dfrac{1}{2} \cos 3x \right) dx$

o) $\int \dfrac{\operatorname{sen} 2x}{\cos x}\, dx$

p) $\int \left(\dfrac{1}{3} \cos 3x - \dfrac{1}{7} \operatorname{sen} 7x \right) dx$

q) $\int \left(\dfrac{1}{3} e^{3x} + \operatorname{sen} 3x \right) dx$

4. Calcule.

a) $\int_0^{\frac{\pi}{3}} \operatorname{sen} 2x\, dx$

b) $\int_{-\frac{\pi}{2}}^{\frac{\pi}{2}} \cos \dfrac{x}{2}\, dx$

c) $\int_0^{\frac{\pi}{3}} (\operatorname{sen} 3x + \cos 3x)\, dx$

d) $\int_0^{\frac{\pi}{2}} \left(\dfrac{1}{2} + \dfrac{1}{2} \cos 2x \right) dx$

5. a) Verifique que $\operatorname{sen}^2 x = \dfrac{1}{2} - \dfrac{1}{2} \cos 2x$.

b) Calcule $\int \operatorname{sen}^2 x\, dx$.

Capítulo 12

336

6. Calcule.

a) $\int \cos^2 2x\, dx$

b) $\int \cos^2 5x\, dx$

c) $\int \text{sen}^2 3x\, dx$

d) $\int \cos^2 \dfrac{x}{2}\, dx$

e) $\int \cos^4 x\, dx$

f) $\int \left(\dfrac{1}{2} + \dfrac{1}{2}\cos 2x\right)^2 dx$

g) $\int (\text{sen}\, x + \cos x)^2\, dx$

h) $\int (\text{sen}\, x - \cos x)^2\, dx$

i) $\int (5 + \text{sen}\, 3x)^2\, dx$

j) $\int (1 - \cos 2x)^2\, dx$

7. Calcule.

a) $\int_0^{\frac{\pi}{8}} \cos^2 x\, dx$

b) $\int_0^{\frac{\pi}{4}} \text{sen}^2 x\, dx$

c) $\int_0^{\frac{\pi}{2}} (\text{sen}\, x + \cos x)^2\, dx$

d) $\int_0^{\frac{\pi}{2}} \cos^4 x\, dx$

8. Calcule $\int_0^{2\pi} \sqrt{1 + \cos x}\, dx$.

9. a) Verifique que

$$\int \sec x\, dx = \ln(\sec x + \text{tg}\, x) + k$$

$$\text{com } x \in \left] -\dfrac{\pi}{2}, \dfrac{\pi}{2} \right[.$$

b) Mostre que

$$\int \sec x\, dx = \ln|\sec x + \text{tg}\, x| + k.$$

10. Calcule.

a) $\int \text{tg}\, x\, dx$

b) $\int \sec^2 x\, dx$

c) $\int \text{tg}^2 x\, dx$

d) $\int \sec x\, dx$

e) $\int \text{tg}\, 2x\, dx$

f) $\int \sec 3x\, dx$

g) $\int 3^x\, dx$

h) $\int \dfrac{5}{\sqrt{1 - x^2}}\, dx$

i) $\int (5^x + e^{-x})\, dx$

j) $\int (1 + \sec^2 3x)\, dx$

l) $\int (1 + \sec x)^2\, dx$

m) $\int \dfrac{\cos x + \sec x}{\cos x}\, dx$

11. *a)* Determine α e β de modo que

$$\operatorname{sen} 6x \cos x = \frac{1}{2}(\operatorname{sen} \alpha x + \operatorname{sen} \beta x)$$

$$\left(Sugestão: \operatorname{sen} a \cos b = \frac{1}{2}[\operatorname{sen}(a+b) + \operatorname{sen}(a-b)].\right)$$

b) Calcule $\int \operatorname{sen} 6x \cos x \, dx$.

12. Calcule.

a) $\int \operatorname{sen} 5x \cos x \, dx$ *b)* $\int \operatorname{sen} 3x \cos 4x \, dx$

c) $\int \operatorname{sen} x \cos 3x \, dx$ *d)* $\int \operatorname{sen} 3x \cos 3x \, dx$

13. *a)* Determine α e β de modo que

$$\operatorname{sen} 3x \operatorname{sen} 2x = -\frac{1}{2}(\cos \alpha x - \cos \beta x)$$

$$\left(Sugestão: \operatorname{sen} a \operatorname{sen} b = \frac{1}{2}[\cos(a-b) - \cos(a+b)].\right)$$

b) Calcule $\int \operatorname{sen} 3x \operatorname{sen} 2x \, dx$.

14. Calcule $\int \cos 5x \cos 2x \, dx$.

$$\left(Sugestão: \cos a \cos b = \frac{1}{2}[\cos(a+b) + \cos(a-b)].\right)$$

15. Calcule.

a) $\int \operatorname{sen} x \operatorname{sen} 3x \, dx$ *b)* $\int \operatorname{sen} 2x \operatorname{sen} 5x \, dx$

c) $\int \operatorname{sen} 3x \cos 2x \, dx$ *d)* $\int \cos 5x \cos x \, dx$

e) $\int \cos 7x \cos 3x \, dx$

16. Calcule.

a) $\int_{-\frac{\pi}{2}}^{\frac{\pi}{2}} \cos x \operatorname{sen} 3x \, dx$ *b)* $\int_{-\frac{\pi}{2}}^{\frac{\pi}{2}} \operatorname{sen} 3x \operatorname{sen} 4x \, dx$

17. Sejam *m* e *n* naturais. Calcule.

a) $\int_{-\pi}^{\pi} \operatorname{sen} mx \operatorname{sen} nx \, dx$ *b)* $\int_{-\pi}^{\pi} \cos mx \operatorname{sen} nx \, dx$

Capítulo 12

12.2 Técnica para Cálculo de Integral Indefinida da Forma $\int f(g(x))g'(x)\,dx$

Sejam f e g tais que Im $g \subset D_f$ com g derivável. Suponhamos que F seja uma primitiva de f, isto é, $F' = f$. Segue que $F(g(x))$ é uma primitiva de $f(g(x))g'(x)$, de fato,

$$(F(g(x)))' = F'(g(x))g'(x) = f(g(x))g'(x).$$

Deste modo, de

$$\int f(u)\,du = F(u) + k$$

segue

$$\int f(g(x))g'(x)\,dx = F(g(x)) + k.$$

$$\int f(g(x))g'(x)\,dx = \,?$$
$$u = g(x) \quad ; \quad du = g'(x)\,dx$$
$$\int f(g(x))g'(x)\,dx = \int f(u)\,du = F(u) + k = F(g(x)) + k$$

Antes de passarmos aos exemplos, observamos que, tendo em vista

$$\int \alpha f(x)\,dx = \alpha \int f(x)\,dx \ (\alpha \text{ constante})$$

resulta para $\alpha \neq 0$

$$\int f(x)\,dx = \frac{1}{\alpha}\int \alpha f(x)\,dx$$

o que significa que, multiplicando o integrando por uma *constante* α e, em seguida, dividindo tudo por α, nada muda.

Exemplo 1 Calcule $\int x \cos x^2\,dx$.

Solução

Fazendo

$$u = x^2, \ du = 2x\,dx.$$

Então,

$$\int x \cos x^2\,dx = \frac{1}{2}\int \cos x^2\,(2x\,dx) = \frac{1}{2}\int \cos u\,du.$$

Como

$$\frac{1}{2}\int \cos u\,du = \frac{1}{2}\,\text{sen}\,u + k,$$

resulta

$$\int x \cos x^2 \, dx = \frac{1}{2} \operatorname{sen} x^2 + k.$$

Exemplo 2 Calcule $\int e^{3x} \, dx$.

Solução

$$u = 3x, \, du = 3 \, dx$$

$$\int e^{3x} \, dx = \int e^u \frac{du}{3} = \frac{1}{3} e^u + k = \frac{1}{3} e^{3x} + k$$

ou seja,

$$\int e^{3x} \, dx = \frac{1}{3} e^{3x} + k.$$

Exemplo 3 Calcule $\int (2x + 1)^3 \, dx$.

Solução

$$u = 2x + 1, \, du = 2 \, dx$$

$$\int (2x + 1)^3 \, dx = \frac{1}{2} \int (2x + 1)^3 \, 2dx = \frac{1}{2} \int u^3 \, du.$$

Como

$$\frac{1}{2} \int u^3 \, du = \frac{u^4}{8} + k,$$

resulta

$$\int (2x + 1)^3 \, dx = \frac{(2x + 1)^4}{8} + k.$$

Exemplo 4 Calcule $\int \frac{x}{1 + x^2} \, dx$.

Solução

$$u = 1 + x^2, \, du = 2x \, dx$$

$$\int \frac{x}{1 + x^2} \, dx = \frac{1}{2} \int \frac{1}{1 + x^2} 2x \, dx = \frac{1}{2} \int \frac{1}{u} \, du.$$

Como

$$\frac{1}{2} \int \frac{1}{u} \, du = \frac{1}{2} \ln |u| + k,$$

Capítulo 12

resulta

$$\int \frac{x}{1+x^2}\,dx = \frac{1}{2}\ln(1+x^2) + k.$$

Exemplo 5 Calcule $\int \frac{1}{3x+2}\,dx$.

Solução

Fazendo $u = 3x + 2$, $du = 3\,dx$. Assim,

$$\int \frac{1}{3x+2}\,dx = \frac{1}{3}\int \frac{1}{3x+2}\,3\,dx = \frac{1}{3}\int \frac{1}{u}\,du.$$

Segue que

$$\int \frac{1}{3x+2}\,dx = \frac{1}{3}\ln|3x+2| + k.$$

Exemplo 6 Calcule $\int \frac{x}{1+x^4}\,dx$.

Solução

Se fizermos $u = 1 + x^4$, teremos $du = 4x^3\,dx$. Como $4x^2$ *não é constante*,

$$\int \frac{x}{1+x^4}\,dx \neq \frac{1}{4x^2}\int \frac{4x^3\,dx}{1+x^4}.$$

Isto nos mostra que a mudança $u = 1 + x^4$ não resolve o problema. Entretanto, se fizermos $u = x^2$, teremos $du = 2x\,dx$; assim,

$$\int \frac{x}{1+x^4}\,dx = \frac{1}{2}\int \frac{1}{1+(x^2)^2}\,2x\,dx = \frac{1}{2}\int \frac{1}{1+u^2}\,du.$$

Como

$$\frac{1}{2}\int \frac{1}{1+u^2}\,du = \frac{1}{2}\,\text{arctg}\,u + k,$$

resulta

$$\int \frac{x}{1+x^4}\,dx = \frac{1}{2}\,\text{arctg}\,x^2 + k.$$

Observação. Note que $x\,dx$ "dentro da integral" já nos sugere $u = x^2$.

Técnicas de Primitivação

Exemplo 7 Calcule $\int x\sqrt{1 + x^2}\, dx$.

Solução

$$\int x\sqrt{1 + x^2}\, dx = \frac{1}{2}\int \sqrt{1 + x^2}\,(2x\, dx)$$

Fazendo $u = 1 + x^2$, $du = 2x\, dx$. Assim,

$$\int x\sqrt{1 + x^2}\, dx = \frac{1}{2}\int \sqrt{u}\, du = \frac{1}{2}\cdot \frac{u^{\frac{1}{2}+1}}{\frac{1}{2}+1} + k$$

ou seja,

$$\int x\sqrt{1 + x^2}\, dx = \frac{1}{3}\sqrt{(1 + x^2)^3} + k$$

Exemplo 8 Calcule $\int x^3\sqrt{1 + x^2}\, dx$.

Solução

$$\int x^3\sqrt{1 + x^2}\, dx = \frac{1}{2}\int x^2\sqrt{1 + x^2}\,(2x\, dx).$$

Fazendo $u = 1 + x^2$, teremos $du = 2x\, dx$ e $x^2 = u - 1$. Assim,

$$\int x^3\sqrt{1 + x^2}\, dx = \frac{1}{2}\int (u - 1)\sqrt{u}\, du.$$

Como

$$\frac{1}{2}\int (u - 1)\sqrt{u}\, du = \frac{1}{2}\int (u^{\frac{3}{2}} - u^{\frac{1}{2}})\, du$$

$$= \frac{1}{2}\left[\frac{2}{5}u^{\frac{5}{2}} - \frac{2}{3}u^{\frac{3}{2}}\right] + k = \frac{1}{5}\sqrt{u^5} - \frac{1}{3}\sqrt{u^3} + k,$$

resulta

$$\int x^3\sqrt{1 + x^2}\, dx = \frac{1}{5}\sqrt{(1 + x^2)^5} - \frac{1}{3}\sqrt{(1 + x^2)^3} + k.$$

Exemplo 9 Calcule $\int \operatorname{sen}^3 x \cos x\, dx$.

Solução

$$\int \operatorname{sen}^3 x \cos x\, dx = \int \operatorname{sen}^3 x\,(\cos x\, dx)$$

A mudança $u = \operatorname{sen} x$ implica $du = \cos x\, dx$.

$$\int \operatorname{sen}^3 x \cos x\, dx = \int u^3\, du = \frac{1}{4}u^4 + k$$

Capítulo 12

ou seja,

$$\int \text{sen}^3 x \cos x \, dx = \frac{1}{4} \text{sen}^4 x + k.$$

Exemplo 10 Calcule $\int \dfrac{\text{sen}\, x}{\cos^3 x} \, dx$.

Solução

$$u = \cos x, \, du = -\text{sen}\, x \, dx$$

$$\int \frac{\text{sen}\, x}{\cos^3 x} \, dx = -\int \frac{1}{u^3} \, du = \frac{1}{2u^2} + k$$

ou seja,

$$\int \frac{\text{sen}\, x}{\cos^3 x} \, dx = \frac{1}{2 \cos^2 x} + k.$$

Exemplo 11 Calcule $\int \text{sen}^4 x \cos^3 x \, dx$.

Solução

$$\text{sen}^4 x \cos^3 x = \text{sen}^4 x \cos^2 x \cos x = \text{sen}^4 x \, (1 - \text{sen}^2 x) \cos x.$$

Fazendo $u = \text{sen}\, x$, $du = \cos x \, dx$. Então,

$$\begin{aligned}
\int \text{sen}^4 x \cos^3 x \, dx &= \int \text{sen}^4 x (1 - \text{sen}^2 x) \cos x \, dx \\
&= \int u^4 (1 - u^2) \, du \\
&= \frac{u^5}{5} - \frac{u^7}{7} + k.
\end{aligned}$$

Assim,

$$\int \text{sen}^4 x \cos^3 x \, dx = \frac{\text{sen}^5 x}{5} - \frac{\text{sen}^7 x}{7} + k.$$

Exemplo 12 Calcule.

a) $\int \dfrac{x^2}{1 + x^3} \, dx$

b) $\int \dfrac{x^2}{(1 + x^3)^2} \, dx$

Solução

a) $\int \dfrac{x^2}{1 + x^3} \, dx = \dfrac{1}{3} \int \dfrac{1}{1 + x^3} 3x^2 \, dx$

Fazendo $u = 1 + x^3$, $du = 3x^2 \, dx$; assim,

$$\int \frac{x^2}{1 + x^3} \, dx = \frac{1}{3} \int \frac{1}{u} \, du$$

ou seja,

$$\int \frac{x^2}{1+x^3}\,dx = \frac{1}{3}\ln|1+x^3| + k.$$

b) $\displaystyle\int \frac{x^2}{(1+x^3)^2}\,dx = \frac{1}{3}\int \frac{1}{(1+x^3)^2}3x^2\,dx.$

Fazendo $u = 1 + x^3$, $du = 3x^2\,dx$; assim,

$$\int \frac{x^2}{(1+x^3)^2}\,dx = \frac{1}{3}\int \frac{1}{u^2}\,du = -\frac{1}{3u} + k$$

ou seja,

$$\int \frac{x^2}{(1+x^3)^2}\,dx = -\frac{1}{3(1+x^3)} + k.$$

Exemplo 13 Calcule.

a) $\displaystyle\int \frac{5}{4+x^2}\,dx$ \qquad\qquad *b)* $\displaystyle\int \frac{2}{3+2x^2}\,dx$

Solução

a) $\displaystyle\int \frac{5}{4+x^2}\,dx = \frac{5}{4}\int \frac{1}{1+\left(\dfrac{x}{2}\right)^2}\,dx$

Fazendo $u = \dfrac{x}{2}$, $du = \dfrac{1}{2}\,dx$ ou $2\,du = dx$.

Assim,

$$\int \frac{5}{4+x^2}\,dx = \frac{5}{4}\int \frac{1}{1+u^2}2\,du = \frac{5}{2}\int \frac{1}{1+u^2}\,du.$$

Como

$$\frac{5}{2}\int \frac{1}{1+u^2}\,du = \frac{5}{2}\operatorname{arctg} u + k,$$

resulta

$$\int \frac{5}{4+x^2}\,dx = \frac{5}{2}\operatorname{arctg} \frac{x}{2} + k.$$

b) $\displaystyle\int \frac{2}{3+2x^2}\,dx = \frac{2}{3}\int \frac{1}{1+\dfrac{2x^2}{3}}\,dx.$

Assim,

$$\int \frac{2}{3+2x^2}\,dx = \frac{2}{3}\int \frac{1}{1+\left(\dfrac{\sqrt{2}x}{\sqrt{3}}\right)^2}\,dx.$$

Capítulo 12

Fazendo

$$u = \frac{\sqrt{2}}{\sqrt{3}}x,\ du = \frac{\sqrt{2}}{\sqrt{3}}dx\ \text{ou}\ dx = \frac{\sqrt{3}}{\sqrt{2}}du.$$

Assim,

$$\int \frac{2}{3+2x^2}\,dx = \frac{2\sqrt{3}}{3\sqrt{2}}\int \frac{1}{1+u^2}\,du$$

logo,

$$\int \frac{2}{3+2x^2}\,dx = \frac{2\sqrt{3}}{3\sqrt{2}}\ \text{arctg}\ \frac{\sqrt{2}}{\sqrt{3}}x + k$$

ou seja,

$$\int \frac{2}{3+2x^2}\,dx = \frac{\sqrt{6}}{3}\ \text{arctg}\ \frac{\sqrt{6}}{3}x + k.$$

Exemplo 14 Verifique que

$$\int \sec x\,dx = \ln|\sec x + \text{tg}\,x| + k$$

Solução

$$\sec x = \frac{\sec x\ \text{tg}\ x + \sec^2 x}{\sec x + \text{tg}\,x}$$

$$u = \sec x + \text{tg}\,x;\ du = (\sec x\ \text{tg}\ x + \sec^2 x)\,dx.$$

Assim,

$$\int \sec x\,dx = \int \frac{\sec x + \text{tg}\,x + \sec^2 x}{\sec x + \text{tg}\,x}\,dx = \int \frac{1}{u}\,du = \ln|u| + k$$

ou seja,

$$\int \sec x\,dx = \ln|\sec x + \text{tg}\ x| + k.$$

Exercícios 12.2

1. Calcule.

a) $\displaystyle\int (3x-2)^3\,dx$

b) $\displaystyle\int \sqrt{3x-2}\,dx$

c) $\displaystyle\int \frac{1}{3x-2}\,dx$

d) $\displaystyle\int \frac{1}{(3x-2)^2}\,dx$

e) $\displaystyle\int x\ \text{sen}\ x^2\,dx$

f) $\displaystyle\int x\ e^{x^2}\,dx$

Técnicas de Primitivação

345

g) $\int x^2 e^{x^3}\, dx$

h) $\int \operatorname{sen} 5x\, dx$

i) $\int x^3 \cos x^4\, dx$

j) $\int \cos 6x\, dx$

l) $\int \cos^3 x \operatorname{sen} x\, dx$

m) $\int \operatorname{sen}^5 x \cos x\, dx$

n) $\int \dfrac{2}{x+3}\, dx$

o) $\int \dfrac{5}{4x+3}\, dx$

p) $\int \dfrac{x}{1+4x^2}\, dx$

q) $\int \dfrac{3x}{5+6x^2}\, dx$

r) $\int \dfrac{x}{(1+4x^2)^2}\, dx$

s) $\int x\sqrt{1+3x^2}\, dx$

t) $\int e^x \sqrt{1+e^x}\, dx$

u) $\int \dfrac{1}{(x-1)^3}\, dx$

v) $\int \dfrac{\operatorname{sen} x}{\cos^2 x}\, dx$

x) $\int x\, e^{-x^2}\, dx$

2. Calcule (veja a Seção 11.7).

a) $\int_0^1 x\, e^{-x^2}\, dx$

b) $\int_0^{\frac{\pi}{3}} \operatorname{sen}^4 x \cos x\, dx$

c) $\int_0^1 \dfrac{3}{2x+1}\, dx$

d) $\int_1^2 \dfrac{x}{1+3x^2}\, dx$

e) $\int_0^1 \dfrac{x}{\sqrt{1+x^2}}\, dx$

f) $\int_0^1 \dfrac{x^3}{\sqrt{1+x^2}}\, dx$

g) $\int_{-\frac{3}{2}}^{-1} (2x+3)^{100}\, dx$

h) $\int_0^{\sqrt{\pi}} x \operatorname{sen} 3x^2\, dx$

i) $\int_2^3 \dfrac{1}{(x-1)^3}\, dx$

j) $\int_0^{\frac{\pi}{3}} \dfrac{\operatorname{sen} x}{\cos^2 x}\, dx$

l) $\int_0^1 \dfrac{x}{1+x^4}\, dx$

m) $\int_0^{\frac{\pi}{4}} \cos^2 2x\, dx$

3. Calcule.

a) $\int \operatorname{sen}^2 x \cos x\, dx$

b) $\int \operatorname{sen}^2 x \cos^3 x\, dx$

c) $\int \cos^3 x \operatorname{sen}^3 x\, dx$

d) $\int \operatorname{sen} x \sqrt{\cos x}\, dx$

e) $\int \operatorname{sen} 2x \sqrt{1+\cos^2 x}\, dx$

f) $\int \operatorname{sen} 2x \sqrt{5+\operatorname{sen}^2 x}\, dx$

g) $\int \operatorname{sen}^3 x\, dx$

h) $\int \cos^5 x\, dx$

Capítulo 12

346

i) $\int tg^3 x \sec^2 x \, dx$

j) $\int tg\, x \sec^2 x \, dx$

l) $\int tg\, x \sec^3 x \, dx$

m) $\int tg^3 x \sec^4 x \, dx$

n) $\int sen\, x \sqrt{3 + \cos x} \, dx$

o) $\int sen\, x \sec^2 x \, dx$

p) $\int sen\, x \sec^3 x \, dx$

q) $\int sen^2 x \cos^2 x \, dx$

r) $\int tg^3 x \cos x \, dx$

s) $\int \dfrac{\sec^2 x}{3 + 2\, tg\, x} \, dx$

4. Calcule.

a) $\int \dfrac{2}{x-3} \, dx$

b) $\int \left(\dfrac{5}{x-1} + \dfrac{2}{x} \right) dx$

c) $\int \dfrac{1}{2x+3} \, dx$

d) $\int \left(x + \dfrac{3}{x-2} \right) dx$

e) $\int \dfrac{x}{x+1} \, dx$

f) $\int \dfrac{x+2}{x+1} \, dx$

g) $\int \dfrac{2x+3}{x+1} \, dx$

h) $\int \dfrac{x^2}{x+1} \, dx$

5. Suponha α, β, m e n constantes, com $\alpha \neq \beta$. Mostre que existem constantes A e B tais que

$$\frac{mx + n}{(x - \alpha)(x - \beta)} = \frac{A}{x - \alpha} + \frac{B}{x - \beta}.$$

6. Utilizando o Exercício 5, calcule.

a) $\int \dfrac{1}{(x+1)(x-1)} \, dx$

b) $\int \dfrac{2x+3}{x(x-2)} \, dx$

c) $\int \dfrac{x}{x^2 - 4} \, dx$

d) $\int \dfrac{1}{x^2 - 4} \, dx$

e) $\int \dfrac{5x+3}{x^2 - 3x + 2} \, dx$

f) $\int \dfrac{x+1}{x^2 - x - 2} \, dx$

g) $\int \dfrac{2}{x^2 - 5x + 6} \, dx$

h) $\int \dfrac{x-3}{x^2 + 3x + 2} \, dx$

7. Seja $a \neq 0$ uma constante. Verifique que

$$\int \frac{1}{a^2 + x^2} \, dx = \frac{1}{a} \, arctg \, \frac{x}{a} + k.$$

8. Calcule.

a) $\int \dfrac{1}{5 + x^2} \, dx$

b) $\int \dfrac{2}{4 + x^2} \, dx$

Técnicas de Primitivação

c) $\displaystyle\int \frac{1}{2 + 5x^2}\, dx$

d) $\displaystyle\int \frac{3}{5 + x^2}\, dx$

e) $\displaystyle\int \frac{x}{5 + x^2}\, dx$

f) $\displaystyle\int \frac{3x + 2}{1 + x^2}\, dx$

g) $\displaystyle\int \frac{x - 1}{4 + x^2}\, dx$

h) $\displaystyle\int \frac{2x - 3}{1 + 4x^2}\, dx$

i) $\displaystyle\int \frac{1}{1 + (x + 1)^2}\, dx$

j) $\displaystyle\int \frac{1}{x^2 + 2x + 2}\, dx$

l) $\displaystyle\int \frac{2}{5 + (x + 2)^2}\, dx$

▶ m) $\displaystyle\int \frac{1}{x^2 + 4x + 8}\, dx$

n) $\displaystyle\int \frac{1}{x^2 + x + 1}\, dx$

o) $\displaystyle\int \frac{2}{x^2 + 2x + 2}\, dx$

9. Sejam $\alpha \neq 0$ e β constantes. Verifique que

a) $\displaystyle\int \frac{1}{x^2 - \alpha^2}\, dx = \frac{1}{2\alpha} \ln\left|\frac{x - \alpha}{x + \alpha}\right| + k.$

b) $\displaystyle\int \frac{1}{\alpha^2 + (x + \beta)^2}\, dx = \frac{1}{\alpha} \operatorname{arctg} \frac{x + \beta}{\alpha} + k.$

10. Calcule.

a) $\displaystyle\int \frac{x^3}{(16 + x^4)^3}\, dx$

b) $\displaystyle\int \frac{x^3}{16 + x^4}\, dx$

c) $\displaystyle\int \frac{x}{16 + x^4}\, dx$

d) $\displaystyle\int \operatorname{tg} 2x\, dx$

e) $\displaystyle\int \frac{1}{x \ln x}\, dx$

f) $\displaystyle\int \frac{1}{x (\ln x)^2}\, dx$

g) $\displaystyle\int \operatorname{tg}^2 x\, dx$

h) $\displaystyle\int \frac{1}{\sqrt{1 - x^2}}\, dx$

i) $\displaystyle\int \frac{5}{\sqrt{1 - 4x^2}}\, dx$

j) $\displaystyle\int \frac{x}{\sqrt{1 - 4x^2}}\, dx$

l) $\displaystyle\int \frac{1}{\sqrt{4 - x^2}}\, dx$

m) $\displaystyle\int \frac{2x + 3}{\sqrt{1 - 4x^2}}\, dx$

n) $\displaystyle\int \frac{2}{\sqrt{4 - 9x^2}}\, dx$

o) $\displaystyle\int \frac{x}{\sqrt{1 - x^4}}\, dx$

p) $\displaystyle\int \frac{e^x}{\sqrt{1 - e^{2x}}}\, dx$

q) $\displaystyle\int \frac{e^x}{\sqrt{1 - e^x}}\, dx$

r) $\int \dfrac{1}{x\sqrt{1-(\ln x)^2}}\,dx$

s) $\int \dfrac{2}{\sqrt{1-(x+1)^2}}\,dx$

t) $\int \dfrac{e^x}{1+e^{2x}}\,dx$

u) $\int \dfrac{e^x}{1+3e^x}\,dx$

v) $\int \dfrac{1}{x}\cos(\ln x)\,dx$

x) $\int \dfrac{x^3}{1+x^8}\,dx$

12.3 Integração por Partes

Suponhamos f e g definidas e deriváveis em um mesmo intervalo I. Temos:
$$[f(x)g(x)]' = f'(x)g(x) + f(x)g'(x)$$
ou
$$f(x)g'(x) = [f(x)g(x)]' - f'(x)g(x).$$

Supondo, então, que $f'(x)g(x)$ admita primitiva em I e observando que $f(x)g(x)$ é uma primitiva de $[f(x)g(x)]'$, então $f(x)g'(x)$ também admitirá primitiva em I e

①
$$\boxed{\int f(x)g'(x)\,dx = f(x)g(x) - \int f'(x)g(x)\,dx}$$

que é a regra de *integração por partes*.

Fazendo $u = f(x)$ e $v = g(x)$ teremos $du = f'(x)\,dx$ e $dv = g'(x)\,dx$, o que nos permite escrever a regra ① na seguinte forma usual:

$$\boxed{\int u\,dv = uv - \int v\,du}$$

Suponha, agora, que se tenha que calcular $\int \alpha(x)\beta(x)\,dx$. Se você perceber que, multiplicando a derivada de uma das funções do integrando por uma primitiva da outra, chega-se a uma função que possui primitiva imediata, então aplique a regra de integração por partes.

Exemplo 1 Calcule $\int x\cos x\,dx$.

Solução

A derivada de x é 1; sen x é uma primitiva de cos x. Como $1 \cdot$ sen x tem primitiva imediata, a regra de integração por partes resolve o problema.

$$\int x\cos x\,dx = f(x)g(x) - \int f'(x)g(x)\,dx$$
$$\uparrow\ \uparrow$$
$$f\ \ g' \quad = x\,\text{sen}\,x - \int 1\cdot\text{sen}\,x\,dx.$$

Técnicas de Primitivação

Assim:

$$\int x \cos x \, dx = x \, \text{sen} \, x - \int \text{sen} \, x \, dx$$

ou seja,

$$\int x \cos x \, dx = x \, \text{sen} \, x + \cos x + k.$$

Exemplo 2 Calcule $\int \text{arctg} \, x \, dx$.

Solução

$$\int \text{arctg} \, x \, dx = \int \text{arctg} \, x \cdot 1 dx.$$

O truque aqui é acabar com arctg x; vamos então derivar arctg x e achar uma primitiva de 1.

$$\int \underbrace{\text{arctg} \, x}_{u} \cdot \underbrace{1 dx}_{dv} = uv - \int v \, du$$

$$= (\text{arctg} \, x) \cdot x - \int x \cdot \frac{1}{1 + x^2} \, dx.$$

Assim

$$\int \text{arctg} \, x \, dx = x \, \text{arctg} \, x - \int \frac{x}{1 + x^2} \, dx$$

ou seja,

$$\int \text{arctg} \, x \, dx = x \, \text{arctg} \, x - \frac{1}{2} \ln (1 + x^2) + k.$$

Exemplo 3 Calcule $\int x^2 \, \text{sen} \, x \, dx$.

Solução

$$\int x^2 \, \text{sen} \, x \, dx = f(x) g(x) - \int f'(x) g(x) \, dx$$
$$\uparrow \ \uparrow$$
$$f \ \ g' \quad = x^2 (-\cos x) - \int 2x (-\cos x) \, dx.$$

Assim,

② $$\int x^2 \, \text{sen} \, x \, dx = -x^2 \cos x + \int 2x \cos x \, dx.$$

Calculemos, novamente, por partes $\int 2x \cos x \, dx$.

$$\int 2x \cos x \, dx = 2x \, \text{sen} \, x - \int 2 \, \text{sen} \, x \, dx$$
$$\uparrow \ \uparrow \qquad \uparrow \ \uparrow \qquad \uparrow \ \uparrow$$
$$f \ \ g' \qquad \ f \ \ g \qquad \ f' \ g'$$

Capítulo 12

ou seja,

③
$$\int 2x \cos x\, dx = 2x \operatorname{sen} x + 2 \cos x + k.$$

Substituindo ③ em ②, vem

$$\int x^2 \operatorname{sen} x\, dx = -x^2 \cos x + 2x \operatorname{sen} x + 2 \cos x + k.$$

Exemplo 4 Calcule $\int e^x \cos x\, dx$.

Solução

Fazendo $f(x) = e^x$ e $g'(x) = \cos x$, obtemos

$$\int f'(x)\, g(x)\, dx = \int e^x \operatorname{sen} x\, dx$$

cujo cálculo apresenta as mesmas dificuldades que $\int e^x \cos x\, dx$. Se fizermos $f(x) = \cos x$ e $g'(x) = e^x$, o problema é o mesmo. Aparentemente, não vale a pena aplicar a regra de integração por partes.

Mas veja:

④
$$\int e^x \cos x\, dx = e^x \operatorname{sen} x - \int e^x \operatorname{sen} x\, dx.$$
$$\uparrow \quad \uparrow$$
$$f \quad g'$$

Por outro lado,

$$\int e^x \operatorname{sen} x\, dx = e^x(-\cos x) - \int e^x(-\cos x)\, dx$$

ou

⑤
$$\int e^x \operatorname{sen} x\, dx = -e^x \cos x + \int e^x \cos x\, dx.$$

Substituindo ⑤ em ④

$$\int e^x \cos x\, dx = e^x \operatorname{sen} x + e^x \cos x - \int e^x \cos x\, dx$$

e, portanto,

$$2\int e^x \cos x\, dx = e^x \operatorname{sen} x + e^x \cos x$$

ou seja,

$$\int e^x \cos x\, dx = \frac{1}{2}\, e^x(\operatorname{sen} x + \cos x) + k.$$

O truque foi ter percebido que, aplicando novamente a regra de integração por partes a $\int e^x \operatorname{sen} x\, dx$, volta-se a $\int e^x \cos x\, dx$.

Muito bem!

Técnicas de Primitivação

351

Exemplo 5 Calcule $\int \cos^2 x\,dx$.

Solução

$$\int \cos x \cos x\,dx = \cos x\,\operatorname{sen} x - \int(-\operatorname{sen} x)\operatorname{sen} x\,dx$$

$$= \operatorname{sen} x \cos x + \int \operatorname{sen}^2 x\,dx.$$

Assim,

$$\int \cos^2 x\,dx = \operatorname{sen} x \cos x + \int(1 - \cos^2 x)\,dx$$

ou

$$2\int \cos^2 x\,dx = x + \operatorname{sen} x \cos x$$

e, portanto,

$$\int \cos^2 x\,dx = \frac{1}{2}(x + \operatorname{sen} x \cos x) + k.$$

Como $\operatorname{sen} x \cos x = \dfrac{1}{2}\operatorname{sen} 2x$, resulta

$$\int \cos^2 x\,dx = \frac{1}{2}x + \frac{1}{4}\operatorname{sen} 2x + k.$$

Exemplo 6 Calcule $\int \sec^3 x\,dx$.

Solução

$$\int \sec^3 x\,dx = \int \underset{\substack{\uparrow \\ f}}{\sec x}\ \underset{\substack{\uparrow \\ g'}}{\sec^2 x}\,dx$$

$$= \sec x\,\operatorname{tg} x - \int \sec x\,\operatorname{tg} x\,\operatorname{tg} x\,dx$$

Assim,

$$\int \sec^3 x\,dx = \sec x\,\operatorname{tg} x - \int \sec x\,\operatorname{tg}^2 x\,dx$$

Como $\operatorname{tg}^2 x = \sec^2 x - 1$, resulta

$$\int \sec^3 x\,dx = \sec x\,\operatorname{tg} x - \int \sec x\,(\sec^2 x - 1)\,dx$$

ou

$$\int \sec^3 x\,dx = \sec x\,\operatorname{tg} x - \int \sec^3 x\,dx + \int \sec x\,dx$$

e, portanto,

$$2\int \sec^3 x\,dx = \sec x\,\operatorname{tg} x + \int \sec x\,dx$$

Capítulo 12

e como

$$\int \sec x \, dx = \ln |\sec x + \operatorname{tg} x|,$$

resulta

$$\int \sec^3 x \, dx = \frac{1}{2} \sec x \operatorname{tg} x + \frac{1}{2} \ln |\sec x + \operatorname{tg} x| + k.$$

Vejamos, agora, como fica a regra de integração por partes na integral definida (integral de Riemann). Sejam, então, f e g duas funções com derivadas contínuas em $[a, b]$; vamos provar que

$$\int_a^b f(x) g'(x) \, dx = [f(x) g(x)]_a^b - \int_a^b f'(x) g(x) \, dx.$$

De fato, de

$$f(x) g'(x) = [f(x) g(x)]' - f'(x) g(x) \text{ em } [a, b]$$

segue

$$\int_a^b f(x) g'(x) \, dx = \int_a^b [f(x) g(x)]' \, dx - \int_a^b f'(x) g(x) \, dx$$

ou seja,

$$\int_a^b f(x) g'(x) \, dx = [f(x) g(x)]_a^b - \int_a^b f'(x) g(x) \, dx.$$

Exemplo 7 Calcule $\int_1^t x \ln x \, dx$.

Solução

$$\int_1^t x \ln x \, dx = [f(x) g(x)]_1^t - \int_1^t f'(x) g(x) \, dx$$

$$\underset{\substack{\uparrow \ \uparrow \\ g' \ f}}{} = \left[\frac{x^2}{2} \ln x \right]_1^t - \int_1^t \frac{x^2}{2} \cdot \frac{1}{x} \, dx$$

$$= \frac{t^2}{2} \ln t - \frac{1}{2} \int_1^t x \, dx.$$

Assim,

$$\int_1^t x \ln x \, dx = \frac{1}{2} t^2 \ln t - \frac{1}{2} \left[\frac{x^2}{2} \right]_1^t$$

ou seja,

$$\int_1^t x \ln x \, dx = \frac{1}{2} t^2 \ln t - \frac{1}{4} t^2 + \frac{1}{4}.$$

Técnicas de Primitivação

353

Exemplo 8 Calcule $\int_0^{\frac{1}{2}} \operatorname{arcsen} x \, dx$.

Solução

$$\int_0^{\frac{1}{2}} \operatorname{arcsen} x \cdot 1 \, dx = [x \operatorname{arcsen} x]_0^{\frac{1}{2}} - \int_0^{\frac{1}{2}} \frac{x}{\sqrt{1-x^2}} \, dx.$$

$$\uparrow \qquad\qquad \uparrow$$
$$f \qquad\qquad g'$$

$$\int_0^{\frac{1}{2}} \frac{x}{\sqrt{1-x^2}} \, dx = -\frac{1}{2} \int_1^{\frac{3}{4}} \frac{1}{\sqrt{u}} \, du = -[\sqrt{u}]_1^{\frac{3}{4}} = -\frac{\sqrt{3}}{2} + 1.$$

Assim,

$$\int_0^{\frac{1}{2}} \operatorname{arcsen} x \, dx = \frac{1}{2} \operatorname{arcsen} \frac{1}{2} + \frac{\sqrt{3}}{2} - 1 = \frac{\pi}{12} + \frac{\sqrt{3}}{2} - 1$$

ou seja,

$$\int_0^{\frac{1}{2}} \operatorname{arcsen} x \, dx = \frac{\pi}{12} + \frac{\sqrt{3}}{2} - 1.$$

Exercícios 12.3

1. Calcule.

a) $\int x \, e^x \, dx$

b) $\int x \operatorname{sen} x \, dx$

c) $\int x^2 \, e^x \, dx$

d) $\int x \ln x \, dx$

e) $\int \ln x \, dx$

f) $\int x^2 \ln x \, dx$

g) $\int x \sec^2 x \, dx$

h) $\int x(\ln x)^2 \, dx$

i) $\int (\ln x)^2 \, dx$

j) $\int x \, e^{2x} \, dx$

l) $\int e^x \cos x \, dx$

m) $\int e^{-2x} \operatorname{sen} x \, dx$

n) $\int x^3 \, e^{x^2} \, dx$

o) $\int x^3 \cos x^2 \, dx$

p) $\int e^{-x} \cos 2x \, dx$

q) $\int x^2 \operatorname{sen} x \, dx$

2. a) Verifique que

$$\int \sec^n x \, dx = \frac{1}{n-1} \sec^{n-2} x \, \operatorname{tg} x + \frac{n-2}{n-1} \int \sec^{n-2} x \, dx$$

em que $n > 1$ é um natural.

Capítulo 12

354

b) Calcule $\int \sec^5 x \, dx$.

3. Verifique que, para todo natural $n \neq 0$, tem-se

a) $\int \operatorname{sen}^n x \, dx = -\frac{1}{n} \operatorname{sen}^{n-1} x \cos x + \frac{n-1}{n} \int \operatorname{sen}^{n-2} x \, dx$

b) $\int \cos^n x \, dx = \frac{1}{n} \cos^{n-1} x \operatorname{sen} x + \frac{n-1}{n} \int \cos^{n-2} x \, dx$.

4. Utilizando o item (a) do Exercício 3, calcule.

a) $\int \operatorname{sen}^3 x \, dx$

b) $\int \operatorname{sen}^4 x \, dx$.

5. Calcule $\int e^{-st} \operatorname{sen} t \, dt; \, s > 0$ constante.

6. Verifique que para todo natural $n \geq 1$ e todo real $s > 0$

$$\int t^n \, e^{-st} \, dt = -\frac{1}{s} t^n \, e^{-st} + \frac{n}{s} \int t^{n-1} e^{-st} \, dt.$$

7. Calcule.

a) $\int_0^1 x \, e^x \, dx$

b) $\int_1^2 \ln x \, dx$

c) $\int_0^{\frac{\pi}{2}} e^x \cos x \, dx$

d) $\int_0^x t^2 \, e^{-st} \, dt \, (s \neq 0)$

8. Sejam m e n dois naturais diferentes de zero. Verifique que

a) $\int_0^1 x^n (1-x)^m \, dx = \frac{m}{n+1} \int_0^1 x^{n+1} (1-x)^{m-1} \, dx$

b) $\int_0^1 x^n (1-x)^m \, dx = \frac{n! \, m!}{(m+n+1)!}$

9. Verifique que, para todo natural $n \geq 2$,

$$\int_0^{\frac{\pi}{2}} \operatorname{sen}^n x \, dx = \frac{n-1}{n} \int_0^{\frac{\pi}{2}} \operatorname{sen}^{n-2} x \, dx$$

10. Verifique que, para todo natural $n \geq 1$, tem-se

a) $\int_0^1 (1-x^2)^n \, dx = \frac{2n}{2n+1} \int_0^1 (1-x^2)^{n-1} \, dx$

b) $\int_0^1 (1-x^2)^n \, dx = \frac{2^{2n} (n!)^2}{(2n+1)!}$

11. Suponha que g tenha derivada contínua em $[0, +\infty[$ e que $g(0) = 0$. Verifique que

$$\int_0^x g'(t) e^{-st} \, dt = g(x) e^{-sx} + s \int_0^x g(t) e^{-st} \, dt.$$

12. Suponha f'' contínua em $[a, b]$. Verifique que

$$f(b) = f(a) + f'(a)(b - a) + \int_a^b (b - t) f''(t)\, dt.$$

13. Suponha f''' contínua em $[a, b]$. Conclua do Exercício 12 que

$$f(b) = f(a) + f'(a)(b - a) + \frac{f''(a)}{2}(b - a)^2 + \int_a^b \frac{(b - t)^2}{2} f'''(t)\, dt.$$

12.4 Mudança de Variável

Seja f definida em um intervalo I. Suponhamos que $x = \varphi(u)$ seja inversível, com inversa $u = \theta(x)$, $x \in I$, sendo φ e θ deriváveis.

① $\quad \int f(\varphi(u)) \varphi'(u)\, du = F(u) + k\,(u \in D_\varphi)$

então,

$$\int f(x)\, dx = F(\theta(x)) + k.$$

De fato, de ①

$$F'(u) = f(\varphi(u)) \varphi'(u)$$

então,

$$\begin{aligned}
(F(\theta(x)))' &= F'(\theta(x))\theta(x) \\
&= f(\varphi(\theta(x)))\varphi'(\theta(x))\theta'(x) \\
&= f(x)
\end{aligned}$$

pois, $\varphi(\theta(x)) = x$ e $\varphi'(\theta(x))\theta'(x) = (\varphi(\theta(x)))' = 1$.

$$\int f(x)\, dx = ?$$
$$x = \varphi(u) \quad ; \quad dx = \varphi'(u)\, du$$
$$\int f(x)\, dx = \int f(\varphi(u))\varphi'(u)\, du$$

observando que, após calcular a integral indefinida do 2° membro, deve-se voltar à variável x através da inversa de φ.

Exemplo 1 Calcule $\int x^2 \sqrt{x + 1}\, dx$.

Solução

$$\int x^2 \sqrt{x + 1}\, dx = ?$$

$$x + 1 = \overset{\varphi(u)}{u} \Leftrightarrow x = u - 1;\ dx = du\,(\varphi'(u) = 1)$$

Capítulo 12

$$\int x^2 \sqrt{x+1}\, dx = \int (u-1)^2 \sqrt{u}\, du = \int (u^2 - 2u + 1)u^{\frac{1}{2}}\, du$$

$$= \int (u^{\frac{5}{2}} - 2u^{\frac{3}{2}} + u^{\frac{1}{2}})\, du = \frac{u^{\frac{7}{2}}}{\frac{7}{2}} - 2\frac{u^{\frac{5}{2}}}{\frac{5}{2}} + \frac{u^{\frac{3}{2}}}{\frac{3}{2}} + k$$

$$= \frac{2}{7}\sqrt{(x+1)^7} - \frac{4}{5}\sqrt{(x+1)^5} + \frac{2}{3}\sqrt{(x+1)^3} + k$$

ou seja,

$$\int x^2 \sqrt{x+1}\, dx = \frac{2}{7}\sqrt{(x+1)^7} - \frac{4}{5}\sqrt{(x+1)^5} + \frac{2}{3}\sqrt{(x+1)^3} + k.$$

Observação. A mudança $x + 1 = u^2$, $u > 0$, também é interessante; veja que esta mudança elimina a raiz do integrando. Faça os cálculos adotando esta mudança.

Exemplo 2 Calcule $\int \sqrt{1-x^2}\, dx$.

Solução

$$\int \sqrt{1-x^2}\, dx = ?$$

Como $1 - \operatorname{sen}^2 u = \cos^2 u$, a mudança $x = \operatorname{sen} u$ elimina a raiz do integrando.

$$x = \operatorname{sen} u \left(-\frac{\pi}{2} < u < \frac{\pi}{2} \right); \, dx = \cos u\, du.$$

Então,

$$\int \sqrt{1-x^2}\, dx = \int \sqrt{1 - \operatorname{sen}^2 u} \,\cos u\, du$$

$$= \int \sqrt{\cos^2 u} \,\cos u\, du$$

$$\sqrt{\cos^2 u} = |\cos u| = \cos u, \text{ pois, } u \in \left] -\frac{\pi}{2}, \frac{\pi}{2} \right[.$$

Assim,

$$\int \sqrt{1-x^2}\, dx = \int \cos^2 u\, du = \int \left(\frac{1}{2} + \frac{1}{2}\cos 2u \right) du =$$

$$= \frac{1}{2}u + \frac{1}{4}\operatorname{sen} 2u + k = \frac{1}{2}u + \frac{1}{2}\operatorname{sen} u \cos u + k.$$

De $x = \operatorname{sen} u$, $-\dfrac{\pi}{2} < u < \dfrac{\pi}{2}$, segue $u = \operatorname{arcsen} x$ e $\cos u = \sqrt{1-x^2}$; logo

$$\int \sqrt{1-x^2}\, dx = \frac{1}{2}\operatorname{arcsen} x + \frac{1}{2}x\sqrt{1-x^2} + k \,(-1 < x < 1).$$

Técnicas de Primitivação

357

Antes de passarmos ao próximo exemplo, faremos a seguinte observação: supondo f integrável em $[a, b]$ e $F' = f$ em $[a, b]$, pelo 1º Teorema Fundamental do Cálculo

(A)
$$\int_a^b f(x)\,dx = F(b) - F(a).$$

Observamos que (A) continua válida se supusermos f integrável em $[a, b]$, F contínua em $[a, b]$ e $F' = f$ em $]a, b[$ (verifique).

Exemplo 3 Calcule $\int_0^1 \sqrt{1 - x^2}\,dx$.

Solução

Pelo exemplo anterior, $F(x) = \dfrac{1}{2}\arcsen x + \dfrac{1}{2}x\sqrt{1 - x^2}$ é uma primitiva de $\sqrt{1 - x^2}$ em $[0, 1[$. Como F é contínua em $[0, 1]$ e $f(x) = \sqrt{1 - x^2}$ integrável neste intervalo, segue da observação acima que

$$\int_0^1 \sqrt{1 - x^2}\,dx = \left[\dfrac{1}{2}\arcsen x + \dfrac{1}{2}x\sqrt{1 - x^2}\right]_0^1 = \dfrac{\pi}{4}.$$

Observação. $\dfrac{1}{2}\arcsen x + \dfrac{1}{2}x\sqrt{1 - x^2}$ é uma primitiva de $\sqrt{1 - x^2}$ em $]-1, 1[$ (verifique). *Cuidado*, $\arcsen x$ e $\sqrt{1 - x^2}$ não são deriváveis em 1 e -1.

No próximo exemplo, vamos calcular novamente $\int_0^1 \sqrt{1 - x^2}\,dx$ utilizando a fórmula de mudança de variável na integral definida.

Exemplo 4 Calcule $\int_0^1 \sqrt{1 - x^2}\,dx$.

Solução

$$\int_0^1 \sqrt{1 - x^2}\,dx = ?$$

$$\begin{cases} x = \sen u \ ; dx = \cos u\,du \\ x = 0 \qquad ; u = 0\ (\sen 0 = 0) \\ x = 1 \qquad ; u = \dfrac{\pi}{2}\left(\sen\dfrac{\pi}{2} = 1\right) \end{cases}$$

Observe que $x = g(u) = \sen u$ tem derivada contínua em $\left[0, \dfrac{\pi}{2}\right]$, $g(0) = \sen 0 = 0$ e

$g\left(\dfrac{\pi}{2}\right) = \sen\dfrac{\pi}{2} = 1$. Pelo teorema de mudança de variável na integral de Riemann

Capítulo 12

$$\int_0^1 \sqrt{1-x^2}\,dx = \int_0^{\frac{\pi}{2}} \sqrt{1-\text{sen}^2\,u}\ \cos u\,du = \int_0^{\frac{\pi}{2}} \sqrt{\cos^2 u}\ \cos u\,du$$

logo,

$$\int_0^1 \sqrt{1-x^2}\,dx = \int_0^{\frac{\pi}{2}} |\cos u| \cdot \cos u\,du.$$

Como $u \in [0, \frac{\pi}{2}]$, $\cos u \geqslant 0$; daí $|\cos u| = \cos u$.

Assim,

$$\int_0^1 \sqrt{1-x^2}\,dx = \int_0^{\frac{\pi}{2}} \cos^2 u\,du = \int_0^{\frac{\pi}{2}} \left(\frac{1}{2} + \frac{1}{2}\cos 2u\right) du$$

ou seja,

$$\int_0^1 \sqrt{1-x^2}\,dx = \left[\frac{1}{2}u + \frac{1}{4}\text{sen}\,2u\right]_0^{\frac{\pi}{2}} = \frac{\pi}{4}.$$

Observe que não houve necessidade de se retornar à variável x!

> **Observação importante.** Na mudança da variável na integral definida
>
> $$\int_a^b f(x)\,dx = \int_c^d f(g(u))g'(u)\,du$$
>
> a mudança $x = g(u)$, $u \in [c, d]$ não precisa ser *inversível*, o que precisa é g' ser contínua, $g(c) = a$ e $g(d) = b$.
>
> A ocorrência de raiz no integrando é algo muito desagradável; se perceber uma mudança de variável que a elimine, não vacile.

Exemplo 5 Indique, em cada caso, qual a mudança de variável que elimina a raiz do integrando.

a) $\int \sqrt{1-x^2}\,dx$ b) $\int \sqrt{1-4x^2}\,dx$

c) $\int \sqrt{5-4x^2}\,dx$ d) $\int \sqrt{3+4x^2}\,dx$

e) $\int \sqrt{1-\cos x}\,dx$ f) $\int \sqrt{1-(x-1)^2}\,dx$

g) $\int \sqrt{2x-x^2}\,dx$ h) $\int \sqrt{-x^2+4x-3}\,dx$

i) $\int \sqrt{x^2+2x+2}\,dx$ j) $\int \sqrt{x-x^2}\,dx$

Solução

a) $\int \sqrt{1+x^2}\,dx = ?$

Como $1 + \text{tg}^2\,\theta = \sec^2 \theta$, a mudança $x = \text{tg}\,\theta$ elimina a raiz do integrando.

Técnicas de Primitivação

b) $\int \sqrt{1 - 4x^2}\, dx = ?$

$$\sqrt{1 - 4x^2} = \sqrt{1 - (2x)^2}\,.$$

A mudança $2x = \operatorname{sen} t$ ou $x = \dfrac{1}{2} \operatorname{sen} t$ elimina a raiz do integrando.

c) $\int \sqrt{5 - 4x^2}\, dx = ?$

$$\sqrt{5 - 4x^2} = \sqrt{5}\sqrt{1 - \left(\frac{2x}{\sqrt{5}}\right)^2}$$

$\dfrac{2x}{\sqrt{5}} = \operatorname{sen} t$ ou $x = \dfrac{\sqrt{5}}{2} \operatorname{sen} t$ elimina a raiz do integrando.

d) $x = \dfrac{\sqrt{3}}{2} \operatorname{tg} u.$

e) $\int \sqrt{1 - \cos x}\, dx = ?$

$$\cos x = \cos^2 \frac{x}{2} - \operatorname{sen}^2 \frac{x}{2}.$$

Então,

$$\int \sqrt{1 - \cos x}\, dx = \int \sqrt{1 - \cos^2 \frac{x}{2} + \operatorname{sen}^2 \frac{x}{2}}\, dx$$

$$= \int \sqrt{2 \operatorname{sen}^2 \frac{x}{2}}\, dx = \sqrt{2} \int \sqrt{\operatorname{sen}^2 \frac{x}{2}}\, dx$$

e, portanto, nenhuma mudança de variável é necessária.

f) $\int \sqrt{1 - (x - 1)^2}\, dx = ?$

$$x - 1 = \operatorname{sen} u \text{ ou } x = 1 + \operatorname{sen} u$$

resolve o problema.

g) $\int \sqrt{2x - x^2}\, dx = ?$

Primeiro vamos expressar o radicando como uma soma de quadrados:

$$2x - x^2 = -(x^2 - 2x) = -(x^2 - 2x + 1) + 1$$

ou seja,

$$2x - x^2 = 1 - (x - 1)^2.$$

Assim,

$$\int \sqrt{2x - x^2}\, dx = \int \sqrt{1 - (x - 1)^2}\, dx.$$

A mudança $x - 1 = \operatorname{sen} u$ resolve o problema.

Capítulo 12

360

h) $\int \sqrt{-x^2 + 4x - 3}\, dx = ?$

$$-x^2 + 4x - 3 = -(x^2 - 4x + 3) = -(x^2 - 4x + 4) + 1$$

ou seja,

$$-x^2 + 4x - 3 = 1 - (x - 2)^2$$

A mudança de variável $x - 2 = \operatorname{sen} u$ resolve o problema.

i) $\int \sqrt{x^2 + 2x + 2}\, dx = \int \sqrt{1 + (x + 1)^2}\, dx = ?$

$$x + 1 = \operatorname{tg} u$$

resolve o problema.

j) $\int \sqrt{x - x^2}\, dx = \int \sqrt{\dfrac{1}{4} - \left(x - \dfrac{1}{2}\right)^2}\, dx = ?$

$$x - \frac{1}{2} = \frac{1}{2}\operatorname{sen} u$$

resolve o problema.

Exemplo 6 Calcule $\int \sqrt{1 + x^2}\, dx$.

Solução

$$x = \operatorname{tg} u;\ dx = \sec^2 u\, du \left(-\frac{\pi}{2} < u < \frac{\pi}{2}\right)$$

$$\int \sqrt{1 + x^2}\, dx = \int \sqrt{\sec^2 u}\ \sec^2 u\, du = \int |\sec u|\, \sec^2 u\, du.$$

$$|\sec u| = \sec u,\ \text{pois, } \sec u > 0 \left(-\frac{\pi}{2} < u < \frac{\pi}{2}\right);$$

assim,

$$\int \sqrt{1 + x^2}\, dx = \int \sec^3 u\, du.$$

Pelo Exemplo 6 da seção anterior,

$$\int \sec^3 u\, du = \frac{1}{2}[\sec u\ \operatorname{tg} u + \ln|\sec u + \operatorname{tg} u|] + k.$$

Voltemos à variável x:

$$\boxed{\begin{array}{c} x = \operatorname{tg} u;\ 1 + x^2 = \sec^2 u \\[2mm] \text{como } \sec u > 0,\ \sec u = \sqrt{1 + x^2} \end{array}}$$

Então,

$$\int \sqrt{1+x^2}\, dx = \frac{1}{2}\left[x\sqrt{1+x^2} + \ln(x + \sqrt{1+x^2})\right] + k.$$

Exemplo 7 Calcule $\int_0^1 \sqrt{1+x^2}\, dx$.

Solução

$$\int_0^1 \sqrt{1+x^2}\, dx = ?$$

$$\begin{cases} x = \operatorname{tg} u & ; dx = \sec^2 u\, du \\ x = 0 & ; u = 0\ (\operatorname{tg} 0 = 0) \\ x = 1 & ; u = \dfrac{\pi}{4}\left(\operatorname{tg}\dfrac{\pi}{4} = 1\right) \end{cases}$$

$$\int_0^1 \sqrt{1+x^2}\, dx = \int_0^{\frac{\pi}{4}} \sqrt{1+\operatorname{tg}^2 u}\, \sec^2 u\, du =$$

$$= \int_0^{\frac{\pi}{4}} \sec^3 u\, du = \frac{1}{2}\Big[\sec u\, \operatorname{tg} u + \ln(\sec u + \operatorname{tg} u)\Big]_0^{\frac{\pi}{4}}$$

assim,

$$\int_0^1 \sqrt{1+x^2}\, dx = \frac{1}{2}[\sqrt{2} + \ln(\sqrt{2}+1)].$$

Exemplo 8 Calcule a área do círculo de raio r.

Solução

$$\text{área} = 4\int_0^r \sqrt{r^2 - x^2}\, dx$$

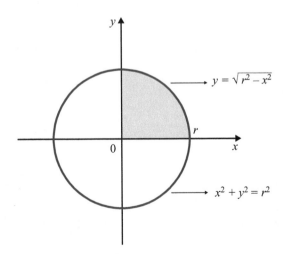

Temos

$$\int_0^r \sqrt{r^2 - x^2}\, dx = r \int_0^r \sqrt{1 - \left(\frac{x}{r}\right)^2}\, dx$$

$$\begin{cases} x = r \operatorname{sen} u & ; dx = r \cos u\, du \\ x = 0 & ; u = 0 \\ x = r & ; u = \dfrac{\pi}{2} \end{cases}$$

$$\int_0^r \sqrt{r^2 - x^2}\, dx = r \int_0^{\frac{\pi}{2}} \sqrt{1 - \operatorname{sen}^2 u}\; r \cos u\, du =$$

$$= r^2 \int_0^{\frac{\pi}{2}} \cos^2 u\, du = r^2 \int_0^{\frac{\pi}{2}} \left(\frac{1}{2} + \frac{1}{2}\cos 2u\right) du$$

ou seja,

$$\int_0^r \sqrt{r^2 - x^2}\, dx = r^2 \left[\frac{1}{2} u + \frac{1}{4} \operatorname{sen} 2u\right]_0^{\frac{\pi}{2}} = \frac{\pi r^2}{4}.$$

Portanto,

$$\text{área} = 4 \int_0^r \sqrt{r^2 - x^2}\, dx = \pi r^2.$$

Exercícios 12.4

1. Calcule.

a) $\displaystyle\int \sqrt{1 - 4x^2}\, dx$

b) $\displaystyle\int \frac{1}{\sqrt{4 - x^2}}\, dx$

c) $\displaystyle\int \frac{1}{\sqrt{4 + x^2}}\, dx$

d) $\displaystyle\int \frac{1}{4 + x^2}\, dx$

e) $\displaystyle\int \frac{x}{\sqrt{1 - x^2}}\, dx$

f) $\displaystyle\int \sqrt{3 - 4x^2}\, dx$

g) $\displaystyle\int \frac{x^2}{\sqrt{1 - x^2}}\, dx$

h) $\displaystyle\int x^2 \sqrt{1 - x^2}\, dx$

i) $\displaystyle\int \frac{1}{x\sqrt{1 + x^2}}\, dx$

j) $\displaystyle\int \sqrt{9 - (x - 1)^2}\, dx$

l) $\displaystyle\int \sqrt{9 - 4x^2}\, dx$

m) $\displaystyle\int \sqrt{-x^2 + 2x + 2}\, dx$

n) $\displaystyle\int \sqrt{-x^2 + 2x + 3}\, dx$

o) $\displaystyle\int \frac{1}{x^2 \sqrt{1 + x^2}}\, dx$

Técnicas de Primitivação

2. Calcule a área do conjunto de todos os (x, y) tais que $4x^2 + y^2 \leq 1$.

3. Calcule a área do conjunto de todos os (x, y) tais que $\dfrac{x^2}{a^2} + \dfrac{y^2}{b^2} \leq 1$. ($a > 0$ e $b > 0$.)

4. Calcule.

a) $\displaystyle\int x^2 (x+1)^{10}\, dx$

b) $\displaystyle\int x^2 \sqrt{x-1}\, dx$

c) $\displaystyle\int \dfrac{1}{1+\sqrt{x}}\, dx$

d) $\displaystyle\int \dfrac{2}{(1+\sqrt{x})^3}\, dx$

e) $\displaystyle\int \dfrac{x+2}{(x+1)^5}\, dx$

f) $\displaystyle\int \dfrac{x-1}{\sqrt{2x+1}}\, dx$

g) $\displaystyle\int \sqrt{1-e^x}\, dx$

h) $\displaystyle\int \sqrt{1+\sqrt{x}}\, dx$

i) $\displaystyle\int \dfrac{x^2+1}{\sqrt{2x-x^2}}\, dx$

j) $\displaystyle\int \dfrac{1}{x^2+2x+5}\, dx$

l) $\displaystyle\int x\, \text{arcsen}\, x\, dx$

m) $\displaystyle\int x\, (\text{arctg}\, x)^2\, dx$

n) $\displaystyle\int \text{arctg}\, \sqrt{x}\, dx$

o) $\displaystyle\int \dfrac{\text{arctg}\, e^x}{e^x}\, dx$

5. Sejam m e n constantes não nulas dadas. Verifique que

$$\int \dfrac{mu+n}{1+u^2}\, du = \dfrac{m}{2} \ln(1+u^2) + n\, \text{arctg}\, u + k.$$

6. Com uma conveniente mudança de variável, transforme a integral dada numa do tipo $\displaystyle\int \dfrac{mu+n}{1+u^2}\, du$ (m e n constantes) e calcule.

a) $\displaystyle\int \dfrac{x+1}{4+x^2}\, dx$

b) $\displaystyle\int \dfrac{2x-1}{9+4x^2}\, dx$

c) $\displaystyle\int \dfrac{x+10}{x^2+2x+2}\, dx$

d) $\displaystyle\int \dfrac{3x-2}{x^2+x+1}\, dx$

e) $\displaystyle\int \dfrac{2x+1}{x^2+4x+5}\, dx$

f) $\displaystyle\int \dfrac{x-1}{9+x^2}\, dx$

7. Calcule a área do conjunto de todos (x, y) tais que $x^2 + 2y^2 \leq 3$ e $y \geq x^2$.

8. Calcule a área do conjunto de todos (x, y) tais que $x \geq \sqrt{1+y^2}$ e $2x + y \leq 2$.

9. Indique uma mudança de variável que elimine a raiz do integrando.

a) $\displaystyle\int \sqrt{9-x^2}\, dx$

b) $\displaystyle\int \sqrt{x^2-9}\, dx$

c) $\displaystyle\int \sqrt{x^2+9}\, dx$

d) $\displaystyle\int x^2 \sqrt{1-x^2}\, dx$

Capítulo 12

364

e) $\int \sqrt{3 - 4x^2}\, dx$

f) $\int \sqrt{4x^2 - 3}\, dx$

g) $\int \sqrt{4x^2 + 3}\, dx$

h) $\int \dfrac{x}{\sqrt{2 - 3x^2}}\, dx$

i) $\int \dfrac{x^2}{\sqrt{2 - 3x^2}}\, dx$

j) $\int \dfrac{x^2}{\sqrt{3x^2 - 2}}\, dx$

l) $\int x\sqrt{x - 1}\, dx$

m) $\int \sqrt{1 + e^x}\, dx$

n) $\int \sqrt{x^2 + 3x + 3}\, dx$

o) $\int \sqrt[3]{1 + \sqrt{x}}\, dx$

12.5 Integrais Indefinidas do Tipo $\int \dfrac{P(x)}{(x - \alpha)(x - \beta)}\, dx$

Para calcular $\int \dfrac{P(x)}{(x - \alpha)(x - \beta)}\, dx$, vamos precisar do seguinte teorema.

> **Teorema.** Sejam α, β, m e n reais dados, com $\alpha \neq \beta$. Então existem constantes A e B tais que
>
> a) $\dfrac{mx + n}{(x - \alpha)\,(x - \beta)} = \dfrac{A}{x - \alpha} + \dfrac{B}{x - \beta}$.
>
> b) $\dfrac{mx + n}{(x - \alpha)^2} = \dfrac{A}{x - \alpha} + \dfrac{B}{(x - \alpha)^2}$.

Demonstração

a) $\dfrac{A}{x - \alpha} + \dfrac{B}{x - \beta} = \dfrac{(A + B)\,x - A\beta - \alpha B}{(x - \alpha)(x - \beta)}$.

Basta então mostrar que existem A e B tais que

$$\begin{cases} A + B = m \\ \beta A + \alpha B = -n. \end{cases}$$

Este sistema admite solução única dada por

$$A = \frac{\alpha m + n}{\alpha - \beta} \text{ e } B = -\frac{\beta m + n}{\alpha - \beta}.$$

b) $\dfrac{xm + n}{(x - \alpha)^2} = \dfrac{mx + m\alpha}{(x - \alpha)^2} + \dfrac{m\alpha + n}{(x - \alpha)^2} = \dfrac{m(x - \alpha)}{(x - \alpha)^2} + \dfrac{m\alpha + n}{(x - \alpha)^2}$.

Tomando-se, então, $A = m$ e $B = m\alpha + n$

$$\frac{mx + n}{(x - \alpha)^2} = \frac{A}{x - \alpha} + \frac{B}{(x - \alpha)^2}.$$

Observe que em cada fração que ocorre no teorema acima o *grau do numerador é estritamente menor que o grau do denominador*.

Vejamos, agora, como calcular

$$\int \frac{P(x)}{(x - \alpha)(x - \beta)}\, dx, \text{ com } \alpha \neq \beta,$$

em que $P(x)$ é um polinômio. Se o grau de P for estritamente menor que o grau do denominador (grau de $P < 2$) pelo item (a) do teorema

$$\frac{P(x)}{(x - \alpha)(x - \beta)} = \frac{A}{x - \alpha} + \frac{B}{x - \beta}$$

e, assim,

$$\int \frac{P(x)}{(x - \alpha)(x - \beta)}\, dx = A \ln|x - \alpha| + B \ln|x - \beta| + k.$$

Se o grau de P for maior ou igual ao do denominador, precisamos antes "extrair os inteiros".

$$\frac{P(x)}{(x - \alpha)(x - \beta)} = Q(x) + \frac{R(x)}{(x - \alpha)(x - \beta)}$$

em que $Q(x)$ e $R(x)$ são, respectivamente, o quociente e o resto da divisão de $P(x)$ por $(x - \alpha)$ $(x - \beta)$.

Observe que o grau de R é estritamente menor que o grau do denominador.

Não se esqueça: você só pode aplicar os resultados do teorema anterior quando o grau do numerador for estritamente menor que o do denominador. Se o grau do numerador for maior ou igual ao do denominador, primeiro "extraia os inteiros".

Exemplo 1 Calcule $\displaystyle\int \frac{x + 3}{x^2 - 3x + 2}\, dx.$

Solução

$$x^2 - 3x + 2 = (x - 1)(x - 2).$$

O grau do numerador é menor que o do denominador. Pelo item (a) do teorema, existem constantes A e B tais que

$$\frac{x + 3}{x^2 - 3x + 2} = \frac{A}{x - 1} + \frac{B}{x - 2}.$$

Já sabemos que A e B existem; o problema é calculá-los. Para todo x, devemos ter

$$x + 3 = A(x - 2) + B(x - 1).$$

Capítulo 12

Fazendo $x = 1$

$$4 = A(1 - 2) \text{ ou } A = -4.$$

Fazendo $x = 2$

$$5 = B(2 - 1) \text{ ou } B = 5.$$

Assim,

$$\int \frac{x + 3}{x^2 - 3x + 2}\, dx = \int \frac{-4}{x - 1}\, dx + \int \frac{5}{x - 2}\, dx = -4\ln|x - 1| + 5\ln|x - 2| + k$$

ou seja,

$$\int \frac{x + 3}{x^2 - 3x + 2}\, dx = -4\ln|x - 1| + 5\ln|x - 2| + k.$$

Exemplo 2 Calcule $\int \dfrac{x^2 + 2}{x^2 - 3x + 2}\, dx$.

Solução

O grau do numerador é igual ao do denominador. Primeiro precisamos extrair os inteiros.

$$\begin{array}{r|l} x^2 + 0x + 2 & \underline{x^2 - 3x + 2} \\ \underline{-x^2 + 3x - 2} & 1 \\ 3x & \end{array}$$

assim,

$$\frac{x^2 + 2}{x^2 - 3x + 2} = 1 + \frac{3x}{x^2 - 3x + 2}.$$

$$\int \frac{x^2 + 2}{x^2 - 3x + 2}\, dx = \int \left[1 + \frac{3x}{x^2 - 3x + 2} \right] dx = x + \int \frac{3x}{x^2 - 3x + 2}\, dx.$$

Vamos, agora, determinar A e B tais que

$$\frac{3x}{x^2 - 3x + 2} = \frac{A}{x - 1} + \frac{B}{x - 2}.$$

$$3x = A(x - 2) + B(x - 1).$$

Fazendo $x = 1$, obtemos $A = -3$. Fazendo $x = 2$, obtemos $B = 6$. Assim,

$$\int \frac{3x}{x^2 - 3x + 2}\, dx = \int \frac{-3}{x - 1}\, dx + \int \frac{6}{x - 2}\, dx = -3\ln|x - 1| + 6\ln|x - 2|.$$

Portanto,

$$\int \frac{x^2 + 2}{x^2 - 3x + 2}\, dx = x - 3\ln|x - 1| + 6\ln|x - 2| + k.$$

Para calcular $\int \dfrac{P(x)}{(x - \alpha)^2}\, dx$, é mais interessante fazer a mudança de variável $u = x - \alpha$ do que utilizar o item (b) do teorema.

Técnicas de Primitivação

367

Exemplo 3 Calcule $\int \dfrac{x^3 + 2}{(x-1)^2}\, dx$.

Solução

$$u = x - 1 \Leftrightarrow x = u + 1; \; dx = du$$

$$\int \frac{x^3 + 2}{(x-1)^2}\, dx = \int \frac{(u+1)^3 + 2}{u^2}\, du$$

$$= \int \frac{u^3 + 3u^2 + 3u + 3}{u^2}\, du = \int \left[u + 3 + \frac{3}{u} + \frac{3}{u^2} \right] du.$$

Assim,

$$\int \frac{x^3 + 2}{(x-1)^2}\, dx = \frac{u^2}{2} + 3u + 3\ln|u| - \frac{3}{u} + k$$

ou

$$\int \frac{x^3 + 2}{(x-1)^2}\, dx = \frac{(x-1)^2}{2} + 3(x-1) + 3\ln|x-1| - \frac{3}{x-1} + k.$$

Exemplo 4 Calcule $\int \dfrac{1}{\cos x}\, dx$.

Solução

$$\int \frac{1}{\cos x}\, dx = \int \frac{\cos x}{\cos^2 x}\, dx = \int \frac{\cos x}{1 - \operatorname{sen}^2 x}\, dx$$

$$u = \operatorname{sen} x; \; du = \cos x \, dx.$$

Então

$$\int \frac{1}{\cos x}\, dx = \int \frac{1}{1 - u^2}\, du.$$

De

$$\frac{1}{1 - u^2} = \frac{1}{2} \left[\frac{1}{1-u} + \frac{1}{1+u} \right]$$

resulta

$$\int \frac{1}{1 - u^2}\, du = \frac{1}{2} \left[-\ln|1 - u| + \ln|1 + u| \right]$$

e, portanto,

$$\int \frac{1}{\cos x}\, dx = \frac{1}{2} \ln \left| \frac{1 + \operatorname{sen} x}{1 - \operatorname{sen} x} \right| + k.$$

Por outro lado

$$\frac{1 + \operatorname{sen} x}{1 - \operatorname{sen} x} = \frac{(1 + \operatorname{sen} x)^2}{\cos^2 x} = (\sec x + \operatorname{tg} x)^2.$$

Capítulo 12

então

$$\int \frac{1}{\cos x}\,dx = \ln|\sec x + \operatorname{tg} x| + k.$$

Ou seja,

$$\int \sec x\,dx = \ln|\sec x + \operatorname{tg} x| + k.$$

Exercícios 12.5

Calcule.

1. $\int \dfrac{1}{x^2 - 4}\,dx$

2. $\int \dfrac{x}{x^2 - 5x + 6}\,dx$

3. $\int \dfrac{x}{x^2 - 4}\,dx$

4. $\int \dfrac{2x + 1}{x^2 - 1}\,dx$

5. $\int \dfrac{5x^2 + 1}{x - 1}\,dx$

6. $\int \dfrac{x + 3}{(x - 1)^2}\,dx$

7. $\int \dfrac{x^2 + 3x + 1}{x^2 - 2x - 3}\,dx$

8. $\int \dfrac{x^2 + 1}{(x - 2)^3}\,dx$

9. $\int \dfrac{x + 3}{x^2 - x}\,dx$

10. $\int \dfrac{x^2 + x + 1}{x^2 - x}\,dx$

11. $\int \dfrac{x^3 + x + 1}{x^2 - 2x + 1}\,dx$

12. $\int \dfrac{x^3 + x + 1}{x^2 - 4x + 3}\,dx$

13. $\int \dfrac{1}{x^2 + 5}\,dx$

14. $\int \dfrac{x + 1}{x^2 + 9}\,dx$

15. $\int \dfrac{x^2 + 3}{x^2 - 9}\,dx$

16. $\int \dfrac{1}{x^2 - x - 2}\,dx$

12.6 Primitivas de Funções Racionais com Denominadores do Tipo $(x - \alpha)(x - \beta)(x - \gamma)$

A demonstração do próximo teorema é deixada para o final da seção.

Teorema. Sejam $\alpha, \beta, \gamma, m, n, p$ reais dados com α, β, γ distintos entre si. Então existem constantes A, B, C tais que

a) $\dfrac{mx^2 + nx + p}{(x - \alpha)(x - \beta)(x - \gamma)} = \dfrac{A}{x - \alpha} + \dfrac{B}{x - \beta} + \dfrac{C}{x - \gamma}.$

b) $\dfrac{mx^2 + nx + p}{(x - \alpha)(x - \beta)^2} = \dfrac{A}{x - \alpha} + \dfrac{B}{x - \beta} + \dfrac{C}{(x - \beta)^2}.$

Técnicas de Primitivação

369

Observe que, em cada fração que ocorre no teorema anterior, o grau do numerador é estritamente menor que o do denominador.

Exemplo 1 Calcule $\int \dfrac{x^4 + 2x + 1}{x^3 - x^2 - 2x}\, dx$.

Solução

O grau do numerador é maior que o do denominador. Primeiro devemos "extrair os inteiros".

$$
\begin{array}{ll}
x^4 + 0x^3 + 0x^2 + 2x + 1 & \big|\,\underline{x^3 - x^2 - 2x} \\
\underline{-x^4 + x^3 + 2x^2} & \quad x + 1 \\
\quad x^3 + 2x^2 + 2x + 1 & \\
\quad \underline{-x^3 + x^2 + 2x} & \\
\qquad 3x^2 + 4x + 1 &
\end{array}
$$

assim,

$$\frac{x^4 + 2x + 1}{x^3 - x^2 - 2x} = x + 1 + \frac{3x^2 + 4x + 1}{x^3 - x^2 - 2x}.$$

Temos

$$x^3 - x^2 - 2x = x(x^2 - x - 2) = x(x + 1)(x - 2).$$

$$\frac{3x^2 + 4x + 1}{x(x + 1)(x - 2)} = \frac{A}{x} + \frac{B}{x + 1} + \frac{C}{x - 2}.$$

$$3x^2 + 4x + 1 = A(x + 1)(x - 2) + Bx(x - 2) + Cx(x + 1).$$

Fazendo $x = 0$, $x = -1$ e $x = 2$, obtemos $A = -\dfrac{1}{2}$, $B = 0$ e $C = \dfrac{21}{6}$. Assim,

$$\int \frac{x^4 + 2x + 1}{x^3 - x^2 - 2x}\, dx = \int \left[x + 1 - \frac{\frac{1}{2}}{x} + \frac{\frac{21}{6}}{x - 2} \right] dx =$$

$$-\frac{x^2}{2} + x - \frac{1}{2}\ln|x| + \frac{21}{6}\ln|x - 2| + k$$

ou seja,

$$\int \frac{x^4 + 2x + 1}{x^3 - x^2 - 2x}\, dx = \frac{x^2}{2} + x - \frac{1}{2}\ln|x| + \frac{21}{6}\ln|x - 2| + k.$$

Exemplo 2 Calcule $\int \dfrac{2x + 1}{x^3 - x^2 - x + 1}\, dx$.

Solução

1 é raiz de $x^3 - x^2 - x + 1$. Então,

$$
\begin{array}{ll}
x^3 - x^2 - x + 1 & \big|\,\underline{x - 1} \\
\underline{-x^3 + x^2} & \quad x^2 - 1 \\
\qquad\quad -x + 1 & \\
\qquad\quad \underline{+x - 1} & \\
\qquad\qquad 0 &
\end{array}
$$

Capítulo 12

$$x^3 - x^2 - x + 1 = (x - 1)(x^2 - 1) = (x - 1)^2 (x + 1).$$

$$\frac{2x + 1}{x^3 - x^2 - x + 1} = \frac{A}{x + 1} + \frac{B}{x - 1} + \frac{C}{(x - 1)^2}.$$

$$2x + 1 = A(x - 1)^2 + B(x + 1)(x - 1) + C(x + 1).$$

Fazendo $x = 1$, $3 = 2C$ ou $C = \dfrac{3}{2}$.

Fazendo $x = -1$, $-1 = 4A$ ou $A = -\dfrac{1}{4}$.

Fazendo $x = 0$, $1 = -\dfrac{1}{4} - B + \dfrac{3}{2}$ ou $B = \dfrac{1}{4}$.

Assim,

$$\int \frac{2x + 1}{x^3 - x^2 - x + 1} \, dx = -\frac{1}{4} \int \frac{1}{x + 1} \, dx + \frac{1}{4} \int \frac{1}{x - 1} \, dx + \frac{3}{2} \int \frac{1}{(x - 1)^2} \, dx$$

ou seja,

$$\int \frac{2x + 1}{x^3 - x^2 - x + 1} \, dx = -\frac{1}{4} \ln |x + 1| + \frac{1}{4} \ln |x - 1| - \frac{3}{2(x - 1)} + k.$$

Antes de provar o teorema enunciado no início da seção, vamos mostrar que se m, n, p e α são reais dados, então existem reais m_1, n_1 e p_1 tais que

$$mx^2 + nx + p = m_1(x - \alpha)^2 + n_1(x - \alpha) + p_1.$$

De fato, fazendo $x = (x - \alpha) + \alpha$ vem

$$\begin{aligned} mx^2 + nx + p &= m[(x - \alpha) + \alpha]^2 + n[(x - \alpha) + \alpha] + p \\ &= m(x - \alpha) + (2\alpha m + n)(x - \alpha) + m\alpha^2 + n\alpha + p \\ &= m_1(x - \alpha)^2 + n_1(x - \alpha) + p_1 \end{aligned}$$

em que $m_1 = m$, $n_1 = 2\alpha m + n$ e $p_1 = m\alpha_1 + n\alpha + p$.

A seguir, faremos a demonstração do teorema mencionado acima.

a) Pelo que vimos na seção anterior, existem constantes A_1 e B_1 tais que

$$\begin{aligned} \frac{1}{(x - \alpha)(x - \beta)(x - \gamma)} &= \frac{1}{(x - \alpha)(x - \beta)} \cdot \frac{1}{x - \gamma} \\ &= \left[\frac{A_1}{x - \alpha} + \frac{B_1}{x - \beta} \right] \cdot \frac{1}{x - \gamma} \\ &= \frac{A_1}{(x - \alpha)(x - \gamma)} + \frac{B_1}{(x - \beta)(x - \gamma)}. \end{aligned}$$

Segue que existem constantes A_2, B_2, A_3, B_3 tais que

$$\frac{A_1}{(x - \alpha)(x - \gamma)} + \frac{B_1}{(x - \beta)(x - \gamma)} = \frac{A_2}{x - \alpha} + \frac{B_2}{x - \gamma} + \frac{A_3}{x - \beta} + \frac{B_3}{x - \gamma}.$$

Assim,

$$\frac{1}{(x-\alpha)(x-\beta)(x-\gamma)} = \frac{A_4}{x-\alpha} + \frac{B_4}{x-\beta} + \frac{C_4}{x-\gamma}$$

em que $A_4 = A_2$, $B_4 = A_3$ e $C_4 = B_2 + B_3$. Temos, agora,

$$\frac{mx^2 + nx + p}{(x-\alpha)(x-\beta)(x-\gamma)} = \frac{m_1(x-\alpha)^2 + n_1(x-\alpha) + p_1}{(x-\alpha)(x-\beta)(x-\gamma)}$$

$$= \frac{m_1(x-\alpha)}{(x-\beta)(x-\gamma)} + \frac{n_1}{(x-\beta)(x-\gamma)} + \frac{p_1}{(x-\alpha)(x-\beta)(x-\gamma)}.$$

Segue que existem constantes A, B, C (por quê?) tais que

$$\frac{mx^2 + nx + p}{(x-\alpha)(x-\beta)(x-\gamma)} = \frac{A}{x-\alpha} + \frac{B}{x-\beta} + \frac{C}{x-\gamma}.$$

b) $\dfrac{1}{(x-\alpha)(x-\beta)^2} = \dfrac{1}{(x-\alpha)(x-\beta)} \cdot \dfrac{1}{x-\beta}$

$$= \left[\frac{A_1}{x-\alpha} + \frac{B_1}{x-\beta}\right] \cdot \frac{1}{x-\beta} = \frac{A_1}{(x-\alpha)(x-\beta)} + \frac{B_1}{(x-\beta)^2}.$$

Assim, existem constantes A_2, B_2, C_2 tais que

$$\frac{1}{(x-\alpha)(x-\beta)^2} = \frac{A_2}{x-\alpha} + \frac{B_2}{x-\beta} + \frac{C_2}{(x-\beta)^2}.$$

Deixamos a seu cargo terminar a demonstração deste item.

Exercícios 12.6

1. Calcule.

a) $\displaystyle\int \frac{2x-3}{(x-1)^3}\,dx$

b) $\displaystyle\int \frac{x+1}{x(x-2)(x+3)}\,dx$

c) $\displaystyle\int \frac{x^4 + x + 1}{x^3 - x}\,dx$

d) $\displaystyle\int \frac{2}{(x+2)(x-1)^2}\,dx$

e) $\displaystyle\int \frac{x+3}{x^3 - 2x^2 - x + 2}\,dx$

▶ f) $\displaystyle\int \frac{x+5}{x^3 - 4x^2 + 4x}\,dx$

g) $\displaystyle\int \frac{x^2 + 1}{(x-2)^3}\,dx$

h) $\displaystyle\int \frac{x^5 + 3}{x^3 - 4x}\,dx$

i) $\displaystyle\int \frac{4}{x^3 - x^2 - 2x}\,dx$

j) $\displaystyle\int \frac{x^3 + 1}{x^3 - x^2 - 2x}\,dx$

2. a) Determine A, B, C, D tais que

$$\frac{x-3}{(x-1)^2(x+2)^2} = \frac{A}{x-1} + \frac{B}{(x-1)^2} + \frac{C}{x+2} + \frac{D}{(x+2)^2}$$

Capítulo 12

b) Calcule $\int \dfrac{x-3}{(x-1)^2(x+2)^2}\,dx$.

3. Calcule.

a) $\displaystyle\int \frac{x+1}{(x-1)^4}\,dx$

b) $\displaystyle\int \frac{2}{x^3(x+2)}\,dx$

c) $\displaystyle\int \frac{x-1}{x^2(x+1)^2}\,dx$

d) $\displaystyle\int \frac{3}{(x^2-1)\,(x^2-4)}\,dx$

12.7 Primitivas de Funções Racionais Cujos Denominadores Apresentam Fatores Irredutíveis do 2º Grau

Vamos mostrar, por meio de exemplos, como calcular $\displaystyle\int \frac{P(x)}{ax^2+bx+c}\,dx$ quando $\Delta = b^2 - 4ac < 0$.

Exemplo 1 Calcule $\displaystyle\int \frac{2x+1}{x^2+2x+2}\,dx$.

Solução

Primeiro vamos escrever o denominador como soma de quadrados:

$$x^2 + 2x + 2 = (x^2 + 2x + 1) + 1 = (x+1)^2 + 1.$$

Assim,

$$\int \frac{2x+1}{x^2+2x+2}\,dx = \int \frac{2x+1}{1+(x+1)^2}\,dx.$$

Façamos, agora, a mudança de variável

$$u = x + 1,\ du = dx.$$

Então,

$$\int \frac{2x+1}{x^2+2x+2}\,dx = \int \frac{2\,(u-1)+1}{1+u^2}\,du = \int \frac{2u}{1+u^2}\,du + \int \frac{-1}{1+u^2}\,du =$$

$$= \ln\,(1+u^2) - \operatorname{arctg} u + k$$

ou seja,

$$\int \frac{2x+1}{x^2+2x+2}\,dx = \ln\,(x^2+2x+2) - \operatorname{arctg}\,(x+1) + k.$$

Técnicas de Primitivação

373

Exemplo 2 Calcule $\int \dfrac{x^2 + 2x + 3}{x^2 + 4x + 13}\, dx$.

Solução

Como o grau do numerador é igual ao do denominador, primeiro vamos extrair os inteiros.

$$
\begin{array}{r|l}
x^2 + 2x + 3 & \;x^2 + 4x + 13 \\
-x^2 - 4x - 13 & \;1 \\
\hline
-2x - 10 &
\end{array}
$$

assim,

$$\int \frac{x^2 + 2x + 3}{x^2 + 4x + 13}\, dx = \int \left[1 - \frac{2x + 10}{x^2 + 4x + 13} \right] dx$$

ou

$$\int \frac{x^2 + 2x + 3}{x^2 + 4x + 13}\, dx = x - \int \frac{2x + 10}{x^2 + 4x + 13}\, dx.$$

De $x^2 + 4x + 13 = x^2 + 4x + 4 + 9 = (x + 2)^2 + 3^2$, segue

$$\int \frac{2x + 10}{x^2 + 4x + 13}\, dx = \int \frac{2x + 10}{(x + 2)^2 + 3^2}\, dx.$$

Fazendo $x + 2 = 3u,\ dx = 3du,$

$$\int \frac{2x + 10}{x^2 + 4x + 13}\, dx = \int \frac{2\,(3u - 2) + 10}{9u^2 + 9}\,3du\ = 2 \int \frac{u + 1}{u^2 + 1}\, du =$$

$$= \int \frac{2u}{u^2 + 1}\, du + \int \frac{2}{u^2 + 1}\, du$$

ou seja,

$$\int \frac{2x + 10}{x^2 + 4x + 13}\, dx = \ln\,(1 + u^2) + 2 \operatorname{arctg} u + k.$$

Assim,

$$\int \frac{x^2 + 2x + 3}{x^2 + 4x + 13}\, dx = x - \ln \frac{x^2 + 4x + 13}{9} - 2 \operatorname{arctg}\left(\frac{x + 2}{3} \right) + k.$$

Vejamos, agora, como calcular integrais indefinidas do tipo

$$\int \frac{P(x)}{(x - \alpha)\,(ax^2 + bx + c)}\, dx$$

em que P é um polinômio $\Delta = b^2 - 4ac < 0$.

Capítulo 12

374

Para tal, vamos precisar do

> **Teorema.** Sejam m, n, p, a, b, c e α números reais dados tais que $\Delta = b^2 - 4ac < 0$. Então existem constantes A, B, D tais que
>
> $$\frac{mx^2 + nx + p}{(x - \alpha)(ax^2 + bx + c)} = \frac{A}{x - \alpha} + \frac{Bx + D}{ax^2 + bx + c}.$$

Demonstração

$$\frac{A}{x - \alpha} + \frac{Bx + D}{ax^2 + bx + c} = \frac{(aA + B)x^2 + (bA - \alpha B + D)x + (cA - \alpha D)}{(x - \alpha)(ax^2 + bx + c)}.$$

Basta, então, mostrar que existem A, B, D tais que

$$\begin{cases} aA + B & = m \\ bA - \alpha B + D & = n \\ cA - \alpha D & = p. \end{cases}$$

O determinante do sistema é

$$\begin{vmatrix} a & 1 & 0 \\ b & -\alpha & 1 \\ c & 0 & -\alpha \end{vmatrix} = a\alpha^2 + b\alpha + c \neq 0, \text{ pois}$$

$ax^2 + bx + c$ não admite raiz real. O sistema acima admite, então, uma única solução. ■

Exemplo 3 Calcule $\int \dfrac{x^5 + x + 1}{x^3 - 8} dx$.

Solução

O grau do numerador é maior que o do denominador; vamos então extrair os inteiros:

$$\begin{array}{r|l} x^5 + 0x^4 + 0x^3 + 0x^2 + x + 1 & \underline{x^3 + 8} \\ \underline{-x^5 \qquad\qquad + 8x^2} & x^2 \\ 8x^2 - x - 1 & \end{array}$$

$$\frac{x^5 + x + 1}{x^3 - 8} = x^2 + \frac{8x^2 + x + 1}{x^3 - 8}.$$

Assim,

$$\int \frac{x^5 + x + 1}{x^3 - 8} dx = \frac{x^3}{3} + \int \frac{8x^2 + x + 1}{x^3 - 8} dx.$$

Pelo teorema existem A, B, C tais que

$$\frac{8x^2 + x + 1}{x^3 - 8} = \frac{A}{x - 2} + \frac{Bx + C}{x^2 + 2x + 4}.$$

$$8x^2 + x + 1 = A(x^2 + 2x + 4) + (Bx + C)(x - 2).$$

Fazendo $x = 2$, $35 = 12A$ ou $A = \dfrac{35}{12}$.

Fazendo $x = 0$, $1 = 4A - 2C$ ou $C = \dfrac{16}{3}$.

Fazendo $x = 1$, $10 = 7A - B - C$ ou $B = \dfrac{61}{12}$.

Assim,

$$\int \dfrac{8x^2 + x + 1}{x^3 - 8} dx = \dfrac{35}{12} \int \dfrac{1}{x - 2} dx + \int \dfrac{\dfrac{61}{12}x + \dfrac{16}{3}}{x^2 + 2x + 4} dx$$

$$= \dfrac{35}{12} \ln|x - 2| + \dfrac{1}{12} \int \dfrac{61x + 64}{x^2 + 2x + 4} dx.$$

Precisamos, agora, calcular

$$\int \dfrac{61x + 64}{x^2 + 2x + 4} dx.$$

Temos

$$\int \dfrac{61x + 64}{x^2 + 2x + 4} dx = \int \dfrac{61x + 64}{(x + 1)^2 + 3} dx = \int \dfrac{61(u - 1) + 64}{u^2 + 3} du$$

$$= 61 \int \dfrac{u}{u^2 + 3} du + 3 \int \dfrac{1}{u^2 + 3} du$$

$$= \dfrac{61}{2} \ln(u^2 + 3) + \dfrac{3}{\sqrt{3}} \operatorname{arctg} \dfrac{u}{\sqrt{3}}$$

$$= \dfrac{61}{2} \ln(x^2 + 2x + 4) + \dfrac{3}{\sqrt{3}} \operatorname{arctg} \dfrac{x + 1}{\sqrt{3}}.$$

Conclusão

$$\int \dfrac{x^5 + x + 1}{x^3 - 8} dx = \dfrac{x^3}{3} + \dfrac{35}{12} \ln|x - 2| + \dfrac{61}{24} \ln(x^2 + 2x + 4) + \dfrac{\sqrt{3}}{12} \operatorname{arctg} \dfrac{x + 1}{\sqrt{3}} + k.$$

Exercícios 12.7

Calcule.

1. $\int \dfrac{4x^2 + 17x + 13}{(x - 1)(x^2 + 6x + 10)} dx$
2. $\int \dfrac{x + 2}{x^3 + 2x^2 + 5x} dx$
3. $\int \dfrac{4x + 1}{x^2 + 6x + 12} dx$
4. $\int \dfrac{4x + 1}{x^2 + 6x + 8} dx$
5. $\int \dfrac{3x^2 + 5x + 4}{x^3 + x^2 + x - 3} dx$
6. $\int \dfrac{2x^2 + 4}{x^3 - 8} dx$
7. $\int \dfrac{x^3 + 4x^2 + 6x + 1}{x^3 + x^2 + x - 3} dx$
8. $\int \dfrac{x^4 + 2x^2 - 8x + 4}{x^3 - 8} dx$

12.8 Integrais de Produtos de Seno e Cosseno

Nesta seção serão utilizadas as fórmulas a seguir, cuja verificação deixamos a seu cargo.

$$\operatorname{sen} a \cos b = \frac{1}{2}[\operatorname{sen}(a+b) + \operatorname{sen}(a-b)]$$

$$\cos a \cos b = \frac{1}{2}[\cos(a+b) + \cos(a-b)]$$

$$\operatorname{sen} a \operatorname{sen} b = \frac{1}{2}[\cos(a-b) - \cos(a+b)]$$

Exemplo 1 Calcule $\int \operatorname{sen} 3x \cos 2x \, dx$.

Solução

Pela primeira fórmula acima ($a = 3x$ e $b = 2x$),

$$\operatorname{sen} 3x \cos 2x = \frac{1}{2}[\operatorname{sen}(3x+2x) + \operatorname{sen}(3x-2x)] = \frac{1}{2}(\operatorname{sen} 5x + \operatorname{sen} x).$$

Daí

$$\int \operatorname{sen} 3x \cos 2x \, dx = \frac{1}{2} \int (\operatorname{sen} 5x + \operatorname{sen} x) \, dx = -\frac{1}{10} \cos 5x - \frac{1}{2} \cos x + k.$$

Exemplo 2 Calcule $\int \cos^2 x \, dx$.

Solução

$\cos^2 x = \cos x \cos x$. Pela segunda fórmula acima ($a = x$ e $b = x$),

$$\cos^2 x = \frac{1}{2}[\cos(x+x) + \cos(x-x)] = \frac{1}{2}(\cos 2x + \cos 0) = \frac{1}{2} \cos 2x + \frac{1}{2}.$$

Daí,

$$\int \cos^2 x \, dx = \int \left[\frac{1}{2} \cos 2x + \frac{1}{2}\right] dx = \frac{1}{4} \operatorname{sen} 2x + \frac{x}{2} + k.$$

Exemplo 3 Calcule $\int \operatorname{sen} 3x \operatorname{sen} 5x \, dx$.

Solução

$$\operatorname{sen} 3x \operatorname{sen} 5x = \frac{1}{2}[\cos(3x-5x) - \cos(3x+5x)] = \frac{1}{2}[\cos(-2x) - \cos 8x].$$

Como $\cos(-2x) = \cos 2x$, pois o cosseno é função par, resulta

$$\int \operatorname{sen} 3x \operatorname{sen} 5x \, dx = \frac{1}{2}\int [\cos 2x - \cos 8x]\,dx = \frac{\operatorname{sen} 2x}{4} - \frac{\operatorname{sen} 8x}{16} + k.$$

Exemplo 4 Calcule $\int \operatorname{sen}^3 x\,dx.$

Solução

De

$$\operatorname{sen} x \operatorname{sen} x = \frac{1}{2}[\cos(x-x) - \cos(x+x)] = \frac{1}{2} - \frac{\cos 2x}{2}$$

segue

$$\operatorname{sen}^3 x = \frac{\operatorname{sen} x}{2} - \frac{\operatorname{sen} x \cos 2x}{2} = \frac{\operatorname{sen} x}{2} - \frac{\operatorname{sen} 3x + \operatorname{sen}(-x)}{4}.$$

Como o seno é função ímpar, $\operatorname{sen}(-x) = -\operatorname{sen} x$, e, portanto,

$$\operatorname{sen}^3 x = \frac{3\operatorname{sen} x}{4} - \frac{\operatorname{sen} 3x}{4}.$$

Logo,

$$\int \operatorname{sen}^3 x\,dx = \frac{-3\cos x}{4} + \frac{\cos 3x}{12} + k.$$

Exemplo 5 Calcule $\int_{-\pi}^{\pi} \cos nx \cos mx\,dx$, sendo m e n naturais não nulos.

Solução

$$\cos nx \cos mx = \frac{1}{2}[\cos(n+m)x + \cos(n-m)x].$$

1º Caso: $n = m$

$$\int_{-\pi}^{\pi} \cos nx \cos mx\,dx = \frac{1}{2}\int_{-\pi}^{\pi}[\cos 2nx + 1]\,dx = \frac{1}{2}\left[\frac{\operatorname{sen} 2nx}{2n} + x\right]_{-\pi}^{\pi} = \pi.$$

2º Caso: $n \neq m$

$$\int_{-\pi}^{\pi} \cos nx \cos mx\,dx = \frac{1}{2}\left[\frac{\operatorname{sen}(n+m)x}{n+m} + \frac{\operatorname{sen}(n-m)x}{n-m}\right]_{-\pi}^{\pi} = 0.$$

Conclusão:

$$\int_{-\pi}^{\pi} \cos nx \cos mx\,dx = \begin{cases} \pi \text{ se } n = m \\ 0 \text{ se } n \neq m \end{cases}.$$

Capítulo 12

378

Exercícios 12.8

1. Calcule.

a) $\int \operatorname{sen} 7x \cos 2x dx$

b) $\int \operatorname{sen} 3x \operatorname{sen} 5x dx$

c) $\int \cos 2x \cos x dx$

d) $\int \cos x \operatorname{sen} 2x dx$

e) $\int \operatorname{sen} nx \cos mx dx$, sendo m e n naturais não nulos.

f) $\int \operatorname{sen} x \operatorname{sen} 2x \operatorname{sen} 3x dx$

g) $\int \cos x \cos 2x \cos 3x dx$

2. Calcule $\int_{-\pi}^{\pi} \operatorname{sen} nx \cos mx dx$, sendo m e n naturais não nulos.

3. Calcule $\int_{-\pi}^{\pi} \operatorname{sen} nx \operatorname{sen} mx dx$, sendo m e n naturais não nulos.

12.9 Integrais de Potências de Seno e Cosseno. Fórmulas de Recorrência

Inicialmente, vamos recordar as fórmulas

$$\operatorname{sen}^2 x = \frac{1}{2} - \frac{\cos 2x}{2} \quad \text{e} \quad \cos^2 x = \frac{1}{2} + \frac{\cos 2x}{2}.$$

$$\int \operatorname{sen}^n x dx = ? \begin{cases} \text{Se } n \text{ for ímpar, faça } u = \cos x \text{ e } \operatorname{sen}^2 x = 1 - \cos^2 x \\ \text{Se } n \text{ for par, faça } \operatorname{sen}^2 x = \dfrac{1}{2} - \dfrac{\cos 2x}{2} \end{cases}$$

$$\int \cos^n x dx = ? \begin{cases} \text{Se } n \text{ for ímpar, faça } u = \operatorname{sen} x \text{ e } \cos^2 x = 1 - \operatorname{sen}^2 x \\ \text{Se } n \text{ for par, faça } \cos^2 x = \dfrac{1}{2} + \dfrac{\cos 2x}{2} \end{cases}$$

Exemplo 1 Calcule $\int \cos^3 x dx$.

Solução

$$\int \cos^3 x \, dx = \int \cos^2 x \underbrace{\cos x \, dx}_{du}.$$

Fazendo $u = \operatorname{sen} x$ e, portanto, $du = \cos x dx$, resulta

$$\int \cos^3 x dx = \int (1 - \operatorname{sen}^2 x) \cos x dx = \int (1 - u^2) du = u - \frac{u^3}{3} + k.$$

Logo,

$$\int \cos^3 x\,dx = \operatorname{sen} x - \frac{\operatorname{sen}^3 x}{3} + k.$$

Exemplo 2 Calcule $\int \operatorname{sen}^3 3x\,dx$.

Solução

$$\int \operatorname{sen}^3 3x\,dx = \int \operatorname{sen}^2 3x \operatorname{sen} 3x\,dx.$$

A mudança de variável $u = \cos 3x$ implica $du = -3 \operatorname{sen} 3x\,dx$. Temos, então,

$$\int \operatorname{sen}^3 3x\,dx = \frac{-1}{3}\int (1 - u^2)\,du = \frac{-1}{3}\left(u - \frac{u^3}{3}\right) = \frac{-\cos 3x}{3} + \frac{-\cos^3 3x}{9} + k.$$

Exemplo 3 Calcule $\int \operatorname{sen}^4 x\,dx$.

$$\int \operatorname{sen}^4 x\,dx = \int (\operatorname{sen}^2 x)^2\,dx = \int \left(\frac{1}{2} - \frac{\cos 2x}{2}\right)^2 dx = \frac{1}{4}\int (1 - 2\cos 2x + \cos^2 2x)\,dx.$$

De $\cos^2 2x = \dfrac{1}{2} + \dfrac{\cos 4x}{2}$, resulta

$$\int \operatorname{sen}^4 x\,dx = \frac{1}{4}\int \left(\frac{3}{2} - 2\cos 2x + \frac{\cos 4x}{2}\right)dx = \frac{1}{4}\left(\frac{3x}{2} - \operatorname{sen} 2x + \frac{\operatorname{sen} 4x}{8}\right) + k.$$

Portanto,

$$\int \operatorname{sen}^4 x\,dx = \frac{3x}{8} - \frac{\operatorname{sen} 2x}{4} + \frac{\operatorname{sen} 4x}{32} + k.$$

Para o cálculo das integrais $\int \operatorname{sen}^n x\,dx$ e $\int \cos^n x\,dx$, com $n \geq 5$, recomendamos utilizar as fórmulas de recorrência que serão estabelecidas no próximo exemplo.

Exemplo 4 Seja n um número natural, com $n \geq 2$. Mostre que

a) $\displaystyle\int \operatorname{sen}^n x\,dx = \frac{1}{n}\operatorname{sen}^{n-1} x \cos x + \frac{n-1}{n}\int \operatorname{sen}^{n-2} x\,dx.$

b) $\displaystyle\int \cos^n x\,dx = \frac{1}{n}\cos^{n-1} x \operatorname{sen} x + \frac{n-1}{n}\int \cos^{n-2} x\,dx.$

Solução

a) Vamos integrar por partes.

$$\int \operatorname{sen}^n x\,dx = \int \underbrace{\operatorname{sen}^{n-1} x}_{f} \underbrace{\operatorname{sen} x}_{g'}\,dx = -\operatorname{sen}^{n-1} x \cos x - \int (n-1)\operatorname{sen}^{n-2} x \cos x\,(-\cos x)\,dx$$

Capítulo 12

daí

$$\int \operatorname{sen}^n x\,dx = -\operatorname{sen}^{n-1} x \cos x + (n-1)\int \operatorname{sen}^{n-2} x (1 - \operatorname{sen}^2 x)\,dx$$

ou seja,

$$\int \operatorname{sen}^n x\,dx = -\operatorname{sen}^{n-1} x \cos x + (n-1)\int \operatorname{sen}^{n-2} x\,dx - (n-1)\int \operatorname{sen}^n x\,dx.$$

Passando para o primeiro membro o último termo e somando, obtemos

$$n\int \operatorname{sen}^n x\,dx = -\operatorname{sen}^{n-1} x \cos x + (n-1)\int \operatorname{sen}^{n-2} x\,dx$$

e, portanto,

$$\int \operatorname{sen}^n x\,dx = -\frac{1}{n}\operatorname{sen}^{n-1} x \cos x + \frac{n-1}{n}\int \operatorname{sen}^{n-2} x\,dx.$$

b) Deixamos a cargo do leitor.

Exemplo 5 Calcule $\int \cos^5 x\,dx$.

Solução

Pela fórmula de recorrência, temos

$$\int \cos^5 x\,dx = \frac{1}{5}\cos^4 x \operatorname{sen} x + \frac{4}{5}\int \cos^3 x\,dx,$$

$$\int \cos^3 x\,dx = \frac{1}{3}\cos^2 x \operatorname{sen} x + \frac{2}{3}\int \cos x\,dx.$$

Como $\int \cos x\,dx = \operatorname{sen} x$, resulta

$$\int \cos^5 x\,dx = \frac{1}{5}\cos^4 x \operatorname{sen} x + \frac{4}{15}\cos^2 x \operatorname{sen} x + \frac{8}{15}\operatorname{sen} x + k.$$

Vejamos, agora, como calcular integrais de produtos de potências de seno e cosseno. Sejam m e n números naturais.

$$\int \operatorname{sen}^n x \cos^m x\,dx = ?$$

Se n for ímpar, faça $u = \cos x$.
Se m for ímpar, faça $u = \operatorname{sen} x$.
Se m e n forem pares não nulos, faça $\operatorname{sen}^2 x = 1 - \cos^2 x$ ou $\cos^2 x = 1 - \operatorname{sen}^2 x$ e utilize as fórmulas de recorrência acima.
Ou então, faça $\operatorname{sen}^2 x = \dfrac{1}{2} - \dfrac{\cos 2x}{2}$ e $\cos^2 x = \dfrac{1}{2} + \dfrac{\cos 2x}{2}$.

Técnicas de Primitivação

381

Exemplo 6 Calcule $\int \mathrm{sen}^3 3x \cos^3 3x dx$.

Solução

Inicialmente, vamos fazer a mudança de variável $z = 3x$ e, portanto, $dx = \dfrac{dz}{3}$.

Segue que

$$\int \mathrm{sen}^3 3x \cos^3 3x dx = \frac{1}{3}\int \mathrm{sen}^3 z \cos^3 z dz.$$

Vamos, então, ao cálculo de $\int \mathrm{sen}^3 z \cos^3 z dz$. Como ambos os expoentes são ímpares, podemos escolher a mudança de variável $u = \cos z$ ou $u = \mathrm{sen}\, z$. Vamos escolher a segunda.

$$\int \mathrm{sen}^3 z \cos^2 z \underbrace{\cos z dz}_{du}$$

Escolhendo $u = \mathrm{sen}\, z$, $du = \cos z dz$. Lembrando que $\cos^2 z = 1 - \mathrm{sen}^2 z$, vem

$$\int \mathrm{sen}^3 z \cos^2 z dz = \int u^3(1 - u^2)\, du = \frac{u^4}{4} - \frac{u^6}{6} = \frac{\mathrm{sen}^4 z}{4} - \frac{\mathrm{sen}^6 z}{6}.$$

Portanto,

$$\int \mathrm{sen}^3 3x \cos^3 3x dx = \frac{1}{3}\left[\frac{\mathrm{sen}^4 3x}{4} - \frac{\mathrm{sen}^6 3x}{6}\right] + k.$$

Exemplo 7 Calcule $\int \mathrm{sen}^2 x \cos^2 x dx$.

Solução

1º Processo

$$\int \mathrm{sen}^2 x \cos^2 x dx = \int \left[\frac{1}{2} - \frac{\cos 2x}{2}\right]\left[\frac{1}{2} + \frac{\cos 2x}{2}\right] dx$$

daí

$$\int \mathrm{sen}^2 x \cos^2 x dx = \frac{1}{4}\int (1 - \cos^2 2x)\, dx = \frac{1}{4}\int \left(\frac{1}{2} - \frac{\cos 4x}{2}\right) dx$$

e, portanto,

$$\int \mathrm{sen}^2 x \cos^2 x dx = \frac{1}{4}\left(\frac{x}{2} - \frac{\mathrm{sen}\, 4x}{8}\right) + k.$$

2º Processo

Lembrando que $\mathrm{sen}\, 2x = 2\,\mathrm{sen}\, x \cos x$ e, portanto, $\mathrm{sen}\, x \cos x = \dfrac{1}{2}\mathrm{sen}\, 2x$, temos

$$\int \mathrm{sen}^2 x \cos^2 x dx = \frac{1}{4}\int \mathrm{sen}^2 2x dx = \frac{1}{4}\int \left(\frac{1}{2} - \frac{\cos 4x}{2}\right) dx = \frac{1}{4}\left(\frac{x}{2} - \frac{\mathrm{sen}\, 4x}{8}\right) + k.$$

Capítulo 12

3º Processo

Fazendo $\operatorname{sen}^2 x = 1 - \cos^2 x$, vem

$$\int \operatorname{sen}^2 x \cos^2 x dx = \int \cos^2 x dx - \int \cos^4 x dx.$$

Pela fórmula de recorrência,

$$\int \cos^2 x dx = \frac{\cos x \operatorname{sen} x}{2} + \frac{1}{2} \int dx = \frac{\operatorname{sen} 2x}{4} + \frac{x}{2}$$

$$\int \cos^4 x dx = \frac{1}{4} \cos^3 x \operatorname{sen} x + \frac{3}{4} \int \cos^2 x dx = \frac{\cos^3 x \operatorname{sen} x}{4} + \frac{3 \operatorname{sen} 2x}{16} + \frac{3x}{8}.$$

Subtraindo membro a membro as duas últimas igualdades, resulta

$$\int \operatorname{sen}^2 x \cos^2 x \, dx = \frac{\operatorname{sen} 2x}{16} - \frac{\cos^3 x \operatorname{sen} x}{4} + \frac{x}{8} + k.$$

Exemplo 8 Calcule $\int \cos^2 7x \operatorname{sen} x dx$.

Solução

Aqui a melhor alternativa é proceder como na seção anterior. Temos

$$\int \cos^2 7x \operatorname{sen} x dx = \frac{1}{2} \int (1 + \cos 14x) \operatorname{sen} x dx = \frac{1}{2} \int \operatorname{sen} x dx + \frac{1}{2} \int \operatorname{sen} x \cos 14x dx.$$

De $\operatorname{sen} x \cos 14x = \frac{1}{2} [\operatorname{sen} 15x + \operatorname{sen}(-13x)] = \frac{1}{2} (\operatorname{sen} 15x - \operatorname{sen} 13x)$, segue

$$\int \cos^2 7x \operatorname{sen} x dx = \frac{-\cos x}{2} - \frac{\cos 15x}{60} + \frac{\cos 13x}{52} + k.$$

Exercícios 12.9

1. Calcule.

a) $\int \cos^2 5x dx$

b) $\int \operatorname{sen} x \cos^2 x dx$

c) $\int \cos x \operatorname{sen}^4 x dx$

d) $\int \operatorname{sen} 2x \cos^2 2x dx$

e) $\int \operatorname{sen}^2 x \cos^4 x dx$

f) $\int \cos^2 2x \operatorname{sen}^2 2x dx$

g) $\int \operatorname{sen}^2 2x \cos^2 3x dx$

h) $\int \cos x \cos^2 4x dx$

2. Seja $f(x)$ uma função contínua.

a) Mostre que a mudança de variável $u = \operatorname{sen} x$ transforma a integral

$\int f(\operatorname{sen} x) \cos x dx$ em $\int f(u) du$.

Técnicas de Primitivação

383

b) Mostre que a mudança de variável $u = \cos x$ transforma

$$\int f(\cos x)\,\mathrm{sen}\,x\,dx \text{ em } -\int f(u)\,du.$$

3. Utilizando o Exercício 2, calcule.

a) $\displaystyle\int \cos x \sqrt[3]{\mathrm{sen}\,x}\,dx$

b) $\displaystyle\int \cos^3 x \left(1 + \sqrt{\mathrm{sen}\,x}\right)dx$

c) $\displaystyle\int \frac{\mathrm{sen}\,x}{\cos^5 x}\,dx$

d) $\displaystyle\int \frac{\mathrm{sen}^3 x}{\cos x}\,dx$

e) $\displaystyle\int \frac{\cos^3 x}{\mathrm{sen}^7 x}\,dx$

f) $\displaystyle\int \frac{\cos x}{1 + \mathrm{sen}^2 x}\,dx$

12.10 Integrais de Potências de Tangente e Secante. Fórmulas de Recorrência

Inicialmente vamos relembrar as seguintes fórmulas:

> 1. $\displaystyle\int \sec x\,dx = \ln|\sec x + \mathrm{tg}\,x| + k$
>
> 2. $\displaystyle\int \mathrm{tg}\,x\,dx = -\ln|\cos x| + k$
>
> 3. $\displaystyle\int \sec^2 x\,dx = \mathrm{tg}\,x + k$
>
> 4. $\displaystyle\int \mathrm{tg}^2 x\,dx = \int (\sec^2 x - 1)\,dx = \mathrm{tg}\,x - x + k$
>
> 5. $\displaystyle\int \mathrm{tg}^n x \sec^2 x\,dx = \frac{\mathrm{tg}^{n+1} x}{n+1} + k\,(n \neq -1)$
>
> 6. $\displaystyle\int \sec^n x \sec x\,\mathrm{tg}\,x\,dx = \frac{\sec^{n+1}}{n+1} + k\,(n \neq -1)$

Para o cálculo de integrais de potências de tangente e de secante, com expoente natural n, $n \geq 2$, utilizam-se as seguintes fórmulas de recorrência:

> 1. $\displaystyle\int \mathrm{tg}^n x\,dx = \frac{\mathrm{tg}^{n-1} x}{n-1} - \int \mathrm{tg}^{n-2} x\,dx$ (Exemplo 3)
>
> 2. $\displaystyle\int \sec^n x\,dx = \frac{\sec^{n-2} x\,\mathrm{tg}\,x}{n-1} + \frac{n-2}{n-1}\int \sec^{n-2} x\,dx$ (Exemplo 7)

Exemplo 1 Calcule $\displaystyle\int \mathrm{tg}^3 x\,dx$.

Solução

1º Processo

$$\int \mathrm{tg}^3 x\,dx = \int \mathrm{tg}\,x\,(\sec^2 x - 1)\,dx = \int \mathrm{tg}\,x \sec^2 x\,dx - \int \mathrm{tg}\,x\,dx$$

Capítulo 12

portanto,

$$\int \operatorname{tg}^3 x \, dx = \frac{\operatorname{tg}^2 x}{2} + \ln |\cos x| + k.$$

2º Processo

$$\int \operatorname{tg}^3 x \, dx = \int \frac{\operatorname{sen}^2 x \operatorname{sen} x}{\cos^3 x} \, dx.$$

Fazendo $u = \cos x$ e, portanto, $du = -\operatorname{sen} x \, dx$, vem

$$\int \operatorname{tg}^3 x \, dx = -\int \frac{1 - u^2}{u^2} = -\int \left(u^{-3} - \frac{1}{u} \right) du = \frac{1}{2u^2} + \ln |u| + k.$$

Portanto,

$$\int \operatorname{tg}^3 x \, dx = \frac{\sec^2 x}{2} + \ln |\cos x| + k.$$

(Observe que $\dfrac{\sec^2 x}{2}$ difere de $\dfrac{\operatorname{tg}^2 x}{2}$ por uma constante!)

Exemplo 2 Calcule $\int \operatorname{tg}^4 x \, dx$.

Solução

$$\int \operatorname{tg}^4 x \, dx = \int \operatorname{tg}^2 x (\sec^2 x - 1) \, dx = \int \operatorname{tg}^2 x \sec^2 x \, dx - \int \operatorname{tg}^2 x \, dx.$$

Segue do formulário acima

$$\int \operatorname{tg}^4 x \, dx = \frac{\operatorname{tg}^3 x}{3} - (\operatorname{tg} x - x) + k.$$

No próximo exemplo, estabeleceremos a fórmula de recorrência para o cálculo de integrais de potências de tangente.

Exemplo 3 Sendo n um número natural, $n \geq 2$, mostre que

$$\int \operatorname{tg}^n x \, dx = \frac{\operatorname{tg}^{n-1} x}{n - 1} - \int \operatorname{tg}^{n-2} x \, dx.$$

Solução

$$\int \operatorname{tg}^n x \, dx = \int \operatorname{tg}^{n-2} x (\sec^2 x - 1) \, dx = \int \operatorname{tg}^{n-2} x \sec^2 x \, dx - \int \operatorname{tg}^{n-2} x \, dx.$$

Portanto,

$$\int \operatorname{tg}^n x \, dx = \frac{\operatorname{tg}^{n-1} x}{n - 1} - \int \operatorname{tg}^{n-2} x \, dx.$$

Técnicas de Primitivação

385

Exemplo 4 Calcule $\int \mathrm{tg}^5\, x dx$.

Solução

Pela fórmula de recorrência,

$$\int \mathrm{tg}^5\, x dx = \frac{\mathrm{tg}^4\, x}{4} - \int \mathrm{tg}^3\, x dx = \frac{\mathrm{tg}^4\, x}{4} - \frac{\mathrm{tg}^2\, x}{2} + \int \mathrm{tg}\, x dx.$$

Portanto,

$$\int \mathrm{tg}^5\, x dx = \frac{\mathrm{tg}^4\, x}{4} - \frac{\mathrm{tg}^2\, x}{2} - \ln|\cos x| + k.$$

Exemplo 5 Calcule $\int \sec^5 x\, \mathrm{tg}^3\, x dx$.

Solução

1º Processo
Vamos utilizar a fórmula 6 do formulário dado no início da seção. Temos

$$\int \sec^5 x\, \mathrm{tg}^3\, x dx = \int \sec^4 x\, (\sec^2 x - 1) \sec x\, \mathrm{tg}\, x dx.$$

Daí,

$$\int \sec^5 x\, \mathrm{tg}^3\, x dx = \int \sec^6 x \sec x\, \mathrm{tg}\, x dx - \int \sec^4 x \sec x\, \mathrm{tg}\, x dx$$

e, portanto, pela fórmula mencionada, resulta

$$\int \sec^5 x\, \mathrm{tg}^3 x\, dx = \frac{\sec^7 x}{7} - \frac{\sec^5 x}{5} + k.$$

2º Processo (Expressando o integrando em termos de sen x e cos x.)

$$\int \sec^5 x\, \mathrm{tg}^3\, x dx = \int \frac{\mathrm{sen}^5}{\cos^8} \mathrm{sen}\, x dx.$$

Fazendo $u = \cos x$ e, portanto, $du = -\mathrm{sen}\, x dx$, resulta

$$\int \sec^5 x\, \mathrm{tg}^3\, x dx = -\int \frac{1 - u^2}{u^8}\, du = -\int u^{-8}\, du + \int u^{-6}\, du = \frac{1}{7u^7} - \frac{1}{5u^5} + k$$

e, portanto,

$$\int \sec^5 x\, \mathrm{tg}^3\, x dx = \frac{\sec^7 x}{7} - \frac{\sec^5 x}{5} + k.$$

Exemplo 6 Calcule $\int \sec x\, \mathrm{tg}^2\, x dx$.

Solução

$$\int \sec x\, \mathrm{tg}^2 x\, dx = \int \sec x\, (\sec^2 x - 1)\, dx = \int \sec^3 x dx - \int \sec x dx.$$

Capítulo 12

Para o cálculo de $\int \sec^3 x\,dx$, vamos utilizar integração por partes. Temos

$$\int \sec^3 x\,dx = \int \underbrace{\sec x}_{f}\ \underbrace{\sec^2 x}_{g'}\,dx = \sec x\ \operatorname{tg} x - \int \sec x\ \operatorname{tg} x\ \operatorname{tg} x\,dx.$$

Segue que

$$\int \sec^3 x\,dx = \sec x\ \operatorname{tg} x - \int \sec x (\sec^2 x - 1)\,dx = \sec x\ \operatorname{tg} x - \int \sec^3 x\,dx + \int \sec x\,dx.$$

Temos, então,

$$2\int \sec^3 x\,dx = \sec x\ \operatorname{tg} x + \int \sec x\,dx$$

e, portanto,

$$\int \sec^3 x\,dx = \frac{\sec x\ \operatorname{tg} x}{2} + \frac{\ln|\sec x + \operatorname{tg} x|}{2}.$$

Conclusão

$$\int \sec x\ \operatorname{tg}^2 x\,dx = \frac{\sec x\ \operatorname{tg} x}{2} - \frac{\ln|\sec x\ \operatorname{tg} x|}{2} + k.$$

No próximo exemplo será estabelecida a fórmula de recorrência para o cálculo de integrais de potências de secantes.

Exemplo 7 Sendo n um número natural, $n \geq 2$, mostre que

$$\int \sec^n x\,dx = \frac{\sec^{n-2} x\ \operatorname{tg} x}{n-1} + \frac{n-2}{n-1}\int \sec^{n-2} x\,dx.$$

Solução

Vamos proceder exatamente como no cálculo da integral de $\sec^3 x$ efetuado no Exemplo 6. Temos

$$\int \sec^n x\,dx = \int \underbrace{\sec^{n-2} x}_{f}\underbrace{\sec^2 x}_{g'}\,dx = \sec^{n-2} x\ \operatorname{tg} x - \int (n-2)\sec^{n-3} x\ \sec x\ \operatorname{tg} x\ \operatorname{tg} x\,dx$$

daí

$$\int \sec^n x\,dx = \sec^{n-2} x \cdot \operatorname{tg} x - (n-2)\int \sec^{n-2} x (\sec^2 x - 1)\,dx$$

e, portanto,

$$\int \sec^n x\,dx = \sec^{n-2} x\ \operatorname{tg} x - (n-2)\int \sec^n x\,dx + (n-2)\int \sec^{n-2} x\,dx.$$

Segue que

$$(n-1)\int \sec^n x\,dx = \sec^{n-2} x\ \operatorname{tg} x + (n-2)\int \sec^{n-2} x\,dx.$$

Logo,

$$\int \sec^n x\,dx = \frac{\sec^{n-2} x \,\tg x}{n-1} + \frac{n-2}{n-1}\int \sec^{n-2} x\,dx.$$

Para finalizar a seção, sugerimos a seguir como proceder no cálculo de produto de potências de tangente e secante.

$$\int \sec^n x \,\tg^m x\,dx = \,?$$

Se m for ímpar, proceda como no Exemplo 5.
Se m for par, expresse o integrando em potências de sec x, como no Exemplo 6, e utilize a fórmula de recorrência para o cálculo de integrais de potências de sec x.

Exercícios 12.10

1. Calcule.

a) $\displaystyle\int \tg^5 x \sec^2 x\,dx$

b) $\displaystyle\int \tg^3 x \sec^4 x\,dx$

c) $\displaystyle\int \tg^3 2x \sec 2x\,dx$

d) $\displaystyle\int \tg^3 3x\,dx$

e) $\displaystyle\int \tg x \sqrt[3]{\sec x}\,dx$

f) $\displaystyle\int \frac{\tg^5 x}{\sec^4 x}\,dx$

g) $\displaystyle\int \sec^4 x\,dx$

h) $\displaystyle\int \sec^5 3x \,\tg 3x\,dx$

i) $\displaystyle\int \tg^6 x\,dx$

j) $\displaystyle\int \sec^5 x\,dx$

2. Verifique que

a) $\displaystyle\int \cotg x\,dx = \ln|\sen x| + k$

b) $\displaystyle\int \cosec x\,dx = -\ln|\cosec x + \cotg x| + k$

c) $\displaystyle\int \cosec^2 x\,dx = -\cotg x + k$

d) $\displaystyle\int \cotg^2 x\,dx = -\cotg x - x + k$

e) $\displaystyle\int \cotg^n x \cosec^2 x\,dx = -\frac{\cotg^{n+1}x}{n+1} + k,\, n \neq -1$

f) $\displaystyle\int \cosec^n x \cosec x \cotg x\,dx = -\frac{\cosec^{n+1}x}{n+1} + k,\, n \neq -1$

g) $\displaystyle\int \cosec^n x\,dx = -\frac{\cosec^{n-2}x \,\cotg x}{n-1} + \frac{n-2}{n-1}\int \cosec^{n-2}x\,dx,\, n \geqslant 2$

h) $\displaystyle\int \cotg^n x\,dx = -\frac{\cotg^{n-1}x}{n-1} - \int \cotg^{n-2} x\,dx,\, n \geqslant 2$

3. Calcule.

a) $\int \dfrac{1}{\operatorname{sen}^3 x}\,dx$

b) $\int \dfrac{\cos^2 x}{\operatorname{sen}^3 x}\,dx$

c) $\int \dfrac{\cos^4 x}{\operatorname{sen}^4 x}\,dx$

12.11 A Mudança de Variável $u = \operatorname{tg}\dfrac{x}{2}$

A mudança de variável $u = \operatorname{tg}\dfrac{x}{2}$ é recomendável sempre que o integrando for da forma $Q(\operatorname{sen} x, \cos x)$, em que $Q(u, v)$ é um quociente entre dois polinômios nas variáveis u e v. Se o integrando for da forma $Q(\operatorname{sen} \alpha x, \cos \alpha x)$, α constante, sugere-se a mudança $u = \operatorname{tg}\dfrac{\alpha x}{2}$.

Antes de passarmos aos exemplos, vamos relembrar duas identidades trigonométricas importantes.

$$\operatorname{sen} x = 2\operatorname{sen}\dfrac{x}{2}\cos\dfrac{x}{2} = 2\dfrac{\operatorname{sen}\dfrac{x}{2}}{\cos\dfrac{x}{2}}\cos^2\dfrac{x}{2}.$$

Assim,

$$\boxed{\operatorname{sen} x = \dfrac{2\operatorname{tg}\dfrac{x}{2}}{1 + \operatorname{tg}^2\dfrac{x}{2}}.}$$

Por outro lado,

$$\cos x = 1 - 2\operatorname{sen}^2\dfrac{x}{2} = \cos^2\dfrac{x}{2}\left[\sec^2\dfrac{x}{2} - 2\operatorname{tg}^2\dfrac{x}{2}\right] = \dfrac{1 - \operatorname{tg}^2\dfrac{x}{2}}{1 + \operatorname{tg}^2\dfrac{x}{2}}$$

ou seja,

$$\boxed{\cos x = \dfrac{1 - \operatorname{tg}^2\dfrac{x}{2}}{1 + \operatorname{tg}^2\dfrac{x}{2}}.}$$

Observe que

$$\operatorname{sen}\alpha x = \dfrac{2\operatorname{tg}\dfrac{\alpha x}{2}}{1 + \operatorname{tg}^2\dfrac{\alpha x}{2}} \quad \text{e} \quad \cos\alpha x = \dfrac{1 - \operatorname{tg}^2\dfrac{\alpha x}{2}}{1 + \operatorname{tg}^2\dfrac{\alpha x}{2}}$$

Técnicas de Primitivação

Exemplo 1 Calcule $\displaystyle\int \frac{1}{\cos x}\,dx$.

Solução

$$\int \frac{1}{\cos x}\,dx = \int \frac{1 + \mathrm{tg}^2\,\dfrac{x}{2}}{1 - \mathrm{tg}^2\,\dfrac{x}{2}}\,dx.$$

$$u = \mathrm{tg}\,\frac{x}{2};\ du = \frac{1}{2}\left(1 + \mathrm{tg}^2\,\frac{x}{2}\right)dx.$$

Assim,

$$\int \frac{1}{\cos x}\,dx = \int \frac{1 + u^2}{1 - u^2}\cdot \frac{2\,du}{1 + u^2} = \int \frac{2}{1 - u^2}\,du.$$

Como

$$\frac{2}{1 - u^2} = \frac{1}{1 - u} + \frac{1}{1 + u}$$

resulta

$$\int \frac{1}{\cos x}\,dx = -\ln|1 - u| + \ln|1 + u| + k = \ln\left|\frac{1 + u}{1 - u}\right| + k.$$

Assim,

$$\int \frac{1}{\cos x}\,dx = \ln\left|\frac{1 + \mathrm{tg}\,\dfrac{x}{2}}{1 - \mathrm{tg}\,\dfrac{x}{2}}\right| + k.$$

Por outro lado,

$$\frac{1 + \mathrm{tg}\,\dfrac{x}{2}}{1 - \mathrm{tg}\,\dfrac{x}{2}} = \frac{\cos\dfrac{x}{2} + \mathrm{sen}\,\dfrac{x}{2}}{\cos\dfrac{x}{2} - \mathrm{sen}\,\dfrac{x}{2}} = \frac{\left(\cos\dfrac{x}{2} + \mathrm{sen}\,\dfrac{x}{2}\right)^2}{\cos^2\dfrac{x}{2} - \mathrm{sen}^2\dfrac{x}{2}} = \frac{1 + \mathrm{sen}\,x}{\cos x} = \sec x + \mathrm{tg}\,x.$$

Portanto,

$$\int \frac{1}{\cos x}\,dx = \ln|\sec x + \mathrm{tg}\,x| + k.$$

Exemplo 2 Calcule $\displaystyle\int \frac{1}{1 - \cos x + \mathrm{sen}\,x}\,dx$.

Capítulo 12

Solução

$$\int \frac{1}{1 - \cos x + \operatorname{sen} x}\, dx = \int \frac{1}{1 - \dfrac{1 - \operatorname{tg}^2 \dfrac{x}{2}}{1 + \operatorname{tg}^2 \dfrac{x}{2}} + \dfrac{2\operatorname{tg}\dfrac{x}{2}}{1 + \operatorname{tg}^2 \dfrac{x}{2}}}\, dx$$

$$= \int \frac{1 + \operatorname{tg}^2 \dfrac{x}{2}}{2\operatorname{tg}^2 \dfrac{x}{2} + 2\operatorname{tg}\dfrac{x}{2}}\, dx.$$

Fazendo a mudança de variável

$$u = \operatorname{tg}\frac{x}{2};\ du = \frac{1}{2}\left(1 + \operatorname{tg}^2 \frac{x}{2}\right) dx.$$

$$\int \frac{1}{1 - \cos x + \operatorname{sen} x}\, dx = \frac{1}{2}\int \frac{1 + u^2}{u^2 + u} \cdot \frac{2\, du}{1 + u^2} = \int \frac{1}{u(u+1)}\, du.$$

Como

$$\frac{1}{u(u+1)} = \frac{1}{u} - \frac{1}{u+1}$$

resulta

$$\int \frac{1}{1 - \cos x + \operatorname{sen} x}\, dx = \ln\left|\frac{u}{u+1}\right| + k$$

ou seja,

$$\int \frac{1}{1 - \cos x + \operatorname{sen} x}\, dx = \ln\left|\frac{\operatorname{tg}\dfrac{x}{2}}{1 + \operatorname{tg}\dfrac{x}{2}}\right| + k.$$

Como

$$\frac{\operatorname{tg}\dfrac{x}{2}}{1 + \operatorname{tg}\dfrac{x}{2}} = \frac{\operatorname{sen}\dfrac{x}{2}}{\cos\dfrac{x}{2} + \operatorname{sen}\dfrac{x}{2}} = \frac{\operatorname{sen}\dfrac{x}{2}\cos\dfrac{x}{2}}{\cos^2\dfrac{x}{2} + \operatorname{sen}\dfrac{x}{2}\cos\dfrac{x}{2}}$$

$$= \frac{\dfrac{1}{2}\operatorname{sen} x}{\dfrac{1}{2} + \dfrac{1}{2}\cos x + \dfrac{1}{2}\operatorname{sen} x} = \frac{\operatorname{sen} x}{1 + \cos x + \operatorname{sen} x}$$

resulta

$$\int \frac{1}{1 - \cos x + \operatorname{sen} x}\, dx = \ln\left|\frac{\operatorname{sen} x}{1 + \cos x + \operatorname{sen} x}\right| + k.$$

Exercícios 12.11

Calcule.

1. $\int \dfrac{\cos x}{4 - \operatorname{sen}^2 x}\, dx$

2. $\int \dfrac{1}{\operatorname{sen} x + \cos x}\, dx$

3. $\int \dfrac{\operatorname{sen} 2x}{1 + \cos x}\, dx$

4. $\int \dfrac{2\,\operatorname{tg} x}{2 + 3\cos x}\, dx$

5. $\int \dfrac{1}{\sqrt{3}\,\cos x - \operatorname{sen} x}\, dx$

6. $\int \dfrac{1}{2 + \operatorname{sen} x}\, dx$

13

CAPÍTULO

Mais Algumas Aplicações da Integral. Coordenadas Polares

13.1 Volume de Sólido Obtido pela Rotação, em Torno do Eixo x, de um Conjunto A

Seja f contínua em $[a, b]$, com $f(x) \geq 0$ em $[a, b]$; seja B o conjunto obtido pela rotação, em torno do eixo x, do conjunto A do plano limitado pelas retas $x = a$ e $x = b$, pelo eixo x e pelo gráfico de $y = f(x)$. Estamos interessados em definir o *volume* V de B.

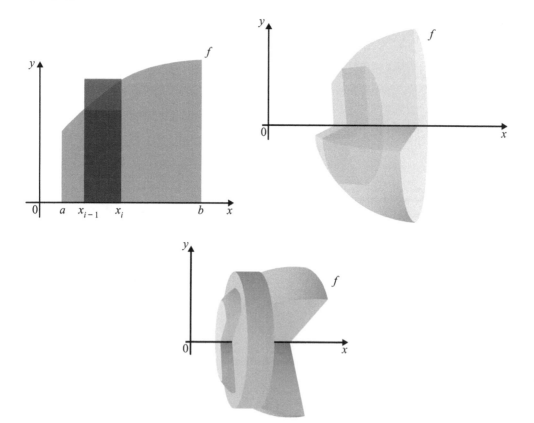

Mais Algumas Aplicações da Integral. Coordenadas Polares

Seja $P: a = x_0 < x_1 < x_2 < \ldots < x_{i-1} < x_i < \ldots < x_n = b$ uma partição de $[a, b]$ e, respectivamente, $\overline{c}_i$ e $\overline{\overline{c}}_i$ pontos de mínimo e de máximo de f em $[x_{i-1}, x_i]$. Na figura da página anterior, $\overline{c}_i = x_{i-1}$ e $\overline{\overline{c}}_i = x_i$. Temos:

$\pi[f(\overline{c}_i)]^2 \Delta x_i =$ volume do cilindro de altura Δx_i e base de raio $f(\overline{c}_i)$ (cilindro de "dentro")

$\pi[f(\overline{\overline{c}}_i)]^2 \Delta x_i =$ volume do cilindro de altura Δx_i e base de raio $f(\overline{\overline{c}}_i)$ (cilindro de "fora").

Uma boa definição para o volume de V deverá implicar

$$\sum_{i=1}^{n} \pi[f(\overline{c}_i)]^2 \Delta x_i \leqslant \text{volume} \leqslant \sum_{i=1}^{n} \pi[f(\overline{\overline{c}}_i)]^2 \Delta x_i$$

para toda partição P de $[a, b]$. Para máx $\Delta x_i \to 0$, as somas de Riemann que comparecem nas desigualdades tendem a $\int_a^b \pi[f(x)]^2 dx$; nada mais natural, então, do que definir o *volume V* de B por

$$V = \pi \int_a^b [f(x)]^2 dx$$

ou

$$V = \pi \int_a^b y^2 dx, \text{ em que } y = f(x)$$

Exemplo 1 Calcule o volume do sólido obtido pela rotação, em torno do eixo x, do conjunto de todos os pares (x, y) tais que $x^2 + y^2 \leqslant r^2$, $y \geqslant 0$ $(r > 0)$.

Solução

$x^2 + y^2 \leqslant r^2$, $y \geqslant 0$, é um semicírculo de raio r. Pela rotação deste semicírculo em torno do eixo x, obtemos uma esfera de raio r. Temos:

$$x^2 + y^2 \leqslant r^2,\ y \geqslant 0 \Leftrightarrow y = \sqrt{r^2 - x^2},\ -r \leqslant x \leqslant r.$$

Segue que o volume pedido é

$$\text{volume} = \pi \int_{-r}^{r} y^2 dx = 2\pi \int_0^r \left(\sqrt{r^2 - x^2}\right)^2 dx$$

$$= 2\pi \int_0^r (r^2 - x^2)\, dx$$

$$= 2\pi \left[r^2 x - \frac{x^3}{3} \right]_0^r = \frac{4}{3}\pi r^3.$$

Exemplo 2 Calcule o volume do sólido obtido pela rotação, em torno do eixo x, do conjunto de todos os pares (x, y) tais que $\frac{1}{x} \leq y \leq x$, $1 \leq x \leq 2$.

Solução

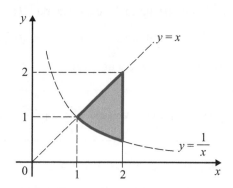

O que queremos é o volume do sólido obtido pela rotação, em torno do eixo x, do conjunto sombreado em cinza. O volume V pedido é igual a $V_2 - V_1$ em que V_2 e V_1 são, respectivamente, os volumes obtidos pela rotação, em torno do eixo x, dos conjuntos A_2 e A_1 sombreados.

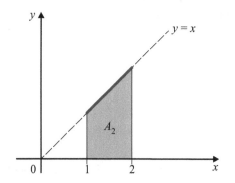 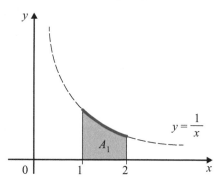

$$V_2 = \pi \int_1^2 x^2 dx = \frac{7\pi}{3} \quad \text{e} \quad V_1 = \pi \int_1^2 \left(\frac{1}{x}\right)^2 dx = \frac{\pi}{2}$$

Deste modo, o volume V pedido é: $V = \frac{7\pi}{3} - \frac{\pi}{2} = \frac{11\pi}{6}$.

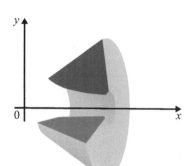 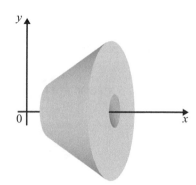

O próximo exemplo é um caso particular do teorema de Pappus (Pappus de Alexandria, IV século d.C.) para volume de sólido obtido pela rotação, em torno de um eixo, de uma figura plana que não intercepta o eixo. Tal teorema nos diz que, sob determinadas condições, o volume do sólido obtido pela rotação, em torno de um eixo, de uma figura plana que não intercepta tal eixo é igual ao **produto da área da figura pelo comprimento da circunferência gerada, na rotação, pelo baricentro (ou centro de massa) da figura.** (Veja Exercício 3, Seção 13.9.)

Exemplo 3 Considere um retângulo situado no semiplano $y \geqslant 0$ e com um lado paralelo ao eixo x. Seja P a interseção das diagonais. Mostre que o volume do sólido obtido pela rotação em torno do eixo x é igual ao *produto da área do retângulo pelo comprimento da circunferência gerada, na rotação, pelo ponto P*.

Solução

Consideremos o retângulo

$$a \leqslant x \leqslant b \quad \text{e} \quad 0 \leqslant c \leqslant y \leqslant d$$

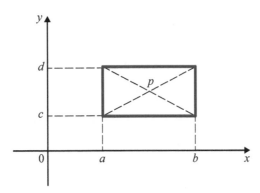

O volume do sólido obtido pela rotação, em torno do eixo x, deste retângulo é

$$V = \pi \int_a^b d^2 \, dx - \pi \int_a^b c^2 \, dx$$

ou seja,

$$V = \pi (d^2 - c^2)(b - a)$$

e, portanto,

$$V = 2\pi \frac{d + c}{2}(d - c)(b - a)$$

em que $2\pi \dfrac{d+c}{2}$ é o comprimento da circunferência gerada pelo ponto P e $(d - c)(b - a)$ é a área do retângulo. (Observe que o resultado expresso neste exemplo continua válido se as expressões "semiplano $y \geqslant 0$" e "em torno do eixo x" forem substituídas, respectivamente, por "semiplano $x \geqslant 0$" e "em torno do eixo y".)

Capítulo 13

Antes de prosseguirmos, vamos destacar o 2º Teorema Fundamental do Cálculo (ou simplesmente Teorema Fundamental do Cálculo) cuja prova é deixada para o Vol. 2. Seja g uma função **contínua** em um intervalo I e a um ponto de I, a fixo. Assim, para cada x em I, $\int_a^x g(x)\,dx$ existe. Podemos então considerar a função que a cada x em I associa o número $\int_a^x g(x)\,dx$. Pois bem, o 2º Teorema Fundamental do Cálculo nos diz que $\int_a^x g(x)\,dx$ é uma primitiva de $g(x)$ em I. Vejamos como podemos nos convencer desse fato. Conforme veremos no Vol. 2, sendo g contínua em I, existirá G tal que, para todo x em I, $G'(x) = g(x)$. Pelo 1º Teorema Fundamental do Cálculo, $\int_a^x g(x)\,dx = G(x) - G(a)$, daí, e lembrando que $G(a)$ é constante, resulta, para todo x em I,

$$\frac{d}{dx}\int_a^x g(x)\,dx = \frac{d}{dx}[G(x) - G(a)] = g(x)$$

e, portanto,

$$\boxed{\frac{d}{dx}\int_a^x g(x)\,dx = g(x)}$$

Agora, podemos prosseguir.

Seja $f(x) \geq 0$ e contínua em $[a, b]$; para cada x em $[a, b]$,

$$V(x) = \pi\int_a^x [f(x)]^2\,dx$$

é o volume do sólido obtido pela rotação, em torno do eixo x, do conjunto sombreado.

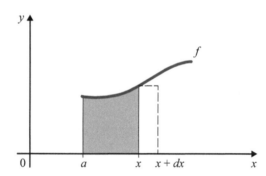

Sendo f contínua em $[a, b]$, $\pi[f(x)]^2$ também será contínua neste intervalo. Daí, pelo 2º Teorema Fundamental do Cálculo,

$$\frac{dV}{dx} = \frac{d}{dx}\int_a^x \pi[f(x)]^2\,dx = \pi[f(x)]^2.$$

Assim, $dV = \pi[f(x)]^2\,dx$, ou seja $\pi[f(x)]^2\,dx$ nada mais é do que a *diferencial* do volume $V(x)$. Observe que a diferencial $dV = \pi[f(x)]^2\,dx$ é o volume do cilindro gerado, na rotação em torno do eixo x, pelo retângulo de base dx e altura $f(x)$; dV é um valor aproximado para a variação ΔV em V correspondente à variação dx em x. Então, o volume do sólido de revolução, em torno do eixo x, do conjunto $\{(x, y) | a \leq x \leq b, 0 \leq y \leq f(x)\}$ é obtido calculando-se a integral da *diferencial do volume* para x variando de a a b.

Mais Algumas Aplicações da Integral. Coordenadas Polares

Exercícios 13.1

1. Calcule o volume do sólido obtido pela rotação, em torno do eixo x, do conjunto de todos os pares (x, y) tais que

a) $1 \leqslant x \leqslant 3$ e $0 \leqslant y \leqslant x$.

b) $\dfrac{1}{2} \leqslant x \leqslant 2$ e $0 \leqslant y \leqslant \dfrac{1}{x^2}$.

c) $1 \leqslant x \leqslant 4$ e $0 \leqslant y \leqslant \sqrt{x}$.

d) $2x^2 + y^2 \leqslant 1$ e $y \geqslant 0$.

e) $y \geqslant 0$, $1 \leqslant x \leqslant 2$ e $x^2 - y^2 \geqslant 1$.

f) $0 \leqslant x \leqslant 1$ e $\sqrt{x} \leqslant y \leqslant 3$.

g) $x^2 \leqslant y \leqslant x$.

h) $0 \leqslant y \leqslant x$ e $x^2 + y^2 \leqslant 2$.

i) $y \geqslant x^2$ e $x^2 + y^2 \leqslant 2$.

j) $1 \leqslant x^2 + y^2 \leqslant 4$ e $y \geqslant 0$.

l) $\dfrac{1}{x} \leqslant y \leqslant 1$ e $1 \leqslant x \leqslant 2$.

▶ *m)* $x^2 + (y - 2)^2 \leqslant 1$.

2. (*Teorema de Pappus para a elipse.*) Considere o conjunto A de todos os pontos (x, y) tais que

$$\frac{(x - \alpha)^2}{a^2} + \frac{(y - \beta)^2}{b^2} \leqslant 1 \; (a > 0 \text{ e } b > 0)$$

e situado no semiplano $y \geqslant 0$. Mostre que o volume do sólido obtido pela rotação, em torno do eixo x, do conjunto A é igual ao produto da área da elipse pelo comprimento da circunferência gerada, na rotação, pelo centro (α, β) desta elipse.

3. Considere um triângulo isósceles situado no semiplano $y \geqslant 0$ e com base paralela ao eixo x. Mostre que o volume do sólido obtido pela rotação deste triângulo, em torno do eixo x, é igual ao produto da área deste triângulo pelo comprimento da circunferência gerada, na rotação, pelo baricentro do triângulo.

13.2 Volume de Sólido Obtido pela Rotação, em Torno do Eixo *y*, de um Conjunto *A*

Suponha $f(x) \geqslant 0$ e contínua em $[a, b]$, com $a > 0$. Seja A o conjunto do plano de todos os pares (x, y) tais que $a \leqslant x \leqslant b$ e $0 \leqslant y \leqslant f(x)$. Seja B o conjunto obtido pela rotação, em torno do eixo y, do conjunto A. Nosso objetivo, a seguir, é mostrar que é razoável tomar para volume de B o número

①
$$V = 2\pi \int_a^b x\, f(x)\, dx$$

ou

$$V = 2\pi \int_a^b xy\, dx, \text{ em que } y = f(x)$$

Seja $P: a = x_0 < x_1 < x_2 < \ldots < x_{i-1} < x_i < \ldots < x_n = b$ uma partição de $[a, b]$ e seja c_i o ponto médio de $[x_{i-1}, x_i]$.

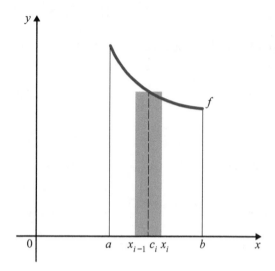

Seja R_i o retângulo $x_{i-1} \leq x \leq x_i$ e $0 \leq y \leq f(c_i)$. Pelo teorema de Pappus para retângulo, o volume do sólido gerado pela rotação do retângulo R_i, em torno do eixo y, é

$$\boxed{2\pi c_i f(c_i) \Delta x_i}$$ (Confira.)

Deste modo, a soma de Riemann

$$\sum_{i=1}^{n} 2\pi c_i f(c_i) \Delta x_i$$

é um valor aproximado para o volume do sólido obtido pela rotação, em torno do eixo y, do conjunto A. Por outro lado, pelo fato de f ser contínua, tem-se

$$\lim_{\max \Delta x_i \to 0} \sum_{i=1}^{n} 2\pi c_i f(c_i) \Delta x_i = 2\pi \int_a^b x f(x)\, dx$$

Logo, é razoável tomar ① para volume de B. Veremos no Vol. 3 que esta nossa atitude é correta. (Para uma prova de ①, num caso particular, veja Exercício 3 desta seção.)

Exemplo 1 Calcule o volume do sólido obtido pela rotação, em torno do eixo y, do conjunto de todos (x, y) tais que

$$0 \leq x \leq 1 \text{ e } 0 \leq y \leq x - x^3.$$

Solução

$$V = 2\pi \int_0^1 x(x - x^3)\, dx = \frac{4\pi}{15}.$$

Já sabemos que $dV = 2\pi x f(x)\, dx$ é a diferencial de $V(x) = 2\pi \int_a^b x f(x)\, dx$. Agora, observe que $f(x)\, dx$ é a área do retângulo de altura $f(x)$ e base dx e, para dx suficientemente pequeno, $2\pi x$ é aproximadamente o comprimento da circunferência gerada pelo baricentro do retângulo mencionado e daí, pelo teorema de Pappus para retângulos, $2\pi x f(x)\,dx$ é aproximadamente o volume do **invólucro cilíndrico** obtido pela rotação, em torno do eixo y, de tal retângulo.

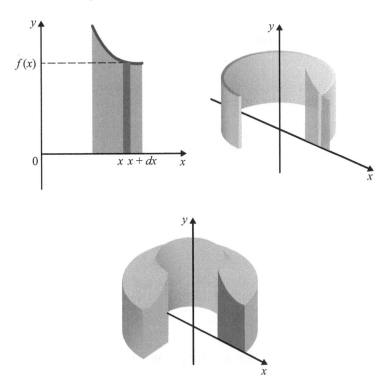

O volume obtido pela rotação, em torno do eixo y, do conjunto A é então a integral dessa diferencial, para x variando de a até b, ou seja, $V = 2\pi \int_a^b xy\,dx$, em que $y = f(x)$. Este método de determinar volume é às vezes denominado **método dos invólucros cilíndricos** ou **método das cascas**.

Vejamos, agora, uma outra fórmula, que é do mesmo tipo daquela da seção anterior, para calcular volume de sólido obtido pela rotação, em torno do eixo y, de um conjunto que não intercepta tal eixo. Seja então B o conjunto: $B = \{(x, y)\,|\,0 \leq x \leq b,\ c \leq y \leq d$ e $y \geq f(x)\}$, em que f é suposta contínua e estritamente crescente (ou estritamente decrescente) em $[a, b]$, com $a \geq 0$, $f(a) = c$ e $f(b) = d$.

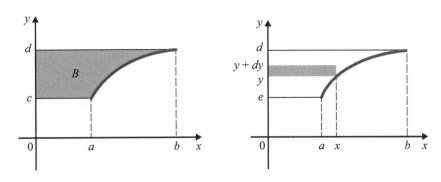

Como $y = f(x)$ é contínua e estritamente crescente em $[a, b]$, então é inversível, com inversa $x = g(y)$ contínua em $[c, d]$, em que $c = f(a)$, $d = f(b)$ e $y = f(x) \Leftrightarrow x = g(y)$. Raciocinando como na seção anterior, o volume do sólido obtido pela rotação, em torno do eixo y, do conjunto B é

$$\boxed{\text{volume} = \pi \int_c^d x^2 \, dy, \text{ em que } x = g(y)}$$

Observe que $\pi x^2 dy$ é o volume do cilindro obtido pela rotação, em torno do eixo y, do retângulo de base x e altura dy. (Veja a figura anterior.)

Exemplo 2 Calcule o volume do sólido obtido pela rotação, em torno do eixo y, do conjunto de todos os pares (x, y) tais que $x^2 \leqslant y \leqslant 4$, $x \geqslant 0$.

Solução

Temos: $y = x^2, x \geqslant 0 \Leftrightarrow x = \sqrt{y}$.

Segue que

$$\text{Volume} = \pi \int_0^4 x^2 \, dy = \pi \int_0^4 \left[\sqrt{y}\right]^2 dy.$$

E, portanto,

$$\text{Volume} = \pi \int_0^4 y \, dy = 8\pi.$$

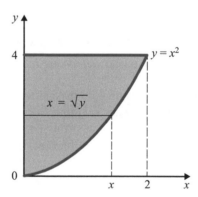

Observação. Este volume poderia, também, ter sido calculado utilizando-se a fórmula anterior. Neste caso, o volume pedido seria a *diferença* entre o volume gerado pela rotação, em torno do eixo y, do retângulo $0 \leqslant x \leqslant 2$, $0 \leqslant y \leqslant 4$ e o volume gerado pela rotação, em torno do eixo y, do conjunto $0 \leqslant x \leqslant 2$ e $0 \leqslant y \leqslant f(x)$, em que $f(x) = x^2$. Ou seja,

$$\text{volume} = 16\pi - 2\pi \int_0^2 xf(x) \, dx = 16\pi - 2\pi \int_0^2 x^3 \, dx = 8\pi.$$

Exemplo 3 Calcule o volume do sólido gerado pela rotação, em torno do eixo y, do conjunto de todos os pares (x, y) tais que $0 \leq x \leq 2$, $0 \leq y \leq \dfrac{x^2}{2} + 1$ e $y \geq x^2 - 1$.

Solução

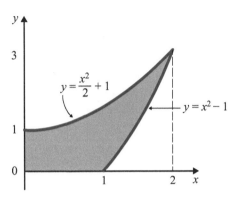

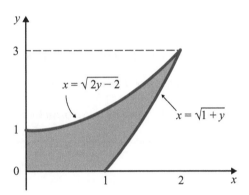

1º Processo (Utilizando a primeira fórmula.)

$$\text{volume} = 2\pi \int_0^2 x\left(\frac{x^2}{2} + 1\right) dx - 2\pi \int_1^2 x(x^2 - 1)\, dx.$$

E, portanto, volume $= \dfrac{7\pi}{2}$.

2º Processo (Utilizando a segunda fórmula.)

$$\frac{x^2}{2} + 1 = y \Leftrightarrow x^2 = 2y - 2 \quad \text{e} \quad x^2 - 1 = y \Leftrightarrow x^2 = y + 1.$$

Então

$$\text{volume} = \pi \int_0^3 (y + 1)\, dy - \pi \int_1^3 (2y - 2)\, dy = \frac{7\pi}{2}.$$

Para encerrar a seção, vamos resumir num quadro o que aprendemos nesta seção e na anterior.

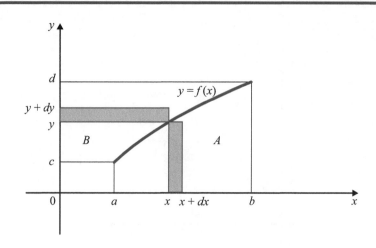

$A = \{(x, y) \mid a \leq x \leq b, 0 \leq y \leq f(x)\}$ e $B = \{(x, y) \mid 0 \leq x \leq b, c \leq y \leq d, y \geq f(x)\}$

I) $\pi \int_a^b y^2 \, dx$ = volume gerado por A na rotação em torno do eixo x. $(y = f(x))$

II) $\pi \int_c^d x^2 \, dy$ = volume gerado por B na rotação em torno do eixo y. $(x = g(y))$

III) $2\pi \int_a^b xy \, dx$ = volume gerado por A na rotação em torno do eixo y. $(y = f(x))$

IV) $2\pi \int_c^d yx \, dy$ = volume gerado por B na rotação em torno do eixo x. $(x = g(y))$

Exercícios 13.2

1. Calcule o volume do sólido obtido pela rotação, em torno do eixo y, do conjunto de todos os (x, y) tais que

a) $1 \leq x \leq e$ e $0 \leq y \leq \ln x$.

b) $0 \leq x \leq 8$ e $0 \leq y \leq \sqrt[3]{x}$.

c) $1 \leq x \leq 2$ e $0 \leq y \leq x^2 - 1$.

d) $0 \leq x \leq \pi$ e $0 \leq y \leq \operatorname{sen} x$.

e) $0 \leq x \leq 1$ e $0 \leq y \leq \operatorname{arctg} x$.

f) $1 \leq x \leq 4$ e $1 \leq y \leq \sqrt{x}$.

g) $y^2 \leq 2x - x^2, y \geq 0$.

h) $0 \leq x \leq 2, y \geq \sqrt{x-1}$ e $0 \leq y \leq x^2$.

2. Calcule o volume do sólido obtido pela rotação, em torno do eixo y, do conjunto de todos os (x, y) tais que

a) $0 \leq x \leq 6, 0 \leq y \leq 2$ e $y \geq \sqrt{x-2}$.

b) $\sqrt{x} \leq y \leq -x + 6, x \geq 0$.

c) $0 \leq x \leq e, 0 \leq y \leq 2$ e $y \geq \ln x$.

d) $y^2 \leq x \leq \sqrt{y}$.

e) $0 \leq x \leq 1, x \leq y \leq x^2 + 1$.

3. (*Volume de sólido de revolução em torno do eixo y.*) Suponha f estritamente crescente e com derivada contínua em $[a, b]$, $a \geq 0$ e $f(a) = 0$. Seja $g: [0, f(b)] \to [a, b]$ a função inversa de f.

   a) Verifique que o volume do sólido obtido pela rotação, em torno do eixo y, do conjunto

   $A = \{(x, y) \in \mathbb{R}^2 / a \leq x \leq b, 0 \leq y \leq f(x)\}$ é igual a $\pi b^2 f(b) - \pi \int_0^{f(b)} [g(y)]^2 \, dy$.

   b) Mostre que

   $$\pi b^2 f(b) - \pi \int_0^{f(b)} [g(y)]^2 \, dy = 2\pi \int_a^b x f(x) \, dx.$$

   (*Sugestão*: Faça a mudança de variável $y = f(x)$ e depois integre por partes.)

   c) Conclua que o volume mencionado em a é

   $$\boxed{\text{volume} = 2\pi \int_a^b x f(x) \, dx}$$

13.3 Volume de um Sólido Qualquer

Vimos no parágrafo anterior que $\pi \int_a^b [f(x)]^2 \, dx$ é a fórmula que nos fornece o volume do *sólido de revolução* obtido pela rotação, em torno do eixo x, do conjunto $A = \{(x, y) \in \mathbb{R}^2 \mid a \leq x \leq b, 0 \leq y \leq f(x)\}$. Observe que

$$A(x) = \pi[f(x)]^2$$

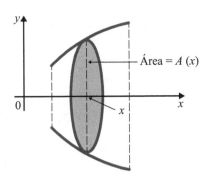

é a área da *interseção do sólido com o plano perpendicular ao eixo x e passando pelo ponto de abscissa x*. Assim, o volume mencionado anteriormente pode ser colocado na forma

$$\boxed{\text{volume} = \int_a^b A(x) \, dx}$$

Seja, agora, B um sólido qualquer, não necessariamente de revolução e seja x um eixo escolhido arbitrariamente. Suponhamos que o sólido esteja compreendido entre dois planos perpendiculares a x, que interceptam o eixo x em $x = a$ e em $x = b$. Seja $A(x)$ a área da interseção do sólido com o plano perpendicular a x no ponto de abscissa x. Suponhamos que a função $A(x)$ seja integrável em $[a, b]$. Definimos, então, o volume do sólido por

$$\boxed{\text{volume} = \int_a^b A(x) \, dx}$$

Exemplo Calcule o volume do sólido cuja base é o semicírculo $x^2 + y^2 \leq r^2$, $y \geq 0$, e cujas seções perpendiculares ao eixo x são quadrados.

Solução

$$A(x) = (\sqrt{r^2 - x^2})^2.$$

$$\text{volume} = \int_{-r}^{r} (\sqrt{r^2 - x^2})^2 \, dx = \int_{-r}^{r} (r^2 - x^2) \, dx$$

ou seja,

$$\text{volume} = 2\int_{0}^{r} (r^2 - x^2) \, dx = 2\left[r^2 x - \frac{x^3}{3}\right]_0^r = \frac{4r^3}{3}.$$

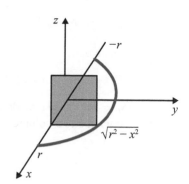

Exercícios 13.3

1. Calcule o volume do sólido cuja base é o semicírculo $x^2 + y^2 \leq r^2$, $y \geq 0$, e cujas seções perpendiculares ao eixo x são triângulos equiláteros.

2. Calcule o volume do sólido cuja base é a região $4x^2 + y^2 \leq 1$ e cujas seções perpendiculares ao eixo x são semicírculos.

3. Calcule o volume do sólido cuja base é o quadrado de vértices $(0, 0)$, $(1, 1)$, $(0, 1)$ e $(1, 0)$ e cujas seções perpendiculares ao eixo x são triângulos isósceles de altura $x - x^2$.

4. Calcule o volume do sólido cuja base é um triângulo equilátero de lado l e cujas seções perpendiculares a um dos lados são quadrados.

13.4 Área de Superfície de Revolução

Sabe-se da geometria que a área lateral de um tronco de cone circular reto, de geratriz g, raio da base maior R e raio da base menor r, é igual à área do trapézio de altura g, base maior $2\pi R$ e base menor $2\pi r$:

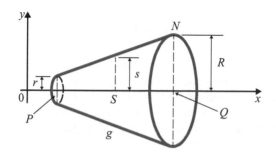

área lateral do tronco $= \pi(R + r)g$

Sendo S o ponto médio do segmento PQ.

$$s = \frac{R+r}{2}, \text{ daí } \pi(R+r)g = 2\pi sg.$$

$$\boxed{\text{área lateral do tronco de cone} = 2\pi sg}$$

Observe que a área da superfície gerada pela rotação da geratriz, em torno do eixo PQ, é igual ao produto do comprimento g desta geratriz pelo comprimento $2\pi s$ da circunferência gerada pelo ponto médio da geratriz. Este resultado é um caso particular do Teorema de Pappus para superfícies de revolução. (Veja Exercício 9, Seção 13.9.)

Vamos, agora, estender o conceito de área para superfície obtida pela rotação, em torno do eixo x, do gráfico de uma função f, com derivada contínua e $f(x) \geq 0$ em $[a, b]$.

Seja, então, $P: a = x_0 < x_1 < x_2 < \ldots < x_n = b$ uma partição de $[a, b]$ e $c_i = \dfrac{x_i + x_{i-1}}{2}$ o ponto médio do intervalo $[x_{i-1}, x_i]$.

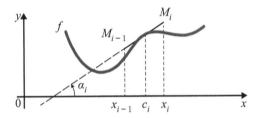

Na figura, $f'(c_i) = \text{tg } \alpha_i$; o segmento $\overline{M_{i-1}M_i}$ é tangente ao gráfico de f no ponto $(c_i, f(c_i))$. Então

$$\overline{M_{i-1}M_i} = \frac{\Delta x_i}{|\cos \alpha_i|} = |\sec \alpha_i| \Delta x_i = \sqrt{1 + [f'(c_i)]^2} \, \Delta x_i.$$

A área da superfície gerada pela rotação, em torno do eixo x, do segmento $\overline{M_{i-1}M_i}$ (observe que tal superfície nada mais é do que a superfície lateral de um tronco de cone de geratriz $\overline{M_{i-1}M_i}$) é:

$$2\pi f(c_i) \overline{M_{i-1}M_i} = 2\pi f(c_i) \sqrt{1 + [f'(c_i)]^2} \, \Delta x_i$$

e se Δx_i for suficientemente pequeno esta área será uma boa aproximação para a "área" da superfície gerada pela rotação, em torno do eixo x, do trecho do gráfico entre as retas $x = x_{i-1}$ e $x = x_i$. Observe que trocando $f(c_i)$ por c_i na igualdade acima, $2\pi c_i \sqrt{1 + [f'(c_i)]^2} \, \Delta x_i$ será uma boa aproximação para a "área" da superfície gerada pela rotação, em torno do eixo y, do trecho do gráfico acima mencionado.

Como a função $2\pi f(x) \sqrt{1 + [f'(x)]^2}$ é contínua em $[a, b]$, teremos

$$\lim_{\text{máx } \Delta x_i \to 0} \sum_{i=1}^{n} 2\pi f(c_i) \sqrt{1 + [f'(c_i)]^2} \, \Delta x_i = \int_a^b 2\pi f(x) \sqrt{1 + [f'(x)]^2} \, dx.$$

Capítulo 13

406

Definimos a *área A_x* da superfície obtida pela rotação do gráfico de f, em torno do eixo x, por

$$A_x = 2\pi \int_a^b f(x)\sqrt{1 + [f'(x)]^2}\, dx$$

De forma análoga, a *área A_y* da superfície obtida pela rotação, em torno do eixo y, do gráfico de f será

$$A_y = 2\pi \int_a^b x\sqrt{1 + \left(\frac{dy}{dx}\right)^2}\, dx, \text{ em que } y = f(x)$$

Exemplo 1 Calcule a área da superfície gerada pela rotação, em torno do eixo x, do gráfico de $f(x) = \operatorname{sen} x$, $0 \leqslant x \leqslant \pi$.

Solução

$$\text{área} = 2\pi \int_0^\pi \operatorname{sen} x\sqrt{1 + \cos^2 x}\, dx$$

$$\begin{aligned} u &= \cos x; \; du = -\operatorname{sen} x\, dx \\ x &= 0; \; u = 1 \\ x &= \pi; \; u = -1 \end{aligned}$$

$$= 2\pi \int_1^{-1} \sqrt{1 + u^2}\,(-du)$$

$$\begin{aligned} u &= \operatorname{tg}\theta; \; du = \sec^2\theta\, d\theta \\ u &= -1; \; \theta = -\frac{\pi}{4} \\ u &= 1; \; \theta = \frac{\pi}{4} \end{aligned}$$

$$= 2\pi \int_{-1}^1 \sqrt{1 + u^2}\, du$$

$$= 2\pi \int_{-\frac{\pi}{4}}^{\frac{\pi}{4}} \sec^3\theta\, d\theta.$$

Integrando por partes:

$$\int_{-\frac{\pi}{4}}^{\frac{\pi}{4}} \sec^3\theta\, d\theta = \int_{-\frac{\pi}{4}}^{\frac{\pi}{4}} \sec^2\theta \sec\theta\, d\theta = \left[\operatorname{tg}\theta\,\sec\theta\right]_{-\frac{\pi}{4}}^{\frac{\pi}{4}} - \int_{-\frac{\pi}{4}}^{\frac{\pi}{4}} \left[\sec^3\theta - \sec\theta\right] d\theta.$$

Daí

$$2\int_{-\frac{\pi}{4}}^{\frac{\pi}{4}} \sec^3\theta\, d\theta = 2\sqrt{2} + \left[\ln\left(\sec\theta + \operatorname{tg}\theta\right)\right]_{-\frac{\pi}{4}}^{\frac{\pi}{4}}$$

ou seja,

$$\int_{-\frac{\pi}{4}}^{\frac{\pi}{4}} \sec^3\theta\, d\theta = \sqrt{2} + \ln\left(\sqrt{2} + 1\right).$$

Portanto, área $= 2\pi(\sqrt{2} + \ln\left(\sqrt{2} + 1\right)$.

Exemplo 2 Determine a área da superfície obtida pela rotação, em torno do eixo y, do gráfico de $y = \dfrac{x^2}{2}$, $0 \leq x \leq 1$.

Solução

De $\dfrac{dy}{dx} = \dfrac{d}{dx}\left(\dfrac{x^2}{2}\right) = x$, vem

$$A_y = 2\pi \int_0^1 x \sqrt{1 + \left(\dfrac{dy}{dx}\right)^2}\, dx = 2\pi \int_0^1 x\sqrt{1+x^2}\, dx = \dfrac{2\pi}{3}[2\sqrt{2} - 1].$$

Exercício 13.4

1. Calcule a área da superfície gerada pela rotação, em torno do eixo x, do gráfico da função dada.

   a) $f(x) = \dfrac{e^x + e^{-x}}{2}$, $-1 \leq x \leq 1$

   b) $f(x) = \sqrt{R^2 - x^2}$, $-R \leq x \leq R (R > 0)$

   c) $y = x^2$, $0 \leq x < \dfrac{1}{2}$

   d) $y = \sqrt{x}$, $1 \leq x \leq 4$

13.5 Comprimento de Gráfico de Função

Seja $y = f(x)$ com derivada contínua em $[a, b]$ e seja $P : a = x_0 < x_1 < x_2 < \ldots < x_n = b$ uma partição de $[a, b]$. Indicando por $L(P)$ o comprimento da poligonal de vértices $P_i = (x_i, f(x_i))$, $i = 1, 2, \ldots n$, temos

$$L(P) = \sum_{i=1}^n \sqrt{(x_i - x_{i-1})^2 + (f(x_i) - f(x_{i-1}))^2}$$

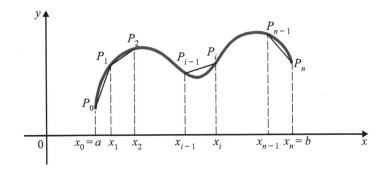

em que $\sqrt{(x_i - x_{i-1})^2 + (f(x_i) - f(x_{i-1}))^2}$ é o comprimento do lado de vértices P_{i-1} e P_i. Pelo teorema do valor médio, para cada i, $i = 1, 2, \ldots n$, existe c_i, $x_{i-1} < c_i < x_i$, tal que

$$f(x_i) - f(x_{i-1}) = f'(c_i)\Delta x_i, \text{ em que } \Delta x_i = x_i - x_{i-1}.$$

Segue que

$$L(P) = \sum_{i=1}^{n} \sqrt{\Delta x_i^2 + (f'(c_i)\Delta x_i)^2} = \sum_{i=1}^{n} \sqrt{1 + (f'(c_i))^2} \; \Delta x_i.$$

Daí, para máx Δx_i tendendo a zero, $L(P)$ tenderá para $\int_a^b \sqrt{1 + (f'(x))^2} \, dx$. Nada mais natural, então, do que definir o *comprimento* do gráfico de f, ou da *curva* $y = f(x)$, por

$$\boxed{\text{Comprimento} = \int_a^b \sqrt{1 + \left(\frac{dy}{dx}\right)^2} \, dx}$$

Nosso objetivo a seguir é interpretar geometricamente a diferencial $\sqrt{1 + \left(\frac{dy}{dx}\right)^2} \, dx$. Seja, então, $s = s(x)$, $x \in [a, b]$, o comprimento do trecho do gráfico de extremidades $(a, f(a))$ e $(x, f(x))$. Sejam Δs e Δy as variações em s e y correspondentes à variação dx em x, com $dx > 0$. Para dx suficientemente pequeno, $\Delta y \approx dy$ e

$\Delta^2 s \approx d^2 x + \Delta^2 y$, ou seja,

$$\Delta s \approx \sqrt{1 + \left(\frac{dy}{dx}\right)^2} \, dx$$

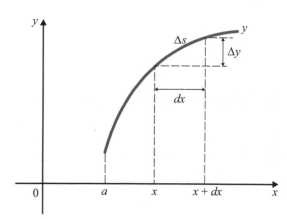

Exemplo Calcule o comprimento da curva $y = \dfrac{x^2}{2}$, $0 \leqslant x \leqslant 1$.

Solução

De $\dfrac{dy}{dx} = x$, segue que o comprimento é: $\int_0^1 \sqrt{1 + x^2} \, dx$. Fazendo a mudança de variável $x = \text{tg } u$, vem

$$\int_0^1 \sqrt{1 + x^2} \, dx = \int_0^{\frac{\pi}{4}} \sqrt{1 + (\text{tg } u)^2} \, \sec^2 u \, du = \int_0^{\frac{\pi}{4}} \sec^3 u \, du.$$

De $\int \sec^3 u \, du = \frac{1}{2} \sec u \, \text{tg} \, u + \frac{1}{2} \ln|\sec u + \text{tg} \, u| + k$ (verifique), resulta

$$\int_0^1 \sqrt{1+x^2} \, dx = \int_0^{\frac{\pi}{4}} \sec^3 u \, du = \frac{1}{2}\left[\sqrt{2} + \ln\left(1+\sqrt{2}\right)\right]$$

Exercícios 13.5

1. Calcule o comprimento do gráfico da função dada.

a) $y = \frac{2}{3} x^{\frac{3}{2}}, 0 \leq x \leq 1$

b) $y = \frac{4}{3} x + 3, 0 \leq x \leq 2$

c) $y = \ln x, 1 \leq x \leq e$

d) $y = \sqrt{x}, \frac{1}{4} \leq x \leq \frac{3}{4}$

e) $y = \frac{e^x + e^{-x}}{2}, 0 \leq x \leq 1$

f) $y = e^x, 0 \leq x \leq 1$

2. Quantos metros de chapa de ferro são necessários para construir um arco AB, de forma parabólica, sendo A e B simétricos com relação ao eixo de simetria da parábola e com as seguintes dimensões: 2 m a distância de A a B e 1 m a do vértice ao segmento AB.

13.6 Comprimento de Curva Dada em Forma Paramétrica

Por uma *curva* em $\mathbb{R}^2$ entendemos uma função que a cada t pertencente a um intervalo I associa um ponto $(x(t), y(t))$ em $\mathbb{R}^2$, em que $x(t)$ e $y(t)$ são funções definidas em I. Dizemos que

$$\begin{cases} x = x(t) \\ y = y(t) \end{cases} \quad t \in I$$

são as *equações paramétricas* da curva. Por abuso de linguagem, vamos nos referir ao *lugar geométrico* descrito pelo ponto $(x(t), y(t))$, quando t percorre o intervalo I, como a *curva* de equações paramétricas $x = x(t)$ e $y = y(t)$.

Exemplo 1 Desenhe a curva dada em forma paramétrica por $x = t, y = 3t, t \in \mathbb{R}$.

Solução

$x = t, y = 3t \Rightarrow y = 3x$. Quando t percorre $\mathbb{R}$, o ponto $(t, 3t)$ descreve a reta $y = 3x$.

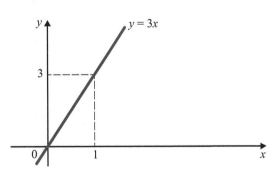

Exemplo 2 Seja a curva de equações paramétricas $x = t$, $y = t^2$, t em $\mathbb{R}$. Quando t varia em $\mathbb{R}$, o ponto (t, t^2) descreve a parábola $y = x^2$.

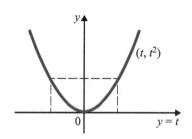

Exemplo 3 Seja a curva de equações paramétricas $x = \cos t$, $y = \text{sen } t$, $t \in [0, 2\pi]$. Quando t varia em $[0, 2\pi]$, o ponto $(\cos t, \text{sen } t)$ descreve a circunferência $x^2 + y^2 = 1$.

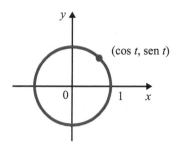

Exemplo 4 Desenhe a curva dada em forma paramétrica por $x = 2 \cos t$ e $y = \text{sen } t$, com $t \in [0, 2\pi]$.

Solução

$$\begin{cases} x = 2\cos t \\ y = \text{sen } t \end{cases} \Leftrightarrow \begin{cases} \dfrac{x}{2} = \cos t \\ y = \text{sen } t \end{cases} \Rightarrow \dfrac{x^2}{4} + y^2 = 1$$

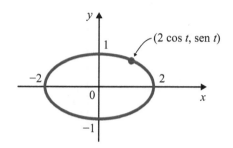

Assim, para cada $t \in [0, 2\pi]$ o ponto $(2\cos t, \operatorname{sen} t)$ pertence à elipse $\dfrac{x^2}{4} + y^2 = 1$. Por outro lado, para cada (x, y) na elipse, existe $t \in [0, 2\pi]$ tal que

$$\begin{cases} x = 2\cos t \\ y = \operatorname{sen} t \end{cases} \quad \text{(por quê?)}$$

Assim, quando t percorre o intervalo $[0, 2\pi]$, o ponto $(2\cos t, \operatorname{sen} t)$ descreve a elipse.

Nosso objetivo a seguir é estabelecer a fórmula para o cálculo do comprimento de uma curva dada em forma paramétrica. A fórmula será estabelecida a partir de considerações geométricas, e deixamos o tratamento rigoroso do assunto para o Vol. 2.

Suponhamos que $s = s(t)$, $t \in [a, b]$, seja o comprimento do trecho da curva de extremidades $A = (x(a), y(a))$ e $P(t) = (x(t), y(t))$, em que $x = x(t)$ e $y = y(t)$ são supostas de classe C^1. Sejam Δx, Δy e Δs as variações em x, y e s correspondentes à variação Δt em t, com $\Delta t > 0$. Para Δt suficientemente pequeno, vemos, pela figura, que $\Delta^2 s \approx \Delta^2 x + \Delta^2 y$ e, portanto,

$$\Delta s \approx \sqrt{\left(\dfrac{\Delta x}{\Delta t}\right)^2 + \left(\dfrac{\Delta y}{\Delta t}\right)^2} \; \Delta t.$$

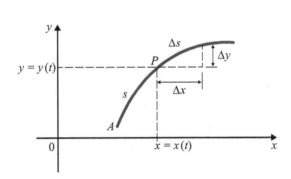

É razoável, então, esperar que a diferencial da função $s = s(t)$ seja

$$ds = \sqrt{\left(\dfrac{dx}{dt}\right)^2 + \left(\dfrac{dy}{dt}\right)^2} \; dt.$$

Definimos então o comprimento da curva $x = x(t)$, $y = y(t)$, $t \in [a, b]$, com $x = x(t)$ e $y = y(t)$ de classe C^1 em $[a, b]$, por

$$\boxed{\text{comprimento} = \int_a^b \sqrt{\left(\dfrac{dx}{dt}\right)^2 + \left(\dfrac{dy}{dt}\right)^2} \; dt}$$

Observação. O gráfico da função $y = f(x)$, $x \in [a, b]$, pode ser dado em forma paramétrica por $x = t$, $y = f(t)$, $t \in [a, b]$. Segue que a fórmula para o comprimento do gráfico de uma função é um caso particular desta.

Capítulo 13

412

Exemplo 5 Calcule o comprimento da circunferência de raio $R > 0$.

Solução

Uma parametrização para a circunferência de raio R e com centro na origem é: $x = R \cos t$ e $y = R \operatorname{sen} t$, com $t \in [0, 2\pi]$. De $\dfrac{dx}{dt} = -R \operatorname{sen} t$ e $\dfrac{dy}{dt} = R \cos t$, segue

$$\text{comprimento} = \int_0^{2\pi} \sqrt{\left(\dfrac{dx}{dt}\right)^2 + \left(\dfrac{dy}{dt}\right)^2}\ dt$$

$$= \int_0^{2\pi} \sqrt{(-R \operatorname{sen} t)^2 + (R \cos t)^2}\ dt.$$

Portanto, comprimento $= \displaystyle\int_0^{2\pi} \sqrt{R^2}\ dt = 2\pi R$.

Exemplo 6 As equações paramétricas do movimento de uma partícula no plano são

$$\begin{cases} x = \operatorname{sen} t \\ y = \operatorname{sen}^2 t \end{cases} \quad t \in [0, \pi].$$

a) Quais as posições da partícula nos instantes $t = 0$, $t = \dfrac{\pi}{2}$ e $t = \pi$?

b) Qual a trajetória descrita pela partícula?

c) Qual a distância percorrida pela partícula entre os instantes $t = 0$ e $t = \pi$?

Solução

a) No instante $t = 0$ a partícula encontra-se na posição $(0, 0)$, em $t = \dfrac{\pi}{2}$ na posição $(1, 1)$ e, no instante $t = \pi$, novamente na posição $(0, 0)$.

b) $x = \operatorname{sen} t$ e $y = \operatorname{sen}^2 t \Rightarrow y = x^2$. Segue que a partícula, de $t = 0$ a $t = \dfrac{\pi}{2}$, descreve o arco da parábola de extremidades $(0, 0)$ e $(1, 1)$ e no sentido de $(0, 0)$ para $(1, 1)$. De $t = \dfrac{\pi}{2}$ a $t = \pi$ descreve o mesmo arco só que em sentido contrário.

c) A distância d percorrida entre os instantes $t = 0$ e $t = \pi$ é dada por

$$d = \int_0^\pi \sqrt{\left(\dfrac{dx}{dt}\right)^2 + \left(\dfrac{dy}{dt}\right)^2}\ dt = 2 \int_0^{\pi/2} \sqrt{\cos^2 t + (2 \operatorname{sen} t \cos t)^2}\ dt$$

ou seja,

$$d = 2 \int_0^{\pi/2} |\cos t| \sqrt{1 + 4 \operatorname{sen}^2 t}\ dt = 2 \int_0^{\pi/2} \cos t \sqrt{1 + 4 \operatorname{sen}^2 t}\ dt.$$

Observe que as distâncias percorridas entre os instantes $t = 0$ e $t = \dfrac{\pi}{2}$ é a mesma que de $t = \dfrac{\pi}{2}$ a $t = \pi$. Observe ainda que $|\cos t| = \cos t$, para $0 \leq t \leq \dfrac{\pi}{2}$. Fazendo a mudança de variável $u = 2 \operatorname{sen} t$ teremos $du = 2\cos t\, dt$, $u = 0$ para $t = 0$, $u = 2$ para $t = \dfrac{\pi}{2}$. Assim, $d = \int_0^2 \sqrt{1 + u^2}\, du$. Fazendo, agora, $u = \operatorname{tg} \theta$, teremos

$$d = \int_0^{\operatorname{arctg} 2} \sec^3 \theta\, d\theta = \dfrac{1}{2}\left[\sec\theta \operatorname{tg}\theta + \ln|\sec\theta + \operatorname{tg}\theta|\right]_0^{\operatorname{arctg} 2}.$$

Como $\theta = \operatorname{arctg} 2 \Rightarrow \operatorname{tg}\theta = 2$ e $\sec\theta = \sqrt{1 + \operatorname{tg}^2\theta} = \sqrt{5}$, resulta que a distância percorrida pela partícula é $d = \dfrac{1}{2}[2\sqrt{5} + \ln(2 + \sqrt{5})]$.

Exercícios 13.6

1. Calcule o comprimento da curva dada em forma paramétrica.

   a) $x = 2t + 1$ e $y = t - 1$, $1 \leq t \leq 2$ b) $x = 3t$ e $y = 2t^{\frac{3}{2}}$, $0 \leq t \leq 1$

   c) $x = 1 - \cos t$ e $y = t - \operatorname{sen} t$, $0 \leq t \leq \pi$ d) $x = \dfrac{t^2}{2}$ e $y = \dfrac{2}{5}t^{\frac{5}{2}}$, $0 \leq t \leq 1$

   e) $x = e^t \cos t$ e $y = e^t \operatorname{sen} t$, $0 \leq t \leq \pi$.

2. Uma partícula desloca no plano com equações paramétricas $x = x(t)$ e $y = y(t)$. Sabe-se que, para todo t, $\dfrac{dx}{dt} = 2\,(\text{cm/s})$, $\dfrac{d^2y}{dt^2} = -2\,(\text{cm/s}^2)$ e $\left.\dfrac{dy}{dt}\right|_{t=0} = 4\,(\text{cm/s})$. Sabe-se, ainda, que no instante $t = 0$ a partícula encontra-se na posição $(0, 0)$. Determine a distância percorrida pela partícula entre os instantes $t = 0$ e $t = T$, em que T é o instante em que a partícula volta a tocar o eixo x. Como é a trajetória descrita pela partícula?

13.7 Área em Coordenadas Polares

Fixado no plano um semieixo Ox (tal semieixo denomina-se *eixo polar*, e o ponto O, *polo*),

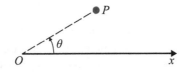

cada ponto P do plano fica determinado por suas *coordenadas polares* (θ, ρ), em que θ é a medida em radianos do ângulo entre o segmento OP e o eixo polar (tal ângulo sendo contado a partir do eixo polar e no sentido anti-horário) e ρ o comprimento de OP; assim $\rho \geq 0$.

Se considerarmos no plano um sistema ortogonal de coordenadas cartesianas (o habitual) em que a origem coincide com o polo e o semieixo Ox com o eixo polar e se (θ, ρ) forem as coordenadas polares de P, então as suas coordenadas cartesianas serão dadas por

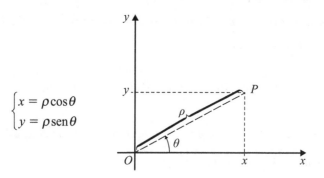

$$\begin{cases} x = \rho\cos\theta \\ y = \rho\,\text{sen}\,\theta \end{cases}$$

Observe que se P não coincide com o polo

$$\begin{cases} x = \rho\cos\theta \\ y = \rho\,\text{sen}\,\theta \end{cases} \Leftrightarrow \begin{cases} \rho = \sqrt{x^2 + y^2} \\ \cos\theta = \dfrac{x}{\sqrt{x^2 + y^2}} \\ \text{sen}\,\theta = \dfrac{x}{\sqrt{x^2 + y^2}} \end{cases}$$

Até agora, destacamos ρ como um número positivo. Entretanto, para as aplicações é importante que ρ possa assumir, também, valores negativos. Vejamos como interpretar (θ, ρ) no caso $\rho < 0$:

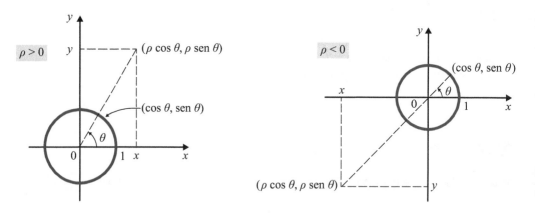

Se $\rho < 0$, (θ, ρ) é o simétrico, em relação ao polo, do ponto $(\theta, -\rho)$.

Para podermos trabalhar com $\rho < 0$, será melhor olharmos para o eixo polar como uma reta com um sistema de abscissas: sobre tal reta marcam-se dois pontos, um o polo 0 representando o zero e outro representando o 1. O *sentido positivo* será o de 0 para 1 e a *unidade de comprimento* será o segmento de extremidades 0 e 1. Para representar no plano um ponto de *coordenadas polares* (θ, ρ) proceda da seguinte forma: primeiro gire o eixo polar, no sentido anti-horário, de um ângulo θ; em seguida, sobre este novo eixo, marque o ponto que tenha abscissa ρ.

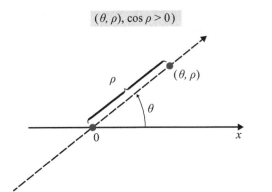
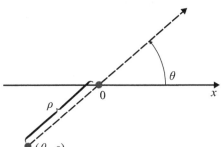

Exemplo 1 Represente no plano o ponto (θ, ρ) em que

a) $\theta = 0$ e $\rho = 1$
b) $\theta = 0$ e $\rho = -1$
c) $\theta = \dfrac{\pi}{4}$ e $\rho = 2$
d) $\theta = \dfrac{\pi}{4}$ e $\rho = -1$

Solução

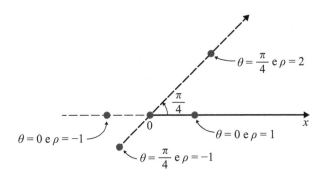

Exemplo 2 Um ponto P desloca-se no plano de modo que a relação entre suas coordenadas polares é dada por $\rho = \theta$, $0 \leq \theta \leq 2\pi$. Desenhe o lugar geométrico descrito por P.

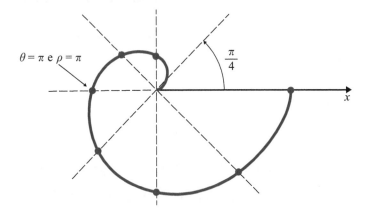

Solução

θ	ρ
0	0
$\dfrac{\pi}{4}$	$\dfrac{\pi}{4}$
$\dfrac{\pi}{2}$	$\dfrac{\pi}{2}$
π	π
$\dfrac{3\pi}{2}$	$\dfrac{3\pi}{2}$
2π	2π

Capítulo 13

Sempre que formos esboçar o gráfico de uma curva dada em coordenadas polares, é bom antes fazer um esboço da curva supondo θ e ρ coordenadas cartesianas e olhar, por meio deste gráfico, a variação de ρ em função de θ.

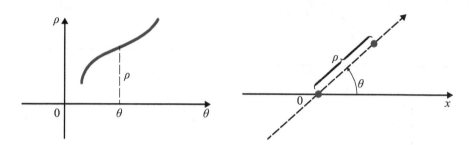

Exemplo 3 Desenhe a curva cuja equação, em coordenadas polares, é $\rho = \operatorname{sen} \theta$, $0 \leq \theta \leq \pi$.

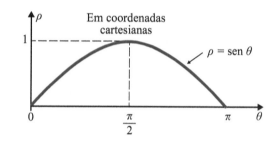

Solução

θ	ρ
0	0
$\dfrac{\pi}{6}$	$\dfrac{1}{2}$
$\dfrac{\pi}{4}$	$\dfrac{\sqrt{2}}{2}$
$\dfrac{\pi}{2}$	1
$\dfrac{3\pi}{4}$	$\dfrac{\sqrt{2}}{2}$
π	0

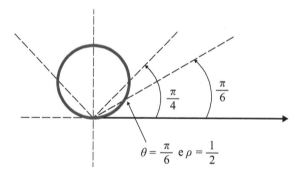

Observe que para $\rho \neq 0$

$$\rho = \operatorname{sen} \theta \Leftrightarrow \rho^2 = \rho \operatorname{sen} \theta \Leftrightarrow x^2 + y^2 = y.$$

$x^2 + y^2 - y = 0$ é a equação de uma circunferência de centro $\left(0, \dfrac{1}{2}\right)$ e raio $\dfrac{1}{2}$. Deste modo, $\rho = \operatorname{sen} \theta$, $0 \leq \theta \leq \pi$, é, em coordenadas polares, a equação de tal circunferência.

Exemplo 4 Desenhe o lugar geométrico da equação (em coordenadas polares) $\rho = 1 - \cos\theta$.

Solução

θ	ρ
0	0
$\frac{\pi}{3}$	$\frac{1}{2}$
$\frac{\pi}{2}$	1
$\frac{2\pi}{3}$	$\frac{3}{2}$
π	2
$\frac{4\pi}{3}$	$\frac{3}{2}$
$\frac{3\pi}{2}$	1

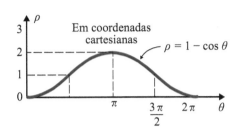

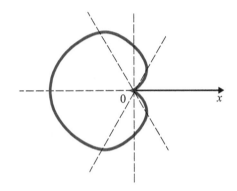

Esta curva denomina-se *cardioide*.

Exemplo 5 Desenhe a curva cuja equação, em coordenadas polares, é $\rho = \cos 2\theta$.

Solução

θ	ρ
$-\frac{\pi}{4}$	0
$-\frac{\pi}{8}$	$\frac{\sqrt{2}}{2}$
0	1
$\frac{\pi}{8}$	$\frac{\sqrt{2}}{2}$
$\frac{\pi}{4}$	0
$\frac{3\pi}{8}$	$-\frac{\sqrt{2}}{2}$
$\frac{\pi}{2}$	-1

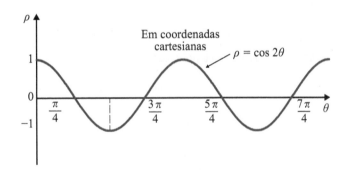

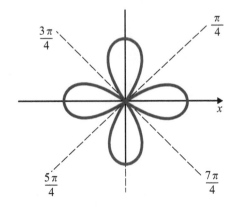

Veja como fica o trecho da curva anterior para θ variando de 0 a $\dfrac{3\pi}{4}$.

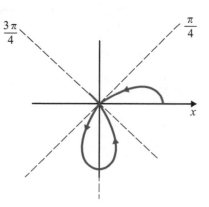

Quando θ varia de $\dfrac{\pi}{4}$ a $\dfrac{3\pi}{4}$ e de $\dfrac{5\pi}{4}$ a $\dfrac{7\pi}{4}$, ρ permanece negativo.

Exemplo 6 Desenhe o lugar geométrico descrito por um ponto P que se desloca no plano, sabendo que a relação entre suas coordenadas polares é $\rho = |\operatorname{tg}\theta|$, $-\dfrac{\pi}{2} < \theta < \dfrac{\pi}{2}$.

Solução

Vejamos, primeiro, o que acontece para θ variando de 0 a $\dfrac{\pi}{2}$. Quando $\theta \to \dfrac{\pi}{2}$, $\rho \to +\infty$. A projeção de P sobre o eixo polar tem abscissa

$$x = \rho \cos \theta = \operatorname{tg} \theta \cos \theta = \operatorname{sen} \theta.$$

Assim, quando $\theta \to \dfrac{\pi}{2}$, a projeção de P sobre o eixo polar tende para o ponto de abscissa 1. O trecho da curva correspondente a θ em $\left]-\dfrac{\pi}{2}, 0\right]$ é simétrico, em relação ao eixo polar, ao trecho correspondente a θ em $\left[0, \dfrac{\pi}{2}\right[$.

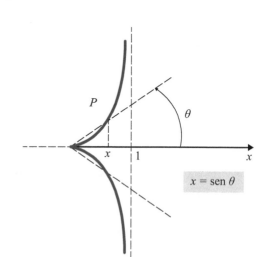

$x = \operatorname{sen} \theta$

Mais Algumas Aplicações da Integral. Coordenadas Polares

Nosso objetivo, a seguir, é estabelecer uma fórmula para o cálculo de área de região limitada por curvas dadas em coordenadas polares.

Inicialmente, observamos que a área de um setor circular de raio R e abertura $\Delta\theta$ é $\frac{1}{2}R^2\Delta\theta$. Esta área se determina por uma regra de três simples:

$2\pi\, rd$ — área πR^2

$\Delta\theta\, rd$ — ?

$? = \dfrac{\Delta\theta\,\pi\, R^2}{2\pi} = \dfrac{1}{2}R^2\Delta\theta$

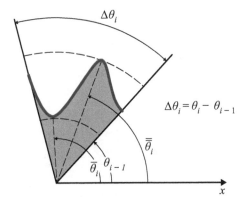

Consideremos, agora, a função $\rho = \rho(\theta)$ contínua e ≥ 0 em $[\theta_{i-1}, \theta_i]$. Seja A_i o conjunto de todos os pontos (θ, ρ), com $\theta_{i-1} \leq \theta \leq \theta_i$ e $0 \leq \rho \leq \rho(\theta)$.

Seja $\overline{\overline{\rho}} = \rho(\overline{\overline{\theta}}_i)$ o maior valor de ρ em $[\theta_{i-1}, \theta_i]$ e $\overline{\rho} = \rho(\overline{\theta}_i)$ o menor valor. A área do conjunto A_i está, então, compreendida entre as áreas dos setores circulares de abertura $\Delta\theta_i$ e raios $\rho(\overline{\theta}_i)$ e $\rho(\overline{\overline{\theta}}_i)$:

$$\frac{1}{2}\left[\rho(\overline{\theta}_i)\right]^2 \Delta\theta_i \leq \text{área } A_i \leq \frac{1}{2}\left[\rho(\overline{\overline{\theta}}_i)\right]^2 \Delta\theta_i.$$

Suponhamos, agora, $\rho = \rho(\theta)$ contínua e ≥ 0 em $[\alpha, \beta]$, com $\beta - \alpha \leq 2\pi$. Seja A o conjunto de todos os pontos do plano de coordenadas polares (θ, ρ) satisfazendo as condições: $\alpha \leq \theta \leq \beta$ e $0 \leq \rho \leq \rho(\theta)$.

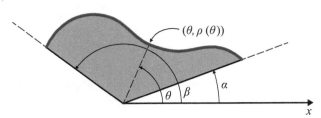

Capítulo 13

Seja $P : \alpha = \theta_0 < \theta_1 < \ldots < \theta_{i-1} < \theta_i < \ldots < \theta_n = \beta$ uma partição de $[\alpha, \beta]$. Sejam $\rho(\overline{\theta}_i)$ e $\rho(\overline{\overline{\theta}}_i)$ os valores mínimo e máximo de ρ em $[\theta_{i-1}, \theta_i]$. Pelo que vimos anteriormente, a área da parte do conjunto A compreendida entre as retas $\theta = \theta_{i-1}$ e $\theta = \theta_i$ está compreendida entre as áreas dos setores circulares de abertura $\Delta\theta_i$ e raios $\rho(\overline{\theta}_i)$ e $\rho(\overline{\overline{\theta}}_i)$. Uma definição razoável para a área de A deverá implicar, para partição P de $[\alpha, \beta]$,

$$\sum_{i=1}^{n} \frac{1}{2}\left[\rho(\overline{\theta}_i)\right]^2 \Delta\theta_i \leq \text{área } A \leq \sum_{i=1}^{n} \frac{1}{2}\left[\rho(\overline{\overline{\theta}}_i)\right]^2 \Delta\theta_i.$$

Para máx $\Delta\theta_i \to 0$, as somas de Riemann acima tendem para a integral $\int_\alpha^\beta \frac{1}{2}\rho^2 \, d\theta$. Nada mais natural, então, do que definir a *área de A* por

$$\boxed{\text{área } A = \frac{1}{2}\int_\alpha^\beta \rho^2 d\theta.}$$

Exemplo 7 Calcule a área da região limitada pelo cardioide $\rho = 1 - \cos \theta$.

Solução

Para cobrir todo o conjunto, θ deverá variar de 0 a 2π.

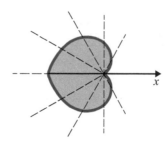

$$\text{área} = \frac{1}{2}\int_0^{2\pi} \rho^2 d\theta = \frac{1}{2}\int_0^{2\pi} (1 - \cos\theta)^2 d\theta.$$

Temos

$$\int_0^{2\pi} (1 - \cos\theta)^2 d\theta = \int_0^{2\pi} [1 - 2\cos\theta + \cos^2\theta] d\theta = 2\pi + \int_0^{2\pi} \cos^2\theta \, d\theta$$

$$= 2\pi + \int_0^{2\pi} \left[\frac{1}{2} + \frac{1}{2}\cos 2\theta\right] d\theta = 3\pi.$$

Assim, a área do conjunto é $\dfrac{3\pi}{2}$.

Exemplo 8 Calcule a área da interseção das regiões limitadas pelas curvas (coordenadas polares) $\rho = 3\cos\theta$ e $\rho = 1 + \cos\theta$.

Solução

Primeiro devemos determinar as interseções das curvas.

$$3 \cos \theta = 1 + \cos \theta$$

ou seja,

$$\cos \theta = \frac{1}{2}.$$

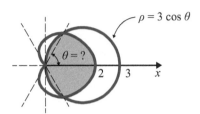

Assim, $\theta = \frac{\pi}{3}$ e $\theta = -\frac{\pi}{3}$ resolvem o problema. Seja A_1 o conjunto de todos (θ, ρ) com $0 \leq \theta \leq \frac{\pi}{3}$ e $0 \leq \rho \leq 1 + \cos \theta$ e seja A_2 o conjunto de todos (θ, ρ) com $\frac{\pi}{3} \leq \theta \leq \frac{\pi}{2}$ e $0 \leq \rho \leq 3 \cos \theta$.
Temos, então:

$$\text{área pedida} = 2 \, (\text{área } A_1 + \text{área } A_2).$$

$$\text{área } A_1 = \frac{1}{2} \int_0^{\frac{\pi}{3}} (1 + \cos \theta)^2 \, d\theta = \frac{\pi}{4} + \frac{9\sqrt{3}}{16}.$$

$$\text{área } A_2 = \frac{1}{2} \int_{\frac{\pi}{3}}^{\frac{\pi}{2}} (3 + \cos \theta)^2 \, d\theta = \frac{3\pi}{8} - \frac{9\sqrt{3}}{16}.$$

Conclusão: área pedida $= \frac{5\pi}{4}$. Veja figuras a seguir.

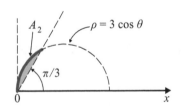
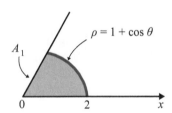

Exemplo 9 Calcule a área da região limitada pela curva dada em coordenadas polares por $\rho = \text{tg } \theta$, $0 \leq \theta < \frac{\pi}{2}$, pela reta $x = 1$ (coordenadas cartesianas) e pelo eixo polar.

Solução

Indiquemos por $A(\theta)$ a área da região sombreada. A área que queremos é:

$$\text{área} = \lim_{\theta \to \frac{\pi}{2}} A(\theta).$$

Temos

$$A(\theta) = \text{área } \Delta OPM - \text{área } A_1 = \frac{1}{2} \text{tg } \theta \, \text{sen}^2 \, \theta - \frac{1}{2} \int_0^\theta \text{tg}^2 \, \theta \, d\theta.$$

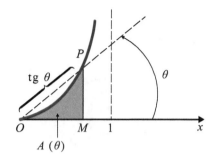
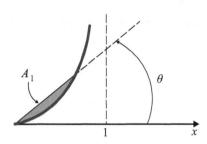

Vamos calcular $\int_0^\theta \text{tg}^2\,\theta\,d\theta$. Temos

$$\int_0^\theta \text{tg}^2\,\theta\,d\theta = \int_0^\theta (\sec^2\theta - 1)\,d\theta = [\text{tg}\,\theta - \theta]_0^\theta = \text{tg}\,\theta - \theta.$$

Assim

$$A(\theta) = \frac{1}{2}\text{tg}\,\theta\,\text{sen}^2\theta - \frac{1}{2}\text{tg}\,\theta + \frac{1}{2}\theta = -\frac{1}{2}\text{tg}\,\theta(1 - \text{sen}^2\theta) + \frac{1}{2}\theta$$

$$= -\frac{1}{2}\text{sen}\,\theta\cos\theta + \frac{1}{2}\theta.$$

Portanto,

$$\text{área} = \lim_{\theta\to\frac{\pi}{2}}\left[-\frac{1}{2}\text{sen}\,\theta\cos\theta + \frac{1}{2}\theta\right] = \frac{\pi}{4}.$$

Observação. No triângulo OPM temos:

$$\overline{OM} = \rho\cos\theta = \text{tg}\,\theta\cos\theta = \text{sen}\,\theta \quad \text{e} \quad \overline{MP} = \rho\,\text{sen}\,\theta = \text{tg}\,\theta\,\text{sen}\,\theta.$$

Assim, área $\Delta\,OPM = \frac{1}{2}\,\text{sen}^2\theta\,\text{tg}\,\theta$.

Exercícios 13.7

1. Desenhe a curva dada (coordenadas polares).

   a) $\rho = e^{-\theta},\ \theta \geqslant 0$

   b) $\rho = \cos\theta$

   c) $\rho\cos\theta = 1,\ -\frac{\pi}{2} < \theta < \frac{\pi}{2}$

   d) $\rho = 2$

   e) $\theta = \frac{\pi}{4}$

   f) $\rho = \text{tg}\,\theta,\ -\frac{\pi}{2} < \theta < \frac{\pi}{2}$

   g) $\rho = \cos 3\theta$

   h) $\rho^2 = \dfrac{1}{1 + \text{sen}^2\theta}$

   i) $\rho = 2 - \cos\theta$

   j) $\rho = 1 - \text{sen}\,\theta$

Mais Algumas Aplicações da Integral. Coordenadas Polares

423

l) $\rho = \cos 4\theta$

m) $\rho^2 = \operatorname{tg}\theta, 0 \leqslant \theta < \dfrac{\pi}{2}\ (\rho \geqslant 0)$

n) $\rho^2 = \operatorname{tg} 2\theta, 0 \leqslant \theta < \dfrac{\pi}{4}\ (\rho \geqslant 0)$

o) $\rho = \cos^2\theta$

2. Passe a curva dada para coordenadas polares e desenhe-a.

a) $x^4 - y^4 = 2xy$

b) $(x^2 + y^2)^{\frac{3}{2}} = y^2$

c) $x^2 + y^2 + x = \sqrt{x^2 + y^2}$

d) $(x^2 + y^2)^2 = x^2 - y^2$

3. Calcule a área da região limitada pela curva dada (coordenadas polares).

a) $\rho = 2 - \cos\theta$

b) $\rho^2 = \cos\theta\ (\rho \geqslant 0)$

c) $\rho = \cos 2\theta$

d) $\rho = \cos 3\theta$

4. Calcule a área da interseção das regiões limitadas pelas curvas dadas em coordenadas polares.

a) $\rho = 2 - \cos\theta$ e $\rho = 1 + \cos\theta$

b) $\rho = \operatorname{sen}\theta$ e $\rho = 1 - \cos\theta$

c) $\rho = 3$ e $\rho = 2\,(1 - \cos\theta)$

d) $\rho^2 = \cos\theta$ e $\rho^2 = \operatorname{sen}\theta\ (\rho \geqslant 0)$

e) $\rho = \cos\theta$ e $\rho = \operatorname{sen}\theta$

f) $\rho = 1$ e $\rho = 2\,(1 - \cos\theta)$

5. Calcule a área do conjunto de todos os pontos (θ, ρ) tais que $\theta^2 \leqslant \rho \leqslant \theta$ (coordenadas polares).

6. Calcule a área da região situada no $1^{\underline{o}}$ quadrante, limitada acima pela curva $x^4 - y^4 = 2xy$ (coordenadas cartesianas) e abaixo por $\rho^2 = 2\operatorname{sen} 2\theta$ (coordenadas polares), com $\rho \geqslant 0$.

7. *a)* Escreva, em coordenadas polares, a equação da elipse $\dfrac{x^2}{a^2} + \dfrac{y^2}{b^2} = 1$ tomando como polo a origem e como eixo polar o semieixo Ox.

b) Escreva, em coordenadas polares, a equação da elipse $\dfrac{x^2}{a^2} + \dfrac{y^2}{b^2} = 1$ tomando como polo o foco $F = (c, 0)$, $c > 0$, e como eixo polar a semirreta FA em que $A = (a, 0)$, $a > 0$. (Faça $e = \dfrac{c}{a}$ e $\rho = a - ec$.)

8. Sejam F_1 e F_2 dois pontos distintos do plano e seja k a metade da distância de F_1 a F_2. O lugar geométrico dos pontos P do plano tais que $\overline{PF_1} \cdot \overline{PF_2} = k^2$ denomina-se *lemniscata* de focos F_1 e F_2.

a) Tomando-se $F_1 = (-k, 0)$ e $F_2 = (k, 0)$, determine a equação, em coordenadas cartesianas, da *lemniscata*.

b) Passe para coordenadas polares a equação obtida no item *a)* tomando para polo a origem e x como eixo polar. Desenhe a curva.

13.8 Comprimento de Curva em Coordenadas Polares

Consideremos a curva dada em coordenadas polares por

$$\rho = \rho(\theta), \alpha \leq \theta \leq \beta,$$

sendo a função suposta de classe C^1 no intervalo $[\alpha, \beta]$. Em coordenadas paramétricas, esta curva se escreve da seguinte forma

$$x = \rho(\theta) \cos \theta \quad \text{e} \quad y = \rho(\theta) \text{ sen } \theta, \alpha \leq \theta \leq \beta.$$

Utilizando a fórmula de comprimento de curva em forma paramétrica (observe que aqui o *parâmetro t* está sendo substituído pelo *parâmetro θ*), temos

$$\text{comprimento} = \int_\alpha^\beta \sqrt{\left(\frac{dx}{d\theta}\right)^2 + \left(\frac{dy}{d\theta}\right)^2} \, d\theta.$$

De $\frac{dx}{d\theta} = \frac{d\rho}{d\theta} \cos \theta - \rho \text{ sen } \theta \quad \text{e} \quad \frac{dy}{d\theta} = \frac{d\rho}{d\theta} \text{ sen } \theta + \rho \cos \theta$, resulta

$$\left(\frac{dx}{d\theta}\right)^2 + \left(\frac{dy}{d\theta}\right)^2 = \rho^2 + \left(\frac{d\rho}{d\theta}\right)^2, \text{ em que } \rho = \rho(\theta). \text{ (Verifique.)}$$

Assim, o comprimento da curva $\rho = \rho(\theta)$, $\alpha \leq \theta \leq \beta$, em coordenadas polares, é

$$\boxed{\text{comprimento} = \int_\alpha^\beta \sqrt{\rho^2 + \left(\frac{d\rho}{d\theta}\right)^2} \, d\theta}$$

Nosso objetivo a seguir é interpretar geometricamente a diferencial $\sqrt{\rho^2 + \left(\frac{d\rho}{d\theta}\right)^2} \, d\theta$. Seja, então, $s = s(\theta)$, $\theta \in [\alpha, \beta]$, o comprimento do trecho da curva de extremidades $(\alpha, \rho(\alpha))$ e $P = (\theta, \rho(\theta))$. Sejam Δs e $\Delta \rho$ as variações em s e ρ correspondentes à variação $d\theta$, em θ, com $d\theta > 0$. O comprimento do arco (de circunferência) PM de abertura $d\theta$ e raio $\rho = \rho(\theta)$ é $\rho \, d\theta$; por outro lado, o comprimento do segmento MN é $\Delta \rho$. Para $d\theta$ suficientemente pequeno, $\Delta \rho \approx d\rho$, PMN é *quase* um triângulo retângulo e

$$\Delta^2 s \approx (\rho \, d\theta)^2 + (\Delta \rho)^2,$$

ou seja, $\Delta s \approx \sqrt{\rho^2 + \left(\frac{d\rho}{d\theta}\right)^2} \, d\theta.$

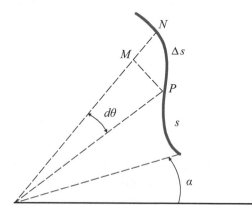

Mais Algumas Aplicações da Integral. Coordenadas Polares

Exemplo Calcule o comprimento da curva $\rho = \text{sen } \theta$, $0 \leqslant \theta \leqslant \pi$, em coordenadas polares.

Solução

De $\rho = \text{sen } \theta$, segue $\dfrac{d\rho}{d\theta} = \cos \theta$. Daí

$$\text{comprimento} = \int_0^\pi \sqrt{\rho^2 + \left(\frac{d\rho}{d\theta}\right)^2}\, d\theta = \int_0^\pi \sqrt{(\text{sen } \theta)^2 + (\cos \theta)^2}\, d\theta = \pi.$$

O comprimento da curva é π (unidades de comprimento). (Observe que $\rho = \text{sen } \theta$ é a equação de uma circunferência de centro $\left(0, \dfrac{1}{2}\right)$ e raio $\dfrac{1}{2}$. Confira.)

Exercícios 13.8

Calcule o comprimento da curva dada em coordenadas polares.

1. $\rho = \theta$, $0 \leqslant \theta \leqslant \pi$

2. $\rho = e^{-\theta}$, $0 \leqslant \theta < 2\pi$

3. $\rho = 1 + \cos \theta$, $0 \leqslant \theta \leqslant \pi$

4. $\rho = \sec \theta$, $0 \leqslant \theta \leqslant \dfrac{\pi}{3}$

5. $\rho = \dfrac{1}{\theta}$, $1 \leqslant \theta \leqslant \sqrt{3}$

6. $\rho = \theta^2$, $0 \leqslant \theta \leqslant 1$

13.9 Centro de Massa

Consideremos um sistema de "massas pontuais" $m_1, m_2, \ldots, m_n$ localizadas nos pontos (x_1, y_1), $(x_2, y_2), \ldots, (x_n, y_n)$. O *centro de massa* do sistema é, por definição, o ponto (x_c, y_c) em que

$$x_c = \frac{x_1 m_1 + x_2 m_2 + \ldots + x_n m_n}{m_1 + m_2 + \ldots + m_n} = \frac{\displaystyle\sum_{i=1}^{n} x_i m_i}{\displaystyle\sum_{i=1}^{n} m_i}$$

$$y_c = \frac{y_1 m_1 + y_2 m_2 + \ldots + y_n m_n}{m_1 + m_2 + \ldots + m_n} = \frac{\displaystyle\sum_{i=1}^{n} y_i m_i}{\displaystyle\sum_{i=1}^{n} m_i}$$

Capítulo 13

426

> **Exemplo 1** Determine o centro de massa do sistema constituído pelas massas m_1, m_2 localizadas nos pontos (x_1, y_1) e (x_2, y_2), supondo $m = m_1 = m_2$.

Solução

$$x_c = \frac{x_1 m_1 + x_2 m_2}{m_1 + m_2} = \frac{x_1 + x_2}{2}$$

$$y_c = \frac{y_1 m_1 + y_2 m_2}{m_1 + m_2} = \frac{y_1 + y_2}{2}$$

Deste modo, (x_c, y_c) é o ponto médio do segmento de extremidades (x_1, y_1) e (x_2, y_2).

> **Exemplo 2** Considere o sistema de massas m_1, m_2, m_3 localizadas em (x_1, y_1), (x_2, y_2) e (x_3, y_3). Seja $M_1 = m_1 + m_2$ e considere o sistema M_1 e m_3, com M_1 localizada no centro de massa de m_1, m_2. Verifique que o centro de massa de M_1, m_3 é o mesmo que o de m_1, m_2, m_3.

Solução

Seja $(\bar{x}, \bar{y})$ o centro de massa de m_1 e m_2:

$$\bar{x} = \frac{x_1 m_1 + x_2 m_2}{m_1 + m_2} \quad \text{e} \quad \bar{y} = \frac{y_1 m_1 + y_2 m_2}{m_1 + m_2}$$

Seja $(\bar{x}_c, \bar{y}_c)$ o centro de massa de M_1, m_3:

$$\bar{x}_c = \frac{\bar{x} M_1 + x_3 m_3}{M_1 + m_3} = \frac{x_1 m_1 + x_2 m_2 + x_3 m_3}{m_1 + m_2 + m_3} = x_c$$

$$\left(\bar{x} M_1 = \frac{x_1 m_1 + x_2 m_2}{m_1 + m_2} M_1 = x_1 m_1 + x_2 m_2 \right)$$

$$\bar{y}_c = \frac{\bar{y} M_1 + y_3 m_3}{M_1 + m_3} = \frac{y_1 m_1 + y_2 m_2 + y_3 m_3}{m_1 + m_2 + m_3} = y_c$$

Assim, $(\bar{x}_c, \bar{y}_c) = (x_c, y_c)$.

Deixamos a seu cargo generalizar o resultado do Exemplo 2.

Vejamos, agora, como determinar o centro de massa de uma região A do plano que será imaginada como uma lâmina delgada, homogênea, de modo que a densidade superficial ρ é constante (ρ é massa por unidade de área). Suponhamos, inicialmente, que A possa ser decomposta em n retângulos R_1, R_2, ..., R_n. Seja m_i a massa do retângulo R_i: m_i é o produto de ρ pela área de R_i. Neste caso, definimos o *centro de massa* de A como o centro de massa do sistema m_1, m_2, ..., m_n, com m_i localizada no centro de R_i.

Suponhamos, agora, A da forma

$$A = \{(x, y) \in \mathbb{R}^2 \mid a \leq x \leq b, f(x) \leq y \leq g(x)\}$$

em que f e g são supostas contínuas em $[a, b]$, e $f(x) \leq g(x)$ em $[a, b]$. Seja $P : a = x_0 < x_1 < x_2 < \ldots < x_n = b$ uma partição qualquer de $[a, b]$ e seja c_i o ponto médio de $[x_{i-1}, x_i]$ $(i = 1, 2, ..., n)$.

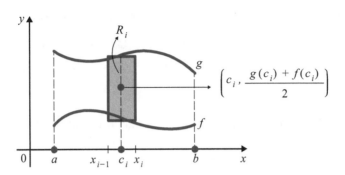

A massa m_i de R_i é: $m_i = \rho[g(c_i) - f(c_i)] \Delta x_i$. O centro de massa da figura formada pelos retângulos $R_1, R_2, \ldots, R_n$ é:

$$\left(\frac{\sum_{i=1}^{n} c_i \rho[g(c_i) - f(c_i)] \Delta x_i}{\sum_{i=1}^{n} \rho[g(c_i) - f(c_i)] \Delta x_i}, \frac{\sum_{i=1}^{n} \frac{1}{2}[g(c_i) + f(c_i)]\rho[g(c_i) - f(c_i)] \Delta x_i}{\sum_{i=1}^{n} \rho[g(c_i) - f(c_i)] \Delta x_i} \right)$$

Nada mais natural, então, do que tomar como *centro de massa* de A o ponto (x_c, y_c) em que

$$x_c = \lim_{\text{máx } \Delta x_i \to 0} \frac{\sum_{i=1}^{n} c_i[g(c_i) - f(c_i)] \Delta x_i}{\sum_{i=1}^{n} [g(c_i) - f(c_i)] \Delta x_i} = \frac{\int_a^b x[g(x) - f(x)]dx}{\text{área de } A}$$

e

$$y_c = \lim_{\text{máx } \Delta x_i \to 0} \frac{\sum_{i=1}^{n} \frac{1}{2}[g(c_i) + f(c_i)][g(c_i) - f(c_i)] \Delta x_i}{\sum_{i=1}^{n} [g(c_i) - f(c_i)] \Delta x_i}$$

$$= \frac{\frac{1}{2}\int_a^b [g(x) + f(x)][g(x) - f(x)]dx}{\text{área de } A}.$$

Ou seja,

$$x_c = \frac{\int_a^b x[g(x) - f(x)]dx}{\text{área de } A}$$

e

$$y_c = \frac{\frac{1}{2}\int_a^b [g(x) + f(x)][g(x) - f(x)]dx}{\text{área de } A}$$

Capítulo 13

Suponha, finalmente, que A possa ser decomposta em n regiões $A_1, A_2, \ldots, A_n$, em que

$$A_i = \{(x,y) \in \mathbb{R}^2 \mid a_i \leq x \leq b_i, f_i(x) \leq y \leq g_i(x)\}$$

com f_i, g_i contínuas em $[a_i, b_i]$ e $f_i(x) \leq g_i(x)$ em $[a_i, b_i]$. Como você calcularia o centro de massa de A?

Exemplo 3 Determine o centro de massa da figura A limitada pela reta $y = 1$ e pela parábola $y = x^2$.

Solução

$$x_c = \frac{\int_{-1}^{1} x(1-x^2)\,dx}{\text{área de } A} = 0$$

$$y_c = \frac{\frac{1}{2}\int_{-1}^{1}(1+x^2)(1-x^2)\,dx}{\text{área de } A} = \frac{2}{5}$$

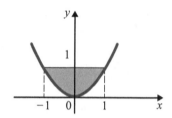

O centro de massa de A é o ponto $\left(0, \dfrac{2}{5}\right)$.

Exemplo 4 Calcule o centro de massa do conjunto $A = \{(x,y) \in \mathbb{R}^2 \mid 1 \leq x^2 + y^2 \leq 4,\ x \geq 0 \text{ e } y \geq 0\}$.

Solução

Vamos imaginar A como uma lâmina delgada, homogênea, com densidade superficial $\rho = 1$. Sendo m_1 e m_2 as massas de A_1 e A_2, respectivamente, teremos, por ser $\rho = 1$,

$$m_1 = \text{área } A_1 \text{ e } m_2 = \text{área } A_2.$$

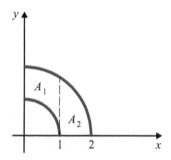

Sejam (x_1, y_1) e (x_2, y_2) os centros de massas de A_1 e A_2, respectivamente. O centro de massa de A será, então, o centro de massa do sistema m_1, m_2 com as massas localizadas, respectivamente, em (x_1, y_1) e (x_2, y_2). Sendo, então, (x_c, y_c) o centro de massa de A teremos

$$x_c = \frac{x_1 m_1 + x_2 m_2}{m_1 + m_2} \quad \text{e} \quad y_c = \frac{y_1 m_1 + y_2 m_2}{m_1 + m_2}$$

Como

$$x_1 = \frac{\int_0^1 x[\sqrt{4-x^2} - \sqrt{1-x^2}]\,dx}{\text{área } A_1}, \quad x_2 = \frac{\int_1^2 x\sqrt{4-x^2}\,dx}{\text{área } A_2},$$

$$y_1 = \frac{\frac{1}{2}\int_0^1 [(\sqrt{4-x^2})^2 - (\sqrt{1-x^2})^2]\,dx}{\text{área } A_1} \text{ e } y_2 = \frac{\frac{1}{2}\int_1^2 (\sqrt{4-x^2})^2\,dx}{\text{área } A_2},$$

resulta

$$x_c = \frac{\int_0^1 x[\sqrt{4-x^2} - \sqrt{1-x^2}]\,dx + \int_1^2 x\sqrt{4-x^2}\,dx}{\text{área } A}$$

$$= \frac{\int_0^2 x\sqrt{4-x^2}\,dx - \int_0^1 x\sqrt{1-x^2}\,dx}{\text{área } A}$$

e

$$y_c = \frac{\frac{1}{2}\int_0^1 3\,dx + \frac{1}{2}\int_1^2 (4-x^2)\,dx}{\text{área } A} = \frac{\frac{7}{2} - \frac{1}{2}\int_1^2 x^2\,dx}{\text{área } A}.$$

Temos:

$$\text{área } A = \frac{3\pi}{4};$$

$$\int_0^2 x\sqrt{4-x^2}\,dx = -\frac{1}{2}\int_4^0 \sqrt{u}\,du = \frac{8}{3};$$

$$\int_0^1 x\sqrt{1-x^2}\,dx = -\frac{1}{2}\int_1^0 \sqrt{u}\,du = \frac{1}{3}.$$

Segue que

$$x_c = \frac{28}{9\pi} \quad \text{e} \quad y_c = \frac{28}{9\pi}.$$

Vejamos, a seguir, como determinar o centro de massa do gráfico de uma função, que será imaginado como fio fino, homogêneo, de modo que a densidade linear ρ é constante (densidade linear é massa por unidade de comprimento). Seja f uma função definida e com derivada contínua em $[a, b]$. Seja $P: a = x_0 < x_1 < x_2 < ... < x_n = b$ uma partição de $[a, b]$ e seja c_i ($i = 1, 2, ..., n$) o ponto médio de $[x_{i-1}, x_i]$

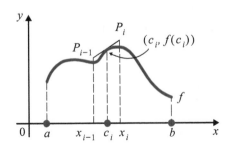

Capítulo 13

430

O segmento $P_{i-1}P_i$ é tangente em $(c_i, f(c_i))$ ao gráfico de f: o comprimento deste segmento é $\sqrt{1 + [f'(c_i)]^2}\,\Delta x_i$ (veja Seção 3.4); logo, sua massa m_i é: $m_i = \rho\sqrt{1 + [f'(c_i)]^2}\,\Delta x_i$. O centro de massa do sistema formado pelos segmentos $P_{i-1}P_i\,(i = 1, 2, ..., n)$ é o ponto

$$\left(\frac{\displaystyle\sum_{i=1}^{n} c_i\rho\sqrt{1 + [f'(c_i)]^2}\,\Delta x_i}{\displaystyle\sum_{i=1}^{n} \rho\sqrt{1 + [f'(c_i)]^2}\,\Delta x_i}, \ \frac{\displaystyle\sum_{i=1}^{n} f(c_i)\rho\sqrt{1 + [f'(c_i)]^2}\,\Delta x_i}{\displaystyle\sum_{i=1}^{n} \rho\sqrt{1 + [f'(c_i)]^2}\,\Delta x_i} \right)$$

Nada mais natural, então, do que tomar para centro de massa do gráfico de f o ponto (x_c, y_c) em que

$$x_c = \frac{\displaystyle\int_a^b x\sqrt{1 + [f'(x)]^2}\,dx}{\displaystyle\int_a^b \sqrt{1 + [f'(x)]^2}\,dx}$$

e

$$y_c = \frac{\displaystyle\int_a^b f(x)\sqrt{1 + [f'(x)]^2}\,dx}{\displaystyle\int_a^b \sqrt{1 + [f'(x)]^2}\,dx}$$

Observe que $\displaystyle\int_a^b \sqrt{1 + [f'(x)]^2}\,dx$ é o comprimento do gráfico de f.

Observação importante. O centro de massa de um conjunto do plano não tem obrigação alguma de pertencer a este conjunto.

Exercícios 13.9

1. Determine o centro de massa da região A dada.

   a) $A = \{(x, y) \in \mathbb{R}^2 \mid 0 \leqslant x \leqslant 1, 0 \leqslant y \leqslant x^3\}$

   b) $A = \{(x, y) \in \mathbb{R}^2 \mid x^2 + 4y^2 \leqslant 1, x \geqslant 0 \text{ e } y \geqslant 0\}$

   c) $A = \{(x, y) \in \mathbb{R}^2 \mid x^2 + 4y^2 \leqslant 1, y \geqslant 0\}$

   d) $A = \{(x, y) \in \mathbb{R}^2 \mid x^2 \leqslant y \leqslant x\}$.

2. Determine o centro de massa do gráfico da função dada.

   a) $f(x) = \sqrt{4 - x^2}, \ -2 \leqslant x \leqslant 2$

   b) $f(x) = x^2, \ -\dfrac{1}{2} \leqslant x \leqslant \dfrac{1}{2}$

   c) $f(x) = \dfrac{e^x + e^{-x}}{2}, \ -1 \leqslant x \leqslant 1$.

Mais Algumas Aplicações da Integral. Coordenadas Polares

3. (*Teorema de Pappus.*) Considere o conjunto

$$A = \{(x, y) \in \mathbb{R}^2 \mid a \leqslant x \leqslant b, f(x) \leqslant y \leqslant g(x)\}$$

em que f e g são supostas contínuas em $[a, b]$ e $0 \leqslant f(x) \leqslant g(x)$ em $[a, b]$. Mostre que o volume do sólido, obtido pela rotação em torno do eixo x do conjunto A, é igual ao produto da área de A pelo comprimento da circunferência descrita pelo centro de massa de A.

4. Sejam f e g contínuas em $[a, b]$, com $\alpha \leqslant f(x) \leqslant g(x)$ em $[a, b]$ em que α é um real dado. Seja o conjunto

$$A = \{(x, y) \in \mathbb{R}^2 \mid a \leqslant x \leqslant b, f(x) \leqslant y \leqslant g(x)\}$$

Mostre que o volume do sólido, obtido pela rotação em torno da reta $y = \alpha$ do conjunto A, é igual ao produto da área de A pelo comprimento da circunferência descrita pelo centro de massa de A.

5. Calcule o volume do sólido obtido pela rotação do círculo $x^2 + (y - 2)^2 \leqslant 1$ em torno

a) do eixo x.

b) da reta $y = 1$.

6. Calcule o volume do sólido obtido pela rotação da região $x^2 + 4y^2 \leqslant 1$, em torno da reta $y = 1$.

7. Seja $A = \{(x, y) \in \mathbb{R}^2 \mid x^4 \leqslant y \leqslant 1\}$.

a) Calcule o centro de massa de A.

b) Calcule o volume do sólido obtido pela rotação de A em torno da reta $y = 2$.

8. Calcule o volume do sólido obtido pela rotação do círculo $x^2 + y^2 \leqslant 1$ em torno da reta $x + y = 2$.

9. (*Teorema de Pappus para área de superfície de revolução*). Suponha $f(x) \geqslant 0$ e com derivada contínua em $[a, b]$. Mostre que a área da superfície, obtida pela rotação em torno do eixo x do gráfico de f, é igual ao produto do comprimento do gráfico de f pelo comprimento da circunferência descrita pelo centro de massa do gráfico de f.

10. Seja A o conjunto do plano de todos os (x, y) tais que $0 \leqslant a \leqslant x \leqslant b, 0 \leqslant f(x) \leqslant y \leqslant g(x)$, em que f e g são supostas contínuas em $[a, b]$. Imagine A como uma lâmina delgada, homogênea, de modo que a densidade superficial ρ é constante (ρ é massa por unidade de área). Seja (x_c, y_c) o centro de massa de A. Sejam V_x o volume do sólido obtido pela rotação de A em torno do eixo x e V_y o volume obtido pela rotação de A em torno do eixo y. Pelo teorema de Pappus (Exercício 3 acima), V_x *é igual ao produto da área de A pelo comprimento da circunferência gerada, na rotação em torno do eixo x, pelo centro de massa de A. Do mesmo modo, V_y é igual ao produto da área de A pelo comprimento da circunferência gerada, na rotação em torno do eixo y, pelo centro de massa de A.* Pois bem, destas informações conclua que

$$x_c = \frac{V_y}{2\pi \text{ (área de } A)} \quad \text{e} \quad y_c = \frac{V_x}{2\pi \text{ (área de } A)}$$

Capítulo 13

11. Determine o centro de massa da região A dada por $1 \leqslant x^2 + y^2 \leqslant 4$, $x \geqslant 0$ e $y \geqslant 0$. (*Sugestão*: Com as funções f e g dadas por $f(x) = \sqrt{4 - x^2}$, $0 \leqslant x \leqslant 2$ e $g(x) = \sqrt{1 - x^2}$ se $0 \leqslant x \leqslant 1$ ou $g(x) = 0$ se $1 < x \leqslant 2$ o teorema de Pappus se aplica. Calcule então V_y, V_x e a área de A e utilize o Exercício 10. Compare a sua solução com a do Exemplo 4.)

12. Determine o centro de massa da região A dada por $4x^2 + y^2 \leqslant 4$, $y \geqslant 0$. (*Sugestão*: Para o cálculo de x_c aproveite a simetria da figura.)

13. Calcule o centro de massa do setor circular A dado por $x^2 + y^2 \leqslant R^2$, $0 \leqslant y \leqslant \alpha x$ e $0 \leqslant x \leqslant R$, com $R > 0$ e $0 < \alpha$.

14. Suponha que a região A do plano, situada no semiplano $y \geqslant 0$, possa ser dividida em duas partes A_1 e A_2 às quais se aplica, em relação ao eixo x, o teorema de Pappus. Suponha, ainda, que a área de A seja igual à soma das áreas de A_1 e A_2 e $V_x = V_{1x} + V_{2x}$, em que V_{1x}, V_{2x} e V_x são os volumes respectivos dos sólidos obtidos, pela rotação em torno do eixo x, de A_1, A_2 e A. Mostre que, em relação ao eixo x, o teorema de Pappus aplica-se, também, a A. (Estabeleça resultado análogo em relação ao eixo y, supondo A situada no semiplano $x \geqslant 0$.)

15. Sejam $A_1 = \{(x, y) \mid 1 \leqslant x \leqslant 3, 1 \leqslant y \leqslant 2\}$, $A_2 = \{(x, y) \mid 2 \leqslant x \leqslant 4, 2 \leqslant y \leqslant 3\}$ e A a reunião de A_1 e A_2. Determine o centro de massa de A.

16. Determine o centro de massa do conjunto $-1 \leqslant x \leqslant 3$ e $0 \leqslant y \leqslant (x + 1)^2$. (*Sugestão*: Resolva o problema no plano (u, y), com $u = x + 1$.)

17. Utilizando o Exercício 9, estabeleça, para gráfico de função, resultado análogo ao do Exercício 10.

14 CAPÍTULO

Equações Diferenciais de 1ª Ordem de Variáveis Separáveis e Lineares

14.1 Equações Diferenciais: Alguns Exemplos

As soluções de muitos problemas que ocorrem tanto na física como na geometria dependem de resoluções de *equações diferenciais*. Vejamos alguns exemplos.

Exemplo 1 Uma partícula desloca-se sobre o eixo x de modo que, em cada instante t, a velocidade é o dobro da posição. Qual a *equação diferencial* que rege o movimento?

Solução

Neste problema, o que nos interessa determinar é a função de posição $x = x(t)$. De acordo com o enunciado do problema, o movimento é regido pela *equação diferencial de 1ª ordem*

$$\frac{dx}{dt} = 2x.$$

Conforme o Exercício 2 da Seção 10.1, as funções que satisfazem tal equação são da forma $x = ke^{2t}$, k constante. Assim, a função de posição do movimento é da forma $x = ke^{2t}$.

Exemplo 2 Uma partícula de massa $m = 1$ desloca-se sobre o eixo x sob a ação de uma única força, paralela ao deslocamento, com componente $f(x) = -x$. Qual a *equação diferencial* que rege o movimento?

Solução

Pela lei de Newton

$$m\frac{d^2x}{dt^2} = f(x).$$

Assim, o movimento é regido pela *equação diferencial de 2ª ordem*

$$\frac{d^2x}{dt^2} + x = 0.$$

Capítulo 14

Uma *solução* desta equação é uma função que é igual à oposta de sua derivada segunda. Por exemplo, $(\operatorname{sen} t)'' = -\operatorname{sen} t$, assim $x = \operatorname{sen} t$ é uma solução da equação. Veja, sendo $x = \operatorname{sen} t$, para todo t,

$$\frac{d^2x}{dt^2} + x = (\operatorname{sen} t)'' + \operatorname{sen} t = 0.$$

A função $x = \cos t$ é também solução (verifique). Veremos posteriormente que as funções que a satisfazem são da forma $x = A \cos t + B \operatorname{sen} t$, com A e B constantes.

Exemplo 3 Determine uma função $y = f(x)$ que satisfaça a propriedade: o coeficiente angular da reta tangente no ponto de abscissa x é igual ao produto das coordenadas do ponto de tangência.

Solução

Se f é uma tal função, para todo x no seu domínio

$$f'(x) = x f(x).$$

Assim, a função $y = f(x)$ procurada é *solução da equação diferencial de 1ª ordem*

$$\frac{dy}{dx} = xy.$$

Veremos mais adiante como determinar as funções que satisfazem tal equação.

14.2 Equações Diferenciais de 1ª Ordem de Variáveis Separáveis

Por uma *equação diferencial de 1ª ordem de variáveis separáveis* entendemos uma equação da forma

$$① \qquad \frac{dx}{dt} = g(t)h(x)$$

em que g e h são funções definidas em intervalos abertos I_1 e I_2, respectivamente.

Uma *solução* de ① é uma função $x = x(t)$ definida num intervalo aberto I, $I \subset I_1$, tal que, para todo t em I,

$$x'(t) = g(t)h(x(t)).$$

Exemplo 1 $\dfrac{dx}{dt} = tx^2$ é uma equação diferencial de 1ª ordem de variáveis separáveis. Aqui $g(t) = t$ e $h(x) = x^2$.

Exemplo 2 $\dfrac{dx}{dt} = t^2 + x^2$ é uma equação diferencial de 1ª ordem, mas não de variáveis separáveis.

Equações Diferenciais de 1ª Ordem de Variáveis Separáveis e Lineares

Exemplo 3 Verifique que $x(t) = \dfrac{-2}{t^2 - 1}$, $-1 < t < 1$, é solução da equação $\dfrac{dx}{dt} = tx^2$.

Solução

Precisamos mostrar que, para todo t em $]-1, 1[$,

$$x'(t) = t[x(t)]^2.$$

Temos

$$x'(t) = \left(-\frac{2}{t^2 - 1}\right)' = \frac{4t}{(t^2 - 1)^2}$$

e

$$t[x(t)]^2 = t \cdot \left[\frac{-2}{t^2 - 1}\right]^2 = \frac{4t}{(t^2 - 1)^2}.$$

Logo, para todo t em $]-1, 1[$,

$$x'(t) = t[x(t)]^2$$

ou seja, $x(t) = \dfrac{-2}{t^2 - 1}$, $-1 < t < 1$, é solução da equação.

Na equação ①, x está sendo olhado como variável dependente e t como variável independente. A equação ① pode também ser escrita na forma

$$\frac{dy}{dx} = g(x)h(y)$$

em que, agora, y é a variável dependente e x, a independente.

Exercícios 14.2

1. Assinale as equações diferenciais de variáveis separáveis.

a) $\dfrac{dx}{dt} = tx$

b) $\dfrac{dy}{dx} = \dfrac{y}{x}$, $x > 0$

c) $\dfrac{dx}{dt} = 1 + x^2$

d) $\dfrac{dx}{dt} = x + t$

e) $\dfrac{dy}{dx} = \dfrac{x + y}{x^2 + 1}$

f) $\dfrac{dx}{dt} = x(1 + t^2)$

2. Verifique que a função dada é solução da equação dada.

a) $x(t) = \text{tg } t$, $-\dfrac{\pi}{2} < t < \dfrac{\pi}{2}$ e $\dfrac{dx}{dt} = 1 + x^2$

b) $y(x) = \dfrac{-2}{x^2 + 1}$ e $\dfrac{dy}{dx} = xy^2$

Capítulo 14

c) $x(t) = 4$ e $\dfrac{dx}{dt} = t(x^2 - 16)$

d) $x(t) = 1, t > 0$ e $\dfrac{dx}{dt} = \dfrac{x^2 - 1}{t}, t > 0$

e) $y = e^{\frac{x^2}{2}}$ e $\dfrac{dy}{dx} = xy$

3. Determine as funções constantes, caso existam, que sejam soluções da equação dada.

a) $\dfrac{dx}{dt} = 1 - x^2$

b) $\dfrac{dx}{dt} = tx^2$

c) $\dfrac{dy}{dx} = y^2 + 2xy + 1$

d) $\dfrac{dy}{dx} = 1 + y^2$

e) $\dfrac{dx}{dt} = t(x - 1)$

f) $\dfrac{dx}{dt} = \dfrac{x}{t}, t > 0$

14.3 Soluções Constantes

Consideremos a equação de variáveis separáveis

① $$\frac{dx}{dt} = g(t)h(x)$$

com g e h definidas em intervalos abertos I_1 e I_2, respectivamente, e g *não identicamente nula* em I_1.

Consideremos a função constante

② $$x(t) = a, t \in I_1.$$

Se $h(a) = 0$, então $x(t) = a, t \in I_1$, será solução de ① (por quê?). Reciprocamente, se ② for solução de ①, devemos ter para todo t em I_1

$$0 = g(t)h(a)$$

e como $g(t)$ não é identicamente nula em I_1, resulta $h(a) = 0$. Assim,

$x(t) = a, t \in I_1$ (a constante) é solução de ① se e somente se a for raiz da equação $h(x) = 0$.

Exemplo 1 Determine as soluções constantes de $\dfrac{dx}{dt} = t(1 - x^2)$.

Solução

$h(x) = 1 - x^2; h(x) = 0 \Leftrightarrow 1 - x^2 = 0$. Como

$$1 - x^2 = 0 \Leftrightarrow x = 1 \text{ ou } x = -1$$

resulta que

$$x(t) = 1 \text{ e } x(t) = -1$$

são as soluções constantes da equação.

Exemplo 2 A equação $\dfrac{dx}{dt} = 4 + x^2$ não admite solução constante, pois $h(x) = 4 + x^2$ não admite raiz real.

Exercícios 14.3

Determine, caso existam, as soluções constantes.

1. $\dfrac{dx}{dt} = tx^2$

2. $\dfrac{dx}{dt} = x^2 - x$

3. $\dfrac{dx}{dt} = t(1 + x^2)$

4. $\dfrac{dx}{dt} = \dfrac{t}{x}$

5. $\dfrac{dx}{dt} = \dfrac{t^2 - 1}{x}$

6. $\dfrac{dx}{dt} = \dfrac{x^2 - 1}{t}, t < 0$

14.4 Soluções Não Constantes

O teorema que enunciamos a seguir e cuja demonstração é deixada para o Apêndice D nos será útil na determinação das soluções não constantes.

> **Teorema.** Seja a equação
>
> ① $$\dfrac{dx}{dt} = g(t)h(x)$$
>
> em que g e h são definidas em intervalos abertos I_1 e I_2, respectivamente, com g *contínua* em I_1 e h' *contínua* em I_2. Nestas condições, se $x = x(t)$, $t \in I$, for solução *não constante* de ①, então, para todo t em I, $h(x(t)) \neq 0$.

Vejamos, então, como determinar as *soluções não constantes* de ①, supondo que g e h satisfaçam as condições do teorema anterior.

Suponhamos que $x = x(t)$, $t \in I$, seja uma solução não constante de ①; assim, para todo t em I,

$$x'(t) = g(t)h(x(t))$$

ou

② $$\dfrac{x'(t)}{h(x(t))} = g(t).$$

Capítulo 14

438

Seja $J = \{x(t) \mid t \in I\}$; J é um intervalo, pois $x = x(t)$ é contínua. Observe que para todo x em J, $h(x) \neq 0$. A função $\dfrac{1}{h(x)}$ sendo contínua em J admite uma primitiva $H(x)$, neste intervalo: $H'(x) = \dfrac{1}{h(x)}$, $x \in J$. Segue que, para todo t em I,

③
$$[H(x(t))]' = \frac{x'(t)}{h(x(t))}.$$

Resulta de ② e ③ que, para todo t em I,

④
$$[H(x(t))]' = g(t).$$

Sendo $G(t)$ uma primitiva de g em I, segue de ① que existe uma constante k tal que, para todo t em I,

⑤
$$H(x(t)) = G(t) + k.$$

Como $h(x) \neq 0$ em J e pelo fato de h ser contínua, segue que $\dfrac{1}{h(x)}$ mantém o mesmo sinal em J, logo, H é estritamente crescente ou estritamente decrescente em J e, portanto, inversível. Sendo $\mathcal{H}$ a função inversa de H em J, resulta de ⑤ que

$$x(t) = \mathcal{H}(G(t) + k), \, t \in I.$$

Por outro lado, deixamos a seu cargo verificar que toda função do tipo

$$x(t) = \mathcal{H}(G(t) + k)$$

é solução de ①, em que $\mathcal{H}$ é a inversa de uma primitiva de $\dfrac{1}{h(x)}$ num intervalo em que $h(x) \neq 0$, $G(t)$ uma primitiva de $g(t)$ num intervalo $I \subset I_1$ e k uma constante.

14.5 Método Prático para Determinar as Soluções Não Constantes

Seja a equação

①
$$\frac{dx}{dt} = g(t)h(x)$$

com g e h nas condições do teorema da seção anterior. O quadro que apresentamos a seguir fornece-nos um roteiro prático para determinar as soluções não constantes de ①.

$$\frac{dx}{dt} = g(t)h(x)$$

$$\frac{dx}{h(x)} = g(t)\,dt \text{ (separação das variáveis)}$$

$$\int \frac{dx}{h(x)} = \int g(t)\,dt$$

$$H(x) = G(t) + k$$

Exemplo 1 Resolva a equação

$$\frac{dx}{dt} = x^2 t$$

Solução

Inicialmente, vamos determinar as soluções constantes.

$$h(x) = x^2; x^2 = 0 \Leftrightarrow x = 0.$$

Assim, $x(t) = 0$ é a única solução constante.
Vamos, agora, determinar as soluções não constantes.

$$\frac{dx}{dt} = x^2 t$$

$$\frac{dx}{x^2} = t\, dt$$

$$\int \frac{1}{x^2} dx = \int t\, dt$$

$$-\frac{1}{x} = \frac{t^2}{2} + k$$

$$x = \frac{-2}{t^2 + 2k}.$$

Como $g(t) = t$ e $h'(x) = 2x$ são contínuas resulta

$$\boxed{\begin{array}{c} x(t) = 0 \\ \text{e} \\ x(t) = \dfrac{-2}{t^2 + 2k} \quad (k \text{ constante}) \end{array}}$$

é a família das soluções da equação.

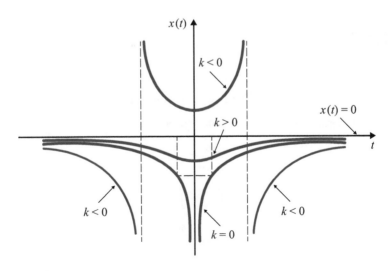

Capítulo 14

440

Exemplo 2 Com relação à equação do exemplo anterior, determine a solução que satisfaça a *condição inicial* dada.

a) $x(1) = 0$ *b)* $x(0) = 1$ *c)* $x(0) = -1$

Solução

a) A solução constante $x(t) = 0$ satisfaz a condição inicial $x(1) = 0$.

b) $x(t) = \dfrac{-2}{t^2 + 2k}$ e $x(0) = 1$.

Assim,

$$1 = \frac{-2}{0^2 + 2k} \qquad \text{ou} \qquad k = -1.$$

Segue que

$$x(t) = \frac{-2}{t^2 - 2}, -\sqrt{2} < t < \sqrt{2},$$

satisfaz a condição inicial dada. (Lembre-se: o domínio de uma solução é sempre um intervalo; no caso em questão, tomamos $-\sqrt{2} < t < \sqrt{2}$, pois o domínio deve conter $t = 0$.)

c) $x(t) = \dfrac{-2}{t^2 + 2k}$ e $x(0) = -1$.

$$-1 = \frac{-2}{0^2 + 2k} \text{ ou } k = 1.$$

Segue que

$$x(t) = \frac{-2}{t^2 + 2}, \quad t \in \mathbb{R}$$

satisfaz a condição inicial dada.

Exemplo 3 Resolva $\dfrac{dx}{dt} = xt^2$.

Solução

$$x(t) = 0 \text{ é a única solução constante.}$$

Determinemos, agora, as soluções não constantes.

$$\frac{dx}{x} = t^2 \, dt$$

$$\int \frac{dx}{x} = \int t^2 \, dt$$

$$\ln |x| = \frac{t^3}{3} + k_1$$

Equações Diferenciais de 1ª Ordem de Variáveis Separáveis e Lineares

daí

$$|x| = e^{k_1}\, e^{\frac{t^3}{3}}$$

ou

$$|x| = k_2\, e^{\frac{t^3}{3}},\, k_2 > 0\ (k_2 = e^{k_1}).$$

Se $x > 0$, $x = k_2\, e^{\frac{t^3}{3}}$ e se $x < 0$, $x = -k_2\, e^{\frac{t^3}{3}}$, segue que $x = k\, e^{\frac{t^3}{3}}$, $k \neq 0$ real qualquer. Para $k = 0$, temos a solução constante $x(t) = 0$. Assim

$$x(t) = k\, e^{\frac{t^3}{3}},\, k \text{ real},$$

é a família das soluções da equação.

Exemplo 4 Determine a função $y = f(x)$ tal que $f(1) = 1$ e que goza da propriedade: o coeficiente angular da reta tangente no ponto de abscissa x é igual ao produto das coordenadas do ponto de tangência.

Solução

Para todo x no domínio de f devemos ter

$$f'(x) = x f(x).$$

Assim, a função procurada é solução da equação

$$\frac{dy}{dx} = xy.$$

Temos

$$\int \frac{dy}{y} = \int x\, dx$$

$$\ln|y| = \frac{x^2}{2} + k$$

Para $k = -\dfrac{1}{2}$, a condição $y = 1$ para $x = 1$ estará satisfeita. Assim, a função procurada é

$$y = e^{\frac{x^2}{2} - \frac{1}{2}} \text{ ou } y = \frac{1}{\sqrt{e}} e^{x^2/2}.$$

Exemplo 5 Determine o tempo necessário para se esvaziar um tanque cilíndrico de raio 2 m e altura 5 m, cheio de água, admitindo que a água se escoe através de um orifício, situado na base do tanque, de raio 0,1 m, com uma velocidade $\upsilon = \sqrt{2gh}$ m/s, sendo h a altura da água no tanque e $g = 10$ m/s^2 a aceleração gravitacional.

Capítulo 14

Solução

Seja $h = h(t)$ a altura da água no instante t. O volume $V = V(t)$ de água no tanque no instante t será

$$V(t) = 4\pi h(t)$$

e assim

① $$\frac{dV}{dt} = 4\pi \frac{dh}{dt}.$$

Por outro lado, supondo Δt suficientemente pequeno, o volume de água que passa pelo orifício entre os instantes t e $t + \Delta t$ é aproximadamente igual ao volume de um cilindro de base πr^2 (r raio do orifício) e altura $\upsilon(t)\Delta t$ (observe que a água que no instante t está saindo pelo orifício, no instante $t + \Delta t$ se encontrará, aproximadamente, a uma distância $\upsilon(t)\Delta t$ do orifício, em que $\upsilon(t)$ é a velocidade, no instante t, com que a água está deixando o tanque). Então, na variação de tempo Δt, a variação ΔV no volume de água será

$$\Delta V \cong -\upsilon(t)\pi r^2 \Delta t.$$

É razoável, então, admitir que a diferencial de $V = V(t)$ seja dada por

$$dV = -\upsilon(t)\pi r^2 \, dt$$

ou que

② $$\frac{dV}{dt} = -\upsilon(t)\pi r^2.$$

De ① e ② resulta

$$4\pi \frac{dh}{dt} = -\upsilon(t)\pi r^2.$$

Sendo $\upsilon = \sqrt{20h}$ e $r = 0{,}1$, resulta que a altura $h = h(t)$ da água no tanque é regida pela equação

$$4\frac{dh}{dt} = -0{,}01\sqrt{20h}, \; h > 0.$$

Temos

$$\int \frac{400}{\sqrt{20h}} \, dh = -\int dt$$

$$\frac{800}{\sqrt{20}} \sqrt{h} = -t + k.$$

De $h(0) = 5$, resulta $k = 400$. Assim

$$h = \frac{5}{400^2}(-t + 400)^2.$$

O tempo necessário para esvaziar o tanque será então de 400 segundos ou 6 min 40 s.

Equações Diferenciais de 1ª Ordem de Variáveis Separáveis e Lineares

Exemplo 6   Uma partícula move-se sobre o eixo x com aceleração proporcional ao quadrado da velocidade. Sabe-se que no instante $t = 0$ a velocidade é de 2 m/s e, no instante $t = 1$, 1 m/s.

a) Determine $v = v(t)$, $t \geq 0$.
b) Determine a função de posição supondo $x(0) = 0$.

Solução

a) O movimento é regido pela equação

$$\frac{dv}{dt} = \alpha v^2$$

em que α é a constante de proporcionalidade.

$$\int \frac{dv}{v^2} = \int \alpha\, dt$$

$$-\frac{1}{v} = \alpha t + k$$

ou

$$v = \frac{-1}{\alpha t + k}.$$

Para $t = 0$, $v = 2$, assim

$$2 = \frac{-1}{k} \text{ ou } k = -\frac{1}{2}.$$

Para $t = 1$, $v = 1$, assim

$$1 = \frac{-1}{\alpha - \dfrac{1}{2}} \text{ ou } \alpha = -\frac{1}{2}.$$

Portanto,

$$v(t) = \frac{2}{1 + t}, t \geq 0.$$

b) $\dfrac{dx}{dt} = \dfrac{2}{1 + t}$, $t \geq 0$.

$$\int dx = \int \frac{2}{1 + t}\, dt$$

$$x = 2 \ln(1 + t) + k.$$

Tomando-se $k = 0$, a condição inicial $x(0) = 0$ estará satisfeita. Assim,

$$x(t) = 2 \ln(1 + t).$$

Capítulo 14

Exercícios 14.5

1. Resolva

a) $\dfrac{dx}{dt} = xt$

b) $\dfrac{dy}{dx} = y^2$

c) $\dfrac{dy}{dx} = x^2 + 1$

d) $\dfrac{dT}{dt} = -2\,(T - 10)$

e) $\dfrac{dx}{dt} = \dfrac{t}{x}, x > 0$

f) $\dfrac{dy}{dx} = \dfrac{y}{x}, x > 0$

g) $\dfrac{dx}{dt} = x^2 - 1$

h) $\dfrac{dy}{dx} = e^{-y}$

i) $\dfrac{dv}{dt} = v^2 - v$

j) $\dfrac{dx}{dt} = \ln t$

l) $\dfrac{dy}{dx} = \dfrac{1 + y^2}{x}, x > 0$

m) $\dfrac{ds}{dt} = te^{-s}$

n) $\dfrac{du}{dv} = \dfrac{v}{u^2}, u > 0$

o) $\dfrac{dx}{dt} = \dfrac{tx}{1 + t^2}$

p) $\dfrac{dy}{dx} = \cos^2 y, -\dfrac{\pi}{2} < y < \dfrac{\pi}{2}$

q) $\dfrac{dx}{dt} = \dfrac{t}{\cos x}, -\dfrac{\pi}{2} < x < \dfrac{\pi}{2}$

r) $\dfrac{dy}{dx} = \cos^2 y, \dfrac{\pi}{2} < y < \dfrac{3\pi}{2}$

s) $\dfrac{dv}{dt} = 4 - v^2$

t) $\dfrac{dW}{dV} = \dfrac{C}{V}$ (C constante)

u) $\dfrac{dx}{dt} = \alpha x\,(x + 2)$ (α constante)

2. Determine $y = y(x)$ que satisfaça as condições dadas.

a) $\dfrac{dy}{dx} = e^y$ e $y(0) = 1$

b) $\dfrac{dy}{dx} = y^2 - 4$ e $y(1) = 2$

c) $\dfrac{dy}{dx} = 3y^2$ e $y(0) = \dfrac{1}{2}$

d) $\dfrac{dy}{dx} = y^2 - 4$ e $y(0) = 1$

3. Suponha que $V = V(p), p > 0$, satisfaça a equação $\dfrac{dV}{dp} = \dfrac{V}{\gamma p}$ (γ constante). Admitindo que $V = V_1, V_1 > 0$, para $p = p_1$, mostre que $V^\gamma p = V_1^\gamma p_1$, para todo $p > 0$.

4. O coeficiente angular da reta tangente, no ponto de abscissa x, ao gráfico de $y = f(x)$, é proporcional ao cubo da ordenada do ponto de tangência. Sabendo que $f(0) = 1$ e $f(1) = \dfrac{1}{\sqrt{2}}$, determine f.

5. Um corpo de massa 10 kg é abandonado a uma certa altura. Sabe-se que as únicas forças atuando sobre ele são o seu peso e uma força de resistência proporcional à velocidade. Admitindo-se que 1 segundo após ter sido abandonado a sua velocidade é de 8 m/s, determine a velocidade no instante t (suponha a aceleração da gravidade igual a 10 m/s^2).

Equações Diferenciais de 1ª Ordem de Variáveis Separáveis e Lineares

6. A reta tangente ao gráfico de $y = f(x)$, no ponto (x, y), intercepta o eixo y no ponto de ordenada xy. Determine f sabendo que $f(1) = 1$.

7. Determine a curva que passa por $(1, 2)$ e cuja reta tangente em (x, y) intercepta o eixo x no ponto de abscissa $\dfrac{x}{2}$.

8. Um corpo de massa 70 kg cai do repouso e as únicas forças atuando sobre ele são o seu peso e uma força de resistência proporcional ao quadrado da velocidade. Admitindo-se que 1 segundo após o início da queda a sua velocidade é de 8 m/s, determine a velocidade no instante t. (Suponha a aceleração da gravidade igual a 10 m/s².)

9. Para todo $a > 0$, o gráfico de $y = f(x)$ intercepta ortogonalmente a curva $x^2 + 2y^2 = a$. Determine f sabendo que $f(1) = 2$.

10. Para todo $a > 0$, o gráfico de $y = f(x)$ intercepta ortogonalmente a curva $xy = a$, $x > 0$. Determine f supondo $f(2) = 3$.

11. Determine uma curva que passa pelo ponto $(0, 2)$ e que goza da propriedade: a reta tangente no ponto (x, y) encontra o eixo x no ponto A, de abscissa > 0, de tal modo que a distância de (x, y) a A é sempre 2.

12. Verifique que a mudança de variável $u = \dfrac{y}{x}$ transforma a equação $\dfrac{dy}{dx} = \dfrac{y}{x + y}$ na de variáveis separáveis $\dfrac{du}{dx} = -\dfrac{u^2}{(1 + u)x}$. Determine, então, soluções (na forma implícita) da equação $\dfrac{dy}{dx} = \dfrac{y}{x + y}$.

13. Determine soluções da equação $\dfrac{dy}{dx} = \dfrac{y - 3x}{x}$. (*Sugestão*: Olhe para o Exercício 12.)

14. Verifique que a mudança de variável $u = y - x$ transforma a equação $\dfrac{dy}{dx} = (y - x)^2$ na de variáveis separáveis $\dfrac{du}{dx} = u^2 - 1$. Determine, então, soluções da primeira equação.

14.6 Equações Diferenciais Lineares de 1ª Ordem

Por uma *equação diferencial linear de 1ª ordem* entendemos uma equação do tipo

① $$\frac{dx}{dt} = x\,g(t) + f(t)$$

em que g e f são funções dadas, contínuas e definidas num mesmo intervalo I.

Exemplo 1 $\dfrac{dx}{dt} = xt + 1$ é linear de 1ª ordem; aqui $g(t) = t$ e $f(t) = 1$.

Capítulo 14

446

Exemplo 2 $\dfrac{dx}{dt} = xt^2$ é linear de 1ª ordem (é também de variáveis separáveis); aqui $g(t) = t^2$ e $f(t) = 0$.

Exemplo 3 $\dfrac{dx}{dt} = 5x^2 + \operatorname{sen} t$ *não* é linear (também não é de variáveis separáveis).

Observe que na equação linear, tanto a *variável dependente como sua derivada ocorrem com grau* 1.

Se $f(t) = 0$ em I, a equação ① é de variáveis separáveis e a solução geral será

$$x = ke^{G(t)} \ (k \in \mathbb{R})$$

em que G é uma primitiva de g em I. Por simplicidade, escreveremos

$$x = ke^{\int g(t)\,dt} \ (k \in \mathbb{R})$$

em que $\int g(t)\,dt$ estará representando, então, uma *particular* primitiva de g.

Exemplo 4 Resolva a equação $\dfrac{dx}{dt} = xt^2$.

Solução

Trata-se de uma equação de 1ª ordem, linear e de variáveis separáveis. A solução geral é

$$x = ke^{\int t^2\,dt} \ (k \in \mathbb{R})$$

ou

$$x = ke^{\frac{t^3}{3}}.$$

Vamos, agora, *resolver* ① no caso em que $f(t)$ não é identicamente nula em I. Observamos, inicialmente, que

$$\frac{d}{dt}[x\,e^{-\int g(t)\,dt}] = \frac{dx}{dt}e^{-\int g(t)\,dt} - x\,g(t)e^{-\int g(t)\,dt} =$$

$$= \left[\frac{dx}{dt} - x\,g(t)\right]e^{-\int g(t)\,dt}.$$

Isto é,

$$\frac{d}{dt}[x\,e^{-\int g(t)\,dt}] = \left[\frac{dx}{dt} - x\,g(t)\right]e^{-\int g(t)\,dt}.$$

A igualdade acima nos indica um caminho para obtermos a solução geral de ① no caso em que $f(t)$ não é identicamente nula em I. Temos que ① é equivalente a

$$\frac{dx}{dt} - x\,g(t) = f(t).$$

Equações Diferenciais de 1ª Ordem de Variáveis Separáveis e Lineares

Multiplicando os dois membros pelo *fator integrante* $e^{-\int g(t)\,dt}$, obtemos

$$\left[\frac{dx}{dt} - x\,g(t)\right] e^{-\int g(t)\,dt} = f(t)\, e^{-\int g(t)\,dt}$$

ou

$$\frac{d}{dt}[x\,e^{-\int g(t)\,dt}] = f(t)\, e^{-\int g(t)\,dt}.$$

Daí

$$\frac{d}{dt}[x\,e^{-\int g(t)\,dt}] = f(t)\, e^{-\int g(t)\,dt}.$$

ou

$$\boxed{\; x = k e^{\int g(t)\,dt} + e^{\int g(t)\,dt} \int f(t)\, e^{-\int g(t)\,dt}\,dt \;\; (k \in \mathbb{R}) \;}$$

que é a família das soluções da equação ①.

Na fórmula acima, $\int g(t)\,dt$ e $\int f(t)\, e^{-\int g(t)\,dt}\,dt$ indicam particulares primitivas de $g(t)$ e $f(t)\, e^{-\int g(t)\,dt}$, respectivamente.

Exemplo 5 Resolva a equação $\dfrac{dx}{dt} = 3x + 4$.

Solução

Aqui $g(t) = 3$ e $f(t) = 4$. O fator integrante é $e^{-\int 3\,dt} = e^{-3t}$. Então

$$\left[\frac{dx}{dt} - 3x\right] e^{-3t} = 4e^{-3t}$$

$$\frac{d}{dt}[x\,e^{-3t}] = 4e^{-3t}$$

$$x\,e^{-3t} = k + \int 4e^{-3t}\,dt$$

$$x\,e^{-3t} = k - \frac{4}{3}e^{-3t}$$

ou

$$x = k e^{3t} - \frac{4}{3}.$$

É claro que você poderia ter aplicado diretamente a fórmula obtida anteriormente.

Capítulo 14

448

Exercícios 14.6

1. Resolva.

a) $\dfrac{dx}{dt} = -x + 2$

b) $\dfrac{dx}{dt} = 2x - 1$

c) $\dfrac{dx}{dt} = x \operatorname{sen} t$

d) $\dfrac{dx}{dt} = \dfrac{x}{t} + t,\ t > 0$

e) $\dfrac{dy}{dx} = x - y$

f) $\dfrac{dT}{dt} = -2(T - 3)$

g) $\dfrac{dx}{dt} = x + \operatorname{sen} t$

h) $\dfrac{dy}{dx} = -2y + \cos 2x$

i) $\dfrac{dy}{dx} = y \ln x$

j) $\dfrac{dy}{dx} = \dfrac{y}{x^2 - 1},\ -1 < x < 1$

2. Suponha E, R e C constantes não nulas. Resolva a equação.

a) $R\dfrac{dQ}{dt} = \dfrac{Q}{C}$

b) $R\dfrac{dQ}{dt} + \dfrac{Q}{C} = E$

3. Suponha E, R e L constantes não nulas. Determine a solução $i = i(t)$ do problema

$$\begin{cases} L\dfrac{di}{dt} + Ri = E \\[2mm] i(0) = 0 \end{cases}$$

4. Um objeto aquecido a 100 °C é colocado em um quarto a uma temperatura ambiente de 20 °C; um minuto após a temperatura do objeto passa a 90 °C. Admitindo (*lei de resfriamento de Newton*) que a temperatura $T = T(t)$ do objeto esteja variando a uma taxa proporcional à diferença entre a temperatura do objeto e a do quarto, isto é,

$$\dfrac{dT}{dt} = \alpha\,(T - 20)\ (\alpha \text{ constante})$$

determine a temperatura do objeto no instante t. (Suponha t dado em minutos.)

5. Um investidor aplica seu dinheiro em uma instituição financeira que remunera o capital investido de acordo com a equação $\dfrac{dC}{dt} = 0{,}08\ C$.

a) Supondo que o capital investido no instante $t = 0$ seja C_0, determine o valor do capital aplicado no instante t.

b) Qual o rendimento mensal que o investidor está auferindo? (Suponha t dado em meses.)

6. Um capital $C = C(t)$ está crescendo a uma taxa $\dfrac{dC}{dt}$ proporcional a C. Sabe-se que o valor do capital no instante $t = 0$ era de R\$ 20.000 e 1 ano após, R\$ 60.000. Determine o valor do capital no instante t. (Suponha t dado em anos.)

7. Um material radioativo se desintegra a uma taxa $\frac{dm}{dt}$ proporcional a m, em que $m = m(t)$ é a quantidade de matéria no instante t. Supondo que a quantidade inicial (em $t = 0$) de matéria seja m_0 e que 10 anos após já tenha se desintegrado $\frac{1}{3}$ da quantidade inicial, pede-se o tempo necessário para que metade da quantidade inicial se desintegre.

8. Uma partícula desloca-se sobre o eixo x com aceleração proporcional à velocidade. Admitindo-se que $v(0) = 3$, $v(1) = 2$ e $x(0) = 0$, determine a posição da partícula no instante t.

9. Determine a função $y = f(x)$, $x > 0$, cujo gráfico passa pelo ponto $(1, 2)$ e que goza da propriedade: a área do triângulo de vértices $(0, 0)$, (x, y) e $(0, m)$, $m > 0$ é igual a 1, para todo (x, y) no gráfico de f, em que $(0, m)$ é a interseção da reta tangente em (x, y) com o eixo y.

15 CAPÍTULO

Teoremas de Rolle, do Valor Médio e de Cauchy

15.1 Teorema de Rolle

Teorema (de Rolle). Se f for contínua em $[a, b]$, derivável em $]a, b[$ e $f(a) = f(b)$, então existirá pelo menos um c em $]a, b[$ tal que $f'(c) = 0$.

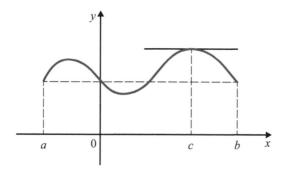

Demonstração

Se f for constante em $[a, b]$, então $f'(x) = 0$ em $]a, b[$; logo, existirá c em $]a, b[$ tal que $f'(c) = 0$. Suponhamos, então, que f *não seja constante* em $[a, b]$. Como f é contínua no intervalo fechado $[a, b]$, pelo teorema de Weierstrass, existem x_1 e x_2 em $[a, b]$, tais que $f(x_1)$ e $f(x_2)$ são, respectivamente, os valores máximo e mínimo de f em $[a, b]$. Como $f(x_1) \neq f(x_2)$, pois estamos supondo f não constante em $[a, b]$, segue que x_1 ou x_2 pertence a $]a, b[$ (estamos usando aqui a hipótese $f(a) = f(b)$), daí $f'(x_1) = 0$ ou $f'(x_2) = 0$. Portanto, existe c em $]a, b[$ tal que $f'(c) = 0$. ∎

Exercícios 15.1

1. Prove que entre duas raízes consecutivas de uma função polinomial f existe pelo menos uma raiz de f'.

 2. Suponha f derivável em $\mathbb{R}$. Prove que entre duas raízes consecutivas de f' há, no máximo, uma raiz de f.

Teoremas de Rolle, do Valor Médio e de Cauchy

451

3. Sejam f e g contínuas em $[a, b]$ e deriváveis em $]a, b[$, com $g(x) \neq 0$ em $[a, b]$. Suponha, ainda, que $f(a) = g(a)$ e $f(b) = g(b)$. Prove que existe c em $]a, b[$ tal que $f'(c)g(c) = f(c)g'(c)$.

4. Suponha f contínua em $[a, b]$, derivável em $]a, b[$ e tal que $f(a) = f(b) = 0$. Suponha, ainda, que $0 < a$. Prove que existe c em $]a, b[$ tal que $f'(c) = \dfrac{f(c)}{c}$. Interprete geometricamente.

5. Prove que se $\dfrac{a_0}{1} + \dfrac{a_1}{2} + \ldots + \dfrac{a_n}{n + 1} = 0$, então $a_0 + a_1 x + \ldots + a_n x^n = 0$ tem pelo menos uma raiz em $]0, 1[$.

6. Suponha f derivável até a 2ª ordem em $\mathbb{R}$ e tal que

$$\begin{cases} f''(x) + x\,f'(x) = f(x) \text{ para todo } x \\ f(a) = f(b) = 0 \ (a < b \text{ dados}). \end{cases}$$

Prove que $f(x) = 0$ em $[a, b]$.

7. Suponha f contínua em $[a, b]$ e derivável até a 2ª ordem em $]a, b[$. Sejam x_0, x_1 e x_2 pontos de $[a, b]$, com $x_0 < x_1 < x_2$, e tais que $f(x_0) = f(x_1) = f(x_2) = 0$. Prove que existe pelo menos um c em $]a, b[$ tal que $f''(c) = 0$.

8. Suponha f contínua em $[a, b]$ e derivável até a 3ª ordem em $]a, b[$. Sejam x_0, x_1, x_2 e x_3 pontos de $[a, b]$, com $x_0 < x_1 < x_2 < x_3$, e tais que $f(x_0) = f(x_1) = f(x_2) = f(x_3) = 0$. Prove que existe pelo menos um c em $]a, b[$ tal que $f'''(c) = 0$. Generalize.

9. Suponha f contínua em $[a, b]$ e derivável até a 3ª ordem em $]a, b[$. Sejam x_0, x_1 e x_2 pontos de $[a, b]$, com $x_0 < x_1 < x_2$, e $P(x)$ o polinômio de grau no máximo 2 e, portanto, da forma $P(x) = a_0 x^2 + a_1 x + a_2$, tais que

$$P(x_0) = f(x_0),\ P(x_1) = f(x_1) \text{ e } P(x_2) = f(x_2).$$

Seja z um ponto de $[a, b]$, com $z \notin \{x_0, x_1, x_2\}$ e seja α o número real tal que

$$f(z) = P(z) + (z - x_0)(z - x_1)(z - x_2)\alpha.$$

Prove que existe pelo menos um c em $]a, b[$ tal que $\alpha = \dfrac{f'''(c)}{3!}$.

(*Sugestão*: Considere a função

$$F(x) = f(x) - P(x) - (x - x_0)(x - x_1)(x - x_2)\alpha$$

e aplique o exercício anterior.)

10. Nas condições do exercício anterior, prove que, para cada x em $[a, b]$, existe pelo menos um c em $]a, b[$ tal que

$$f(x) = P(x) + \frac{f'''(c)}{3!}(x - x_0)(x - x_1)(x - x_2).$$

Generalize. (*Observação*. O polinômio $P(x)$ acima denomina-se *polinômio interpolador* de $f(x)$ relativo aos pontos x_0, x_1 e x_2 e pode ser obtido rapidamente pela fórmula

$$P(x) = \frac{(x - x_1)(x - x_2)}{(x_0 - x_1)(x_0 - x_2)}f(x_0) + \frac{(x - x_0)(x - x_2)}{(x_1 - x_0)(x_1 - x_2)}f(x_1) + \frac{(x - x_0)(x - x_1)}{(x_2 - x_0)(x_2 - x_1)}f(x_2)$$

devida ao matemático italiano J. L. Lagrange (1736-1813).)

15.2 Teorema do Valor Médio

Seja f uma função definida em $[a, b]$. Consideremos a função S dada por

$$S(x) = f(a) + \frac{f(b) - f(a)}{b - a}(x - a).$$

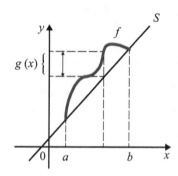

O gráfico de S é a reta passando pelos pontos $(a, f(a))$ e $(b, f(b))$. Na demonstração do TVM iremos utilizar a função dada por

$$g(x) = f(x) - S(x), x \text{ em } [a, b].$$

Observe que $g(a) = g(b) = 0$.

Teorema (do valor médio – TVM). Se f for contínua em $[a, b]$ e derivável em $]a, b[$, então existirá pelo menos um c em $]a, b[$ tal que

$$f(b) - f(a) = f'(c)(b - a).$$

Demonstração

Seja g função dada por

$$g(x) = f(x) - S(x), x \text{ em } [a, b].$$

Como g é contínua em $[a, b]$, derivável em $]a, b[$ e $g(a) = g(b)$, pelo teorema de Rolle existe c em $]a, b[$ tal que $g'(c) = 0$. Temos

$$g'(x) = f'(x) - S'(x) \text{ e } S'(x) = \frac{f(b) - f(a)}{b - a}.$$

Assim,

$$g'(x) = f'(x) - \frac{f(b) - f(a)}{b - a}.$$

Daí

$$g'(c) = f'(c) - \frac{f(b) - f(a)}{b - a} = 0.$$

Portanto,

$$f(b) - f(a) = f'(c)(b - a). \qquad \blacksquare$$

Teoremas de Rolle, do Valor Médio e de Cauchy

453

Exercícios 15.2

1. Sejam I um intervalo, f uma função contínua em I e tal que $|f'(x)| \leq M$ para todo x no interior de I, em que $M > 0$ é um real fixo. Prove que quaisquer que sejam x e y em I

$$|f(x) - f(y)| \leq M|x - y|.$$

2. Prove que quaisquer que sejam s e t em $[1, +\infty[$

$$|\ln s - \ln t| \leq |s - t|.$$

▶ 3. Sejam $a < b$ dois reais dados. Prove que

$$\frac{e^b - e^a}{b - a} < e^b.$$

4. Prove que quaisquer que sejam a e b, $a < b$,

$$\text{arctg } b - \text{arctg } a < b - a.$$

Conclua que para todo $x > 0$

$$\text{arctg } x < x.$$

5. Seja $f: \mathbb{R} \to \mathbb{R}$ uma função. Dizemos que x_0 é um *ponto fixo* de f se $f(x_0) = x_0$.

   a) Determine os pontos fixos de $f(x) = x^2 - 3x$.
   b) $f(x) = x^2 + 1$ admite ponto fixo?
   c) Mostre que f terá ponto fixo se o gráfico de f interceptar a reta $y = x$.

6. Seja $f: \mathbb{R} \to \mathbb{R}$ e suponha que $f'(x) \neq 1$ para todo x. Prove que f admitirá no máximo um ponto fixo.

7. Suponha que $g(t)$ seja uma primitiva de $f(t)$ em $[0, 1]$, isto é, para todo t em $[0, 1]$, $g'(t) = f(t)$. Suponha, ainda, que $f(t) < 1$ em $]0, 1[$. Prove que

$$g(t) - g(0) < t \text{ em }]0, 1].$$

8. Uma partícula desloca-se sobre o eixo x com função de posição $x = \varphi(t)$. Sabe-se que $\varphi(0) = 0$ e $\varphi(1) = 1$, isto é, nos instantes 0 e 1 a partícula encontra-se, respectivamente, nas posições $x = 0$ e $x = 1$. Prove que em algum instante c, $0 < c < 1$, $v(c) \geq 1$. (*Sugestão*: Observe que $\varphi'(t) = v(t)$ em $[0, 1]$ e utilize o exercício anterior.)

15.3 Teorema de Cauchy

Para motivar geometricamente o teorema de Cauchy, vamos, inicialmente, definir reta tangente a uma *curva* em $\mathbb{R}^2$.

Por uma *curva* em $\mathbb{R}^2$ entendemos uma função que a cada t pertencente a um intervalo I associa um ponto $(g(t), f(t))$ em $\mathbb{R}^2$, em que f e g são funções reais definidas em I. Dizemos que,

$$\begin{cases} x = g(t) \\ y = f(t) \end{cases} \qquad t \in I$$

são as *equações paramétricas* da curva.

Exemplo 1 Seja a curva de equações paramétricas $x = t$, $y = t^2$, t em $\mathbb{R}$. Quando t varia em $\mathbb{R}$, o ponto (t, t^2) descreve a parábola $y = x^2$.

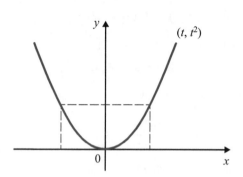

Exemplo 2 Seja a curva de equações paramétricas $x = \cos t$, $y = \operatorname{sen} t$ com $t \in [0, 2\pi]$. Quando t varia em $[0, 2\pi]$, o ponto $(\cos t, \operatorname{sen} t)$ descreve a circunferência $x^2 + y^2 = 1$.

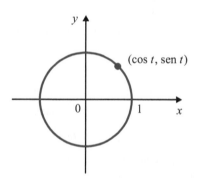

Suponhamos, agora, f e g deriváveis em I, $t_0 \in I$ e $g'(t_0) \neq 0$. Vamos definir reta tangente à curva no ponto $(g(t_0), f(t_0))$.

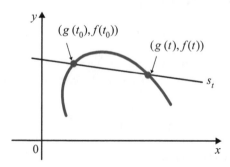

O coeficiente angular da reta secante s_t é

$$\frac{f(t) - f(t_0)}{g(t) - g(t_0)}.$$

Nada mais natural do que definir o *coeficiente angular* da *reta tangente* à curva no ponto $(g(t_0), f(t_0))$ igual a

$$\lim_{t \to t_0} \frac{f(t) - f(t_0)}{g(t) - g(t_0)}.$$

Temos:

$$\lim_{t \to t_0} \frac{f(t) - f(t_0)}{g(t) - g(t_0)} = \lim_{t \to t_0} \frac{\dfrac{f(t) - f(t_0)}{t - t_0}}{\dfrac{g(t) - g(t_0)}{t - t_0}} = \frac{f'(t_0)}{g'(t_0)}.$$

Definimos, então, a *reta tangente* à curva em $(g(t_0), f(t_0))$ como a reta que passa por esse ponto e que tem coeficiente angular $\dfrac{f'(t_0)}{g'(t_0)}$. A equação da reta tangente à curva em $(g(t_0), f(t_0))$ é então

$$\boxed{y - f(t_0) = \frac{f'(t_0)}{g'(t_0)} (x - g(t_0)).}$$

Suponhamos, agora, f e g contínuas em $[a, b]$, deriváveis em $]a, b[$ e $g'(t) \neq 0$ em $]a, b[$. Observe que as condições apresentadas anteriormente implicam $g(a) \neq g(b)$.

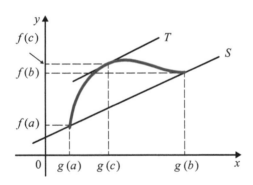

O coeficiente angular da reta S é $\dfrac{f(b) - f(a)}{g(b) - g(a)}$.

Vemos, geometricamente, que existe um ponto $(g(c), f(c))$ tal que a tangente neste ponto é paralela à reta S. O coeficiente angular de T é $\dfrac{f'(c)}{g'(c)}$. Então, para este c,

$$\frac{f(b) - f(a)}{g(b) - g(a)} = \frac{f'(c)}{g'(c)}.$$

Capítulo 15

Teorema (de Cauchy). Se f e g forem contínuas em $[a, b]$ e deriváveis em $]a, b[$, então existirá pelo menos um c em $]a, b[$ tal que

$$[f(b) - f(a)]g'(c) = [g(b) - g(a)]f'(c)$$

ou

$$\frac{f(b) - f(a)}{g(b) - g(a)} = \frac{f'(c)}{g'(c)}, \text{ se } g(b) \neq g(a) \text{ e } g'(c) \neq 0.$$

Demonstração

Seja $h(x) = [f(b) - f(a)]g(x) - [g(b) - g(a)]f(x), x \in [a, b]$.

$$\begin{cases} h \text{ é contínua em } [a, b] \text{ e derivável em }]a, b[\\ h(a) = h(b) \text{ (verifique).} \end{cases}$$

Pelo teorema de Rolle, existe c em $]a, b[$ tal que $h'(c) = 0$, daí

$$[f(b) - f(a)]g'(c) - [g(b) - g(a)]f'(c) = 0,$$

ou seja,

$$[f(b) - f(a)]g'(c) = [g(b) - g(a)]f'(c).$$

Observação. Fazendo, no teorema acima, $g(x) = x$, obtemos o TVM.

16

Fórmula de Taylor

16.1 Aproximação Local de uma Função Diferenciável por uma Função Afim

Seja f uma função derivável em x_0 e seja T dada por

$$T(x) = f(x_0) + f'(x_0)(x - x_0).$$

O gráfico de T é a reta tangente ao gráfico de f em $(x_0, f(x_0))$.

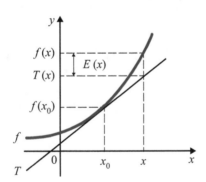

Para cada $x \in D_f$, seja $E(x)$ o erro que se comete na aproximação de $f(x)$ por $T(x)$:

① $$f(x) = \underbrace{f(x_0) + f'(x_0)(x - x_0)}_{T(x)} + E(x), \, x \in D_f.$$

Observe que, para $x \neq x_0$.

$$\frac{E(x)}{x - x_0} = \frac{f(x) - f(x_0)}{x - x_0} - f'(x_0)$$

daí,

$$\lim_{x \to x_0} \frac{E(x)}{x - x_0} = 0$$

Capítulo 16

ou seja: quando $x \to x_0$, o erro $E(x)$ tende a zero *mais rapidamente* que $(x - x_0)$.

A função

$$T(x) = f(x_0) + f'(x_0)(x - x_0)$$

é a *única função afim* que goza da propriedade de o erro $E(x)$ tender a zero mais rapidamente que $(x - x_0)$. De fato, se $S(x) = f(x_0) + m(x - x_0)$ for uma função afim passando por $(x_0, f(x_0))$ tal que

$$f(x) = f(x_0) + m(x - x_0) + E_1(x), x \in D_f$$

em que $\lim\limits_{x \to x_0} \dfrac{E_1(x)}{x - x_0} = 0$, então necessariamente $m = f'(x_0)$. (Verifique.)

Segue que, se f for derivável em x_0,

$$T(x) = f(x_0) + f'(x_0)(x - x_0)$$

é a função afim que *melhor aproxima localmente* a f em volta de x_0.

A função T acima é uma função polinomial de grau no máximo 1; será do grau 1 se $f'(x_0) \neq 0$. Assim, T é o *polinômio de grau no máximo 1 que melhor aproxima localmente a f em volta de x_0*.

Observe que os valores de f e T em x_0 são iguais, bem como os de suas derivadas:

$$f(x_0) = T(x_0) \quad \text{e} \quad f'(x_0) = T'(x_0).$$

O polinômio

$$P(x) = f(x_0) + f'(x_0)(x - x_0)$$

denomina-se *polinômio de Taylor de ordem 1 de f em volta de x_0*.

O próximo teorema fornece-nos uma expressão para o erro $E(x)$, que aparece em ① em termos da derivada 2ª de f.

Teorema. Seja f derivável até a 2ª ordem no intervalo I e sejam $x, x_0 \in I$. Então, existe pelo menos um $\bar{x}$ no intervalo aberto de extremos x e x_0 tal que

$$f(x) = f(x_0) + f'(x_0)(x - x_0) + \underbrace{\frac{f''(\bar{x})}{2}(x - x_0)^2}_{E(x)}.$$

Demonstração

$$E(x) = f(x) - [f(x_0) + f'(x_0)(x - x_0)].$$

Assim,

$$E(x_0) = 0 \text{ e } E'(x_0) = 0.$$

(Observe que $E'(x) = f'(x) - f'(x_0)$, pois $f(x_0)$ e $f'(x_0)$ são constantes.)

Seja $h(x) = (x - x_0)^2$; segue que

$$h(x_0) = 0 \text{ e } h'(x_0) = 0.$$

Temos

$$\frac{E(x)}{h(x)} = \frac{E(x) - E(x_0)}{h(x) - h(x_0)}.$$

Pelo teorema de Cauchy, existe $\bar{x}_1$ no intervalo de extremos x_0 e x tal que

$$\frac{E(x)}{h(x)} = \frac{E'(\bar{x}_1)}{h'(\bar{x}_1)}.$$

Tendo em vista $E'(x_0) = h'(x_0) = 0$

$$\frac{E(x)}{h(x)} = \frac{E'(\bar{x}_1) - E'(x_0)}{h'(\bar{x}_1) - h'(x_0)}.$$

Novamente, pelo teorema de Cauchy, existe $\bar{x}$ no intervalo aberto de extremos x_0 e $\bar{x}_1$ tal que

$$\frac{E(x)}{h(x)} = \frac{E''(\bar{x})}{h''(\bar{x})}.$$

Como $E''(x) = f''(x)$ e $h''(x) = 2$

$$\frac{E(x)}{h(x)} = \frac{f''(\bar{x})}{2}.$$

Portanto,

$$E(x) = \frac{f''(\bar{x})}{2}(x - x_0)^2$$

para algum $\bar{x}$ no intervalo aberto de extremos x e x_0. ∎

Exemplo 1 Seja f derivável até a 2ª ordem no intervalo I e seja $x_0 \in I$. Suponha que existe $M > 0$ tal que $|f''(x)| \leq M$ para todo $x \in I$. Prove que para todo x em I

$$|f(x) - P(x)| \leq \frac{M}{2}|x - x_0|^2$$

em que $P(x) = f(x_0) + f'(x_0)(x - x_0)$.

Solução

De acordo com o teorema, existe $\bar{x}$ entre x e x_0 tal que

$$|f(x) - P(x)| = \left| \frac{f''(\bar{x})}{2}(x - x_0)^2 \right|$$

ou

$$|f(x) - P(x)| = \frac{1}{2}|f''(\bar{x})||x - x_0|^2$$

daí

$$|f(x) - P(x)| \leq \frac{M}{2}|x - x_0|^2, x \in I.$$

Capítulo 16

Exemplo 2 Avalie ln 1,003.

Solução

Seja $f(x) = \ln x$. O polinômio de Taylor, de ordem 1, de f em volta de $x_0 = 1$ é:

$$P(x) = f(1) + f'(1)(x - 1)$$

e como, $f(1) = 0$ e $f'(1) = 1$, resulta

$$P(x) = x - 1.$$

Assim,

$$f(1,003) \cong P(1,003)$$

ou

$$\ln 1,003 \cong 0,003.$$

Interprete graficamente este resultado.

Avaliação do erro

$$f'(x) = \frac{1}{x} \text{ e } f''(x) = -\frac{1}{x^2}.$$

Segue:

$$|f''(x)| \leqslant 1 \text{ para } x \geqslant 1.$$

Pelo exemplo anterior,

$$|f(x) - P(x)| \leqslant \frac{1}{2}|x - 1|^2, \, x \geqslant 1.$$

Para $x = 1,003$

$$|f(1,003) - P(1,003)| \leqslant 0,0000045.$$

Assim, o módulo do erro cometido na aproximação

$$\ln 1,003 \cong 0,003$$

é inferior a 10^{-5}. Observe que 0,003 é um valor aproximado por excesso (faça os gráficos de f e de P e confira).

Exercícios 16.1

1. Calcule o polinômio de Taylor de ordem 1 da função dada, em volta de x_0 dado.

a) $f(x) = \sqrt{x}, x_0 = 1$

b) $f(x) = \text{sen } x, x_0 = 0$

c) $f(x) = \sqrt[3]{x}, x_0 = 8$

d) $f(x) = e^x, x_0 = 0$

e) $f(x) = \cos 3x, x_0 = 0$

f) $f(x) = \dfrac{1}{1 + x}, x_0 = 0.$

2. Calcule um valor aproximado e avalie o erro.

a) $\sqrt{4{,}001}$ b) $\sqrt[5]{32{,}002}$ c) sen 0,02

d) $e^{0{,}001}$ e) cos 0,01   f) ln 0,99

16.2 Polinômio de Taylor de Ordem 2

Vimos que o polinômio de Taylor, de ordem 1, de f em volta de x_0, tem em comum com f o valor em x_0 e o valor da derivada em x_0.

Suponhamos que f tenha derivadas até a 2ª ordem no intervalo I e seja $x_0 \in I$. Vamos procurar o polinômio P, de grau no máximo 2, que tenha em comum com f o valor em x_0, o valor da derivada 1ª em x_0 e o valor da derivada 2ª em x_0. Queremos, então, determinar P, de grau no máximo 2, tal que

$$f(x_0) = P(x_0), f'(x_0) = P'(x_0) \text{ e } f''(x_0) = P''(x_0).$$

Podemos procurar P da forma

$$P(x) = A_0 + A_1(x - x_0) + A_2(x - x_0)^2.$$

Como $P(x_0) = A_0$, devemos ter $A_0 = f(x_0)$.

$$P'(x) = A_1 + 2A_2(x - x_0)$$

e

$$P''(x) = 2A_2.$$

Daí, $P'(x_0) = A_1$ e $P''(x_0) = 2A_2$. Segue que devemos ter

$$A_1 = f'(x_0)$$

e

$$2A_2 = f''(x_0) \text{ ou } A_2 = \frac{1}{2}f''(x_0).$$

O polinômio procurado é então

① $$P(x) = f(x_0) + f'(x_0)(x - x_0) + \frac{f''(x_0)}{2}(x - x_0)^2.$$

O polinômio ① denomina-se *polinômio de Taylor, de ordem 2, de f em volta de x_0*.

Observe que f e P admitem a mesma reta tangente em $(x_0, f(x_0))$. Como $P''(x_0) = f''(x_0)$, segue que se $f''(x_0) \neq 0$ e f'' contínua em x_0, para x próximo de x_0, os gráficos de f e P apresentam *concavidades com mesmo sentido*. É razoável esperar, então, que, para x suficientemente próximo de x_0, o polinômio de Taylor de ordem 2 aproxime melhor f do que o polinômio de Taylor de ordem 1.

Exemplo 1 Seja $f(x) = e^x$. Determine os polinômios de Taylor, de ordens 1 e 2, de f em volta de $x_0 = 0$. Esboce os gráficos de f e dos polinômios.

Solução

Indiquemos por P_1 e P_2 os polinômios pedidos.

Temos

$$P_1(x) = f(0) + f'(0)(x - 0)$$

e

$$P_2(x) = f(0) + f'(0)(x - 0) + \frac{f''(0)}{2}(x - 0)^2.$$

De $f'(x) = f''(x) = e^x$, segue $f'(0) = f''(0) = 1$.
Assim,

$$P_1(x) = 1 + x$$

e

$$P_2(x) = 1 + x + \frac{1}{2}x^2.$$

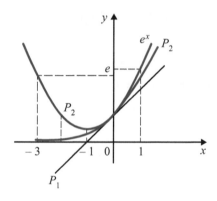

Seja P o polinômio de Taylor, de ordem 2, de f em volta de x_0. Para cada x em D_f, seja $E(x)$ o erro que se comete na aproximação de $f(x)$ por $P(x)$. Assim, para todo x em D_f,

$$f(x) = f(x_0) + f'(x_0)(x - x_0) + \frac{f''(x_0)}{2}(x - x_0)^2 + E(x)$$

ou

$$E(x) = f(x) - \left[f(x_0) + f'(x_0)(x - x_0) + \frac{f''(x_0)}{2}(x - x_0)^2 \right].$$

Temos:

$$E'(x) = f'(x) - [f'(x_0) + f''(x_0)(x - x_0)]$$
$$E''(x) = f''(x) - f''(x_0)$$
$$E'''(x) = f'''(x).$$

Assim,

$$E(x_0) = E'(x_0) = E''(x_0) = 0.$$

O próximo teorema fornece-nos uma expressão para o erro $E(x)$ em termos da derivada de 3ª ordem de f.

Fórmula de Taylor

463

Teorema. Seja f derivável até a 3ª ordem no intervalo I e sejam x_0, x em I. Então, existe pelo menos um $\bar{x}$ entre x e x_0 tal que

$$f(x) = f(x_0) + f'(x_0)(x - x_0) + \frac{f''(x_0)}{2}(x - x_0)^2 + \underbrace{\frac{f'''(\bar{x})}{3!}(x - x_0)^3}_{E(x)}$$

Demonstração

$$E(x_0) = E'(x_0) = E''(x_0) = 0 \text{ e } E'''(x) = f'''(x).$$

Sendo $h(x) = (x - x_0)^3$,

$$h(x_0) = h'(x_0) = h''(x_0) = 0 \text{ e } h'''(x) = 6 = 3!$$

Temos

$$\frac{E(x)}{h(x)} = \frac{E(x) - E(x_0)}{h(x) - h(x_0)}.$$

Pelo teorema de Cauchy existe $\bar{x}_1$ entre x e x_0 tal que

$$\frac{E(x)}{h(x)} = \frac{E'(\bar{x}_1)}{h'(\bar{x}_1)}.$$

Temos

$$\frac{E(x)}{h(x)} = \frac{E'(\bar{x}_1) - E'(x_0)}{h'(\bar{x}_1) - h'(x_0)}.$$

Pelo teorema de Cauchy, existe $\bar{x}_2$ entre x_0 e $\bar{x}_1$ tal que

$$\frac{E(x)}{h(x)} = \frac{E''(\bar{x}_2)}{h''(\bar{x}_2)}.$$

De $E''(x_0) = 0 = h''(x_0)$ segue

$$\frac{E(x)}{h(x)} = \frac{E''(\bar{x}_2) - E''(x_0)}{h''(\bar{x}_2) - h''(x_0)}.$$

Novamente, pelo teorema de Cauchy, existe $\bar{x}$ entre $\bar{x}_2$ e x_0 tal que

$$\frac{E(x)}{h(x)} = \frac{E'''(\bar{x})}{h'''(\bar{x})}.$$

Como

$$E'''(\bar{x}) = f'''(\bar{x}) \text{ e } h'''(\bar{x}) = 3!$$

$$E(x) = \frac{f'''(\bar{x})}{3!}(x - x_0)^3.$$

Capítulo 16

Exemplo 2 Seja f derivável até a $3^{\underline{a}}$ ordem no intervalo I e seja $x_0 \in I$. Suponha que existe $M > 0$ tal que $|f'''(x)| \leq M$ para todo x em I. Prove que, para todo x em I,

$$|f(x) - P(x)| \leq \frac{M}{3!}|x - x_0|^3$$

em que

$$P(x) = f(x_0) + f'(x_0)(x - x_0) + \frac{f''(x_0)}{2}(x - x_0)^2.$$

Solução

De acordo com o teorema anterior

$$|f(x) - P(x)| = |\frac{f'''(\bar{x})}{3!}(x - x_0)^3| = \frac{1}{3!}|f'''(\bar{x})||x - x_0|^3.$$

Daí, para todo x em I,

$$|f(x) - P(x)| \leq \frac{M}{3!}|x - x_0|^3.$$

Exemplo 3 Calcule um valor aproximado para ln 1,03 e avalie o erro.

Solução

Seja $f(x) = \ln x$. Vamos utilizar o polinômio de Taylor de ordem 2 em volta de $x_0 = 1$.

$$P(x) = f(1) + f'(1)(x - 1) + \frac{f''(1)}{2}(x - 1)^2.$$

De $f'(x) = \dfrac{1}{x}$ e $f''(x) = -\dfrac{1}{x^2}$, segue $f'(1) = 1$ e $f''(1) = -1$. Assim,

$$P(x) = 0 + (x - 1) - \frac{1}{2}(x - 1)^2$$

ou

$$P(x) = (x - 1) - \frac{1}{2}(x - 1)^2.$$

Temos

$$\ln 1,03 \cong P(1,03)$$

mas,

$$P(1,03) = 0,02955,$$

logo

$$\ln 1,03 \cong 0,02955.$$

Fórmula de Taylor

465

Avaliação do erro

$f'''(x) = \dfrac{2}{x^3}$, assim, $|f'''(x)| \leq 2$ para $x \geq 1$. Pelo exemplo anterior,

$$|f(x) - P(x)| \leq \frac{2}{3!}\,|x - 1|^3, \text{ para } x \geq 1.$$

Segue que

$$|f(1,03) - P(1,03)| \leq \frac{1}{3} \cdot 0,03^3$$

ou

$$|f(1,03) - P(1,03)| \leq 0,000009.$$

Assim, o módulo do erro cometido na aproximação

$$\ln 1,03 \cong 0,02955$$

é inferior a 10^{-5}. (Observe: $0,000009 = 9 \cdot 10^{-6} < 10^{-5}$.)

Como, para $x > 1$, $E(x) = \dfrac{f'''(\overline{x})}{3!}(x - 1)^3 > 0$, segue que $0,02955$ é uma *aproximação por falta* de $\ln 1,03$.

Exemplo 4 Calcule um valor aproximado para $\sqrt[3]{7,9}$ e avalie o erro.

Solução

Seja $f(x) = \sqrt[3]{x}$. Vamos utilizar o polinômio de Taylor de ordem 2 em volta de $x_0 = 8$.

$$P(x) = f(8) + f'(8)\,(x - 8) + \frac{f''(8)}{2}(x - 8)^2.$$

De

$$f'(x) = \frac{1}{3}x^{-\frac{2}{3}} \text{ e } f''(x) = -\frac{2}{9}x^{-\frac{5}{3}},$$

segue que

$$f'(8) = \frac{1}{3(\sqrt[3]{8})^2} = \frac{1}{12} \text{ e } f''(8) = \frac{-2}{9(\sqrt[3]{8})^5} = \frac{-1}{144}.$$

Daí

$$P(x) = 2 + \frac{1}{12}(x - 8) - \frac{1}{288}(x - 8)^2$$

logo,

$$P(7,9) = 2 - \frac{0,1}{12} - \frac{0,01}{288} \cong 1,9916319.$$

Capítulo 16

Assim,

$$\sqrt[3]{7,9} \cong 1,9916319.$$

Avaliação do erro

$$f'''(x) = \frac{10}{27} x^{-\frac{8}{3}} \text{ ou } f'''(x) = \frac{10}{27\sqrt[3]{x^8}}.$$

Neste problema, interessa-nos o intervalo de extremos 7,9 e 8. Como $1,8^3 = 5,832 < 7,9$, segue que, para todo x, $7,9 \leqslant x \leqslant 8$.

$$\sqrt[3]{1,8^3} < \sqrt[3]{x}$$

e, portanto,

$$(1,8)^8 < \sqrt[3]{x^8}.$$

Daí

$$\left| \frac{10}{27\sqrt[3]{x^8}} \right| < \frac{10}{27 \cdot (1,8)^8}, \ 7,9 \leqslant x \leqslant 8$$

e, portanto, para $7,9 \leqslant x \leqslant 8$,

$$|f(x) - P(x)| \leqslant \frac{5}{81 \cdot (1,8)^8} |x - 8|^3$$

e daí

$$|f(7,9) - P(7,9)| < \frac{10^{-2}}{81 \cdot (1,8)^8} < 10^{-5}.$$

(*Observe*: $81 \cdot (1,8)^8 > 1.000 \Rightarrow \dfrac{1}{81 \cdot (1,8)^8} < 10^{-3}$.) Deste modo, o módulo do erro cometido na aproximação

$$\sqrt[3]{7,9} \cong 1,9916319$$

é inferior a 10^{-5}.

Observação. A escolha de 1,8 foi feita por inspeção. Poderíamos ter escolhido 1,9, pois $(1,9)^3 < 7,9$. Com a escolha de 1,8 conseguimos um $M > 0$ $\left(M = \dfrac{10}{27 \cdot (1,8)^8} \right)$ tal que

$$|f'''(x)| = \left| \frac{10}{27\sqrt[3]{x^8}} \right| < M \text{ para } 7,9 \leqslant x \leqslant 8,$$ o que nos permitiu utilizar o Exemplo 2. Evidentemente, quanto menor o M, menor será a majoração para o erro. Neste problema, a escolha de 1,9 seria preferível. Se tivéssemos escolhido 1,9, chegaríamos à conclusão de que o erro cometido na aproximação é, em realidade, inferior a 10^{-6}. Observe, ainda, que, para $7,9 \leqslant x < 8$, $E(x) = \dfrac{f'''(\bar{x})}{3!} (x - 8)^3 < 0$, o que mostra que $1,9916319$ é aproximação por excesso.

Fórmula de Taylor

Seja f derivável até a 2ª ordem no intervalo I e seja $x_0 \in I$. Seja $E(x)$ o erro que se comete na aproximação de $f(x)$ por $P(x)$, em que $P(x)$ é o polinômio de Taylor de ordem 2 de f em volta de x_0:

$$f(x) = f(x_0) + f'(x_0)(x - x_0) + \frac{f''(x_0)}{2}(x - x_0)^2 + E(x).$$

Vamos mostrar a seguir que, para $x \to x_0$, o erro $E(x)$ tende a zero *mais rapidamente* que $(x - x_0)^2$. De fato,

$$\lim_{x \to x_0} \frac{E(x)}{(x - x_0)^2} = \lim_{x \to x_0} \frac{f(x) - f(x_0) - f'(x_0)(x - x_0) - \dfrac{f''(x_0)}{2}(x - x_0)^2}{(x - x_0)^2} = \left[\frac{0}{0}\right]$$

Pela 1ª regra de L'Hospital

$$\lim_{x \to x_0} \frac{E(x)}{(x - x_0)^2} = \lim_{x \to x_0} \frac{f'(x) - f'(x_0) - f''(x_0)(x - x_0)}{2(x - x_0)}$$

$$= \frac{1}{2} \lim_{x \to x_0} \left[\frac{f'(x) - f'(x_0)}{x - x_0} - f''(x_0) \right]$$

$$= 0.$$

Assim,

$$\lim_{x \to x_0} \frac{E(x)}{(x - x_0)^2} = 0.$$

Provaremos a seguir que

$$P(x) = f(x_0) + f'(x_0)(x - x_0) + \frac{f''(x_0)}{2}(x - x_0)^2$$

é o *único polinômio de grau no máximo 2* que goza da propriedade de o erro $E(x)$ tender a zero mais rapidamente que $(x - x_0)^2$, quando $x \to x_0$.

Seja então

$$f(x) = f(x_0) + A(x - x_0) + B(x - x_0)^2 + E_1(x)$$

em que

$$\lim_{x \to x_0} \frac{E_1(x)}{(x - x_0)^2} = 0.$$

Vamos provar que

$$A = f'(x_0) \text{ e } B = \frac{f''(x_0)}{2}.$$

De fato, de

$$\lim_{x \to x_0} \frac{E(x)}{(x - x_0)^2} = 0 \text{ e } \lim_{x \to x_0} \frac{E_1(x)}{(x - x_0)^2} = 0$$

segue

$$\lim_{x \to x_0} \frac{E(x) - E_1(x)}{(x - x_0)^2} = 0$$

Capítulo 16

e, portanto,

$$\lim_{x \to x_0} \frac{\left[f'(x_0)(x - x_0) + \dfrac{f''(x_0)}{2}(x - x_0)^2 \right] - [A(x - x_0) + B(x - x_0)^2]}{(x - x_0)^2} = 0$$

uma vez que

$$E(x) - E_1(x) =$$

$$= \left[f'(x_0)(x - x_0) + \frac{f''(x_0)}{2}(x - x_0)^2 \right] - [A(x - x_0) + B(x - x_0)^2].$$

Segue que

$$\lim_{x \to x_0} \frac{(f'(x_0) - A)(x - x_0) + \left(\dfrac{f''(x_0)}{2} - B \right)(x - x_0)^2}{(x - x_0)^2} = 0$$

daí

$$\lim_{x \to x_0} \frac{[f'(x_0) - A] + \left[\dfrac{f''(x_0)}{2} - B \right](x - x_0)}{x - x_0} = 0$$

o que implica $A = f'(x_0)$ (observe que, se tivéssemos $A \neq f'(x_0)$, o limite acima não poderia ser zero). Assim

$$\lim_{x \to x_0} \frac{\left[\dfrac{f''(x_0)}{2} - B \right](x - x_0)}{x - x_0} = 0$$

e, portanto, $B = \dfrac{f''(x_0)}{2}$.

Exemplo 5 Seja $f(x) = \dfrac{1}{1 - x}$. Mostre que $P(x) = 1 + x + x^2$ é o polinômio de Taylor, de ordem 2, de f em volta de $x_0 = 0$.

Solução

Basta mostrar que $E(x) = f(x) - P(x)$ tende a zero mais rapidamente que x^2, quando $x \to 0$.

$$\lim_{x \to 0} \frac{E(x)}{x^2} = \lim_{x \to 0} \frac{f(x) - P(x)}{x^2} = \lim_{x \to 0} \frac{\dfrac{1}{1 - x} - 1 - x - x^2}{x^2}$$

$$= \lim_{x \to 0} \frac{x^3}{x^2 - x^3} = \lim_{x \to 0} \frac{x}{1 - x} = 0.$$

Outro processo. Calcular $f(0), f'(0)$ e $f''(0)$ e verificar que

$$1 + x + x^2 = f(0) + f'(0)(x - 0) + \frac{f''(0)}{2}(x - 0)^2.$$

Fórmula de Taylor

469

Dizemos que $\varphi(x)$ é um *infinitésimo*, para $x \to x_0$, se $\lim_{x \to x_0} \varphi(x) = 0$. Sejam $\varphi(x)$ e $\varphi_1(x)$ dois *infinitésimos*, para $x \to x_0$. Dizemos que $\varphi(x)$ é um infinitésimo de *ordem superior* à de $\varphi_1(x)$ se, para $x \to x_0$, $\varphi(x)$ tende a *zero mais rapidamente* que $\varphi_1(x)$, ou seja, se $\lim_{x \to x_0} \dfrac{\varphi(x)}{\varphi_1(x)} = 0$. É usual a notação

$$\varphi(x) = o\,(\varphi_1(x)) \text{ para } x \to x_0$$

para indicar que $\varphi(x)$ é um infinitésimo de ordem superior à de $\varphi_1(x)$, para $x \to x_0$.

Assim, sendo $\varphi(x)$ e $\varphi_1(x)$ infinitésimos para $x \to x_0$,

$$\lim_{x \to x_0} \frac{\varphi(x)}{\varphi_1(x)} = 0 \Leftrightarrow \varphi(x) = o(\varphi_1(x)) \text{ para } x \to x_0.$$

Observe que $x - x_0$ só é infinitésimo para $x \to x_0$; assim,

$$E(x) = o(x - x_0)$$

significa que $E(x)$ é um infinitésimo de ordem superior à de $x - x_0$, para $x \to x_0$.

Do que vimos anteriormente, segue que

(i) $f(x) = f(x_0) + f'(x_0)\,(x - x_0) + o(x - x_0)$

(ii) $f(x) = f(x_0) + f'(x_0)\,(x - x_0) + \dfrac{f''(x_0)}{2}(x - x_0)^2 + o((x - x_0)^2).$

Exercícios 16.2

1. Determine o polinômio de Taylor, de ordem 2, de f em volta de x_0 dado.

a) $f(x) = \ln(1 + x)$ e $x_0 = 0$

b) $f(x) = e^x$ e $x_0 = 0$

c) $f(x) = \sqrt[3]{x}$ e $x_0 = 1$

d) $f(x) = \dfrac{1}{1 - x^2}$ e $x_0 = 0$

e) $f(x) = \sqrt{x}$ e $x_0 = 4$

f) $f(x) = \operatorname{sen} x$ e $x_0 = 0$

g) $f(x) = \cos x$ e $x_0 = 0$

2. Utilizando o polinômio de Taylor de ordem 2, calcule um valor aproximado e avalie o erro.

a) $\ln 1{,}3$ b) $\sqrt{4{,}1}$

c) $\sqrt{3{,}9}$ d) $\sqrt[3]{8{,}2}$

e) $e^{0{,}03}$ f) $\operatorname{sen} 0{,}1$

g) $\sqrt{0{,}8}$ h) $\cos 0{,}2$

Capítulo 16

3. Mostre que, para todo x,

   a) $|\operatorname{sen} x - x| \leq \dfrac{1}{3!} |x|^3$

   b) $\left| \cos x - \left(1 - \dfrac{x^2}{2}\right) \right| \leq \dfrac{1}{3!} |x|^3$.

4. Mostre que, para $0 \leq x \leq 1$
$$0 \leq e^x - \left(1 + x + \dfrac{1}{2} x^2\right) < \dfrac{1}{2} x^3.$$

5. Utilizando a relação $\operatorname{sen} x = x + o(x^2)$, calcule

   a) $\lim\limits_{x \to 0} \dfrac{\operatorname{sen} x - x}{x^2}$

   b) $\lim\limits_{x \to 0^+} \dfrac{\operatorname{sen} x - x^2}{x^2}$

   (Sugestão: $o(x^2)$ é um infinitésimo de ordem superior a x^2, para $x \to 0$, isto é, $\lim\limits_{x \to 0} \dfrac{o(x^2)}{x^2} = 0$.)

6. Verifique que

   a) $e^x = 1 + x + \dfrac{1}{2} x^2 + o(x^2)$

   b) $\cos x = 1 - \dfrac{x^2}{2} + o(x^2)$

   c) $\operatorname{sen} x = x + o(x^2)$

   d) $\ln x = (x - 1) - \dfrac{1}{2}(x - 1)^2 + o((x - 1)^2)$

7. Seja $f(x) = \begin{cases} x^8 \operatorname{sen} \dfrac{1}{x^2} & \text{se } x \neq 0 \\ 0 & \text{se } x = 0 \end{cases}$

   a) Determine o polinômio de Taylor de ordem 2 de f em volta de $x_0 = 0$.

   b) Seja $a > 0$ um número real dado. Mostre que não existe $M > 0$ tal que para todo x em $[0, a]$, $|f'''(x)| \leq M$.

8. Seja f derivável até a 2ª ordem no intervalo I e seja $x_0 \in I$. Mostre que existe uma função $\varphi(x)$ definida em I tal que, para todo x em I,
$$f(x) = f(x_0) + f'(x_0)(x - x_0) + \dfrac{f''(x_0)}{2}(x - x_0)^2 + \varphi(x)(x - x_0)^2$$
com $\lim\limits_{x \to x_0} \varphi(x) = 0$.

9. Seja f derivável até a 2ª ordem no intervalo fechado $[a, b]$ e seja $x_0 \in [a, b]$. Mostre que existe $M > 0$ tal que para todo x em $[a, b]$.
$$|f(x) - P(x)| \leq M |x - x_0|^2$$
em que $P(x) = f(x_0) + f'(x_0)(x - x_0) + \dfrac{f''(x_0)}{2}(x - x_0)^2$.

(Sugestão: verifique que a função $\varphi(x)$ do Exercício 8, com $\varphi(x_0) = 0$, é contínua em $[a, b]$.)

Fórmula de Taylor

471

16.3 Polinômio de Taylor de Ordem n

Seja f derivável até a ordem n no intervalo I e seja $x_0 \in I$. O polinômio

$$P(x) = f(x_0) + f'(x_0)(x - x_0) + \frac{f''(x_0)}{2!}(x - x_0)^2 + \ldots + \frac{f^{(n)}(x_0)}{n!}(x - x_0)^n$$

denomina-se *polinômio de Taylor, de ordem n, de f em volta de x_0*.

O polinômio de Taylor, de ordem n, de f em volta de x_0 é o *único polinômio de grau no máximo n que aproxima localmente f em volta de x_0 de modo que o erro $E(x)$ tenda a zero mais rapidamente que $(x - x_0)^n$, quando $x \to x_0$*. (Verifique.)

O polinômio de Taylor, de ordem n, de f em volta de $x_0 = 0$ denomina-se também *polinômio de Maclaurin, de ordem n, de f*.

Exemplo 1 Determine o polinômio de Taylor, de ordem 4, de $f(x) = e^x$ em volta de $x_0 = 0$.

Solução

$$P(x) = f(0) + f'(0)(x - 0) + \frac{f''(0)}{2}(x - 0)^2 + \frac{f'''(0)}{3!}(x - 0)^3 + \frac{f^{(4)}(0)}{4!}(x - 0)^4$$

$$
\begin{aligned}
f(x) &= e^x & &\Rightarrow f(0) = 1 \\
f'(x) &= e^x & &\Rightarrow f'(0) = 1 \\
f''(x) &= e^x & &\Rightarrow f''(0) = 1 \\
f'''(x) &= e^x & &\Rightarrow f'''(0) = 1 \\
f^{(4)}(x) &= e^x & &\Rightarrow f^{(4)}(0) = 1.
\end{aligned}
$$

Assim,

$$P(x) = 1 + x + \frac{1}{2}x^2 + \frac{1}{3!}x^2 + \frac{1}{4}x^4.$$

Exemplo 2 Determine o polinômio de Taylor, de ordem 3, de $f(x) = \ln x$, em volta de $x_0 = 1$.

Solução

$$P(x) = f(1) + f'(1)(x - 1) + \frac{f''(1)}{2}(x - 1)^2 + \frac{f'''(1)}{3!}(x - 1)^3$$

$$
\begin{aligned}
f(x) &= \ln x & &\Rightarrow f(1) = 0 \\
f'(x) &= \frac{1}{x} & &\Rightarrow f'(1) = 1 \\
f''(x) &= -\frac{1}{x^2} & &\Rightarrow f''(1) = -1 \\
f'''(x) &= \frac{2}{x^3} & &\Rightarrow f'''(1) = 2.
\end{aligned}
$$

Assim,

$$P(x) = (x - 1) - \frac{1}{2}(x - 1)^2 + \frac{1}{3}(x - 1)^3.$$

Capítulo 16

472

> **Teorema.** (Fórmula de Taylor com resto de Lagrange.) Seja f derivável até a ordem $n + 1$ no intervalo I e sejam $x, x_0 \in I$. Então existe pelo menos um $\bar{x}$ no intervalo aberto de extremos x_0 e x tal que
>
> $$f(x) = P(x) + \frac{f^{(n+1)}(\bar{x})}{(n+1)!}(x - x_0)^{n+1}$$
>
> em que
>
> $$P(x) = f(x_0) + f'(x_0)\,(x - x_0) + \frac{f''(x_0)}{2}(x - x_0)^2 + \ldots + \frac{f^{(n)}(x_0)}{n!}(x - x_0)^n.$$

Demonstração

Fica a seu cargo. ∎

Exemplo 3 Seja f derivável até a ordem $n + 1$ no intervalo I e seja $x_0 \in I$. Suponha que existe $M > 0$ tal que, para todo x em I,

$$|f^{(n+1)}(x)| \leq M.$$

Prove que, para todo x em I,

$$|f(x) - P(x)| \leq \frac{M}{(n+1)!}|x - x_0|^{n+1}$$

em que $P(x)$ é o polinômio de Taylor, de ordem n, de f em volta de x_0.

Solução

Segue do teorema anterior que, para todo x em I, existe $\bar{x}$ entre x e x_0 tal que

$$|f(x) - P(x)| = \left| \frac{f^{(n+1)}(\bar{x})}{(n+1)!} \right| |x - x_0|^{n+1}.$$

Como para todo x em I, $|f^{(n+1)}(x)| \leq M$, resulta

$$|f(x) - P(x)| \leq \frac{M}{(n+1)!}|x - x_0|^{n+1}.$$

Exemplo 4

a) Mostre que, para todo x em $[0, 1]$,

$$\left| e^x - \left(1 + x + \frac{1}{2}x^2 + \frac{1}{3!}x^3 + \ldots + \frac{1}{n!}x^n\right) \right| \leq \frac{3}{(n+1)!}x^{n+1}.$$

b) Avalie e com erro, em módulo, inferior a 10^{-5}.

Fórmula de Taylor

473

Solução

a) Seja $f(x) = e^x$. De $f(x) = f'(x) = f''(x) = \ldots = f^{(n+1)}(x)$ segue que o polinômio de Taylor, de ordem n, de $f(x) = e^x$ em volta de $x_0 = 0$ é

$$P(x) = 1 + x + \frac{1}{2}x^2 + \frac{1}{3!}x^3 + \ldots + \frac{1}{n!}x^n.$$

Para x em $[0, 1]$, $0 \leq e^x = f^{(n+1)}(x) \leq e < 3$.

De acordo com o teorema anterior, para todo x em $[0, 1]$, existe $\bar{x}$ entre 0 e x tal que

$$e^x - \left(1 + x + \frac{1}{2}x^2 + \frac{1}{3!}x^3 + \ldots + \frac{1}{n!}x^n\right) = \frac{f^{(n+1)}(\bar{x})}{(n+1)!}x^{n+1}.$$

Assim, para todo x em $[0, 1]$ (tendo em vista a desigualdade na página anterior)

$$\left| e^x - \left(1 + x + \frac{1}{2}x^2 + \frac{1}{3!}x^3 + \ldots + \frac{1}{n!}x^n\right) \right| < \frac{3}{(n+1)!}x^{n+1}.$$

b) Para $x = 1$

$$\left| e - \left(1 + 1 + \frac{1}{2} + \frac{1}{3!} + \ldots + \frac{1}{n!}\right) \right| < \frac{3}{(n+1)!}.$$

Precisamos determinar n de modo que

$$\frac{3}{(n+1)!} < 10^{-5}.$$

Por tentativas, chega-se a $n = 8 \left(\frac{3}{9!} < 10^{-5} \right)$.

Assim,

$$e \cong 2 + \frac{1}{2} + \frac{1}{3!} + \frac{1}{4!} + \frac{1}{5!} + \frac{1}{6!} + \frac{1}{7!} + \frac{1}{8!}$$

com erro inferior a 10^{-5}.

Observação. Como $\displaystyle\lim_{n \to +\infty} \frac{3}{(n+1)!} = 0$, segue do teorema do confronto, que

$$\lim_{n \to +\infty} \left[1 + 1 + \frac{1}{2} + \frac{1}{3!} + \ldots + \frac{1}{n!} \right] = e.$$

Mostraremos, no próximo exemplo, que e é um número irracional.

Capítulo 16

474

Exemplo 5 O número e é irracional.

Solução

Suponhamos que e fosse racional; assim existiriam inteiros positivos a e b tais que

$$e = \frac{a}{b}.$$

Para todo natural n,

$$e > 1 + 1 + \frac{1}{2} + \frac{1}{3!} + \dots + \frac{1}{n!} \text{ (por quê?)}$$

e, pelo exemplo anterior,

$$\left| e - \left(1 + 1 + \frac{1}{2} + \frac{1}{3!} + \dots + \frac{1}{n!} \right) \right| < \frac{3}{(n+1)!}$$

Daí, para todo natural n,

$$0 < \frac{a}{b} - \left(1 + 1 + \frac{1}{2} + \frac{1}{3!} + \dots + \frac{1}{n!} \right) < \frac{3}{(n+1)!}$$

Para $n > b$ e $n \geq 3$, temos

$$0 < \frac{an!}{b} - n! \left(1 + 1 + \frac{1}{2} + \frac{1}{3!} + \dots + \frac{1}{n!} \right) < \frac{3}{n+1} \leqslant \frac{3}{4}$$

$$A = \frac{an!}{b} \text{ é inteiro, pois } n > b \text{ e } b \text{ é natural.}$$

$$B = n! \left(1 + 1 + \frac{1}{2} + \dots + \frac{1}{n!} \right) \text{ é inteiro (por quê?).}$$

Assim, $A - B$ é um inteiro estritamente positivo e menor que $\frac{3}{4}$, que é impossível.

Conclusão. O número e é irracional.

No próximo exemplo mostraremos que

$$\lim_{n \to +\infty} \frac{a^n}{n!} = 0$$

em que $a > 0$ é um real fixo. Este resultado será útil na resolução de alguns dos exercícios que serão propostos no final da seção.

Exemplo 6 Mostre que $\lim_{n \to +\infty} \dfrac{a^n}{n!} = 0$ em que $a > 0$ é um real fixo.

Solução

Tomemos um natural N tal que $\dfrac{a}{N} < \dfrac{1}{2}$.

Temos, então:

$$\frac{a}{N+1} < \frac{1}{2}$$

$$\frac{a}{N+2} < \frac{1}{2}$$

$$\vdots$$

$$\frac{a}{N+p} < \frac{1}{2}$$

e, assim, para todo natural $p \geqslant 1$,

$$\frac{a^p}{(N+1)(N+2)\ldots(N+p)} < \left(\frac{1}{2}\right)^p.$$

Multiplicando ambos os membros por $\dfrac{a^N}{N!}$, vem:

$$\frac{a^{N+p}}{(N+p)!} < \left(\frac{1}{2}\right)^p \frac{a^N}{N!}.$$

Fazendo $n = N + p$

$$\frac{a^n}{N!} < \left(\frac{1}{2}\right)^{n-N} \frac{a^N}{N!}.$$

De $\displaystyle\lim_{n\to+\infty} \left(\frac{1}{2}\right)^{n-N} = 0$, segue que

$$\lim_{n\to+\infty} \frac{a^n}{n!} = 0.$$

Exemplo 7

Mostre que, para todo x.

$$\lim_{n\to+\infty} \left[1 + x + \frac{1}{2}x^2 + \frac{1}{3!}x^3 + \ldots + \frac{1}{n!}x^n\right] = e^x.$$

Solução

Para todo x, existe $\bar{x}$ entre 0 e x tal que

$$e^x = 1 + x + \frac{1}{2}x^2 + \frac{1}{3!}x^3 + \ldots + \frac{1}{n!}x^n + \frac{e^{\bar{x}}}{(n+1)!}x^{n+1}.$$

Se $x > 0$, $e^{\bar{x}} < e^x$, pois $\bar{x} \in \,]0, x[$, logo

$$\left| e^x - \left(1 + x + \frac{1}{2}x^2 + \frac{1}{3!}x^3 + \ldots + \frac{1}{n!}x^n\right) \right| < e^x \frac{x^{n+1}}{(n+1)!}.$$

Como $\lim\limits_{n \to +\infty} \dfrac{x^{n+1}}{(n+1)!} = 0$, pelo confronto,

$$\lim_{n \to +\infty}\left(1 + x + \frac{1}{2}x^2 + \ldots + \frac{1}{n!}x^n\right) = e^x.$$

Se $x < 0$, $e^{\bar{x}} < e^0 = 1$, pois $\bar{x} \in \,]x, 0[$; logo

$$\left| e^x - \left(1 + x + \frac{1}{2}x^2 + \frac{1}{3!}x^3 + \ldots + \frac{1}{n!}x^n\right) \right| < \frac{|x|^{n+1}}{(n+1)!}.$$

De $\lim\limits_{n \to +\infty} \dfrac{|x|^{n+1}}{(n+1)!} = 0$, segue

$$\lim_{n \to +\infty}\left(1 + x + \frac{1}{2}x^2 + \frac{1}{3!}x^3 + \ldots + \frac{1}{n!}x^n\right) = e^x.$$

Fica provado, assim, que, para todo x,

$$e^x = \lim_{n \to +\infty}\left[1 + x + \frac{1}{2}x^2 + \frac{1}{3!}x^3 + \ldots + \frac{1}{n!}x^n\right].$$

Esta igualdade é usualmente escrita na forma

$$e^x = 1 + x + \frac{1}{2}x^2 + \frac{1}{3!}x^3 + \ldots + \frac{1}{n!}x^n + \ldots$$

Exemplo 8 Mostre que, para todo x,

$$\left| e^{x^2} - \left(1 + x^2 + \frac{1}{2}x^4 + \frac{1}{3!}x^6 + \ldots + \frac{1}{n!}x^{2n}\right) \right| \leqslant e^{x^2} \frac{x^{2n+2}}{(n+1)!}.$$

Solução

Pelo exemplo anterior, para todo $x \geqslant 0$,

$$\left| e^x - \left(1 + x + \frac{1}{2}x^2 + \frac{1}{3!}x^3 + \ldots + \frac{1}{n!}x^n\right) \right| \leqslant e^x \frac{x^{n+1}}{(n+1)!}.$$

Como, para todo x, $x^2 \geqslant 0$, resulta, substituindo na desigualdade acima x por x^2,

$$\left| e^{x^2} - \left(1 + x^2 + \frac{1}{2}x^4 + \frac{1}{3!}x^6 + \ldots + \frac{1}{n!}x^{2n}\right) \right| \leqslant e^{x^2} \frac{x^{2n+2}}{(n+1)!}.$$

Para discutir o próximo exemplo, vamos precisar antes estabelecer uma desigualdade para integrais. Já vimos que, se f for contínua em $[a, b]$ e $f(x) \geqslant 0$ em $[a, b]$, então $\int_a^b f(x)\,dx \geqslant 0$. Segue desta desigualdade que, se f e g forem contínuas em $[a, b]$ e $f(x) \leqslant g(x)$ em $[a, b]$, então

$$\int_a^b f(x)\,dx \leqslant \int_a^b g(x)\,dx. \text{ (Verifique.)}$$

Fórmula de Taylor

Suponhamos, então, f contínua em $[a, b]$; assim, $|f|$ também é contínua em $[a, b]$ e temos para todo x em $[a, b]$,

$$-|f(x)| \leq f(x) \leq |f(x)|$$

daí,

$$-\int_a^b |f(x)|\,dx \leq \int_a^b f(x)\,dx \leq \int_a^b |f(x)|\,dx$$

logo

$$\left|\int_a^b f(x)\,dx\right| \leq \int_a^b |f(x)|\,dx.$$

Exemplo 9 Calcule $\int_0^1 e^{x^2}\,dx$ com erro, em módulo, inferior a 10^{-5}.

Solução

Para x em $[0, 1]$, $e^{x^2} \leq e < 3$. Segue então do exemplo anterior que, para todo x em $[0, 1]$,

$$\left| e^{x^2} - \left(1 + x^2 + \frac{1}{2}x^4 + \ldots + \frac{1}{n!}x^{2n} \right) \right| \leq 3\frac{x^{2n+2}}{(n+1)!}$$

Temos:

$$\left| \int_0^1 e^{x^2}\,dx - \int_0^1 \left(1 + x^2 + \frac{1}{2}x^4 + \ldots + \frac{1}{n!}x^{2n} \right)dx \right| \leq \int_0^1 \left| e^{x^2} - \left(1 + x^2 + \frac{1}{2}x^4 + \right.\right.$$

$$\left.\left. + \ldots + \frac{1}{n!}x^{2n} \right) \right|dx \leq \int_0^1 \frac{3x^{2n+2}}{(n+1)!}\,dx.$$

Como

$$\int_0^1 \frac{3x^{2n+2}}{(n+1)!}\,dx = \frac{3}{(2n+3)\,(n+1)!}$$

resulta

$$\left| \int_0^1 e^{x^2}\,dx - \int_0^1 \left(1 + x^2 + \frac{1}{2}x^4 + \ldots + \frac{1}{n!}x^{2n} \right)dx \right| \leq \frac{3}{(2n+3)\,(n+1)!}$$

Por tentativas, chega-se que, para $n = 7$,

$$\frac{3}{(2n+3)\,(n+1)!} < 10^{-5}.$$

Assim,

$$\int_0^1 e^{x^2}\,dx \cong \int_0^1 \left(1 + x^2 + \frac{1}{2}x^4 + \frac{1}{3!}x^6 + \ldots + \frac{1}{7!}x^{14} \right)dx$$

com erro, em módulo, inferior a 10^{-5}.

Capítulo 16

478

Exercícios 16.3

1. Determine o polinômio de Taylor de ordem 5 em volta de x_0 dado.

a) $f(x) = \operatorname{sen} x$ e $x_0 = 0$

b) $f(x) = \cos x$ e $x_0 = 0$

c) $f(x) = \ln x$ e $x_0 = 1$

d) $f(x) = \sqrt[3]{x}$ e $x_0 = 1$

e) $f(x) = (1 + x)^\alpha$ e $x_0 = 0$, em que $\alpha \neq 0$ é um real dado.

2. Sejam n um natural ímpar e $f(x) = \operatorname{sen} x$. Mostre que, para todo x,

$$\left| \operatorname{sen} x - \left(x - \frac{x^3}{3!} + \frac{x^5}{5!} - \ldots + (-1)^{\frac{n-1}{2}} \frac{x^n}{n!} \right) \right| \leq \frac{|x|^{n+2}}{(n+2)!}.$$

3. Avalie sen 1 com erro, em módulo, inferior a 10^{-5}. (*Sugestão*: utilize o Exercício 2.)

4. Mostre que, para todo x,

$$\operatorname{sen} x = \lim_{n \to +\infty} \left[x - \frac{x^3}{3!} + \frac{x^5}{5!} - \ldots + (-1)^n \frac{x^{2n+1}}{(2n+1)!} \right]$$

ou

$$\operatorname{sen} x = x - \frac{x^3}{3!} + \frac{x^5}{5!} - \frac{x^7}{7!} + \ldots$$

5. Calcule um valor aproximado com erro, em módulo, inferior a 10^{-3}.

a) $\int_0^1 \operatorname{sen} x^2 \, dx$ b) $\int_0^1 e^{-x^2} \, dx$

6. Mostre que, para todo x,

$$\cos x = \lim_{n \to +\infty} \left[1 - \frac{x^2}{2} + \frac{x^4}{4!} - \frac{x^6}{6!} + \ldots + (-1)^n \frac{x^{2n}}{(2n)!} \right]$$

ou

$$\cos x = 1 - \frac{x^2}{2} + \frac{x^4}{4!} - \frac{x^6}{6!} + \ldots$$

7. a) Verifique que $1 + t + t^2 + \ldots + t^n = \dfrac{1 - t^{n+1}}{1 - t}$ $(t \neq 1)$. Conclua que, se $|t| < 1$,

$$\lim_{n \to +\infty} (1 + t + t^2 + \ldots + t^n) = \frac{1}{1 - t}$$

ou seja,

$$\frac{1}{1 - t} = 1 + t + t^2 + \ldots + t^n + \ldots$$

Fórmula de Taylor

479

b) Verifique que $1 - t + t^2 - t^3 + \ldots + (-1)^n\, t^n$ é o polinômio de Taylor, de ordem n, de $\dfrac{1}{1+t}$ em volta de 0.

$$\left(\textit{Sugestão}: \text{Mostre que } \lim_{t \to 0} \frac{\dfrac{1}{1+t} - (1 - t + t^2 - \ldots - (-1)^n t^n)}{t^n} = 0. \right)$$

c) Mostre que a função $E(t)$ dada por

$$\frac{1}{1+t} = 1 - t + t^2 - t^3 + \ldots + (-1)^n\, t^n + E(t)$$

é contínua em $\,]{-1}, +\infty[$.

d) Mostre que, para todo $x > -1$,

$$\ln(x+1) = x - \frac{x^2}{2} + \frac{x^3}{3} - \frac{x^4}{4} + \ldots + (-1)^n \frac{x^{n+1}}{n+1} + \int_0^x E(t)\,dt.$$

$$\left(\textit{Sugestão}: \ln(x+1) = \int_0^x \frac{1}{1+t}\,dt \ldots \right)$$

e) Verifique que $x - \dfrac{x^2}{2} + \dfrac{x^3}{3} - \dfrac{x^4}{4} + \ldots + (-1)^n \dfrac{x^{n+1}}{n+1}$ é o polinômio de Taylor, de ordem $n+1$, de $\ln(x+1)$ em volta de 0.

8. Determine o polinômio de Taylor, de ordem 5, de $g(x) = \text{arctg}\, x$ em volta de 0.

9. Seja $f(x) = \dfrac{1}{1+x^2}$.

a) Mostre que $P(x) = 1 - x^2 + x^4 - x^6 + x^8 - x^{10}$ é o polinômio de Taylor, de ordem 10, de f em volta de $x_0 = 0$. (Não é necessário calcular as derivadas de f!!)

b) Mostre que a função $E(x)$ dada por

$$\frac{1}{1+x^2} = 1 - x^2 + x^4 - x^6 + x^8 - x^{10} + E(x)$$

é contínua em $\mathbb{R}$.

c) Olhando para o polinômio do item (a), calcule $f'(0)$, $f''(0)$, $f'''(0)$ etc.

10. Determine o polinômio de Taylor, de ordem 11, de $g(x) = \text{arctg}\, x$ em volta de $x_0 = 0$.

$$\left(\textit{Sugestão}: \text{arctg}\, x = \int_0^x \frac{1}{1+t^2}\,dt \text{ e utilize o Exercício 9.} \right)$$

11. Seja $f(x) = (1+x)^\alpha$, em que $\alpha \neq 0$ é um real dado. Determine o polinômio de Taylor, de ordem n, de f em volta de $x_0 = 0$ e dê a expressão do erro em termos da derivada de ordem $n+1$.

17

Arquimedes, Pascal, Fermat e o Cálculo de Áreas

17.1 Quadratura da Parábola: Método de Arquimedes

Um dos criadores do Cálculo Diferencial e Integral foi o grande matemático grego Arquimedes, que viveu no século 3 a.C. em Siracusa. Uma de suas inúmeras descobertas foi a fórmula para o cálculo da área de um *segmento de parábola*. Nosso objetivo aqui é obter tal fórmula seguindo o raciocínio rigoroso de Arquimedes. Vamos então considerar o segmento de parábola limitado pela parábola $y = x^2$ e pela corda AB.

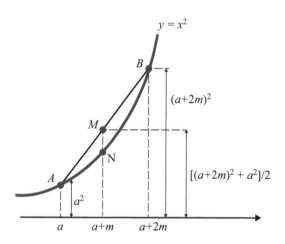

Lembrando que em um trapézio o segmento que liga os pontos médios dos lados não paralelos é a semissoma das bases, resulta que a ordenada de M é $\dfrac{(a+2m)^2 + a^2}{2}$.

Pela figura,

$$MN = \frac{|(a+2m)^2 + a^2|}{2} - (a+m)^2.$$

Ou seja,

$$MN = m^2$$

(OK?)

A altura do triângulo AMN em relação à base MN é m. Também, a altura do triângulo BMN em relação à base MN é m. Como

$$MN = m^2$$

e

altura em relação à base $MN = m$

segue-se que a soma das áreas dos triângulos AMN e BMN é:

$$\text{área } \Delta AMN + \text{área } \Delta BMN = \frac{m^2 \cdot m}{2} + \frac{m^2 \cdot m}{2} = m^3.$$

Portanto, a área do triângulo ANB é m^3. Vamos destacar este resultado

$$\boxed{\text{Área do triângulo } ANB = m^3.}$$

Vamos então ao cálculo da área do segmento parabólico. A seguir, suporemos A coincidindo com a origem do sistema de coordenadas.

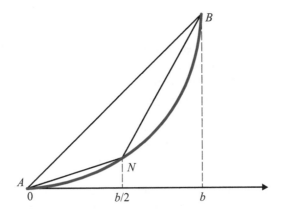

Na figura, o valor de m é $b/2$. Assim, a área T do triângulo ANB é $(b/2)^3 = b^3/8$.

$$\boxed{\text{Área do triângulo } ANB = \frac{b^3}{8} = T.}$$

A área do triângulo ANB é uma primeira aproximação para a área do segmento parabólico ANB. Vamos melhorar esta aproximação. Vamos somar a esta área as áreas dos triângulos AN_1N e NN_2B (veja a figura a seguir).

$$\boxed{\begin{array}{l} \text{Área } AN_1N = \text{Área } NN_2B = (b/4)^3 = b^3/64 \\ \text{Segue-se que} \\ \qquad \text{Área } AN_1N + \text{Área } NN_2B = b^3/32 = T/4. \end{array}}$$

Capítulo 17

Observe que a soma das áreas dos triângulos AN_1N e NN_2B é exatamente **um quarto** da área T do triângulo ANB.

Assim,

$$T + \frac{T}{4} = T\left(1 + \frac{1}{4}\right)$$

é uma segunda aproximação, e melhor, para o nosso segmento parabólico.

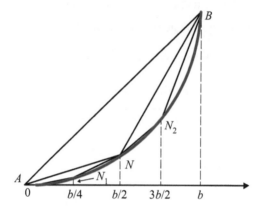

Dividindo, agora, o intervalo $[0, b]$ em 8 partes iguais e somando-se as áreas dos *novos triângulos* obtidos, verifica-se que a soma dessas novas áreas é $b^3/128$, que é exatamente **um quarto** da área anteriormente acrescentada, que era de $b^3/32$.

Assim,

$$T + \frac{T}{4} + \frac{T}{4^2} = T\left(1 + \frac{1}{4} + \frac{1}{4^2}\right)$$

é uma terceira aproximação, e melhor, para o nosso segmento parabólico.

Continuando o raciocínio acima, é razoável esperar que a fórmula para o cálculo de tal área seja:

$$\text{Área do segmento parabólico} = T\left(1 + \frac{1}{4} + \frac{1}{4^2} + \ldots\right).$$

Então, para chegar à fórmula para a área do segmento parabólico, é só calcular a soma da progressão geométrica *infinita* de primeiro termo 1 e razão $\frac{1}{4}$ que sabemos ser $\frac{4}{3}$. (De acordo?) Só que Arquimedes não trabalhava com *limites infinitos*. Para chegar à fórmula

$$\text{Área do segmento parabólico} = \frac{4}{3}T,$$

Arquimedes, Pascal, Fermat e o Cálculo de Áreas

Arquimedes primeiramente utilizou o seu *MÉTODO* de descoberta: verificou *"por meio de uma balança"* que o peso do segmento de parábola era exatamente quatro terços do triângulo ANB (veja referência bibliográfica 1 no final do capítulo). Em seguida, admitiu que o valor da área era $\frac{4}{3}T$ e, por uma dupla redução ao absurdo, provou a sua veracidade. É o que faremos a seguir. Temos

$$1 = \frac{4}{4} = \frac{3}{4} + \frac{1}{4} = \frac{3}{4} + \frac{4}{4^2} = \frac{3}{4} + \frac{3}{4^2} + \frac{1}{4^2} = \ldots$$

Continuando o raciocínio acima, obtém-se

$$1 = \frac{3}{4} + \frac{3}{4^2} + \frac{3}{4^3} + \ldots + \frac{3}{4^n} + \frac{1}{4^n}.$$

Somando 3 aos dois membros, em seguida dividindo por 3 e por último multiplicando os dois membros por T, resulta

$$\boxed{\frac{4}{3}T = T + \frac{T}{4} + \frac{T}{4^2} + \frac{T}{4^3} + \ldots + \frac{T}{4^n} + \frac{T}{3 \cdot 4^n}.}$$

O objetivo é então provar que a área do segmento parabólico ANB é $\frac{4}{3}T$. A prova será feita em duas etapas: na primeira, prova-se que a área do segmento parabólico não pode ser menor que $\frac{4}{3}T$, e na segunda, que a área do segmento parabólico não pode ser maior que $\frac{4}{3}T$. Indicando por S a área do segmento parabólico, será provado então que $S = \frac{4}{3}T$.

Para a prova da primeira etapa, Arquimedes utilizou o seguinte postulado: *"A diferença pela qual a maior de duas áreas excede a menor pode, sendo somada a si mesma repetidas vezes, exceder qualquer área finita dada"*, cujo enunciado moderno é: *"Dados os números reais x e y, com x > 0, existe um natural m tal que mx > y"*, que nada mais é do que a nossa conhecida **propriedade de Arquimedes**.

Para a prova da segunda etapa, Arquimedes utilizou as duas seguintes propriedades:

I. *"Dadas duas grandezas distintas, se da maior subtrai-se mais que sua metade, do restante mais que sua metade, e assim por diante, acabará restando uma grandeza menor que a menor das grandezas dadas."*
II. *"A reta tangente à parábola $y = x^2$ no ponto de abscissa $a + m$ é paralela à corda de extremidades (a, a^2) e $(a + 2m, (a + 2m)^2)$."* (Verifique.)

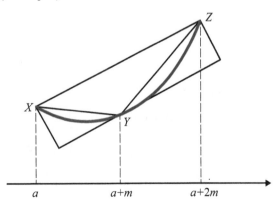

Observe que a área do triângulo XYZ é maior que a metade do segmento parabólico XYZ. (Você concorda?)

Capítulo 17

484

Prova da Primeira Etapa. ($S < \frac{4}{3}T$)

Suponhamos por absurdo que $S < \frac{4}{3}T$. Assim, $\frac{4}{3}T - S > 0$. Pela propriedade de Arquimedes, existe um natural n tal que

$$3 \cdot 4^n \left(\frac{4}{3}T - S \right) > T$$

e, portanto,

$$\frac{4}{3}T - S > \frac{T}{3 \cdot 4^n}.$$

Daí,

$$\frac{4}{3}T - \frac{T}{3 \cdot 4^n} > S.$$

Ou seja,

$$T + \frac{T}{4} + \frac{T}{4^2} + \frac{T}{4^3} + \dots + \frac{T}{4^n} > S$$

que é contradição, pois para todo n

$$T + \frac{T}{4} + \frac{T}{4^2} + \frac{T}{4^3} + \dots + \frac{T}{4^n} < S. \text{ (Você concorda?)}$$

Prova da Segunda Etapa. ($S > \frac{4}{3}T$)

suponhamos, agora, $S > \frac{4}{3}T$. Das propriedades I e II acima, existe um natural n tal que

$$S - \left(T + \frac{T}{4} + \frac{T}{4^2} + \dots + \frac{T}{4^n} \right) < S - \frac{4}{3}T$$

e, portanto,

$$S - \left(T + \frac{T}{4} + \frac{T}{4^2} + \dots + \frac{T}{4^n} \right) < S - \left(T + \frac{T}{4} + \frac{T}{4^2} + \dots + \frac{T}{4^n} + \frac{T}{3 \cdot 4^n} \right).$$

Segue que

$$T + \frac{T}{4} + \frac{T}{4^2} + \dots + \frac{T}{4^n} > T + \frac{T}{4} + \frac{T}{4^2} + \dots + \frac{T}{4^n} + \frac{T}{3 \cdot 4^n},$$

que é uma contradição.

Se a área do segmento parabólico não pode ser maior e tampouco menor que $\frac{4}{3}T$, resulta que tal área é exatamente $\frac{4}{3}T$. Em consequência, a área da região limitada pela parábola $y = x^2$, $0 \leq x \leq b$, pelo eixo x e pela reta $x = b$ é $\frac{b^3}{3}$.

17.2 Pascal e o Cálculo de Áreas

Pela fórmula de Arquimedes para a área de um segmento de parábola, segue, como vimos na seção anterior, que a área da região limitada pela curva $y = x^2$, $0 \leq x \leq b$, pelo eixo x e pela reta $x = b$ é $\dfrac{b^3}{3}$. Passados quase dois mil anos dessa descoberta de Arquimedes, Bonaventura Cavalieri (1598-1647) interessou-se pelo cálculo da área da região limitada pela curva $y = x^k$, $0 \leq x \leq b$, pelo eixo x e pela reta $x = b$, com $k \geq 3$ e natural. Utilizando o seu *método dos indivisíveis*, Cavalieri provou, para k de 3 até 9, a fórmula $\dfrac{b^{k+1}}{k+1}$ para a área de tal região e *afirmou* que a fórmula era válida para todo k. Nesta seção, utilizando as ideias de Blaise Pascal (1623-1662), vamos mostrar como chegar rapidamente e de forma maravilhosa a esta fórmula, e na próxima seção veremos como Fermat brincou com esse problema.

Para se chegar à fórmula, divide-se o intervalo $[0, b]$ em n partes iguais e considera-se a soma $S(n)$ das áreas dos retângulos de base $\dfrac{b}{n}$ e altura $\left(\dfrac{ib}{n}\right)^k$, para $i = 1, 2, \ldots, n$ (veja a figura abaixo).

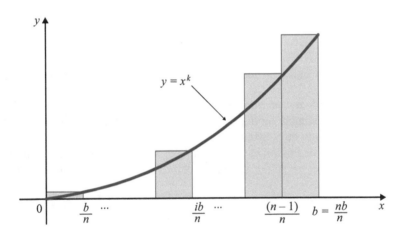

$$S(n) = \dfrac{b}{n}\left(\dfrac{b}{n}\right)^k + \dfrac{b}{n}\left(\dfrac{2b}{n}\right)^k + \dfrac{b}{n}\left(\dfrac{3b}{n}\right)^k + \ldots + \dfrac{b}{n}\left(\dfrac{nb}{n}\right)^k.$$

E, portanto,

$$S(n) = \dfrac{b^{k+1}}{n^{k+1}}(1^k + 2^k + 3^k + \ldots + n^k).$$

Indicando por S_k a soma $1^k + 2^k + 3^k + \ldots + n^k$, resulta

$$S(n) = b^{k+1}\dfrac{S_k}{n^{k+1}}.$$

Capítulo 17

Para resolver o problema, basta determinar o limite de $\dfrac{S_k}{n^{k+1}}$ para n tendendo a $+\infty$. E isto se faz utilizando a ***identidade de Pascal***, que estabelece uma relação entre as somas $S_1, S_2, ..., S_k$ e que será obtida a seguir (veja p. 266 da referência bibliográfica 2 deste capítulo).

Primeiro, vamos relembrar a fórmula para o desenvolvimento do binômio de Newton. Chamamos de binômio de Newton a expressão $(A + B)^k$. Observamos que, no tempo de Pascal, tal expressão não era, ainda, conhecida como binômio de Newton; aliás, na época em que Pascal estava pensando nesse assunto, Newton deveria estar com mais ou menos 12 anos de idade. Temos

$$(A + B)^2 = A^2 + 2AB + B^2,$$
$$(A + B)^3 = A^3 + 3A^2B + 3AB^2 + B^3$$

e, de modo geral,

$$(A + B)^k = A^k + \binom{k}{1}A^{k-1}B + \binom{k}{2}A^{k-2}B^2 + ... + \binom{k}{p}A^{k-p}B^p + ... + \binom{k}{k-1}AB^{k-1} + B^k$$

em que $\binom{k}{p}$ é o *coeficiente binominal de ordem* (k, p) e é dado por

$$\binom{k}{p} = \frac{k!}{p!(k-p)!}.$$

Observamos que $\binom{k}{p}$ nada mais é do que o número de *combinações de k elementos tomados p a p*.

No final da seção, utilizando o *princípio de indução finita*, que foi praticamente estabelecido por Pascal (veja p. 265 da referência bibliográfica 2 deste capítulo), provaremos a fórmula para o desenvolvimento do binômio de Newton.

Para obter a identidade de Pascal, vamos trocar k por $k + 1$, fazer $B = 1$, substituir A sucessivamente por $1, 2, 3, ..., n$ e, em seguida, somar membro a membro as igualdades obtidas.

$$(1 + 1)^{k+1} = 1^{k+1} + \binom{k+1}{1}1^k + ... + \binom{k+1}{k-1}1^2 + \binom{k+1}{k}1 + 1^{k+1}$$

$$(2 + 1)^{k+1} = 2^{k+1} + \binom{k+1}{1}2^k + ... + \binom{k+1}{k-1}2^2 + \binom{k+1}{k}2 + 1^{k+1}$$

$$...$$

$$(n + 1)^{k+1} = n^{k+1} + \binom{k+1}{1}n^k + ... + \binom{k+1}{k-1}n^2 + \binom{k+1}{k}n + 1^{k+1}$$

Somando membro a membro as igualdades acima e observando que $(1 + 1)^{k+1}$ na primeira linha e 2^{k+1}, $(2 + 1)^{k+1}$ (ambos na segunda linha) e 3^{k+1} na terceira linha, ..., $((n-1) + 1)^{k+1}$ na penúltima linha e n^{k+1} na última linha podem ser cancelados, resulta

$$(n + 1)^{k+1} = 1 + \binom{k+1}{1}S_k + \binom{k+1}{2}S_{k-1} + ... + \binom{k+1}{k-1}S_2 + \binom{k+1}{k}S_1 + n$$

que é a identidade obtida por Pascal.

Da identidade anterior segue que, para $k = 1$,

$$(n + 1)^2 = 1 + \binom{2}{1} S_1 + n$$

e, portanto (lembrando que $\binom{2}{1} = 2$),

$$S_1 = \frac{(n + 1)^2 - (1 + n)}{2} = \frac{(n + 1)n}{2} = \frac{n^2 + n}{2}.$$

Para $k = 2$,

$$(n + 1)^3 = 1 + \binom{3}{1} S_2 + \binom{3}{2} S_1 + n.$$

E assim por diante.

Logo, S_1 é um polinômio de **grau 2** na variável n. Observe que S_1 nada mais é do que a soma da progressão aritmética 1, 2, 3, ..., n. Como S_1 é do grau 2, pela identidade acima, S_2 será do grau 3 na variável n. Fica a seu cargo verificar que S_3 é um polinômio de **grau 4** na variável n e, de modo geral, S_k é um polinômio de **grau $k + 1$** na variável n. Esta observação sobre o grau de S_k será fundamental no cálculo do limite de $\dfrac{S_k}{n^{k+1}}$ para n tendendo a infinito, e é esta observação que, para mim, torna *lindo* o método de Pascal. Espero que você concorde comigo! Vamos, então, ao cálculo do limite mencionado acima.

Primeiro, vamos dividir os dois membros da identidade de Pascal por n^{k+1}. Temos

$$\frac{(n + 1)^{k+1}}{n^{k+1}} = \frac{1 + n}{n^{k+1}} + \binom{k+1}{1} \frac{S_k}{n^{k+1}} + \binom{k+1}{2} \frac{S_{k-1}}{n^{k+1}} + \dots + \binom{k+1}{k-1} \frac{S_2}{n^{k+1}} +$$
$$+ \binom{k+1}{k} \frac{S_1}{n^{k+1}}.$$

De

$$\frac{(n + 1)^{k+1}}{n^{k+1}} = \left(\frac{n+1}{n} \right)^{k+1} = \left(1 + \frac{1}{n} \right)^{k+1}$$

segue que

$$\lim_{n \to \infty} \frac{(n + 1)^{k+1}}{n^{k+1}} = 1.$$

Como os graus de $S_{k-1}, S_{k-2}, \dots, S_2$ e S_1 são, respectivamente, $k, k - 1, \dots, 3$ e 2, e o grau de n^{k+1} é $k + 1$, segue que o limite, para n tendendo para infinito, de

$$\frac{S_{k-1}}{n^{k+1}}, \frac{S_{k-2}}{n^{k+1}}, \dots, \frac{S_2}{n^{k+1}} \text{ e } \frac{S_1}{n^{k+1}}$$

Capítulo 17

é zero. (Você concorda?) Como $\binom{k+1}{1} = k+1$, resulta

$$\lim_{n \to \infty} \frac{S_k}{n^{k+1}} = \frac{1}{k+1}.$$

Conclusão:

$$\lim_{n \to \infty} S(n) = \lim_{n \to \infty} b^{k+1} \frac{S_k}{n^{k+1}} = \frac{b^{k+1}}{k+1}.$$

Observamos que $S(n)$ é uma aproximação por **excesso** da área da região limitada pela curva $y = x^k$, $0 \leq x \leq b$, pelo eixo x e pela reta $x = b$. Por outro lado,

$$s(n) = \frac{b}{n}\left(\frac{0}{n}\right)^k + \frac{b}{n}\left(\frac{b}{n}\right)^k + \frac{b}{n}\left(\frac{2b}{n}\right)^k + \ldots + \frac{b}{n}\left(\frac{(n-1)b}{n}\right)^k$$

(veja a figura abaixo) é uma aproximação **por falta** da área em questão. Procedendo-se de forma análoga, prova-se que

$$\lim_{n \to \infty} s(n) = \frac{b^{k+1}}{k+1}.$$ (Verifique.)

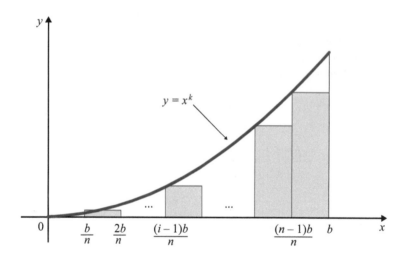

Fica assim estabelecida, pelo método de Pascal, a fórmula para o cálculo da área acima mencionada.

A seguir, utilizando o princípio de indução finita, vamos provar a fórmula para o desenvolvimento do binômio de Newton. Antes porém vamos estabelecer tal princípio. No que se segue, $P(k)$ indicará uma proposição (que pode ser falsa ou verdadeira) associada ao natural k. Por exemplo,

$$2^k > k$$

$$k + 1 = k$$

$$1 + 2 + 3 + \ldots + k = \frac{k(k+1)}{2}$$

são proposições associadas ao natural k. Qual o menor número possível de condições que devemos impor a $P(k)$ para que $P(k)$ seja verdadeira para todo natural $k \geq a$ (a natural)? Evidentemente, a primeira condição a impor é que $P(k)$ seja verdadeira para $k = a$. Suponhamos, além disso, que para todo $k \geq a$

$$P(k) \Rightarrow P(k + 1).$$

Sendo então $P(a)$ verdadeira e como

$$P(a) \Rightarrow P(a + 1),$$

resulta que $P(a + 1)$ será também verdadeira.

$$P(a + 1) \Rightarrow P(a + 2)$$

logo, $P(a + 2)$ também será verdadeira. Prosseguindo com este raciocínio, é razoável que se conclua que $P(k)$ seja verdadeira para todo $k \geq a$. Quem nos garante que isto realmente acontece é o *princípio de indução finita*, cujo enunciado é o seguinte:

Princípio de indução finita (PIF). Sejam a um número natural dado e $P(k)$ uma proposição associada a cada natural k, $k \geq a$. Suponhamos que

(i) $P(k)$ seja verdadeira para $k = a$;
(ii) para todo natural $k \geq a$

$$P(k) \Rightarrow P(k + 1).$$

Nestas condições, $P(k)$ será verdadeira para todo natural $k \geq a$.

Para a prova da fórmula do desenvolvimento do binômio de Newton, vamos precisar, ainda, da seguinte propriedade dos coeficientes binomiais

$$\binom{k}{p} + \binom{k}{p + 1} = \binom{k + 1}{p + 1}$$

e cuja verificação deixamos a seu cargo. Vamos então à prova de que para todo natural k, $k \geq 2$, $P(k)$ é verdadeira em que $P(k)$ é a proposição

$$(A + B)^k = A^k + \binom{k}{1} A^{k-1} B + \binom{k}{2} A^{k-2} B^2 + \ldots + \binom{k}{p} A^{k-p} B^p + \ldots + B^k$$

Para $k = 2$ a fórmula é verdadeira, pois,

$$(A + B)^2 = A^2 + 2AB + B^2 = A^2 + \binom{2}{1} AB + B^2.$$

Provemos então que $P(k) \Rightarrow P(k + 1)$. Para isto, basta multiplicar os dois membros de $P(k)$ por $A + B$. Multiplicando o segundo por A e, em seguida, por B e utilizando a propriedade dos coeficientes binomiais acima (e lembrando que $1 = \binom{k}{0} = \binom{k}{k}$) resulta:

$$\binom{k}{0}A^{k+1} + \binom{k}{1}A^k B + \ldots + \binom{k}{p}A^{k+1-p} B^p + \ldots + \binom{k}{k}AB^k +$$

$$+ \binom{k}{0}A^k B + \ldots + \binom{k}{p-1}A^{k+1-p} B^p + \ldots + \binom{k}{k-1}AB^k + B^{k+1}$$

$$\overline{A^{k+1} + \binom{k+1}{1}A^k B + \ldots + \binom{k+1}{p}A^{k+1-p} B^p + \ldots + \binom{k+1}{k}AB^k + B^{k+1}}$$

cuja soma é exatamente o desenvolvimento do binômio de Newton $(A + B)^{k+1}$. Portanto, para todo $k \geq 2$, $P(k) \Rightarrow P(k+1)$. Fica, assim, provada a fórmula do desenvolvimento do binômio de Newton para todo natural k, $k \geq 2$.

17.3 Fermat e o Cálculo de Áreas

Vejamos como Pierre de Fermat (1601-1665) obteve a fórmula $\dfrac{b^{k+1}}{k+1}$ para o cálculo da área limitada pela curva $y = x^k$, $0 \leq x \leq b$, pelo eixo x e pela reta $x = b$, k natural. Fermat procedeu da seguinte forma: considerou um número E, como $0 < E < 1$, e dividiu o intervalo $]0, b]$ em infinitos subintervalos da forma

$$\ldots, [bE^i, bE^{i-1}], \ldots, [bE^3, bE^2], [bE^2, bE], [bE, b].$$

Observe que b, bE, bE^2, bE^3, $\ldots$, bE^{i-1}, bE^i, $\ldots$ é uma progressão geométrica de razão E e que E^i tende a zero para i tendendo a infinito, pois $0 < E < 1$.

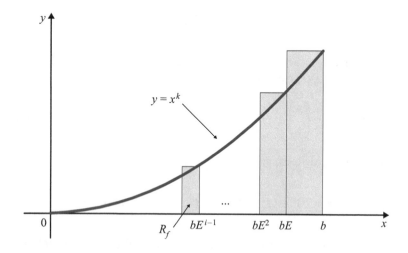

A área do retângulo R_i dado por $bE^i \leq x \leq bE^{i-1}$, $0 \leq y \leq (bE^{i-1})^k$ é

área $R_i = bE^{i-1}(1 - E)b^k E^{k(i-1)} = b^{k+1}(1 - E)(E^{k+1})^{i-1}$, $i = 1, 2, 3, \ldots$

Arquimedes, Pascal, Fermat e o Cálculo de Áreas

Segue que as áreas dos retângulos R_i formam uma progressão geométrica de primeiro termo $b^{k+1}(1 - E)$ e razão E^{k+1}. Antes de prosseguir, vamos relembrar as fórmulas para as somas dos termos da progressão geométrica finita e infinita de razão q e primeiro termo 1:

$$1 + q + q^2 + q^3 + \ldots + q^k = \frac{1 - q^{k+1}}{1 - q}$$

(verifique por indução finita) e para $0 < q < 1$

$$1 + q + q^2 + q^3 + \ldots + q^k + \ldots = \frac{1}{1 - q}.$$

Fazendo $q = E^{k+1}$, a soma das áreas dos retângulos R_i é

$$b^{k+1}(1 - E)\,(1 + q + q^2 + \ldots + q^i + \ldots) = \frac{b^{k+1}(1 - E)}{1 - E^{k+1}}.$$

De

$$1 + E + E^2 + E^3 + \ldots + E^k = \frac{1 - E^{k+1}}{1 - E}$$

resulta

$$\text{soma das áreas dos retângulos } R_i = \frac{b^{k+1}}{1 + E + E^2 + \ldots + E^k}.$$

Observamos que a soma das áreas dos retângulos é uma aproximação *por excesso* da área da região em questão e que quanto mais próximo de 1 estiver E melhor será a aproximação. Para E tendendo a 1 (em verdade, Fermat simplesmente substituiu E por 1 na soma acima), a soma acima tenderá a $\dfrac{b^{k+1}}{k+1}$. Nada mudaria se em vez de considerarmos aproximação por excesso considerássemos aproximação por falta.

Você gostou? Se gostou mesmo, verifique que o método de Fermat continua válido mesmo quando k é um número racional! Mas se você gostou muito mesmo, utilizando a progressão geométrica $1, E, E^2, E^3, \ldots$, com $E > 1$, e supondo k natural, $k \geqslant 2$, mostre que a área da região limitada pelo gráfico de $y = \dfrac{1}{x^k}$, $x \geqslant 1$, pelo eixo x e pela reta $x = 1$ é dada pela fórmula $\dfrac{1}{k-1}$.

Bem, por volta de 1670, *Sir* Isaac Newton (1642-1727) já estava calculando a área sob a curva $y = ax^{m/n}$, para x de 0 a x, utilizando a *primitiva* $z = \dfrac{n}{m + n}\,ax^{(m+n)/n}$ da função. O **Teorema Fundamental do Cálculo** estava nascendo, e o **Cálculo Diferencial e Integral**, nas mãos de Newton, se consolidando. (Veja referência bibliográfica 2, abaixo, p. 290.)

Referências Bibliográficas

1. Ávila, Geraldo, Arquimedes, o Rigor e o Método (1986), *Matemática Universitária da Sociedade Brasileira de Matemática*, Número 4, 27-45.

2. Boyer, Carl B.; Uta C. Merzbach. *História da Matemática*, Tradução de Helena Castro. São Paulo: Blucher, 2012.

A APÊNDICE

Propriedade do Supremo

A.1 Máximo, Mínimo, Supremo e Ínfimo de um Conjunto

O objetivo desta seção é introduzir os conceitos de que necessitaremos para enunciar a *propriedade do supremo*. Como veremos, é esta propriedade que diferencia $\mathbb{R}$ de $\mathbb{Q}$; é, ainda, esta propriedade que torna o sistema dos números reais uma cópia perfeita da reta. O enunciado de tal propriedade será objeto da próxima seção.

Seja A um conjunto de números reais. O maior elemento de A, quando existe, denomina-se *máximo de A* e indica-se por *máx A*. O menor elemento de A, quando existe, denomina-se *mínimo de A* e indica-se por *mín A*.

Dizemos que um número m é uma *cota superior* de A se m for máximo de A ou se m for estritamente maior que todo número de A. Diremos que m é uma *cota inferior* de A se m for mínimo de A ou se m for estritamente menor que todo número de A.

Exemplo 1 Seja $A = \{1, 2, 3\}$. Temos:

a) 1 é o mínimo de A, $1 = $ mín A; 3 é o máximo de A, $3 = $ máx A.

b) $3, \dfrac{10}{3}, 100$ são cotas superiores de A.

c) $1, 0, -\dfrac{1}{2}$ são cotas inferiores de A.

Exemplo 2 Seja $A = \{x \in \mathbb{R} \mid 1 \leq x < 2\}$. Temos:

a) $1 = $ mín A.

b) Para todo $t \in A$, $\dfrac{t + 2}{2}$ também pertence a A e $t < \dfrac{t + 2}{2}$ (verifique).

Assim, para todo t em A, existe um outro número em A que é estritamente maior que t; logo, A não admite máximo.

c) Todo número $m \leq 1$ é uma cota inferior de A.

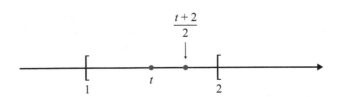

d) Todo número $m \geq 2$ é uma cota superior de A.

Um conjunto A pode não admitir máximo; entretanto, poderá admitir uma menor cota superior. Por exemplo, o conjunto
$$A = \{x \in \mathbb{R} \mid 1 \leq x < 2\}$$
não admite máximo, mas admite uma menor cota superior que é 2.

A *menor cota superior* de um conjunto A, quando existe, denomina-se *supremo de A* e indica-se por *sup A*.

É claro que se A admitir máximo m, então, m será, também, o supremo de A. Entretanto, A poderá não admitir máximo, mas admitir supremo; por exemplo, o conjunto A acima não admite máximo, mas admite supremo $2:2 = \sup A$.

A *maior cota inferior* de um conjunto A, quando existe, denomina-se *ínfimo de A* e indica-se por *inf A*.

Se A admitir uma cota superior, então diremos que A é *limitado superiormente*.
Se A admitir uma cota inferior, diremos que A é *limitado inferiormente*.

Exercícios A.1

1. Determine, caso existam, o máximo, mínimo, supremo e ínfimo.

   a) $A = \{x \in \mathbb{R} \mid -3 \leq x \leq 4\}$
   b) $A = \{x \in \mathbb{R} \mid -3 < x < 4\}$
   c) $A = \{x \in \mathbb{R} \mid x < 5\}$
   d) $A = \{x \in \mathbb{R} \mid x \geq 2\}$
   e) $A = \left\{ x \in \mathbb{R} \mid \dfrac{x-2}{x+3} \leq 0 \right\}$
   f) $A = \{x \in \mathbb{R} \mid |3x - 1| > 1\}$
   g) $A = \{-3, -1, 0, 2, 1\}$
   h) $A = \left\{ \dfrac{n}{n+1} \mid n \in \mathbb{N} \right\}$

2. Assinale os conjuntos do Exercício 1 que são limitados superiormente.

3. $A = \left\{ \dfrac{x^2}{1 + x^2} \mid x \in \mathbb{R} \right\}$ é limitado superiormente? Por quê?

A.2 Propriedade do Supremo

Admitiremos a seguinte importante propriedade dos números reais.

> **Propriedade do supremo.** Todo conjunto de números reais, não vazio e limitado superiormente, admite supremo.

Apêndice A

Pelo fato de $\mathbb{R}$ satisfazer a propriedade do supremo, diremos que $\mathbb{R}$ é um *corpo ordenado completo*. Os teoremas centrais do cálculo dependem desta propriedade de $\mathbb{R}$.

Uma consequência importante da propriedade do supremo é a propriedade de Arquimedes.

> **Propriedade de Arquimedes.** Se $x > 0$ e y são dois reais quaisquer, então existe pelo menos um número natural n tal que
> $$nx > y.$$

Demonstração

Suponhamos, por absurdo, que para todo natural n, $nx \leqslant y$; consideremos então o conjunto
$$A = \{nx \mid n \in \mathbb{N}\}.$$

A é não vazio ($1 \cdot x = x \in A$) e limitado superiormente por y, logo admite supremo. Seja s o supremo de A. Como $x > 0$, $s - x < s$; assim, $s - x$ não é cota superior de A (por quê?); logo existe um natural m tal que
$$s - x < mx$$

e daí
$$s < (m + 1)x$$

que é uma contradição, pois s é o supremo de A e $(m + 1)x \in A$. Deste modo, supor $nx \leqslant y$ para todo natural n leva-nos a uma contradição; logo, $nx > y$ para algum natural n. ∎

O próximo exemplo exibe-nos duas consequências importantes da propriedade de Arquimedes.

Exemplo

a) Para todo $x > 0$, existe pelo menos um natural n tal que $\dfrac{1}{n} < x$.

b) Para todo real x existe pelo menos um natural n tal que $n > x$.

Solução

a) Como $x > 0$, por Arquimedes, existe um natural n tal que $nx > 1$ e, portanto, $\dfrac{1}{n} < x$.

(*Observe:* $nx > 1 \Rightarrow n \neq 0$).

b) Como $1 > 0$, por Arquimedes, existe um natural n tal que $n > x$.

A propriedade que apresentaremos na próxima seção é uma outra consequência importante da propriedade do supremo e será utilizada várias vezes no texto.

Exercício A.2

Prove que se A for não vazio e limitado inferiormente, então A admite ínfimo.

A.3 Demonstração da Propriedade dos Intervalos Encaixantes

Seja $[a_0, b_0], [a_1, b_1], [a_2, b_2], ..., [a_n, b_n], ...$ uma *sequência* de intervalos satisfazendo as condições:

(i) $[a_0, b_0] \supset [a_1, b_1] \supset [a_2, b_2] \supset ... \supset [a_n, b_n] \supset ...$
(ou seja, cada intervalo da sequência contém o seguinte);

(ii) para todo $r > 0$, existe um natural n tal que
$$b_n - a_n < r$$
(ou seja, à medida que n cresce, o comprimento do intervalo $[a_n, b_n]$ vai tendendo a zero).

Nestas condições, *existe um único* real α que pertence a todos os intervalos da sequência, isto é, existe um único real α tal que, para todo natural n, $a_n \leq \alpha \leq b_n$.

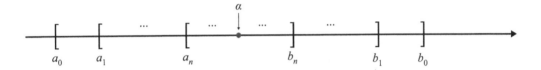

Demonstração

$A = \{a_0, a_1, a_2, ..., a_n, ...\}$ é não vazio e limitado superiormente, pois todo b_n é cota superior de A. Assim, A admite supremo; seja α tal supremo. Como α é a menor cota superior de A, para todo natural n temos
$$a_n \leq \alpha \leq b_n.$$

Se β for outro real tal que, para todo n,
$$a_n \leq \beta \leq b_n$$
teremos, para todo n,
$$|\alpha - \beta| \leq b_n - a_n.$$

Tendo em vista a propriedade (ii), para todo $r > 0$,
$$|\alpha - \beta| < r.$$

Logo, $\alpha = \beta$ (por quê?). ■

A.4 Limite de Função Crescente (ou Decrescente)

Sejam f uma função e A um subconjunto do domínio de f. Dizemos que f é *limitada superiormente* em A se existir um número real M tal que, para todo $x \in A, f(x) \leq M$.

Por outro lado, dizemos que f é *limitada inferiormente* em A se existir um número real m tal que, para todo $x \in A, f(x) \geq m$.

Apêndice A

> **Teorema.** Seja f uma função definida e crescente em $]a, b[$.
>
> a) Se f for limitada superiormente em $]a, b[$, então
>
> $$\lim_{x \to b^-} f(x) = L, L \text{ finito,}$$
>
> com $L = \sup\{f(x) \,|\, x \in]a, b[\}$.
>
> b) Se f não for limitada superiormente em $]a, b[$, então
>
> $$\lim_{x \to b^-} f(x) = +\infty.$$

Demonstração

a) O conjunto $\{f(x) \,|\, x \in]a, b[\}$ é não vazio e limitado superiormente; logo, admite um supremo L. Dado, então $\varepsilon > 0$, existe um $x_1 \in]a, b[$, tal que, $L - \varepsilon < f(x_1) \leq L$. Daí, para todo x em $]x_1, b[$, tem-se

$$L - \varepsilon < f(x_1) \leq f(x) \leq L < L + \varepsilon$$

ou seja,

$$L - \varepsilon < f(x) < L + \varepsilon.$$

Logo,

$$\lim_{x \to b^-} f(x) = L$$

b) Como f não é limitada superiormente, para todo $M > 0$ dado, existe $x_1 \in]a, b[$, tal que $f(x_1) > M$. Pelo fato de f ser crescente, tem-se, para todo $x \in]x_1, b[$,

$$f(x) > M$$

ou seja,

$$\lim_{x \to b^-} f(x) = +\infty.$$

Fica para o leitor enunciar e provar teorema análogo para o caso de f ser decrescente em $]a, b[$.

Conforme as palavras seguintes de Richard Dedekind (1813-1916) em seu livro *Essays on the theory of numbers,* a razão que o levou à definição de número real (veja Apêndice F) foi exatamente o teorema anterior.

"Minha atenção voltou-se primeiramente para as considerações que constituem o assunto deste folheto no outono de 1858. Como professor na Escola Politécnica em Zurique, vi-me pela primeira vez obrigado a dar aulas sobre os elementos do cálculo diferencial e senti mais agudamente do que nunca *a falta de um fundamento realmente científico para a aritmética.* Ao discutir a noção de limite e *especialmente ao provar o teorema segundo o qual toda magnitude que cresce continuamente, mas não além de todos os limites, deve certamente se aproximar de um valor finito*, tive que recorrer a evidências geométricas. Mesmo agora, esse recurso à intuição geométrica numa primeira apresentação do cálculo diferencial, eu o vejo como extremamente útil, do ponto de vista didático, e até mesmo indispensável se não se quer perder muito tempo. Mas ninguém pode negar que essa forma de introdução ao cálculo diferencial não pode se pretender científica. Para mim, esse sentimento de insatisfação foi tão esmagador que mantive a firme intenção de continuar refletindo sobre a questão até encontrar um fundamento puramente aritmético e perfeitamente rigoroso para os princípios da análise infinitesimal." (Dover Publications, Inc., Nova York.)

B APÊNDICE

Demonstrações dos Teoremas do Capítulo 5

B.1 Demonstração do Teorema do Anulamento

Teorema (do anulamento). Se f for contínua em $[a, b]$ e se $f(a)$ e $f(b)$ tiverem sinais contrários, então existirá pelo menos um c em $[a, b]$ tal que $f(c) = 0$.

Demonstração

Para fixar o raciocínio, suponhamos $f(a) < 0$ e $f(b) > 0$. Façamos $a = a_0$ e $b = b_0$; seja c_0 o ponto médio do segmento $[a_0, b_0]$. Temos

$$f(c_0) < 0 \text{ ou } f(c_0) \geq 0.$$

Suponhamos $f(c_0) < 0$ e façamos $c_0 = a_1$ e $b_0 = b_1$. Temos $f(a_1) < 0$ e $f(b_1) > 0$. Seja c_1 o ponto médio do segmento $[a_1, b_1]$. Temos

$$f(c_1) < 0 \text{ ou } f(c_1) \geq 0.$$

Suponhamos $f(c_1) \geq 0$ e façamos $a_1 = a_2$ e $c_1 = b_2$. Assim, $f(a_2) < 0$ e $f(b_2) \geq 0$. Prosseguindo com este raciocínio, construiremos uma sequência de intervalos

$$[a_0, b_0] \supset [a_1, b_1] \supset [a_2, b_2] \supset \cdots \supset [a_n, b_n] \supset \cdots$$

que satisfaz as condições da propriedade dos intervalos encaixantes e tal que, para todo n,

① $$f(a_n) < 0 \text{ e } f(b_n) \geq 0.$$

Seja c o único real tal que, para todo n,

$$a_n \leq c \leq b_n.$$

As sequências de termos gerais a_n e b_n convergem para c (verifique). Segue, então, da continuidade de f, que

② $$\lim_{n \to +\infty} f(a_n) = f(c) \text{ e } \lim_{n \to +\infty} f(b_n) = f(c).$$

Apêndice B

Segue de ① e de ② que

$$f(c) \leqslant 0 \text{ e } f(c) \geqslant 0$$

e, portanto, $f(c) = 0$.

B.2 Demonstração do Teorema do Valor Intermediário

Teorema (do valor intermediário). Se for contínua no intervalo fechado $[a, b]$ e se γ for um real compreendido entre $f(a)$ e $f(b)$, então existirá pelo menos um c em $[a, b]$ tal que $f(c) = \gamma$.

Demonstração

Para fixar o raciocínio, suponhamos $f(a) < \gamma < f(b)$. Consideremos a função

$$g(x) = f(x) - \gamma, x \text{ em } [a, b].$$

Como f é contínua em $[a, b]$, g também o é; temos, ainda

$$g(a) = f(a) - \gamma < 0 \text{ e } g(b) = f(b) - \gamma > 0.$$

Pelo teorema do anulamento, existe c em $[a, b]$ tal que $g(c) = 0$, ou seja, $f(c) = \gamma$.

B.3 Teorema da Limitação

Para a demonstração do teorema de Weierstrass, necessitaremos do teorema da limitação, cujos enunciado e demonstração serão objeto desta seção.

Dizemos que f é *limitada* em $A \subset D_f$ se existir $M > 0$ tal que, para todo x em A

$$|f(x)| \leqslant M.$$

Da definição acima, segue que, se f *não for limitada* em $B \subset D_f$, para todo natural n, existe $x_n \in B$, com $|f(x_n)| > n$.

Teorema (da limitação). Se f for contínua no intervalo fechado $[a, b]$, então f será limitada em $[a, b]$.

Demonstração

Suponhamos, por absurdo, que f *não seja limitada* em $[a, b]$. Façamos $a = a_1$ e $b = b_1$; existe, então, x_1 em $[a_1, b_1]$ tal que $|f(x_1)| > 1$. Seja c_1 o ponto médio de $[a_1, b_1]$; f não será limitada em um dos intervalos $[a_1, c_1]$ ou $[c_1, b_1]$; suponhamos que não seja limitada em $[c_1, b_1]$ e façamos $a_2 = c_1$ e $b_2 = b_1$. Não sendo f limitada em $[a_2, b_2]$, existirá $x_2 \in [a_2, b_2]$ tal que $|f(x_2)| > 2$. Prosseguindo com este raciocínio, construiremos uma sequência de intervalos

$$[a_1, b_1] \supset [a_2, b_2] \supset [a_3, b_3] \supset \cdots \supset [a_n, b_n] \supset \cdots$$

Demonstrações dos Teoremas do Capítulo 5

satisfazendo as condições da propriedade dos intervalos encaixantes e tal que, para todo natural $n > 0$, existe $x_n \in [a_n, b_n]$ com

①
$$|f(x_n)| > n.$$

Segue de ① que $\lim\limits_{n \to +\infty} |f(x_n)| = +\infty$. Seja, agora, c o único real tal que, para todo $n > 0$,

$$c \in [a_n, b_n].$$

Como a sequência x_n converge para c (verifique) e f é contínua em c, resulta que $\lim\limits_{n \to +\infty} |f(x_n)| = |f(c)|$ que está em contradição com $\lim\limits_{n \to +\infty} |f(x_n)| = +\infty$. Fica provado que a suposição de f não ser limitada em $[a, b]$ nos leva a uma contradição. Portanto, f é limitada em $[a, b]$. ■

B.4 Demonstração do Teorema de Weierstrass

> **Teorema (de Weierstrass).** Se f for contínua em $[a, b]$, então existirão x_1 e x_2 em $[a, b]$ tais que $f(x_1) \leqslant f(x) \leqslant f(x_2)$ para todo x em $[a, b]$.

Demonstração

Sendo f contínua em $[a, b]$, f será limitada em $[a, b]$, daí o conjunto

$$A = \{f(x) \mid x \in [a, b]\}$$

admitirá supremo e ínfimo. Sejam

$$M = \sup\{f(x) \mid x \in [a, b]\}$$

e

$$m = \inf\{f(x) \mid x \in [a, b]\}.$$

Assim, para todo x em $[a, b]$, $m \leqslant f(x) \leqslant M$.

Provaremos, a seguir, que $M = f(x_2)$ para algum x_2 em $[a, b]$. Se tivéssemos $f(x) < M$ para todo x em $[a, b]$, a função

$$g(x) = \frac{1}{M - f(x)}, \ x \in [a, b] \text{ (veja observação abaixo)}$$

seria contínua em $[a, b]$, mas não limitada em $[a, b]$, que é uma contradição (se g fosse limitada em $[a, b]$, então existiria um $\beta > 0$ tal que, para todo x em $[a, b]$

$$0 < \frac{1}{M - f(x)} < \beta$$

e, portanto, para todo x em $[a, b]$,

$$f(x) < M - \frac{1}{\beta}$$

e assim M não seria supremo de A).

Apêndice B

Segue que $f(x) < M$ para todo x em $[a, b]$ não pode ocorrer, logo devemos ter $M = f(x_2)$ para algum x_2 em $[a, b]$. Com raciocínio análogo, prova-se que $f(x_1) = m$ para algum x_1, em $[a, b]$. ∎

> **Observação.** A ideia que nos levou a construir tal função g foi a seguinte: sendo M o supremo dos $f(x)$, por menor que seja $r > 0$, existirá x tal que $M - r < f(x) < M$; assim, a diferença $M - f(x)$ poderá se tornar tão pequena quanto se queira e, portanto, $g(x)$ poderá se tornar tão grande quanto se queira.

C
APÊNDICE

Demonstrações do Teorema da Seção 6.1 e da Propriedade (7) da Seção 2.2

C.1 Demonstração do Teorema da Seção 6.1

Lema 1. Seja $a > 1$ um real dado. Então, para todo $\varepsilon > 0$, existe um natural n tal que

$$a^{\frac{1}{n}} - 1 < \varepsilon.$$

Demonstração

Pelo binômio de Newton (veja Seção 17.2), para todo natural $n \geq 1$

$$(1 + \varepsilon)^n \geq 1 + n\varepsilon.$$

Tomando-se n tal que $1 + n\varepsilon > a$ $\left(\text{basta que } n > \dfrac{a-1}{\varepsilon} \right)$ resulta

$$(1 + \varepsilon)^n > a$$

ou

$$1 + \varepsilon > a^{\frac{1}{n}}$$

e, portanto, $a^{\frac{1}{n}} - 1 < \varepsilon$. ■

Lema 2. Sejam $a > 1$ e x dois reais dados. Então, para todo $\varepsilon > 0$, existem racionais r e s, com $r < x < s$, tais que

$$a^s - a^r < \varepsilon.$$

Demonstração

Inicialmente, tomemos um $t > x$, t racional; assim, para todo racional $r < x$, $a^r < a^t$, pois estamos supondo $a > 1$. Temos

$$a^s - a^r = a^r(a^{s-r} - 1).$$

Apêndice C

502

Pelo lema 1, existe um natural n tal que

$$a^{\frac{1}{n}} - 1 < a^{-t}\varepsilon$$

ou

$$a^t\left(a^{\frac{1}{n}} - 1\right) < \varepsilon.$$

Escolhamos, agora, racionais r e s, $r < x < s$, tais que $s - r < \dfrac{1}{n}$. Para estes racionais

$$a^s - a^r = a^r(a^{s-r} - 1) < a^t\left(a^{\frac{1}{n}} - 1\right) < \varepsilon.$$

$\blacksquare$

Lema 3. Seja $a > 1$ um real dado. Então, para todo x real dado, existe um único real γ tal que

$$a^r < \gamma < a^s$$

quaisquer que sejam os racionais r e s, com $r < x < s$.

Demonstração

Primeiro vamos provar que existe tal γ. O conjunto $\{a^r \mid r \text{ racional}, r < x\}$ é não vazio e limitado superiormente por todo a^s, s racional e $s > x$; tal conjunto admite, então, supremo que indicaremos por γ. Segue que

$$a^r \leqslant \gamma \leqslant a^s$$

para todo racional $r < x$ e todo racional $s > x$.

Fica a seu cargo verificar que em realidade temos

$$a^r < \gamma < a^s$$

quaisquer que sejam os racionais r e s, com $r < x < s$.

Vamos, agora, provar que tal γ é único. Se γ_1 for tal que $a^r < \gamma_1 < a^s$, quaisquer que sejam os racionais r e s, com $r < x < s$, teremos

$$|\gamma - \gamma_1| < a^s - a^r$$

para todo racional $r < x$ e todo racional $s > x$. Segue, então, do lema 2 que

$$|\gamma - \gamma_1| < \varepsilon$$

para todo $\varepsilon > 0$, logo $\gamma = \gamma_1$.

$\blacksquare$

Com relação ao lema anterior, observe que, se x for racional, então $\gamma = a^x$. O único γ (a que se refere o lema anterior) será indicado por $f(x)$. Fica construída, assim, uma função f, definida em $\mathbb{R}$, e tal que $f(r) = a^r$ para todo racional r. Antes de provar a continuidade de f, provaremos que f é estritamente crescente. De fato, se $x_1 < x_2$ (x_1 e x_2 reais quaisquer), teremos

$$a^{r_1} < f(x_1) < a^{s_1} \text{ e } a^{r_2} < f(x_2) < a^{s_2}$$

quaisquer que sejam os racionais r_1, s_1, r_2 e s_2 tais que $r_1 < x_1 < s_1$ e $r_2 < x_2 < s_2$. Sendo s um racional, $x_1 < s < x_2$, teremos

$$f(x_1) < a^s < f(x_2)$$

o que prova que f é estritamente crescente.

Vamos provar, agora, a continuidade de f. Seja p um real qualquer. Pelo lema 2, dado $\varepsilon > 0$, existem racionais r e s, com $r < p < s$, tais que

$$a^s - a^r < \varepsilon.$$

Para todo $x \in]r, s[$, teremos

$$|f(x) - f(p)| < a^s - a^r < \varepsilon$$

o que prova a continuidade de f em p. Como p foi tomado de modo arbitrário, segue que f é contínua em $\mathbb{R}$. Se $0 < a < 1$, a função $f(x) = \left(\dfrac{1}{a}\right)^{-x}$ é contínua em $\mathbb{R}$ e coincide com a^r nos racionais. Completamos, assim, a demonstração do teorema da Seção 6.1.

Vamos provar, agora, a propriedade (1) da Seção 6.1. Sejam r_n e s_n duas sequências de números racionais que convergem, respectivamente, para x e y; segue que $r_n + s_n$ converge para $x + y$. Da continuidade da função $f(x) = a^x$, segue

$$\lim_{n \to +\infty} a^{r_n} = a^x \text{ e } \lim_{n \to +\infty} a^{s_n} = a^y$$

daí

$$a^x a^y = \lim_{n \to +\infty} a^{r_n} a^{s_n} = \lim_{n \to +\infty} a^{r_n + s_n} = a^{x+y}.$$

(Observe que $a^{r_n} a^{s_n} = a^{r_n + s_n}$, pois r_n e s_n são racionais.)

As demonstrações das demais propriedades ficam a seu cargo.

C.2 Demonstração da Propriedade (7) da Seção 2.2

Teorema. Existe $a > 0$ tal que $\cos a = 0$.

Demonstração

Suponhamos, por absurdo, que não exista um tal número a. Como $\cos 0 = 1$ e $\cos x$ é uma função contínua, segue do teorema do valor intermediário que $\cos x > 0$ para todo $x \geq 0$; como $\text{sen}' = \cos$, teríamos que a função $\text{sen}\, x$ seria estritamente crescente em $[0, +\infty[$ e como $\text{sen}\, 0 = 0$, teríamos $\text{sen}\, x > 0$ em $]0, +\infty[$. De $\cos' = -\text{sen}$, seguiria, então, que $\cos x$ seria estritamente decrescente em $[0, +\infty[$. Como $\cos x \geq 0$ e $\text{sen}\, x \leq 1$ em $[0, +\infty[$, existiriam, então, reais α e β, com $\alpha \in]0, 1]$ e $\beta \in [0, 1[$, tais que

$$\lim_{x \to +\infty} \text{sen}\, x = \alpha \text{ e } \lim_{x \to +\infty} \cos x = \beta.$$

Teríamos, também,

$$\lim_{x \to +\infty} \text{sen}\, 2x = \alpha \text{ e } \lim_{x \to +\infty} \cos 2x = \beta.$$

Apêndice C

Como $\operatorname{sen} 2x = 2 \operatorname{sen} x \cos x$ e $\cos 2x = 2 \cos^2 x - 1$, passando ao limite, para $x \to +\infty$, resulta

$$\alpha = 2\alpha\beta \text{ e } \beta = 2\beta^2 - 1$$

que admite como única solução o par (α, β) em que $\alpha = 0$ e $\beta = 1$, que contradiz a condição $\alpha \in \,]0, 1]$ e $\beta \in [0, 1[$. Tal contradição é consequência de termos admitido a não existência de um $a > 0$, com $\cos a = 0$. Fica provado assim que existe $a > 0$ com $\cos a = 0$. ∎

> **Propriedade (7).** Existe um menor número $a > 0$ tal que $\cos a = 0$.

Demonstração

O conjunto $A = \{x > 0 \mid \cos x = 0\}$ é não vazio e limitado inferiormente; logo, admite ínfimo a. Provemos que $a \in A$. Se $\cos a \neq 0$, pela conservação do sinal, existe $r > 0$ tal que $\cos x \neq 0$ para $a < x < a + r$, que contradiz o fato de a ser o ínfimo de A. Segue que a é o mínimo de A, ou seja, a é o menor real > 0 tal que $\cos a = 0$. ∎

D APÊNDICE

Funções Integráveis Segundo Riemann

D.1 Uma Condição Necessária para Integrabilidade

Vamos provar que uma *condição necessária*, mas não suficiente, para f ser integrável, segundo Riemann, em $[a, b]$ é que f seja *limitada* em $[a, b]$. Lembramos que dizer que f é limitada em $[a, b]$ significa que existe $M > 0$ tal que, para todo x em $[a, b]$, $|f(x)| \leq M$.

> **Teorema.** Se f for integrável, segundo Riemann, em $[a, b]$, então f será limitada em $[a, b]$.

> *Demonstração*

Como f é integrável em $[a, b]$, tomando-se $\varepsilon = 1$ existe uma partição P de $[a, b]$ tal que

$$\left| \sum_{i=1}^{n} f(c_i) \Delta x_i - L \right| < 1 \quad \left(L = \int_a^b f(x)\, dx \right)$$

qualquer que seja a escolha de c_i em $[x_{i-1}, x_i]$, $i = 1, 2, \ldots, n$. Sejam x_{j-1} e x_j dois pontos consecutivos da partição P; vamos provar que f é limitada em $[x_{j-1}, x_j]$. Seguirá daí que f será limitada em $[a, b]$ (por quê?). Temos

$$\left| \sum_{i=1}^{n} f(c_i) \Delta x_i - L \right| < 1$$

ou

$$\left| f(c_j) \Delta x_j + \left(\sum_{\substack{i=1 \\ i \neq j}}^{n} f(c_i) \Delta x_i - L \right) \right| < 1$$

Segue que (lembre-se: $|X + Y| \geq |X| - |Y|$)

$$\left| f(c_j) \Delta x_j \right| - \left| \sum_{\substack{i=1 \\ i \neq j}}^{n} f(c_i) \Delta x_i - L \right| < 1$$

Apêndice D

ou

①
$$\left| f(c_j)\Delta x_j \right| < 1 + \left| \sum_{\substack{i=1 \\ i \neq j}}^{n} f(c_i)\Delta x_i - L \right|.$$

Fixemos c_i, $i \neq j$, em $[x_{i-1}, x_i]$; como ① se verifica para todo c_j em $[x_{j-1}, x_j]$, resulta que f é limitada em $[x_{j-1}, x_j]$, $j = 1, 2, \ldots, n$; logo f é limitada em $[a, b]$. ∎

> **Exemplo 1** (*de função limitada e não integrável.*) A função
>
> $$f(x) = \begin{cases} 1 & \text{se } x \in \mathbb{Q} \\ 0 & \text{se } x \notin \mathbb{Q} \end{cases}$$
>
> não é integrável em $[0, 1]$.
>
> **Solução**
>
> Para toda partição P de $[0, 1]$
>
> $$\sum_{i=1}^{n} f(c_i)\Delta x_i = \begin{cases} 1 & \text{se } c_i \text{ for racional } (i = 1, 2, \ldots, n) \\ 0 & \text{se } c_i \text{ for irracional } (i = 1, 2, \ldots, n) \end{cases}$$
>
> logo $\displaystyle\lim_{m\acute{a}x\,\Delta x_i \to 0} \sum_{i=1}^{n} f(c_i)\Delta x_i$ não existe (por quê?) e, portanto, f não é integrável em $[0, 1]$.

> **Exemplo 2** A função
>
> $$f(x) = \begin{cases} 1 & \text{se } x = 0 \\ \dfrac{1}{x} & \text{se } 0 < x \leq 1 \end{cases}$$
>
> não é integrável, segundo Riemann, em $[0, 1]$, pois f não é limitada neste intervalo.

D.2 Somas Superior e Inferior de Função Contínua

Sejam f uma função contínua em $[a, b]$ e $P: a = x_0 < x_1 < x_2 < \ldots < x_{i-1} < x_i < \ldots < x_n = b$ uma partição de $[a, b]$. Como f é contínua, f assume em $[x_{i-1}, x_i]$ $(i = 1, 2, \ldots, n)$ valor máximo M_i e valor mínimo m_i. As somas

$$\overline{S}(f, P) = \sum_{i=1}^{n} M_i \, \Delta x_i$$

e

$$\underline{S}(f, P) = \sum_{i=1}^{n} m_i \, \Delta x_i$$

denominam-se, respectivamente, *soma superior* e *soma inferior* de f, relativa à partição P.

Como $m_i \leqslant M_i$, segue que, para toda partição P de $[a, b]$,

① $$\underline{S}(f, P) \leqslant \bar{S}(f, P).$$

Sejam P e P' duas partições de $[a, b]$; dizemos que P' é um *refinamento* de P se $P' \supset P$. O próximo teorema conta-nos que quando se refina uma partição, a soma superior decresce e a inferior cresce.

> **Teorema.** Seja f contínua em $[a, b]$ e sejam P e P' duas partições quaisquer de $[a, b]$, com $P \subset P'$. Então,
>
> *a)* $\underline{S}(f, P) \leqslant \underline{S}(f, P')$.   *b)* $\bar{S}(f, P) \geqslant \bar{S}(f, P')$.

Demonstração

a) Suponhamos que P' tenha um ponto a mais que P, isto é, $P' = P \cup \bar{x}_1$, com $\bar{x}_1 \in [x_{j-1}, x_j]$. Assim,

$$P : a = x_0 < x_1 < \ldots < x_{j-1} < x_j < \ldots < x_n = b$$

e

$$P' : a = x_0 < x_1 < \ldots < x_{j-1} < \bar{x}_1 < x_j < \ldots < x_n = b.$$

Sejam m_{j_1} e m_{j_2} os valores mínimos de f em $[x_{j-1}, \bar{x}_1]$ e $[\bar{x}_1, x_j]$, respectivamente. Observe que

② $$m_j \leqslant m_{j_1} \text{ e } m_j \leqslant m_{j_2}$$

em que m_j é o valor mínimo de f em $[x_{j-1}, x_j]$.

Temos

$$\underline{S}(f, P) = \sum_{\substack{i=1 \\ i \neq j}}^{n} m_i \Delta x_i + m_j \Delta x_j$$

e

$$\underline{S}(f, P') = \sum_{\substack{i=1 \\ i \neq j}}^{n} m_i \Delta x_i + m_{j_1} (\bar{x}_1 - x_{j-1}) + m_{j_2} (x_j - \bar{x}_1).$$

Segue de ②

$$m_{j_1}(\bar{x}_1 - x_{j-1}) + m_{j_2}(x_j - \bar{x}_1) \geqslant m_j(\bar{x}_1 - x_{j-1}) + m_j(x_j - \bar{x}_1),$$

ou seja,

$$m_{j_1}(\bar{x}_1 - x_{j-1}) + m_{j_2}(x_j - \bar{x}_1) \geqslant m_j \Delta x_j.$$

Portanto,

$$\underline{S}(f, P) \leqslant \underline{S}(f, P'). \text{ (Interprete geometricamente.)}$$

Apêndice D

Deixamos para o aluno demonstrar, por indução finita, que se P' tem n pontos a mais que P, então

$$\underline{S}(f, P) \leq \underline{S}(f, P').$$

b) Fica a cargo do aluno. ■

> **Corolário.** Quaisquer que sejam as partições P_1 e P_2 de $[a, b]$, $\underline{S}(f, P_1) \leq \overline{S}(f, P_2)$. (Isto é, toda soma inferior é menor ou igual a toda soma superior.)

Demonstração

Seja $P = P_1 \cup P_2$; assim P é um refinamento de P_1, bem como de P_2. Por ①

$$\underline{S}(f, P) \leq \overline{S}(f, P)$$

e, pelo teorema,

$$\underline{S}(f, P_1) \leq \underline{S}(f, P) \text{ e } \overline{S}(f, P) \leq \overline{S}(f, P_2).$$

Assim,

$$\underline{S}(f, P_1) \leq \underline{S}(f, P) \leq \overline{S}(f, P) \leq \overline{S}(f, P_2),$$

ou seja,

$$\underline{S}(f, P_1) \leq \overline{S}(f, P_2).$$ ■

Seja f contínua em $[a, b]$. Pelo corolário acima, toda soma inferior $\underline{S}(f, P)$ é cota inferior do conjunto

$$A = \{\overline{S}(f, P) \mid P \text{ partição de } [a, b]\}.$$

Segue que tal conjunto admite ínfimo. Seja L o ínfimo de A. Como toda soma inferior é cota inferior de A resulta, para toda partição P de $[a, b]$,

③ $$\underline{S}(f, P) \leq L \leq \overline{S}(f, P).$$

Por outro lado, para toda partição P de $[a, b]$ e qualquer que seja a escolha de c_i em $[x_{i-1}, x_i]$,

④ $$\underline{S}(f, P) \leq \sum_{i=1}^{n} f(c_i) \Delta x_i \leq \overline{S}(f, P).$$

De ③ e ④ resulta

⑤ $$\left| \sum_{i=1}^{n} f(c_i) \Delta x_i - L \right| \leq \overline{S}(f, P) - \underline{S}(f, P)$$

para toda partição P de $[a, b]$ e qualquer que seja a escolha de c_i em $[x_{i-1}, x_i]$.

Funções Integráveis Segundo Riemann

Provaremos, na próxima seção que, se f for contínua em $[a, b]$, dado $\varepsilon > 0$, existirá $\delta > 0$ tal que

$$\overline{S}(f, P) - \underline{S}(f, P) < \varepsilon$$

para toda partição P de $[a, b]$, com máx $\Delta x_i < \delta$.

Seguirá, então, de ⑤ que toda *função contínua em* $[a, b]$ *é integrável em* $[a, b]$.

D.3 Integrabilidade das Funções Contínuas

Antes de passarmos à demonstração do próximo lema, observamos que, se f for contínua em p, dado $\varepsilon > 0$, existirá $\delta > 0$ tal que, para todo s e t no domínio de f,

$$s, t \in \,]p - \delta, p + \delta[\,\Rightarrow |f(s) - f(t)| < \varepsilon.$$

De fato, sendo f contínua em p, dado $\varepsilon > 0$ existirá $\delta > 0$ tal que, para todo $x \in D_f$,

① $$x \in \,]p - \delta, p + \delta[\,\Rightarrow |f(x) - f(p)| < \frac{\varepsilon}{2}.$$

De ① e de

$$|f(s) - f(t)| = |f(s) - f(p) + f(p) - f(t)| \leqslant |f(s) - f(p)| + |f(p) - f(t)|$$

segue que quaisquer que sejam $s, t \in D_f$

$$s, t \in \,]p - \delta, p + \delta[\,\Rightarrow |f(s) - f(t)| < \varepsilon.$$

> **Lema.** Seja f contínua em $[a, b]$. Então, dado $\varepsilon > 0$, existe uma partição $P : a = x_0 < x_1 < x_2 < ... < x_n = b$ de $[a, b]$ tal que
>
> $$M_i - m_i < \varepsilon \ (i = 1, 2, ..., n)$$
>
> em que M_i e m_i são, respectivamente, os valores máximos e mínimos de f em $[x_{i-1}, x_i]$.

Demonstração

Suponhamos, por absurdo, que, para um dado $\varepsilon > 0$, não exista partição P de $[a, b]$ para a qual se tenha $M_i - m_i < \varepsilon$ para $i = 1, 2, ..., n$. Façamos, então, $a = a_1, b = b_1$ e seja c_1 o ponto médio de $[a_1, b_1]$; segue que $[a_1, c_1]$ ou $[c_1, b_1]$ não admitirá partição que satisfaça a condição $M_i - m_i < \varepsilon$ em todo subintervalo da partição. Seja $[a_2, b_2]$ aquele dos dois intervalos acima que não admite partição satisfazendo a condição citada. Seja c_2 o ponto médio de $[a_2, b_2]$; $[a_2, c_2]$ ou $[c_2, b_2]$ não admitirá partição satisfazendo a condição citada; seja $[a_3, b_3]$ aquele dos dois intervalos acima que não admite tal partição. Prosseguindo com este raciocínio, construiremos uma sequência de intervalos

$$[a_1, b_1] \supset [a_2, b_2] \supset ... \supset [a_k, b_k] \supset ...$$

satisfazendo a propriedade dos intervalos encaixantes e tal que para todo natural $k \geqslant 1$, $[a_k, b_k]$ não admitirá partição satisfazendo a condição $M_i - m_i < \varepsilon$ em todo subintervalo de tal partição. Seja p o único real de $[a, b]$ tal que para todo $k \geqslant 1, p \in [a_k, b_k]$. Como f é contínua em p, para o $\varepsilon > 0$ acima existe $\delta > 0$ tal que quaisquer que sejam s, t em $[a, b]$

$$s, t \in \,]p - \delta, p + \delta[\,\Rightarrow |f(s) - f(t)| < \varepsilon.$$

Apêndice D

Por outro lado, existe k tal que

$$[a_k, b_k] \subset]p - \delta, p + \delta[$$

e, assim, para toda partição de $[a_k, b_k]$, teríamos

$$M_i - m_i < \varepsilon$$

em todo subintervalo de tal partição, que é uma contradição. Fica provado, deste modo, que, para todo $\varepsilon > 0$, existe uma partição P de $[a, b]$ tal que

$$M_i - m_i < \varepsilon$$

em todo subintervalo $[x_{i-1}, x_i]$ determinado por tal partição. ∎

Teorema. Se f for contínua em $[a, b]$, dado $\varepsilon > 0$, existirá $\delta > 0$, tal que quaisquer que sejam $s, t \in [a, b]$

$$|s - t| < \delta \Rightarrow |f(s) - f(t)| < \varepsilon.$$

Demonstração

Pelo lema, dado $\varepsilon > 0$, existe uma partição P de $[a, b]$ tal que

$$M_i - m_i < \frac{\varepsilon}{2}$$

em todo subintervalo $[x_{i-1}, x_i]$ determinado pela partição. Seja δ o menor dos números $\Delta x_1, \Delta x_2$, ..., Δx_n, em que $\Delta x_i = x_i - x_{i-1}$.

Sejam s e t dois reais quaisquer em $[a, b]$, com $|s - t| < \delta$. Dois casos podem ocorrer: s e t pertencem a um mesmo intervalo $[x_{i-1}, x_i]$ ou s ou t pertencem, respectivamente, a intervalos consecutivos $[x_{j-1}, x_j]$ e $[x_j, x_{j+1}]$. No 1º caso teremos $|f(s) - f(t)| < \dfrac{\varepsilon}{2} < \varepsilon$. No 2º caso, teremos

$$|f(s) - f(t)| \leqslant |f(s) - f(x_j)| + |f(x_j) - f(t)| < \frac{\varepsilon}{2} + \frac{\varepsilon}{2} = \varepsilon.$$

Fica provado, assim, que quaisquer que sejam s e t em $[a, b]$

$$|s - t| < \delta \Rightarrow |f(s) - f(t)| < \varepsilon.$$ ∎

Teorema. (Integrabilidade das funções contínuas.) Se f for contínua em $[a, b]$, então f será integrável em $[a, b]$.

Demonstração

Segue do teorema anterior que, para todo $\varepsilon > 0$, existe $\delta > 0$, tal que quaisquer que sejam s, t em $[a, b]$

$$|s - t| < \delta \Rightarrow |f(s) - f(t)| < \frac{\varepsilon}{b - a}.$$

Assim, para toda partição P de $[a, b]$, com máx $\Delta x_i < \delta$, teremos

$$\bar{S}(f, P) - \underline{S}(f, P) = \sum_{i=1}^{n} (M_i - m_i)\Delta x_i < \sum_{i=1}^{n} \frac{\varepsilon}{b - a}\Delta x_i = \varepsilon$$

e, portanto,

$$\left| \sum_{i=1}^{n} f(c_i)\Delta x_i - L \right| \leqslant \bar{S}(f, P) - \underline{S}(f, P) < \varepsilon.$$

(Veja ⑤ de D.2.)

Ou seja, f é integrável em $[a, b]$, com integral $\int_a^b f(x)\,dx = L$, em que L é o ínfimo das somas superiores de f em $[a, b]$. ∎

D.4 Integrabilidade de Função Limitada com Número Finito de Descontinuidades

> **Lema.** Se F for crescente em $[a, b[$ e se existir M tal que, para todo x em $[a, b[$, $F(x) \leqslant M$, então existirá um real L tal que
>
> $$\lim_{x \to b^-} F(x) = L.$$

Demonstração

O conjunto $\{f(x) \mid x \in [a, b\,[\}$ é não vazio e limitado superiormente por M, logo admite supremo L. Dado $\varepsilon > 0$, existe x_0 em $[a, b[$ tal que

$$L - \varepsilon < F(x_0) \leqslant L$$

e, portanto, pelo fato de F ser crescente

$$x_0 < x < b \Rightarrow L - \varepsilon < F(x) \leqslant L$$

logo, $\lim\limits_{x \to b^-} F(x) = L$. ∎

> **Teorema.** Se f for limitada em $[a, b]$ e contínua em $[a, b[$, então f será integrável em $[a, b]$.

Demonstração

Vamos supor, inicialmente, $f(x) \geqslant 0$ em $[a, b]$. Como f é contínua em $[a, b[$, para todo t em $[a, b[$, $\int_a^t f(x)\,dx$ existe. Seja

$$F(t) = \int_a^t f(x)\,dx, \ a \leqslant t < b.$$

Como $f(x) \geqslant 0$ em $[a, b]$ e limitada neste intervalo, resulta que F é crescente e limitada em $[a, b[$; pelo lema, existe L tal que

①
$$\lim_{t \to b^-} \int_a^t f(x)\,dx = L.$$

Apêndice D

Vamos provar que f é integrável em $[a, b]$ e que $\int_a^b f(x)\,dx = L$. Como f é limitada, existe $M > 0$ tal que, para todo x em $[a, b]$, $0 \leq f(x) \leq M$. Tendo em vista ①, dado $\varepsilon > 0$, existe b_1, $a < b_1 < b$, tal que

$$\left| \int_a^{b_1} f(x)\,dx - L \right| < \frac{\varepsilon}{4}.$$

Podemos escolher b_1 de modo que $M(b - b_1) < \frac{\varepsilon}{4}$. Por outro lado, existe $\delta > 0$ (que pode ser tomado de modo $2M\delta < \frac{\varepsilon}{4}$) tal que, para toda partição P_1 de $[a, b_1]$, com máx $\Delta x_i < \delta$,

$$\left| \sum_{P_1} f(c_i)\Delta x_i - \int_a^{b_1} f(x)\,dx \right| < \frac{\varepsilon}{4}.$$

Temos, também, para toda partição P_2 de $[b_1, b]$,

$$\left| \sum_{P_2} f(c_i)\Delta x_i \right| < \frac{\varepsilon}{4} \text{ (por quê?).}$$

Seja, agora, uma partição P qualquer de $[a, b]$, com máx $\Delta x_i < \delta$, e suponhamos que $b_1 \in [x_{j-1}, x_j]$.

temos

$$\left| \sum_{i=1}^{n} f(c_i)\Delta x_i - L \right| = \left| \sum_{i=1}^{j-1} f(c_i)\Delta x_i + f(c_j)\Delta x_j + \sum_{i=j+1}^{n} f(c_i)\Delta x_i - L \right| =$$

$$= \left| \sum_{i=1}^{j-1} f_i(c_i)\Delta x_i + f(c_{j_1})(b_1 - x_{j-1}) - \int_a^{b_1} f(x)\,dx + \int_a^{b_1} f(x)\,dx - L + \right.$$

$$+ \sum_{i=j+1}^{n} f(c_i)\Delta x_i + f(c_{j_2})(x_j - b_1) + f(c_j)\Delta x_j - f(c_{j_1})(b_1 - x_{j-1}) -$$

$$\left. - f(c_{j_2})(x_j - b_1) \right| \leq \left| \sum_{i=1}^{j-1} f(c_i)\Delta x_i + f(c_{j_1})(b_1 - x_{j-1}) - \int_a^{b_1} f(x)\,dx \right| +$$

$$+ \left| \int_a^{b_1} f(x)\,dx - L \right| + \left| \sum_{i=j+1}^{n} f(c_i)\Delta x_i + f(c_{j_2})(x_j - b_1) \right| + \left| f(c_j)(x_j - x_{j-1}) - \right.$$

$$\left. - f(c_{j_1})(b_1 - x_{j-1}) - f(c_{j_2})(x_j - b_1) \right| < \frac{\varepsilon}{4} + \frac{\varepsilon}{4} + \frac{\varepsilon}{4} + \frac{\varepsilon}{4} = \varepsilon.$$

Portanto, f é integrável em $[a, b]$ e

$$\int_a^b f(x)\,dx = L.$$

Deste modo, o teorema fica provado no caso $f(x) \geq 0$ em $[a, b]$. Se f não verifica esta condição, pelo fato de f ser limitada em $[a, b]$, existirá $\alpha > 0$ tal que $f(x) + \alpha \geq 0$ em $[a, b]$. Pelo que vimos acima, $f(x) + \alpha$ será então integrável em $[a, b]$. Para todo x em $[a, b]$

$$f(x) = [f(x) + \alpha] - \alpha$$

logo, f é integrável em $[a, b]$, por ser soma de duas integráveis em $[a, b]$. ∎

> **Observação.** Do mesmo modo, prova-se que, se f for limitada em $[a, b]$ e contínua em $]a, b]$, então f será integrável em $[a, b]$.

Deixamos a seu cargo a demonstração da propriedade: se f for integrável em $[a, c]$ e em $[c, b]$, então f será integrável em $[a, b]$ e

$$\int_a^b f(x)\,dx = \int_a^c f(x)\,dx + \int_c^b f(x)\,dx.$$

Como consequência do teorema anterior e da propriedade acima, vem o seguinte corolário, cuja demonstração é deixada para o leitor.

> **Corolário.** Se f for limitada em $[a, b]$ e descontínua em apenas um número finito de pontos, então f será integrável em $[a, b]$.

D.5 Integrabilidade das Funções Crescentes ou Decrescentes

Se f for crescente em $[a, b]$, f assumirá em $[a, b]$ valor máximo $f(b)$ e valor mínimo $f(a)$. Seja P uma partição qualquer de $[a, b]$; podemos, então, considerar as somas superior e inferior de f relativa à partição P:

$$\bar{S}(f, P) = \sum_{i=1}^{n} f(x_i)\,\Delta x_i$$

e

$$\underline{S}(f, P) = \sum_{i=1}^{n} f(x_{i-1})\,\Delta x_i.$$

As propriedades demonstradas no caso de f se contínuas permanecem válidas no caso de f ser crescente. Temos

$$\bar{S}(f, P) - \underline{S}(f, P) \leq \sum_{i=1}^{n} [f(x_i) - f(x_{i-1})]\,\text{máx}\,\Delta x_i \quad \text{(verifique)}$$

Apêndice D

e, portanto,

$$\overline{S}(f, P) - \underline{S}(f, P) \leq [f(b) - f(a)]\max \Delta x_i.$$

Se $f(b) = f(a)$, f será constante, logo integrável. Podemos supor, então, $f(b) > f(a)$. Então, dado $\varepsilon > 0$ e tomando-se $\delta = \dfrac{\varepsilon}{f(b) - f(a)}$, para toda partição P de $[a, b]$, com máx $\Delta x_i < \delta$,

$$\overline{S}(f, P) - \underline{S}(f, P) < \varepsilon$$

e, portanto,

$$\left| \sum_{i=1}^{n} f(c_i)\Delta x_i - L \right| \leq \overline{S}(f, P) - \underline{S}(f, P) < \varepsilon$$

em que L é o ínfimo das somas superiores $\overline{S}(f, P)$. Fica provado assim o

> **Teorema.** Se f for crescente em $[a, b]$, então f será integrável em $[a, b]$.

> **Observação.** Se f for decrescente em $[a, b]$, então $-f$ será crescente e, portanto, integrável; como $f = -(-f)$, segue que f será, também, integrável em $[a, b]$.

O próximo exemplo nos mostra uma função integrável cujo conjunto dos pontos de descontinuidade é infinito.

> **Exemplo** Seja $f: [0, 1] \rightarrow \mathbb{R}$ dada por
>
> $$f(x) = \begin{cases} \dfrac{n}{n+1} \text{ se } \dfrac{n}{n+1} \leq x < \dfrac{n+1}{n+2} \ (n \in \mathbb{N}) \\ 1 \text{ se } x = 1 \end{cases}$$
>
> $$\left(f(x) = 0 \text{ se } 0 \leq x < \frac{1}{2}; \ f(x) = \frac{1}{2} \text{ se } \frac{1}{2} \leq x < \frac{2}{3} \text{ etc.} \right)$$
>
> Como f é crescente, resulta que f é integrável em $[0, 1]$. Observe que f é descontínua em todos os pontos do conjunto infinito
>
> $$\left\{ \frac{n}{n+1} \mid n \in \mathbb{N}^* \right\}.$$

D.6 Critério de Integrabilidade de Lebesgue

Henri Lebesgue (1875-1941) estabeleceu um critério de integrabilidade que nos permite reconhecer se uma função f é ou não integrável em $[a, b]$, olhando apenas para o conjunto dos pontos de $[a, b]$ em que f é descontínua. Para estabelecer tal critério, precisamos primeiro definir *conjunto de medida nula*.

Funções Integráveis Segundo Riemann

Seja A um subconjunto de $\mathbb{R}$ e seja $I_1, I_2, \ldots, I_n, \ldots$ uma sequência de intervalos; dizemos que tal sequência *cobre* A se

$$A \subset I_1 \cup I_2 \cup \ldots \cup I_n \cup \ldots = \bigcup_{i=1}^{+\infty} I_i$$

isto é, se A estiver contido na reunião de tais intervalos.

Exemplo 1 Seja $A = \left\{ \dfrac{1}{n} \mid n \in \mathbb{IN}^* \right\}$; a sequência dada por $I_n = \left] \dfrac{1}{n} - \dfrac{1}{2^n}, \dfrac{1}{n} + \dfrac{1}{2^n} \right[$, $n = 1, 2, \ldots$, cobre A, pois

$$A \subset I_1 \cup I_2 \cup I_3 \cup \ldots$$

Observe: $1 \in I_1 = \left] 1 - \dfrac{1}{2}, 1 + \dfrac{1}{2} \right[$; $\dfrac{1}{2} \in I_2 = \left] \dfrac{1}{2} - \dfrac{1}{2^2}, \dfrac{1}{2} + \dfrac{1}{2^2} \right[\ldots$

No que segue, $m(I)$ indicará a amplitude do intervalo I; assim, se $I = [0, 2]$, então $m(I) = 2 - 0 = 2$; se $I = \left] \dfrac{1}{3}, \dfrac{1}{2} \right[$, $m(I) = \dfrac{1}{6}$.

Seja $A \subset \mathbb{R}$; dizemos que A tem *medida nula* se, para todo $\varepsilon > 0$ dado, existir uma sequência de intervalos $I_1, I_2, I_3, \ldots, I_n, \ldots$ que cobre A e tal que

$$\sum_{n=1}^{+\infty} m(I_n) < \varepsilon.$$

Observação. $\displaystyle\sum_{n=1}^{+\infty} m(I_n) = \lim_{k \to +\infty} \sum_{n=1}^{k} m(I_n).$

Antes de passarmos aos exemplos, lembramos que, se $0 < q < 1$, então

$$q + q^2 + q^3 + \ldots + q^n + \ldots = \frac{q}{1-q} \text{ (verifique).}$$

Se tomarmos $0 < q < \dfrac{\varepsilon}{1 + \varepsilon} (\varepsilon > 0)$, teremos

$$q + q^2 + q^3 + \ldots + q^n + \ldots = \frac{q}{1-q} < \varepsilon.$$

Exemplo 2 Mostre que $A = \left\{ \dfrac{1}{n} \mid n \in \mathbb{N}^* \right\}$ tem medida nula.

Solução

Dado $\varepsilon > 0$, tomemos q tal que $0 < q < \dfrac{\varepsilon}{1 + \varepsilon}$.

Apêndice D

Consideremos a sequência de intervalos

$$I_n = \left]\frac{1}{n} - \frac{1}{2}q^n, \frac{1}{n} + \frac{1}{2}q^n\right[, n = 1, 2, \ldots$$

Tal sequência cobre A e, como $m(I_n) = q^n$, resulta

$$\sum_{n=1}^{+\infty} m(I_n) = q + q^2 + \ldots + q^n + \ldots = \frac{q}{1-q} < \varepsilon$$

portanto, A tem medida nula.

Seja $A \subset \mathbb{R}$; dizemos que A é *enumerável* se existir uma sequência $a_1, a_2, \ldots, a_n, \ldots$ tal que

$$A = \{a_n \mid n \in \mathbb{N}^*\}.$$

Exemplo 3 $\mathbb{N}$ é enumerável, pois

$$\mathbb{N} = \{a_n \mid n \in \mathbb{N}^*\}$$

em que $a_n = n - 1$.

Exemplo 4 O conjunto A dos racionais estritamente positivos é enumerável.

Solução

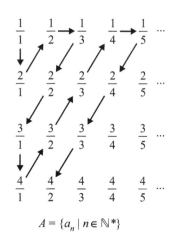

$$A = \{a_n \mid n \in \mathbb{N}^*\}$$

em que $a_1 = \frac{1}{1}$, $a_2 = \frac{2}{1}$, $a_3 = \frac{1}{2}$, $a_4 = \frac{1}{3}, \ldots$

Exemplo 5 O intervalo $[0, 1]$ não é enumerável.

Solução

Suponhamos, por absurdo, que fosse enumerável; existiria, então, uma sequência $a_1, a_2, \ldots$ tal que

$$[0, 1] = \{a_n \mid n \in \mathbb{N}\}.$$

Seja, agora, $c_1 \in {]}0, 1[$, com $c_1 \neq a_1$; a_1 não pode pertencer a

① $$[0, c_1] \text{ e } [c_1, 1].$$

Seja $[\alpha_1, \beta_1]$ o intervalo em ① que não contém a_1.
Seja, agora, $c_2 \in {]}\alpha_1, \beta_1[$, com $c_2 \neq a_2$; a_2 não pode pertencer a

② $$[\alpha_1, c_2] \text{ e } [c_2, \beta_1].$$

Seja $[\alpha_2, \beta_2]$ o intervalo em ② que não contém a_2.
Prosseguindo com este raciocínio, construiremos uma sequência de intervalos

$$[\alpha_1, \beta_1] \supset [\alpha_2, \beta_2] \supset ... \supset [\alpha_n, \beta_n] \supset ...$$

tal que, para todo natural $n \geqslant 1$,

$$a_n \notin [\alpha_n, \beta_n].$$

Por outro lado, existe pelo menos um real $p \in [0, 1]$ tal que

$$p \in [\alpha_n, \beta_n]$$

para todo $n \geqslant 1$. Segue que

$$p \neq a_n$$

para todo $n \geqslant 1$, que é uma contradição.

Exemplo 6 Todo conjunto A enumerável tem medida nula.

Solução

Dado $\varepsilon > 0$, consideremos a sequência

$$I_n = {\Bigg]}a_n - \frac{1}{2}q^n, a_n + \frac{1}{2}q^n{\Bigg[}, n = 1, 2, 3, ...$$

como $0 < q < \dfrac{\varepsilon}{1 + \varepsilon}$ e $A = \{a_n \mid n \in \mathbb{N}^*\}$. Tal sequência cobre A e

$$\sum_{n=1}^{+\infty} m(I_n) = q + q^2 + ... + q^n + ... < \varepsilon.$$

Exemplo 7 Prove que $A = \{1, 2, 3\}$ tem medida nula.

Solução

$A = \{a_n \mid n \in \mathbb{N}^*\}$, em que $a_1 = 1$, $a_2 = 2$, $a_3 = 3$ e $a_n = 3$ para $n \geqslant 3$; logo, A é enumerável e, portanto, tem medida nula.

Exemplo 8 Seja $A \subset \mathbb{R}$; se A for finito, então A terá medida nula.

Solução

Suponhamos que A tem p elementos; batizando os elementos de A por $x_1, x_2, ..., x_p$, resulta $A = \{x_1, x_2, ..., x_p\} = \{a_n \mid n \in \mathbb{N}^*\}$ em que $a_1 = x_1$, $a_2 = x_2$, ..., $a_p = x_p$ e $a_n = x_p$ para $n > p$. Assim, A é enumerável; logo, tem medida nula.

Apêndice D

518

Vamos agora enunciar, sem demonstração (para a demonstração, veja Elon Lages Lima, *Curso de Análise* — Volume 1), o seguinte

> **Critério de Lebesgue**
> Seja f limitada em $[a, b]$ e seja A o conjunto dos pontos de $[a, b]$ em que f é descontínua:
> $A = \{x \in [a, b] \mid f \text{ é descontínua em } x\}$. Então,
>
> $$f \text{ integrável em } [a, b] \Leftrightarrow A \text{ tem medida nula.}$$

Exercícios

1. Prove que se A estiver contido em B e se B tiver medida nula, então A terá, também, medida nula.

2. Prove que o conjunto vazio tem medida nula.

3. Prove que se A e B tiverem medida nula, então $A \cup B$ também terá medida nula.

4. Já foi visto que a função $f(x) = \begin{cases} 1 & \text{se } x \in \mathbb{Q} \\ 0 & \text{se } x \notin \mathbb{Q} \end{cases}$ não é integrável em $[0, 1]$. Utilizando o critério de Lebesgue, conclua que $[0, 1]$ não tem medida nula.

5. Utilizando o critério de Lebesgue, prove que se f for integrável em $[a, b]$, então f será contínua em pelo menos um ponto $p \in [a, b]$.

6. Suponha f integrável em $[a, b]$ e $f(x) > 0$ em $[a, b]$. Prove que $\int_a^b f(x)\,dx > 0$.

7. Utilizando o critério de Lebesgue, prove que se f for integrável em $[a, b]$, então $|f|$ e f^2 também serão.

8. Seja A o conjunto dos números irracionais pertencentes ao intervalo $[0, 1]$. Prove que A não tem medida nula.

9. Dê exemplo de um conjunto não enumerável que tenha medida nula. (Pesquise!)

10. Utilizando o critério de Lebesgue, decida se a função dada é ou não integrável.

$a)$ $f: [0, 1] \to \mathbb{R}$ dada por $f(x) = \begin{cases} 1 & \text{se } x \in \mathbb{Q} \\ 0 & \text{se } x \notin \mathbb{Q} \end{cases}$

$b)$ $f: [0, 1] \to \mathbb{R}$ dada por $f(x) = \begin{cases} \text{sen}\left(\dfrac{1}{\text{sen}\dfrac{1}{x}}\right) & \text{se } \text{sen}\dfrac{1}{x} \neq 0 \\ 1 & \text{se } \text{sen}\dfrac{1}{x} = 0 \text{ ou } x = 0 \end{cases}$

$c)$ $f: [0, 1] \to \mathbb{R}$ dada por $f(x) = \begin{cases} 1 & \text{se } x \in A \\ 0 & \text{se } x \notin A \end{cases}$ em que $A = \left\{ \dfrac{1}{n} \mid n \in \mathbb{N}^* \right\}$.

APÊNDICE E

Demonstração do Teorema da Seção 13.4

Seja a equação

$$\frac{dx}{dt} = g(t)h(x)$$

em que g e h' são supostas contínuas nos intervalos abertos I_1 e I_2, respectivamente. Consideremos os números reais t_0 e x_0, com $t_0 \in I_1$ e $x_0 \in I_2$.

Tomemos $r_1 > 0$ e $r_2 > 0$ tais que

$$[t_0 - r_1, t_0 + r_1] \subset I_1 \text{ e } [x_0 - r_2, x_0 + r_2] \subset I_2.$$

Da continuidade de g e h', segue que existem $\alpha > 0$ e $\beta > 0$ tais que

① $$|g(t)| \leq \alpha \text{ em } [t_0 - r_1, t_0 + r_1]$$

e

② $$|h'(t)| \leq \beta \text{ em } [x_0 - r_2, x_0 + r_2].$$

Observamos, ainda, que, quaisquer que sejam u e v em $[x_0 - r_2, x_0 + r_2]$,

③ $$|h(u) - h(v)| \leq \beta |u - v|.$$

De fato, pelo TVM existe $\bar{u}$ entre u e v tal que

$$h(u) - h(v) = h'(\bar{u})(u - v)$$

e tendo em vista ② segue ③.

Suponhamos, agora, que $x = x(t)$, $t \in I$, em que I é um intervalo aberto contido em I_1, seja solução do problema

④ $$\begin{cases} \dfrac{dx}{dt} = g(t)h(x) \\ x(t_0) = x_0. \end{cases}$$

Então, para todo t em I,

$$x'(t) = g(t)h(x(t))$$

Apêndice E

e, portanto, para todo t em I

$$\int_{t_0}^{t} g(s)h(x(s))\,ds = [x(s)]_{t_0}^{t} = x(t) - x_0$$

ou seja,

⑤ $$x(t) - x_0 = \int_{t_0}^{t} g(s)h(x(s))\,ds.$$

Sendo $x = x(t)$, $t \in I$, solução de ④, tal função será contínua; logo, existe $r > 0$ (com $[t_0 - r, t_0 + r] \subset I$) tal que

⑥ $$t_0 - r \leqslant t \leqslant t_0 + r \Rightarrow x_0 - r_2 \leqslant x(t) \leqslant x_0 + r_2.$$

Podemos escolher r de modo que

⑦ $$r \leqslant r_1 \text{ e } r < \frac{1}{\alpha\beta}.$$

> **Lema 1.** Se $x = x(t)$, $t \in I$, for solução de ④ e se $h(x_0) = 0$, então
> $$x(t) = x_0 \text{ em } [t_0 - r, t_0 + r].$$

Demonstração

De ⑤ e da hipótese segue

$$x(t) - x_0 = \int_{t_0}^{t} g(s)[h(x(s)) - h(x_0)]\,ds.$$

Segue de ③ e de ⑥ que, para todo s em $[t_0 - r, t_0 + r]$,

$$|h(x(s)) - h(x_0)| \leqslant \beta\,|x(s) - x_0|.$$

Então, para todo t em $[t_0 - r, t_0 + r]$

$$|x(t) - x_0| \leqslant \alpha\beta \left| \int_{t_0}^{t} |x(s) - x_0|\,ds \right|.$$

Sendo M o máximo de $|x(t) - x_0|$ em $[t_0 - r, t_0 + r]$, resulta

$$|x(t) - x_0| \leqslant \alpha\beta M \left| \int_{t_0}^{t} ds \right|$$

ou

$$|x(t) - x_0| = \alpha\beta M\,|t - t_0|$$

e, assim, para todo t em $[t_0 - r, t_0 + r]$

$$|x(t) - x_0| \leqslant \alpha\beta M r$$

e, portanto,

$$M \leqslant \alpha\beta M r \text{ (por quê?).}$$

Demonstração do Teorema da Seção 13.4

Se tivéssemos $M > 0$ (observe que $M \geqslant 0$), teríamos $1 \leqslant \alpha\beta r$ ou $r \geqslant \dfrac{1}{\alpha\beta}$ que contradiz ⑦; segue então que $M = 0$. Logo

$$x(t) = x_0 \text{ em } [t_0 - r, t_0 + r].$$

 ■

> **Lema 2.** Se $x = x(t)$, $t \in I$, for solução de ④ e se $h(x_0) = 0$, então
> $$x(t) = x_0 \text{ em } I.$$

Demonstração

Pelo lema 1, existe $r > 0$ tal que

$$x(t) = x_0 \text{ em } [t_0 - r, t_0 + r].$$

Seja $B = \{b \in I \,|\, x(t) = x_0 \text{ em } [t_0 - r, b[\}$. Se B não for limitado superiormente, teremos $x(t) = x_0$ em $[t_0 - r, +\infty[$ e $+\infty$ será, então, a extremidade superior de I. Se B for limitado superiormente, admitirá supremo $\bar{b}$ e, assim,

$$x(t) = x_0 \text{ em } [t_0 - r, \bar{b}[.$$

Se $\bar{b}$ pertencer a I, pela continuidade de $x = x(t)$, resultará $x(\bar{b}) = x_0$; seguirá, então, pelo lema 1 que existirá $\bar{r} > 0$ tal que

$$x(t) = x_0 \text{ em } \left[\bar{b} - \bar{r}, \bar{b} + \bar{r}\right]$$

contradição. Assim $\bar{b}$ é a extremidade superior de I. Deixamos a seu cargo concluir que

$$x(t) = x_0 \text{ em } I.$$

 ■

> **Teorema.** Seja a equação
> $$\frac{dx}{dt} = g(t)h(x)$$
> em que g e h são definidas em intervalos abertos I_1 e I_2, respectivamente, com g contínua em I_1 e h' contínua em I_2. Nestas condições, se $x = x(t)$, $t \in I$, for solução não constante da equação, então, para todo t em I,
> $$h(x(t)) \neq 0.$$

Demonstração

Se, para algum t_0 em I tivéssemos $h(x(t_0)) = 0$, pelo lema 2, teríamos, para todo t em I,

$$x(t) = x(t_0).$$

F APÊNDICE

Construção do Corpo Ordenado dos Números Reais

F.1 Definição de Número Real

Definição. Seja α um subconjunto de $\mathbb{Q}$. Dizemos que α é um *número real* se satisfaz as condições:

(R1) $\alpha \neq \phi$ e $\alpha \neq \mathbb{Q}$.
(R2) $\forall p, q \in \mathbb{Q}$, se $p \in \alpha$ e $q < p$; então $q \in \alpha$.
(R3) α não tem máximo.

A ideia que está por trás de tal definição é a de caracterizar um *número real* pelo conjunto de todos os números racionais que o precedem. Pela definição acima, estamos representando um número real α pelo conjunto dos racionais que o precedem.

Exemplo 1 $\alpha = \{p \in \mathbb{Q} \mid p < 2\}$ é um número real. De fato:

(R1) $\alpha \neq \phi$, pois, $0 \in \alpha$.
  $\alpha \neq \mathbb{Q}$, pois, $5 \in \mathbb{Q}$ e $5 \notin \alpha$.

(R2) Sejam p, q racionais quaisquer, com $p \in \alpha$ e $q < p$. Temos:

$$p \in \alpha \Leftrightarrow p < 2.$$

De $p < 2$ e $q < p$, segue $q < 2$, logo, $q \in \alpha$.

(R3) α não tem máximo (verifique).

Assim, o conjunto $\alpha = \{p \in \mathbb{Q} \mid p < 2\}$ satisfaz as condições (R1), (R2) e (R3); logo, é número real.

Seja r um número *racional* qualquer. Deixamos a seu cargo a tarefa de verificar que o conjunto $\{p \in \mathbb{Q} \mid p < r\}$ é um número real. Tal número real será indicado por r^*:

$$r^* = \{p \in \mathbb{Q} \mid p < r\} \ (r \text{ racional}).$$

Construção do Corpo Ordenado dos Números Reais

523

> **Exemplo 2** $\alpha = \mathbb{Q}_- \cup \{p \in \mathbb{Q}_+ \mid p^2 < 2\}$ é um número real (quem é α?).

De fato:

(R1) $\alpha \neq \phi$, pois, $\mathbb{Q}_- \subset \alpha (\mathbb{Q}_- = \{x \in \mathbb{Q} \mid x \leq 0\})$

$\alpha \neq \mathbb{Q}$, pois, $5 \in \mathbb{Q}$ e $5 \notin \alpha$.

(R2) Sejam p, q dois racionais quaisquer, com $p \in \alpha$ e $q < p$. Temos:

    (i) se $p \in \mathbb{Q}_-$, então $q \in \mathbb{Q}_-$, logo, $q \in \alpha$.

   (ii) se $p > 0$ e $q \leq 0$, então $q \in \alpha$.

 (iii) se $p > 0$ e $q > 0$

$$\left. \begin{array}{c} q < q \\ q > 0 \end{array} \right\} \Rightarrow q^2 < p^2.$$

De $p^2 < 2$, segue $q^2 < 2$, logo, $q \in \alpha$.

(R3) Seja $p \in \alpha$, com $p > 0$. Temos, para todo $n \in \mathbb{N}^*$,

$$\left(p + \frac{1}{n} \right)^2 = p^2 + \frac{2p}{n} + \frac{1}{n^2} \leq p^2 + \frac{2p}{n} + \frac{1}{n}$$

ou

$$\left(p + \frac{1}{n} \right)^2 \leq p^2 + \frac{1}{n}(2p + 1).$$

Por outro lado,

$$p^2 + \frac{1}{n}(2p + 1) < 2 \Leftrightarrow n > \frac{2p + 1}{2 - p^2}$$

Tomando-se, então, $n > \dfrac{2p + 1}{2 - p^2}$, resulta

$$\left(p + \frac{1}{n} \right)^2 < 2$$

o que mostra que α não tem máximo.

Exercícios

1. É número real? Justifique a resposta.

  a) $\alpha = \left\{ p \in \mathbb{Q} \mid 3p + 1 < 2p - 5 \right\}$

  b) $\alpha = \left\{ p \in \mathbb{Q} \mid (p + 1)^2(p - 3) < 0 \right\}$

  c) $\alpha = \left\{ p \in \mathbb{Q} \mid p^3 - 2p^2 + 3p - 6 < 0 \right\}$

  d) $\alpha = \left\{ p \in \mathbb{Q} \mid p^{20} + 2p^{10} + 5 < 0 \right\}$

  e) $\alpha = \left\{ p \in \mathbb{Q} \mid p^3 < 3 \right\}$

Apêndice F

2. Seja α um número real e indique por M_α o conjunto dos racionais que são cotas superiores de α. Prove que

$$\beta = \left\{ p \in \mathbb{Q} \mid -p \in M_\alpha \text{ e } -p \neq \min M_\alpha \right\}$$

é número real.

3. Sejam α e β números reais. Prove que $\alpha \cup \beta$ e $\alpha \cap \beta$ são, também, números reais.

4. Sejam os números reais $\alpha = \{p \in \mathbb{Q} \mid p^3 < 5\}$ e $\beta = \{p \in \mathbb{Q} \mid p < 2\}$. Determine $\alpha \cap \beta$ e $\alpha \cup \beta$.

5. Para cada $n \in \mathbb{N}$, seja o número real $\alpha_n = \left(\dfrac{n}{2n+1} \right)^*$. Complete:

a) $\alpha_0 = \ldots$

b) $\alpha_1 = \ldots$

c) $\alpha_2 = \ldots$

d) $\displaystyle\bigcup_{n=0}^{3} \alpha_n = \alpha_0 \cup \alpha_1 \cup \alpha_2 \cup \alpha_3 = \ldots$

6. Para cada $n \in \mathbb{N}$, seja o número real $\alpha_n = \left(\dfrac{n}{2n+1} \right)^*$. Prove que $\displaystyle\bigcup_{n=0}^{+\infty} \alpha_n = \left\{ p \in \mathbb{Q} \middle| p < \dfrac{1}{2} \right\}$, em que $\displaystyle\bigcup_{n=0}^{+\infty} \alpha_n$ indica a reunião de todos os números reais $\alpha_0, \alpha_1, \ldots, \alpha_n, \ldots$.

7. Seja $A = \{r^* \mid r \in \mathbb{Q}, r > 0 \text{ e } r^2 < 2\}$. Determine a reunião de todos os reais α, com $\alpha \in A$. Verifique que tal reunião é um número real.

F.2 Relação de Ordem em $\mathbb{R}$

O símbolo $\mathbb{R}$ será usado para indicar o conjunto dos números reais: $\mathbb{R} = \{\alpha \mid \alpha \text{ é número real}\}$.

> **Definição.** Sejam α e β dois números reais. Definimos
>
> a) $\alpha \leqslant \beta \Leftrightarrow \alpha \subset \beta$.
> b) $\alpha < \beta \Leftrightarrow \alpha \subset \beta$ e $\alpha \neq \beta$.

Deixamos a seu cargo verificar que, "$\leqslant$" é uma *relação de ordem* sobre $\mathbb{R}$, isto é, "$\leqslant$" satisfaz as propriedades:

01) $\forall \alpha \in \mathbb{R}, \alpha \leqslant \alpha$.
02) $\forall \alpha, \beta \in \mathbb{R}, \alpha \leqslant \beta$ e $\beta \leqslant \alpha \Rightarrow \alpha = \beta$.
03) $\forall \alpha, \beta, \gamma \in \mathbb{R}, \alpha \leqslant \beta$ e $\beta \leqslant \gamma \Rightarrow \alpha \leqslant \gamma$.

Para provar (04), vamos precisar do

> **Lema.** Se α é um número real e se x é um racional, com $x \notin \alpha$, então, $p < x$, para todo $p \in \alpha$.

Construção do Corpo Ordenado dos Números Reais

525

Demonstração

Suponhamos, por absurdo, que exista $p \in \alpha$, com $p \geq x$. Pela (R2), teríamos, então, que $x \in \alpha$, contradição. Portanto, se $x \notin \alpha$, então $p < x$ para todo $p \in \alpha$. ∎

Este lema nos diz que todo racional x que não pertence ao real α, é uma cota superior de α. Vamos, agora, demonstrar a seguinte propriedade.

Propriedade (04). Quaisquer que sejam α e β em $\mathbb{R}$, $\alpha \leq \beta$ ou $\beta \leq \alpha$.

Demonstração

Quaisquer que sejam os reais α e β, $\alpha \subset \beta$ ou $\alpha \not\subset \beta$.
Se $\alpha \subset \beta$, então, $\alpha \leq \beta$.
Se α não está contido em β ($\alpha \not\subset \beta$), então existe um racional x, com $x \in \alpha$ e $x \notin \beta$.
Como $x \notin \beta$, segue do lema que $p < x$, para todo $p \in \beta$. Como $x \in \alpha$ e, para todo $p \in \beta$, $p < x$, segue de (R2) que $p \in \alpha$, para todo $p \in \beta$, isto é, $\beta \subset \alpha$, ou seja, $\beta \leq \alpha$. ∎

F.3 Adição em $\mathbb{R}$

Teorema 1. Se α e β são números reais, então

$$\gamma = \{a + b \mid a \in \alpha, b \in \beta\}$$

também é número real.

Demonstração

Precisamos provar que γ satisfaz as condições (R1), (R2) e (R3).
(R1) Como α e β não são vazios, existem $a \in \alpha$, $b \in \beta$; assim $a + b \in \gamma$, logo, $\gamma \neq \phi$.
Por outro lado, como $\alpha \neq \mathbb{Q}$ e $\beta \neq \mathbb{Q}$, existem racionais s e t, com $s \notin \alpha$ e $t \notin \beta$; pelo lema da seção anterior, tem-se:

$$\forall\, a \in \alpha, a < s \text{ e } \forall\, b \in \beta, b < t$$

daí

$$\forall\, a \in \alpha, \forall\, b \in \beta, a + b < s + t.$$

Logo, $s + t \notin \gamma$ e, portanto, $\gamma \notin \mathbb{Q}$.
(R2) Precisamos provar que, se $x \in \gamma$ e $y < x$, então $y \in \gamma$. Para provar que $y \in \gamma$, precisamos fabricar um $s \in \alpha$ e um $t \in \beta$, de modo que $y = s + t$.
Temos:

$$x \in \gamma \Leftrightarrow x = a + b \text{ para algum } a \in \alpha \text{ e algum } b \in \beta.$$

De $y < x$ segue $y < a + b$, daí $y - a < b$; como $b \in \beta$, segue que $y - a \in \beta$. Então,

$$y = a + (y - a), \text{ com } a \in \alpha \text{ e } (y - a) \in \beta.$$

Logo, $y \in \gamma$.

Apêndice F

(R3) Para provar que γ não tem máximo, precisamos provar que, se $x \in \gamma$, então existe $y \in \gamma$ com $x < y$. Temos:

$$x \in \gamma \Leftrightarrow x = a + b \text{ para algum } a \in \alpha \text{ e algum } b \in \beta.$$

Como α e β não têm máximo, existem racionais $s \in \alpha$ e $t \in \beta$ com $a < s$ e $b < t$; daí, $a + b < s + t$. Tomando-se $y = s + t$, tem-se $x < y$, com $y \in \gamma$. Assim, γ não tem máximo.

Como (R1), (R2) e (R3) estão verificadas, segue que $\gamma \in \mathbb{R}$. ∎

> **Definição.** Sejam α e β dois números reais; o número real $\gamma = \{a + b \mid a \in \alpha, b \in \beta\}$ denomina-se *soma* de α e β e é indicado por $\alpha + \beta$. Assim, $\alpha + \beta = \{a + b \mid a \in \alpha, b \in \beta\}$.

A operação que a cada par (α, β) de números reais associa a sua soma $\alpha + \beta$ denomina-se *adição* e é indicada por $+$.

Exemplo Sejam r e s dois racionais; prove:

$$r^* + s^* = (r + s)^*.$$

Solução

Precisamos provar que $r^* + s^* \subset (r + s)^*$ e que $r^* + s^* \supset (r + s)^*$.

Lembramos, inicialmente, que

$$r^* = \{x \in \mathbb{Q} \mid x < r\}; s^* = \{x \in \mathbb{Q} \mid x < s\}$$

e

$$(r + s)^* = \{x \in \mathbb{Q} \mid x < r + s\}.$$

$$\boxed{r^* + s^* \subset (r + s)^*}$$

$x \in r^* + s^* \Leftrightarrow x = a + b$ para algum $a < r$ e algum $b < s$, com a e b racionais.

$$\left.\begin{array}{l} x = a + b \\ a < r \\ b < s \end{array}\right\} \Rightarrow x < r + s \Rightarrow x \in (r + s)^*$$

Provamos, assim, que

$$x \in r^* + s^* \Rightarrow x \in (r + s)^*;$$

logo, $r^* + s^* \subset (r + s)^*$.

$$\boxed{(r + s)^* \subset r^* + s^*}$$

$$x \in (r + s)^* \Rightarrow x < r + s \Rightarrow x - r < s.$$

Tomemos um racional u, com $x - r < u < s$.

$$u < s \Rightarrow u \in s^*$$

$$x - r < u \Rightarrow x - u < r \Rightarrow x - u \in r^*.$$

Segue que
$$x = (x - u) + u, \text{ com } x - u \in r^* \text{ e } u \in s^*;$$
logo, $x \in r^* + s^*$.

Provamos assim, que
$$x \in (r + s)^* \Rightarrow x \in r^* + s^*$$
logo
$$(r + s)^* \subset r^* + s^*.$$

F.4 Propriedades da Adição

Nosso objetivo, nesta seção, é provar que a adição satisfaz as propriedades (A1), (A2), (A3), (A4) e (0A).

Para provar (A4), vamos precisar do

Lema. Sejam α um número real, $u < 0$ um racional e M_α o conjunto das cotas superiores de α. Nestas condições, existem $p \in \alpha$, $q \in M_\alpha$, $q \neq \min M_\alpha$ (caso $\min M_\alpha$ exista), tais que $p - q = u$.

Demonstração

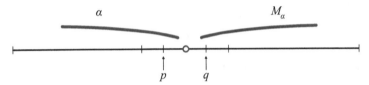

Estamos interessados em determinar $p \in \alpha$, $q \in M_\alpha$, $q \neq \min M_\alpha$, com $p - q = u$.

Para isto tomemos um racional $s \notin \alpha$, com $s \neq \min M_\alpha$, e, para cada $n \in \mathbb{N}$, consideremos o racional $q_n = nu + s$.

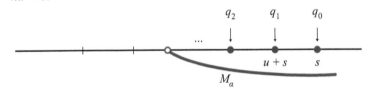

Seja, agora, $\bar{n}$ o máximo dos naturais n para os quais $q_n \in M_\alpha$ e $q_n \neq \min M_\alpha$.

Dois casos podem ocorrer:

1º Caso: $q_{\bar{n}} \in M_\alpha$ e $q_{\bar{n}+1} \in \alpha$.

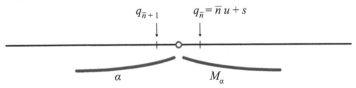

Tomando-se $q = q_{\bar{n}}$ e $p = q_{\bar{n}+1}$, $p - q = u$.

Apêndice F

2º Caso: $q_{\bar{n}} \in M_\alpha$ e $q_{\bar{n}+1} = \min M_\alpha$ (que só poderá ocorrer se mín M_α existir).

Tomando-se $q = q_{\bar{n}} + \frac{1}{2}u$ e $p = q_{\bar{n}+1} + \frac{1}{2}u$, $p - q = u$, com $p \in \alpha$ e $q \in M_\alpha$, $q \neq \min M_\alpha$.

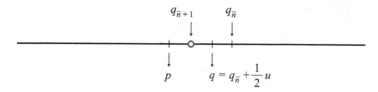

> **Teorema.** A adição satisfaz as propriedades:
> A1) *Associativa*: $\forall \alpha, \beta, \gamma \in \mathbb{R}$, $\alpha + (\beta + \gamma) = (\alpha + \beta) + \gamma$.
> A2) *Comutativa*: $\forall \alpha, \beta \in \mathbb{R}$, $\alpha + \beta = \beta + \alpha$.
> A3) *Existência de elemento neutro*: $\forall \alpha \in \mathbb{R}$, $\alpha + 0^* = \alpha$.
> A4) *Existência de oposto*: Para todo $\alpha \in \mathbb{R}$, existe $\beta \in \mathbb{R}$ com $\alpha + \beta = 0^*$.
> 0A) *Compatibilidade da adição com a ordem*: $\forall \alpha, \beta, \gamma \in \mathbb{R}$, $\alpha \leq \beta \Rightarrow \alpha + \gamma \leq \beta + \gamma$.

Demonstração

A1) e (A2) ficam a seu cargo.
A3) Precisamos provar que $\alpha + 0^* \subset \alpha$ e $\alpha \subset \alpha + 0^*$.

$$\boxed{\alpha + 0^* \subset \alpha}$$

Lembramos que $0^* = \{u \in \mathbb{Q} \mid u < 0\}$. Temos:

$$x \in \alpha + 0^* \Leftrightarrow x = a + u \text{ para algum } a \in \alpha \text{ e algum } u < 0, u \in \mathbb{Q}.$$

$$u < 0 \Rightarrow a + u < a \Rightarrow x < a \Rightarrow x \in \alpha$$

portanto,

$$x \in \alpha + 0^* \Rightarrow x \in \alpha.$$

Logo, $\alpha + 0^* \subset \alpha$.

$$\boxed{\alpha \subset \alpha + 0^*}$$

Precisamos provar que, se $x \in \alpha$, então é possível fabricar um $a \in \alpha$ e um $u < 0$ tal que $x = a + u$.

Então,

$$x \in \alpha \Rightarrow \exists a \in \alpha, \text{ com } x < a, \text{ pois } \alpha \text{ não tem máximo.}$$

$$x < a \Rightarrow x - a < 0.$$

Assim,

$$x = a + (x - a), \text{ com } a \in \alpha \text{ e } x - a < 0,$$

logo, $x \in \alpha + 0^*$. Portanto,

$$\alpha \subset \alpha + 0^*.$$

A4) Seja α um número real; de acordo com o Exercício 2-F.1,
$\beta = \{p \in \mathbb{Q} \mid -p \in M_\alpha \text{ e } -p \neq \text{mín } M_\alpha\}$ é um número real. Vamos provar que $\alpha + \beta = 0^*$.

$$\boxed{\alpha + \beta \subset 0^*}$$

$x \in \alpha + \beta \Rightarrow x = a + b$ para algum $a \in \alpha$ e algum $b \in \beta$.
$b \in \beta \Rightarrow -b > a \Rightarrow a + b < 0$.

Assim,

$x \in \alpha + \beta \Rightarrow x \in 0^*$, ou seja, $\alpha + \beta \subset 0^*$.

$$\boxed{0^* \subset \alpha + \beta}$$

Precisamos provar que, se $x \in 0^*$, então $x = a + b$ para algum $a \in \alpha$ e algum $b \in \beta$.

Como $x < 0$, segue, do lema anterior, que existem $a \in \alpha$ e $-b \in M_\alpha$, com $-b \neq \text{mín } M_\alpha$, tais que $x = a - (-b)$; assim $x = a + b$ com $a \in \alpha$ e $b \in \beta$.

Portanto, $0^* \subset \alpha + \beta$.

Provamos, assim, que, dado um real α, existe um real β tal que $\alpha + \beta = 0^*$; provaremos mais adiante que tal β é único e será, então, denominado *oposto* de α e indicado por $-\alpha$.

(0A) Sejam $\alpha, \beta, \gamma \in \mathbb{R}$, com $\alpha \leq \beta$; vamos provar que $\alpha + \gamma \leq \beta + \gamma$. Temos:

$$x \in \alpha + \gamma \Rightarrow x = a + c \text{ para algum } a \in \alpha \text{ e algum } c \in \gamma.$$

Da hipótese, segue que $a \in \alpha \Rightarrow a \in \beta$. (Lembre-se: $\alpha \leq \beta \Leftrightarrow \alpha \subset \beta$.)
Assim $x = a + c$ para algum $a \in \beta$ e algum $c \in \gamma$. Logo, $x \in \beta + \gamma$.
Provamos, assim, que

$$\alpha \leq \beta \Rightarrow \alpha + \gamma \subset \beta + \gamma \Rightarrow \alpha + \gamma \leq \beta + \gamma. \qquad \blacksquare$$

Teorema (Unicidade do oposto).

Se $\alpha + \beta = 0^*$ e $\alpha + \gamma = 0^*$, então $\beta = \gamma$.

Demonstração

$$\beta = 0^* + \beta = (\gamma + \alpha) + \beta = \gamma + (\alpha + \beta) = \gamma + 0^* = \gamma. \qquad \blacksquare$$

Teorema (Unicidade do elemento neutro).

Se $\alpha + \gamma = \alpha$ para todo $\alpha \in \mathbb{R}$, então $\gamma = 0^*$.

Demonstração

Da hipótese, segue que $0^* + \gamma = 0^*$; daí $\gamma = 0^*$. $\qquad \blacksquare$

Exercícios

1. Prove: $\forall \alpha, \beta, \gamma \in \mathbb{R}, \alpha = \beta \Rightarrow \alpha + \gamma = \beta + \gamma$.
2. Prove: $\forall \alpha, \beta, \gamma \in \mathbb{R}, \alpha + \gamma = \beta + \gamma \Rightarrow \alpha = \beta$ (lei do cancelamento).
3. Prove: $\forall \alpha \in \mathbb{R}, -(-\alpha) = \alpha$.
4. Prove: $\forall \alpha \in \mathbb{R}, \alpha \leq 0^* \Leftrightarrow 0^* \leq -\alpha$.
5. Prove: $\forall \alpha, \beta, \gamma, \delta \in \mathbb{R}, \alpha \leq \beta$ e $\gamma \leq \delta \Rightarrow \alpha + \gamma \leq \beta + \delta$.

F.5 Multiplicação em $\mathbb{R}$

Teorema. Sejam $\alpha, \beta \in \mathbb{R}$, com $\alpha > 0^*$ e $\beta > 0^*$. Então

$$\gamma = \mathbb{Q}_- \cup \{ab \mid a \in \alpha, b \in \beta, a > 0, b > 0\}$$

é um número real.

Demonstração

(R1) $\gamma \neq \phi$, pois $\mathbb{Q}_- \subset \gamma$.

Para provar que $\gamma \neq \mathbb{Q}$, procedemos assim: como α e β são números reais, existem racionais m e n com $m \notin \alpha$ e $n \notin \beta$, daí:

$$\forall a \in \alpha, \text{ com } a > 0, a < m$$
$$\forall b \in \beta, \text{ com } b > 0, b < n$$

logo,

$ab < mn$ para todo $a \in \alpha, a > 0$, para todo $b \in \beta, b > 0$, portanto, $mn \notin \gamma$. (Por quê?)

(R2) Sejam p, q racionais com $p \in \gamma$ e $q < p$; precisamos provar que $q \in \gamma$. Então:

a) Se $p \leq 0$, então $q < 0$, logo $q \in \gamma$.
b) Se $p > 0$ e $q \leq 0$, $q \in \gamma$.
c) Se $p > 0$ e $q > 0$, vem:

$p \in \gamma$ e $p > 0 \Rightarrow p = ab$ para algum $a \in \alpha, a > 0$, e para algum $b \in \beta, b > 0$.

De $0 < q < p = ab$, vem $\dfrac{q}{a} < b$, assim $\dfrac{q}{a} \in \beta$, e $\dfrac{q}{a} > 0$; logo,

$$q = a \cdot \dfrac{q}{a} \text{ com } a \in \alpha, a > 0 \text{ e } \dfrac{q}{a} \in \beta, \dfrac{q}{a} > 0.$$

Portanto, $q \in \gamma$.

(R3) Para provarmos que γ não tem máximo, basta provarmos que, se $p \in \gamma$ e $p > 0$, então existe $q \in \gamma$ com $q > p$.

Temos:

$$p \in \gamma, p > 0 \Rightarrow p = ab \text{ para algum } a \in \alpha, a > 0 \text{ e algum } b \in \beta, b > 0.$$

Como α e β são números reais, existem $a' > a$, com $a' \in \alpha$, $b' > b$, com $b' \in \beta$; daí $a'b' > ab = p$, com $a'b' \in \gamma$. ∎

Construção do Corpo Ordenado dos Números Reais

531

A seguir, daremos a definição de produto de dois números reais.

Definição. Sejam α, $\beta \in \mathbb{R}$. Definimos o *produto* de α por β por:

$$\alpha \cdot \beta = \begin{cases} \mathbb{Q}_- \cup \{ab \mid a \in \alpha, b \in \beta, a > 0, b > 0\} \text{ se } \alpha > 0^* \text{ e } \beta > 0^* \\ 0^* \text{ se } \alpha = 0^* \text{ ou } \beta = 0^* \\ -\{(-\alpha) \cdot \beta\} \text{ se } \alpha < 0^* \text{ e } \beta > 0^* \\ -\{\alpha \cdot (-\beta)\} \text{ se } \alpha > 0^* \text{ e } \beta < 0^* \\ (-\alpha) \cdot (-\beta) \text{ se } \alpha < 0^* \text{ e } \beta < 0^* \end{cases}$$

Exemplo Seja $\alpha = \mathbb{Q}_- \cup \{p \in \mathbb{Q}_+ \mid p^2 < 2\}$; prove que $\alpha \cdot \alpha = 2^*$.

Solução

$$\alpha \cdot \alpha = \mathbb{Q}_- \cup \{ab \mid a > 0 \text{ e } a^2 < 2, b > 0 \text{ e } b^2 < 2\}.$$

Precisamos provar que $\alpha \cdot \alpha \subset 2^*$ e que $2^* \subset \alpha \cdot \alpha$.

$$\boxed{\alpha \cdot \alpha \subset 2^*}$$

$x \in \alpha \cdot \alpha$ e $x \leq 0 \Rightarrow x \in 2^*$.

$x \in \alpha \cdot \alpha$ e $x > 0 \Rightarrow x = ab$, com $a > 0$ e $a^2 < 2$, $b > 0$ e $b^2 < 2$.

$x = ab \Rightarrow x^2 = a^2 \cdot b^2 < 4$.

$x > 0$ e $x^2 < 4 \Rightarrow x < 2$. Portanto,

$x \in \alpha \cdot \alpha$ e $x > 0 \Rightarrow x \in 2^*$.

Segue que $\alpha \cdot \alpha \subset 2^*$.

$$\boxed{2^* \subset \alpha \cdot \alpha}$$

$x \in 2^*$ e $x \leq 0 \Rightarrow x \in \alpha \cdot \alpha$.

$$x \in 2^* \text{ e } x > 0 \Rightarrow 0 < x < 2 \Rightarrow \frac{x^2}{2} < 2.$$

Existe a racional, $a > 0$, tal que

$$\frac{x^2}{2} < a^2 < 2 \text{ (veja adiante)}.$$

Daí, $\left(\dfrac{x}{a}\right)^2 < 2$; como $\dfrac{x}{a} > 0$ e $\left(\dfrac{x}{a}\right)^2 < 2$, resulta que $\dfrac{x}{a} \in \alpha$. Assim,

$$x = a \cdot \frac{x}{a}$$

Apêndice F

com $a > 0$, $a \in \alpha$, $\dfrac{x}{a} > 0$ e $\dfrac{x}{a} \in \alpha$; logo,

$$x \in \alpha \cdot \alpha.$$

Assim,

$$x \in 2^* \text{ e } x > 0 \Rightarrow x \in \alpha \cdot \alpha.$$

Portanto, $2^* \subset \alpha \cdot \alpha$.

Provamos, assim, que $\alpha \cdot \alpha = 2^*$, ou seja, 2^* admite raiz quadrada em $\mathbb{R}$.

Vamos provar a seguir que, se $\dfrac{x^2}{2} < 2$, então existe $a > 0$, racional, tal que $\dfrac{x^2}{2} < a^2 < 2$.

De fato, como x é racional, $\dfrac{x^2}{2} \leqslant 1$ ou $\dfrac{x^2}{2} > 1$. Se $\dfrac{x^2}{2} \leqslant 1$, basta tomar $a = \dfrac{11}{10}$. Se $y = \dfrac{x^2}{2} > 1$, tomemos um natural n tal que

①
$$\left(1 + \frac{1}{n}\right)^2 < y \text{ e } \left(1 + \frac{1}{n}\right)^2 < \frac{2}{y}.$$

(Como $\left(1 + \dfrac{1}{n}\right)^2 = 1 + \dfrac{2}{n} + \dfrac{1}{n^2} \leqslant 1 + \dfrac{3}{n}$, tomando-se n tal que

$$1 + \frac{3}{n} < \bar{y} \text{ ou } n > \frac{3}{\bar{y} - 1}$$

em que $\bar{y} = \min\left\{y, \dfrac{2}{y}\right\}$, ① se verifica.)

Seja $u = 1 + \dfrac{1}{n}$, em que n é um dos naturais que verifica ①. Um dos termos da progressão geométrica

$$u^2, u^4, u^6, \ldots, u^{2k}, \ldots$$

está compreendido entre $\dfrac{x^2}{2}$ e 2 (por quê?).

Seja k o natural para o qual se tem

$$\frac{x^2}{2} < u^{2k} < 2.$$

Basta, então, tomar $a = u^k$.

Exercício

Prove que, se a e b são dois racionais quaisquer, então $a^*b^* = (ab)^*$.

Construção do Corpo Ordenado dos Números Reais

F.6 Propriedades da Multiplicação

Nesta seção, vamos provar as propriedades (M1), (M2), (M3), (M4), (D) e (OM). Para provar (M4), precisamos do

Lema. Sejam $\alpha > 0^*$ um número real e u, racional, com $0 < u < 1$. Então, existem racionais $p \in \alpha$, $q \in M_\alpha$, com $q \neq \min M_\alpha$, (caso M_α admita mínimo), tais que $\dfrac{p}{q} = u$. (M_α é o conjunto das cotas superiores de α.)

Demonstração

Fica a cargo do leitor. (*Sugestão*: Tome um $s \notin \alpha$ e, para cada natural n, considere o racional $q_n = su^n$; agora, proceda como na demonstração do lema da Seção F.4.) ∎

Teorema. Sejam α, β e γ reais quaisquer. A multiplicação verifica as seguintes propriedades:

M1) $(\alpha\beta)\gamma = \alpha(\beta\gamma)$.
M2) $\alpha\beta = \beta\alpha$.
M3) $\alpha \cdot 1^* = \alpha$.
M4) Se $\alpha \neq 0^*$, existe $\beta \in \mathbb{R}$ tal que $\alpha \cdot \beta = 1^*$.
D) $\alpha(\beta + \gamma) = \alpha\beta + \alpha\gamma$.
OM) $\alpha \leqslant \beta$ e $0^* \leqslant \gamma \Rightarrow \alpha\gamma \leqslant \beta\gamma$.

Demonstração

(M1) e (M2) ficam a seu cargo.
(M3) Suponhamos, inicialmente $\alpha > 0^*$. Precisamos provar que $\alpha \cdot 1^* \subset \alpha$ e $\alpha \subset \alpha \cdot 1^*$.

$$\boxed{\alpha \cdot 1^* \subset \alpha}$$

Lembramos, inicialmente, que $\alpha \cdot 1^* = \mathbb{Q}_- \subset \{ab \,|\, a \in \alpha, a > 0, 0 < b < 1\}$.

$x \in \alpha \cdot 1^*$ e $x \leqslant 0 \Rightarrow x \in \alpha$.
$x \in \alpha \cdot 1^*$ e $x > 0 \Rightarrow x = au$, com $a \in \alpha$, $a > 0$ e $0 < u < 1$.

De $u < 1$ e $a > 0$, segue $au < a$ e, portanto, $x = au \in \alpha$. Fica provado, deste modo, que $\alpha \cdot 1^* \subset \alpha$.

$$\boxed{\alpha \subset \alpha \cdot 1^*}$$

$x \in \alpha$ e $x \leqslant 0 \Rightarrow x \in \alpha \cdot 1^*$.
$x \in \alpha$ e $x > 0 \Rightarrow \exists a \in \alpha$, com $x < a$.

Assim, $x = a \cdot \dfrac{x}{a} \in \alpha \cdot 1^*$, pois, $a \in \alpha$, $a > 0$, e $\dfrac{x}{a} < 1$, com $\dfrac{x}{a} > 0$. Portanto, $\alpha \subset \alpha \cdot 1^*$.
Provamos, assim, que se $\alpha > 0^*$, então $\alpha \cdot 1^* = \alpha$.

Apêndice F

Se $\alpha = 0^*$, pela definição de produto, $\alpha \cdot 1^* = 0^* \cdot 1^* = 0^* = \alpha$.

Se $\alpha < 0^*$, $\alpha \cdot 1^* = -[(-\alpha) \cdot 1^*] = -[-\alpha] = \alpha$.

Segue que, para todo $\alpha \in \mathbb{R}$, $\alpha \cdot 1^* = \alpha$.

(M4) Fica a cargo do leitor. (*Sugestão*: Suponha, inicialmente, $\alpha > 0^*$ e considere o número real

$$\beta = \mathbb{Q}_- \cup \left\{ p \in \mathbb{Q} \mid p > 0, \frac{1}{p} \in M_\alpha \text{ e } \frac{1}{p} \neq \text{mín } M_\alpha \right\}.$$

Proceda, então, como na demonstração de (A4) e conclua que $\alpha \cdot \beta = 1^*$.

Se $\alpha < 0^*$, $-\alpha > 0^*$, logo, existe β tal que $(-\alpha) \cdot \beta = 1^*$, mas, $(-\alpha)\beta = \alpha \cdot (-\beta)$; logo, $\alpha(-\beta) = 1^*$.

(D) Precisamos provar que

$$\alpha(\beta + \gamma) \subset \alpha\beta + \alpha\gamma \text{ e } \alpha(\beta + \gamma) \supset \alpha\beta + \alpha\gamma.$$

1º Caso: $\alpha > 0^*$, $\beta > 0^*$ e $\gamma > 0^*$.

$$\boxed{\alpha(\beta + \gamma) \subset \alpha\beta + \alpha\gamma}$$

$x \in \alpha(\beta + \gamma)$ e $x \leq 0 \Rightarrow x \in \alpha\beta + \alpha\gamma$.

$x \in \alpha(\beta + \gamma)$ e $x > 0 \Rightarrow x = ad$ para algum $a > 0$, $a \in \alpha$, e para algum $d \in \beta + \gamma$, $d > 0$.

$d \in \beta + \gamma \Rightarrow d = b + c$, com $b \in \beta$ e $c \in \gamma$.

Assim, $x = ab + ac \in \alpha\beta + \alpha\gamma$, pois, $ab \in \alpha \cdot \beta$ e $ac \in \alpha\gamma$. Portanto, $\alpha(\beta + \gamma) \subset \alpha\beta + \alpha\gamma$.

$$\boxed{\alpha\beta + \alpha\gamma \subset \alpha(\beta + \gamma)}$$

$$x \in \alpha\beta + \alpha\gamma \text{ e } x \leq 0 \Rightarrow x \in \alpha(\beta + \gamma).$$

Suponhamos, então, $x > 0$ e $x \in \alpha\beta + \alpha\gamma$. Como $\alpha\beta > 0^*$ e $\alpha\gamma > 0^*$, existem $u \in \alpha\beta$, $u > 0$ e $v \in \alpha\gamma$, $v > 0$, tais que $x = u + v$. (Verifique.)

Segue que existem $a, a' \in \alpha$, com $a > 0$ e $a' > 0$, $b \in \beta$, com $b > 0$, $c \in \gamma$, com $c > 0$, tais que $x = ab + a'c$.

Supondo $a' \leq a$, resulta

$$x = ab + a'c \leq ab + ac = a(b + c) \in \alpha(\beta + \gamma);$$

logo, pela (R2), $x \in \alpha(\beta + \gamma)$. Fica provado que

$$\alpha\beta + \alpha\gamma \subset \alpha(\beta + \gamma).$$

2º Caso: $\alpha > 0^*$ e $\beta + \gamma > 0^*$.

Suponhamos $\beta > 0^*$. Temos:

$$\alpha\gamma = \alpha[(\beta + \gamma) + (-\beta)] = \alpha(\beta + \gamma) + \alpha(-\beta) \ (1^{\underline{o}} \text{ caso});$$

daí

$$\alpha(\beta + \gamma) = \alpha\beta + \alpha\gamma.$$

3º Caso: $\alpha > 0^*$ e $\beta + \gamma < 0^*$.

$$\alpha(\beta + \gamma) = -[\alpha(-\beta - \gamma)] = -[\alpha(-\beta) + \alpha(-\gamma)]$$

Construção do Corpo Ordenado dos Números Reais

ou seja,

$$\alpha(\beta + \gamma) = \alpha\beta + \alpha\gamma.$$

Deixamos a seu cargo verificar os demais casos.
(OM) Deixamos a seu cargo.

F.7 Teorema do Supremo

Um subconjunto A de $\mathbb{R}$ se diz *limitado superiormente* se existe um número real m tal que, para todo $\alpha \in A$, $\alpha \leq m$.

Para demonstrar o teorema do supremo, vamos precisar do seguinte

> **Lema.** Seja A um subconjunto de $\mathbb{R}$, não vazio e limitado superiormente. Então,
>
> $$\gamma = \underset{\alpha \in A}{\cup} \alpha = \{x \in \mathbb{Q} \mid x \in \alpha \text{ para algum } \alpha \in A\}$$
>
> é um número real. (γ é a reunião de todos α pertencentes a A.)

Demonstração

(R1) Sendo $A \neq \phi$, existe $\alpha \in A$ e, como $\alpha \neq \phi$, resulta $\gamma \neq \phi$.

Sendo A limitado superiormente, existe um número real m tal que $\alpha \leq m$, para todo $\alpha \in A$. Como m é número real, existe x racional, com $x \notin m$; daí para todo $\alpha \in A$, $x \notin \alpha$, logo, $x \notin \gamma$ e, portanto, $\gamma \neq \mathbb{Q}$.

(R2) Sejam p e q dois racionais quaisquer, com $p \in \gamma$ e $q < p$. Temos:

$$p \in \gamma \Rightarrow p \in \alpha \text{ para algum } \alpha \in A$$
$$p \in \alpha \text{ e } q < p \Rightarrow q \in \alpha$$
$$q \in \alpha \Rightarrow q \in \gamma.$$

(R3) $p \in \gamma \Rightarrow p \in \alpha$ para algum $\alpha \in A$. Como α não tem máximo, existe $\overline{p} \in \alpha$, com $\overline{p} > p$. $\overline{p} \in \alpha \Rightarrow \overline{p} \in \gamma$. Assim, para todo $p \in \gamma$, existe $\overline{p} \in \gamma$, com $p < \overline{p}$. Portanto, γ não tem máximo.

Como (R1), (R2) e (R3) estão verificadas, segue que γ é um número real.

> **Teorema (do supremo).** Se A for um subconjunto de $\mathbb{R}$, não vazio e limitado superiormente, então A admitirá supremo.

Demonstração

Seja $\gamma = \underset{\alpha \in A}{\cup} \alpha$. Pelo lema, γ é número real. Vamos mostrar que γ é o supremo de A, isto é, $\gamma = \sup A$.
De fato, como γ é a reunião dos α pertencentes a A, segue que, para todo $\alpha \in A$,

$$\gamma \supset \alpha, \text{ ou seja, } \gamma \geq \alpha.$$

Logo, γ é cota superior de A. Por outro lado, se γ' é uma cota superior qualquer de A, $\gamma' \geq \alpha$, para todo $\alpha \in A$, e, portanto, para todo $\alpha \in A$,

$$\gamma' \supset \alpha;$$

Apêndice F

logo, $\gamma' \supset \underset{\alpha \in A}{\cup} = \gamma$, ou seja, $\gamma' \geq \gamma$. Assim, γ é a menor cota superior de A, isto é,

$$\gamma = \sup A.$$

F.8 Identificação de $\mathbb{Q}$ com $\overline{\mathbb{Q}}$

Inicialmente, vamos definir *aplicação bijetora* (aplicação e função são palavras sinônimas). Sejam A e B dois conjuntos não vazios e φ uma aplicação de A e B.

Dizemos que φ é *bijetora* se

(i) $\text{Im } \varphi = B$
(ii) $\forall s, t \in A, s \neq t \Rightarrow \varphi(s) \neq \varphi(t)$.

A condição (i) significa que φ é *sobrejetora* e a (ii), *injetora*. Deste modo, φ é *bijetora* se e somente se φ for *injetora* e *sobrejetora*.

Seja α um número real. Dizemos que α é um *número real racional* se existe um racional r tal que $\alpha = r^*$.

O conjunto dos números reais racionais será indicado por $\overline{\mathbb{Q}} : \overline{\mathbb{Q}} = \{r^* \mid r \in \mathbb{Q}\}$.

Seja α um número real. Se α não pertencer a $\overline{\mathbb{Q}}$, diremos que α é um *número real irracional*. Verifique que

$$\alpha = \mathbb{Q}_- \cup \{x \in \mathbb{Q}_+ \mid x^2 < 2\}$$

é um número real irracional.

Olhemos, agora, para a aplicação $\varphi : \mathbb{Q} \to \overline{\mathbb{Q}}$ dada por $\varphi(r) = r^*$, que a cada racional r associa o real racional r^*. Tal aplicação é bijetora (verifique). Além disso, temos:

(i) $\varphi(r + s) = (r + s)^* = r^* + s^* = \varphi(r) + \varphi(s)$.
(ii) $\varphi(r \cdot s) = (rs)^* = r^* \cdot s^* = \varphi(r) \cdot \varphi(s)$.
(iii) $r \leq s \Leftrightarrow r^* \leq s^*$.

Tal aplicação φ nos permite, então, *identificar* o racional r com o real racional r^*. Neste sentido, podemos olhar para $\mathbb{Q}$ como subconjunto de $\mathbb{R}$.

Respostas, Sugestões ou Soluções

Abaixo as respostas da maioria dos exercícios numerados.

CAPÍTULO 1

1.2 1. *a*) $x < \dfrac{3}{2}$ *b*) $x < -2$ *c*) $x \leq -\dfrac{4}{3}$ *d*) $x \geq 1$ *e*) $x < \dfrac{1}{3}$ *f*) $x \leq 1$

2. *a*) $3x - 1 > 0$ para $x > \dfrac{1}{3}$; $3x - 1 < 0$ para $x < \dfrac{1}{3}$; $3x - 1 = 0$ para $x = \dfrac{1}{3}$

   b) $3 - x > 0$ para $x < 3$; $3 - x < 0$ para $x > 3$; $3 - x = 0$ para $x = 3$

   c) $2 - 3x > 0$ para $x < \dfrac{2}{3}$; $2 - 3x < 0$ para $x > \dfrac{2}{3}$; $2 - 3x = 0$ para $x = \dfrac{2}{3}$

   d) $5x + 1 > 0$ para $x > -\dfrac{1}{5}$; $5x + 1 < 0$ para $x < -\dfrac{1}{5}$; $5x + 1 = 0$ para $x = -\dfrac{1}{5}$

   e) $\dfrac{x - 1}{x - 2} > 0$ para $x < 1$ ou $x > 2$; $\dfrac{x - 1}{x - 2} < 0$ para $1 < x < 2$; $\dfrac{x - 1}{x - 2} = 0$ para $x = 1$. A expressão não está definida para $x = 2$

   f) $(2x + 1)(x - 2) > 0$ para $x < -\dfrac{1}{2}$ ou $x > 2$; $(2x + 1)(x - 2) < 0$ para $-\dfrac{1}{2} < x < 2$; $(2x + 1)(x - 2) = 0$ para $x = -\dfrac{1}{2}$ ou $x = 2$

   g) $\dfrac{2 - 3x}{x + 2} > 0$ para $-2 < x < \dfrac{2}{3}$; $\dfrac{2 - 3x}{x + 2} < 0$ para $x < -2$ ou $x > \dfrac{2}{3}$; $\dfrac{2 - 3x}{x + 2} = 0$ para $x = \dfrac{2}{3}$. A expressão não está definida para $x = -2$

   h) $\dfrac{2 - x}{3 - x} > 0$ para $x < 2$ ou $x > 3$; $\dfrac{2 - x}{3 - x} < 0$ para $2 < x < 3$; $\dfrac{2 - x}{3 - x} = 0$ para $x = 2$. A expressão não está definida para $x = 3$

   i) $(2x - 1)(3 - 2x) < 0$ para $x < \dfrac{1}{2}$ ou $x > \dfrac{3}{2}$; $(2x - 1)(3 - 2x) > 0$ para $\dfrac{1}{2} < x < \dfrac{3}{2}$; $(2x - 1)(3 - 2x) = 0$ para $x = \dfrac{1}{2}$ ou $x = \dfrac{3}{2}$

   j) $x(x - 3) > 0$ para $x < 0$ ou $x > 3$; $x(x - 3) < 0$ para $0 < x < 3$; $x(x - 3) = 0$ para $x = 0$ ou $x = 3$

Respostas, Sugestões ou Soluções

l) $x(x-1)(2x+3) > 0$ para $-\dfrac{3}{2} < x < 0$ ou $x > 1$; $x(x-1)(2x+3) < 0$ para

$x < -\dfrac{3}{2}$ ou $0 < x < 1$; $x(x-1)(2x+3) = 0$ para $x = 0$ ou $x = 1$ ou $x = -\dfrac{3}{2}$

m) $(x-1)(1+x)(2-3x) > 0$ para $x < -1$ ou $\dfrac{2}{3} < x < 1$;

$(x-1)(1+x)(2-3x) < 0$ para $-1 < x < \dfrac{2}{3}$ ou $x > 1$;

$(x-1)(1+x)(2-3x) = 0$ para $x = 1$ ou $x = -1$ ou $x = \dfrac{2}{3}$

n) $x(x^2+3) > 0$ para $x > 0$; $x(x^2+3) < 0$ para $x < 0$; $x(x^2+3) = 0$ para $x = 0$

o) $(2x-1)(x^2+1) > 0$ para $x > \dfrac{1}{2}$; $(2x-1)(x^2+1) < 0$ para $x < \dfrac{1}{2}$;

$(2x-1)(x^2+1) = 0$ para $x = \dfrac{1}{2}$

p) $(a > 0)$ $ax+b > 0$ para $x > -\dfrac{b}{a}$; $ax+b < 0$ para $x < -\dfrac{b}{a}$; $ax+b = 0$ para

$x = -\dfrac{b}{a}$

q) $(a < 0)$ $ax+b > 0$ para $x < -\dfrac{b}{a}$; $ax+b < 0$ para $x > -\dfrac{b}{a}$; $ax+b = 0$ para

$x = -\dfrac{b}{a}$

3. *a)* $-1 < x < \dfrac{1}{2}$ *b)* $x \leq 1$ ou $x > 3$ *c)* $x < -\dfrac{1}{3}$ ou $x > 2$ *d)* $-3 < x < \dfrac{1}{2}$

e) $x \leq \dfrac{2}{3}$ ou $x > 2$ *f)* $x \leq 0$ ou $x \geq \dfrac{1}{2}$ *g)* $x < -2$ ou $x > 2$ *h)* $3 < x < \dfrac{14}{3}$

i) $x < \dfrac{3}{2}$ ou $x \geq \dfrac{9}{5}$ *j)* $x < \dfrac{3}{2}$ ou $x > 2$ *l)* $-1 < x < 0$ ou $x > \dfrac{1}{2}$

m) $x < \dfrac{1}{2}$ ou $x > 3$ *n)* $x < \dfrac{3}{2}$ *o)* $x < 3$

6. *a)* $x+1$ *b)* $\dfrac{x^2+2x+4}{x+2}$ *c)* $2x-3$ *d)* $-\dfrac{1}{x}$ *e)* $-\dfrac{x+1}{x^2}$

f) $-\dfrac{x+3}{9x^2}$ *g)* $-\dfrac{1}{5x}$ *h)* $-\dfrac{1}{xp}$ *i)* $-\dfrac{x+p}{x^2p^2}$ *j)* $x^3+px^2+p^2x+p^3$

l) $2x+h$ *m)* $-\dfrac{1}{x(x+h)}$ *n)* $3x^2+3xh+h^2$ *o)* $4x$

7. *a)* $x < -2$ ou $x > 2$ *b)* $-1 \leq x \leq 1$ *c)* $x < -2$ ou $x > 2$

d) $x < -1$ ou $x > 1$ *e)* $x < -3$ ou $-1 < x < 3$ *f)* $x < -2$ ou $x > 2$

g) $x \leq -2$ ou $\dfrac{1}{2} \leq x \leq 2$ *h)* $x \leq -4$ ou $x \geq 4$ *i)* $-r < x < r$

j) $x \leq -r$ ou $x \geq r$

Respostas, Sugestões ou Soluções

10. *a)* $(x-1)(x-2)$ *b)* $(x+1)(x-2)$ *c)* $(x-1)^2$ *d)* $(x-3)^2$
e) $x(2x-3)$ *f)* $(x-1)(2x-1)$ *g)* $(x-5)(x+5)$ *h)* $(x+1)(3x-2)$
i) $(2x-3)(2x+3)$ *j)* $x(2x-5)$

11. *a)* $1<x<2$ *b)* $x\le 2$ ou $x\ge 3$ *c)* $x<0$ ou $x>3$ *d)* $-3<x<3$

e) $x\le -1$ ou $x\ge 2$ *f)* $x<-1$ ou $x>\dfrac{2}{3}$ *g)* $x\ne 2$ *h)* $0\le x\le \dfrac{1}{3}$

i) Não admite solução *j)* $x=\dfrac{1}{2}$

13. *a)* Qualquer x *b)* Qualquer x
c) Não admite solução *d)* Não admite solução

e) $x>3$ *f)* $x\le -\dfrac{1}{2}$ *g)* $x\ge 0$ *h)* $x>1$ *i)* $x>\dfrac{3}{2}$ *j)* $x\ge 0$

17. *a)* 1 *b)* -2 *c)* $-1,1$ e 2 *d)* 1 *e)* 2 *f)* $-3,-2,2$

19. *a)* $(x-1)(x+1)(x+2)$ *b)* $(x-1)^2(x+1)(x-2)$ *c)* $x(x+3)(x-1)$
d) $(x-2)(x+2)(x+3)$ *e)* $(x+1)(x+2)(x+3)$ *f)* $(x-1)(x^2+x+1)$

20. *a)* $x>1$ *b)* $x<-3$ ou $-2<x<-1$ *c)* $-3\le x\le -2$ ou $x\ge 2$
d) $x<-3$ ou $0<x<1$

1.3 1. *a)* 7 *b)* 3 *c)* a *d)* $-a$ *e)* a se $a\ge 0$; $-a$ se $a<0$
f) $-a$ se $a\ge 0$; a se $a<0$

2. *a)* $x=2$ ou $x=-2$ *b)* $x=2$ ou $x=-4$ *c)* $x=1$ ou $x=0$

d) Não admite solução *e)* $x=-\dfrac{3}{2}$ *f)* $x=-\dfrac{1}{3}$

3. *a)* $-1\le x\le 1$ *b)* $-1<x<2$ *c)* Não admite solução *d)* $\dfrac{2}{9}<x<\dfrac{4}{9}$

e) $-1<x<1, x\ne 0$ *f)* $-1<x<7$ *g)* $x<-3$ ou $x>3$

h) $x<-4$ ou $x>-2$ *i)* $x<0$ ou $x>3$ *j)* $\dfrac{1}{3}<x<1$

l) $x<0$ ou $x>2$ *m)* $x<-\dfrac{1}{3}$ *n)* $x>1$ *o)* $x<1$ ou $x>2$

5. *a)* $-2x-1$ se $x\le -1$; 1 se $-1<x<0$; $2x+1$ se $x\ge 0$
b) 3 se $x\le -1$; $-2x+1$ se $-1<x<2$; -3 se $x\ge 2$

c) $-3x+3$ se $x\le \dfrac{1}{2}$; $x+1$ se $\dfrac{1}{2}<x<2$; $3x-3$ se $x\ge 2$

d) $-3x+3$ se $x\le 0$; $-x+3$ se $0<x\le 1$; $x+1$ se $1<x\le 2$; $3x-3$ se $x\ge 2$

1.4 1. *a)* $\left]-\dfrac{5}{2},+\infty\right[$ *b)* $]-1,1[$ *c)* $[1,2]$ *d)* $\left]-\infty,-\dfrac{3}{8}\right[$

2. $0<r\le 1$

3. $0<r\le s$, em que s é o menor dos números $b-p$ e $p-a$.

4. *a)* $]1,2[$ *b)* $\left]-3,\dfrac{1}{2}\right[$ *c)* $]-\infty,+\infty[$ *d)* $[-3,3]$

CAPÍTULO 2

2.1 1. *a*) -3 e $\dfrac{3}{4}$ *b*) $0, \dfrac{2}{3}$ e $\sqrt{2}$ *c*) 4   *d*) $\dfrac{6}{a}$

2. *a*) $x+1$ *b*) $x-1$ *c*) $x+p$ *d*) 2   *e*) 2   *f*) 0   *g*) $x^2 + 2x + 4$
h) $x^2 - 2x + 4$ *i*) $x^2 + px + p^2$ *j*) $-\dfrac{1}{x}$ *l*) $-\dfrac{1}{2x}$ *m*) $x - 5$
n) $-\dfrac{x+3}{9x^2}$ *o*) $-\dfrac{x-3}{9x^2}$ *p*) $-\dfrac{1}{xp}$ *q*) $-\dfrac{x+p}{x^2 p^2}$

3. *a*) 2   *b*) 3   *c*) -2 *d*) $2x + h$ *e*) $2x + 3 + h$ *f*) $-2x - h$
g) $2x - 2 + h$ *h*) $2x - 2 + h$ *i*) $-4x - 2h$ *j*) $4x + 1 + 2h$
l) $3x^2 + 3xh + h^2$ *m*) $3x^2 + 2 + 3xh + h^2$
n) $3x^2 + 2x - 1 + 3xh + h + h^2$ *o*) 0   *p*) $-\dfrac{1}{x(x+h)}$
q) $6x^2 - 1 + 6xh + 2h^2$ *r*) $-\dfrac{2x+h}{x^2(x+h)^2}$ *s*) $-\dfrac{1}{(x+2)(x+2+h)}$

4. *a*) $D_f = \mathbb{R}$ *b*) $D_g = \mathbb{R}$ *c*) $D_h = \mathbb{R}$

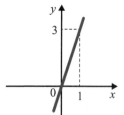 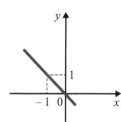 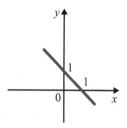

d) $D_f = \mathbb{R}$ *e*) $D_g = \mathbb{R}$ *f*) $D_g = \mathbb{R}$

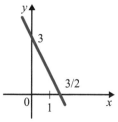

g) $D_f = \mathbb{R}$ *h*) $D_h = \mathbb{R}$ *i*) $D_f = \mathbb{R}$

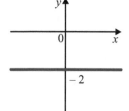 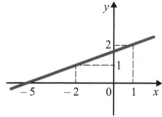 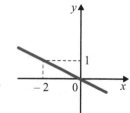

j) $D_g = \mathbb{R}$

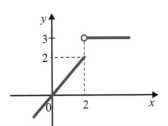

l) $D_f = \mathbb{R}$

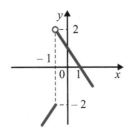

m) $D_h = \mathbb{R}$

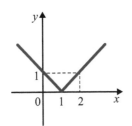

n) $D_f = \mathbb{R}$

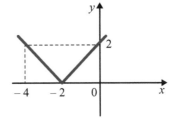

o) $D_h = \{x \in \mathbb{R} \mid x \neq 1\}$

$h(x) = \dfrac{x^2 - 1}{x - 1} = x + 1, x \neq 1$

p) $D_g = \{x \in \mathbb{R} \mid x \neq 1\}$

$g(x) = \dfrac{x^2 - 2x + 1}{x - 1} = x - 1, x \neq 1$

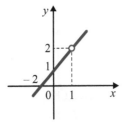

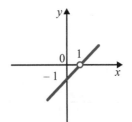

q) $D_g = \{x \in \mathbb{R} \mid x \neq 0\}$

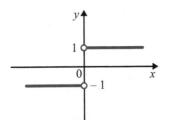

r) $D_g = \{x \in \mathbb{R} \mid x \neq 1\}$

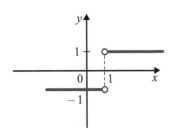

s) $D_f = \{x \in \mathbb{R} \mid x \neq -\frac{1}{2}\}$

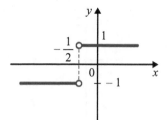

5. b)

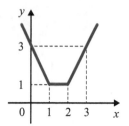

6. a)

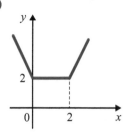

b)

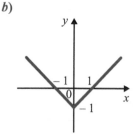

c)

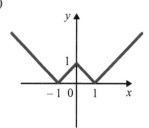

d)

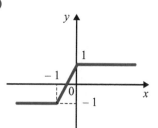

7. a) $f(x) > 0$ se $x > 3$; $f(x) = 0$ se $x = 3$; $f(x) < 0$ se $x < 3$

b) $f(x) > 0$ se $x < \frac{1}{2}$; $f(x) = 0$ se $x = \frac{1}{2}$; $f(x) < 0$ se $x > \frac{1}{2}$

c) $f(x) > 0$ se $x > -\frac{1}{3}$; $f(x) = 0$ se $x = -\frac{1}{3}$; $f(x) < 0$ se $x < -\frac{1}{3}$

d) $f(x) > 0$ se $x < -\frac{2}{3}$; $f(x) = 0$ se $x = -\frac{2}{3}$; $f(x) < 0$ se $x > -\frac{2}{3}$

e) $f(x) > 0$ se $x > -3$; $f(x) = 0$ se $x = -3$; $f(x) < 0$ se $x < -3$

Respostas, Sugestões ou Soluções

f) $f(x) > 0$ se $x < \dfrac{1}{8}$; $f(x) = 0$ se $x = \dfrac{1}{8}$; $f(x) < 0$ se $x > \dfrac{1}{8}$

g) $f(x) > 0$ se $x > -\dfrac{b}{a}$; $f(x) = 0$ se $x = -\dfrac{b}{a}$; $f(x) < 0$ se $x < -\dfrac{b}{a}$

h) $f(x) > 0$ se $x < -\dfrac{b}{a}$; $f(x) = 0$ se $x = -\dfrac{b}{a}$; $f(x) < 0$ se $x > -\dfrac{b}{a}$

8. *a*) $f(x) > 0$ se $x < -2$ ou $x > 1$; $f(x) = 0$ se $x = -2$ ou $x = 1$; $f(x) < 0$ se $-2 < x < 1$

b) $f(x) > 0$ se $x < -\dfrac{3}{2}$ ou $x > -1$; $f(x) = 0$ se $x = -\dfrac{3}{2}$ ou $x = -1$; $f(x) < 0$ se $-\dfrac{3}{2} < x < -1$

c) $f(x) > 0$ se $0 < x < 1$; $f(x) = 0$ se $x = 0$ ou $x = 1$; $f(x) < 0$ se $x < 0$ ou $x > 1$

d) $f(x) > 0$ se $2 < x < 3$; $f(x) = 0$ se $x = 2$ ou $x = 3$; $f(x) < 0$ se $x < 2$ ou $x > 3$

e) $f(x) > 0$ se $x < -1$ ou $x > 1$; $f(x) = 0$ se $x = 1$; $f(x) < 0$ se $-1 < x < 1$

f) $f(x) > 0$ se $\dfrac{1}{2} < x < \dfrac{3}{2}$; $f(x) = 0$ se $x = \dfrac{3}{2}$; $f(x) < 0$ se $x < \dfrac{1}{2}$ ou $x > \dfrac{3}{2}$

g) $f(x) > 0$ se $x < -\dfrac{3}{2}$ ou $x > 0$; $f(x) = 0$ se $x = 0$; $f(x) < 0$ se $-\dfrac{3}{2} < x < 0$

h) $f(x) > 0$ se $x < -\dfrac{1}{2}$ ou $x > 2$; $f(x) = 0$ se $x = -\dfrac{1}{2}$; $f(x) < 0$ se $-\dfrac{1}{2} < x < 2$

i) $f(x) < 0$ se $x < -1$ ou $0 < x < \dfrac{1}{2}$; $f(x) = 0$ se $x = 0$ ou $x = \dfrac{1}{2}$; $f(x) > 0$ se $-1 < x < 0$ ou $x > \dfrac{1}{2}$

j) $f(x) < 0$ se $x < \dfrac{1}{3}$; $f(x) = 0$ se $x = \dfrac{1}{3}$; $f(x) > 0$ se $x > \dfrac{1}{3}$

l) $f(x) < 0$ se $x < -1$ ou $\dfrac{3}{2} < x < 2$; $f(x) = 0$ se $x = -1$ ou $x = \dfrac{3}{2}$ ou $x = 2$; $f(x) > 0$ se $-1 < x < \dfrac{3}{2}$ ou $x > 2$

m) $f(x) < 0$ se $x < \dfrac{1}{2}$ ou $1 < x < \dfrac{3}{2}$; $f(x) = 0$ se $x = \dfrac{3}{2}$; $f(x) > 0$ se $\dfrac{1}{2} < x < 1$ ou $x > \dfrac{3}{2}$

9. *a*) $\{x \in \mathbb{R} \mid x \neq 1\}$ *b*) $\{x \in \mathbb{R} \mid x \neq -1 \text{ e } x \neq 1\}$ *c*) $\mathbb{R}$

d) $\{x \in \mathbb{R} \mid x \neq -2\}$ *e*) $\{x \in \mathbb{R} \mid x \geq -2\}$ *f*) $\{x \in \mathbb{R} \mid x \neq 0 \text{ e } x \neq -1\}$

g) $\{x \in \mathbb{R} \mid x < -1 \text{ ou } x \geq 1\}$ *h*) $\{x \in \mathbb{R} \mid x < -3 \text{ ou } x \geq 0\}$

i) $\mathbb{R}$ *j*) $\left[0, \dfrac{2}{3}\right]$ *l*) $\left]\dfrac{1}{3}, \dfrac{1}{2}\right]$ *m*) $\{x \in \mathbb{R} \mid x < -2 \text{ ou } x \geq 3\}$

n) $\{t \in \mathbb{R} \mid t \leq -1 \text{ ou } t \geq 1\}$ *o*) $\{x \in \mathbb{R} \mid x \geq 0 \text{ e } x \neq 1\}$ *p*) $[-2, 2]$

q) $\left[-\sqrt{\dfrac{5}{2}}, \sqrt{\dfrac{5}{2}}\right]$ r) $[1, 3]$ s) $[0, 1]$ t) $\left[0, \dfrac{5}{2}\right]$ u) $\{0\} \cup [1, +\infty]$

10. a)
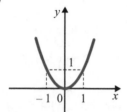

b)
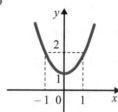

c)
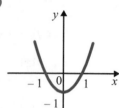

d)
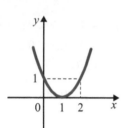

e)
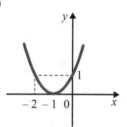

f)
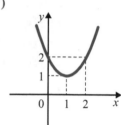

g)
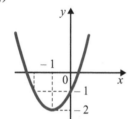

h)
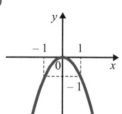

i)
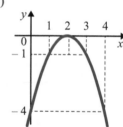

j)
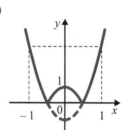

l)
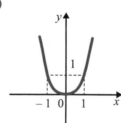

m)
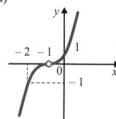

n)
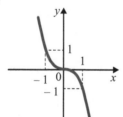

o)
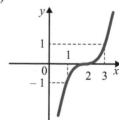

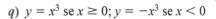

p) $y = x^2$ se $x \geq 0$; $y = -x^2$ se $x < 0$

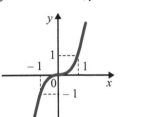

q) $y = x^3$ se $x \geq 0$; $y = -x^3$ se $x < 0$

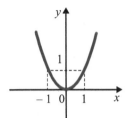

r)

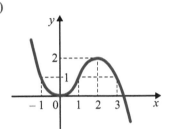

s)

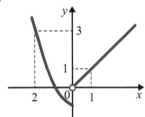

11. b)

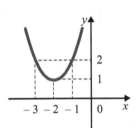

c) $f(-2) = 1$ é o menor valor atingido por f

13. a)

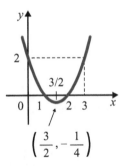

$\left(\dfrac{3}{2}, -\dfrac{1}{4}\right)$

b)

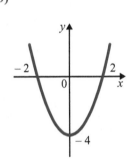

c)

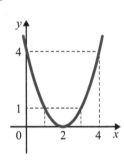

d)

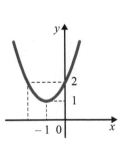

e)

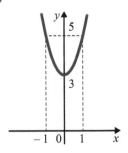

f)

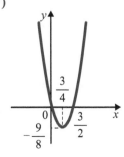

g)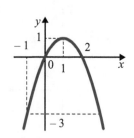

h)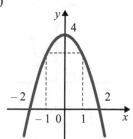

i)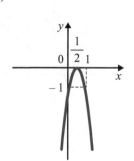

j)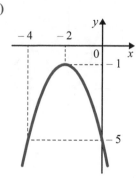

14. a) $f(x) \geq 0$ se $x \leq -1$ ou $x \geq 1$; $f(x) < 0$ se $-1 < x < 1$
    b) $f(x) \geq 0$ se $x \leq 2$ ou $x \geq 3$; $f(x) < 0$ se $2 < x < 3$
    c) $f(x) > 0$ para todo x
    d) $f(x) \geq 0$ se $0 \leq x \leq 3$; $f(x) < 0$ se $x < 0$ ou $x > 3$
    e) $f(x) > 0$ para $x \neq -1$; $f(x) = 0$ para $x = -1$
    f) $f(x) > 0$ para $x \neq -3$; $f(x) = 0$ para $x = -3$
    g) $f(x) \geq 0$ para $-3 \leq x \leq 3$; $f(x) < 0$ para $x < -3$ ou $x > 3$
    h) $f(x) \geq 0$ para $x \leq -1 - \sqrt{7}$ ou $x \geq -1 + \sqrt{7}$; $f(x) < 0$ se $-1 - \sqrt{7} < x < -1 + \sqrt{7}$
    i) $f(x) \geq 0$ se $x \leq \dfrac{3 - \sqrt{7}}{2}$ ou $x \geq \dfrac{3 - \sqrt{7}}{2}$; $f(x) < 0$ se $\dfrac{3 - \sqrt{7}}{2} < x < \dfrac{3 + \sqrt{7}}{2}$
    j) $f(x) < 0$ para todo $x \in \mathbb{R}$

15. a) $D_f = \{x \in \mathbb{R} \mid x \neq 0\}$ b) $D = \{x \in \mathbb{R} \mid x \neq 1\}$

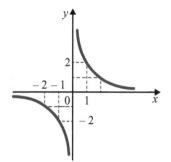
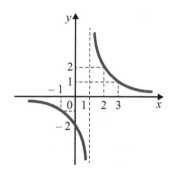

c) $D = \{x \in \mathbb{R} \mid x \neq -1\}$

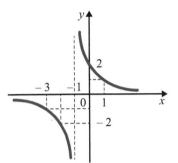

d) $D = \{x \in \mathbb{R} \mid x \neq 0\}$

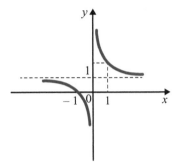

e) $D = \{x \in \mathbb{R} \mid x \neq 0\}$

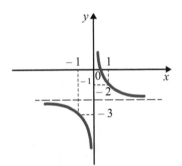

f) $d = \{x \in \mathbb{R} \mid x \neq 0\}$

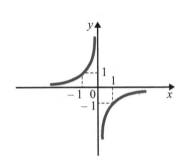

g) $D = \{x \in \mathbb{R} \mid x \neq -2\}$

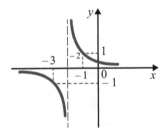

h) $D = \{x \in \mathbb{R} \mid x \neq 2\}$

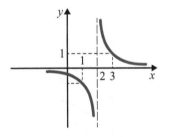

i) $D = \{x \in \mathbb{R} \mid x \neq 0\}$

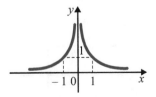

j) $D = \{x \in \mathbb{R} \mid x \neq 0\}$

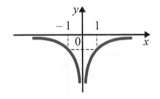

l) $D = \{x \in \mathbb{R} \mid x \neq 1\}$

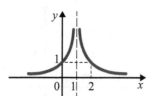

m) $D = \{x \in \mathbb{R} \mid x \neq 1\}$

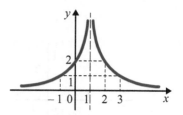

n) $D = \{x \in \mathbb{R} \mid x \neq -1\}$

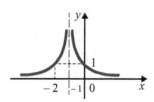

o) $D = \{x \in \mathbb{R} \mid x \neq 0\}$

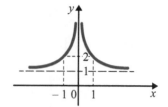

p) $D = \{x \in \mathbb{R} \mid x \neq 0\}$

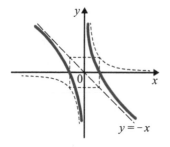

q) $D = \{x \in \mathbb{R} \mid x \neq 0\}$

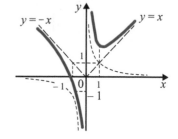

r) $D = [1, +\infty[$

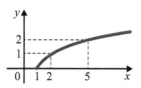

s) $D = [-2, +\infty[$

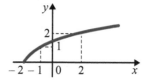

t) $D = \mathbb{R}$

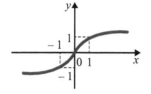

u) $D = \mathbb{R}$

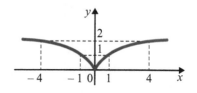

v) $D = \mathbb{R}$

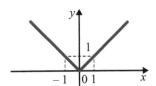

x) $D = \mathbb{R}$

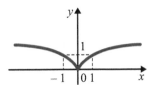

16. b)

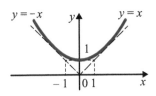

17. $D = \{x \in \mathbb{R} \mid x \leq -1 \text{ ou } x \geq 1\}$

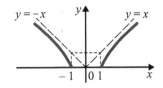

18. a) $D = \mathbb{R}$

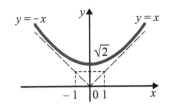

b) $D = \{x \in \mathbb{R} \mid x \leq -2 \text{ ou } x \geq 2\}$

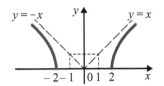

c) $D = \{x \in \mathbb{R} \mid x \leq -3 \text{ ou } x \geq 3\}$

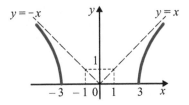

d) $D = \mathbb{R}$

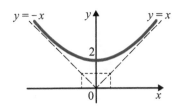

e) $D = [-3, 3]$

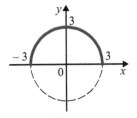

f) $D = [-3, -1]$

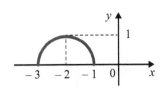

$y = \sqrt{9 - x^2} \Leftrightarrow x^2 + y^2 = 9, y \geq 0$

$y = \sqrt{1 - (x+2)^2} \Leftrightarrow (x+2)^2 + y^2 = 1, y \geq 0$

19. *a)* $f(x) = \sqrt{4 - x^2}$ *b)*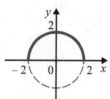

20. *a)* $y = \sqrt{1 - x^2}$ *b)* $y = \sqrt{x}$

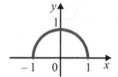 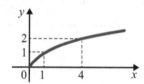

c) $y = \sqrt{4 - (x-1)^2}$ *d)* $x^2 + y^2 + 2y = 0 \Leftrightarrow x^2 + y^2 +$
$+ 2y + 1 = 1$
$x^2 + (y+1)^2 = 1,$
$y \geq -1 \Leftrightarrow y = -1 + \sqrt{1 - x^2}$

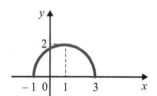 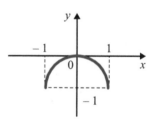

e) $(x+1)^2 + (y+2)^2 = 5, y \leq -2$ *f)* $y = \dfrac{1}{x-1}$

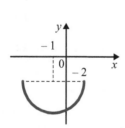 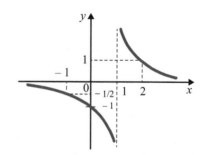

21. a) $f(2) = \text{máx}\left\{2, \dfrac{1}{2}\right\} = 2$

$f(-1) = \text{máx}\{-1, -1\} = -1$

$f\left(\dfrac{1}{2}\right) = \text{máx}\left\{\dfrac{1}{2}, 2\right\} = 2$

b) $D_f = \{x \in \mathbb{R} \mid x \neq 0\}$

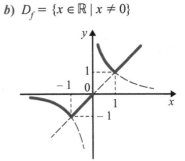

22. a) $f\left(\dfrac{1}{2}\right) = \text{máx}\left\{n \in \mathbb{Z} \mid n \leq \dfrac{1}{2}\right\} = 0$ b)

$f(1) = 1, \; f\left(\dfrac{5}{4}\right) = 1$ e

$f\left(-\dfrac{1}{5}\right) = -1$

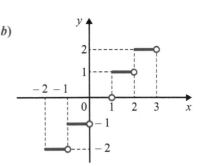

23. a) $\sqrt{2}$ b) $\sqrt{5}$
c) $\sqrt{2}$ d) 1
e) $\sqrt{10}$ f) $\sqrt{2}$ **26.** b) $y = \sqrt{3}\sqrt{1 - \dfrac{x^2}{4}}$

24. $d = \dfrac{\sqrt{x^4 + 1}}{|x|}$

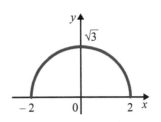

25. $T(x) = \left(\sqrt{x^2 + 100} + \dfrac{|30 - x|}{2}\right)s$

27. a)

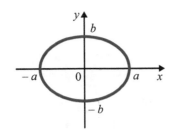

b)

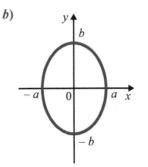

Respostas, Sugestões ou Soluções

28. a) $y = \sqrt{4-3x^2} \Leftrightarrow \dfrac{x^2}{\left(\dfrac{2}{\sqrt{3}}\right)^2} + \dfrac{y^2}{2^2} = 1,\ y > 0$

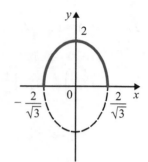

b) $y = -\sqrt{1-4x^2} \Leftrightarrow \begin{cases} y \leq 0 \\ \dfrac{x^2}{\left(\dfrac{1}{2}\right)^2} + \dfrac{y^2}{1^2} = 1 \end{cases}$

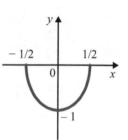

29. a) $y = x + 1$ b) $y = 2x + 3$ c) $y = -3x - 5$ d) $y = -\dfrac{1}{2}x$

e) $y = 2$ f) $y = \dfrac{5}{2}x + \dfrac{15}{2}$

30. $\dfrac{5\sqrt{5}}{2}$

31. $d = \dfrac{m-2}{m}\sqrt{m^2+1}$

32. $C(r) = \dfrac{2.000}{r} + 3.000\,\pi r^2$

33. $A = \dfrac{\sqrt{3}}{4}l^2$

34. $A = x\sqrt{4r^2 - x^2}$

35. $V = \pi h\left(r^2 - \dfrac{h^2}{4}\right)$

36. a)

```
h
4 ┆
3 ┆
  ┆
0  1 2 3 4    t
```

b) $h(2) = 4$

37. Quadrado

38. Divida em partes iguais

39. $\dfrac{40}{\pi + 4}$ e $\dfrac{10\pi}{\pi + 4}$

40. $\dfrac{144\sqrt{3}}{9 + 4\sqrt{3}}$ e $\dfrac{324}{9 + 4\sqrt{3}}$

Respostas, Sugestões ou Soluções

41. a) $(x - 1)^2 + y^2 = 1^2$ b) $\left(x - \dfrac{1}{2}\right)^2 + \left(y - \dfrac{1}{2}\right)^2 = \left(\dfrac{1}{\sqrt{2}}\right)^2$

c) $\left(x + \dfrac{1}{4}\right)^2 + y^2 = \left(\dfrac{3}{4}\right)^2$ d) $\left(x + \dfrac{3}{2}\right)^2 + \left(y - \dfrac{1}{2}\right)^2 = \left(\dfrac{3}{\sqrt{2}}\right)^2$

42. a) 3   b) 0   c) $\dfrac{1}{3}$ d) $-\dfrac{1}{3}$ e) -2 f) $-\dfrac{1}{3}$

43. a) $y - 3 = 2(x - 1)$ ou $y = 2x + 1$ b) $y = -\dfrac{2}{3}x + 1$

c) $y = x + 3$ d) $y = -\dfrac{1}{2}x$

45. a) $y = -x + 3$ b) $y = -\dfrac{1}{3}x$

c) $y = \dfrac{1}{3}x + \dfrac{4}{3}$ d) $y = \dfrac{3}{2}x - \dfrac{1}{2}$

e) $y = -\dfrac{2}{3}x$ f) $y = \dfrac{1}{5}x + 1$

2.2 1. a)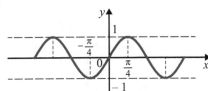

b)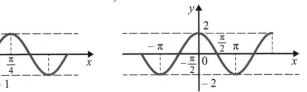

c)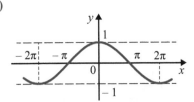

d)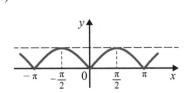

e)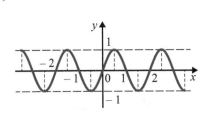

f)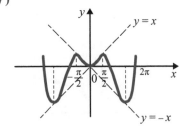

g)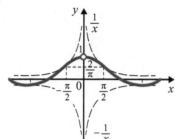

h)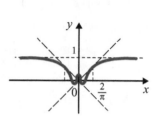

i)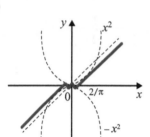

j)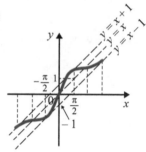

2.4 1. a)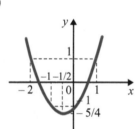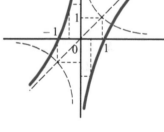

b)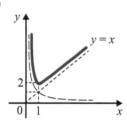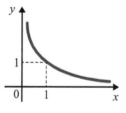

c)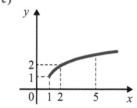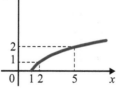

d)

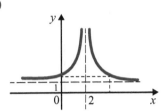 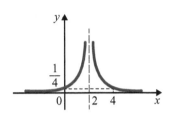

e) $f(x) + g(x) = 0$ e $\dfrac{g(x)}{f(x)} = -1$ para todo x

2. a) $h(x) = 3x + 7$ b) $h(x) = \sqrt{2 + x^2}$ c) $h(x) = \dfrac{x^2 + 4}{x^2 + 1}$

d) $h(x) = -4x^2 + 18x - 17$ e) $h(x) = \dfrac{2}{x - 1}$

f) $h(x) = -(2x + 1), x \neq -1$ g) $h(x) = \sqrt{x^2 - x}$ h) $h(x) = x, x \neq 1$

3. a) $A = \{x \in \mathbb{R} \mid x \neq -5\}, h(x) = \dfrac{2}{x + 5}$

b) $A = \{x \in \mathbb{R} \mid x \leq -1 \text{ ou } x \geq 1\}, h(x) = \sqrt{x^2 - 1}$

c) $A = \{x \in \mathbb{R} \mid x \leq -4 \text{ ou } x > 3\}, h(x) = \sqrt{\dfrac{x + 4}{x - 3}}$

d) $A = \{x \in \mathbb{R} \mid x \neq 0 \text{ e } x \neq 1\}, h(x) = \dfrac{1}{x^3 - x^2}$

e) $A =]-\infty, -\sqrt{3}] \cup [-1, 1] \cup [\sqrt{3}, +\infty[, h(x) = \sqrt{(x^2 - 2)^2 - 1}$

4. a) $f(x) = \dfrac{1}{x}$ b) $f(x) = \dfrac{x - 2}{1 - x}$ c) $f(x) = \sqrt{x}$ d) $f(x) = 1 + \sqrt{1 + x}$

e) $f(x) = -1 + \dfrac{3}{x - 2}$ f) $f(x) = 2 + \sqrt{1 + x}$

CAPÍTULO 3

3.1 1. a) Em todo p real   b) Em todo p real   c) Em todo p real
d) Em todo $p \neq 1$ e) Em todo $p \neq \pm 1$ f) Em todo p real

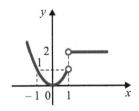 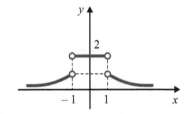

2. a) 3   b) 3   c) 1   d) 5   e) 1   f) $\dfrac{6}{5}$ g) $\sqrt[3]{2}$ h) 0

3. $f(x) = \dfrac{4x^2 - 1}{2x - 1} = 2x + 1, x \neq 1/2$

$\lim_{x \to 1/2} \dfrac{4x^2 - 1}{2x - 1} = 2$

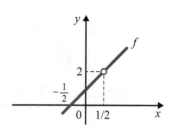

4. a) 4   b) 1

c) $\dfrac{1}{2}\left(\text{Observe}: \dfrac{\sqrt{x} - 1}{x - 1} = \dfrac{\sqrt{x} - 1}{(\sqrt{x} - 1)(\sqrt{x} + 1)} = \dfrac{1}{\sqrt{x} + 1}, x \neq 1 \right)$

d) 0   e) −2   f) 0

3.2 1. g) $\forall \varepsilon > 0, x \geq 0, |\sqrt{x} - \sqrt{0}| < \varepsilon \Leftrightarrow |x| < \varepsilon^2$. Então, dado $\varepsilon > 0$ e tomando-se $\delta = \varepsilon^2$, para todo $x \in D_f (x \geq 0)$

$$|x - 0| < \delta \Rightarrow |\sqrt{x} - \sqrt{0}| < \varepsilon;$$

logo, $f(x) = \sqrt{x}$ é contínua em $p = 0$.

h) $\forall \varepsilon > 0, 1 - \varepsilon < \sqrt[3]{x} < 1 + \varepsilon \Leftrightarrow (1 - \varepsilon)^3 < x < (1 + \varepsilon)^3$. Dado $\varepsilon > 0$ e tomando-se $I = \,](1 - \varepsilon)^3, (1 + \varepsilon)^3[, 1 \in I$,

$$x \in I \Rightarrow 1 - \varepsilon < \sqrt[3]{x} < 1 + \varepsilon;$$

logo, $\sqrt[3]{x}$ é contínua em $p = 1$.

2. Para todo $\varepsilon > 0, x \neq 0$ e $p \neq 0$,

$$\dfrac{1}{p} - \varepsilon < \dfrac{1}{x} < \dfrac{1}{p} + \varepsilon \Leftrightarrow \dfrac{1 - \varepsilon p}{p} < \dfrac{1}{x} < \dfrac{1 + \varepsilon p}{p}.$$

Para $p > 0$ e $1 - \varepsilon p > 0 \left(\varepsilon < \dfrac{1}{p} \right)$

$$\dfrac{1}{p} - \varepsilon < \dfrac{1}{x} < \dfrac{1}{p} + \varepsilon \Leftrightarrow \dfrac{p}{1 + \varepsilon p} < x < \dfrac{p}{1 - \varepsilon p}.$$

Então, dado $\varepsilon > 0, \varepsilon < \dfrac{1}{p}, (p > 0)$, e tomando-se $I = \,\left]\dfrac{p}{1 + \varepsilon p}, \dfrac{p}{1 - \varepsilon p}\right[, p \in I$,

$x \in I \Rightarrow \dfrac{1}{p} - \varepsilon < \dfrac{1}{x} < \dfrac{1}{p} + \varepsilon$, logo, $f(x) = \dfrac{1}{x}$ é contínua em $p > 0$. Analise o caso $p < 0$. (Veja como as coisas acontecem graficamente.)

5. Não. Para $\varepsilon = \dfrac{1}{2}$ não existe $\delta > 0$ que torna verdadeira a afirmação

"$\forall x \in D_f, 1 - \delta < x < 1 + \delta \Rightarrow f(1) - \dfrac{1}{2} < f(x) < f(1) + \dfrac{1}{2}$"

8. Seja p racional, então $f(p) = 1$; se f fosse contínua em p, pela conservação do sinal, existiria $\delta > 0$ tal que $f(x) > 0$ para $p - \delta < x < p + \delta$, que é impossível, pois em $]p - \delta, p + \delta[$ existem infinitos irracionais

Respostas, Sugestões ou Soluções

557

9. *a)* $\{x \in \mathbb{R} \mid x \notin \mathbb{Z}\}$ *b)* $\{x \in \mathbb{R} \mid x \notin \mathbb{Z}\}$

     c) $\{0\}$ (só é contínua em 0)   *d)* $\{-1, 1\}$

11. *a)* $L = 4$; com $L = 4$, $f(x) = x + 2$ para todo x, que é contínua em $p = 2$

     b) $L = -1$

12. *a)* 4   *b)* -1 *c)* Não existe   *d)* 6   *e)* 1   *f)* Não existe

13. Como f é contínua em 2, para todo $\varepsilon > 0$ dado, existe $\delta > 0$ tal que $\forall x \in D_f$

$$2 - \delta < x < 2 + \delta \Rightarrow 8 - \varepsilon < f(x) < 8 + \varepsilon.$$

Em particular, para $\varepsilon = 1$ existirá $\delta > 0$ tal que $2 - \delta < x < 2 + \delta \Rightarrow 7 < f(x)$

15. Para se ter $|f(x) - f(p)| < \varepsilon$ basta que se tenha $M|x - p| < \varepsilon$. Tomando-se

$\delta = \dfrac{\varepsilon}{M}$, $|x - p| < \delta \Rightarrow |f(x) - f(p)| < \varepsilon$

17. Para se ter $|f(x) - f(0)| < \varepsilon$ (observe que $f(0) = 0$) basta que se tenha

$x^2 = |x - 0|^2 < \varepsilon$ ou $|x - 0| < \sqrt{\varepsilon}$. Tomando-se $\delta = \sqrt{\varepsilon}$,

$|x - 0| < \delta \Rightarrow |f(x) - f(0)| < \varepsilon$

18. Observe que $|f(x)| \leq |x|$

20. Suponha que exista p, com $f(p) \neq 0$, e aplique a conservação do sinal

21. Aplique o Exercício 20 à função $h(x) = g(x) - f(x)$

23. *a)* $|f(x) - f(1)| = \left| x + \dfrac{1}{x} - 2 \right| = \left| \dfrac{x^2 - 2x + 1}{x} \right| = \left| \dfrac{x - 1}{x} \right| |x - 1|$

     b) Observe que $\left| \dfrac{x - 1}{x} \right| \leq 1 + \dfrac{1}{|x|}$

     c) Dado $\varepsilon > 0$ e tomando-se $\varepsilon = \text{mín}\left\{ \dfrac{1}{2}, \dfrac{\varepsilon}{3} \right\}$

$$|x - 1| < \delta \Rightarrow |f(x) - f(1)| < \varepsilon$$

25. Verifique $|f(x) - f(1)| \leq 7|x - 1|$ para $x > \dfrac{1}{2}$ e proceda como no Exercício 23(*c*)

27. *b)* Dado $\varepsilon > 0$ e tomando-se $\delta = \text{mín}\left\{ |p|, \dfrac{\varepsilon}{7p^2} \right\}$

$$|x - p| < \delta \Rightarrow |x^3 - p^3| < \varepsilon$$

3.3 1. *a)* 4   *b)* 4   *c)* -7 *d)* 5   *e)* 50   *f)* 4   *g)* 2   *h)* $\sqrt[3]{-3}$ *i)* $\sqrt{5}$

     j) 6   *l)* 0   *m)* 2   *n)* 2   *o)* $\dfrac{1}{2}$ *p)* -2 *q)* $\dfrac{1}{2\sqrt{3}}$ *r)* $\dfrac{1}{3\sqrt[3]{9}}$

     s) $\dfrac{1}{4\sqrt[4]{8}}$ *t)* $-\dfrac{1}{2}$ *u)* $\dfrac{\sqrt{5}}{2}$

   2. *a)* 12   *b)* $\dfrac{1}{2\sqrt{3}}$ *c)* $\sqrt{2}$

Respostas, Sugestões ou Soluções

3. Não é contínua em -1. Em 0 é.

4. a) $2x$ b) $4x + 1$ c) 0 d) $-3x^2 + 2$ e) $-\dfrac{1}{x^2}$ f) 3

5. a) $-\dfrac{3}{2}$ b) 0 c) x^2 d) $3x^2$ e) 0 f) $\dfrac{1}{3\sqrt[3]{p^2}}$ g) $\dfrac{1}{4\sqrt[4]{p^3}}$ h) 0

   i) $\dfrac{3}{7}$ j) $\sqrt{2}$ l) $3p^2$ m) $4p^3$ n) np^{n-1} o) $\dfrac{1}{n\sqrt[n]{p^{n-1}}}$ p) $-\dfrac{1}{4}$

   q) $-\dfrac{1}{p^2}$ r) $-\dfrac{2}{p^3}$ s) $2x - 3$

6. Como $\lim\limits_{x \to 1}(x^2 + x) = 2$, tomando-se $\varepsilon = \dfrac{1}{3}...$

8. Tomando-se $\varepsilon = 1$, existe $\delta > 0$, $0 < |x - p| < \delta \Rightarrow \left| \dfrac{f(x)}{g(x)} - 0 \right| < 1$, logo ...

10. *Sugestão:* $|f(x) - L| < 1 \Rightarrow |f(x)| - |L| < 1$ (Por quê?)

11. $\lim\limits_{x \to p} f(x) = L \Leftrightarrow \begin{cases} \forall \varepsilon > 0,\ \exists \delta > 0 \\ 0 < |x - p| < \delta \Rightarrow |f(x) - L| < \varepsilon \end{cases}$

                  $\Leftrightarrow \begin{cases} \forall \varepsilon > 0,\ \exists \delta > 0 \\ 0 < |x - p| < \delta \Rightarrow |(f(x) - L) - 0| < \varepsilon \end{cases}$

                  $\Leftrightarrow \lim\limits_{x \to p}[f(x) = L] = 0.$

3.4 1. a) 1 b) -1 c) 1 d) 0 e) Não existe   f) Não existe   g) 1 h) 1
     i) 2 j) 2 l) 1 m) Não existe

   2. É falsa

   3. Não, pois f não está definida em 1

3.5 1. a) $\sqrt[3]{3}$ b) $\dfrac{1}{4}$ c) $\dfrac{1}{12}$ d) $\dfrac{1}{8}$

   2. a) 3 b) 0 c) 2 d) $\dfrac{7}{3}$

   3. a) L b) $3L$ c) $2L$ d) $-L$

3.6 1. 2

   2. 3

   3. 0. (*Sugestão:* Verifique que $-|x|^3 \le \dfrac{g(x)}{x} \le |x|^3$, $x \ne 0$.)

   4. b) 0

   5. a) 0 b) Não existe

   6. a) 0. (Observe que $|g(x)| \le \sqrt[4]{4}$)   b) 0

   7. b) 0

Respostas, Sugestões ou Soluções

12. *Sugestão*: Para ($\Rightarrow$): $\dfrac{f(h)}{|h|} = \dfrac{f(h)}{h} \cdot \dfrac{h}{|h|}$ e $\left| \dfrac{h}{|h|} \right| \leq 1$

3.8 1. *a)* 1 *b)* 1 *c)* 3 *d)* -1 *e)* 0 *f)* 3 *g)* $\dfrac{3}{4}$ *h)* 0 *i)* 0

  j) 0 *l)* $\dfrac{1}{2p}$ *m)* $2p$ *n)* 0 *o)* -2 *p)* 0 *q)* $-\pi$

2. *b)* 0

3. *a)* $\cos p$ *b)* $-\operatorname{sen} p$ *c)* $\sec^2 p$ *d)* $\sec p \operatorname{tg} p$

CAPÍTULO 4

4.1 1. *a)* 0 *b)* 0 *c)* 5 *d)* 2 *e)* 2 *f)* 2 *g)* $\dfrac{1}{3}$ *h)* $\dfrac{5}{4}$

  i) $\displaystyle\lim_{x \to +\infty} \dfrac{1}{x\left(1 + \dfrac{3}{x} + \dfrac{1}{x^2}\right)} = \lim_{x \to +\infty} \dfrac{1}{x} \cdot \dfrac{1}{1 + \dfrac{3}{x} + \dfrac{1}{x^2}} = 0 \cdot 1 = 0$

  j) 0 *l)* $\sqrt[3]{5}$ *m)* 0 *n)* $\dfrac{1}{3}$ *o)* 1 *p)* 0 *q)* 0 *r)* 0

  s) $\displaystyle\lim_{x \to +\infty} \dfrac{\left(\sqrt{x+1} - \sqrt{x+3}\right)\left(\sqrt{x+1} + (\sqrt{x+3}\right)}{\sqrt{x+1} + \sqrt{x+3}} = \lim_{x \to +\infty} \dfrac{-2}{\sqrt{x+1} + \sqrt{x+3}} =$

  $= \displaystyle\lim_{x \to +\infty} \dfrac{1}{\sqrt{x}} \cdot \dfrac{-2}{\sqrt{1 + \dfrac{1}{x}} + \sqrt{1 + \dfrac{3}{x}}} = 0 \cdot (-1) = 0$

2. 0. $\left(f(x) = \dfrac{f(x)}{g(x)} \cdot g(x)\right)$.

3. *a)* $\dfrac{1}{2}$ *b)* Aplique a definição de limite com

  $\varepsilon = \dfrac{1}{4}$

4. *a)* 0

4.2 1. *a)* $+\infty$ *b)* $-\infty$ *c)* $-\infty$ *d)* $+\infty$ *e)* $\dfrac{5}{6}$ *f)* $+\infty$ *g)* 0 *h)* 2

  i) $\dfrac{1}{3}$ *j)* $-\dfrac{1}{2}$ *l)* 0 *m)* 0

2. Dado $\varepsilon > 0$ e tomando-se $\delta = \varepsilon^n, x > \delta \Rightarrow \sqrt[n]{x} > \varepsilon$

3. *a)* 0 *b)* $\dfrac{1}{2}$ *c)* $+\infty$ *d)* $-\infty$ *e)* 0 *f)* $+\infty$ *g)* $\dfrac{1}{2}$ *h)* $-\infty$

4. *a)* $-\infty$ *b)* $-\infty$ *c)* $+\infty$ *d)* $-\infty$ *e)* $+\infty$ *f)* $-\infty$ *g)* $-\infty$ *h)* $+\infty$ *i)* $+\infty$

  j) $-\infty$ *l)* $+\infty$ *m)* $+\infty$ *n)* $+\infty$ *o)* $+\infty$ *p)* $-\infty$ *q)* $+\infty$ *r)* $-\infty$ *s)* $-\infty$

9. Aplique a definição com $\varepsilon = 1$

Respostas, Sugestões ou Soluções

4.3 1. *a)* 2 *b)* $+\infty$ *c)* 1 *d)* 0 *e)* 2 *f)* 0 *g)* $+\infty$ *h)* $\dfrac{3}{2}$ *i)* $\dfrac{1}{1-t}$

3. $+\infty$

4. *a)* $\dfrac{2}{3}$ *b)* $\dfrac{1}{2}$

5. $\dfrac{1}{3}$

6. *a)* $\dfrac{1}{3}$ *b)* $\dfrac{1}{3}$

7. *a)* $\dfrac{aT^2}{2}$

4.4 1. *a)* 0 (Observe: $-|x| \le f(x) \le |x|$.)

2. $\dfrac{-1+\sqrt{5}}{2}$

4. 2

5. 2

6. Seja $f(x) = \operatorname{sen}\dfrac{1}{x}$ e considere as sequências $a_n = \dfrac{1}{n\pi}$ e $b_n = \dfrac{2}{(4n+1)\pi}$. Verifique que $\lim\limits_{n\to+\infty} f(a_n) \neq \lim\limits_{n\to+\infty} f(b_n)$.

CAPÍTULO 5

1. $f(-1) = -1, f(0) = 1$ e f é contínua em $[-1, 0]$

2. Verifique que $f(x) = x^3 - 4x + 2$ tem uma raiz real em cada intervalo $[-3, -2]$, $[0, 1]$ e $[1, 2]$

3. $\left[\dfrac{1}{2}, 1\right]$, $\left[\dfrac{1}{2}, \dfrac{3}{4}\right]$ e $\left[\dfrac{1}{2}, \dfrac{5}{8}\right]$

5. *a)* $f(x) = \dfrac{x}{1+x^2}$ é contínua em $[-2, 2]$; pelo teorema de Weierstrass existem x_1, x_2 em $[-2, 2]$ tais que $f(x_1) \le f(x) \le f(x_2)$ em $[-2, 2]$. Assim, $f(x_1)$ é o valor mínimo e $f(x_2)$ o valor máximo do conjunto $\left\{\dfrac{x}{1+x^2} \,\middle|\, -2 \le x \le 2\right\}$.

7. *a)* Seja $f(x) = ax^3 + bx^2 + cx + d$ e suponhamos $a > 0$. $\lim\limits_{n\to-\infty} f(x) = +\infty$ e $\lim\limits_{x\to-\infty} f(x) = -\infty$, logo, existem x_1 e x_2, com $x_1 < x_2$, tais que $f(x_1) < 0$ e $f(x_2) > 0$. Como f é contínua em $[x_1, x_2]$ ...

9. Seja $J = \{f(x) \mid x \in I\}$

1.º Caso. J não é limitado nem superiormente nem inferiormente.
Para todo m real, existem x_1 e x_2 em I com $f(x_1) < m < f(x_2)$.
Tendo em vista a continuidade de f, pelo teorema do valor intermediário existe c entre x_1 e x_2 com $f(c) = m$. Segue que $J = \mathbb{R} = \,]-\infty, +\infty[$.

2.º Caso. J é limitado superiormente, mas não inferiormente.

Seja $M = \sup J$. Seja m um real qualquer em $]-\infty, M[$. Existem x_1, x_2 em I, com $f(x_1) < m < f(x_2)$ (por quê?).

Pelo teorema do valor intermediário existe c entre x_1 e x_2 tal que $f(c) = m$. Segue que $]-\infty, M[\subset J$. Por outro lado, para todo x em I, $f(x) \leq M$. Logo, se M não for máximo de J, $J =]-\infty, M[$; se M for máximo de J, $J =]-\infty, M]$.

Analise os demais casos.

11. Se $f(0) = 0$ ou $f(1) = 1$ nada há o que provar. Suponha que nenhuma das situações anteriores ocorra; aplique o teorema do anulamento a $g(x) = f(x) - x$.

12. Suponha, por absurdo, que existam u, v em $[a, b]$, com $u < v$, e tais que $f(u) > f(v)$. Se $f(a) < f(v)$, pelo teorema do valor intermediário, existe c em $]a, u[$, tal que $f(c) = f(v)$, contradição. Se $f(v) < f(a) < f(u)$ ...

CAPÍTULO 6

6.1 1. a) $+\infty$ b) 0   c) 0   d) 0   e) $-\infty$ f) 0   g) 0
   h) $+\infty$ i) $+\infty$ j) $+\infty$

2. a)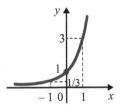

b)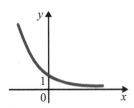

c)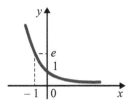

d)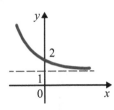

e)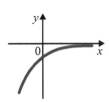

f)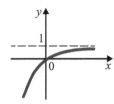

g)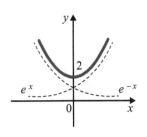

h)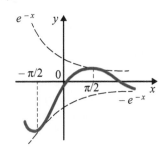

i) 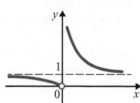   j)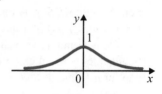

6.2 1. a) 2   b) −4   c) $-\dfrac{1}{2}$ d) $\dfrac{1}{4}$ e) 0   f) Não existe   g) 0   h) 5

2. a) $x > -1$ b) $x < -1$ ou $x > 1$ c) $x < 0$ d) $x \neq 0$
   e) $x < -1$ (ou $x > 1$)   f) $x > 0$ e $x \neq 1$

3. a)    b)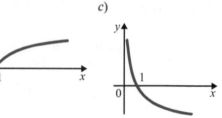

c) (see figure above)

d) 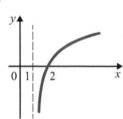   e) 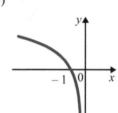   f)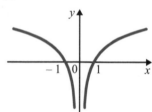

g) 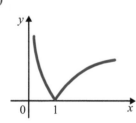   h)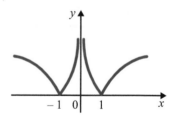

4. a) $+\infty$ b) $+\infty$ c) $-\infty$ d) 0   e) $\ln 2$ f) $\ln 2$ g) $-\infty$

6.3 1. a) e^2 b) e c) $e^{\frac{1}{2}}$ d) e^2 e) e f) 1   g) e^2 h) e^2

2. Sugestão: $a^h = e^{h \ln a}$

3. a) 2   b) 0   c) $\ln 5$ d) $+\infty$

CAPÍTULO 7

7.2 1. *a)* 2   *c)* 2x

2. 2

3. *a)* 3   *b)* 3   *c)* 3

4. *a)* 3   *b)* $\frac{1}{4}$ *c)* 5   *d)* -1 *e)* $\frac{1}{2\sqrt{3}}$ *f)* $-\frac{1}{4}$ *g)* 4   *h)* $\frac{1}{3\sqrt[3]{4}}$

5. *a)* $y = 4x - 4$ *b)* $y = -\frac{1}{4}x + 1$ *c)* $x - 6y + 9 = 0$ *d)* $y = x - 1$

6. *a)* $2x + 1$ *b)* 3   *c)* $3x^2$ *d)* $-\frac{1}{x^2}$ *e)* 5   *f)* 0   *g)* $\frac{1}{(x+1)^2}$ *h)* $-\frac{2}{x^3}$

14. $\dfrac{g(x) - g(1)}{x - 1} = \begin{cases} 2 \text{ se } x < 1 \\ -1 \text{ se } x > 1 \end{cases}$

$\lim\limits_{x \to 1^+} \dfrac{g(x) - g(1)}{x - 1} \neq \lim\limits_{x \to 1^-} \dfrac{g(x) - g(1)}{x - 1}$

15. *a)* 2   *b)*

16. *b)* 0

17. *b)* Não

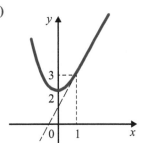

7.3 1. *a)* $5x^4$ *b)* 0   *c)* 80

2. *a)* $6x^5$ *b)* $100x^{99}$ *c)* $-\frac{1}{x^2}$ *d)* $2x$ *e)* $-\frac{3}{x^4}$ *f)* $-\frac{7}{x^8}$

   g) 1   *h)* $-3x^{-4}$

3. $y = -\frac{1}{4}x + 1$ 4. $y = -2x + 3$

5. *a)* $\dfrac{1}{5\sqrt[5]{x^4}}$ *b)* $\dfrac{1}{5}$ *c)* $\dfrac{1}{80}$

6. *a)* $\dfrac{1}{4\sqrt[4]{x^3}}$ *b)* $\dfrac{1}{6\sqrt[6]{x^5}}$ *c)* $\dfrac{1}{8\sqrt[8]{x^7}}$ *d)* $\dfrac{1}{9\sqrt[9]{x^8}}$

7. $y = \frac{1}{3}x + \frac{2}{3}$

9. $y = 4x - 4$

7.4 1. $y = x + 1$

2. $y = x - 1$

Respostas, Sugestões ou Soluções

4. a) $2^x \ln 2$ b) $5^x \ln 5$ c) $\pi^x \ln \pi$ d) e^x

6. a) $\dfrac{1}{x \ln 3}$ b) $\dfrac{1}{x \ln 5}$ c) $\dfrac{1}{x \ln \pi}$ d) $\dfrac{1}{x}$

7.5   1. a) $\cos x$ b) $\dfrac{\sqrt{2}}{2}$

2. $y = x$

3. a) $-\text{sen}\, x$ b) 0 c) $-\dfrac{\sqrt{3}}{2}$ d) $\dfrac{\sqrt{2}}{2}$

4. a) $\sec^2 x$ b) $\sec x \, \text{tg}\, x$

5. $y = x$

6. a) $-\text{cosec}^2 x$ b) -2

7. a) $-\text{cosec}\, x \, \text{cotg}\, x$ b) $-\sqrt{2}$

7.7   1. a) $6x$ b) $3x^2 + 2x$ c) $9x^2 - 4x$ d) $3 + \dfrac{1}{2\sqrt{x}}$

e) $-6x^{-3}$ f) $\dfrac{2}{3\sqrt[3]{x^2}}$ g) $3 - \dfrac{1}{x^2}$ h) $-\dfrac{4}{x^2} - \dfrac{10}{x^3}$

i) $2x^2 + \dfrac{1}{2}x$ j) $\dfrac{1}{3\sqrt[3]{x^2}} + \dfrac{1}{2\sqrt{x}}$ l) $2 - \dfrac{1}{x^2} - \dfrac{2}{x^3}$

m) $18x^2 + \dfrac{1}{3\sqrt[3]{x^2}}$ n) $20x^3 + 3bx^2 + 2cx$

2. $y = 2x$

3. a) $\left(\dfrac{\sqrt[3]{4}}{2}, \dfrac{3\sqrt[3]{2}}{2} \right)$

b)
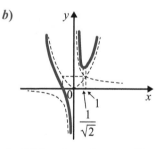

4. a) $f'(x) > 0$ em $]-\infty, -2[$ e em $]0, +\infty[$; $f'(x) < 0$ em $]-2, 0[$

b) $+\infty$ e $-\infty$

c)
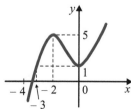

5. *a)* $f'(x) > 0$ em $\left]-\infty, -\dfrac{5}{3}\right[$ e em $]1, +\infty[$; $f'(x) < 0$ em $\left]-\dfrac{5}{3}, 1\right[$

b) $+\infty$ e $-\infty$

c)
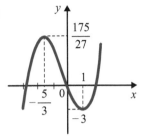

6. *a)* $y = 3x$ 　　　　　　　　*b)* $f'(x) > 0$ em $\mathbb{R}$

c)
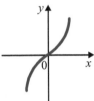

7. *a)* $\dfrac{1-x^2}{(x^2+1)^2}$ 　*b)* $\dfrac{x^2+2x+1}{(x+1)^2}$ 　*c)* $\dfrac{15x^2-18x-15}{(5x-3)^2}$

d) $\dfrac{1-x}{2\sqrt{x}(x+1)^2}$ 　*e)* $5 - \dfrac{1}{(x-1)^2}$ 　*f)* $\dfrac{1}{2\sqrt{x}} - \dfrac{9x^2}{(x^3+2)^2}$

g) $\dfrac{3-\sqrt[3]{x}}{6x\sqrt{x}}$ 　*h)* $\dfrac{4\sqrt[4]{x^3}(3-x^2) - 7x^2 + 3}{4\sqrt[4]{x^3}(x^2+3)^2}$

8. *a)* $\left(-1, -\dfrac{1}{2}\right)$ e $\left(1, \dfrac{1}{2}\right)$ 　　*d)*
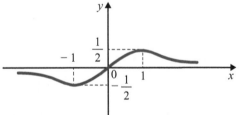

b) $g'(x) > 0$ em $]-1, 1[$
$g'(x) < 0$ em $]-\infty, -1[$
e em $]1, +\infty[$

c) 0

9. *a)* $6x - 5\,\mathrm{sen}\,x$ 　*b)* $-\dfrac{(x^2+1)\,\mathrm{sen}\,x + 2x\cos x}{(x^2+1)^2}$ 　*c)* $\mathrm{sen}\,x + x\cos x$

d) $x[2\,\mathrm{tg}\,x + x\sec^2 x]$ 　*e)* $\dfrac{\mathrm{tg}\,x - (x+1)\sec^2 x}{\mathrm{tg}^2 x}$ 　*f)* $\dfrac{-3(\cos x - \mathrm{sen}\,x)}{(\mathrm{sen}\,x + \cos x)^2}$

g) $\dfrac{\sec x[3x\,\mathrm{tg}\,x + 2\,\mathrm{tg}\,x - 3]}{(3x+2)^2}$ 　*h)* $(2x-1)\,\mathrm{sen}\,x + (x^2+1)\cos x$

i) $\dfrac{\sec x(1 + 2x\,\mathrm{tg}\,x)}{2\sqrt{x}}$ 　*j)* $-3\,\mathrm{sen}\,x + 5\sec x\,\mathrm{tg}\,x$ 　*l)* $\mathrm{cotg}\,x - x\,\mathrm{cosec}^2 x$

m) $4 \sec x \, \text{tg}\, x - \text{cosec}^2 x$ **n)** $2x + 3\, \text{tg}\, x + 3x \sec^2 x$ **o)** $\dfrac{2x - (x^2 + 1)\, \text{tg}\, x}{\sec x}$

p) $-\dfrac{x(x+1)\cos x + \text{sen}\, x}{x^2 \,\text{sen}^2 x}$ **q)** $\dfrac{1 + x \cot g\, x}{\text{cosec}\, x}$ ou $\text{sen}\, x + x \cos x$

r) $\text{cosec}\, x \left(3x^2 + \dfrac{1}{2\sqrt{x}} - (x^3 + \sqrt{x}) \cot g\, x \right)$ **s)** $\dfrac{(x-1)\cos x - (x+1)\,\text{sen}\, x - 1}{(x - \cos x)^2}$

10. a) $(2x - 1)\,\text{sen}\, x + x^2 \cos x$ **b)** 0

c) $(6a - 1)\,\text{sen}(3a) + 9a^2 \cos(3a)$ **d)** $(2x^2 - 1)\,\text{sen}\, x^2 + x^4 \cos x^2$

11. a) $f'(x) > 0$ em $\left[0, \dfrac{\pi}{4}\right]$ e em $\left]\dfrac{5\pi}{4}, 2\pi\right]$ **b)**

$f'(x) < 0$ em $\left]\dfrac{\pi}{4}, \dfrac{5\pi}{4}\right[$

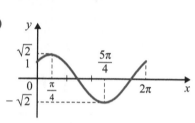

12. a) $xe^x[2 + x]$ **b)** $3 + \dfrac{5}{x}$ **c)** $e^x(\cos x - \text{sen}\, x)$ **d)** $\dfrac{2e^x}{(1 - e^x)^2}$

e) $2x \ln x + x + 2e^x$ **f)** $\dfrac{-x - \ln x - 1}{(x \ln x)^2}$ **g)** $5x(1 + 2 \ln x)$

h) $\dfrac{e^x(x - 1)^2}{(x^2 + 1)^2}$ **i)** $\dfrac{1 - \ln x}{x^2}$ **j)** $\dfrac{xe^x}{(x + 1)^2}$

14. a) $e^x(\cos x + x \cos x - x\, \text{sen}\, x)$ **b)** $x[(1 + \ln x)(2 \cos x - x\, \text{sen}\, x) + \cos x]$

c) $e^x(\text{sen}\, x \cos x + \cos^2 x - \text{sen}^2 x)$ **d)** $e^x \left[\dfrac{\text{tg}\, x}{2\sqrt{x}} + (1 + \sqrt{x})(\text{tg}\, x + \sec^2 x) \right]$

7.8

1. a) $f'(x) = 16x^3 + 2, f''(x) = 48x^2$ e $f'''(x) = 96x$

b) $f'(x) = -\dfrac{1}{x^2}, f''(x) = \dfrac{2}{x^3}$ e $f'''(x) = -\dfrac{6}{x^4}$

c) $f'(x) = 10x + \dfrac{3}{x^4}, f''(x) = 10 - \dfrac{12}{x^5}$ e $f'''(x) = 60x^{-6}$

d) $f'(x) = 9x^2 - 6, f''(x) = 18x$ e $f'''(x) = 18$

e) $f(x) = \begin{cases} x^2 & \text{se } x \geq 0 \\ -x^2 & \text{se } x < 0 \end{cases}, f'(x) = \begin{cases} 2x & \text{se } x \geq 0 \\ -2x & \text{se } x < 0 \end{cases}, f''(x) = \begin{cases} 2 & \text{se } x > 0 \\ -2 & \text{se } x < 0 \end{cases}$ e

$f'''(x) = 0$ para $x \neq 0$

2. a) $f(x) = \begin{cases} x^3 & \text{se } x \geq 0 \\ -x^3 & \text{se } x < 0 \end{cases}, f'(x) = \begin{cases} 3x^2 & \text{se } x \geq 0 \\ -3x^2 & \text{se } x < 0 \end{cases}$ e $f''(x) = \begin{cases} 6x & \text{se } x \geq 0 \\ -6x & \text{se } x < 0 \end{cases}$

b) $f'(x) = \begin{cases} 2x + 3 & \text{se } x \leq 1 \\ 5 & \text{se } x > 1 \end{cases}$ e $f''(x) = \begin{cases} 2 & \text{se } x < 0 \\ -2 & \text{se } x > 0 \end{cases}$

3. a) $f^{(n)}(x) = e^x$ b) $f^{(n)}(x) = \begin{cases} (-1)^{\frac{n-1}{2}} \cos x \text{ se } n \text{ for ímpar} \\ (-1)^{\frac{n}{2}} \operatorname{sen} x \text{ se } n \text{ for par} \end{cases}$

c) $f^{(n)}(x) = \begin{cases} (-1)^{\frac{n+1}{2}} \operatorname{sen} x \text{ se } n \text{ for ímpar} \\ (-1)^{\frac{n}{2}} \cos x \text{ se } n \text{ for par} \end{cases}$

d) $f^{(n)}(x) = (-1)^{n+1}(n-1)! x^{-n}$

7.9 1. a) $\dfrac{dy}{dx} = 15x^2 + 6$ b) $\dfrac{ds}{dt} = \dfrac{1}{5\sqrt[5]{t^4}} - \dfrac{3}{t^2}$ c) $\dfrac{dx}{dt} = \dfrac{1}{(t+1)^2}$

d) $\dfrac{dy}{dt} = \cos t - t \operatorname{sen} t$ e) $\dfrac{dy}{du} = \dfrac{u \ln u - u - 1}{u(\ln u)^2}$ f) $\dfrac{dx}{dt} = t^2 e^t (3 + t)$

g) $\dfrac{ds}{dt} = e^t(\operatorname{tg} t + \sec^2 t)$ h) $\dfrac{dy}{dx} = \dfrac{3x^2 \operatorname{sen} x - (x^3 + 1)\cos x}{\operatorname{sen}^2 x}$

i) $\dfrac{dy}{du} = \dfrac{\sec u(1 + 3u \operatorname{tg} u)}{3\sqrt[3]{u^2}}$ j) $\dfrac{dx}{dt} = -\dfrac{3}{t^2} - \dfrac{4}{t^3}$

l) $\dfrac{dx}{dt} = e^t(\cos t - \operatorname{sen} t)$ m) $\dfrac{du}{dv} = 10v - \dfrac{12}{v^5}$ n) $\dfrac{dV}{dr} = 4\pi r^2$

o) $\dfrac{dE}{dv} = v$ p) $\dfrac{dE}{dv} = mv$ q) $\dfrac{du}{dx} = -\dfrac{12a}{x^{13}} + \dfrac{6b}{x^7}$

2. a) $\dfrac{x^3(4\sqrt{x} + 5)}{2\sqrt{x}(x + \sqrt{x})^2}$ b) $\dfrac{9}{8}$

3. 8   4. 36

5. $\dfrac{dy}{dx} = \dfrac{\dfrac{dt}{dx}(x + t) - t\left(1 + \dfrac{dt}{dx}\right)}{(x + t)^2}$; $\left.\dfrac{dy}{dy}\right|_{x=1} = \dfrac{2}{9}$

8. a) $6x$ b) $2\cos t - t \operatorname{sen} t$ c) $90x^8 + \dfrac{12}{x^5}$ d) $\dfrac{1}{t}$

e) $-2e^t \operatorname{sen} t$ f) $\dfrac{e^x(x^2 - 2x + 2)}{x^3}$

7.11 1. a) $4\cos 4x$ b) $-5 \operatorname{sen} 5x$ c) $3e^{3x}$ d) $-8 \operatorname{sen} 8x$

e) $3t^2 \cos t^3$ f) $\dfrac{2}{2t + 1}$ g) $e^{\operatorname{sen} t} \cos t$ h) $-e^x \operatorname{sen} e^x$

i) $3(\operatorname{sen} x + \cos x)^2(\cos x - \operatorname{sen} x)$ j) $\dfrac{3}{2\sqrt{3x + 1}}$

l) $\dfrac{2}{3(x + 1)^2} \sqrt[3]{\left(\dfrac{x + 1}{x - 1}\right)^2}$ m) $-5e^{-5x}$ n) $\dfrac{2t + 3}{t^2 + 3t + 9}$ o) $e^{\operatorname{tg} x} \sec^2 x$

Respostas, Sugestões ou Soluções

568

p) $-\text{sen}\, x \cos(\cos x)$ *q)* $8t(t^2 + 3)^3$ *r)* $-2x\, \text{sen}(x^2 + 3)$

s) $\dfrac{1 + e^x}{2\sqrt{x + e^x}}$ *t)* $3\sec^2 3x$ *u)* $3 \sec 3x\, \text{tg}\, 3x$

2. 10   **3.** 4

4. *a)* $e^{3x}(1 + 3x)$ *b)* $e^x(\cos 2x - 2\,\text{sen}\, 2x)$ *c)* $e^{-x}(\cos x - \text{sen}\, x)$

d) $e^{-2t}(3 \cos 3t - 2\,\text{sen}\, 3t)$ *e)* $-2xe^{-x^2} + \dfrac{2}{2x + 1}$ *f)* $\dfrac{4}{(e^t + e^{-t})^2}$

g) $-\dfrac{5\,\text{sen}\, 5x\,\text{sen}\, 2x + 2\cos 5x \cos 2x}{\text{sen}^2\, 2x}$ *h)* $3(e^{-x} + e^{x^2})^2(-e^{-x} + 2xe^{x^2})$

i) $3t^2 e^{-3t}(1 - t)$ *j)* $e^{x^2}\left[2x \ln(1 + \sqrt{x}) + \dfrac{1}{2(\sqrt{x} + x)}\right]$

l) $3(\text{sen}\, 3x + \cos 2x)^2(3 \cos 3x - 2\,\text{sen}\, 2x)$ *m)* $\dfrac{e^x - e^{-x}}{2\sqrt{e^x + e^{-x}}}$

n) $\dfrac{1}{\sqrt{x^2 + 1}}$ *o)* $\dfrac{4x\sqrt{x} + e^{\sqrt{x}}}{4\sqrt{x^3 + xe^{\sqrt{x}}}}$ *p)* $\ln(2x + 1) + \dfrac{2x}{2x + 1}$

q) $\dfrac{6x[\ln(x^2 + 1)]^2}{x^2 + 1}$ *r)* $\sec x$ *s)* $-9x^2 \cos^2 x^3\,\text{sen}\, x^3$

t) $-\dfrac{\text{sen}^2 x + 2\cos^2 x}{\text{sen}^3 x}$ *u)* $e^{2t}\,\dfrac{(1 + 2t)\ln(3t + 1) - \dfrac{3t}{3t + 1}}{[\ln(3t + 1)]^2}$

5. *a)* $-25\,\text{sen}\, 5t$ *b)* $-16 \cos 4t$ *c)* $-w^2\,\text{sen}\, wt$ *d)* $9e^{-3x}$

e) $2e^{-x^2}(2x^2 - 1)$ *f)* $\dfrac{e^x(x^2 + 1)}{(x + 1)^3}$ *g)* $\dfrac{2(1 - x^2)}{(x^2 + 1)^2}$ *h)* $\dfrac{2}{(x - 1)^3}$

i) $e^{-x} - 4e^{-2x}$ *j)* $e^{-x}(4\,\text{sen}\, 2x - 3 \cos 2x)$ *l)* $\dfrac{2x(x^2 - 3)}{(x^2 + 1)^3}$

m) $\dfrac{2(3x^3 + 3x^2 + 3x + 1)}{(x^2 + x)^3}$ *n)* $\dfrac{-2[4\,\text{sen}\, 3x + 3\cos 3x]}{e^x}$

o) $4e^{-2x}(x - 1)$ *p)* $-\cos x \cos(\cos x) - \text{sen}^2 x\,\text{sen}(\cos x)$

q) $\dfrac{8x^3 + 30x^2 + 24x + 10}{(x^2 - 1)^3}$ *r)* $\dfrac{e^{1/x}}{x^3}$ *s)* $\dfrac{2(-x^3 - 3x^2 + 1)}{(x^2 + x + 1)^3}$

t) $\dfrac{3}{(t^2 + 3)\sqrt{t^2 + 3}}$ *u)* $\dfrac{4x + 12}{9\sqrt[3]{(x + 2)^5}}$

7. 8   **8.** 11

12. ± 2 **13.** 1 ou 2

16. *a)* $3\sec^2 3x$ *b)* $4 \sec 4x\,\text{tg}\, 4x$ *c)* $-2x\,\text{cosec}^2 x^2$

d) $\sec^2 x \sec(\text{tg}\, x)\,\text{tg}(\text{tg}\, x)$ *e)* $3x^2 \sec x^3\,\text{tg}\, x^3$ *f)* $2x\sec^2 x^2 e^{\text{tg}\, x^2}$

g) $-2 \,\text{cosec}\, 2x \cot g\, 2x$ *h)* $x^2(3\,\text{tg}\, 4x + 4x \sec^2 4x)$ *i)* $3 \sec 3x$

Respostas, Sugestões ou Soluções

j) $-e^{-x}\sec x^2(1-2x\,\text{tg}\,x^2)$ **l)** $6x(x^2+\cot g\,x^2)^2(1-\cosec^2 x^2)$

m) $2x(\text{tg}\,2x+x\sec^2 2x)$

23. b) 7 **c)** $y=2x-1$ **28.** $-\dfrac{4}{7}$ **30.** 8

7.12 1. a) $5^x\ln 5+\dfrac{1}{x\ln 3}$ **b)** $2x2^{x^2}\ln 2+2\cdot 3^{2x}\ln 3$

c) $2\cdot 3^{2x+1}\ln 3+\dfrac{2x}{(x^2+1)\ln 2}$ **d)** $(2x+1)^x\left[\ln(2x+1)+\dfrac{2x}{2x+1}\right]$

e) $x^{\text{sen}\,3x}\left[3\cos 3x\ln+\dfrac{\text{sen}\,3x}{x}\right]$ **f)** $(3+\cos x)^x\left[\ln(3+\cos x)-\dfrac{x\,\text{sen}\,x}{3+\cos x}\right]$

g) $x^x[(1+\ln x)\,\text{sen}\,x+\cos x]$ **h)** $x^{x^2+1}\left[2x\ln x+\dfrac{x^2+1}{x}\right]$

i) $-(1+i)^{-t}\ln(1+i)$ **j)** $(10^x+10^{-x})\ln 10$

l) $(2+\text{sen}\,x)^{\cos 3x}\left[-3\text{sen}\,3x\ln(2+\text{sen}\,x)\dfrac{\cos x\cos 3x}{2+\text{sen}\,x}\right]$

m) $\dfrac{x^x(1+\ln x)}{1+x^x}$ **n)** $\left(1+\dfrac{1}{x}\right)^x\left[\ln\left(1+\dfrac{1}{x}\right)-\dfrac{1}{1+x}\right]$

o) $x^{x^2}x^x\left[(1+\ln x)\ln x+\dfrac{1}{x}\right]$ **p)** $\pi x^{\pi-1}+\pi^x\ln\pi$

q) $(1+x)^{e^{-x}}\left[-e^{-x}\ln(1+x)+\dfrac{e^{-x}}{1+x}\right]$

3. a) $(x+2)^x\ln(x+2)+x(x+2)^{x-1}$

b) $2x(1+e^x)^{x^2}\ln(1+e^x)+x^2(1+e^x)^{x^2-1}e^x$

c) $(4+\text{sen}\,3x)^x\ln(4+\text{sen}\,3x)+x(4+\text{sen}\,3x)^{x-1}(3\cos 3x)$

d) $2x(x+3x)^{x^2}\ln(x+3)+x^2(x+3)^{x^2-1}$

e) $2x(3+\pi)^{x^2}\ln(3+\pi)$ **f)** $2\pi x(x^2+1)^{\pi-1}$

7.13 2. $y=\dfrac{-1+\sqrt{-4x^2+4x+1}}{2x}$ **3.** $\dfrac{3}{4}$

4. a) $\dfrac{dy}{dx}=\dfrac{x}{y}$ **b)** $\dfrac{dy}{dx}=-\dfrac{2xy-1}{3y^2+x^2}$ **c)** $\dfrac{dy}{dx}=-\dfrac{y^2}{2xy+2}$

d) $\dfrac{dy}{dx}=\dfrac{1}{1+5y^4}$ **e)** $\dfrac{dy}{dx}=-\dfrac{x}{4y}$ **f)** $\dfrac{dy}{dx}=\dfrac{1-y}{x+3y^2}$

g) $\dfrac{dy}{dx}=-\dfrac{x}{y+1}$ **h)** $\dfrac{dy}{dx}=-\dfrac{2xy^3+y}{3x^2y^2+x}$ **i)** $\dfrac{dy}{dx}=-\dfrac{y+e^y}{xe^y+x}$

j) $\dfrac{dy}{dx}=-\dfrac{2x}{x^2+y^2+2y}$ **l)** $\dfrac{dy}{dx}=\dfrac{y}{5-\text{sen}\,y-x}$ **m)** $\dfrac{dy}{dx}=\dfrac{1}{2+\cos y}$

Respostas, Sugestões ou Soluções

5. $y = -\dfrac{1}{2}x + 1$

6. $\dfrac{x_0 x}{a^2} + \dfrac{y_0 y}{b^2} = 1$

8. a) 1 b) $y - 1 = -\dfrac{3}{7}(x - 1)$

11. $y = \dfrac{1}{5}(x + 3)$

7.14
1. a) $dy = 3x^2\, dx$ b) $dy = (2x - 2)\, dx$
   c) $dy = \dfrac{1}{(x + 1)^2}\, dx$ d) $dy = \dfrac{1}{3\sqrt[3]{x^2}}\, dx$
2. a) $dA = 2l\, dl$
3. a) $dV = 4\pi r^2\, dr$
4. a) $dy = (2x + 3)\, dx$
   b) $(dx)^2$

7.15
1. a) $2 - 2t$
   b) -2
   c) $v(t) > 0$ em $[0, 1[$
      $v(t) < 0$ em $]1, +\infty[$
   d)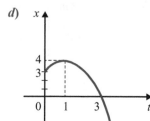

2. a) $\dfrac{1}{2}$ b) 0

3. a) $v(t) > 0$ em $]0, 2[$
      $v(t) < 0$ em $]2, +\infty[$
   b) $a(t) > 0$ em $[0, 1[$
      $a(t) < 0$ em $]1, +\infty[$
   c) $-\infty$
   d)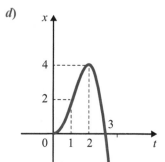

7. a) $f'(t) > 0$ em $]-\infty, -2[$ e em $]0, +\infty[$
      $f'(t) < 0$ em $]-2, 0[$
   b) $f''(t) < 0$ em $]-\infty, -1[$
      $f''(t) > 0$ em $]-1, +\infty[$
   c) $+\infty$ e $-\infty$
   d)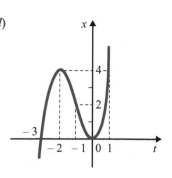

8. *a)* $f'(t) > 0$ em $]-2, 2[$
$f'(t) < 0$ em $]-\infty, -2[$ e em $]2, +\infty[$

b) $f''(t) > 0$ em $]-\sqrt{12}, 0[$
e em $]\sqrt{12}, +\infty[$
$f''(t) < 0$ em $]-\infty, -\sqrt{12}[$
e em $]0, \sqrt{12}[$

d)
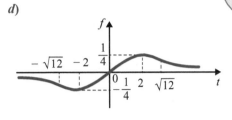

9. *a)* $v_0 e^{-kt}$
c) $-v_0 k e^{-kt}$
e) $\dfrac{v_0}{k}$

f)
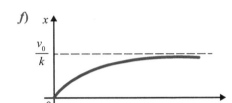

10. *c)*
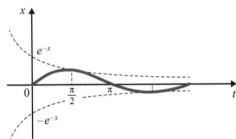

11. Ponto de abscissa $x = \dfrac{5}{6}$

12. $\dfrac{-100}{(101)^2}$

15. $(-2, 1)$

16. $-\dfrac{6}{\sqrt{35}}$

17. $-\dfrac{3}{2}$ (cm/s)

18. $\dfrac{0,9}{100\pi}$ (m/s)

19. $\dfrac{dx}{dt} = 1 - \cos\theta$ e $\dfrac{dy}{dt} = \operatorname{sen}\theta$

7.16 1. *a)* $y = -3x$ e $y = \dfrac{1}{3}x$ *b)* $y = \dfrac{1}{12}x + \dfrac{4}{3}$ e $y = -12x + 98$

c) $y = -2x + 3$ e $y = \dfrac{1}{2}x + \dfrac{1}{2}$ *d)* $y = 2$ e $x = 1$

2. $y = \dfrac{1}{2}x - \dfrac{1}{16}$

3. $y = 6x - 2$ ou $y = 6x + 2$

4. $y = 2x - \dfrac{25}{4}$

5. $y = \dfrac{1}{3}x - \dfrac{2}{27}$ ou $y = \dfrac{1}{3}x + \dfrac{2}{27}$

6. *a)* $(1, 1)$ *b)* $y = -\dfrac{1}{2}x + \dfrac{3}{2}$

Respostas, Sugestões ou Soluções

7. $y = -3x$ ou $y = -4x$

8. $(0, 12)$, $(-2, -12)$ e $\left(\dfrac{1}{2}, \dfrac{253}{16}\right)$

9. Pontos de abscissas $\dfrac{1}{2}$ e $-\dfrac{2}{3}$

10. $y = 3x + 2$

11. $y = -\dfrac{1}{3}x + \dfrac{4}{3}$

12. (a, b) tal que $b < a^2$

13. ± 1

14. -1

15. $y = -x + \dfrac{1}{4}$ ou $y = x + \dfrac{1}{4}$.

7.17 **1.** *a)* $-\dfrac{1}{9}$ *b)* 1 *c)* $-\pi$ *d)* 0 *e)* 0 *f)* $\dfrac{3\sqrt{2}}{4}$ *g)* 0 *h)* $\dfrac{\sqrt{2}}{8}$ *i)* 1

2. *a)* $\dfrac{1}{4\sqrt{x}\sqrt{1+\sqrt{x}}}$ *b)* $\dfrac{3}{\sqrt{1+9x^2}}$ *c)* $5^{x^2}(1 + 2x^2 \ln 5)$

d) $(2 + \operatorname{sen} x)^x\left[\ln(2 + \operatorname{sen} x) + \dfrac{x\cos x}{2 + \operatorname{sen} x}\right]$

e) $\sec x$ *f)* $e^{t^2}(2t\operatorname{sen} 3t + 3\cos 3t)$ *g)* $\ln\dfrac{t^2 - 1}{t^2 + 1} + \dfrac{4t^2}{t^4 - 1}$

h) $\dfrac{3x^2 + 4x - 1}{2(x+1)\sqrt{x+1}}$ *i)* $\dfrac{3t^2 - t^4}{(t^2 + 1)^3}$ *j)* $\dfrac{3x(4 + x^2)\sec^2 3x + (4 - x^2)\operatorname{tg} 3x}{(x^2 + 4)^2}$

l) $\sec x$ *m)* $\dfrac{e^{\sec\sqrt{x}}\left(\sqrt{x}\sec\sqrt{x}\operatorname{tg}\sqrt{x} - 2\right)}{2x^2}$ *n)* $e^{x^x}x^x(1 + \ln x)$

o) $\operatorname{tg}^3 x$ *p)* $\dfrac{1 - x}{x^2\sqrt{1 - x^2}}$ *q)* $-\dfrac{(2 - \sqrt[3]{x})^{\frac{1}{2}}}{\sqrt[3]{x}}$ *r)* $\dfrac{12\ln 2}{(2^{3t} + 2^{-3t})^2}$

s) $-\dfrac{1}{2\sqrt{x}\cos\sqrt{x}}$ *t)* $-6e^{-3x}\cos 3x$ *u)* $-5\cot g^3 5x$

3. *a)* $-\dfrac{y\cos xy}{3y^2 + x\cos xy}$ *b)* $\dfrac{y - 1}{x + e^y}$

c) $\dfrac{1 + y^x \ln y}{2y - xy^{x-1}}$ *d)* $\dfrac{y\operatorname{sen} x - \cos y}{\cos x - x\operatorname{sen} y}$

4. $y - 5 = -\dfrac{5}{38}(x - 1)$ e $y - 5 = \dfrac{38}{5}(x - 1)$

5. $x + y = 2$ ou $x + y = -2$

6. $x + 4y = 9$ ou $-x + 4y = 9$

8. $x + y = -1$

9. $0{,}5$ m²/s

10. $\dfrac{0{,}064\pi}{3}$ m³/s

Respostas, Sugestões ou Soluções

573

11. $\dfrac{0{,}3 - 0{,}4rh}{r^2}$

13. $-\dfrac{0{,}1}{3}$ cm/s

14. 0,003 m/min

17. $a = \dfrac{1}{3}$

21. a) $2x^2 + 2$ b) $4x^3 + 4x$

22. a) $\cos(\operatorname{sen} x)$ b) $-x^2$ c) $\dfrac{2\ln(x^2+1)}{1+[\ln(x^2+1)]^2}$ d) $2e^{x^2}e^{(e^{x^2})^2}$

23. a) $\cos(\operatorname{sen} x)\cos x$ b) 1

25. a) $\dfrac{d^2x}{dt^2} = -9x$ b) $-\dfrac{9}{2}$

27. a) $h''(t) = -9\cos 3t\, f'(\cos 3t) + 9\operatorname{sen}^2 3t\, f''(\cos 3t)$

28. a) $y^2 + 2t^2 y^3$ b) 3

29. a) $\cos y + (x + \operatorname{sen} y)(\cos 2y - x \operatorname{sen} y)$

34. $P(x) = P(1) + P'(1)(x-1) + \dfrac{P''(1)}{2}(x-1)^2 + \dfrac{P'''(1)}{3!}(x-1)^3$, ou seja,
$P(x) = 6 + 5(x-1) + 3(x-1)^2 + (x-1)^3$

39. a) $\dfrac{101}{98}$ b) $\dfrac{1}{18}$ c) $-\dfrac{8}{17}$ d) $\dfrac{1}{2}$

41. a) 1   b) $-\dfrac{1}{3}$ c) $-\infty$ d) $+\infty$ e) $\dfrac{1}{4}$ f) $\dfrac{6\pi}{7}$

CAPÍTULO 8

8.1 1. a) $\dfrac{\pi}{2}$ b) $\dfrac{\pi}{6}$ c) $\dfrac{\pi}{3}$ d) $\dfrac{\pi}{4}$ e) $-\dfrac{\pi}{4}$ f) $\dfrac{\pi}{3}$ g) $-\dfrac{\pi}{6}$

h) $-\dfrac{\pi}{2}$ i) $-\dfrac{\pi}{3}$ j) $-\dfrac{\pi}{3}$ l) $\dfrac{\pi}{6}$ m) $-\dfrac{\pi}{6}$

3. a) $\dfrac{\sqrt{3}}{2}$ b) $\dfrac{1}{2}$ c) $\dfrac{1}{2}$ d) $\sqrt{2}$ e) x f) x g) $\dfrac{\pi}{3}$ h) 0

i) $-\dfrac{\pi}{3}$ j) $\bar{x}$

7. a) $g(x) = \sqrt[3]{x}$ b)

8. $g(x) = \dfrac{1}{x}$

9. $g(x) = \dfrac{x+1}{x-1}$

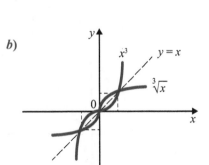

10. *a)* $y = \ln(x + \sqrt{x^2 + 1})$ *b)*

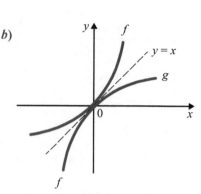

11.

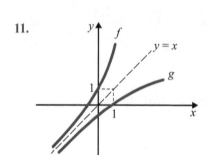

8.2 1. *a)* $\arctg x + \dfrac{x}{1+x^2}$ *b)* $\dfrac{3}{\sqrt{1-9x^2}}$ *c)* $\dfrac{3x^2}{\sqrt{1-x^6}}$ *d)* $\dfrac{2x}{1+x^4}$

e) $\dfrac{6}{1+(2x+3)^2}$ *f)* $\dfrac{e^x}{\sqrt{1-e^{2x}}}$ *g)* $e^{3x}\left(3\arcsen 2x + \dfrac{2}{\sqrt{1-4x^2}}\right)$

h) $\dfrac{3(1+16x^2)\cos 3x \arctg 4x - 4\sen 3x}{(1+16x^2)(\arctg 4x)^2}$ *i)* $2xe^{\arctg 2x}\left(1 + \dfrac{x}{1+4x^2}\right)$

j) $\dfrac{\left(\arctg x + \dfrac{x}{1+x^2}\right)\cos 2x + 2x\arctg x \sen 2x}{\cos^2 2x}$ *l)* $-3e^{-3x}\dfrac{1}{(1+x^2)\arctg x}$

m) $\dfrac{\left(-e^{-x}\arctg e^x + \dfrac{1}{1+e^{2x}}\right)\tg x - e^{-x}\arctg e^x \sec^2 x}{\tg^2 x}$

3. $g'(1) = \dfrac{1}{2}$ e $g''(1) = -\dfrac{1}{8}$

4. *b)*

c) $g(1) = 1,\ g'(1) = \dfrac{1}{2}$ e $g''(1) = \dfrac{1}{8}$.

5. *b)* $g'(x) = \dfrac{1}{1+3(g(x))^2}$ *c)* $g'(0) = 1$

6. *a)* $\dfrac{-1}{\sqrt{1-x^2}}$, $-1 < x < 1$ *b)*

7. $\dfrac{1}{x\sqrt{x^2-1}}$, $x > 1$.

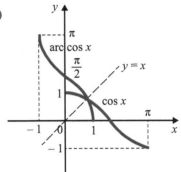

CAPÍTULO 9

9.2 1. *a)* Est. cresc. em $]-\infty, 0]$ e $[2, +\infty[$ *b)* Est. cresc. em $]-\infty, -1]$ e $\left[-\dfrac{1}{3}, +\infty\right[$

Est. decresc. em $[0, 2]$ Est. decresc. em $\left[-1, -\dfrac{1}{3}\right]$

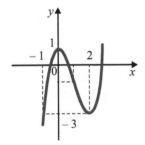

c) Est. cresc. em $]-\infty, -1]$ e $[1, +\infty[$ *d)* Est. cresc. em $\left[\dfrac{1}{\sqrt[3]{2}}, +\infty\right[$

Est. decresc. em $[-1, 0[$ e $]0, 1]$

Est. decresc. em $]-\infty, 0[$ e $\left]0, \dfrac{1}{\sqrt[3]{2}}\right]$

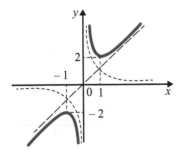
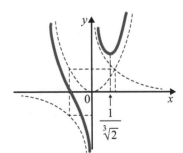

e) Est. cresc. em $]-\infty, 0[$ e $[\sqrt[3]{2}, +\infty[$
   Est. decresc. em $]0, \sqrt[3]{2}]$

f) Est. cresc. em $]-\infty, -1]$ e $[1, +\infty[$
   Est. decresc. em $[-1, 1]$

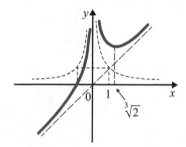
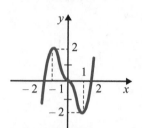

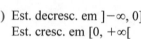

Observe que $f'(0) = 0$.

g) Est. decresc. em $]-\infty, -1]$ e $[1, +\infty[$
   Est. cresc. em $[-1, 1]$

h) Est. decresc. em $]-\infty, 0]$
   Est. cresc. em $[0, +\infty[$

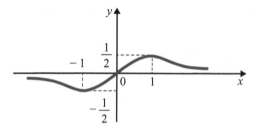
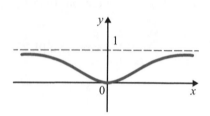

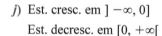

i) Est. cresc. em $\mathbb{R}$

j) Est. cresc. em $]-\infty, 0]$
   Est. decresc. em $[0, +\infty[$

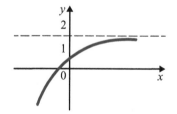
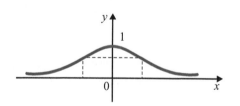

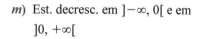

l) Est. cresc. em $[-\ln 2, +\infty[$
   Est. decresc. em $]-\infty, -\ln 2]$

m) Est. decresc. em $]-\infty, 0[$ e em $]0, +\infty[$

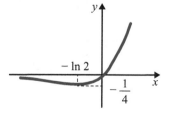
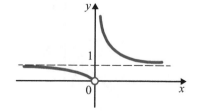

n) Est. cresc. em $[1, +\infty[$

Est. decresc. em $]-\infty, 0[$ e $]0, 1]$

o) Est. cresc. em $\left[-\dfrac{1}{2}, 2\right]$

Est. decresc. em $\left]-\infty, -\dfrac{1}{2}\right]$ e $[2, +\infty[$

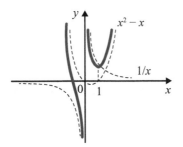

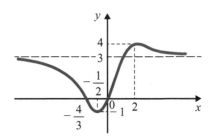

Observe: $\dfrac{x^3 - x^2 + 1}{x} = x^2 - x + \dfrac{1}{x}$

p) Est. cresc. em $[-1, +\infty[$

Est. decresc. em $]-\infty, -1]$

q) Est. cresc. em $]-\infty, 0]$ e $[1, 2]$

Est. decresc. em $[0, 1]$ e $[2, +\infty[$

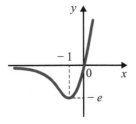

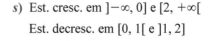

r) Est. cresc. em $[1, +\infty[$

Est. decresc. em $]-\infty, 0[$ e $]0, 1]$

s) Est. cresc. em $]-\infty, 0]$ e $[2, +\infty[$

Est. decresc. em $[0, 1[$ e $]1, 2]$

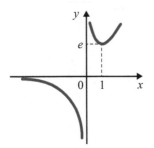

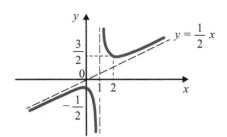

Observe: $g(x) = \dfrac{1}{2}x + \dfrac{1}{2(x-1)}$

t) Est. cresc. em]0, e]
Est. decresc. em [e, +∞[

u) Est. cresc. em]−∞, 0]
Est. decresc. em [0, +∞[

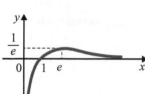
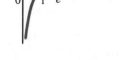

2. [−2, −1]

3. Cada um dos intervalos [−3, −2], [0, 1] e [1, 2] contém uma raiz.

4. $a < -27$ ou $a > 5$

5. a) +∞   **b)** 0   **c)** +∞   **d)** 0   **e)** 0   **f)** +∞

6. a) Est. cresc. em]−∞, 0[e [2, +∞[
Est. decresc. em]0, 2]

b) Est. cresc. em [e^{-1}, +∞[
Est. decresc. em]0, e^{-1}]

c) Est. decresc. em]0, 1[e]1, e]
Est. cresc. em [e, +∞[

d) Est. cresc. em [e^{-1}, +∞[
Est. decresc. em]0, e^{-1}].

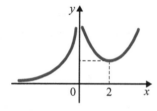
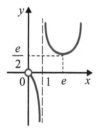

7. a) 0
c)

b) $f'(x) = \begin{cases} \dfrac{2}{x^3} e^{-\frac{1}{x^2}} & \text{se } x \neq 0 \\ 0 & \text{se } x = 0 \end{cases}$

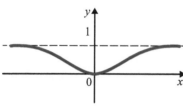

9.3 **1.** *a)* Conc. para cima em]1, +∞[

Conc. para baixo em]−∞, 1[

Ponto de inflexão: 1

b) Conc. p/cima em $\left]\frac{1}{6}, +\infty\right[$

Conc. p/baixo em $\left]-\infty, \frac{1}{6}\right[$

Ponto de inflexão: $\frac{1}{6}$

c) Conc. p/cima em]1, +∞[
Conc. p/baixo em]−∞, 1[
Ponto de inflexão: 1

d) Conc. p/cima em]−∞, −1[e]0, +∞[
Conc. p/baixo em]−1, 0[
Ponto de inflexão: −1

e) Conc. p/cima em]ln 4, +∞[

Conc. p/baixo em]−∞, ln 4[
Ponto de inflexão: ln 4

f) Conc. para cima em]−∞, −√2[e]√2, +∞[

Conc. p/baixo em]−√2, √2[
Ponto de inflexão: não há

g) Conc. p/baixo em]−∞, −√3[e]0, √3[

Conc. p/cima em]−√3, 0[e]√3, +∞[

Pontos de inflexão: ±√3 e 0

h) Conc. para baixo em ℝ. Não há ponto de inflexão

i) Conc. p/cima em]e², +∞[
Conc. p/baixo em]0, e²[
Ponto de inflexão: e²

j) Conc. p/cima em]−∞, 0[e]1, +∞[
Conc. p/baixo em]0, 1[
Pontos de inflexão: 0 e 1

l) Conc. p/baixo em]−∞, 0[e em]0, 1[
Conc. p/cima em]1, +∞[
Ponto de inflexão: 1

m) Conc. p/cima em]−∞, −√3[e em]0, √3[
Conc. p/baixo em]−√3, 0[e em]√3, +∞[
Pontos de inflexão: ±√3 e 0

n) Conc. p/baixo em]−∞, 0[
Conc. p/cima em]0, +∞[
Ponto de inflexão: não há

o) Conc. p/cima em]0, +∞[
Ponto de inflexão: não há

2. *a)*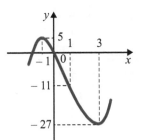

c)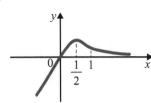

e)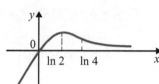

l)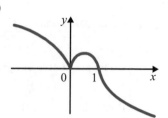

m)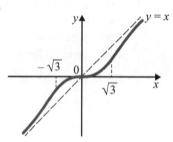

Observe: $\dfrac{x^3}{1+x^2} = x - \dfrac{x}{1+x^2}$

8. a) $10 + 6b + 3c = 0$ e
$10 + 4b + c \neq 0$

b) $b = -\dfrac{7}{2}$ e $c = \dfrac{11}{3}$

9.4

1. a) 2   b) $\dfrac{99}{10}$ c) $+\infty$ d) $+\infty$ e) 0   f) 0

g) 0   h) e^2 i) $+\infty$ j) $+\infty$ l) $+\infty$ m) $+\infty$

n) 0   o) 0   p) 0   q) 0   r) 1   s) 1

3. a) 0   b) $+\infty$ c) $+\infty$ d) $-\dfrac{1}{3}$

9.5

1.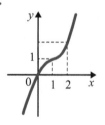

2.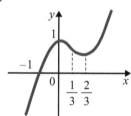

3.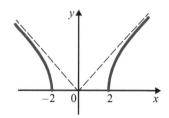

4.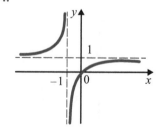

5.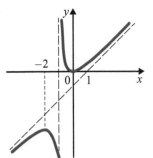

6.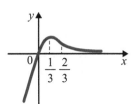

7.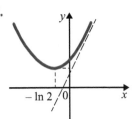

8.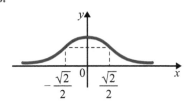

9.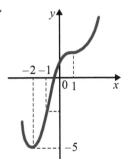

10.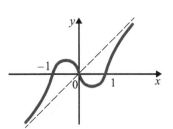

11.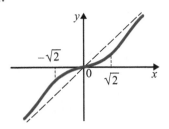

12.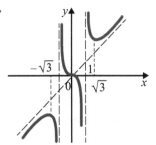

13.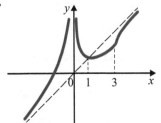

14.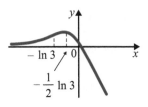

15.
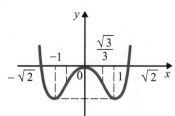

16.
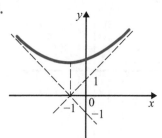

17.
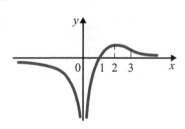

18.
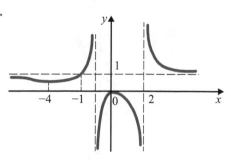

19.
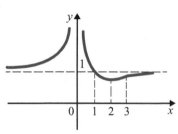

20.
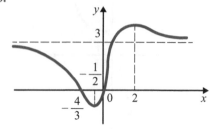

Observação: Os pontos de inflexão estão localizados nos intervalos $\left[-2, -\dfrac{4}{3}\right]$, $\left[0, \dfrac{3}{4}\right]$ e $[2, 3]$

9.6 1. *a*) 1 é ponto máx. global

  −1 é ponto de mín. global

  b) $\dfrac{1}{2}$ é ponto de máx. global

  c) Não há ponto de máx. local nem de mín. local

  d) 1 é ponto de máx. local

  2 é ponto de mín. local

  e) $-\dfrac{3}{2}$ é ponto de mín. global

  f) 1 é ponto de máx. global

  g) 0 e 2 ponto de mín. globais

  1 ponto de máx. local

  h) $\dfrac{\pi}{4}$ ponto de máx. global

  π ponto de mín. global

Respostas, Sugestões ou Soluções

583

i) -1 e 2 ponto de máx. globais
0 e 3 ponto de mín. globais

l) -1 e 1 ponto de máx. locais
0 e 2 ponto de mín. locais

n) 0 é ponto de máx. local

$\dfrac{2}{3}$ é ponto de mín. local

j) α é ponto de máx. global em que α é a raiz da equação $1 - x^2 \sec^2 x = 0$.

m) 2 é ponto de máx. global

o) $-\dfrac{\sqrt{3}}{3}$ é ponto de máx. local

$\dfrac{\sqrt{3}}{3}$ é ponto de mín. local

2. Quadrado de lado $\dfrac{p}{2}$

3. $\dfrac{1}{2}$

4. $\sqrt[3]{2}$

5. $\dfrac{2R}{\sqrt{3}}$

6. $\dfrac{4R}{3}$

7. $\dfrac{a}{\sqrt{3}}$

8. Tangente no ponto de abscissa $p = \dfrac{\sqrt{3}}{3}$

9. Base $\dfrac{1}{\sqrt{2}}$ e altura $\sqrt{2}$

10. Raio da base $\sqrt[3]{\dfrac{1}{3\pi}}$ e altura $\sqrt[3]{\dfrac{9}{\pi}}$

11. $y - 2 = -\sqrt[3]{2}(x - 1)$

12.

$x = 40\sqrt{5}$ m

B

A

13. $(1, 1)$. O coeficiente angular da reta que passa por $(1, 1)$ e $(3, 0)$ é $-\dfrac{1}{2}$ e o da reta tangente em $(1, 1)$ é 2.

14. $(\sqrt{2}, \sqrt{2})$

15. $t = 0$

17. $r = 1$ e $h = 1$

18. $q = 3$.

19. $q = 4$

20.

B

75 m

A

22. $x = \dfrac{\sqrt{3}}{3}$

23. $q = 10$ e $L_{máx} = L(10)$

24. $y = -2px + 1 + p^2$ em que $p = \dfrac{\sqrt{2}}{2}$ ou $p = -\dfrac{\sqrt{2}}{2}$

25. $\left(\dfrac{\sqrt{2}}{2}, \dfrac{1}{2} \right)$ ou $\left(-\dfrac{\sqrt{2}}{2}, \dfrac{1}{2} \right)$

26. *b)* $\dfrac{\sqrt{2}}{2}$

27. $t = \dfrac{\sqrt{14}}{8}$

28. É o retângulo em que $\left(\dfrac{3}{2}, 0\right)$ é um dos vértices.

29. $\left(\dfrac{1}{2}, \dfrac{1}{4}\right)$

30. É o retângulo de vértices $(p, 0)$, $\left(\dfrac{1}{p}, 0\right)$, $\left(p, \dfrac{p}{1+p^2}\right)$ e $\left(\dfrac{1}{p}, \dfrac{p}{1+p^2}\right)$ em que $p = \sqrt{3 - 2\sqrt{2}}$.

9.7 1. *a)* -1 e 4 pontos de mín. local

0 ponto de máx. local

b) $-\sqrt{\dfrac{2}{3}}$ ponto de máx. local

$\sqrt{\dfrac{2}{3}}$ ponto de mín. local

c) 1 ponto de inflexão horizontal

d) -1 e 0 ponto de máx. local $-\dfrac{1}{2}$ ponto de mín. local

e) 1 ponto de mín. local

f) 0 ponto de mín. local $\dfrac{2}{5}$ ponto de máx. local

9.8 1. $f(-2) = 7$ valor máx.

$f(3) = -\dfrac{87}{4}$ valor mín.

2. $f(-2) = -27$ valor mín.

$f(1) = 0$ valor máx.

3. $f(-3)$ valor mín.; $f(-2)$ valor máx.

4. $f\left(\dfrac{3\pi}{4}\right)$ valor máx.; $f(0)$ valor mín.

5. $f(-1)$ valor mín.; $f(0) =$

$f(2)$ valor máx.

6. $f\left(\dfrac{4}{3}\right)$ valor máx.

Não possui valor mínimo.

CAPÍTULO 10

10.1 2. $y = e^{2x}$

3. $x(t) = e^{2t}$

4.

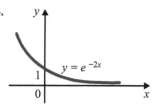

9. *a)* $y = e^{2x}$ *b)* $y = -e^{-x}$ *c)* $y = 2e^{\frac{1}{2}x}$ *d)* $y = -\dfrac{1}{2}e^{\sqrt{2}x}$

10. $y = e^{-x}$

11. *a)* $y = \sqrt[4]{2x^2 + 1}$ *b)* $y = e^{(1 - \cos x)}$

Respostas, Sugestões ou Soluções

10.2 **1.** *a)* $\dfrac{x^2}{2} + k$ *b)* $3x + k$ *c)* $\dfrac{3x^2}{2} + x + k$ *d)* $\dfrac{x^3}{3} + \dfrac{x^2}{2} + x + k$

e) $\dfrac{x^4}{4} + k$ *f)* $\dfrac{x^4}{4} + x^2 + 3x + k$ *g)* $-\dfrac{1}{x} + k$ *h)* $\dfrac{x^2}{2} - \dfrac{1}{2x^2}$

i) $\dfrac{2}{3}\sqrt{x^3} + k$ *j)* $\dfrac{3}{4}\sqrt[3]{x^4}$ *l)* $\dfrac{x^2}{2} + \ln x + k$ *m)* $2x + \dfrac{4}{5}\sqrt[4]{x^5}$

n) $\dfrac{a}{2}x^2 + bx + k$ *o)* $x^3 + \dfrac{x^2}{2} - \dfrac{1}{2x^2} + k$ *p)* $\dfrac{2}{3}\sqrt{x^3} - \dfrac{1}{x} + k$

q) $2\ln x - \dfrac{3}{x} + k$ *r)* $\dfrac{15}{7}\sqrt[5]{x^7} + 3x + k$

s) $\dfrac{x^4}{2} + \dfrac{1}{3x^3} + k$ *t)* $\dfrac{x^2}{2} + \ln x + k$

3. *a)* $\dfrac{1}{2}e^{2x} + k$ *b)* $-e^{-x} + k$ *c)* $\dfrac{x^2}{2} + 3e^x + k$ *d)* $\dfrac{1}{3}\operatorname{sen} 3x + k$

e) $-\dfrac{1}{5}\cos 5x + k$ *f)* $\dfrac{1}{2}e^{2x} - \dfrac{1}{2}e^{-2x} + k$ *g)* $\dfrac{x^3}{3} - \cos x + k$

h) $3x + \operatorname{sen} x + k$ *i)* $\dfrac{1}{2}(e^x - e^{-x}) + k$ *j)* $-\dfrac{1}{3}e^{-3x} + k$

l) $-\dfrac{1}{3}\cos 3x + \dfrac{1}{5}\operatorname{sen} 5x + k$ *m)* $\ln x + e^x + k$ *n)* $-2\cos\dfrac{x}{2} + k$

o) $3\operatorname{sen}\dfrac{x}{3} + k$ *p)* $\dfrac{3}{4}\sqrt[3]{x^4} + \dfrac{1}{3}\operatorname{sen} 3x + k$ *q)* $\dfrac{x^2}{2} + \dfrac{1}{3}e^{3x} + k$

r) $3x - e^{-x} + k$ *s)* $\dfrac{5}{7}e^{7x} + k$

t) $x - \dfrac{1}{4}\operatorname{sen} 4x + k$ *u)* $2x - 3\cos\dfrac{x}{3} + k$

5. *a)* $y = \dfrac{3x^2}{2} - x + 2$ *b)* $y = \dfrac{x^4}{4} - \dfrac{x^2}{2} + x + \dfrac{1}{4}$ *c)* $y = \operatorname{sen} x$

d) $y = -\dfrac{1}{3}\cos 3x + \dfrac{4}{3}$ *e)* $y = \dfrac{x^2}{4} + 3x + \dfrac{11}{4}$ *f)* $y = -e^{-x} + 2$

6. *a)* $y = -\dfrac{1}{x} + 2$ *b)* $y = 3x + \ln x - 1$

c) $y = \dfrac{x^2}{2} + 2\sqrt{x} - \dfrac{5}{2}$ *d)* $y = \ln x - \dfrac{1}{x} + 2$

7. *a)* $x = \dfrac{t^2}{2} + 3t + 2$ *b)* $x(2) = 10$ *c)* $a(t) = 1$

8. $t = \dfrac{3}{2}$

9. $x(t) = x_0 + v_0 t + \dfrac{a}{2}t^2$

10. a) $x = t^2 + 3t + 2$ b) $x = \dfrac{t^3}{3} - t - 1$ c) $x = \dfrac{3}{2}t^2 + t + 1$

d) $x = e^{-t} + t$ e) $x = -\dfrac{1}{4}\cos 2t + t + \dfrac{1}{4}$ f) $x = -\dfrac{1}{9}\operatorname{sen} 3t + \dfrac{1}{3}t$

g) $x = \operatorname{arctg} t$

11. a) 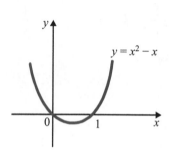 b) $y = \cos 2x$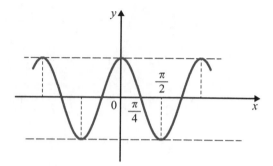

c) $y = e^{-x} - 1$ 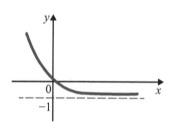 d) $y = \operatorname{arctg} x$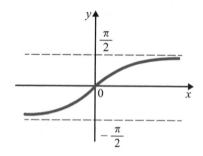

CAPÍTULO 11

11.5

1. 7/2 2. 2 3. 2 4. 0 5. 2 6. 12 7. 4/9
8. 10 9. 8/3 10. 3/4 11. 0 12. −4 13. −1
14. 16/3 15. 2 16. 12 17. 15/4 18. 8/9 19. 45/8
20. 13/10 21. 32/3 22. 0 23. 0 24. 15/8 25. 253/6
26. −21/8 27. 7/8 28. 7/3 29. 20/3 30. 19/3 31. 20/3
32. 19/24 33. 11/8 34. 9 35. 47/6 36. 0 37. $2 + \ln 3$

38. $\ln 2 + \dfrac{9}{2}$ 39. $\dfrac{\sqrt{3}}{4}$ 40. $-\dfrac{2}{3}$ 41. $\dfrac{1}{2}(e^2 - e^{-2})$ 42. $\dfrac{\pi}{4}$

43. $\dfrac{2 - \sqrt{2}}{2}$ 44. $\dfrac{1}{2}(e^2 - 1)$ 45. π 46. $\dfrac{1}{5}(1 - \cos 5)$

47. $\dfrac{\pi}{6}$ 48. $\dfrac{3}{\ln 2}$ 49. $e - 1$ 50. $\ln 2$ 51. $\ln 2$ 52. 0

53. $\dfrac{5}{4}$ 54. $\dfrac{\pi}{4}$ 55. $\dfrac{\pi}{4}$ 56. $\dfrac{\pi}{4}$ 57. 1 58. $\dfrac{2}{\ln 3}$

59. $\dfrac{3e-1}{1+\ln 3}$ 60. $\dfrac{4-\pi}{4}$

11.6 1. Área = 20   2. Área = $\dfrac{14}{3}$

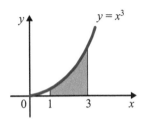
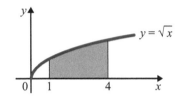

3. Área = $\dfrac{4}{3}$ 4. Área = $\dfrac{32}{3}$

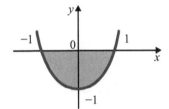
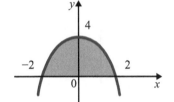

5. Área = 4   6. Área = 1

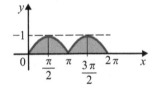
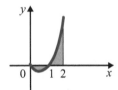

7. Área = $\dfrac{23}{3}$ 8. Área = 21

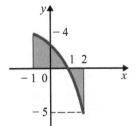
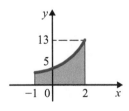

9. Área = $\frac{1}{2}$

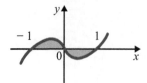

10. Área = $\frac{5}{2}$

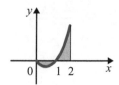

11. Área = 2

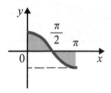

12. Área = $\frac{1}{4}$

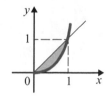

13. Área = $\frac{1}{2}$

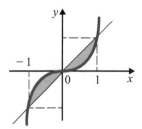

14. Área = $\frac{7}{3}$

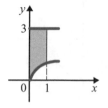

15. Área = $2(\sqrt{2} - 1)$

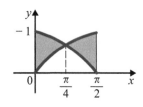

16. Área = $\frac{1}{6}$

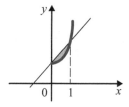

17. Área = $\frac{9}{2}$

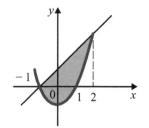

18. Área = $\frac{1}{6}(12\sqrt{3} - \pi - 12)$

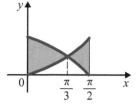

19. Área = $\dfrac{16}{3}$

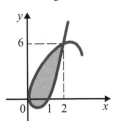

20. Área = $\dfrac{8+\pi}{2\pi}$

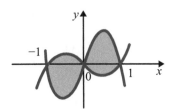

21. Área = $\dfrac{4}{3}$

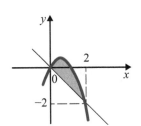

22. Área = $\dfrac{1}{3}$

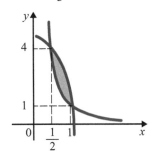

23. a) 2   b) $\dfrac{10}{4}$

24. 2   **25.** 1

26. $\dfrac{34}{3}$

11.7 **1.** a) $-\dfrac{1}{6}$ b) $\dfrac{1.023}{15}$ c) $\dfrac{14}{9}$ d) 68   e) $\dfrac{45}{4}$ f) $\dfrac{5}{16}$

g) $\dfrac{15}{64}$ h) $3\ln\dfrac{5}{2}$ i) $\dfrac{1}{2}(e^4 - 1)$ j) $\dfrac{1}{2}(e - 1)$ l) $-\dfrac{4}{15}$

m) $\dfrac{\sqrt{3}}{4}$ n) $\dfrac{1}{3}\ln 2$ o) $\dfrac{1}{6}$ p) $\dfrac{2}{9}$ q) $\dfrac{2}{3}\ln\dfrac{7}{4}$ r) 0

s) $\dfrac{11}{192}$ t) $-\dfrac{1}{10.302}$ u) $\dfrac{46}{429}$

2. 3   **3.** $\dfrac{5}{2}$

4. 0   **5.** 0

6. a) $\dfrac{2}{3}$ b) $\dfrac{1}{2}\ln 5$ c) $\dfrac{e^{-2} - 2e^{-1} + 1}{2}$

7. a) $\dfrac{8 - \sqrt{27}}{3}$ b) $\dfrac{3.367}{12}$ c) $\dfrac{243}{4}$ d) $\dfrac{1}{3}$ e) $\dfrac{1}{3}(1 - e^{-1})$

Respostas, Sugestões ou Soluções

$f)\ \dfrac{3\sqrt{3}-1}{6}$ $g)\ \dfrac{3}{2}\ln\dfrac{5}{2}$ $h)\ \dfrac{1}{4}\ln 5$ $i)\ \dfrac{8}{3}$ $j)\ \sqrt{2}-1$

$l)\ \dfrac{76}{15}$ $m)\ \dfrac{3-4\ln 2}{2}$ $n)\ 0$ $o)\ \dfrac{58}{15}$ $p)\ \dfrac{7}{24}$ $q)\ \dfrac{1}{384}$

$r)\ \dfrac{11}{24}$ $s)\ \dfrac{11}{24}$ $t)\ \dfrac{11}{24}$ $u)\ \dfrac{11}{24}$

11.8

1. $a)\ 6\,J$ $b)\ 4\,J$ $c)\ -1\,J$ $d)\ 0$

2. $a)\ \displaystyle\int_1^x -3x\,dx = \dfrac{1}{2}mv^2 - \dfrac{1}{2}mv_0^2$, logo, $\dfrac{3x^2}{2} + v^2 = \dfrac{3}{2}$

   $b)\ \sqrt{\dfrac{3}{2}}$ $c)\ 1\ e\ -1$ $d)\ |x| = 1$ $e)$ Oscilatório

3. $b)\ \sqrt{5}\ e\ -\sqrt{5}$ $c)\ x = 0$ $d)\ |x| = \sqrt{5}$

4. $a)\ |v| = \dfrac{\sqrt{10}}{5}\sqrt{40 - x^2}$ $b)\ 4$ $c)\ \sqrt{40}$ $d)\ \sqrt{40}\ e\ -\sqrt{40}$

5. $v = \sqrt{1 - \dfrac{1}{x}}$

6. $\displaystyle\int_{x_0}^x ma\,dx = \dfrac{1}{2}mv^2 - \dfrac{1}{2}mv_0^2$ ou $2a(x - x_0) = x^2 - v_0^2$.

7. $b)\ \dfrac{v_0^2}{2g}$

8. $a)\ v^2 - \dfrac{1}{x} = v_0^2 - 1$ $b)\ v_0 = 1$

10. $\displaystyle\int_0^3 3x\cos 30°\,dx = \dfrac{27\sqrt{3}}{4}\,J$

11. $a)\ \dfrac{3\sqrt{2}}{2}\,J$ $b)\ 0$

12. $\displaystyle\int_{-2}^{-1} \dfrac{-x}{(4 + x^2)\sqrt{4 + x^2}}\,dx = \dfrac{1}{\sqrt{5}} - \dfrac{1}{\sqrt{8}}.$

CAPÍTULO 12

12.1

1. $a)\ 3x + k$ $b)\ \dfrac{x^2}{2} + k$ $c)\ \dfrac{x^6}{6} + k$ $d)\ \dfrac{2}{3}\sqrt{x^3} + k$

   $e)\ \dfrac{5}{7}\sqrt[5]{x^7} + k$ $f)\ -\dfrac{1}{3x^3} + k$ $g)\ -\dfrac{1}{2x^2} + k$ $h)\ x + \ln|x| + k$

   $i)\ \ln|x| - \dfrac{1}{x} + k$ $j)\ \dfrac{x^3}{3} + 3\ln|x| + k$ $l)\ x + \ln|x| + k$

   $m)\ e^x + 4x + k$ $n)\ \dfrac{1}{5}e^{5x} + k$ $o)\ -\dfrac{1}{2}e^{-2x} + k$

Respostas, Sugestões ou Soluções

p) $\dfrac{1}{2}e^{2x} - e^{-x} + k$ **q)** $\ln|x| - e^{-x} + k$ **r)** $\dfrac{1}{4}e^{4x} - \dfrac{1}{x} + k$

s) $3\ln|x| - \dfrac{1}{x^2} + k$ **t)** $\dfrac{x^4}{4} + \ln|x| - \dfrac{1}{x} + k$ **u)** $\dfrac{\sqrt{2}}{2}e^{\sqrt{2}x} + k$

2. a) $\dfrac{1}{2}(e^2 - 1)$ **b)** $\dfrac{3 + 2\ln 2}{2}$ **c)** $e - \dfrac{1}{e}$ **d)** $\dfrac{\pi}{4}$ **e)** $\dfrac{\pi}{6}$ **f)** $\dfrac{7 + 3\ln 2}{3}$

3. a) $-\cos x + k$ **b)** $-\dfrac{1}{2}\cos 2x + k$ **c)** $\dfrac{1}{5}\operatorname{sen} 5x + k$

d) $-\dfrac{1}{4}\cos 4t + k$ **e)** $\dfrac{1}{7}\operatorname{sen} 7t + k$ **f)** $\dfrac{1}{\sqrt{3}}\operatorname{sen}\sqrt{3}t + k$

g) $\dfrac{1}{2}x - \dfrac{1}{4}\operatorname{sen} 2x + k$ **h)** $2x - \dfrac{1}{6}\cos 2x + k$ **i)** $\dfrac{x^2}{2} + \dfrac{1}{15}\operatorname{sen} 3x + k$

j) $\ln|x| - \dfrac{4}{3}\cos 3x + k$ **l)** $\dfrac{1}{3}x + \dfrac{5}{14}\operatorname{sen} 7x + k$

m) $\dfrac{1}{3}\operatorname{sen} 3x - \dfrac{1}{8}\cos 4x + k$ **n)** $-\dfrac{1}{6}\cos 2x + \dfrac{1}{6}\operatorname{sen} 3x + k$

o) $-2\cos x + k$ **p)** $\dfrac{1}{9}\operatorname{sen} 3x + \dfrac{1}{49}\cos 7x + k$

q) $\dfrac{1}{9}e^{3x} - \dfrac{1}{3}\cos 3x + k$

4. a) $\dfrac{3}{4}$ **b)** $2\sqrt{2}$ **c)** $\dfrac{2}{3}$ **d)** $\dfrac{\pi}{4}$

5. b) $\dfrac{1}{2}x - \dfrac{1}{4}\operatorname{sen} 2x + k$

6. a) $\dfrac{1}{2}x + \dfrac{1}{8}\operatorname{sen} 4x + k$ **b)** $\dfrac{1}{2}x + \dfrac{1}{20}\operatorname{sen} 10x + k$

c) $\dfrac{1}{2}x - \dfrac{1}{12}\operatorname{sen} 6x + k$ **d)** $\dfrac{1}{2}x + \dfrac{1}{2}\operatorname{sen} x + k$

e) $\dfrac{3}{8}x + \dfrac{1}{4}\operatorname{sen} 2x + \dfrac{1}{32}\operatorname{sen} 4x + k$ **f)** $\dfrac{3}{8}x + \dfrac{1}{4}\operatorname{sen} 2x + \dfrac{1}{32}\operatorname{sen} 4x + k$

g) $x - \dfrac{1}{2}\cos 2x + k$ **h)** $x + \dfrac{1}{2}\cos 2x + k$

i) $\dfrac{51}{2}x - \dfrac{10}{3}\cos 3x - \dfrac{1}{12}\operatorname{sen} 6x + k$ **j)** $\dfrac{3}{2}x - \operatorname{sen} 2x + \dfrac{1}{8}\operatorname{sen} 4x + k$

7. a) $\dfrac{\pi}{16} + \dfrac{\sqrt{2}}{8}$ **b)** $\dfrac{\pi}{8}$ **c)** $\dfrac{\pi}{2} + 1$ **d)** $\dfrac{3\pi}{16}$

8. $4\sqrt{2}$

10. a) $-\ln|\cos x| + k$ **b)** $\operatorname{tg} x + k$ **c)** $\operatorname{tg} x - x + k$

d) $\ln|\sec x + \operatorname{tg} x| + k$ **e)** $-\dfrac{1}{2}\ln|\cos 2x| + k$

Respostas, Sugestões ou Soluções

$f)$ $\dfrac{1}{3}\ln|\sec 3x + \operatorname{tg} 3x| + k$ $g)$ $\dfrac{1}{\ln 3}3^x + k$ $h)$ $5\operatorname{arcsen} x + k$

$i)$ $\dfrac{5^x}{\ln 5} - e^{-x} + k$ $j)$ $\dfrac{x^2}{2} + \dfrac{1}{3}\operatorname{tg} 3x + k$

$l)$ $x + \operatorname{tg} x + 2\ln|\sec x + \operatorname{tg} x| + k$ $m)$ $x + \operatorname{tg} x + k$

11. $a)$ $\operatorname{sen} 6x\cos x = \dfrac{1}{2}(\operatorname{sen} 7x + \operatorname{sen} 5x)$ $b)$ $-\dfrac{1}{14}\cos 7x - \dfrac{1}{10}\cos 5x + k$

12. $a)$ $-\dfrac{1}{12}\cos 6x - \dfrac{1}{8}\cos 4x + k$ $b)$ $-\dfrac{1}{14}\cos 7x + \dfrac{1}{2}\cos x + k$

$c)$ $-\dfrac{1}{8}\cos 4x + \dfrac{1}{4}\cos 2x + k$ $d)$ $-\dfrac{1}{12}\cos 6x + k$

13. $a)$ $\operatorname{sen} 3x\operatorname{sen} 2x = -\dfrac{1}{2}(\cos 5x - \cos x)$ $b)$ $-\dfrac{1}{10}\operatorname{sen} 5x + \dfrac{1}{2}\operatorname{sen} x + k$

14. $\dfrac{1}{14}\operatorname{sen} 7x + \dfrac{1}{6}\operatorname{sen} 3x + k$

15. $a)$ $-\dfrac{1}{8}\operatorname{sen} 4x + \dfrac{1}{4}\operatorname{sen} 2x + k$ $b)$ $-\dfrac{1}{14}\operatorname{se} 7x + \dfrac{1}{6}\operatorname{sen} 3x + k$

$c)$ $-\dfrac{1}{10}\cos 5x - \dfrac{1}{2}\cos x + k$ $d)$ $\dfrac{1}{12}\operatorname{sen} 6x + \dfrac{1}{8}\operatorname{sen} 4x + k$

$e)$ $\dfrac{1}{20}\operatorname{sen} 10x + \dfrac{1}{8}\operatorname{sen} 4x + k$

16. $a)$ 0 $b)$ $\dfrac{8}{7}$

17. $a)$ 0 se $m \neq n$; π se $m = n$ $b)$ 0

12.2 1. $a)$ $\dfrac{(3x-2)^4}{12} + k$ $b)$ $\dfrac{2}{9}\sqrt{(3x-2)^3} + k$ $c)$ $\dfrac{1}{3}\ln|3x - 2| + k$

$d)$ $-\dfrac{1}{3(3x-2)} + k$ $e)$ $-\dfrac{1}{2}\cos x^2 + k$ $f)$ $\dfrac{1}{2}e^{x^2} + k$

$g)$ $\dfrac{1}{3}e^{x^3} + k$ $h)$ $-\dfrac{1}{5}\cos 5x + k$ $i)$ $\dfrac{1}{4}\operatorname{sen} x^4 + k$ $j)$ $\dfrac{1}{6}\operatorname{sen} 6x + k$

$l)$ $-\dfrac{1}{4}\cos^4 x + k$ $m)$ $\dfrac{1}{6}\operatorname{sen}^6 x + k$ $n)$ $2\ln|x + 3| + k$

$o)$ $\dfrac{5}{4}\ln|4x + 3| + k$ $p)$ $\dfrac{1}{8}\ln(1 + 4x^2) + k$ $q)$ $\dfrac{1}{4}\ln(5 + 6x^2) + k$

$r)$ $-\dfrac{1}{8(1 + 4x^2)}$ $s)$ $\dfrac{1}{9}\sqrt{(1 + 3x^2)^3} + k$ $t)$ $\dfrac{2}{3}\sqrt{(1 + e^x)^3}$

$u)$ $-\dfrac{1}{2(x-1)^2} + k$ $v)$ $\dfrac{1}{\cos x} + k$ $x)$ $-\dfrac{1}{2}e^{-x^2} + k$

2. $a)$ $\dfrac{1}{2}\left(1 - \dfrac{1}{e}\right)$ $b)$ $\dfrac{1}{5}\left(\dfrac{\sqrt{3}}{2}\right)^5$ $c)$ $\dfrac{3}{2}\ln 3$ $d)$ $\dfrac{1}{6}\ln\dfrac{13}{4}$

e) $\sqrt{2} - 1$ **f)** $\dfrac{2 - \sqrt{2}}{3}$ **g)** $\dfrac{1}{202}$ **h)** $\dfrac{1}{3}$ **i)** $\dfrac{3}{8}$ **j)** 1 **l)** $\dfrac{\pi}{8}$ **m)** $\dfrac{\pi}{8}$

3. a) $\dfrac{1}{3}\operatorname{sen}^3 x + k$ **b)** $\dfrac{\operatorname{sen}^3 x}{3} - \dfrac{\operatorname{sen}^5 x}{5} + k$ **c)** $\dfrac{\operatorname{sen}^4 x}{4} - \dfrac{\operatorname{sen}^6 x}{6} + k$

d) $-\dfrac{2}{3}\sqrt{\cos^3 x} + k$ **e)** $-\dfrac{2}{3}\sqrt{(1 + \cos^2 x)^3} + k$

f) $\dfrac{2}{3}\sqrt{(1 + \operatorname{sen}^2 x)^3} + k$ **g)** $-\cos x + \dfrac{1}{3}\cos^3 x + k$

h) $\operatorname{sen} x - \dfrac{2}{3}\operatorname{sen}^3 x + \dfrac{1}{5}\operatorname{sen}^5 x + k$ **i)** $\dfrac{1}{4}\operatorname{tg}^4 x + k$ **j)** $\dfrac{1}{2}\operatorname{tg}^2 x + k$

l) $\dfrac{1}{3}\sec^3 x + k$ **m)** $\dfrac{1}{6}\sec^6 x - \dfrac{1}{4}\sec^4 x + k$

n) $-\dfrac{2}{3}(3 + \cos x)^{3/2} + k$ **o)** $\dfrac{1}{\cos x} + k$ **p)** $\dfrac{1}{2\cos^2 x} + k$

q) $\dfrac{1}{8}x - \dfrac{1}{32}\operatorname{sen} 4x + k$ **r)** $\sec x + \cos x + k$ **s)** $\dfrac{1}{2}\ln|3 + 2\operatorname{tg} x| + k$

4. a) $2\ln|x - 3| + k$ **b)** $5\ln|x - 1| + 2\ln|x| + k$

c) $\dfrac{1}{2}\ln|2x + 3| + k$ **d)** $\dfrac{x^2}{2} + 3\ln|x - 2| + k$

e) $x - \ln|x + 1| + k$ **f)** $x + 3\ln|x - 1| + k$

g) $2x + \ln|x + 1| + k$ **h)** $\dfrac{(x + 1)^2}{2} - 2(x + 1) + \ln|x + 1| + k$

6. a) $-\dfrac{1}{2}\ln|x + 1| + \dfrac{1}{2}\ln|x - 1| + k$ **b)** $-\dfrac{3}{2}\ln|x| + \dfrac{7}{2}\ln|x - 2| + k$

c) $\dfrac{1}{2}\ln|x - 2| + \dfrac{1}{2}\ln|x + 2| + k$ **d)** $\dfrac{1}{4}\ln|x - 2| - \dfrac{1}{4}\ln|x + 2| + k$

e) $-8\ln|x - 1| + 13\ln|x - 2| + k$ **f)** $\ln|x - 2| + k$

g) $-2\ln|x - 2| + 2\ln|x - 3| + k$ **h)** $-4\ln|x + 1| + 5\ln|x + 2| + k$

8. a) $\dfrac{1}{\sqrt{5}}\operatorname{arctg}\dfrac{x}{\sqrt{5}} + k$ **b)** $\operatorname{arctg}\dfrac{x}{2} + k$

c) $\dfrac{\sqrt{10}}{10}\operatorname{arctg}\dfrac{\sqrt{10}x}{2} + k$ **d)** $\dfrac{3}{\sqrt{5}}\operatorname{arctg}\dfrac{x}{\sqrt{5}} + k$

e) $\dfrac{1}{2}\ln(5 + x^2) + k$ **f)** $\dfrac{1}{4}\ln(1 + 4x^2) - \dfrac{3}{2}\operatorname{arctg} 2x + k$

g) $\dfrac{1}{2}\ln(4 + x^2) - \dfrac{1}{2}\operatorname{arctg}\dfrac{x}{2} + k$ **h)** $\dfrac{1}{4}\ln(1 + 4x^2) - \dfrac{3}{2}\operatorname{arctg} 2x + k$

i) $\operatorname{arctg}(x + 1) + k$ **j)** $\operatorname{arctg}(x + 1) + k$ **l)** $\dfrac{2}{\sqrt{5}}\operatorname{arctg}\dfrac{x + 2}{\sqrt{5}} + k$

m) $\dfrac{1}{2}\operatorname{arctg}\dfrac{x + 2}{2} + k$ **n)** $\dfrac{2}{\sqrt{3}}\operatorname{arctg}\dfrac{2x + 1}{\sqrt{3}} + k$ **o)** $2\operatorname{arctg}(x + 1) + k$

Respostas, Sugestões ou Soluções

10. a) $-\dfrac{1}{8(16+x^4)^2} + k + k$ b) $\dfrac{1}{4}\ln(16+x^4) + k$ c) $\dfrac{1}{8}\operatorname{arctg}\dfrac{x^2}{4} + k$

d) $-\dfrac{1}{2}\ln|\cos 2x| + k$ e) $\ln|\ln x| + k$ f) $-\dfrac{1}{\ln x} + k$

g) $\operatorname{tg} x - x + k$ h) $\operatorname{arcsen} x + k$ i) $\dfrac{5}{2}\operatorname{arcsen} 2x + k$

j) $-\dfrac{1}{4}\sqrt{1-4x^2} + k$ l) $\operatorname{arcsen}\dfrac{x}{2} + k$

m) $-\dfrac{1}{2}\sqrt{1-4x^2} + \dfrac{3}{2}\operatorname{arcsen} 2x + k$ n) $\dfrac{2}{3}\operatorname{arcsen}\dfrac{3x}{2} + k$

o) $\dfrac{1}{2}\operatorname{arcsen} x^2 + k$ p) $\operatorname{arcsen} e^x + k$ q) $-2\sqrt{1-e^x} + k$

r) $\operatorname{arcsen}(\ln x) + k$ s) $2\operatorname{arcsen}(x+1) + k$ t) $\operatorname{arctg} e^x + k$

u) $\dfrac{1}{3}\ln(1+3e^x) + k$ v) $\operatorname{sen}(\ln x) + k$ x) $\dfrac{1}{4}\operatorname{arctg} x^4 + k$

12.3   **1.** a) $(x-1)e^x + k$ b) $-x\cos x + \operatorname{sen} x + k$ c) $e^x(x^2 - 2x + 2) + k$

d) $\dfrac{x^2}{2}\left(\ln - \dfrac{1}{2}\right) + k$ e) $x(\ln x - 1) + k$ f) $\dfrac{1}{3}x^3\left(\ln x - \dfrac{1}{3}\right) + k$

g) $x\operatorname{tg} x + \ln|\cos x| + k$ h) $\dfrac{x^2}{2}\left[(\ln x)^2 - \ln x + \dfrac{1}{2}\right] + k$

i) $x(\ln x)^2 - 2x(\ln x - 1) + k$ j) $\dfrac{1}{2}e^{2x}\left(x - \dfrac{1}{2}\right) + k$

l) $\dfrac{1}{2}e^x(\operatorname{sen} x + \cos x) + k$ m) $-\dfrac{1}{5}e^{-2x}(\cos x + 2\operatorname{sen} x) + k$

n) $\dfrac{1}{2}(x^2 - 1)e^{x^2} + k$ o) $\dfrac{1}{2}(x^2\operatorname{sen} x^2 + \cos x^2) + k$

p) $\dfrac{e^{-x}}{5}(2\operatorname{sen} 2x - \cos 2x) + k$ q) $-2x^2\cos x + 2x\operatorname{sen} x + 2\cos x + k$

2. b) $\dfrac{1}{4}\sec^3 x\operatorname{tg} x + \dfrac{3}{8}\sec x\operatorname{tg} x + \dfrac{3}{8}\ln|\sec x + \operatorname{tg} x| + k$

4. a) $-\dfrac{1}{3}\operatorname{sen}^2 x\cos x - \dfrac{2}{3}\cos x$ b) $-\dfrac{1}{4}\operatorname{sen}^3 x\cos x - \dfrac{3}{8}\operatorname{sen} x\cos x + \dfrac{3}{8}x + k$

5. $-\dfrac{e^{-st}}{1+s^2}(\cos t + s\operatorname{sen} t) + k$

7. a) 1 b) $2\ln 2 - 1$ c) $\dfrac{1}{2}\left(e^{\frac{\pi}{2}} - 1\right)$

d) $-\dfrac{1}{s}x^2 e^{-sx} - \dfrac{2}{s^2}xe^{-sx} - \dfrac{2}{s^3}e^{-sx} + \dfrac{2}{s^3}$

Respostas, Sugestões ou Soluções

12.4 **1.** *a)* $\frac{1}{4}\left(\operatorname{arcsen}2x + 2x\sqrt{1-4x^2}\right) + k$ *b)* $\operatorname{arcsen}\dfrac{x}{2} + k$

c) $\ln\left(x + \sqrt{4+x^2}\right) + k$ *d)* $\dfrac{1}{2}\operatorname{arctg}\dfrac{x}{2} + k$ *e)* $-\sqrt{1-x^2} + k$

f) $\dfrac{3}{4}\left(\operatorname{arcsen}\dfrac{2x}{\sqrt{3}} + \dfrac{2x}{3}\sqrt{3-4x^2}\right) + k$

g) $\dfrac{1}{4}\left(\operatorname{arcsen}x - x\sqrt{1-x^2}\right) + k$

h) $\dfrac{1}{8}\left[\operatorname{arcsen}x - x\sqrt{1-x^2}\,(1-2x^2)\right] + k$

i) $\ln\left(\dfrac{x}{1 + \sqrt{1+x^2}}\right) + k$

j) $\dfrac{9}{2}\operatorname{arcsen}\dfrac{x-1}{3} + \dfrac{(x-1)\sqrt{9-(x-1)^2}}{2} + k$

l) Faça $2x = 3\operatorname{sen}t$ *m)* $-x^2 + 2x + 2 = 3 - (x-1)^2$; faça $x - 1 = \sqrt{3}t$

n) $2\operatorname{arcsen}\dfrac{x-1}{2} + \dfrac{x-1}{2}\sqrt{4-(x-1)^2} + k$ *o)* $-\dfrac{\sqrt{1+x^2}}{x} + k$

2. $\dfrac{\pi}{2}$ **3.** πab

4. *a)* $\dfrac{(x+1)^{13}}{13} - \dfrac{(x+1)^{12}}{6} + \dfrac{(x+1)^{11}}{11} + k$

b) $\dfrac{2}{7}(x-1)^{7/2} + \dfrac{4}{5}(x-1)^{5/2} + \dfrac{2}{3}(x-1)^{3/2} + k$

c) $2\left[\left(\sqrt{x} - \ln(1+\sqrt{x})\right)\right] + k$ *d)* $-\dfrac{4}{1+\sqrt{x}} + \dfrac{2}{(1-\sqrt{x})^2} + k$

e) $-\dfrac{1}{3(x+1)^3} - \dfrac{1}{4(x+1)^4} + k$ *f)* $\dfrac{1}{6}(2x+1)^{3/2} - \dfrac{3}{2}(2x+1)^{1/2} + k$

g) $2\sqrt{1-e^x} + \ln\dfrac{1 - \sqrt{1-e^x}}{1 + \sqrt{1-e^x}} + k$ *h)* $\dfrac{4}{5}(1+\sqrt{x})^{5/2} - \dfrac{4}{3}(1+\sqrt{x})^{3/2} + k$

i) $\dfrac{5}{2}\operatorname{arcsen}(x-1) - \dfrac{1}{2}\sqrt{2x-x^2}\,(x+3) + k$

j) $\dfrac{1}{2}\operatorname{arctg}\dfrac{(x+1)}{2} + k$ *l)* $\left(\dfrac{x^2}{2} - \dfrac{1}{4}\right)\operatorname{arcsen}x + \dfrac{x}{4}\sqrt{1-x^2} + k$

m) $\dfrac{1}{2}(\operatorname{arctg}x)^2(1+x^2) - x\operatorname{arctg}x + \dfrac{1}{2}\ln(1+x^2) + k$

n) $(x+1)\operatorname{arctg}\sqrt{x} - \sqrt{x} + k$ *o)* $-\dfrac{\operatorname{arctg}e^x}{e^x} + x - \dfrac{1}{2}\ln(1+e^{2x}) + k$

Respostas, Sugestões ou Soluções

6. *a)* $\dfrac{1}{2}\ln(4 + x^2) + \dfrac{1}{2}\operatorname{arctg}\dfrac{x}{2} + k$ *b)* $\dfrac{1}{4}\ln(9 + 4x^2) - \dfrac{1}{6}\operatorname{arctg}\dfrac{2x}{3} + k$

c) $\dfrac{1}{2}\ln(x^2 + 2x + 2) + 9\operatorname{arctg}(x + 1) + k$

d) $\dfrac{3}{2}\ln(x^2 + x + 1) - \dfrac{7}{\sqrt{3}}\operatorname{arctg}\dfrac{2x + 1}{\sqrt{3}} + k$

e) $\ln(x^2 + 4x + 5) - 3\operatorname{arctg}(x + 2) + k$

f) $\dfrac{1}{2}\ln(9 + x^2) - \dfrac{1}{3}\operatorname{arctg}\dfrac{x}{3} + k$

7. $\dfrac{3\sqrt{2}}{2}\operatorname{arcsen}\dfrac{1}{\sqrt{3}} + \dfrac{1}{3}$ **8.** $\dfrac{4 - 3\ln 3}{6}$

9. *a)* $x = 3\operatorname{sen} t$ *b)* $x = 3\sec t$ *c)* $x = 3\operatorname{tg} t$ *d)* $x = \operatorname{sen} t$

e) $2x = \sqrt{3}\operatorname{sen} t$ *f)* $2x = \sqrt{3}\sec t$ *g)* $2x = \sqrt{3}\operatorname{tg} t$

h) $\sqrt{3}x = \sqrt{2}\operatorname{sen} t$ *i)* $\sqrt{3}x = \sqrt{2}\operatorname{sen} t$ *j)* $\sqrt{3}x = \sqrt{2}\sec t$

l) $x - 1 = u^2, u > 0$ *m)* $1 + e^x = u^2, u > 0$ *n)* $x + \dfrac{3}{2} = \dfrac{\sqrt{3}}{2}\operatorname{tg} t$

o) $1 + \sqrt{x} = t^3$

12.5   **1.** $\dfrac{1}{4}\ln\left|\dfrac{x - 2}{x + 2}\right| + k$ **2.** $-2\ln|x - 2| + 3\ln|x - 3| + k$

3. $\dfrac{1}{2}\ln|x^2 - 4| + k$ **4.** $\ln|x^2 - 1| + \dfrac{1}{2}\ln\left|\dfrac{x - 1}{x + 1}\right| + k$

5. $6\ln|x - 1| + 10(x - 1) + \dfrac{5}{2}(x - 1)^2 + k$

6. $\ln|x - 1| - \dfrac{4}{x - 1} + k$

7. $x + \dfrac{1}{4}\ln|x + 1| + \dfrac{19}{4}\ln|x - 3| + k$

8. $\ln|x - 2| - \dfrac{4}{x - 2} - \dfrac{5}{2(x - 2)^2} + k$

9. $-3\ln|x| + 4\ln|x - 1| + k$

10. $x - \ln|x| + 3\ln|x - 1| + k$

11. $\dfrac{x^2}{2} + 2x + 4\ln|x - 1| - \dfrac{3}{x - 1} + k$

12. $\dfrac{x^2}{2} + 4x - \dfrac{3}{2}\ln|x - 1| + \dfrac{31}{2}\ln|x - 3| + k$

13. $\dfrac{1}{\sqrt{5}}\operatorname{arctg}\dfrac{x}{\sqrt{5}} + k$

14. $\dfrac{1}{2}\ln(x^2 + 9) + \dfrac{1}{3}\text{arctg}\dfrac{x}{3} + k$

15. $x + 2\ln|x - 3| - 2\ln|x + 3| + k$

16. $-\dfrac{1}{3}\ln|x + 1| + \dfrac{1}{3}\ln|x - 2| + k$

12.6 1. a) $-\dfrac{2}{x - 1} + \dfrac{1}{2(x - 1)^2} + k$

b) $-\dfrac{1}{6}\ln|x| + \dfrac{3}{10}\ln|x - 2| - \dfrac{2}{15}\ln|x + 3| + k$

c) $\dfrac{x^2}{2} - \ln|x| + \dfrac{3}{2}\ln|x - 1| + \dfrac{1}{2}\ln|x + 1| + k$

d) $\dfrac{2}{9}\ln|x + 2| - \dfrac{2}{9}\ln|x - 1| - \dfrac{2}{3(x - 1)} + k$

e) $-2\ln|x - 1| + \dfrac{1}{3}\ln|x + 1| + \dfrac{5}{3}\ln|x - 2| + k$

f) $\dfrac{5}{4}\ln|x| - \dfrac{5}{4}\ln|x - 2| - \dfrac{7}{2(x - 2)} + k$

g) $\ln|x - 2| - \dfrac{4}{x - 2} - \dfrac{5}{2(x - 2)^2} + k$

h) $\dfrac{x^3}{4} + 4x - \dfrac{3}{4}\ln|x| + \dfrac{35}{8}\ln|x - 2| - \dfrac{29}{8}\ln|x + 2| + k$

i) e j) Verifique o resultado encontrado por derivação.

2. b) $\dfrac{7}{27}\ln|x - 1| + \dfrac{6}{27(x - 1)} - \dfrac{7}{27}\ln|x + 2| + \dfrac{15}{27(x + 2)} + k$

3. a) $-\dfrac{1}{2(x - 1)^2} - \dfrac{2}{3(x - 1)^3} + k$

b) $-\dfrac{1}{2x^2} + \dfrac{1}{2x} + \dfrac{1}{4}\ln|x| - \dfrac{1}{4}\ln|x + 2| + k$

c) $\dfrac{1}{x} + 3\ln|x| - 3\ln|x + 1| + \dfrac{2}{x + 1} + k$

d) $\dfrac{1}{2}\ln\left|\dfrac{x + 1}{x - 1}\right| + \dfrac{1}{4}\ln\left|\dfrac{x - 2}{x + 2}\right| + k$

12.7 1. $2\ln|x - 1| + \ln(x^2 + 6x + 10) + \text{arctg}(x + 3) + k$

2. $\dfrac{2}{5}\ln|x| - \dfrac{1}{5}\ln(x^2 + 2x + 5) + \dfrac{3}{10}\text{arctg}\dfrac{x + 1}{2} + k$

3. $2\ln(x^2 + 6x + 12) - \dfrac{11}{\sqrt{3}}\text{arctg}\dfrac{x + 3}{\sqrt{3}} + k$

4. $-\dfrac{7}{2}\ln|x + 2| + \dfrac{15}{2}\ln|x + 4| + k$

Respostas, Sugestões ou Soluções

5. $2\ln|x-1| + \dfrac{1}{2}\ln(x^2 + 2x + 3) + \dfrac{1}{\sqrt{2}}\,\text{arctg}\,\dfrac{x+1}{\sqrt{2}} + k$

6. $\ln|x-2| + \dfrac{1}{2}\ln(x^2 + 2x + 4) - \dfrac{1}{\sqrt{3}}\,\text{arctg}\,\dfrac{x+1}{\sqrt{3}} + k$

7. e 8. Verifique o resultado encontrado por derivação

12.8   **1.** *a*) $\dfrac{-\cos 9x}{18} - \dfrac{\cos 5x}{10} + k$ *b*) $\dfrac{\text{sen}\,2x}{4} - \dfrac{\text{sen}\,8x}{16} + k$

      c) $\dfrac{\text{sen}\,3x}{6} + \dfrac{\text{sen}\,x}{2} + k$ *d*) $\dfrac{-\cos 3x}{6} - \dfrac{\cos x}{2} + k$

      e) $\dfrac{-\cos(n+m)x}{2(n+m)} - \dfrac{\cos(n-m)x}{2(n-m)} + k$ se $n \neq m$; $\dfrac{-\cos 2nx}{4n} + k$ se $n = m$

      f) $\dfrac{-\cos 2x}{8} + \dfrac{\cos 6x}{24} - \dfrac{\cos 4x}{16} + k$

      g) $\dfrac{\text{sen}\,6x}{24} + \dfrac{\text{sen}\,4x}{16} + \dfrac{\text{sen}\,2x}{8} + \dfrac{x}{4} + k$

   2. 0 (observe que o integrando é uma função ímpar)

   3. 0 se $n \neq m$; π se $n = m$

12.9   **1.** *a*) $\dfrac{x}{2} + \dfrac{\text{sen}\,10x}{20} + k$ *b*) $\dfrac{-\cos^3 x}{3} + k$

      c) $\dfrac{\text{sen}^5 x}{5} + k$ *d*) $\dfrac{-\cos^3 2x}{6} + k$

      e) $\dfrac{-\text{sen}\,x \cos^5 x}{6} + \dfrac{\cos^3 x \,\text{sen}\,x}{24} + \dfrac{\cos x \,\text{sen}\,x}{16} + \dfrac{x}{16} + k$

      f) $\dfrac{x}{8} - \dfrac{\text{sen}\,8x}{64} + k$ (*Lembrete*: sen $4x = 2$ sen $2x \cos 2x$)

      g) $\dfrac{x}{4} - \dfrac{\text{sen}\,6x}{24} - \dfrac{\text{sen}\,4x}{16} - \dfrac{\text{sen}\,10x}{80} - \dfrac{\text{sen}\,2x}{16} + k$

      h) $\dfrac{\text{sen}\,x}{2} + \dfrac{\text{sen}\,9x}{36} + \dfrac{\text{sen}\,7x}{28} + k$

   3. *a*) $\dfrac{3}{4}\sqrt[3]{\text{sen}^4 x} + k$ *b*) $\text{sen}\,x + \dfrac{2}{3}\sqrt{\text{sen}^3 x} - \dfrac{\text{sen}^3 x}{3} - \dfrac{2}{7}\sqrt{\text{sen}^7 x} + k$

      c) $\dfrac{1}{4\cos^4 x} + k$ *d*) $-\ln|\cos x| - \dfrac{\text{sen}^2 x}{2} + k$

      e) $\dfrac{-1}{6\,\text{sen}^6 x} + \dfrac{1}{4\,\text{sen}^4 x} + k$ *f*) arctg(sen x) $+ k$

12.10   **1.** *a*) $\dfrac{\text{tg}^6 x}{6} + k$ *b*) $\dfrac{\sec^6 x}{6} - \dfrac{\sec^4 x}{4} + k$ *c*) $\dfrac{\sec^3 2x}{6} - \dfrac{\sec 2x}{2} + k$

      d) $\dfrac{\sec^2 3x}{6} + \dfrac{1}{3}\ln|\cos 3x| + k$ *e*) $3\sqrt[3]{\sec x} + k$

Respostas, Sugestões ou Soluções

$f)$ $-\ln|\cos x| + \dfrac{1}{\sec^2 x} - \dfrac{1}{4\sec^4 x} + k$ $g)$ $\text{tg}\, x + \dfrac{\text{tg}^3 x}{3} + k$

$h)$ $\dfrac{\sec^5 3x}{15} + k$ $i)$ $\dfrac{\text{tg}^5 x}{5} - \dfrac{\text{tg}^3 x}{3} + \text{tg}\, x - x + k$

$j)$ $\dfrac{\sec^3 x \, \text{tg}\, x}{4} + \dfrac{3\sec x \, \text{tg}\, x}{8} + \dfrac{3}{8}\ln|\sec x + \text{tg}\, x| + k$

3. $a)$ $\dfrac{-\text{cosec}\, x \, \cotg x}{2} - \dfrac{1}{2}\ln|\text{cosec}\, x + \cotg x| + k$

$b)$ $\dfrac{-\text{cosec}\, x \, \cotg x}{2} + \dfrac{1}{2}\ln|\text{cosec}\, x + \cotg x| + k$

$c)$ $\dfrac{-\cotg^3 x}{3} + \cotg x + x + k$

12.11 1. $\dfrac{1}{4}\ln\left(\dfrac{2 + \operatorname{sen} x}{2 - \operatorname{sen} x}\right) + k$ 2. $\dfrac{\sqrt{2}}{2}\ln\left|\dfrac{\text{tg}\dfrac{x}{2} - 1 + \sqrt{2}}{\text{tg}\dfrac{x}{2} - 1 - \sqrt{2}}\right| + k$

3. $2[\ln(1 + \cos x) - \cos x] + k$ 4. $\ln|2\sec x + 3| + k$

5. $\dfrac{1}{2}\ln\left|\sec\left(x + \dfrac{\pi}{6}\right) + \text{tg}\left(x + \dfrac{\pi}{16}\right)\right| + k$ 6. $\dfrac{2}{\sqrt{3}}\arctg\dfrac{2\,\text{tg}\dfrac{x}{2} + 1}{\sqrt{3}} + k$

CAPÍTULO 13

13.1 1. $a)$ $\dfrac{26\pi}{3}$ $b)$ $\dfrac{21\pi}{8}$ $c)$ $\dfrac{15\pi}{2}$ $d)$ $\dfrac{2\pi\sqrt{2}}{3}$ $e)$ $\dfrac{4\pi}{3}$

$f)$ $\dfrac{17\pi}{2}$ $g)$ $\dfrac{2\pi}{15}$ $h)$ $4\pi\left(\dfrac{\sqrt{2}-1}{3}\right)$ $i)$ $\dfrac{44\pi}{15}$ $j)$ $\dfrac{28\pi}{3}$

$l)$ $\dfrac{\pi}{2}$ $m)$ $4\pi^2$

13.2 1. $a)$ $\pi\left(\dfrac{e^2 + 1}{2}\right)$ $b)$ $\dfrac{768\pi}{7}$ $c)$ $\dfrac{9\pi}{2}$ $d)$ $2\pi^2$ $e)$ $\dfrac{\pi(\pi - 2)}{2}$

$f)$ $\dfrac{49\pi}{5}$ $g)$ π^2 $h)$ $\dfrac{88\pi}{15}$

2. $a)$ $\dfrac{376}{15}\pi$ $b)$ $\dfrac{416}{15}\pi$ $c)$ $\dfrac{\pi}{2}(3e^2 - 1)$ $d)$ $\dfrac{3\pi}{10}$ $e)$ $\dfrac{5\pi}{6}$

13.3 1. $\dfrac{\sqrt{3}}{3}r^3$ 2. $\dfrac{\pi}{3}$ 3. $\dfrac{1}{12}$ 4. $\dfrac{l^3}{4}$.

13.4 1. a) $\dfrac{\pi}{2}(e^2 + 4 - e^{-2})$ b) $4\pi R^2$

c) $\dfrac{\pi}{32}\left[3\sqrt{2} - \ln(\sqrt{2} + 1)\right]$ d) $\dfrac{\pi}{6}\left(17\sqrt{17} - 5\sqrt{5}\right)$

13.5 1. a) $\dfrac{2}{3}(2\sqrt{2} - 1)$ b) $\dfrac{10}{3}$ c) $1 + \sqrt{1 + e^2} - \sqrt{2} + \ln\left(\dfrac{1 + \sqrt{2}}{1 + \sqrt{1 + e^2}}\right)$

d) $\dfrac{1}{4}\left(2\sqrt{3} - \sqrt{2} + \ln\dfrac{2 + \sqrt{3}}{1 + \sqrt{2}}\right)$ e) $\dfrac{1}{2}(e - e^{-1})$

f) $1 + \sqrt{1 + e^2} - \sqrt{2} + \ln\left(\dfrac{1 + \sqrt{2}}{1 + \sqrt{1 + e^2}}\right)$

2. $\dfrac{1}{2}\left[2\sqrt{5} + \ln(2 + \sqrt{5})\right]$ (m)

13.6 1. a) $\sqrt{5}$ b) $4\sqrt{2} - 2$ c) 4 d) $\dfrac{4}{15}(\sqrt{2} + 1)$ e) $\sqrt{2}(e^\pi - 1)$

2. $2\left[2\sqrt{5} + \ln(2 + \sqrt{5})\right]$ (m)

13.7 1. a)

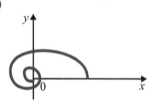

b)

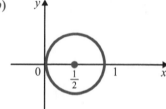

c)

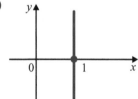

d)

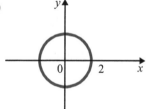

e)

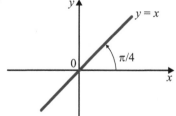

f)

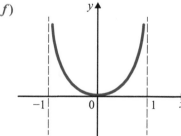

g)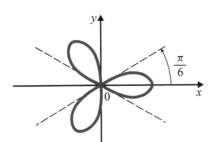

h)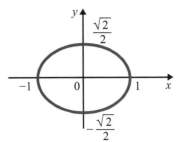

i)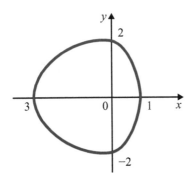

j)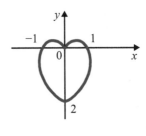

l)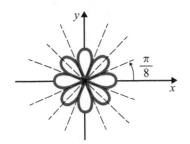

m)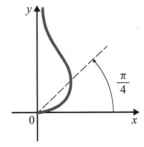

n)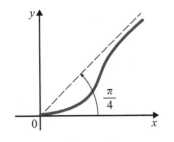

o)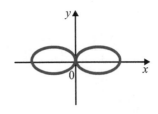

Respostas, Sugestões ou Soluções

2. *a)* $\rho = \text{tg } 2\theta$ *b)* $\rho = \text{sen}^2\theta$

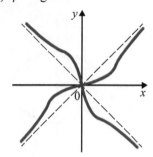
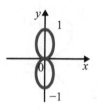

c) $\rho = 1 - \cos\theta$ *d)* $\rho^2 = \cos 2\theta$

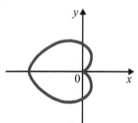
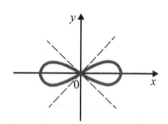

3. *a)* $\dfrac{9\pi}{2}$ *b)* 1   *c)* $\dfrac{\pi}{2}$ *d)* $\dfrac{\pi}{4}$

4. *a)* área $= \int_0^{\frac{\pi}{3}} (2 - \cos\theta)^2 \, d\theta + \int_{\frac{\pi}{3}}^{\pi} (1 + \cos\theta)^2 \, d\theta = \dfrac{5\pi}{2} - 3\sqrt{3}$.

b) $\dfrac{\pi - 2}{2}$ *c)* $7\pi - \dfrac{9\sqrt{3}}{2}$ *d)* $1 - \dfrac{\sqrt{2}}{2}$ *f)* $\dfrac{8\pi}{3} - \dfrac{7\sqrt{3}}{2}$

5. área $= \dfrac{1}{2}\int_0^1 \theta^2 \, d\theta - \dfrac{1}{2}\int_0^1 \theta^4 \, d\theta = \dfrac{1}{15}$

6. $\dfrac{1}{2}\int_0^{\frac{\pi}{6}} (2\,\text{sen } 2\theta - \text{tg } 2\theta) \, d\theta = \dfrac{1 + \ln 2}{4}$

13.8 **1.** $\dfrac{\pi}{2}\sqrt{\pi^2 + 1} + \dfrac{1}{2}\ln(\pi + \sqrt{\pi^2 + 1})$

2. $\sqrt{2}(1 - e^{-2\pi})$

3. 4

4. $\sqrt{3}$

5. $\sqrt{2} - \dfrac{2\sqrt{3}}{3} + \ln\left(\dfrac{2 + \sqrt{3}}{1 + \sqrt{2}}\right)$

6. $\dfrac{5\sqrt{5}}{3} - \dfrac{8}{3}$

Respostas, Sugestões ou Soluções

13.9 1. a) $\left(\dfrac{4}{5}, \dfrac{2}{7}\right)$ b) $\left(\dfrac{4}{3\pi}, \dfrac{2}{3\pi}\right)$ c) $\left(0, \dfrac{2}{3\pi}\right)$ d) $\left(\dfrac{1}{2}, \dfrac{6}{15}\right)$

2. a) $\left(0, \dfrac{4}{\pi}\right)$ b) $\left[0, \dfrac{3\sqrt{2} - \ln\left(\sqrt{2} + 1\right)}{16\sqrt{2} + 16\ln\left(\sqrt{2} + 1\right)}\right]$ c) $\left(0, \dfrac{e^2 + 4 - e^{-2}}{4(e - e^{-1})}\right)$

5. a) $4\pi^2$ b) $2\pi^2$

6. π^2

7. a) $\left(0, \dfrac{5}{9}\right)$ b) $\dfrac{208\pi}{45}$

8. $2\sqrt{2}\,\pi^2$

11. Os volumes em torno dos eixos x e y são iguais: $V_x = V_y = \dfrac{2\pi}{2}(2^3 - 1^3) = \dfrac{14\pi}{3}$.

A área é $\dfrac{\pi}{4}(2^2 - 1^2) = \dfrac{3\pi}{4}$. Portanto, $x_c = y_c = \dfrac{28}{9\pi}$. (Compare esta solução com a do Exemplo 4.)

12. Pela simetria da figura, $x_c = 0$; $y_c = \dfrac{V_x}{2\pi\ \text{área}}$. Como área $= \pi$ e $V_x = \pi\displaystyle\int_{-1}^{1} y^2\, dx = 2\pi\int_0^1 (4 - 4x^2)\, dx = \dfrac{16\pi}{3}$, resulta, $y_c = \dfrac{8}{3\pi}$.

13. $x_c = \dfrac{2R\,\text{sen}\,\theta}{3\theta}$ e $y_c = \dfrac{2R(1 - \cos\theta)}{3\theta}$, em que $\theta = \text{arctg}\ \alpha$.

14. Sejam y_{1c}, y_{2c} e y_c as ordenadas dos centros de massa de A_1, A_2 e A, respectivamente. Então, $y_{1c} = \dfrac{V_{1x}}{2\pi(\text{área } A_1)}$ e $y_{2c} = \dfrac{V_{2x}}{2\pi(\text{área } A_2)}$. Segue que

$$y_c = \dfrac{y_{1c}(\text{área } A_1) + y_{2c}(\text{área } A_2)}{\text{área } A_1 + \text{área } A_2} = \dfrac{V_x}{2\pi(\text{área } A)}.$$

15. $x_c = \dfrac{3}{2}$ e $y_c = \dfrac{19}{10}$

16. Fazendo $u = 1 + x$, resulta $0 \le u \le 4$ e $0 \le y \le u^2$. Área $= 64/3$; $V_u = \dfrac{4^5 \pi}{5}$ e $V_y = 128\pi$. Portanto, $u_c = 3$ e $y_c = \dfrac{24}{5}$. Segue que $x_c = 2$ e $y_c = \dfrac{24}{5}$.

CAPÍTULO 14

14.2 1. a), b), c), f)

3. a) $x(t) = 1$ ou $x(t) = -1$ b) $x(t) = 0$ c) $y(x) = -1$

d) Não há   e) $x(t) = 1$ f) $x(t) = 0, t > 0$

Respostas, Sugestões ou Soluções

14.3 1. $x(t) = 0$ 2. $x(t) = 0$ ou $x(t) = 1$

3. Não há   4. Não há

5. Não há   6. $x(t) = 1$ ou $x(t) = -1$

14.5 1. *a)* $x = ke^{\frac{t^2}{2}}$ *b)* $y(x) = 0$ ou $y(x) = \dfrac{-1}{x + k}$

c) $y = \dfrac{x^3}{3} + x + k$ *d)* $T(t) = Ke^{-2t} + 10$

e) $x = \sqrt{t^2 + k}$ *f)* $y = kx$

g) $x(t) = -1$ ou $x(t) = \dfrac{1 + ke^{2t}}{1 - ke^{2t}}$ *h)* $y = \ln(x + k)$

i) $v(t) = 0$ ou $v(t) = \dfrac{1}{1 - ke^{t}}$ *j)* $x = t \ln t - t + k$

l) $y = \text{tg}(\ln kx), \ -\dfrac{\pi}{2} < \ln kx < \dfrac{\pi}{2}$ *m)* $s = \ln\left(\dfrac{t^2}{2} + k\right)$

n) $u = \sqrt[3]{\dfrac{3v^2}{2} + k}$ *o)* $x = k\sqrt{1 + t^2}$

p) $y = \text{arctg}(x + k)$ *q)* $x = \text{arcsen}\left(\dfrac{t^2}{2} + k\right)$

r) $\text{tg } y = x + k, \ \dfrac{\pi}{2} < y < \dfrac{3\pi}{2}$; de $\text{tg } y = \text{tg}(y - \pi)$ e $-\dfrac{\pi}{2} < y - \pi < \dfrac{\pi}{2}$ resulta:
$\text{tg}(y - \pi) = x + k$ ou $y = \pi + \text{arctg}(x + k)$

s) $v(t) = 2$ ou $v(t) = -2$ ou $v(t) = \dfrac{2(ke^{4t} - 1)}{1 + ke^{4t}}$

t) $w = c \ln |v|$ *u)* $x(t) = -2$ ou $x(t) = \dfrac{2ke^{2\alpha t}}{1 - ke^{2\alpha t}}$

2. *a)* $y = -\ln\left(\dfrac{1}{e} - x\right)$ *b)* $y(x) = 2, x \in \mathbb{R}$

c) $y = \dfrac{1}{2 - 3x}$ *d)* $y = \dfrac{6 - 2e^{4x}}{3 + e^{4x}}$

4. $y = \dfrac{1}{\sqrt{x + 1}}$

5. A queda do corpo é regida pela equação $m\dfrac{d^2x}{dt^2} = mg - \alpha v$ ou $10\dfrac{dv}{dt} = 100 - \alpha v$ e sabe-se que $v(0) = 0$ e $v(1) = 8$. Tem-se: $v(t) = \dfrac{100}{\alpha}\left(1 - e^{-\frac{\alpha t}{10}}\right)$ em que α é a raiz da equação $\alpha = \dfrac{25}{2}\left(1 - e^{-\frac{\alpha}{10}}\right)$

Respostas, Sugestões ou Soluções

605

6. $y = xe^{1-x}$ $\left(\text{veja: a reta tangente em } (x, y) \text{ tem equação } Y - y = \dfrac{dy}{dx}(X - x); \text{ para}\right.$

$\left. X = 0, Y = xy, \text{ daí } xy - y = -x\dfrac{dy}{dx} \text{ ou } \dfrac{dy}{dx} = -\dfrac{xy - y}{x}\right)$

7. $y = 2x^2$

8. $v(t) = \sqrt{\dfrac{700}{\alpha}} \cdot \dfrac{e^{\frac{\sqrt{700\alpha}}{35}t} - 1}{1 + e^{\frac{\sqrt{700\alpha}}{35}t}}$ sendo α a raiz da equação $8 = \sqrt{\dfrac{700}{\alpha}} \cdot \dfrac{e^{\frac{\sqrt{700\alpha}}{35}} - 1}{1 + e^{\frac{\sqrt{700\alpha}}{35}t}}$

9. $y = 2x^2$ $\left(\text{veja: o coeficiente angular da reta tangente à curva no ponto } (x, y) \text{ é}\right.$

$\left. \dfrac{dy}{dx} = -\dfrac{x}{2y}; \text{ a equação diferencial associada ao problema é, então, } \dfrac{dy}{dx} = \dfrac{2y}{x}\right)$

10. $y = \sqrt{x^2 + 5}$

11. $x = -2\ln\dfrac{2 + \sqrt{4 - y^2}}{y} - \sqrt{4 - y^2}, 0 < y \le 2$

12. $\dfrac{x}{y} = \ln k\,|\,y\,|$; observe que $y(x) = 0, x > 0$, e $y(x) = 0, x < 0$ são também soluções

13. *Sugestão:* Faça $u = \dfrac{y}{x}$

14.6 **1.** *a)* $x = ke^{-t} + 2$ *b)* $x = ke^{2t} + \dfrac{1}{2}$ *c)* $x = ke^{-\cos t}$

d) $x = kt + t^2$ *e)* $y = ke^{-x} + x - 1$ *f)* $T = ke^{-2t} + 3$

g) $x = ke^t - \dfrac{1}{2}(\text{sen } t + \cos t)$ *h)* $y = ke^{-2x} + \dfrac{1}{4}(\cos 2x + \text{sen } 2x)$

i) $y = ke^{x(\ln x - 1)}$ *j)* $y = k\sqrt{\dfrac{1 - x}{x + 1}}$

2. *a)* $\mathbb{Q} = ke^{\frac{t}{RC}}$ *b)* $\mathbb{Q} = ke^{-\frac{t}{RC}} + CE$

3. $i(t) = \dfrac{\mathbb{E}}{R}\left(1 - e^{-\frac{R}{L}t}\right)$

4. $T = 80\left(\dfrac{7}{8}\right)^t + 20$

5. *a)* $C(t) = C_0 e^{0,08t}$ *b)* $8,3287\%$ a.m.

6. $C(t) = 20.000 \cdot 3^t$

7. $\dfrac{10\ln 2}{\ln 3 - \ln 2}$ anos $\cong 17$ anos

8. $x(t) = \dfrac{3}{\alpha}(e^{\alpha t} - 1)$ em que $\alpha = \ln\dfrac{2}{3}$

9. $y = x + \dfrac{1}{x}$

Respostas, Sugestões ou Soluções

CAPÍTULO 15

15.1 3. Aplique o teorema de Rolle a $h(x) = \dfrac{f(x)}{g(x)}$

6. Verifique que o valor máximo de f não pode ser estritamente positivo e o valor mínimo estritamente negativo. (Veja: se o valor máximo $f(x_1)$ fosse estritamente positivo teríamos x_1 em $]a, b[$, logo, $f'(x_1) = 0$; seguiria, então, $f''(x_1) = f'(x_1)$ ...)

15.2 1. Quaisquer que sejam x e y em I, com $x \neq y$, f será contínua no intervalo fechado de extremo x e y é derivável no intervalo aberto de mesmos extremos, então, pelo *TVM*, existe $\bar{x}$ no intervalo aberto de extremo x e y tal que $f(x) - f(y) = f'(\bar{x})(x - y)$. Da hipótese $|f'(x)| \leq m$ no intervalo de I, segue $|f(x) - f(y)| \leq M|x - y|$

5. *a*) 0 e 4   *b*) Não

6. Suponha que x_1 e x_2, $x_1 \neq x_2$ sejam pontos fixos e aplique o *TVM*

CAPÍTULO 16

16.1 1. *a*) $1 + \dfrac{1}{2}(x - 1)$ *b*) x *c*) $2 + \dfrac{1}{12}(x - 8)$

d) $1 + x$ *e*) 1 *f*) $1 - x$

2. *a*) $2,00025;\ \left|\sqrt{4,001} - 2,00025\right| \leq 10^{-7}$

b) $2,000025;\ \left|\sqrt[5]{32,002} - 2,00025\right| \leq 10^{-9}$

c) $0,02;\ |\operatorname{sen} 0,02 - 0,02| \leq 10^{-3}$

d) $1,001;\ |e^{0,001} - 1,001| \leq 10^{-5}$

e) $1;\ |\cos 0,01 - 1| \leq 10^{-4}$

f) $-0,01;\ |\ln 0,09 - (-0,001)| \leq 10^{-4}$

16.2 1. *a*) $1 - \dfrac{1}{2}x^2$ *b*) $1 + x + \dfrac{1}{2}x^2$ *c*) $1 + \dfrac{1}{3}(x - 1) - \dfrac{1}{9}(x - 1)^2$

d) $1 + x^2$ *e*) $2 + \dfrac{1}{4}(x - 4) - \dfrac{1}{64}(x - 4)^2$ *f*) x *g*) $1 - \dfrac{x^2}{2}$

2. *a*) $0,255;\ |\ln 1,3 - 0,255| < 10^{-2}$ (Utilizamos o polinômio de Taylor de ordem 2 de $\ln x$ em volta de $x_0 = 1$.)

b) $2,02484;\ |\sqrt{4,1} - 2,02484| \leq 10^{-5}$

c) $1,97484;\ |\sqrt{3,9} - 1,97484| \leq 10^{-5}$ (Utilizamos o polinômio de Taylor de ordem 2 em volta de $x_0 = 4$ de $\sqrt{x}$.)

d) Utilize o polinômio de Taylor de $\sqrt[3]{x}$, de ordem 2, em volta de $x_0 = 8$.

f) $0,1;\ |\operatorname{sen} 0,1 - 0,1| \leq 10^{-3}$.

5. *a*) 0 *b*) $+\infty$

16.3 1. *a)* $x - \dfrac{x^3}{3!} + \dfrac{x^5}{5!}$ *b)* $1 - \dfrac{x^2}{2!} + \dfrac{x^4}{4!}$

c) $(x - 1) - \dfrac{1}{2}(x - 1)^2 + \dfrac{1}{3}(x - 1)^3 - \dfrac{1}{4}(x - 1)^4 + \dfrac{1}{5}(x - 1)^5$

d) $1 + \dfrac{1}{3}(x - 1) - \dfrac{1}{9}(x - 1)^2 + \dfrac{5}{81}(x - 1)^3 - \dfrac{10}{243}(x - 1)^4 + \dfrac{22}{729}(x - 1)^5$

e) $1 + \alpha x + \dfrac{\alpha(\alpha - 1)}{2!}x^2 + \dfrac{\alpha(\alpha - 1)(\alpha - 2)}{3!}x^3 + \dfrac{\alpha(\alpha - 1)(\alpha - 2)(\alpha - 3)}{4!}x^4 +$

$+ \dfrac{\alpha(\alpha - 1)(\alpha - 2)(\alpha - 3)(\alpha - 4)}{5!}x^5$

2. O polinômio de Taylor de ordem $n + 1$, de sen x em volta de $x_0 = 0$, é (n ímpar)

$x - \dfrac{x^3}{3!} + \dfrac{x^5}{5!} - \ldots(-1)^{\frac{n-1}{2}}\dfrac{x^n}{n!}$. Assim

$\text{sen } x - \left(x - \dfrac{x^3}{3!} + \dfrac{x^5}{5!} - \ldots(-1)^{\frac{n-1}{2}}\dfrac{x^n}{n!} \right) = \dfrac{f^{(n+2)}(\overline{x})}{(n + 2)!}x^{n+2}$

Como $|f^{(n+2)}(\overline{x})| \leq 1$ (por quê?), segue a desigualdade.

3. Pelo exercício anterior

$\left| \text{sen } 1 - \left(1 - \dfrac{1}{3!} + \dfrac{1}{5!} - \ldots(-1)^{\frac{n-1}{2}}\dfrac{1}{n!} \right) \right| \leq \dfrac{1}{(n + 2)!}$. Basta determinar n, por

tentativas, de modo que $\dfrac{1}{(n + 2)!} < 10^{-5}$.

4. No Exercício 2, substitua x por x^2, assim

$\left| \text{sen } x^2 - \left(x^2 - \dfrac{x^6}{3!} + \dfrac{x^{10}}{5!} - \ldots(-1)^{\frac{n-1}{2}}\dfrac{x^{2n}}{n!} \right) \right| \leq \dfrac{x^{2n+4}}{(n + 2)!}$

$\left| \int_0^1 \text{sen } x^2 \, dx - \int_0^1 \left(x^2 - \dfrac{x^6}{3!} + \ldots(-1)^{\frac{n-1}{2}}\dfrac{x^{2n}}{n!} \right) dx \right| \leq \int_0^1 \dfrac{x^{2n+4}}{(n + 2)!} dx$

Como $\int_0^1 \dfrac{x^{2n+4}}{(n + 2)!} dx = \dfrac{1}{(2n + 5)(n + 2)!}$, basta determinar n, por tentativas, de

modo que $\dfrac{1}{(2n + 5)(n + 2)!} < 10^{-3}$.

6. Verifique que

$\left| \cos x - \left(1 - \dfrac{x^2}{2} + \dfrac{x^4}{4!} - \dfrac{x^6}{6!} + \ldots + (-1)^n \dfrac{x^{2n}}{(2n)!} \right) \right| \leq \left| \dfrac{x^{2n+1}}{(2n + 1)!} \right|$.

Para x fixo, faça n tender a $+\infty$.

Bibliografia

1. APOSTOL, T. M. *Análisis matemático*. Barcelona: Editorial Reverté, 1960.
2. _____. *Calculus*, 2. ed., v. 2. Barcelona: Editorial Reverté, 1975.
3. ÁVILA, G. Arquimedes, o rigor e o método (1986), *Matemática Universitária da Sociedade Brasileira de Matemática*, Número 4, 27-45.
4. _____. *Cálculo*, v. 1 (6. ed.), 2 e 3 (5. ed.). Rio de Janeiro: LTC, 1994.
5. BARROS, I. Q. *O teorema de Stokes em variedades celuláveis*. Relatório Técnico do MAP — USP (RTMAP — 8304), 1983.
6. BOULOS, P. *Introdução ao cálculo*, v. I, II e III. São Paulo: Edgard Blücher, 1974.
7. BOYER, C. B. *História da matemática*. São Paulo: Edgard Blücher, 1974.
8. BUCK, R. C. *Advanced calculus*, Second Edition, McGraw-Hill, 1965.
9. CARAÇA, B. J. *Conceitos fundamentais da matemática*. Lisboa, 1958.
10. CARTAN, H. *Differential forms*. Paris: Hermann, 1967.
11. CATUNDA, O. *Curso de análise matemática*. São Paulo: Bandeirantes, 1955.
12. COURANT, R. *Cálculo diferencial e integral*, v. I e II. Porto Alegre: Globo, 1955.
13. COURANT, R.; HERBERT, R. *¿Qué es la matemática?* Madri: Aguilar, S.A. Ediciones, 1964.
14. DEMIDOVICH, B. *Problemas y ejercicios de análisis matemático*. Manaus: Edições Cardoso.
15. ELSGOLTZ, L. *Ecuaciones diferenciales y cálculo variacional*. Moscou: Editorial Mir, 1969.
16. FIGUEIREDO, D. G. *Teoria clássica do potencial*. Brasília: Editora Universidade de Brasília, 1963.
17. FLEMING, W. H. *Funciones de diversas variables*. México: Compañía Editorial Continental S.A., 1969.
18. GURTIN, M. E. *An introduction continuum mechanics*. Utah: Academic Press, 1981.
19. KAPLAN, W. *Cálculo avançado*, v. I e II. São Paulo: Edgard Blücher, 1972.
20. KELLOG, O. D. *Foundations of potential theory*. Nova York: Frederick Ungar Publishing Company, 1929.
21. LANG, S. *Analysis I*. Boston: Addison-Wesley, 1968.
22. _____. *Cálculo*, v. 1 e 2. Rio de Janeiro: Ao Livro Técnico, 1970.
23. LIMA, E. L. *Introdução às variedades diferenciáveis*. Editora Meridional, 1960.
24. _____. *Curso de análise*, v. 1. Projeto Euclides — IMPA, 1976.
25. _____. *Curso de análise*, v. 2. Projeto Euclides — IMPA, 1981.
26. MACHADO, N. J. *Cálculo — funções de mais de uma variável*. Rio de Janeiro: Guanabara Dois, 1982.
27. MOISE, E. E. *Cálculo*, v. 1. São Paulo: Edgard Blücher, 1970.
28. PISKOUNOV, N. *Calcul différentiel et intégral*. Moscou: Mir, 1966.

Bibliografia

29. PROTTER, M. H.; MORREY, C. B. *Modern mathematical analysis*. Boston: Addison-Wesley, 1969.

30. ROMANO, R. *Complementos de matemática*. Centro Acadêmico Visconde de Cairu da F.C.E.A. — USP, 1962.

31. RUDIN, W. *Principles of mathematical analysis*. Nova York: McGraw-Hill, 1964.

32. SPIEGEL, M. R. *Análise vetorial*. Rio de Janeiro: Ao Livro Técnico, 1961.

33. SPIVAK, M. *Calculus*. Boston: Addison-Wesley, 1973.

34. _____. *Cálculo en variedades*. Barcelona: Editorial Reverté, 1970.

35. WILLIAMSON, R. E. et al. *Cálculo de funções vetoriais*, v. 2. Rio de Janeiro: LTC, 1975.

Índice

A

Aceleração, 193, 194
Aproximação local de uma função
    por um polinômio de Taylor de ordem n, 471
    por uma função afim, 455
Área
    coordenadas
        cartesianas, 414
        polares, 413
    de superfície de revolução, 404
Arquimedes
    propriedade de, 18, 483
    quadratura da parábola, 480
Assíntota, 257

B

Binômio de Newton, 486

C

Cavalieri, Bonaventura, 485
Centro de massa, 425-432
Circunferência, 36
Coeficiente
    angular de reta tangente, 58, 136
    binomial, 486
Comprimento de curva
    em coordenadas polares, 424
    em forma paramétrica, 409
Comprimento de gráfico de função, 407
Concavidade, 235
Conjunto de medida nula, 514
Conjunto enumerável, 516
Conservação do sinal, 68, 79
Corpo ordenado, 3, 4

D

Dedekind, Richard, 496
Derivação de função dada implicitamente, 182
Derivada(s), 57, 136
    de ordem superior, 159
Desigualdades, 5, 6
    triangular, 16
Diferencial, 189
Distância, 15, 36

E

Elipse, 42
Energia cinética, 325

Equação diferencial de 1ª ordem
    de variáveis separáveis, 433, 434
    linear, 446

F

Fermat, Pierre de, 58, 480
Fórmula de Taylor com resto de Lagrange, 472
Função(ões)
    com derivadas iguais, 280
    composta, 53
    contínua, 55, 60, 61
    crescente (decrescente), 223
    de variável real a valores reais, 26
    definida implicitamente por uma
        equação, 185
    derivável ou diferenciável, 137
    estritamente crescente (decrescente), 211
    exponencial, 125
    gráfico de, 26
    imagem de, 53, 85
    injetora, 211
    integrável, 305
    inversa, 211
    inversível, 211
    limitada, 506, 511
    logarítmica, 130
    maior inteiro, 42
    trigonométricas, 44, 50
        inversas
            arccos, 220
            arcsec, 220
            arcsen, 185, 213
            arctg, 186, 214, 332

I

Indução finita, princípio de, 486
Ínfimo, 492
Infinitésimo, 469
Integração por partes, 348
Integral
    de Riemann
        definição, 297
        propriedades da, 298
    definida, 298
    indefinida, 338
Intervalos, 17

Índice

L

Lagrange, J.L.
    polinômio interpolador, 451
    resto na fórmula de, 472
Lebesgue, Henri, 514
    critério de integrabilidade de, 514
Lei de Hooke, 325
Leibniz, notação para a derivada de, 168
Limite(s), 55
    de função composta, 85, 86
    de função crescente, 495
    de sequência, 117
    definição de, 251
    fundamentais, 94, 111, 133
    infinito, 482
    lateral, 82
    no infinito, 99
    propriedades operatórias, 97
Logaritmo, 128

M

Máximos e mínimos, 267
    de função contínua em intervalo fechado, 278
Máximos e mínimos locais
    condições suficientes, 276
    uma condição necessária, 275
Medida nula, conjunto de, 514
Módulo (ou valor absoluto), 13
Mudança de variável
    na integral definida, 357
    na integral indefinida, 384
    no limite, 86

N

Newton, Sir Isaac, 491
Número e, 119, 474
Número real, definição de, 522

O

Operações com funções, 52

P

Pappus, teorema de, 395, 405, 431
Partição de um intervalo, 294
Pascal, Blaise, 480
Polinômio
    de Mac-Laurin, 471
    de Taylor, 471
Ponto crítico, 276
Ponto de inflexão, 277
    condição necessária, 239
    condições suficientes, 238, 239
Ponto estacionário, 276
Ponto interior, 275

Potência com expoente
    racional, 24
    real, 125
Primitiva de uma função, 286
Primitivas de funções racionais, 368, 372, 376
Primitivas de funções trigonométricas, 383, 385, 390, 396
Princípio de indução finita, 486
Propriedade dos intervalos encaixantes, 18

R

Razão incremental, 58
Regra(s)
    da cadeia, 164
        um caso particular, 164
    de derivação, 153
    de L'Hospital, 231
Reta
    normal, 200
    tangente, 136, 200

S

Sequência
    definição de, 111
    limite de, 112
Soma de Riemann, 294
Supremo
    definição, 492
    propriedade do, 493

T

Taxa de variação, 193
Teorema
    de Cauchy, 453
    de Darboux, 250
    de Rolle, 450
    de Weierstrass, 498
    do anulamento ou de Bolzano, 121
    do confronto, 90
    do supremo, 535
    do valor intermediário, 122
    do valor médio (TVM), 222, 452
    fundamental do cálculo, 300, 491
Trabalho
    definição, 320
    energia cinética e, 325

V

Valor absoluto, 13
Variável
    dependente, 27
    independente, 27
Velocidade, 193
Volume de sólido de revolução
    em torno do eixo x, 274, 392
    em torno do eixo y, 395, 397
Volume de sólido qualquer, 403